U0243733

先进电化学能源存储与转化技术丛书

张久俊　李箐　丛书主编

# 钒化合物
# 纳米能源材料

Vanadium Compounds Nano Energy Materials

梁叔全　潘安强　周江　等　著

化学工业出版社

·北京·

## 内容简介

《钒化合物纳米能源材料》是"先进电化学能源存储与转化技术丛书"分册之一,系统全面地介绍了钒资源概况、钒化合物种类及其在纳米能源领域的应用。书中分析了典型钒化合物的晶体结构、电化学特性,以及钒化合物的主要制备和表征方法,详细介绍了钒氧化物、钒酸盐和钒磷酸盐等材料在二次电池中,特别是锂离子电池中的应用情况等。

本书适合从事纳米新能源领域研究的青年科技工作者,以及相关高技术产业的工程技术人员、钒相关行业技术决策及咨询机构人员;也适合高等学校相关专业研究生及高年级本科生,特别是正准备开展相关课题,将要完成学位论文的硕士研究生、博士研究生和博士后研究人员阅读参考。

**图书在版编目(CIP)数据**

钒化合物纳米能源材料/梁叔全等著. —北京:化学工业
出版社,2022.7
(先进电化学能源存储与转化技术丛书)
ISBN 978-7-122-41186-0

Ⅰ.①钒… Ⅱ.①梁… Ⅲ.①钒化合物-新能源-纳米材料
Ⅳ.①TB383

中国版本图书馆 CIP 数据核字 (2022) 第 059571 号

责任编辑:成荣霞
文字编辑:毕梅芳　师明远
责任校对:赵懿桐
装帧设计:王晓宇

出版发行:化学工业出版社
　　　　　(北京市东城区青年湖南街 13 号　邮政编码 100011)
印　　装:北京建宏印刷有限公司
787mm×1092mm　1/16　印张 28¼　字数 479 千字
2022 年 11 月北京第 1 版第 1 次印刷

购书咨询:010-64518888
售后服务:010-64518899
网　　址:http://www.cip.com.cn

定　　价:188.00 元　　　　　　　　　版权所有　违者必究

当前，用于能源存储和转换的清洁能源技术是人类社会可持续发展的重要举措，将成为克服化石燃料消耗所带来的全球变暖/环境污染的关键举措。在清洁能源技术中，高效可持续的电化学技术被认为是可行、可靠、环保的选择。二次（或可充放电）电池、燃料电池、超级电容器、水和二氧化碳的电解等电化学能源技术现已得到迅速发展，并应用于许多重要领域，诸如交通运输动力电源、固定式和便携式能源存储和转换等。随着各种新应用领域对这些电化学能量装置能量密度和功率密度的需求不断增加，进一步的研发以克服其在应用和商业化中的高成本和低耐用性等挑战显得十分必要。在此背景下，"先进电化学能源存储与转化技术丛书"（以下简称"丛书"）中所涵盖的清洁能源存储和转换的电化学能源科学技术及其所有应用领域将对这些技术的进一步研发起到促进作用。

"丛书"全面介绍了电化学能量转换和存储的基本原理和技术及其最新发展，还包括了从全面的科学理解到组件工程的深入讨论；涉及了各个方面，诸如电化学理论、电化学工艺、材料、组件、组装、制造、失效机理、技术挑战和改善策略等。"丛书"由业内科学家和工程师撰写，他们具有出色的学术水平和强大的专业知识，在科技领域处于领先地位，是该领域的佼佼者。

"丛书"对各种电化学能量转换和存储技术都有深入的解读，使其具有独特性，可望成为相关领域的科学家、工程师以及高等学校相关专业研究生及本科生必不可少的阅读材料。为了帮助读者理解本学科的科学技术，还在"丛书"中插入了一些重要的、具有代表性的图形、表格、照片、参考文件及数据。希望通过阅读该"丛书"，读者可以轻松找到有关电化学技术的基础知识和应用的最新信息。

"丛书"中每个分册都是相对独立的，希望这种结构可以帮助读者快速找到感兴趣的主题，而不必阅读整套"丛书"。由此，不可避免地存在一些交叉重叠，反映了这个动态领域中研究与开发的相互联系。

　　我们谨代表"丛书"的所有主编和作者，感谢所有家庭成员的理解、大力支持和鼓励;还要感谢顾问委员会成员的大力帮助和支持;更要感谢化学工业出版社相关工作人员在组织和出版该"丛书"中所做的巨大努力。

　　如果本书中存在任何不当之处，我们将非常感谢读者提出的建设性意见，以期予以纠正和进一步改进。

**张久俊**

（上海大学/福州大学　教授;

加拿大皇家科学院/工程院/工程研究院　院士;

国际电化学学会/英国皇家化学会　会士）

**李　箐**

（华中科技大学材料科学与工程学院　教授）

计划写作《钒化合物纳米能源材料》已有比较长的一段时间了，写写停停，因为所写的东西虽然有应用，但更多的还处于研发阶段，看似离应用比较近，实则还有些距离，所以就有些患得患失。直到最近政府鼓励科研人员"把论文写在祖国大地上"，这让我们很受鼓舞，也让我们更清楚地意识到，虽然国家现代化发展各方面都取得了举世瞩目的重大成就，但实事求是地讲，科学技术发展还有诸多问题需要解决。在诸多方面科学的积淀还相对薄弱，且仍有相当一部分科技人员，英文文献使用不够娴熟。为了使相关研究成果能惠及更多的国内相关科技工作者，以十多年来团队在纳米能源钒化合物锂离子电池领域的系统研究工作为基础写成此书，或许不能说有立竿见影的应用价值，但把弄清楚的一些带有普遍性和规律性的新东西系统地给予梳理总结，科学意义还是有的。相信对于现阶段相关的纳米新能源材料研发、高技术产业化应用有参考、借鉴价值，为未来纳米钒化合物能源材料相关领域战略性新材料研发奠定一块坚实的基石。

我们崇尚科学，但不迷信科学。时间反复证明：科学是永恒和伟大的！因此，理性开启热爱科学、崇尚科学，辩证地对待科学，认真做好科学的积淀，应从我们自己做起！这些思考有力地鞭策着自己和团队，去完成一些暂时还不能产生太大经济效益，但对未来有意义的基础性研究，并把它们发表到世界高水平科学刊物上，和全世界科学家一道推动重要科学问题、技术难题的解决。每每想到此，写作《钒化合物纳米能源材料》又充满动力，患得患失又消失得无影无踪了。整理成书，这也算我辈有了些责任担当。

二次储能电池用纳米能源材料，是在人类为摆脱对化石能源严重依赖，实现能源绿色可持续供给的重大发展战略研发中应运而生的。当前，太阳能、新水能（含潮汐能和规模人工光催化、光电催化制备氢等）、生物能、风能等都有机会成为未来具有重要应用价值的新能源体系。但这些能源供给体系大多数具有不稳定性和间歇性，使其并网使用受到极大的限制。因此，开发与可再生新能源适配的低成本、高安全、高效储能二次电池系统显得尤为重要，已成为未来能源绿色革命的支撑技术。此外，随着5G通信技术、互联网技术、生物技术和人工智能技术的高速发展及多功能高度融合，相关的便携式电子设备、人工智能装备不断涌现，并走进千家万户，改变着人类的生活。这类高技术产品和装备高度依赖高能量密度、高安全性能的二次电池技术。

因此，无论是能源科技本身，还是信息、生物科技发展，都与二次电池储能相关的新理论、新技术、新材料研发密切相关，涉及人类生存、生产和生活方式革命性变革的方方面面。这些问题将成为人类在21世纪必须解决的重大世纪难题。

钒元素为元素周期表中的副族元素，原子序数为23，原子量为50.94，熔点为1887℃，具有体心立方结构。钒元素的价电子构型为：$1s^2 2s^2 2p^6 3s^2 3p^6 3d^3 4s^2$。因为$4s^2$电子和$3d^3$电子都可以参与反应，形成化学键，因此钒具有+2、+3、+4、+5多种化合价态，+5价为最稳定价态。稳定状态下，五个3d轨道分别为：$d_{x^2-y^2}$、$d_{z^2}$、$d_{xy}$、$d_{yz}$、$d_{xz}$，且能量相等。但当钒与周围离子发生化学作用时，根据对称性不同，五个d轨道（$d_{x^2-y^2}$、$d_{z^2}$、$d_{xy}$、$d_{yz}$、$d_{xz}$）能量可能不再相等，会发生能级分裂，钒就会发生更为丰富的化合价变化，从而形成多种价态化合物，为功能材料性能调控提供更多选项。

我国拥有非常丰富的钒资源，居全球第一位。从产量来看，我国钒产量占全球产量的48%。根据美国地质勘探局最新统计，截至2019年末，全球已探明钒储量约为2200万吨，99%以上的钒矿储量集中在中国、俄罗斯、南非及澳大利亚，其中中国钒储量位居世界第一，约950万吨，占全球总储量的43.2%。2018年世界钒（折金属钒）总产量为91844吨，同比增长14.06%，开创历史最高纪录。2019年世界钒（折金属钒）产量102365吨，同比增长11.46%。我国的钒产品主要集中在钒铁、钒氮合金、$V_2O_5$等初级工业产品，钒资源的高值化利用程度不高，此外，钒产品种类少，技术含量低，严重制约了钒产业的发展。因此，开发具有高附加值的钒产品，对于提升我国钒产业的国际竞争力以及可持续发展能力具有非常重要的意义。

我们教育部有色金属新材料重点实验室、湖南省电子封装与先进功能材料重点实验室"高性能、低成本纳米能源与先进功能材料"科研团队，自2005年开展二次电池材料研究至今，已有近二十年时间了。在国家"863计划"、国家自然科学基金委员会重点、面上和青年等项目支持资助下，持续开展钒基锂离子电池新材料研究。由于目前该领域属全球热点领域，顶级刊物都以英文刊物为主，全球顶级研究团队在这些刊物上你追我赶，推动着世纪难题的最终解决，因此，团队研究论文绝大多数发表在这类英文国际期刊上。此次重新整合资料，写成《钒化合物纳米能源材料》，希望该书能对读者有些参考价值，特别是对从事纳米新能源领域研究的青年科技工作者、相关高技术产业的工程技术人员、高等学校相关专业研究生及高年级本科生，尤其是正准备开展相关课题，将要完成学位论文的硕士研究生、博士研究生和博士后研究人员，因为本书是在总结了团队中优秀人才从硕士研究生到博士研究生，从优秀青年副教授到教授的科研成长经验的基础上形成的。

全书共分为九章，由梁叔全教授统筹构建。第 1 章介绍钒及钒化合物化工新材料的整体情况及其应用情况，主要由梁叔全、周江、曹鑫鑫编写完成；第 2 章介绍典型钒化合物（包括钒氧二元化合物，碱金属钒氧化合物，银、铜、锌系钒氧化合物，铁、钴、镍系钒氧化合物及钒磷酸盐化合物）的晶体结构与相变，主要由梁叔全、方国赵、曹鑫鑫编写完成；第 3 章介绍钒基纳米材料的主要制备方法，包括目前该领域广泛应用的新材料合成方法，如固相反应法、溶胶-凝胶法、水热法、模板法、喷雾热分解法、静电纺丝法等，主要由梁叔全、曹鑫鑫、方国赵编写完成；第 4 章介绍钒基电极材料的主要表征技术和方法，主要包括电极材料合成的化学表征、物理表征和电化学性能表征，主要由曹鑫鑫、梁叔全、方国赵编写完成；第 5 章介绍钒氧二元化合物纳米新材料，包括相关新材料制备、评价表征，主要由潘安强、梁叔全、秦牧兰编写完成；第 6 章介绍碱金属钒氧化合物纳米新材料，包括相关新材料制备、评价表征，主要由周江、潘安强、梁叔全编写完成；第 7 章介绍铜、银系钒氧化合物纳米新材料，包括相关新材料制备、评价表征，主要由周江、潘安强、梁叔全编写完成；第 8 章介绍其他系钒氧化合物纳米新材料，包括相关新材料制备、评价表征，主要由梁叔全、周江编写完成；第 9 章介绍钒磷酸盐及其复合纳米新材料，包括相关新材料制备、评价表征，主要由曹鑫鑫、潘安强、梁叔全编写完成。

限于我们的认识水平，书中难免存在疏漏，诚请参阅本书的同仁给予批评指正！同时，也欢迎广大读者提出宝贵意见和建议，以便以后有机会给予补充、更正，大家共同将该领域的科学研究引向深入。

衷心感谢国家自然科学基金委基金项目（51932011、51872334、51572299、51374255）和国家科学技术部"863 计划"项目（SS2013AA110106）对团队的支持、资助。

感谢这些年来参加本团队工作的所有师生，他们是谭小平博士、唐艳博士，钟杰、张勇、蔡阳声、吴若梅、刘赛男、秦牧兰、秦利平、罗志高、张伊放、王亚平、胡洋、孔祥忠、陈涛等博士研究生，及硕士研究生和本科生，在此不一一列名致谢；感谢攀钢研究院唐历院长团队提供有关钒资源及钒化合物毒性评估等新资料；感谢化学工业出版社相关工作人员；感谢我的家人、亲朋好友和同仁，是你们的帮助、支持和鼓励，让我们有足够的信心和勇气使本书最终得以完成！

　　由衷地谢谢大家！

梁叔全<br>于湖南　长沙　岳麓山下

# 第 3 章
钒基材料的主要制备方法　　　　96

# 第 4 章
## 钒基电极材料的主要表征方法　116

# 第 7 章
## 铜、银系钒氧化合物纳米新材料 289

# 第 8 章
## 其他系钒氧化合物纳米新材料 343

# 第9章
# 钒磷酸盐及其复合纳米新材料 386

# 第 1 章

# 绪　论

进入 21 世纪，能源危机以及环境污染成为各国政府和广大民众关心的问题，也是世界科研界最重要的研究课题之一。如何科学应对即将消耗殆尽的化石能源，及其可能诱发的各种能源危机和日益严峻的环境保护压力是世界面临的重大课题。合理开发以及有效利用可再生、无污染的能源（如太阳能、风能、氢能等）对人类社会可持续发展有重大意义[1]。从国家层面上来看，各国政府已经出台了一系列与节能、环保相关的政策法规，制定了重大的发展战略，包括政策引导和财政经费支持等。目前，科学界和产业界研究的焦点集中在如何实现能源的高效转换、储存以及资源再利用等问题上。因此，可持续性佳和环境友好的电化学方式能量储存与转化具有广阔应用前景[2]。

根据工作原理的不同，常用的电化学储能装置可以分为电容器、燃料电池和蓄电池，它们的电化学特性对比如图 1-1(a) 所示[3]。蓄电池和燃料电池是高能量密度的能量储存与转换设备，超级电容器具有响应时间短、功率密度高的优势[4,5]。蓄电池的种类有很多，图 1-1(b)[6] 比较了几种不同类型的蓄电池的体积能量密度和质量能量密度情况。具有寿命长、自放电小、安全性能好和环境友好等优点的锂离子电池自出现以来，发展迅速，逐步取代了铅酸蓄电池、镍镉蓄电池、镍氢蓄电池等[7]。经过几十年的发展，锂离子电池已经广泛应用于便携式电子设备，在新能源汽车领域也有了非常成功的开发和应用。

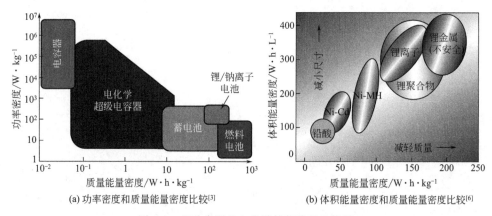

(a) 功率密度和质量能量密度比较[3]　　(b) 体积能量密度和质量能量密度比较[6]

图 1-1　几种常用的电化学储能装置的比较

尽管目前锂离子电池的发展已经到达了一个比较高的水平，但与人类现代经济社会发展的期盼还有一段距离。在这段距离上仍然面临着诸多瓶颈，例如新型电极材料和电解液的选择以及两者界面技术的掌握等，在二次电池的研发上仍需要进一步突破。就目前来说，制约锂离子电池的瓶颈主要还是正极材料，制约要素主要包括资源不足、价格偏高、比容量偏低和安全隐患大等。

目前，市场上产业化的正极材料主要有：层状的钴酸锂和锂镍氧化物、三元正极材料、尖晶石锰酸锂以及聚阴离子型磷酸铁锂，如图 1-2 所示[6]。这几种正极材料都存在着比容量低的缺点，容量低也造成能量密度不高和使用时间有限等问题。此外，电池能量密度偏低还严重制约着电子产品的轻量化发展。能量密度高、安全性好的电池的匮缺，使得能与燃油车媲美的纯电动汽车迟迟都未能得到更快的发展[8]。

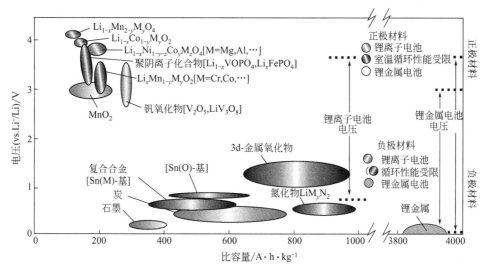

图 1-2 多种锂离子电池（含锂电池）的正极材料和负极材料的电压与容量图[6]

众所周知，发展新能源汽车是解决能源危机与环境污染的重要途径，也是未来汽车工业发展的主要方向。开发具有高比能、低成本、长寿命、高安全的动力电池是新能源汽车发展的主要方向。美国能源部 2013 年发布的《电动车普及大挑战蓝图》将动力电池的发展目标确定为：到 2022 年能量密度达到 $250W \cdot h \cdot kg^{-1}$，功率密度达到 $2kW \cdot kg^{-1}$。日本政府机构 NEDO 在 2008 年提出动力电池 2015 年能量密度达到 $200W \cdot h \cdot kg^{-1}$，2030 年达到 $500W \cdot h \cdot kg^{-1}$。韩国、欧盟等也相继制定了未来电动汽车发展规划，大力支持车用锂离子动力电池的研发。目前主流车用动力电池能量密度已达 $150W \cdot h \cdot kg^{-1}$，但与上述目标仍有较大差距。

自日本 Sony 公司首次实现锂离子电池商品化以来，$LiCoO_2$、$LiMn_2O_4$、$LiFePO_4$ 和硅碳等电极材料不断涌现，材料的掺杂、包覆、形貌尺寸调控等性能优化技术推动着锂离子电池产业的进步，但仍存在不少问题。如 $LiCoO_2$、$LiFePO_4$ 等比容量较低，高比容量的硅、锡等负极材料嵌锂后体积膨胀导致循环稳定性差等。因此，进一步提高能量密度，同时开发全新的电池材料及电池体系，具有重要的科学意义和应用价值。

富锂层状材料 $x\mathrm{Li_2MnO_3}(1-x)\mathrm{LiMO_2}$（M 为 Co、Ni、Mn 等）是一种新型高容量正极材料[9]，具有工作电压平台高（4.0V 以上）、比容量高（330mA·h·g$^{-1}$）、高温电化学性能优异等优点，但由于其首次库仑效率低、循环寿命差、倍率性能偏低等问题，尚未规模产业化。美国的 Envia 公司以富锂材料为正极、Si/C 复合材料为负极，研制出了能量密度达 400W·h·kg$^{-1}$ 的超高比能电池原型，但循环性能远达不到实用标准。高镍三元体系是有望在下一代电动汽车中获得大规模应用的高比能正极材料，包括镍钴铝酸锂（$\mathrm{LiNi_{0.8}Co_{0.15}Al_{0.05}O_2}$，NCA），其理论比容量约为 200mA·h·g$^{-1}$，如能进一步提高镍含量至 0.9 以上，比容量还可进一步提高。日本和美国对 NCA 的研发和产业化较成功，日本富士重工采用 NCA 正极构筑单体电池，能量密度达 190W·h·kg$^{-1}$，美国特斯拉公司推出使用 NCA 正极的锂离子电池电动汽车，续航里程 400 公里以上。另外，钒基正极材料由于可实现多个锂离子脱/嵌，往往具有较高比容量，如 $\mathrm{V_2O_5}$ 和 $\mathrm{LiV_3O_8}$ 分别具有 440mA·h·g$^{-1}$ 和 372mA·h·g$^{-1}$ 的理论容量，该类材料的研发，引起了相关基础研究人员和高技术产业领域研发人员的重视。

# 1.1
# 钒、钒化合物概述

## 1.1.1 钒资源简介

钒在地球上有着比较丰富的资源，其含量约占地壳构成的 0.02%。根据美国地质勘探局的最近统计数据，截至 2019 年末，全球钒资源储量超过 6300 万吨（按金属质量计），其中已探明储量约为 2200 万吨（金属质量），近两年的世界钒储量和产量如表 1-1 所示。已探明钒资源区域分布相对集中，中国、俄罗斯、南非和澳大利亚四国占全球钒矿储量的 99% 以上，其中中国占比 43.2%[10]。

表 1-1 全球新近探明钒矿概况 （单位：万吨）[11]

| 年份 | 中国 | 俄罗斯 | 南非 | 澳大利亚 | 巴西 | 美国 |
|------|------|--------|------|----------|------|------|
| 2018 年 | 950 | 500 | 350 | 210 | 13 | 4.5 |
| 2019 年 | 950 | 500 | 350 | 400 | 12 | 4.5 |

我国是世界上钒储量和钒矿产量最大的国家，早在 20 世纪 30 年代，我国地质学家常隆庆等人就发现四川攀枝花地区蕴藏了大量钒钛磁铁矿。在我国，已探

明的钒资源主要分布在 19 个省、市、自治区，产地有 123 处之多，主要分布在四川攀枝花、河北承德、陕西汉中等地。其中攀枝花地区是主要的成矿带，也是世界上同类矿床的重要产区之一，南北长约 300km，已探明大型、特大型矿床 7处，中型矿床 6 处，主要形态为钒钛磁铁矿和石煤。中国主要钒矿资源、产业及产品分布如表 1-2 所示[12]。

表 1-2　我国主要钒矿资源、产业及产品分布[12]

| 省份 | 钒产业种类 | 钒产品分布 |
|---|---|---|
| 四川 | 钒产品主产区 | 氧化钒、钒铁、氮化钒、钒铝、钒渣 |
| 云南 | 钒产品产区 | 钒渣、氧化钒 |
| 贵州 | 石煤钒产品产区 | 钒酸铵、氧化钒 |
| 湖南 | 钒产品加工区、石煤钒产品产区 | 氧化钒、氮化钒 |
| 湖北 | 钒产品加工区、石煤钒产品产区 | 氮化钒、氧化钒 |
| 河南 | 钒产品加工区、石煤钒产品产区 | 氮化钒、氧化钒 |
| 甘肃 | 石煤钒产品产区 | 钒酸铵、氧化钒 |
| 陕西 | 钒产品加工区、石煤钒产品产区 | 氮化钒(主产区)、氧化钒、钒铝 |
| 河北 | 钒(渣)产品主产区 | 氧化钒、钒铁、钒铝、氮化钒(铁) |
| 辽宁 | 钒产品加工区 | 氧化钒、钒铁、钒铝、氮化钒、钒电池及电解液 |
| 黑龙江 | 钒产品产区 | 钒渣、氧化钒、氮化钒 |

含钒矿物种类繁多，已发现近 70 种，钒的主要存在价态是三价和五价，多为共生矿或复合矿。三价钒的离子半径与三价铁的离子半径接近，多以类质同象存在于铁及部分铝的矿物中，如钒铁矿、铝土矿。五价钒一般形成独立的矿物，如钾钒铀矿、钒云母以及沥青、原油、煤中的钒，主要含钒矿物、颜色、成分及主要产地如表 1-3 所示。

表 1-3　主要含钒矿物、颜色、成分及主要产地

| 矿物名称 | 颜色 | 化学式 | 主要产地 |
|---|---|---|---|
| 钒钛磁铁矿 | 黑灰 | $FeO \cdot TiO_2\text{-}FeO(Fe,V)_2O_3$ | 南非、俄罗斯、中国、澳大利亚、加拿大、印度的岩矿，及环太平洋、印度洋沿岸(如新西兰)的海砂矿等 |
| 钾钒铀矿 | 黄 | $K_2O \cdot 2U_2O_3 \cdot V_2O_5 \cdot 3H_2O$ | 美国 |
| 钒云母 | 棕 | $2K_2O \cdot 2Al_2O_3(Mg,Fe)O \cdot 3V_2O_5 \cdot 10SiO_2 \cdot 4H_2O$ | 美国 |
| 含钒石煤 | 褐、黑 | $K_2O \cdot 2H_2O \cdot 3(Al,V)O_3 \cdot 6SiO_2$ | 中国 |
| 绿硫钒矿 | 深绿 | $V_2S_n (n=4\sim5)$ | 秘鲁 |

| 矿物名称 | 颜色 | 化学式 | 主要产地 |
|---------|------|--------|---------|
| 硫钒铜矿 | 赤褐 | $2Cu_2S \cdot V_2S_6$ | 澳大利亚、美国 |
| 磷酸盐钒铁矿 | | $Ca_5(VO_4,PO_4)_3 \cdot (Fe,Cl,OH)$ | 美国、俄罗斯 |
| 钒铅矿 | 红棕 | $Pb_5(VO_4)_3Cl$ | 墨西哥、美国、纳米比亚 |
| 钒铅锌矿 | 樱红 | $(Pb,Zn)(OH)VO_4$ | 纳米比亚、墨西哥、美国 |
| 铜钒铅锌矿 | 绿棕 | $4(Cu,Pb,Zn)O \cdot V_2O_5 \cdot H_2O$ | 纳米比亚、墨西哥、美国 |

提取钒资源的原料主要源于钒渣、矿石以及二次资源。不同国家和地区提取钒的物料基础不同，如绿硫钒矿（秘鲁）、铜钒铅锌矿（纳米比亚、墨西哥、美国）、钒钛磁铁矿（中国、俄罗斯、南非）、钾钒铀矿（美国）、燃油发电油灰（中东、委内瑞拉）[13]。目前，全球钒制品原料的绝大部分来自钒钛磁铁矿，近年来的比例在逐步上升。据统计，2019 年全球约 16％的钒产量直接来自钒钛磁铁矿，约 68％的钒来自钒钛磁铁矿经钢铁冶金加工得到的富钒钢渣及少量富磷钒渣，约 16％的钒由回收的含钒副产品（含钒燃油灰渣、废化学催化剂等）和含钒石煤生产[11]。我国钒产业的原料约 70％来自钒渣，其次为石煤[14]。

在冶金、化工、材料领域，钒常以钒铁、钒化合物和金属钒的形式存在，广泛应用于钢铁冶金、宇航、化工和电池等行业。根据国际钒技术委员会（Vanitec）的数据，近五年来钒的消耗量呈增加趋势，2019 年全球钒消耗量约 102023t（折合为金属钒），同比增长 7.42％，2015～2019 年全球钒产量与消耗量如图 1-3 所示。中国钒矿产量近三年保持在 4 万吨规模，产量较为稳定，占全

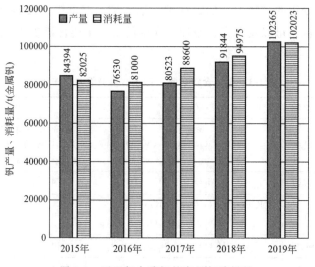

图 1-3　近五年全球钒的产量与消耗量

球钒总产量的 40% 以上。目前全球钒产品消耗量的约 90% 用于钢铁冶金，7% 用于钒钛、钒铝合金等非铁合金，3% 用于其他领域，如电池、化工领域。

化工生产中，钒产业链中的产品包含偏钒酸铵、$V_2O_5$、钒铁、钒氮合金、氮化钒铁等，各类钒产品的生产加工路线如图 1-4 所示。偏钒酸铵为产业链中间产品，含钒 60%（质量分数）左右，在空气中热解成为 $V_2O_5$。工业上五氧化二钒多由含钒的各种类型的矿石以及钒渣经过焙烧或酸浸等方法制备，产品分为片式和粉式。片式五氧化二钒主要用来制造钒铁和钒氮合金，粉式五氧化二钒主要用于化工领域。钒铁是钒和铁组成的合金，采用金属铝还原钒氧化物制取高钒铁是主要的钒铁制备方法，主要用作钢铁冶炼过程中的合金添加剂，常用类型包括含钒 50%（FeV50）、60%（FeV60）和 80%（FeV80）的钒铁。钒含量在 77%~81%，氮的含量在 18%~22% 的钒氮合金应用较多，主要用于合金钢的生产。目前钒氮合金产业化的工艺技术是以钒的氧化物或含钒的混合物为原料，主要工艺是还原-氮化反应。

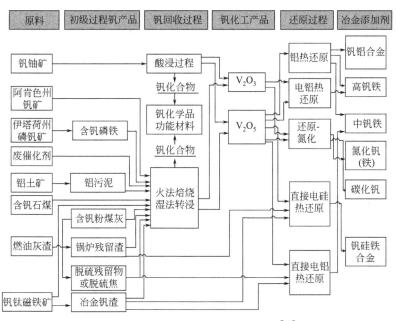

图 1-4　各类钒产品的生产加工路线[12]

我国钒制品市场价格走势如图 1-5 所示。2017 年以来由于受到南非国际钒业主产区大规模停产的影响，国际钒消费市场对中国钒出口的依赖度增加，同时国内钢铁行业供给侧改革及环保标准的提升，带动了钒的需求。另外，在大力的环保督查下，多数石煤提钒企业存在环保不达标而停产的情况，钒产品产量受到一定影响，短期内市场上出现供小于求的情况，受此影响，钒产品价格大幅上涨。2018 年，钒铁价格处于波动态势，上半年受环保要求提升的影响，钒铁及钒制品供应仍然偏紧，钒铁价格持续上涨，接近 50 万元/吨。2018 年 11 月份以来，需求出现疲软现象，钒铁及钒制品价格回落，年末降至 20 万元/吨[11]。2020～2021 年，国内钒市场价格呈震荡下行态势，但不同产品品种的价格态势并不同步。

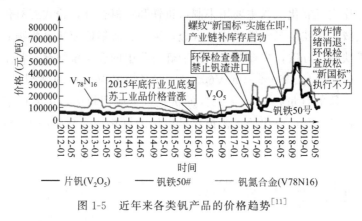

图 1-5　近年来各类钒产品的价格趋势[11]

## 1.1.2　钒、钒氧化物

钒（Vanadium，V）为 23 号元素，电子组态为 $1s^2 2s^2 2p^6 3s^2 3p^6 3d^3 4s^2$，s 电子和 d 电子均可参与成键，能形成多种不同氧化态的化合物，常见化合价为 +5、+4、+3、+2。钒丰富的化合价变化，可以使其与金属元素、非金属元素形成多种类型、不同价态的化合物。例如：①与金属元素（Co、Ni、Pb、Sb、Zn、Sn 等）结合，如 $VCo$、$VCo_3$、$VAl_7$、$VNi_2$ 等；②与非金属元素（H、O、C、N、Cl、Si、P 等）结合，如 $VH$、$VO_2$、$VOCl_3$、$VSi_2$、$V_3P$ 等；③盐类化合物，如钒酸盐等。其中钒的无机化合物，例如钒氧化物、钒卤化物、钒酸盐等，用途较为广泛。

钒与氧可形成众多的氧化物，如具有单一价态 V 的 $VO$、$V_2O_3$、$VO_2$、$V_2O_5$ 以及具有混合价态 V（+4 价和 +5 价）的 $V_3O_7$、$V_6O_{13}$ 等。五氧化二钒和三氧化二钒是钒的重要化合物，是产业链中重要的中间产品。$V_2O_5$ 是酸性较强的两性氧化物，可与碱形成五价的钒酸盐，也可溶于非还原性的酸生成含有淡黄色 $VO_2^+$ 的溶液。以高纯度的 $V_2O_5$ 为原料，利用氢气、碳、铜、草酸等还原剂在一定条件下被还原可得到低价氧化物。$VO_2$ 是两性氧化物，能与碱类形成四价钒的钒酸盐。$V_2O_3$ 呈碱性，不溶于水和碱，能溶于酸，在空气中慢慢吸附氧，转变为 $V_2O_4$。

钒离子在水溶液中具有强烈的络合能力，常以钒酸根离子，或者钒氧基离子形式存在，且呈多种聚合形态。钒在溶液中的聚合状态主要与溶液中钒离子的浓度和溶液的酸碱度有关[15]。图 1-6 为钒在溶液中的聚集状态与 pH 值及钒浓度的关系图[16]。由图可见，在 298K 时，钒在水溶液中可稳定存在的形式分别是：正钒酸根 $VO_4^{3-}$ 及其质子化形态，如 $HVO_4^{2-}$、$H_2VO_4^-$；焦钒酸根 $V_2O_7^{4-}$；偏钒酸根 $(VO_3^-)_n$，其中 $n=1$、3 或 4；十钒酸根 $V_{10}O_{28}^{6-}$ 及其质子化形态，如 $HV_{10}O_{28}^{5-}$、$H_2V_{10}O_{28}^{4-}$；双氧钒根 $VO_2^+$。

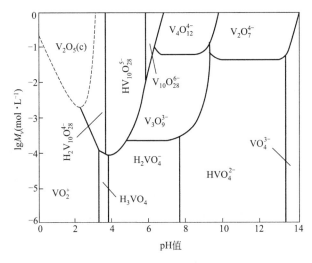

图 1-6    水溶液中钒的离子状态图（298K)[16]

从图 1-6 中还可发现，水溶液中钒的浓度低于 $10^{-4}\,mol\cdot L^{-1}$ 时，钒均以单核形式存在。在 pH<3 的区域，以双氧钒根 $VO_2^+$ 的形式存在。在 pH>3 的区域，形成络合物 $[H_nVO_4]^{(3-n)-}$（$n=3,2,1$），随着 pH 值增加，$H_3VO_4$ 逐渐去质子化，形成 $H_2VO_4^-$、$HVO_4^{2-}$ 和 $VO_4^{3-}$。当溶液中钒的浓度升高时，会发生一系列的聚合反应和水解反应，生成多核钒酸根离子。

$$2HVO_4^{2-} \Longrightarrow V_2O_7^{4-} + H_2O \qquad (1\text{-}1)$$

$$3H_2VO_4^- \Longrightarrow V_3O_9^{3-} + 3H_2O \qquad (1\text{-}2)$$

$$2V_2O_7^{4-} + 4H^+ \Longrightarrow V_4O_{12}^{4-} + 2H_2O \qquad (1\text{-}3)$$

$$5V_4O_{12}^{4-} + 8H^+ \Longrightarrow 2[V_{10}O_{28}]^{6-} + 4H_2O \qquad (1\text{-}4)$$

各种钒离子聚合体的基本特征列于表 1-4。

表 1-4  各种钒的离子的基本特征[16]

| 氧化态 | 离子 | 介质 | 颜色 |
|---|---|---|---|
| V(Ⅱ) | $[V(H_2O)_6]^{2-}$ | 酸性溶液 | 紫色 |
| V(Ⅲ) | $[V(H_2O)_6]^{3-}$ | 酸性溶液 | 绿色 |
| V(Ⅳ) | $VO^{2+}$ | 酸性溶液 | 蓝色 |
| | $VO_3^{2-}$ | 碱性溶液 | |
| V(Ⅴ) | $VO_4^{3-}$ | pH>12.6 | 无色 |
| | $V_2O_7^{4-}$ | pH=9.6～10 | 无色 |
| | $VO_3^-$、$V_3O_9^{3-}$、$V_4O_{12}^{4-}$ | pH=7～7.5 | 无色 |
| | $V_{10}O_{28}^{6-}$ | pH=2.0～6.5 | 橙色～红色 |
| | $VO^{3+}$ | pH=1～2 | 黄色 |

## 1.1.3　钒、钒化合物毒性评估

钒及钒化合物的生物毒理学研究始于 1876 年，在 20 世纪 70～80 年代迅速发展。钒化合物毒性的大小与钒的总量有关，每天摄入 10mg 以上或每克食物中含钒 10～20μg，可发生中毒，其通常表现为腹泻，长期作用会造成生长缓慢。

含钒废气、废水和废渣，对人的呼吸系统和皮肤危害较大，会出现接触性皮炎和过敏性皮炎的状态，表现为肿胀、发红和皮肤坏死等症状，摄入量过多严重的可导致死亡。各类钒化合物毒性试验结果如表 1-5 所示[17]。研究表明，钒化合物毒性及生物效应的大小受化合特性及赋存形态的影响。金属钒的毒性很低，但其化合物对动物、植物存在中等毒性，且随化合价态升高毒性增大。此外，钒盐注射液的 pH 值也影响毒性，pH 值愈高，毒性愈大。

表 1-5  钒化合物的毒性试验结果[17]

| 钒化合物 | 半致死量($LD_{50}$)/mg·kg$^{-1}$ | |
|---|---|---|
| | 口服 | 静脉注射 |
| 五氧化二钒 | 23 | 1～2 |
| 三氧化二钒 | 130 | — |
| 偏钒酸铵 | — | 1.5～2 |
| 正钒酸钠 | — | 2～3 |
| 偏钒酸钠 | 100 | — |
| 四钒酸钠 | — | 6～8 |
| 二氯化钒 | 540 | — |

| 钒化合物 | 半致死量($LD_{50}$)/mg·kg$^{-1}$ | |
| --- | --- | --- |
| | 口服 | 静脉注射 |
| 三氯化钒 | 350 | — |
| 四氯化钒 | 160 | — |
| 氯化氧钒 | 160 | — |
| 四钒酸钠 | — | 6～8 |

　　钒及其化合物在工业生产中主要以尘和烟的形式造成污染，经呼吸道和肺部进入人体产生一系列毒作用。金属钒、碳化钒和亚铁钒的研磨气溶胶虽非高毒，但长期接触高浓度气溶胶仍可产生类似 $V_2O_5$ 中毒的症状。宋永康等人[18] 比较了钒钛尘、$V_2O_5$、$TiO_2$ 和 $SiO_2$ 四种粉尘对家兔肺泡巨噬细胞的影响。结果表明，四种粉尘均可使家兔肺泡巨噬细胞存活率下降，乳酸脱氢酶和酸性磷酸酶活性升高，形态和功能发生变化。毒性由高至低的顺序为 $V_2O_5$、$SiO_2$、钒钛尘和 $TiO_2$。

　　钒对多种细胞都具有毒性，对正常细胞产生毒害，这说明钒对于人体和其他生物体一样具有毒性，不同组织的细胞受钒毒性的影响不同。对呼吸系统、血液循环系统和生殖系统等不同系统的细胞进行研究，有助于人们了解哪些器官属于对钒敏感的靶器官，从而进一步采取防护措施或者治疗措施。Juan 等人[19] 完成了三种钒氧化物对人体白细胞损伤和修复的体外实验，结果表明：$V_2O_5$ 和 $V_2O_3$ 会造成 DNA 单链损伤，损伤可在 90 分钟内得到修复；$V_2O_4$ 会造成 DNA 双链损伤，需 120 分钟才可修复；实验更长时间造成的 DNA 损伤更为严重。

　　在开展动物急性中毒实验中，急性中毒方式主要分为两类：第一类是吸入 $V_2O_5$ 气溶胶，第二类是皮下注射。死于急性中毒的动物可见支气管炎、局灶性肺水肿、毛细血管淤血、出血、血管周围水肿、脑水肿等。总之，钒可在动物的肝、肺等器官内累积，钒的摄入可对动物的呼吸系统、消化系统、排泄系统和生殖系统造成损害等，钒的致癌作用仍存在争议。

　　钒导致人类中毒的慢性中毒和急性中毒的临床表现基本相同，主要表现为对眼、呼吸系统、消化系统、神经系统和皮肤的损害，只是发病时间和损害程度不同。眼部症状主要体现为眼刺痛或有灼烧感、流泪，常见体征为眼结膜炎。呼吸系统刺激症状包括咽痛、咳嗽、咯痰、气短等，常见体征为鼻咽部充血、绿舌苔，肺部可闻干湿性啰音或喘鸣音。皮肤刺激症状为当天或一周内暴露部位皮肤刺痛、瘙痒、有烧灼感，并出现粟粒大小、分散的红色丘疹，与毛孔无固定关系；一般脱离环境 3～5 天痒感消失，皮疹自然消退。

总体上讲，钒及其化合物对于人体有一定的毒害作用，因此要重点关注对钒作业人员的防护。除此之外，由于煤与石油的燃烧以及含钒矿物的开采和冶炼，钒也广泛分布于空气、水和土壤中，对公众也会产生影响。应该从钒制品的整个生产周期出发，在原材料、工艺过程、设备、过程控制、管理、人员、废弃物等各个环节进行考虑，全方位做好防护。

## 1.1.4 钒、钒化合物在冶金领域的应用

钒、钒化合物目前绝大多数情况用于钢铁材料制备中。主要产品包括钒铁、钒铝合金、钼钒铝合金、硅锰钒铁合金及钒化合物，其中钒铁、钒氮合金是最重要的钒材料，也是主要的量大面广的工业产品。

钒铁二元合金通常是通过氮化钒还原得到的铁和钒的中间合金，钒含量（质量分数）不小于 35%，不大于 85.0%。按钒和杂质的含量分为 3 大类 FeV50、FeV60、FeV80，共 9 个牌号。

钒氮合金可替代钒铁作合金添加剂，按氮含量分为 VN12 和 VN16 两个牌号。钒氮合金是一种新型合金添加剂，主要用于微合金化钢的生产。2018 年，钒氮合金的产能和产量维持良好的发展局势，如图 1-7 所示[12]。50 钒铁（FeV50）在 2008 年开始有大幅度的产量增长，直到 2014 年开始有所回落。80钒铁（FeV80）在 2010 年后产量明显增长，2014 年后开始有所回落。钒氮合金产量从 2009 年开始明显增加，到 2018 年钒氮合金全年产量高达 27600 吨，氮化钒铁产量从 2009 年开始有明显增加，2013 年达 5700 吨，该图清楚表明 2013 年以后钒氮合金产量持续排在各种钒合金产品的榜首。

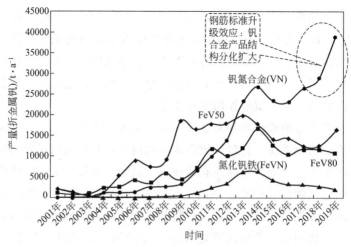

图 1-7 中国钒合金产品的产量结构[12]

钒铁合金和钒氮合金都由钒氧化物进一步深加工制备，王永刚等人[20]将钒氧化物用金属铝还原制得高钒铁，这是目前主要的钒铁制备方法，基本原理是将片状五氧化二钒作为原料并采取75%硅铁和少量铝作为还原剂，在碱性电弧炉中经过还原、精炼两个主要阶段后得到合格的钒铁产品。翁庆强[21]以钒的氧化物或混合料为原材料，破碎后添加碳粉和添加剂后混合均匀，压制成球形，进入还原-氮化设备中进行钒氧化物的还原-氮化反应，经过冷却后得到所需氮化钒。

钒铁合金和钒氮合金90%左右应用于钢铁冶金，其他主要应用于钛-铝-钒合金等非铁合金，还应用于化学品以及电池等领域。在钛合金领域钒以钛-铝-钒合金的形式应用于飞机发动机、宇航船舱骨架、导弹、蒸汽轮机叶片、火箭发动机壳等方面。此外，钒合金还应用于磁性材料、硬质合金、超导材料及核反应堆材料等领域。

# 1.1.5 钒、钒化合物在化工领域的应用

在化工领域，利用钒的多价态特性将其用作催化剂，生产硫酸和硫化橡胶，也用于抑制发电厂中产生的氧化亚氮。其他化工钒制品则主要用于陶瓷着色剂、显影剂、干燥剂等。钒化工新材料泛指通过钒配位，具有独特功能的一类材料，如钒系催化剂、储氢材料、电池材料、超导材料、钒基颜料、膜材料和光敏材料等，各自具有不同的应用领域。

（1）钒电池

全钒氧化还原液流电池（VRB），又称为钒电池。钒电池因具有储能容量大、功率可调、大电流无损深度放电、操作维护简单、使用寿命长、绿色环保等突出优势而备受关注，正在逐步走向实用化。钒电池电解液是以硫酸作为支持电解质，钒作为电解质，通过钒离子价态变化，实现化学能和电能的转换。钒电池具体结构如图1-8所示[22]。该电池支持电力和储能容量的无限扩展。全钒液流储能电池系统能够应用于电力供应的各个环节，例如为偏远地区提供电力，是电网固定投资的递延。此外，它不含铅、镉等有害元素，具有更好的环境友好性，是对生态影响程度较低的储能技术。

钒电池因上述各种独特优势而广泛适用于与风力发电、光伏发电、电网调峰、分布电站、军用蓄电、通信基站等规模储能相关的领域。全钒液流电池可以保持连续稳定、安全可靠的电力输出，能够有效地弥补风力等发电输出不稳定的缺陷，保持智能电网稳定运行。该电池还可用于电动汽车充电站，可避免电动车大电流充电对电网造成冲击；也可用于高耗能企业，谷电峰用，能够达到降低生产成本的效果；可作为国家重要部门的备用电站等。

（2）钒储氢材料

钒是唯一在常温下能吸、放氢的金属，吸氢量理论上达到3.8%。目前，钒

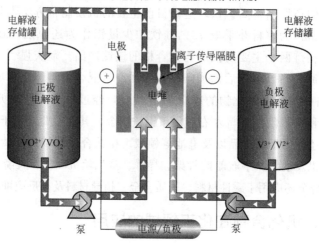

图 1-8　全钒液流电池原理图[22]

基固溶体储氢合金的吸氢量大于 3.3%，放氢量大于 2.3%，放氢温度低于 100℃，是较为优异的钒基储氢合金[23]。钒及钒基固溶体合金等与氢反应生成 VH、VH$_2$，其中 VH$_2$ 储氢能力较强。储氢合金的存在使得氢气的运输更为方便，运输量和安全性也得到大幅度提高。许多国家研究了多种钒基体心立方（BBC）型固溶体储氢合金，但因是金属钒作为合金元素，所以制作成本较高，限制了其大规模应用和推广[24-27]。

（3）钒催化材料

以含钒化合物为活性组分的钒系催化剂是工业上最重要的氧化催化剂系列之一。以 V$_2$O$_5$ 为主要成分的钒系催化剂几乎对所有的氧化反应都有效，广泛应用于硫酸、有机化工原料合成、烟气脱硫脱硝等领域。目前，工业钒系催化剂中约 1/3 应用于硫酸生产，约 1/3 应用于乙丙橡胶合成，其余 1/3 应用于顺酐、苯酐生产以及选择性催化还原（SCR）催化剂等[28-34]。

（4）钒颜料

在颜料领域，钒主要用于制备铋黄及钒锆蓝颜料[35]。铋黄颜料具有色泽优良、耐腐蚀性强、无毒的突出优点，其广泛应用于黄色汽车外壳涂装、高端塑料制品、高级油墨等领域。钒锆蓝颜料具有较高的热稳定性、较强的着色能力且能与其他陶瓷颜料混合制成复合色，因此钒锆蓝颜料广泛应用于陶瓷及搪瓷行业[36]。

（5）纳米级医疗钒材料

一维钒氧化物纳米材料体系中存在多种氧化态和配位多面体，使其在微电子学、电化学、磁学和光学等领域得到广泛应用。钒在细胞新陈代谢过程中起着重要的作用，钒化合物在降糖、抗癌及抗炎等方面具有较高药用价值[37-40]。

（6）钒薄膜材料

由于$VO_2$在68℃附近可发生可逆的一级相变，它在相变前后结构的变化导致其对红外光由透射向反射的可逆转变，能将其应用于制备智能控温薄膜等领域[41]。在钒的功能材料中，溶胶-凝胶制备技术是制得$VO_2$涂层的主要方法[42]，利用其相变后的特殊性质将其应用于太阳能控制材料、红外辐射测温仪、热致开关、热敏电阻、红外脉冲激光保护膜、滤色镜、热致变色显示材料、红外光学调制材料、透明导电材料、防静电涂层等方面[43-45]。

综上所述，钒化合物应用领域广，尤其在功能材料应用方面具有重大价值。目前，新能源材料迅速发展，钒化合物的研究也需与时俱进，在不同的应用层面实现大规模应用，并不断开发新的功能。

# 1.2
# 钒化合物在纳米能源领域的应用

虽然在过去的几十年里报道了许多种类的锂离子嵌入-脱出正极材料，但高容量正极材料的研究还是较少。一种提高容量的方法是设计材料时选用高价态的金属的氧化物，如钒、钨、钼、铌等金属的氧化物，它们在嵌锂过程中多次被还原转移更多的电子，释放或储存更多的能量。但由于钨、钼、铌等具有较大的相对原子质量，并未使比容量有实质性的提升。金属钒价态多变，其形成的钒氧化物、钒酸盐化合物、钒磷酸盐化合物等具有高理论容量，典型材料包括$V_2O_5$、$VO_2$、$Li_{1+x}V_3O_8$、磷酸钒锂、钒酸铜、钒酸银、钒酸钠、钒酸钾等，如图1-9所示[46]。除了锂离子电池，这些钒化合物也可以用作钠离子电池、锌离子电池、镁离子电池等的正极材料。然而，由于钒基材料多数不含可脱嵌的金属离子，它们只能用于可充金属电池中。例如，固体聚合物电解液的锂电池（Li-SPE）和锌离子电池主要用不含锂的$V_2O_5$或者其衍生物作为正极，使钒基材料得到了一定的应用，也促进科研界继续研究和开发更好性能的钒基正极材料。

纳米结构材料在能量存储方面具有独特的优势[47,48]：第一，部分微米尺寸材料不能发生的电极反应，纳米材料可以发生；第二，纳米化缩短了离子的传输距离，同时可以显著提高离子的嵌入/脱出的效率；第三，电子转移也会随颗粒尺寸纳米化程度的提高而增加；第四，可以有效增大比表面积，使得电极材料可以与电解液充分接触；第五，对于非常小的颗粒，锂离子和电子的化学势发生改

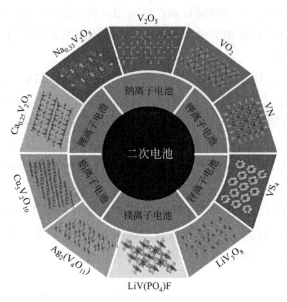

图 1-9　二次电池系统典型的钒基电极材料[46]

变，引起电极电势的改变。

## 1.2.1　钒氧二元化合物

钒氧化物是钒基化合物中最常见的相，其中，化学计量比包括 VO、$V_2O_3$、$VO_2$ 和 $V_2O_5$ 等；具有周期性缺陷的钒氧化物则包括 $V_nO_{2n-1}$（Magnélis 相，$3 \leqslant n \leqslant 9$）和 $V_nO_{2n+1}$（Wadsly 相，$3 \leqslant n \leqslant 6$）[49]。同时，不同配位形态和键长的钒氧化物可形成多种异构体（正八面体、扭曲八面体、四面体、双锥体等）。V-O 体系相图，如图 1-10 所示[50]。

钒氧二元化合物具有复杂的化学结构，不同的钒氧化物表现出截然不同的电化学嵌锂特性。钒氧二元化合物中最具有代表性、电化学性能最佳的是层状 $V_2O_5$。自从 1976 年 Whittingham 首次报道了 $V_2O_5$ 在室温下的可逆电化学嵌锂行为，$V_2O_5$ 受到了研究者的广泛关注[51]。研究发现，$V_2O_5$ 的晶体结构在 1.5V 电压以上最多能容纳 3 个 $Li^+$ 的嵌入，此时，$V_2O_5$ 中 V 的价态一半变成 +4，另一半变成 +3。随着 $Li^+$ 的嵌入，实现储能的同时，$V_2O_5$ 的晶体结构也将发生一系列的相变，相关相转变细节将在下一章讨论。

纳米化技术的引入，可以使 $V_2O_5$ 的性能明显提升。合成纳米结构的 $V_2O_5$ 的方法有很多，比如模版法[52,53]、溶剂（水）热法[54-58]、热分解法[59]、自组装合成[60,61]和静电纺丝法[62,63]等。麦立强教授等人[63]采用静电纺丝技术合成

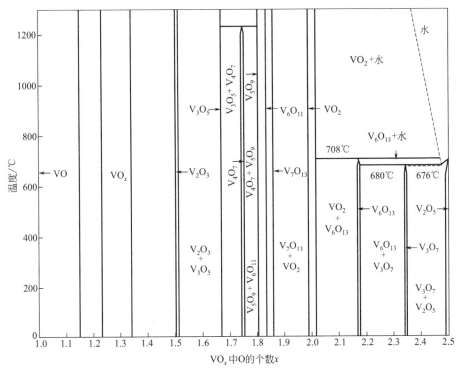

图 1-10　V-O 系相图（$1 \leqslant x \leqslant 2.5$）[50]

了 $V_2O_5$ 纳米线，其直径为 $100 \sim 200nm$，长度为几个毫米。合成的材料在 $1.75 \sim 4.0V$ 的电压范围内，初始比容量为 $390mA \cdot h \cdot g^{-1}$，50 次循环后为 $201mA \cdot h \cdot g^{-1}$；在 $2.0 \sim 4.0V$ 的电压范围内，其初始比容量为 $275mA \cdot h \cdot g^{-1}$，50 次循环后为 $187mA \cdot h \cdot g^{-1}$。梁叔全团队[64] 报道的溶剂热法合成的超大片（大于 $100\mu m$）、超薄（$2 \sim 5nm$）$VO_2$ 纳米片，在空气中低温热处理可以得到 $V_2O_5$ 纳米片，结构几乎保持不变，其作为锂电池正极材料表现出极为优异的性能，在 $1.5A \cdot g^{-1}$ 的电流密度下循环 500 次的容量保持率为 $92.6\%$。

　　除采用纳米技术外，结合复合材料的优势，也可以有效提高氧化钒的电化学性能。$V_2O_5$ 量子点/石墨烯复合材料就表现出较为优异的性能[65]。Fan 课题组[66] 通过水热法将导电聚乙烯二氧噻吩（PEDOT）包裹 $V_2O_5$ 纳米带阵列长在三维石墨烯上，如图 1-11 所示。该复合材料可以直接作为锂电池的活性电极，无需任何乙炔黑等导电添加剂和聚偏氟乙烯（PVDF）等粘接剂，获得了非常好的性能。其在 $2 \sim 4V$(vs. $Li^+/Li$) 电压范围内放电，在 60C 的超高电流倍率下仍能表现出 $168mA \cdot h \cdot g^{-1}$ 的放电比容量，循环 1000 次后，容量保持率为 $98\%$，表现出很高的功率密度和能量密度。

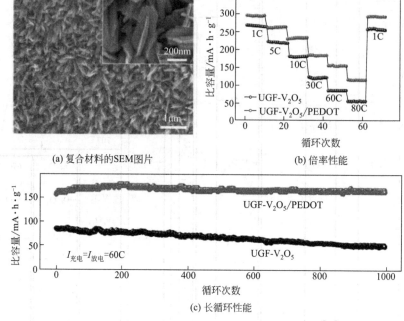

(a) 复合材料的SEM图片　　　　(b) 倍率性能

(c) 长循环性能

图 1-11　$V_2O_5$/PEDOT 复合材料的结构性能关系[66]

　　值得一提的是，最近许多研究报道了 $V_2O_5$ 作为锌离子电池的正极材料[67-70]。例如，Zhang 等人[68] 报道的用 $3\ mol \cdot L^{-1}\ Zn(CF_3SO_3)_2$ 水溶液作为电解液的 Zn-$V_2O_5$ 电池获得了高的能量密度，在 $710\ W \cdot kg^{-1}$ 功率密度下能量密度达到 $322\ W \cdot h \cdot kg^{-1}$，如图 1-12(a) 所示。同时它还显示出长循环稳定性，如图 1-12(b) 所示，即使在 4000 次循环后仍具有高可逆比容量 $372\ mA \cdot h \cdot g^{-1}$（约 91% 容量保持率）。Huang 等人[70] 采用 $V_2O_5$ 纳米纤维和碳纳米管组装成 $V_2O_5$ 纳米纸，该材料在 $0.5\ A \cdot g^{-1}$ 电流密度下可释放出 $375\ mA \cdot h \cdot g^{-1}$ 放电比容量，并在 $10\ A \cdot g^{-1}$ 电流密度下维持 500 次循环。

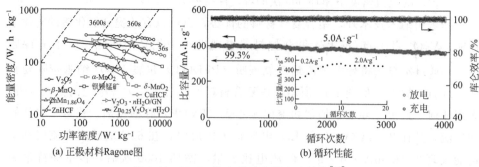

(a) 正极材料Ragone图　　　　(b) 循环性能

图 1-12　$V_2O_5$ 的水系锌离子电池性能[68]

自从 1979 年 Murphy 首次报道了 $V_6O_{13}$ 具备高容量和电子电导率后，$V_6O_{13}$ 也吸引着研究者的目光[71,72]。$V_6O_{13}$ 结构中的 V 有着混合价态，分别为 $V^{4+}$ 和 $V^{5+}$，钒的价态全部还原为三价状态时，拥有高达 $417mA \cdot h \cdot g^{-1}$ 的理论比容量，提供大约 $900W \cdot h \cdot kg^{-1}$ 的高理论能量密度。此外，该化合物在室温下显示金属特性[73]。$V_6O_{13}$ 还是一个低温多晶型物质，其结构还存在争议[74]。在 150K 时发生相转变，随后其电导率和磁化率下降，这表明电荷再分配，发生了结构变化。Murphy 等人对 $V_6O_{13\pm y}$ 的电化学性能进行了研究，识别了非化学计量的钒氧化物与锂的反应机制[75]。例如，当浸入正丁基锂溶液中，化学计量比的 $V_6O_{13}$ 可以嵌入 4.5mol 锂离子，而轻微氧化 $V_6O_{13+y}$ 可以嵌入 8mol 的锂离子。后期工作表明，当所有的 V 被还原到 +3 价的时候，纯的 $V_6O_{13}$ 可以嵌入 8mol 的锂离子[76]。其锂的嵌入伴随着几个相变和电导率的下降。同时，深度放电将导致电极不完整和副反应的发生，增加其不可逆性。

相比 $V_2O_5$，具有混合价态的 $V_6O_{13}$ 由于较难合成因而研究受到不少制约。Li 等人[77] 合成的 $V_6O_{13}$ 纳米晶表现出较好的嵌锂性能。Tian 等人[78] 通过在氩气气氛下进行低温剥离之后再二次嵌锂处理得到 $V_6O_{13}$ 纳米片，其在 $100mA \cdot g^{-1}$ 电流密度下可以获得 $301mA \cdot h \cdot g^{-1}$ 的放电比容量，在 $1A \cdot g^{-1}$ 电流密度下循环 150 次后容量保持率高达 98%。最近，Ding 等人[79] 采用一种简单的基于室温溶液体系的氧化还原自组装方法获得由一维纳米槽编织而成的 3D 纳米织构多级结构，这种结构具有较高的比表面积，有利于电解液的渗透，同时能够促进锂离子和电子快速传输，也可有效抑制其一维单元的团聚和粉化。该材料表现出高达 $780W \cdot h \cdot kg^{-1}$ 的比能量，并在高电流密度下具有较好的容量保持率。

$VO_2$ 是另一种很重要的二元钒氧化物，主要以五种晶体相形式存在，包括四方相 $VO_2(R)$、单斜相 $VO_2(M)$、亚稳相 $VO_2(A)$、亚稳相 $VO_2(B)$ 和亚稳相 $VO_2(C)$。作为能源材料研究较广泛的是亚稳相 $VO_2(B)$，其结构具有沿 3 个坐标轴方向的晶格隧道[80]。亚稳相 $VO_2(B)$ 可用作锂、钠离子电池的电极材料，近几年被发现也可用作锌离子电池正极材料。Ding 等人[81] 证明，亚稳相 $VO_2(B)$ 的隧道结构，对于 $Zn^{2+}$ 的快速嵌入/脱出是十分有利的，如图 1-13(a) 所示。该材料在 $0.25C(0.1A \cdot g^{-1})$ 电流密度下能获得 $357mA \cdot h \cdot g^{-1}$ 的放电比容量，且表现出优异的倍率性能，在 300C 电流密度下获得 $171mA \cdot h \cdot g^{-1}$ 放电比容量。Xia 等[84] 原位 XRD 研究表明，在 $Zn^{2+}$ 的快速嵌入/脱出过程中晶体结构发生改变。从图 1-13(b) 可以看出，在 1.5V 到 0.3V 的放电过程中，$(\overline{6}01)$ 面和 $(\overline{4}04)$ 面的衍射峰发生负移，表明 $Zn^{2+}$ 逐渐从平行于 $b$ 轴的隧道嵌入；同时（020）面的衍射峰也发生了负移，说明 $Zn^{2+}$ 也从平行于 $c$ 轴的隧道嵌入。

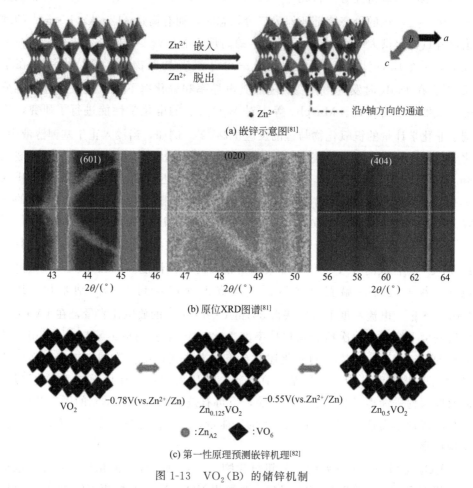

(a) 嵌锌示意图[81]

(b) 原位XRD图谱[81]

(c) 第一性原理预测嵌锌机理[82]

图 1-13　$VO_2$(B) 的储锌机制

Park 等人[82] 通过第一性原理计算预测 $Zn^{2+}$ 嵌入 $VO_2$(B) 的结构演变规律。研究发现，$Zn^{2+}$ 在 $VO_2$(B) 中有四个可能的储存位点，且每个 $VO_2$(B) 晶胞可嵌入 0.5mol $Zn^{2+}$。从图 1-13(c) 可以看出，该过程分为两阶段：第一阶段，0.125mol $Zn^{2+}$ 进入结构形成 $Zn_{0.125}VO_2$(B)，实验和理论计算表明该反应发生在 0.78V 附近；第二阶段，在 0.55V 附近有 0.375mol $Zn^{2+}$ 参与反应形成 $Zn_{0.5}VO_2$(B)。

$V_2O_3$ 也是被广泛研究的二元钒氧化物，该材料具有隧道结构，有利于二次电池宿主离子 $Li^+$/$Na^+$ 的嵌入和脱出[83]。因此近些年，研究者发现将 $V_2O_3$ 用于锂/钠离子电池的负极材料，均表现出良好的电化学性能。

当 $V_2O_3$ 用于锂离子电池负极材料充电时，它能嵌入 2 个 $Li^+$，并获得 356mA·h·$g^{-1}$ 的理论比容量。Sun 等人将水热法合成的 $V_2O_3$ 纳米棒与 $LiMn_2O_4$ 匹配成全电池，在 60mA·$g^{-1}$ 的电流密度下能获得 131mA·h·$g^{-1}$ 的比容量[83]。Jiang 等人通过原位碳包覆的方法合成了具有核壳结构的 $V_2O_3$@C 微米球复合材料，该材料在 100mA·$g^{-1}$ 的电流密度下循环 100 次后能保持 437.5mA·h·$g^{-1}$ 的比容量，容量保持率为 92.6%[84]。Niu 等人合成了碳支撑的 $V_2O_3$ 微米球，在 2000mA·$g^{-1}$ 电流密度下能循环 9000 次并保持 98% 的比容量，达到 240mA·h·$g^{-1}$[85]。An 等最近报道的 $V_2O_3$@KB 碳的复合材料用于钠离子电池负极材料时，在 100mA·$g^{-1}$ 和 1000mA·$g^{-1}$ 的电流密度下首次循环比容量分别为 744mA·h·$g^{-1}$ 和 444mA·h·$g^{-1}$，循环后其可逆比容量分别保持在 270mA·h·$g^{-1}$ 和 140mA·h·$g^{-1}$[86]。Xia 等人合成的 $V_2O_3$ 与碳纳米管的复合材料，在 100mA·$g^{-1}$ 电流密度下的可逆比容量为 612mA·h·$g^{-1}$，在 10000mA·$g^{-1}$ 电流密度下能循环 10000 次并保持 70% 的比容量（134mA·h·$g^{-1}$），虽然该复合材料的电化学性能非常出色，但是其工艺过于烦琐[87]。

## 1.2.2 钒酸盐化合物

钒酸盐化合物可以看作钒氧化物与不同离子复合的衍生物，种类繁多，组成、结构和性能各不相同，具有广阔的发展空间和应用前景，其中包括 $M_xV_2O_5$（M 为 $Na^+$、$K^+$、$Ag^+$ 等）、$M_xV_3O_8$（M 为 $Li^+$、$Na^+$ 等）、钒酸锌、钒酸铵等，其相关结构将在下一章讨论。

通过将金属离子 M（如 $Na^+$、$K^+$、$Ag^+$ 等）掺杂进入 $V_2O_5$ 的层状结构可以得到三维隧道结构的 $M_xV_2O_5$[88,89]，这类化合物的隧道结构有利于 $Li^+$/$Na^+$ 快速扩散，并且 M 形成的"支柱效应"使得该类材料具有更好的结构稳定性[90-92]。

由于钒酸盐导电性能不好，所以一般需要通过调控其微观结构，以提升其电化学性能。本书作者团队之前报道的微米球状的 $\beta$-$Na_{0.33}V_2O_5$ 在 1000mA·$g^{-1}$ 的电流密度下能获得 157mA·h·$g^{-1}$ 的比容量[93]。Seo 等人合成的微米棒状结构的 $\beta$-$Na_{0.33}V_2O_5$ 在 1C 电流密度下能获得 301mA·h·$g^{-1}$ 的高比容量[94]。Lu 等人将纳米片状 $\beta$-$Na_{0.33}V_2O_5$ 与 rGO 混合在一起并用于锂离子电池正极材料，在 4500mA·$g^{-1}$ 的电流密度下，循环 400 次后还能保持 199mA·h·$g^{-1}$ 的比容量，平均每次循环容量损失率仅为 0.03%[95]。

$\beta$-$Na_{0.33}V_2O_5$ 用于钠离子电池的研究不多，且性能均不理想。Liu 等人合

成的纳米棒状的 $Na_{0.33}V_2O_5$ 在 $50mA \cdot g^{-1}$ 的电流密度下循环 30 次，容量仅保持 $71\%(75mA \cdot h \cdot g^{-1})$[96]。Jiang 等人通过自氧化法制备的 $Na_{0.33}V_2O_5$ 在 $20mA \cdot g^{-1}$ 的电流密度下初始比容量为 $149mA \cdot h \cdot g^{-1}$，循环 30 次后比容量衰减为 $82mA \cdot h \cdot g^{-1}$[97]。He 等人通过水热法合成的纳米片状的 $Na_{0.33}V_2O_5$ 在 $15mA \cdot g^{-1}$ 的电流密度下，首次循环的比容量为 $147mA \cdot h \cdot g^{-1}$，循环 30 次后比容量能保持 92.2%[98]。尽管如此，$\beta$-$Na_{0.33}V_2O_5$ 的循环稳定性能还有待进一步提升。

He 等[99] 首次将 $Na_{0.33}V_2O_5$ 用作水系锌离子电池正极材料，在 $0.1A \cdot g^{-1}$ 电流密度下具有高达 $367.1mA \cdot h \cdot g^{-1}$ 的放电比容量，1000 次循环后仍保留超过 93% 的比容量，如图 1-14(b) 所示。$Zn^{2+}$ 嵌入 $Na_{0.33}V_2O_5$ 时的结构变化如图 1-14(c) 所示，在放电过程中会生成 $Zn_xNa_{0.33}V_2O_5$ 相，且该新相在充电过程中完全转化成 $Na_{0.33}V_2O_5$ 相，表现出高度可逆的行为。本书作者团队[100] 也进一步证实 $Na_{0.33}V_2O_5$ 相（$Na_{0.76}V_6O_{15}$ 类似相）具有优越的循环稳定性，发现 $Na_{0.76}V_6O_{15}$ 在充放电过程中没有新相生成。同时该团队制备了 $NaV_3O_8$ 型层状结构的钒酸钠 $Na_5V_{12}O_{32}$（$Na_{1.25}V_3O_8$ 类似相），进一步揭示不同结构和构型对储 $Zn^{2+}$ 行为的影响。从图 1-14(d) 可以看出，层状 $Na_5V_{12}O_{32}$ 的结构在放电过程中遭到破坏，并形成 $Zn_4V_2O_9$ 的新相，而隧道型的 $Na_{0.76}V_6O_{15}$ 在 $Zn^{2+}$ 的嵌入/脱出过程中无结构坍塌，表现出很好的可逆性。这些研究表明，层状 $NaV_3O_8$ 在层表面上具有与 V 单连接和三连接的 O，而隧道型 $\beta$-$Na_{0.33}V_2O_5$ [晶体结构见图 1-14(a)] 只有单连接的 O。与三连接的 O 相比，$Na^+$ 与单连接 O 的相互作用更强。因此，$Na_5V_{12}O_{32}$ 中部分与三连接的氧原子键合的 $Na^+$，更容易被 $Zn^{2+}$ 取代，形成 $Zn_4V_2O_9$ 的新相。相较之下，$Na_{0.76}V_6O_{15}$ 中的 $Na^+$ 与单连接的 O 键合起到了强有力的"支柱"作用，稳定了整个结构，结构保持能力更好。

由于 $K^+$ 半径（0.304nm）比 $Na^+$ 半径（0.232nm）更大，有研究表明，$K^+$ 能形成更强的"支柱效应"，使其结构更稳定，并能防止相邻 V—O 层之间的相对滑移[101]。Meng 等人采用原位 XRD 技术分析了 $K_{0.25}V_2O_5$ 的锂化行为：

$$K_{0.25}V_2O_5 + xLi^+ + xe^- \xrightarrow{\text{放电}} Li_xK_{0.25}V_2O_5 \tag{1-5}$$

证实了放电过程中 $Li^+$ 会可逆地嵌入 $K_{0.25}V_2O_5$ 的空位中[102]。本书作者团队 Fang 等通过溶胶-凝胶法合成层层堆叠的微米片状 $K_{0.25}V_2O_5$，在 $500mA \cdot g^{-1}$ 电流密度下循环 500 次还能保持 $116mA \cdot h \cdot g^{-1}$ 的比容量，平均每次循环比容量损失率仅为 0.023%[103]。$K_{0.25}V_2O_5$ 在钠离子电池中的应用较少。麦立强教授

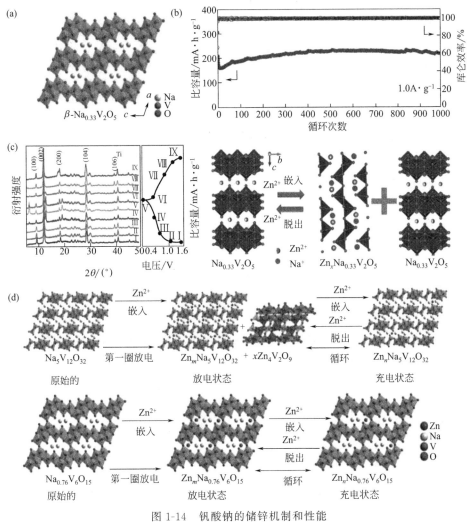

图 1-14　钒酸钠的储锌机制和性能

（a）$\beta$-$Na_{0.33}V_2O_5$ 的晶体结构[100]；（b）$Na_{0.33}V_2O_5$ 电极的长循环性能；

（c）$Na_{0.33}V_2O_5$ 电极的非原位 XRD 和储能机理示意图[99]；（d）$Na_5V_{12}O_{32}$ 和

$Na_{0.76}V_6O_{15}$ 的储能机理示意图[100]

等人报道的 $K_{0.25}V_2O_5$ 纳米线用作钠离子电池正极材料时，在 $100mA \cdot g^{-1}$ 电流密度下初始比容量为 $90mA \cdot h \cdot g^{-1}$，但循环 100 次后比容量还能维持 90%[102]。相比掺杂 $Na^+$，掺杂 $K^+$ 确实在一定程度上有利于提升化合物的结构稳定性，但是由于 K 的原子量更大，导致钒酸钾的比容量相对更低。

$Ag_{0.33}V_2O_5$ 与 $\beta$-$Na_{0.33}V_2O_5$、$K_{0.25}V_2O_5$ 有相似的电化学行为，它最大的特点在于放电时，$Ag^+$ 被还原成 Ag 附着在材料表面，从而有效提高其电导率[104,105]。本书作者团队报道的 $Ag/Ag_{0.33}V_2O_5$ 复合材料在 $300mA \cdot g^{-1}$ 的电流密度下充放电 200 次后，比容量能保持 96.4% （$132mA \cdot h \cdot g^{-1}$）[106]。然而，由于 $Ag_{0.33}V_2O_5$ 的比容量不高，且 Ag 的成本较高，所以这个材料并不适合在常规电池中大规模应用。

通过在 $V_2O_5$ 层间嵌入阳离子和水分子形成 $M_xV_2O_5 \cdot nH_2O$[107-111]，可以增强其结构稳定性。例如，Kundu 等人报道的 $Zn_{0.25}V_2O_5 \cdot nH_2O$，其中层间的 $Zn^{2+}$ 和结构水作为支柱，在循环过程中稳定结构，如图 1-15（a）所示[111]。该材料具有 $282mA \cdot h \cdot g^{-1}$ 的比容量，平均工作电压约 0.9V（vs. $Zn^{2+}/Zn$），这意味着该材料可释放出约 $250W \cdot h \cdot kg^{-1}$ 的能量密度，如图 1-15（b）所示。研究发现，结构水分子在促进 $Zn^{2+}$ 嵌入/脱出中起到关键作用，通过可逆地扩大和缩小 $Zn_{0.25}V_2O_5$ 的层间距，可获得良好的动力学性能和高倍率性能。Mai 和 Yang 等在 $V_2O_5 \cdot nH_2O$ 材料中也证实了结构水对储 $Zn^{2+}$ 性能的影响[108]。采用固相核磁共振（MAS）[1]H 谱研究了电极材料的结构演化和结构水的影响，如图 1-15（c）所示。原始 $V_2O_5 \cdot nH_2O$ 的 [1]H 谱在 $5.6 \times 10^{-6}$ 处出现宽的共振峰，这是由于 $V_2O_5$ 双层间存在结构水。充电至 1.3V 后，[1]H 峰移动到 $5.3 \times 10^{-6}$，信号强度增加，$V_2O_5 \cdot nH_2O$ 层间距从 12.6Å 减小到 10.4Å。可能是 $Zn^{2+}$、$H_2O$ 等与晶格氧之间形成氢键，从而使 $V_2O_5 \cdot nH_2O$ 双层更接近。放电至 0.2V 后，[1]H 峰分裂成两个峰。在 $5.1 \times 10^{-6}$ 处的相对尖锐的峰，是由于少量剩

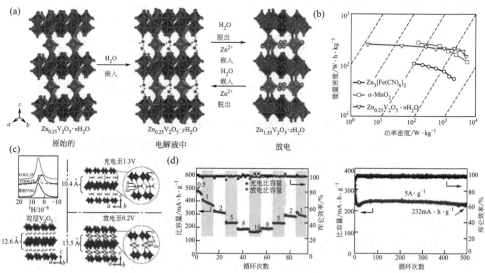

图 1-15　$M_xV_2O_5 \cdot nH_2O$ 的储锌性能和机理

（a）储锌机理示意图[111]；（b）Ragone 图[107]；（c）非原位固态核磁共振 [1]H 谱和 $V_2O_5 \cdot nH_2O$ 晶体结构演变[108]；（d）$Li_xV_2O_5 \cdot nH_2O$ 的倍率性能和循环性能[111]

余的 $Zn^{2+}$ 和 $H_2O$ 分子形成团簇造成的，而在 $2.9 \times 10^{-6}$ 处的宽峰归因于嵌入水合 $Zn^{2+}$。这些水分子起到了"润滑剂"的作用，促进了 $Zn^{2+}$ 的快速运输。此外，结构水对嵌入的 $Zn^{2+}$ 具有电荷屏蔽效应，从而提高容量和倍率性能。本书作者团队[111] 通过在 $V_2O_5$ 中进行 $Li^+$ 掺杂，形成 $Li_xV_2O_5 \cdot nH_2O$，扩大了面间距，有效解决了离子扩散缓慢的问题。该材料与锌负极匹配成的全电池具备了较高的容量与循环稳定性，如图 1-15(d) 所示。

具有 $[V_3O_8]$ 层状框架结构的钒酸盐（$M_{1+x}V_3O_8$ 和 $M_xV_3O_8$）是另一类重要的钒基锂/钠离子电池正极材料，其中 M 多为 Li、Na 等元素。

当 $Na_{1+x}V_3O_8$ 用于锂离子电池正极材料时，发生简单的单相反应：

$$Na_{1+x}V_3O_8 + yLi^+ + ye^- \xrightarrow{充电} Li_yNa_{1+x}V_3O_8 \qquad (1\text{-}6)$$

这是一个典型的嵌入型电化学行为。Tang 等人采用非原位 XRD 技术，研究了 $Na_{1+x}V_3O_8$ 在不同充放电电压（1.5～4V）状态下的 XRD 图谱，如图 1-16(a)、(b) 所示，他们发现不论是充电还是放电的过程中，其 XRD 的峰形基本没发生变化，并且没有新的物相产生。只是在 $2\theta = 29.4°$ 的衍射峰，充电时会向高角度方向偏移，而放电结束后该衍射峰又会回到 $29.4°$，这是由于 $Li^+$ 嵌入和脱出 $Na_{1+x}V_3O_8$ 过程中其晶格的体积和对应晶面间距的变化造成的[112]。随后，Tao 等人首次通过原位 TEM 技术，观测了 $Na_{1+x}V_3O_8$ 纳米棒的锂化过程，如图 1-16(c) 所示。研究发现，$Li^+$ 会更倾向于嵌入 $[\bar{1}11]$ 和 $[\bar{2}15]$ 晶向上的间隙位置，最多能嵌入 2.5 个 $Li^+$；此外，在锂化过程中虽然 $(\bar{1}11)$ 和 $(\bar{2}15)$ 晶面间距在一定程度上扩大，并产生约 16% 的宏观体积膨胀，但其微观形貌和选区衍射斑点保持良好，这也证实了 $Na_{1+x}V_3O_8$ 具有稳定的嵌锂的结构[113]。Cao 等人运用 XPS 技术研究了 $Na_{1+x}V_3O_8$ 在嵌入和脱出 $Li^+$ 过程中 V 的价态变化，如图 1-16(d) 所示。研究发现在逐步放电的过程中，越来越多的 $V^{5+}$ 会被还原成 $V^{4+}$；当开始充电时，几乎所有的 $V^{4+}$ 又会逐渐被氧化成 $V^{5+}$。这也证实了 $Li^+$ 在 $Na_{1+x}V_3O_8$ 里的嵌入和脱出是基于 $V^{5+}/V^{4+}$ 的可逆的氧化/还原反应[114]。所以，$Na_{1+x}V_3O_8$ 是一个具有较大应用潜力的锂离子正极材料。本书作者研究团队之前报道的 $Na_{1.1}V_3O_{7.9}$ 纳米带，在 $1500mA \cdot g^{-1}$ 的电流密度下能获得 $101mA \cdot h \cdot g^{-1}$ 的比容量，并且循环 200 次后还能保持 95%[115]。此外，还通过水热后冷冻干燥的方法制备了气凝胶状 $Na_{1+x}V_3O_8$，该材料在 $1000mA \cdot g^{-1}$ 的电流密度下能循环 600 次并保持 $105mA \cdot h \cdot g^{-1}$ 的比容量[116]。

由于具有能适应 $Na^+$ 脱/嵌的层状结构（$[V_3O_8]$），层间距高达 0.708nm[117]，$Na_{1+x}V_3O_8$ 也被认为是一个理想的钠离子正极材料。He 等人研究发现，$Na_{1+x}V_3O_8$ 被用作钠离子电池正极材料在充放电过程中，与其锂化反应相似，

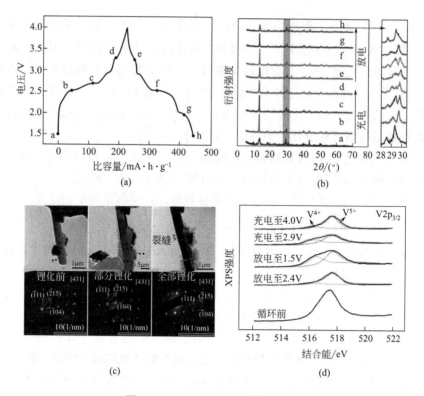

图 1-16　$Na_{1+x}V_3O_8$ 的储锂机制

(a) 充放电曲线；(b) 不同电压状态下的 XRD 图谱[112]；(c) 不同嵌锂状态下的 TEM 及对应
选区电子衍射[113]；(d) 不同电压状态下的 XPS 图谱[114]

也是一个可逆的单相反应，也不会产生新相，$Na^+$ 会在 $[V_3O_8]$ 层间的四面体间隙位置脱/嵌[118]：

$$Na_{1+x}V_3O_8 + yNa^+ + ye^- \underset{放电}{\overset{充电}{\rightleftharpoons}} Na_{1+x+y}V_3O_8 \tag{1-7}$$

　　然而，由于 $Na_{1+x}V_3O_8$ 固有的电子导电性不好，其循环性能和倍率性能并不理想。为解决这个"瓶颈"，设计合理的纳米结构和复合导电性好的材料是最常见的策略。Yuan 等人合成的 $Na_{1.1}V_3O_{7.9}$ 纳米带在 $25mA \cdot g^{-1}$ 的电流密度下能获得 $173mA \cdot h \cdot g^{-1}$ 的比容量[119]。Kang 等人通过将 $NaV_3O_8$ 纳米片与聚吡咯复合成核壳结构的材料，在 $80mA \cdot g^{-1}$ 的电流密度下的初始放电比容量为 $128mA \cdot h \cdot g^{-1}$，循环 60 次后还能保持 $99mA \cdot h \cdot g^{-1}$[120]。Dong 等人报道的 Z 字形 $Na_{1.25}V_3O_8$ 纳米线在 $100mA \cdot g^{-1}$ 的电流密度下的比容量为 $172.5mA \cdot h \cdot g^{-1}$，并且在 $1000mA \cdot g^{-1}$ 的电流密度下循环 1000 次比容量平均每次循环的衰减率仅为 $0.0138\%$[121]。对于 Na 含量更高的此类化合物，其电化学性能也有待提高。例如 Guo 等人[122] 报道的 $Na_5V_{12}O_{32}$ 经过 2000 次循环后，容量保持率仅为 71%。由于结晶水在电化学行为中扮演着重要的角色，因此 $Na_2V_6O_{16} \cdot 3H_2O$、$NaV_3O_8 \cdot 1.63H_2O$ 等化合物表现出了优异的循环性能和倍率性能[123,124]。

$Li_{1+x}V_3O_8$ 与 $Na_{1+x}V_3O_8$ 具有极为相似的晶体结构，只是晶格中的 $Na^+$ 全部被替换成了 $Li^+$，相应的层间距有所减小。当用作锂离子电池正极材料时，其电化学行为与 $Na_{1+x}V_3O_8$ 稍有不同：在 0~1.8V 范围时，嵌入的 $Li^+$ 是单相反应，$Li^+$ 嵌入 $[V_3O_8]$ 层间的四面体间隙位置；在 1.8~3V 范围时，会发生两相反应，产生 $Li_4V_3O_8$ 相，这个过程会造成较大的晶格变化并伴随容量损失[125,126]。所以，$Li_{1+x}V_3O_8$ 的循环稳定性不及 $Na_{1+x}V_3O_8$。研究发现，通过掺杂、纳米化制备及复合碳材料的方法，能一定程度提升 $Li_{1+x}V_3O_8$ 的电化学性能[127-130]。例如，Ren 等人通过静电纺丝技术制备的 $LiV_3O_8$ 纳米线网络，在 $100mA \cdot g^{-1}$ 电流密度下，能释放 $320.6mA \cdot h \cdot g^{-1}$ 的高比容量，循环 100 次后的容量保持率为 84.7%；在 $2000mA \cdot g^{-1}$ 电流密度下，虽然首次放电比容量为 $202.8mA \cdot h \cdot g^{-1}$，但循环 500 次后的容量保持率仅约为 50%[130]。Song 等人设计并制备了具有氧空位缺陷的 $LiV_3O_8$ 纳米片，在 $1000mA \cdot g^{-1}$ 电流密度下循环 200 次后的容量保持率能达到 88%[131]。

Alfaruqi 等[132] 证实 $Zn^{2+}$ 在 $LiV_3O_8$ 结构中的可逆行为。从图 1-17 可以看出，在初始放电过程中，$Zn^{2+}$ 嵌入 $LiV_3O_8$ 是固溶行为；进一步嵌入 $Zn^{2+}$ 出现了一个明显的平台，该过程涉及两相反应，形成了 $ZnLiV_3O_8$ 相；最后阶段也是固溶反应，由 $ZnLiV_3O_8$ 相向 $Zn_yLiV_3O_8$（$y \geqslant 1$）相转变。在充电过程中，$Zn_yLiV_3O_8$ 相通过单相反应转变为 $LiV_3O_8$ 相，表现出可逆性。但是，该材料表现出较差的电化学性能，在 $133mA \cdot g^{-1}$ 电流密度下获得了 $172mA \cdot h \cdot g^{-1}$ 的放电比容量，65 次循环后容量保持率仅为 75%。

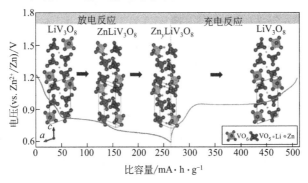

图 1-17　$LiV_3O_8$ 储锌机制[132]

除了上述钒酸盐材料，其他一些金属钒酸盐（例如钒酸镍、钒酸锌、钒酸铵等）也表现出了令人满意的电化学性能，值得研究者深入探索其结构与电化学的联系及其增强嵌锂机制。Cui 等人[133]发现 $NiV_3O_8$ 也有很好的嵌锂性能，其在 $1.5\sim4.2V$ 电压区间可以获得 $287mA\cdot h\cdot g^{-1}$ 的比容量，循环 30 次后比容量还能保持为 $241mA\cdot h\cdot g^{-1}$。Liu 等人[134]发现 $ZnV_2O_6$ 表现出可逆的嵌锂行为，其在 $2.0\sim3.6V$ 的电压区间可以获得 $347mA\cdot h\cdot g^{-1}$ 的比容量。最近 Yang 等人[135]报道的三维 $AlV_3O_9$ 微米球具有良好的可逆容量和优异的倍率性能，100 次循环后还可以获得 $264mA\cdot h\cdot g^{-1}$ 比容量，在 $5A\cdot g^{-1}$ 电流密度下比容量达到 $145mA\cdot h\cdot g^{-1}$。Zhang 等人[136]报道的超长 $CaV_6O_{16}\cdot3H_2O$ 纳米带具有晶体结构上的稳定性，从而可以获得优异的长期循环稳定性能。另外，其水合分子可以将其层间距扩大，使得锂离子可以快速地扩散，从而获得杰出的倍率性能。还有一些非金属钒酸盐，如钒酸铵，也吸引了一些研究者。Wang 等人[137-140]对钒酸铵材料做了一系列的电化学性能研究，用水热法制备了具有表面活性剂的 $NH_4V_3O_8$ 纳米棒，使其放电容量和循环稳定性得到提高，同时提供了更优质的锂离子嵌入/脱出平台。此外，该团队还制得了 $(NH_4)_{0.5}V_2O_5$ 纳米带、$NH_4V_3O_8\cdot0.2H_2O$ 纳米片和 $NH_4V_3O_8$/碳纳米管（CNTs），通过复合技术这些材料的循环稳定性和容量保持率都提高了，放电容量也相应增加。Fei 等人[141]也通过一个简单的水热法合成了 $(NH_4)_2V_6O_{16}$ 纳米片，它表现出较好的倍率性能和稳定性能。

## 1.2.3　钒磷酸盐化合物

钒基磷酸盐由于兼顾了钒基材料固有的多电子转移能力和磷酸盐化合物固有的结构稳定性，被认为是一类具有很大应用前景的锂/钠离子正极材料[142,143]，其中代表性材料有 $Li_3V_2(PO_4)_3$、$LiVOPO_4$、$Na_3V_2(PO_4)_3$、$Na_3V_2(PO_4)_2F_3$ 等。

$Li_3V_2(PO_4)_3$ 是用于锂离子电池正极材料的最具代表性的钒基磷酸盐材料。$Li_3V_2(PO_4)_3$ 有两种晶体结构，一种属于菱形晶系 $r$-$Li_3V_2(PO_4)_3$，另一种属于单斜晶系 $m$-$Li_3V_2(PO_4)_3$。由于前者不适用于锂离子电池，但是如果把该磷酸盐中的 Li 元素全部置换成 Na 元素，将得到结构稳定性更好的 $Na_3V_2(PO_4)_3$[144,145]，它是钠离子电池优秀的正极材料。当 $m$-$Li_3V_2(PO_4)_3$ 被用作锂离子正极材料时，3 个 $Li^+$ 全部脱出能释放高达 $197mA\cdot h\cdot g^{-1}$ 的理论比容量，它是至今报道的容量最高的磷酸盐正极材料[146]。

$m$-$Li_3V_2(PO_4)_3$ 的电化学性能并不理想主要是由于电子电导率仅为 $2.4\times10^{-7}S\cdot cm^{-1}$。为了解决这个问题，研究者们通过微观形貌调控、过渡金属元素掺杂及碳包覆等手段，都取得了显著的效果。Duan 等人运用水热法合成碳包覆的 $Li_3V_2(PO_4)_3$ 纳米颗粒（约 30nm）在 3~4.8V 电压区间以 5C 电流密度充放电，能释放 $138mA \cdot h \cdot g^{-1}$ 的比容量，并且循环 1000 次后还能保持 86% 的比容量[147]。Chen 等人制备了直径约为 200nm 的 $m$-$Li_3V_2(PO_4)_3$ 纳米花，该材料在 0.1C 和 20C 电流密度下的比容量分别能达到 $190mA \cdot h \cdot g^{-1}$ 和 $132mA \cdot h \cdot g^{-1}$[148]。Cho 等人报道的 Al 掺杂的 $m$-$Li_3V_2(PO_4)_3$ 具有杰出的倍率性能，在 20C 电流密度下的比容量约为 $120mA \cdot h \cdot g^{-1}$[149]。Rui 等人将 5~8nm 大小的 $m$-$Li_3V_2(PO_4)_3$ 嵌入多孔碳基体并包覆还原氧化石墨烯，这个材料呈现出突出的循环稳定性和倍率性能，在 3~4.3V 电压区间以 50C 电流密度循环 1000 次后，还能保持 $88mA \cdot h \cdot g^{-1}$ 的比容量[150]。

$LiVOPO_4$ 也是一种有前景的正极材料。$LiVOPO_4$ 由三种不同晶体形成[151,152]，分别为三斜晶系的 $\alpha$ 相、正交晶系的 $\beta$ 相（空间群 $Pnma$）和四方晶系的 $\alpha_1$ 相。研究表明，$LiVOPO_4$ 中能实现两个锂离子的可逆脱/嵌，获得 $166mA \cdot h \cdot g^{-1}$ 的理论比容量[153]，与 $LiFePO_4$ 的理论比容量接近。它比 $LiFePO_4$ 的放电平台要高，接近 4V。其高理论能量密度（$166mA \cdot h \cdot g^{-1} \times 3.9V = 647W \cdot h \cdot kg^{-1}$）与适当高的工作电压使它非常有潜力成为高电压锂电池的正极材料[154]。相比于 $\alpha$-$LiVOPO_4$，$\beta$-$LiVOPO_4$ 具有更好的离子嵌入动力学行为，实际测试中表现出更高的容量[155]。但是通过纳米化和改性提高电导率，$\alpha$-$LiVOPO_4$ 也能表现出很好的电化学性能。

合成纳米结构的 $LiVOPO_4$ 正极材料较为困难，因为材料合成温度较高。早期合成的 $LiVOPO_4$ 大多数都是微米级的[155-159]，性能一般。Saravanan 等人[154] 报道的 $\alpha$-$LiVOPO_4$ 空心球获得了较好的性能，循环可以达到 500 次。Nagamine 等人[160] 采用高温固相法合成 $\beta$-$LiVOPO_4$/C 复合材料，其性能有所提升，但是仍不理想。Manthiram 课题组利用微波辅助溶剂热法通过调节反应介质和反应条件合成多晶型的 $LiVOPO_4$，并系统研究了它们的电化学性能[152]，还研究了随着锂离子的嵌入 $LiVOPO_4$ 结构的相转变情况[151]。

$Na_3V_2(PO_4)_3$ 是最具代表性的钠超离子导体（$Na^+$ superionic conductor, NASICON）材料[161]，受到广泛关注。NASICON 结构材料具有快速的 $Na^+$ 传输通道，作为电极材料、固态电解质等被广泛研究。NASICON 型 $Na_xM_2(PO_4)_3$ 的结构如图 1-18 所示。通常这类化合物以热力学稳定的菱方晶系结构存在，当 $A_3M_2(PO_4)_3$ 中 A 为 Li、Na，M 为 Cr、Fe、Zr 时，这类材料通常还以单斜晶系结构存在，且在高温条件下表现出可逆的结构相变[162]。$Na_xM_2$

$(PO_4)_3$（M＝V、Fe、Ti，$0 \leqslant x \leqslant 3$）NASICON 材料作为电极材料具有长循环寿命和高倍率性能，受到了广泛的关注和研究。

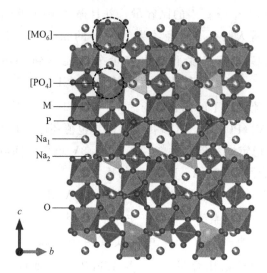

图 1-18　NASICON 型 $Na_x M_2 (PO_4)_3$ 的结构

Jian 等团队[163] 首次报道了一步固相法制备碳包覆的 $Na_3 V_2 (PO_4)_3$，在 3.4V（vs. $Na^+$/Na）有比较宽的电压平台。其首次充放电比容量分别为 98.6mA·h·$g^{-1}$ 和 93mA·h·$g^{-1}$，表明碳包覆可以有效改善 $Na_3 V_2 (PO_4)_3$ 的储钠性能。研究者通过多种谱仪分析、电化学测试、理论计算等手段探究了 $Na_3 V_2 (PO_4)_3$ 中 $Na^+$ 的储存机理[164,165]。结果表明，$Na^+$ 在 3.4V 的脱出/嵌入是一种典型的两相反应。如图 1-19（a）所示，原位 XRD 分析显示，随着 $Na_3 V_2 (PO_4)_3$ 中 $Na^+$ 的脱出，其所有峰均保持不变，峰的强度逐渐变弱，表明 $Na_3 V_2 (PO_4)_3$ 和 $NaV_2 (PO_4)_3$ 之间存在典型的两相反应[165]。通过实验结果结合第一性原理计算的研究表明[166]：$Na_3 V_2 (PO_4)_3$ 结构中沿着 $x$、$y$ 方向的两条通道和另一条弯曲的迁移通道构成了三维的离子输运路径，如图 1-19（b）所示[166]。

尽管 $Na_3 V_2 (PO_4)_3$ 具有结构稳定、工作电压较高等优点，但低电导率依然是其商业应用中的主要缺陷。为了克服这个缺点，研究工作主要集中在合成路线优化、表面包覆改性和元素掺杂等。本书作者团队[167] 通过溶胶-凝胶法制备了导电碳层均匀包覆的片状纳米 $Na_3 V_2 (PO_4)_3$。这种新材料具有快速的离子和电子传输速率，表现出高的可逆容量、优异的倍率性能和良好的循环稳定性。最近，我们还通过水热法制备出一种由纳米片组装而成且具有分级微球结构的 $Na_3 V_2 (PO_4)_3$/C，其表面被氮掺杂的碳涂层紧密包覆[168]。通过对反应时间和 $Na_3 V_2 (PO_4)_3$ 前驱体浓度的研究提出了分级微球的生长机制，如图 1-20 所示。

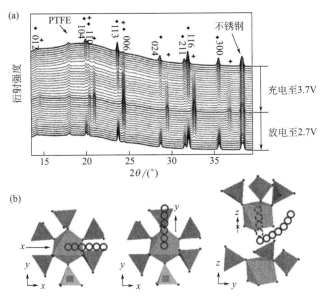

图 1-19 Na₃V₂(PO₄)₃ 的储钠机制和离子迁移路径

(a) 原位 XRD 谱[165]；(b) 沿着 $x$、$y$ 和 $z$ 方向的 Na⁺ 迁移路径[166]

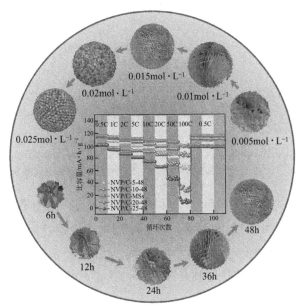

图 1-20 水热法制备的 Na₃V₂(PO₄)₃/C 分级微球的生长机制[168]

$Na_3V_2(PO_4)_3$/C 分级微球展现出优异的循环稳定性和倍率性能，在电流密度为 20C 时，经过 10000 次循环后容量保持率为初始容量的 79.1%。在 100C 电流密度下的放电比容量为 99.3mA·h·$g^{-1}$，这种氮掺杂碳涂层的包覆分级微球结构，不仅增强了其结构稳定性而且构筑了电子/离子双连续扩散通道，提高了电子电导率和离子扩散效率，从而获得了优异的电化学性能。

碳包覆的成功引入，促使研究者对构筑石墨烯包覆层的研究。本书作者团队[169] 通过熔融烃辅助固相反应法成功构筑了一种三维石墨烯笼子，将 $Na_3V_2$ $(PO_4)_3$ 纳米片裹覆其中，构筑出一种特殊纳米阵列材料，如图 1-21 所示。三维石墨烯笼子有效抑制了高温热处理过程中 $Na_3V_2(PO_4)_3$ 纳米片的生长，使材料始终保持纳米尺度，从而有效抑制材料充放电过程中的体积变化，防止其团聚，同时还可以高速输送钠离子和电子到每个活性纳米颗粒表面，缩短了充放电过程中 $Na^+$ 的扩散距离。此外，将 $Na_3V_2(PO_4)_3$ 纳米片阵列材料刻蚀后可得到富含缺陷的笼子状三维石墨烯材料，该材料作为钠离子电池负极，表现出优异的储钠性能。

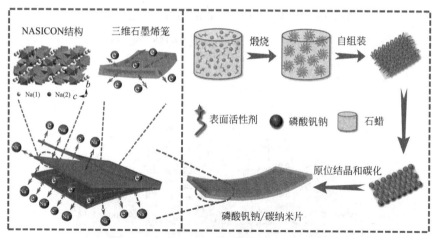

图 1-21 三维石墨烯纳米笼封装 $Na_3V_2(PO_4)_3$ 的机理示意图[169]

元素掺杂是优化 $Na_3V_2(PO_4)_3$ 电化学性能的另一种有效手段。例如，将 $K^+$ 掺杂到 $Na^+$ 位点可以提高 $Na_3V_2(PO_4)_3$ 的倍率性能，因为 $K^+$ 的原子尺寸比 $Na^+$ 大，可以显著增大沿 $c$ 轴的晶格间隙，从而增大 $Na^+$ 的扩散通道。因此，$K_{0.09}$-$Na_3V_2(PO_4)_3$/C 在 5C 时具有 82mA·h·$g^{-1}$ 的可逆比容量[170]。钒位点的金属掺杂也会影响 $Na_3V_2(PO_4)_3$ 的电化学性能，Zhou 等[171] 通过过渡金属取代的方法得到 $Na_xMV(PO_4)_3$（M＝Mn、Fe、Ni），发现 NASICON 结构在重复的 $Na^+$ 脱出/嵌入后可以很好地保持。其中 $Na_4MnV(PO_4)_3$ 作为正极材料，检测到其在 3.3V 和 3.6V 处存在两个明显的电压平台，分别对应 $V^{4+}/V^{3+}$ 和 $Mn^{3+}/Mn^{2+}$ 的氧化还原。$Na_4MnV(PO_4)_3$ 拥有优异的电化学性能和稳定结构，是一种具有应用前景的正极材料。Li 等人[172] 发现，$Mg^{2+}$ 对 $V^{3+}$ 进行掺杂并没有改变 $Na_3V_2(PO_4)_3$ 的结构，而且能有效地提高离子/电子的电导率，从而提高倍率性能。

具有 NASICON 型结构的 $Na_3V_2(PO_4)_3$ 在水系锌离子电池中也得到了广泛的研究。Li 等采用 $0.5mol \cdot L^{-1}$ $CH_3COONa/Zn(CH_3COO)_2$ 混合水系电解液测试了 $Na_3V_2(PO_4)_3$ 的电化学性能[173]。$Zn//Na_3V_2(PO_4)_3$ 电池在氧化还原电位为 1.37V 和 1.52V 的初始三个循环中呈现出几乎重叠的 CV 曲线，如图 1-22(a) 所示，表明 $Na_3V_2(PO_4)_3$ 具有优异的结构可逆性，在正极方面仅发生 $Na^+$ 的嵌入和脱出反应。他们进一步在 $0.5mol \cdot L^{-1}$ $Zn(CH_3COO)_2$ 电解液中测试了 $Na_3V_2(PO_4)_3$ 的储锌性能[174]，发现 $Na_3V_2(PO_4)_3$ 的第一和第二充电

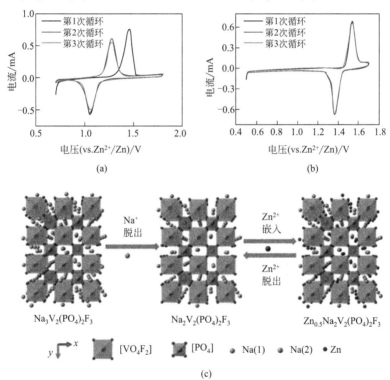

图 1-22　$Na_3V_2(PO_4)_3$ 与 $Na_3V_2(PO_4)_2F_3$ 的储锌性能和机制

(a) $Na_3V_2(PO_4)_3$ 电极在 $0.5mol \cdot L^{-1}$ $Zn(CH_3COO)_2$ 电解液中的 CV 行为[174]；

(b) $Na_3V_2(PO_4)_3$ 电极在 $0.5mol \cdot L^{-1}$ $CH_3COONa/Zn(CH_3COO)_2$

电解液中的 CV 行为[173]；(c) $Na_3V_2(PO_4)_2F_3$ 电极的储能机理示意图[177]

曲线之间存在较大的电压差，如图 1-22(b) 所示，这可能是由 $Na_3V_2(PO_4)_3$ 和 $Zn_xNaV_2(PO_4)_3$ 的化学势差异引起的。位于 1.46V 的第一氧化峰对应于 $Na_3V_2(PO_4)_3$ 的 $Na^+$ 脱/嵌，而在 1.05V 和 1.28V 左右的氧化还原对峰归因于 $Zn^{2+}$ 从 $NaV_2(PO_4)_3$ 嵌入/脱出。结果表明，在放电过程中，$Zn_xNaV_2(PO_4)_3$ 具有比 $Na_3V_2(PO_4)_3$ 低的氧化还原电位。因此，预加 $Na^+$ 可抑制 $Zn_xNaV_2(PO_4)_3$ 相的形成。Zhao 等人的工作进一步证实了该现象[175]，在混合电解液（$1mol \cdot L^{-1} Li_2SO_4 + 2mol \cdot L^{-1} ZnSO_4$）中，$Li_3V_2(PO_4)_3$ 和 $Na_3V_2(PO_4)_3$ 正极中仅显示 $Li^+$ 嵌入/脱出。但是，对于 $Li^+$ 或 $Na^+$ 是如何抑制 $Zn^{2+}$ 进入 NASICON 结构的还需要更多的研究。

$Na_3V_2(PO_4)_2F_3$ 可以看作三个 $F^-$ 取代 NASICON 型 $Na_3V_2(PO_4)_3$ 中的一个 $PO_4^{3-}$ 根形成的[176]。Li 等首次将 $Na_3V_2(PO_4)_2F_3$ 与碳修饰的 Zn 负极组装成水系锌离子电池[177]，发现 $Na_3V_2(PO_4)_2F_3$ 具有储锌活性，且 $Zn^{2+}$ 可在 $Na_3V_2(PO_4)_2F_3$ 中可逆脱/嵌，如图 1-22(c) 所示。该电池具有 1.62V 的电压，并获得了 $97.5W \cdot h \cdot kg^{-1}$ 的能量密度和长达 4000 次的循环寿命（95% 容量保持率）。深入研究发现，优越的电化学性能得益于 $Na_3V_2(PO_4)_2F_3$ 稳定的晶体结构。同时，首次循环后材料表面形成一层固体电解质膜（SEI）可进一步保护材料。

## 1.2.4　其他钒化合物

在过去的几十年中，钒氧化物、金属钒酸盐和钒磷酸盐已成为电化学储能的重要研究对象。近年来一些其他钒化合物的研究也开始逐渐增多，例如碳化钒、氮化钒和硫化钒等，它们独特的电化学性能为探索新型电极材料提供了新的选择[178]。

$VS_2$、$VSe_2$ 和 $V_2C$ 具有典型的层状结构，层间间隔大，与钒氧化物相比，由于减少了静电相互作用，因此可实现离子的可逆嵌入/脱出，且扩散势垒降低[179]。这些材料因具有高电导率和降低的离子扩散势垒成为新兴金属离子电池的理想选择，如钠离子电池、锌离子电池。He 等人[180] 通过简单的水热反应合成了 $VS_2$ 纳米片，研究表明其具有优异的储锌性能。在 $0.05A \cdot g^{-1}$ 的电流密度下可提供 $190.3mA \cdot h \cdot g^{-1}$ 的高比容量，200 次循环后容量保持率为 98.0%，表现出了长期循环稳定性。VN 具有类似于 NaCl 的岩盐结构，它的一个重要特性是电子电导率高（约 $10^6 S \cdot m^{-1}$）。本书作者团队[181] 报道的表面被氧化的氮化钒（$VN_xO_y$）实现了阳离子（$V^{3+} \rightleftharpoons V^{2+}$）和阴离子（$N^{3-} \rightleftharpoons N^{2-}$）同时发生氧化还原反应，为开发新型锌离子电池正极材料开辟了新途径。

# 参考文献

[1] 梁叔全，程一兵，方国赵，等.能源光电转换与大规模储能二次电池关键材料的研究进展 [J].中国有色金属学报，2019，29（9）：2064-2114.

[2] Stein A. Energy storage：batteries take charge [J]. Nature Nanotechnology，2011，6（5）：262-263.

[3] Ellis B L，Knauth P，Djenizian T. Three-dimensional self-supported metal oxides for advanced energy storage [J]. Advanced Materials，2014，26（21）：3368-3397.

[4] Winter M，Brodd R J. What Are Batteries，Fuel Cells，and Supercapacitors [J]. Chemical Reviews，2004，104：4245-4269.

[5] Choi N S，Chen Z，Freunberger S A，et al. Challenges facing lithium batteries and electrical double-layer capacitors [J]. Angewandte Chemie International Edition，2012，51（40）：9994-10024.

[6] Tarascon J M，Armand M. Issues and challenges facing rechargeable lithium batteries [J]. Nature，2001，414（414）：359-367.

[7] Dunn B，Kamath H，Tarascon J M. Electrical energy storage for the grid：A battery of choices [J]. Science，2011，334（6058）：928-935.

[8] Armand M，Tarascon J M. Building better batteries [J]. Nature，2008，451（7179）：652-657.

[9] Yu H，Zhou H. High-Energy Cathode Materials（$Li_2MnO_3$-$LiMO_2$）for Lithium-Ion Batteries [J]. The Journal of Physical Chemistry Letters，2013，4（8）：1268-1280.

[10] 陈东辉.钒产业 2017 年年度评价 [J].河北冶金，2018，（12）：1-6，72-80.

[11] 吴优，张邦绪.2019 年全球钒市场分析 [N].世界金属导报，2020-03-17（A06）.

[12] 陈东辉.钒产业 2018 年年度评价 [J].河北冶金，2019，（08）：5-15，82.

[13] 杨宝祥，何金勇，张桂芳.钒基材料制造 [M].北京：冶金工业出版社，2014.

[14] 赵海燕.钒资源利用概况及我国钒市场需求分析 [J].矿产保护与利用，2014，（02）：54-58.

[15] Livage J. Hydrothermal Synthesis of Nanostructured Vanadium Oxides [J]. Materials，2010，3（8）：4175-4195.

[16] 申泮文，罗裕基.无机化学丛书.第八卷：钛分族、钒分族、铬分族 [M].北京：科学出版社，1998.

[17] 岳龙清，岳子玉，罗德礼，等. In 钒及其化合物的安全防护及应急处理//第二届全国危险物质与安全应急技术研讨会，2013：12.

[18] 宋永康，陈启升，官跃东，等.钒钛磁铁矿尘对家兔肺泡巨噬细胞毒作用的体外研究 [J].中华预防医学杂志，1998，06：21-23.

[19] Juan J Rodríguez-Mercado R A M-N，Mario A Altamirano-Lozano. DNA damage induction in human cells exposed to vanadium oxides in vitro [J]. Toxicology in Vitro，2011，25（8）：1996-2002.

[20] 王永刚，杨烽，张建辉.高钒铁冶炼的渣态研究 [J].钢铁钒钛，2002，23（1）：21-24.

[21] 翁庆强.目前国内氮化钒生产情况浅析 [J].四川冶金，2015，37（2）：1-4.

[22] 张宇，张华民.电力系统储能及全钒液流电池的应用进展 [J].新能源进展，2013，1

(1)：106-113.

[23] 李朵，娄豫皖，杜俊霖，等.钒基储氢合金的研究进展［J］.材料导报，2015，29
(23)：92-97.

[24] 魏胜君，刘利杰.V-Ti-Ni-Al 电池负极用钒基储氢合金的制备及性能研究［J］.钢铁钒
钛，2020，41（1）：54-58.

[25] 张征宇，高明霞.低成本钒钛基储氢电极合金的成分结构设计及其电化学性能研究［J］.
环境科学导刊，2017，36（3）.

[26] 郑欣，杨宇玲，刘荣海.钒基储氢电池合金的超声铸造工艺优化［J］.钢铁钒钛，2018，
39（1）：56-59.

[27] 崔夏菁，寿好芳，苏岳峰.新能源汽车电池用钒钛镍基储氢合金的制备及性能研究［J］.
钢铁钒钛，2020，41（2）：54-57.

[28] Tang C，Wang H F，Huang J Q，et al. 3D Hierarchical Porous Graphene-Based Energy
Materials：Synthesis，Functionalization，and Application in Energy Storage and Conver-
sion［J］.Electrochemical Energy Reviews，2019，2（2）：332-371.

[29] Li S，Yang H，Xu R，et al. Selenium embedded in MOF-derived N-doped microporous
carbon polyhedrons as a high performance cathode for sodium-selenium batteries［J］.
Materials Chemistry Frontiers，2018，2（8）：1574-1582.

[30] 王彦娟，梁飞雪，白金，等.$SiO_2$ 负载磷钨钒杂多酸杂化材料的制备及其氧化脱硫性
能的研究［J］.燃料化学学报，2016，44（9）：1099-1104.

[31] Wang Y，Zuo M，Li Y. Theoretical investigation of the mechanism of ethylene polymeri-
zation with salicylaldiminato vanadium（Ⅲ）complexes［J］.Chinese Journal of Cataly-
sis，2015，36（4）：657-666.

[32] 钱建华，董清华，李君华，等.五氧化二钒/铈改性二氧化钛催化甲醇高选择性氧化制
备二甲氧基甲烷［J］.应用化学，2016，33（11）：1295-1302.

[33] 吕秀清.磷-钼-钒型多金属氧酸盐催化氧化苯甲醛制苯甲酸［J］.晋中学院学报，2017，
34（3）：33-36.

[34] 陈福山，杨涛，胡华南.VO@g-$C_3N_4$-T 高效可见光催化苯羟基化制苯酚［J］.精细化
工，2018，35（9）：1535-1541.

[35] 杜光超.钒在非钢铁领域应用的研究进展［J］.钢铁钒钛，2015，36（2）：49-56.

[36] 赵利兴，赵之东.钒锆蓝颜料制备浅析［J］.陶瓷工程，2000：17-19.

[37] Xiaoda Y. The long-term toxicity and hypoglycemic effect of vanadyl complexes on non-
diabetic and type Ⅱ diabetic mice［J］.Journal of Chinese Pharmaceutical Sciences，
2015，24（11）.

[38] 田旭岩，应鹏，陆家政，等.3 种新型氧钒配合物的抗肿瘤活性作用评价［J］.广东药学
院学报，2015，31（2）：247-252.

[39] Trevino S，Diaz A，Sanchez-Lara E，et al. Vanadium in Biological Action：Chemical，
Pharmacological Aspects，and Metabolic Implications in Diabetes Mellitus［J］.Biological
Trace Element Research，2019，188（1）：68-98.

[40] Bian W，Yang X，Liu H，et al. Promise and prospects of vanadium compounds in me-
dicinal research［J］.SCIENTIA SINICA Chimica，2016，47（2）：144-154.

[41] 王超，赵丽，王世敏，等.二氧化钒薄膜智能窗的研究进展［J］.材料导报，2017，31

(29): 257-272.

[42] 郝巧兰，邵谦，刘青云.二氧化钒功能纳米材料的制备方法及应用研究进展 [J]. 现代 化工，2014，34 (11)：51-54.

[43] 张乔乔，高丹.以高灵敏为特征的氧化钒非致冷红外探测器的应用 [J]. 科技创新与应 用，2016，(4)：20.

[44] 李辉，余江，陈哲.基于混合石墨烯-二氧化钒超材料的太赫兹可调宽带吸收器 [J]. 中 国激光，2020，(09)：1-18.

[45] Pan T，Lin Y，Wang Y，et al. The application of functional oxide thin films in flexible sensor devices [J]. SCIENTIA SINICA Informationis，2018，48 (6)：635-649.

[46] Xu X，Xiong F，Meng J，et al. Vanadium-Based Nanomaterials：A Promising Family for Emerging Metal-Ion Batteries [J]. Advanced Functional Materials，2020，30 (10)：1904398.

[47] Bruce P G，Scrosati B，Tarascon J M. Nanomaterials for rechargeable lithium batteries [J]. Angewandte Chemie International Edition，2008，47 (16)：2930-2946.

[48] Arico A，Bruce P，Scrosati B，et al. Nanostructured materials for advanced energy conversion and storage devices [J]. Natue Materials，2005，4：366-377.

[49] Yang Z，Ko C，Ramanathan S. Oxide Electronics Utilizing Ultrafast Metal-Insulator Transitions [J]. Annual Review of Materials Research，2011，41 (1)：337-367.

[50] Katzke H，Tolédano P，Depmeier W. Theory of morphotropic transformations in vanadium oxides [J]. Physical Review B，2003，68 (2).

[51] Whittingham M S. The role of ternary phases in cathode reactions [J]. Journal of Electrochemical Society，1976，123：315-320.

[52] Takahashi K，Limmer S J，Wang Y，et al. Synthesis and electrochemical properties of single-crystal $V_2O_5$ nanorod arrays by template-based electrodeposition [J]. Journal of Physical Chemistry B，2004，108：9795-9800.

[53] Takahashi K，Wang Y，Cao G. Growth and electrochromic properties of single crystal $V_2O_5$ nanorod arrays [J]. Applied Physic Letters，2005，86：053102.

[54] Liu J，Zhou Y，Wang J，et al. Template-free solvothermal synthesis of yolk-shell $V_2O_5$ microspheres as cathode materials for Li-ion batteries [J]. Chemical Communications，2011，47 (37)：10380-10382.

[55] Seng K H，Liu J，Guo Z P，et al. Free-standing $V_2O_5$ electrode for flexible lithium ion batteries [J]. Electrochemistry Communications，2011，13 (5)：383-386.

[56] Pan A Q，Wu H B，Zhang L，et al. Uniform $V_2O_5$ nanosheet-assembled hollow microflowers with excellent lithium storage properties [J]. Energy & Environmental Science，2013，6 (5)：1476-1479.

[57] Zhang C，Chen Z，Guo Z，et al. Additive-free synthesis of 3D porous $V_2O_5$ hierarchical microspheres with enhanced lithium storage properties [J]. Energy & Environmental Science，2013，6 (3)：974-978.

[58] Su D W，Dou S X，Wang G X. Hierarchical orthorhombic $V_2O_5$ hollow nanospheres as high performance cathode materials for sodium-ion batteries [J]. Journal of Materials Chemistry A，2014，2 (29)：11185.

[59] Pan A, Zhang J G, Nie Z, et al. Facile synthesized nanorod structured vanadium pentoxide for high-rate lithium batteries [J]. Journal of Materials Chemistry, 2010, 20 (41): 9193.

[60] Cao A M, Hu J S, Liang H P, et al. Self-assembled vanadium pentoxide ($V_2O_5$) hollow microspheres from nanorods and their application in lithium-ion batteries [J]. Angewandte Chemie International Edition, 2005, 44 (28): 4391-4395.

[61] Dhayal Raj A, Pazhanivel T, Suresh Kumar P, et al. Self assembled $V_2O_5$ nanorods for gas sensors [J]. Current Applied Physics, 2010, 10 (2): 531-537.

[62] Ban C, Chernova N, Whittingham M. Electrospun nano-vanadium pentoxide cathode [J]. Electrochemistry Communications, 2008, 11: 522-525.

[63] Mai L Q, Xu L, Han C, et al. Electrospun Ultralong Hierarchical Vanadium Oxide Nanowires with High Performance for Lithium Ion Batteries [J]. Nano Letters, 2010, 10 (11): 4750-4755.

[64] Liang S Q, Hu Y, Nie Z, et al. Template-free synthesis of ultra-large $V_2O_5$ nanosheets with exceptional small thickness for high-performance lithium-ion batteries [J]. Nano Energy, 2015, 13: 58-66.

[65] Han C, Yan M, Mai L, et al. $V_2O_5$ quantum dots/graphene hybrid nanocomposite with stable cyclability for advanced lithium batteries [J]. Nano Energy, 2013, 2 (5): 916-922.

[66] Chao D, Xia X, Liu J, et al. A $V_2O_5$/Conductive-Polymer Core/Shell Nanobelt Array on Three-Dimensional Graphite Foam: A High-Rate, Ultrastable, and Freestanding Cathode for Lithium-Ion Batteries [J]. Advanced Materials, 2014, 26: 5794-5800.

[67] Hu P, Yan M, Zhu T, et al. $Zn/V_2O_5$ aqueous hybrid-ion battery with high voltage platform and long cycle life [J]. ACS Applied Materials & Interfaces, 2017, 9 (49): 42717-42722.

[68] Zhang N, Dong Y, Jia M, et al. Rechargeable Aqueous $Zn-V_2O_5$ Battery with High Energy Density and Long Cycle Life [J]. ACS Energy Letters, 2018, 3 (6): 1366-1372.

[69] Zhou J, Shan L, Wu Z, et al. Investigation of $V_2O_5$ as a low-cost rechargeable aqueous zinc ion battery cathode [J]. Chemical Communications, 2018, 54 (35): 4457-4460.

[70] Li Y, Huang Z, Kalambate P K, et al. $V_2O_5$ nanopaper as a cathode material with high capacity and long cycle life for rechargeable aqueous zinc-ion battery [J]. Nano Energy, 2019, 60: 752-759.

[71] Murphy D W, Christian P A, DiSalvo F J, et al. Vanadium Oxide Cathode Materials for Secondary Lithium Cells [J]. Journal of the Electrochemical Society, 1987, 3: 497-499.

[72] Winter M, Besenhard J O, Spahr M E, et al. Insertion Electrode Materials for Rechargeable Lithium Batteries [J]. Advanced Materials, 1998, 10: 725-763.

[73] West K, Zachau-Christiansen B, Jacobsen T. Electrochemical properties of non-stoichiometric $V_6O_{13}$ [J]. Electrochimica Acta, 1983, 28: 1829-1833.

[74] Kawashima K, Ueda Y, Kosuge K, et al. Crystal growth and some electric properties of $V_6O_{13}$ [J]. Journal of Crystal Growth, 1974, 26: 321-322.

[75] Murphy D W, Christian P A, DiSalvo F J, et al. Lithium Incorporation by $V_6O_{13}$ and Related Vanadium (+4, +5) Oxide Cathode Materials [J]. Journal of the Electro-

chemical Society，1981，128：2053-2060.

[76] Gustafsson T，Thomas J O，Koksbang R，et al. The polymer battery as an environment for in situ X-ray diffraction studies of solid-state electrochemical processes [J]. Electrochimica Acta，1992，37：1639-1643.

[77] Li H，He P，Wang Y，et al. High-surface vanadium oxides with large capacities for lithium-ion batteries：from hydrated aerogel to nanocrystalline $VO_2$ (B)，$V_6O_{13}$ and $V_2O_5$ [J]. Journal of Materials Chemistry，2011，21 (29)：10999.

[78] Tian X，Xu X，He L，et al. Ultrathin pre-lithiated $V_6O_{13}$ nanosheet cathodes with enhanced electrical transport and cyclability [J]. Journal of power sources，2014，255：235-241.

[79] Ding Y L，Wen Y，Wu C，et al. 3D $V_6O_{13}$ Nanotextiles Assembled from Interconnected Nanogrooves as Cathode Materials for High-Energy Lithium Ion Batteries [J]. Nano Letters，2015，15 (2)：1388-1394.

[80] Oka Y，Yao T，Yamamoto N，et al. Phase transition and $V^{4+}$-$V^{4+}$ pairing in $VO_2$ (B) [J]. Journal of Solid State Chemistry，1993，105 (1)：271-278.

[81] Ding J，Du Z，Gu L，et al. Ultrafast $Zn^{2+}$ intercalation and deintercalation in vanadium dioxide [J]. Advanced Materials，2018，30 (26)：1800762.

[82] Park J S，Jo J H，Aniskevich Y，et al. Open-Structured Vanadium Dioxide as an Intercalation Host for Zn Ions：Investigation by First-Principles Calculation and Experiments [J]. Chemistry of Materials，2018，30 (19)：6777-6787.

[83] Sun Y，Jiang S，Bi W，et al. Highly ordered lamellar $V_2O_3$-based hybrid nanorods towards superior aqueous lithium-ion battery performance [J]. Journal of Power Sources，2011，196 (20)：8644-8650.

[84] Jiang L，Qu Y，Ren Z，et al. In situ carbon-coated yolk-shell $V_2O_3$ microspheres for lithium-ion batteries [J]. ACS applied materials & interfaces，2015，7 (3)：1595-1601.

[85] Niu C，Huang M，Wang P，et al. Carbon-supported and nanosheet-assembled vanadium oxide microspheres for stable lithium-ion battery anodes [J]. Nano Research，2016，9 (1)：128-138.

[86] An X，Yang H，Wang Y，et al. Hydrothermal synthesis of coherent porous $V_2O_3$/carbon nanocomposites for high-performance lithium-and sodium-ion batteries [J]. Science China Materials，2017，60 (8)：717-727.

[87] Xia X，Chao D，Zhang Y，et al. Generic synthesis of carbon nanotube branches on metal oxide arrays exhibiting stable high-rate and long-cycle sodium-ion storage [J]. Small，2016，12 (22)：3048-3058.

[88] Khoo E，Wang J M，Ma J，et al. Electrochemical energy storage in a $\beta$-$Na_{0.33}V_2O_5$ nanobelt network and its application for supercapacitors [J]. Journal of Materials Chemistry，2010，20 (38)：8368-8374.

[89] Chen B，Laverock J，Newby Jr D，et al. Electronic structure of $\beta$-$Na_xV_2O_5$ ($x \approx 0.33$) polycrystalline films：growth，spectroscopy，and theory [J]. The Journal of Physical Chemistry C，2014，118 (2)：1081-1094.

[90] Baddour-Hadjean R，Bach S，Emery N，et al. The peculiar structural behaviour of $\beta$-$Na_{0.33}V_2O_5$ upon electrochemical lithium insertion [J]. Journal of Materials Chemistry，2011，21 (30)：11296-11305.

[91] Xu Y，Han X，Zheng L，et al. Pillar effect on cyclability enhancement for aqueous lithium ion batteries：a new material of $\beta$-vanadium bronze $M_{0.33}V_2O_5$ (M = Ag，Na) nanowires [J]. Journal of Materials Chemistry，2011，21 (38)：14466-14472.

[92] Hu W，Zhang X，Cheng Y，et al. Mild and cost-effective one-pot synthesis of pure single-crystalline $\beta$-$Ag_{0.33}V_2O_5$ nanowires for rechargeable Li-ion batteries [J]. ChemSusChem，2011，4 (8)：1091-1094.

[93] Tan Q，Zhu Q，Pan A，et al. Template-free synthesis of $\beta$-$Na_{0.33}V_2O_5$ microspheres as cathode materials for lithium-ion batteries [J]. CrystEngComm，2015，17 (26)：4774-4780.

[94] Seo I，Hwang G C，Kim J K，et al. Electrochemical characterization of micro-rod $\beta$-$Na_{0.33}V_2O_5$ for high performance lithium ion batteries [J]. Electrochimica Acta，2016，193：160-165.

[95] Lu Y，Wu J，Liu J，et al. Facile synthesis of $Na_{0.33}V_2O_5$ nanosheet-graphene hybrids as ultrahigh performance cathode materials for lithium ion batteries [J]. ACS Applied Materials & Interfaces，2015，7 (31)：17433-17440.

[96] Liu H，Zhou H，Chen L，et al. Electrochemical insertion/deinsertion of sodium on $NaV_6O_{15}$ nanorods as cathode material of rechargeable sodium-based batteries [J]. Journal of Power Sources，2011，196 (2)：814-819.

[97] Jiang D，Wang H，Li G，et al. Self-combustion synthesis and ion diffusion performance of $NaV_6O_{15}$ nanoplates as cathode materials for Sodium-ion batteries [J]. Journal of The Electrochemical Society，2015，162 (4)：A697-A703.

[98] He H，Zeng X，Wang H，et al. $NaV_6O_{15}$ nanoflakes with good cycling stability as a cathode for sodium ion battery [J]. Journal of The Electrochemical Society，2015，162 (1)：A39-A43.

[99] He P，Zhang G，Liao X，et al. Sodium Ion Stabilized Vanadium Oxide Nanowire Cathode for High-Performance Zinc-Ion Batteries [J]. Advanced Energy Materials，2018，8 (10)：1702463.

[100] Guo X，Fang G，Zhang W，et al. Mechanistic insights of $Zn^{2+}$ storage in sodium vanadates [J]. Advanced Energy Materials，2018，8 (27)：1801819.

[101] Zhao Y，Han C，Yang J，et al. Stable alkali metal ion intercalation compounds as optimized metal oxide nanowire cathodes for lithium batteries [J]. Nano Letters，2015，15 (3)：2180-2185.

[102] Meng J，Liu Z，Niu C，et al. A synergistic effect between layer surface configurations and K ions of potassium vanadate nanowires for enhanced energy storage performance [J]. Journal of Materials Chemistry A，2016，4 (13)：4893-4899.

[103] Fang G，Zhou J，Hu Y，et al. Facile synthesis of potassium vanadate cathode material with superior cycling stability for lithium ion batteries [J]. Journal of Power Sources，2015，275：694-701.

[104] Hu W, Zhang X, Cheng Y, et al. Mild and cost-effective one-pot synthesis of pure single-crystalline $\beta$ -Ag$_{0.33}$V$_2$O$_5$ nanowires for rechargeable Li-ion batteries [J]. ChemSusChem, 2011, 4 (8): 1091-1094.

[105] Liang S, Yu Y, Chen T, et al. Facile synthesis of rod-like Ag$_{0.33}$V$_2$O$_5$ crystallites with enhanced cyclic stability for lithium batteries [J]. Materials Letters, 2013, 109: 92-95.

[106] Zhou J, Liang Q, Pan A, et al. The general synthesis of Ag nanoparticles anchored on silver vanadium oxides: towards high performance cathodes for lithium-ion batteries [J]. Journal of Materials Chemistry A, 2014, 2 (29): 11029-11034.

[107] Kundu D, Adams B D, Duffort V, et al. A high-capacity and long-life aqueous re-chargeable zinc battery using a metal oxide intercalation cathode [J]. Nature Energy, 2016, 1 (10): 16119.

[108] Yan M, He P, Chen Y, et al. Water-lubricated intercalation in V$_2$O$_5$ • $n$H$_2$O for high-capacity and high-rate aqueous rechargeable zinc batteries [J]. Advanced Materials, 2018, 30 (1): 1703725.

[109] Ming F, Liang H, Lei Y, et al. Layered Mg$_x$V$_2$O$_5$ • $n$H$_2$O as cathode material for high-performance aqueous zinc ion batteries [J]. ACS Energy Letters, 2018, 3 (10): 2602-2609.

[110] Xia C, Guo J, Li P, et al. Highly Stable Aqueous Zinc-Ion Storage Using a Layered Calcium Vanadium Oxide Bronze Cathode [J]. Angewandte Chemie International Edition, 2018, 57 (15): 3943-3948.

[111] Yang Y, Tang Y, Fang G, et al. Li$^+$ intercalated V$_2$O$_5$ • $n$H$_2$O with enlarged layer spacing and fast ion diffusion as an aqueous zinc-ion battery cathode [J]. Energy & Environmental Science, 2018, 11 (11): 3157-3162.

[112] Tang Y, Sun D, Wang H, et al. Synthesis and electrochemical properties of NaV$_3$O$_8$ nanoflakes as high-performance cathode for Li-ion battery [J]. RSC Advances, 2014, 4 (16): 8328-8334.

[113] Tao X, Wang K, Wang H, et al. Controllable synthesis and in situ TEM study of lithiation mechanism of high performance NaV$_3$O$_8$ cathodes [J]. Journal of Materials Chemistry A, 2015, 3 (6): 3044-3050.

[114] Cao L, Chen L, Huang Z, et al. NaV$_3$O$_8$ nanoplates as a lithium-ion-battery cathode with superior rate capability and cycle stability [J]. ChemElectroChem, 2016, 3 (1): 122-129.

[115] Liang S, Zhou J, Fang G, et al. Ultrathin Na$_{1.1}$V$_3$O$_{7.9}$ nanobelts with superior performance as cathode materials for lithium-ion batteries [J]. ACS Applied Materials & Interfaces, 2013, 5 (17): 8704-8709.

[116] Fang G, Zhou J, Liang C, et al. General synthesis of three-dimensional alkali metal vanadate aerogels with superior lithium storage properties [J]. Journal of Materials Chemistry A, 2016, 4 (37): 14408-14415.

[117] Nguyen D, Gim J, Mathew V, et al. Plate-type NaV$_3$O$_8$ cathode by solid state reaction for sodium-ion batteries [J]. ECS Electrochemistry Letters, 2014, 3 (7): A69-A71.

[118] He H, Jin G, Wang H, et al. Annealed NaV$_3$O$_8$ nanowires with good cycling stability as a novel cathode for Na-ion batteries [J]. Journal of Materials Chemistry A, 2014, 2 (10): 3563-3570.

[119] Yuan S, Liu Y B, Xu D, et al. Pure single-crystalline Na$_{1.1}$V$_3$O$_{7.9}$ nanobelts as superior cathode materials for rechargeable sodium-ion batteries [J]. Advanced Science, 2015, 2 (3): 1400018.

[120] Kang H, Liu Y, Shang M, et al. NaV$_3$O$_8$ nanosheet@polypyrrole core-shell composites with good electrochemical performance as cathodes for Na-ion batteries [J]. Nanoscale, 2015, 7 (20): 9261-9267.

[121] Dong Y, Li S, Zhao K, et al. Hierarchical zigzag Na$_{1.25}$V$_3$O$_8$ nanowires with topotactically encoded superior performance for sodium-ion battery cathodes [J]. Energy & Environmental Science, 2015, 8 (4): 1267-1275.

[122] Guo X, Fang G, Zhang W, et al. Mechanistic Insights of Zn$^{2+}$ Storage in Sodium Vanadates [J]. Advanced Energy Materials, 2018, 8 (27).

[123] Hu P, Zhu T, Wang X, et al. Highly durable Na$_2$V$_6$O$_{16}$ • 1.63H$_2$O nanowire cathode for aqueous zinc-ion battery [J]. Nano Letters, 2018, 18 (3): 1758-1763.

[124] Soundharrajan V, Sambandam B, Kim S, et al. Na$_2$V$_6$O$_{16}$ • 3H$_2$O barnesite nanorod: An open door to display a stable and high energy for aqueous rechargeable Zn-ion batteries as cathodes [J]. Nano Letters, 2018, 18 (4): 2402-2410.

[125] Kawakita J, Miura T, Kishi T. Comparison of Na$_{1+x}$V$_3$O$_8$ with Li$_{1+x}$V$_3$O$_8$ as lithium insertion host [J]. Solid State Ionics, 1999, 124 (1-2): 21-28.

[126] Zhang Q, Brady A B, Pelliccione C J, et al. Investigation of structural evolution of Li$_{1.1}$V$_3$O$_8$ by in situ X-ray diffraction and density functional theory calculations [J]. Chemistry of Materials, 2017, 29 (5): 2364-2373.

[127] Xie L L, Xu Y D, Zhang J J, et al. Rheological phase synthesis of Er-doped LiV$_3$O$_8$ as electroactive material for a cathode of secondary lithium storage [J]. Electronic Materials Letters, 2013, 9 (4): 549-553.

[128] Cao X, Zhu L, Wu H. Preparation and electrochemical performances of rod-like LiV$_3$O$_8$/carbon composites using polyaniline as carbon source [J]. Electronic Materials Letters, 2015, 11 (4): 650-657.

[129] Pan A, Liu J, Zhang J G, et al. Template free synthesis of LiV$_3$O$_8$ nanorods as a cathode material for high-rate secondary lithium batteries [J]. Journal of Materials Chemistry, 2011, 21 (4): 1153-1161.

[130] Ren W, Zheng Z, Luo Y, et al. An electrospun hierarchical LiV$_3$O$_8$ nanowire-in-network for high-rate and long-life lithium batteries [J]. Journal of Materials Chemistry A, 2015, 3 (39): 19850-19856.

[131] Song H, Luo M, Wang A. High rate and stable Li-ion insertion in oxygen-deficient LiV$_3$O$_8$ nanosheets as a cathode material for lithium-ion battery [J]. ACS Applied Materials & Interfaces, 2017, 9 (3): 2875-2882.

[132] Alfaruqi M H, Mathew V, Song J, et al. Electrochemical Zinc Intercalation in Lithium Vanadium Oxide: A High-Capacity Zinc-Ion Battery Cathode [J]. Chemistry of Materi-

als，2017，29（4）：1684-1694.

[133] Cui P，Liang Y，Zhan D，et al. Synthesis and characterization of $NiV_3O_8$ powder as cathode material for lithium-ion batteries［J］. Electrochimica Acta，2014，148：261-265.

[134] Liu H，Tang D. Synthesis of $ZnV_2O_6$ powder and its cathodic performance for lithium secondary battery［J］. Materials Chemistry and Physics，2009，114（2-3）：656-659.

[135] Yang G，Song H，Yang G，et al. 3D hierarchical $AlV_3O_9$ microspheres：first synthesis，excellent lithium ion cathode properties，and investigation of electrochemical mechanism［J］. Nano Energy，2015，15：281-292.

[136] Zhang X，Yang W，Liu J，et al. Ultralong metahewettite $CaV_6O_{16} \cdot 3H_2O$ nanoribbons as novel host materials for lithium storage：Towards high-rate and excellent long-term cyclability［J］. Nano Energy，2016，22：38-47.

[137] Wang H，Ren Y，Wang W，et al. $NH_4V_3O_8$ nanorod as a high performance cathode material for rechargeable Li-ion batteries［J］. Journal of power sources，2012，199：315-321.

[138] Wang H，Huang K，Liu S，et al. Electrochemical property of $NH_4V_3O_8 \cdot 0.2H_2O$ flakes prepared by surfactant assisted hydrothermal method［J］. Journal of power sources，2011，196（2）：788-792.

[139] Wang H，Huang K，Huang C，et al. $(NH_4)_{0.5}V_2O_5$ nanobelt with good cycling stability as cathode material for Li-ion battery［J］. Journal of power sources，2011，196（13）：5645-5650.

[140] Wang H，Huang K，Ren Y，et al. $NH_4V_3O_8$/carbon nanotubes composite cathode material with high capacity and good rate capability［J］. Journal of power sources，2011，196（22）：9786-9791.

[141] Fei H，Wu X，Li H，et al. Novel sodium intercalated $(NH_4)_2V_6O_{16}$ platelets：High performance cathode materials for lithium-ion battery［J］. Journal of Colloid and Interface Science，2014，415：85-88.

[142] Liu C，Masse R，Nan X，et al. A promising cathode for Li-ion batteries：$Li_3V_2(PO_4)_3$［J］. Energy Storage Materials，2016，4：15-58.

[143] Jian Z，Hu Y S，Ji X，et al. NASICON-structured materials for energy storage［J］. Advanced Materials，2017，29（20）：1601925.

[144] Jian Z，Yuan C，Han W，et al. Atomic structure and kinetics of NASICON $Na_xV_2(PO_4)_3$ cathode for sodium-ion batteries［J］. Advanced Functional Materials，2014，24（27）：4265-4272.

[145] Saravanan K，Mason C W，Rudola A，et al. The first report on excellent cycling stability and superior rate capability of $Na_3V_2(PO_4)_3$ for sodium ion batteries［J］. Advanced Energy Materials，2013，3（4）：444-450.

[146] Masquelier C，Croguennec L. Polyanionic（phosphates，silicates，sulfates）frameworks as electrode materials for rechargeable Li（or Na）batteries［J］. Chemical Reviews，2013，113（8）：6552-6591.

[147] Duan W，Hu Z，Zhang K，et al. $Li_3V_2(PO_4)_3$@C core-shell nanocomposite as a supe-

rior cathode material for lithium-ion batteries [J]. Nanoscale, 2013, 5 (14): 6485-6490.

[148] Chen Q, Zhang T, Qiao X, et al. $Li_3V_2(PO_4)_3$/C nanofibers composite as a high performance cathode material for lithium-ion battery [J]. Journal of Power Sources, 2013, 234: 197-200.

[149] Cho A R, Son J N, Aravindan V, et al. Carbon supported, Al doped-$Li_3V_2(PO_4)_3$ as a high rate cathode material for lithium-ion batteries [J]. Journal of Materials Chemistry, 2012, 22 (14): 6556-6560.

[150] Rui X, Sim D, Wong K, et al. $Li_3V_2(PO_4)_3$ nanocrystals embedded in a nanoporous carbon matrix supported on reduced graphene oxide sheets: Binder-free and high rate cathode material for lithium-ion batteries [J]. Journal of Power Sources, 2012, 214: 171-177.

[151] Harrison K L, Bridges C A, Segre C U, et al. Chemical and Electrochemical Lithiation of $LiVOPO_4$ Cathodes for Lithium-Ion Batteries [J]. Chemistry of Materials, 2014, 26 (12): 3849-3861.

[152] Harrison K L, Manthiram A. Microwave-Assisted Solvothermal Synthesis and Characterization of Various Polymorphs of $LiVOPO_4$ [J]. Chemistry of Materials, 2013, 25 (9): 1751-1760.

[153] Paul B J, Mathew V, Do G X, et al. Enhanced Storage Capacities in Carbon-Coated Triclinic-$LiVOPO_4$ Cathode with Porous Structure for Li-Ion Batteries [J]. ECS Electrochemistry Letters, 2012, 1 (4): A63-A65.

[154] Saravanan K, Lee H S, Kuezma M, et al. Hollow $\alpha$-$LiVOPO_4$ sphere cathodes for high energy Li-ion battery application [J]. Journal of Materials Chemistry, 2011, 21 (27): 10042.

[155] Wang L, Yang L, Gong L, et al. Synthesis of $LiVOPO_4$ for cathode materials by coordination and microwave sintering [J]. Electrochimica Acta, 2011, 56 (20): 6906-6911.

[156] Ren M M, Zhou Z, Gao X P. $LiVOPO_4$ as an anode material for lithium ion batteries [J]. Journal of Applied Electrochemistry, 2009, 40 (1): 209-213.

[157] Azmi B M, Ishihara T, Nishiguchi H, et al. $LiVOPO_4$ as a new cathode materials for Li-ion rechargeable battery [J]. Journal of power sources, 2005, 146 (1-2): 525-528.

[159] Ren M M, Zhou Z, Su L W, et al. $LiVOPO_4$: A cathode material for 4V lithium ion batteries [J]. Journal of power sources, 2009, 189 (1): 786-789.

[159] Shahul Hameed A, Nagarathinam M, Reddy M V, et al. Synthesis and electrochemical studies of layer-structured metastable $\alpha$I-$LiVOPO_4$ [J]. Journal of Materials Chemistry, 2012, 22 (15): 7206.

[160] Nagamine K, Honma T, Komatsu T. Fabrication of $LiVOPO_4$/carbon composite viA • glass-ceramic processing [J]. IOP Conference Series: Materials Science and Engineering, 2011, 21: 012021.

[161] 宋维鑫, 侯红帅, 纪效波. 磷酸钒钠 $Na_3V_2(PO_4)_3$ 电化学储能研究进展 [J]. 物理化学学报, 2017, 33 (1): 103-129.

[162] Hong H Y P. Crystal structures and crystal chemistry in the system $Na_{1+x}Zr_2Si_x\ P_{3-x}O_{12}$ [J]. Materials Research Bulletin, 1976, 11 (2): 173-182.

[163] Jian Z L, Zhao L, Pan H L, et al. Carbon coated $Na_3V_2(PO_4)_3$ as novel electrode material for sodium ion batteries [J]. Electrochemistry Communications, 2012, 14 (1): 86-89.

[164] Saravanan K, Mason C W, Rudola A, et al. The First Report on Excellent Cycling Stability and Superior Rate Capability of $Na_3V_2(PO_4)_3$ for Sodium Ion Batteries [J]. Advanced Energy Materials, 2013, 3 (4): 444-450.

[165] Jian Z, Han W, Lu X, et al. Superior Electrochemical Performance and Storage Mechanism of $Na_3V_2(PO_4)_3$ Cathode for Room-Temperature Sodium-Ion Batteries [J]. Advanced Energy Materials, 2013, 3 (2): 156-160.

[166] Song W X, Ji X B, Wu Z P, et al. First exploration of Na-ion migration pathways in the NASICON structure $Na_3V_2(PO_4)_3$ [J]. Journal of Materials Chemistry A, 2014, 2 (15): 5358-5362.

[167] Li J W, Cao X X, Pan A Q, et al. Nanoflake-assembled three-dimensional $Na_3V_2(PO_4)_3/C$ cathode for high performance sodium ion batteries [J]. Chemical Engineering Journal, 2018, 335: 301-308.

[168] Cao X X, Pan A Q, Yin B, et al. Nanoflake-constructed porous $Na_3V_2(PO_4)_3/C$ hierarchical microspheres as a bicontinuous cathode for sodium-ion batteries applications [J]. Nano Energy, 2019, 60: 312-323.

[169] Cao X X, Pan A Q, Liu S N, et al. Chemical Synthesis of 3D Graphene-Like Cages for Sodium-Ion Batteries Applications [J]. Advanced Energy Materials, 2017, 7 (20): 1700797.

[170] Lim S J, Han D W, Nam D H, et al. Structural enhancement of $Na_3V_2(PO_4)_3$ /C composite cathode materials by pillar ion doping for high power and long cycle life sodium-ion batteries [J]. Journal of Materials Chemistry A, 2014, 2 (46): 19623-19632.

[171] Zhou W, Xue L, Lu X, et al. $Na_xMV(PO_4)_3$ (M = Mn, Fe, Ni) Structure and Properties for Sodium Extraction [J]. Nano Letters, 2016, 16 (12): 7836-7841.

[172] Li H, Yu X Q, Bai Y, et al. Effects of Mg doping on the remarkably enhanced electrochemical performance of $Na_3V_2(PO_4)_3$ cathode materials for sodium ion batteries [J]. Journal of Materials Chemistry A, 2015, 3 (18): 9578-9586.

[173] Li G L, Yang Z, Jiang Y, et al. Hybrid aqueous battery based on $Na_3V_2(PO_4)_3/C$ cathode and zinc anode for potential large-scale energy storage [J]. Journal of Power Sources, 2016, 308: 52-57.

[174] Li G L, Yang Z, Jiang Y, et al. Towards polyvalent ion batteries: A zinc-ion battery based on NASICON structured $Na_3V_2(PO_4)_3$ [J]. Nano Energy, 2016, 25: 211-217.

[175] Zhao H B, Hu C J, Cheng H W, et al. Novel Rechargeable $M_3V_2(PO_4)_3$//Zinc (M=Li, Na) Hybrid Aqueous Batteries with Excellent Cycling Performance [J]. Scientific Reports, 2016, 6: 25809.

[176] Cai Y, Cao X, Luo Z, et al. Caging $Na_3V_2(PO_4)_2F_3$ microcubes in cross-linked graphene enabling ultrafast sodium storage and long-term cycling [J]. Advanced Science,

2018，5（9）：1800680.

[177] Li W，Wang K，Cheng S，et al. A long-life aqueous Zn-ion battery based on $Na_3V_2(PO_4)_2F_3$ cathode [J]. Energy Storage Materials，2018，15：14-21.

[178] Xu X，Xiong F，Meng J，et al. Vanadium-Based Nanomaterials：A Promising Family for Emerging Metal-Ion Batteries [J]. Advanced Functional Materials，2020，30（10）：1904398.

[179] Zhang X，He Q，Xu X，et al. Insights into the Storage Mechanism of Layered $VS_2$ Cathode in Alkali Metal-Ion Batteries [J]. Advanced Energy Materials，2020，10（22）：1904118.

[180] He P，Yan M，Zhang G，et al. Layered $VS_2$ Nanosheet-Based Aqueous Zn Ion Battery Cathode [J]. Advanced Energy Materials，2017，7（11）：1601920.

[181] Fang G，Hang S，Chen Z，et al. Simultaneous Cationic and Anionic Redox Reactions Mechanism Enabling High-Rate Long-Life Aqueous Zinc-Ion Battery [J]. Advanced Functional Materials，2019，29（44）：1905267.

# 第 2 章

# 典型钒化合物的晶体结构与相变

钒元素的原子核外电子排布式为 $3d^3 4s^2$，具有多种化合价态（+2、+3、+4、+5），其中+5 价为稳定价态。因此，钒元素具有比较高的化学活性，可与多种金属和非金属元素发生化学反应，形成多种复杂化合物，包括钒二元化合物、钒酸盐化合物、钒磷酸盐化合物等，为钒基材料的选择调控留下较大空间。

# 2.1
# 钒氧二元化合物

钒与氧元素反应可形成 VO、$VO_2$、$V_2O_3$ 和 $V_2O_5$ 等多种单一化合价的二元钒氧化物。此外，还有许多钒元素呈混合价态的化合物，如 $V_3O_7$、$V_4O_9$ 和 $V_6O_{13}$ 等[1]，因此，钒氧化物体系中的相平衡非常复杂[2]。不同的钒氧化物也显示出复杂的结构，比如，$VO_2$ 具有金红石结构[3]，而 $VO_2 \cdot nH_2O$ 具有层状结构[4]，$V_2O_5$ 具有二维层状结构的特征[5]。Whittingham 等人详细总结了各种钒氧化物的结构及其分类[6]，在这些钒氧化物中，$V_2O_5$ 和 $V_6O_{13}$ 作为嵌入型材料得到了广泛研究。

## 2.1.1　$V_2O_5$ 及其含水化合物

$V_2O_5$ 属正交晶系，晶格参数为 $a = 11.5219(5)$Å（1Å=0.1nm），$b = 3.5667(1)$Å，$c = 4.3751(2)$Å，空间群为 $Pmmn$，其原子占位情况如表 2-1 所示[7]。

表 2-1　$V_2O_5$ 的原子占位[7]

| 原子 | Wyckoff 位置 | $x/a$ | $y/b$ | $z/c$ |
|---|---|---|---|---|
| V | $4f$ | 0.1010(5) | 1/4 | 0.8967(14) |
| O(1) | $4f$ | 0.1077(14) | 1/4 | 0.5333(41) |
| O(2) | $4f$ | −0.0703(11) | 1/4 | −0.0016(33) |
| O(3) | $2a$ | 1/4 | 1/4 | −0.0080(51) |

$V_2O_5$ 晶体结构的特点是，结构由 $VO_5$ 四棱锥通过共边和顶点形成的层堆积而成[8,9]，其结构如图 2-1 所示[8]。在每一层内，钒原子和氧原子以强 V—O—V—O 键相连，钒原子位于 $VO_5$ 四棱锥的中心位置，氧原子位于四棱锥的顶点；顶点处的 V—O 键的距离比其他四个 V—O 键的距离要短得多，对应于双键；层与层之间以较弱的钒氧键相结合，锂离子可以在层间进行可逆脱/嵌。

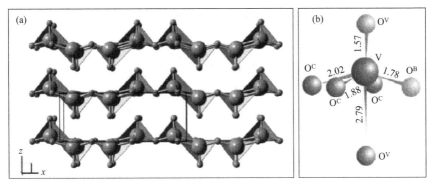

图 2-1　$V_2O_5$ 晶体结构示意图[8]

锂离子嵌入 $V_2O_5$ 后形成 $Li_xV_2O_5$，其相结构取决于嵌入的锂离子的数量。图 2-2 显示了锂离子嵌入 $V_2O_5$ 晶体中形成的 $Li_xV_2O_5$ 相（$0 \leqslant x \leqslant 2$）的晶体结构变化过程[9]。

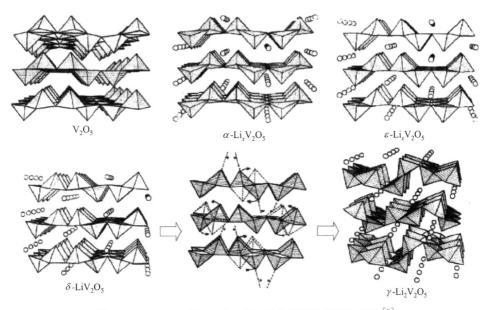

图 2-2　$Li_xV_2O_5$ 相（$0 \leqslant x \leqslant 2$）的晶体结构转变过程图[9]

图 2-3 是嵌入 1 个、2 个或 3 个 $Li^+$ 时，$V_2O_5$ 的典型充放电曲线图[10]。根据嵌入的 $Li^+$ 的数量（$x$）不同，所得到的 $Li_xV_2O_5$ 将经历五种不同的结构：即 $\alpha$-$Li_xV_2O_5$（$0 < x < 0.35$）；$\varepsilon$-$Li_xV_2O_5$（$0.35 < x < 0.7$）[11]；$\delta$-$Li_xV_2O_5$（$0.7 < x < 1$）[12]；$\gamma$-$Li_xV_2O_5$（$1 < x < 2$）；$\omega$-$Li_xV_2O_5$（$2 < x < 3$）。需要指出的是，

在 $x \leqslant 1$ 时，锂离子脱出后能恢复到原始的 $V_2O_5$ 结构，相转变（$\alpha \rightarrow \varepsilon$ 和 $\varepsilon \rightarrow \delta$）完全可逆[13]。在 $1 < x \leqslant 2$ 时，结构发生重排导致 $\delta$-$LiV_2O_5$ 相到 $\gamma$-$Li_2V_2O_5$ 相的不可逆转变。$\gamma$-$Li_2V_2O_5$ 相在 $0 < x \leqslant 2$ 范围内能可逆循环而不改变 $\gamma$-$Li_2V_2O_5$ 相的结构[11]，仍具有明显的可逆脱嵌平台和氧化还原峰[14]。而当 $2 < x < 3$ 时，$\gamma$-$Li_2V_2O_5$ 相不可逆地转变成岩盐结构的 $\omega$-$Li_3V_2O_5$ 相[10]，该反应是不可逆的，此时不再具有明显的脱嵌平台和氧化还原峰[15,16]。

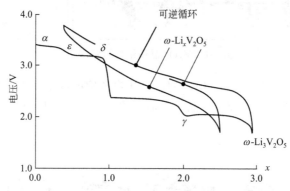

图 2-3　$V_2O_5$ 在锂离子电池中充放电时的相变过程图[10]

$Li_xV_2O_5$ 相的结构和电化学性能已被广泛且深入地研究[17-23]。近期，本书作者团队发现一种低 $x$ 值的有序超结构新相。当 $V_2O_5$ 有序嵌入微量锂离子后其晶体结构会发生一些适应性的调整，例如层宽和层间距都会相应增大，这都将在一定程度上提高对应结构在脱/嵌锂离子时的电化学性能[24]。当 $x = 0.0625$ 时，$V_2O_5$ 的结构调整如图 2-4 所示。

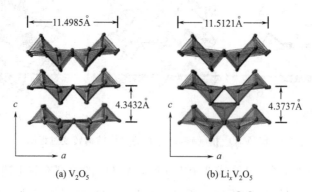

(a) $V_2O_5$　　　　　(b) $Li_xV_2O_5$

图 2-4　$V_2O_5$ 嵌 Li 的结构示意图[24]

$1\text{Å} = 0.1\text{nm}$

$Li_{0.0625}V_2O_5$ 属于正交晶系，其结构是由 8 个 $V_2O_5$ 单胞所构成的超胞。锂离子是通过预嵌入的方式占据着每一个 $V_2O_5$ 单胞的 $2b$ 位置，而锂离子的预嵌入导致 $V_2O_5$ 的层状结构发生了膨胀，如图 2-5 所示。因此，$Li_{0.0625}V_2O_5$ 结构的晶格参数为：$a=11.5121(7)Å$，$b=3.5701(3)Å$，$c=4.3737(3)\times8Å$。在该结构中，掺杂的 Li 倾向于占据 6 个 O 之间的中心位置，即（0.500，0.000，0.145），从而形成位于 $VO_5$ 六面体之间的 $LiO_6$ 的三棱柱，并且 $LiO_6$ 与底部相邻扭曲的 $VO_5$ 六面体的六个 O 连接，这也使得该结构比其他层状结构的 $Li_xV_2O_5$ 相更加稳定。

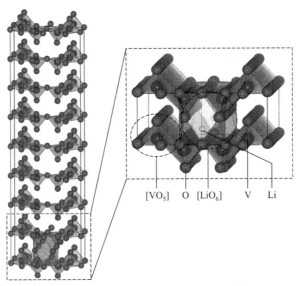

图 2-5 $Li_{0.0625}V_2O_5$ 的结构示意图[24]

由于层状结构的 $V_2O_5$ 具有较强的吸水性，在层间能形成结晶水，进而形成含水五氧化二钒（$V_2O_5 \cdot nH_2O$），其是另一种锂离子嵌入型材料。直到最近人们才对其晶体结构有清楚的解析。Petkov 等通过原子对分布函数技术确定了 $V_2O_5 \cdot nH_2O$ 的完整三维结构[25]。$V_2O_5 \cdot nH_2O$ 属单斜晶系，其晶格参数为 $a=11.722(3)Å$，$b=3.570(3)Å$，$c=11.520(3)Å$，$\beta=88.65(2)°$，其空间群为 $C2/m$，其原子占位情况如表 2-2 所示[25]。

表 2-2　$V_2O_5 \cdot nH_2O$ 的原子占位[25]

| 原子 | Wyckoff 位置 | $x/a$ | $y/b$ | $z/c$ |
|---|---|---|---|---|
| V(1) | $4i$ | 0.9317(2) | 0 | 0.1303(2) |
| V(2) | $4i$ | 0.2227(2) | 0 | 0.1332(2) |

| 原子 | Wyckoff 位置 | $x/a$ | $y/b$ | $z/c$ |
|------|-------------|-------|-------|-------|
| O(1) | $4i$ | 0.3955(4) | 0 | 0.1035(4) |
| O(2) | $4i$ | 0.07521(4) | 0 | 0.0950(4) |
| O(3) | $4i$ | 0.7537(4) | 0 | 0.0658(4) |
| O(4) | $4i$ | 0.9046(4) | 0 | 0.2670(4) |
| O(5) | $4i$ | 0.2018(4) | 0 | 0.2669(4) |
| O* | $4i$ | 0.6065(4) | 0 | 0.5085(4) |

$V_2O_5 \cdot nH_2O$ 可以看作由 $VO_5$ 四棱锥体单元构成的单个 $V_2O_5$ 层组成的双层结构，水分子停留在双层之间，如图 2-6 所示。最近的两个双层之间的距离为 11.5Å，当其他物质嵌入或脱出时，这个距离也相应地膨胀或收缩，单一的双层结构中单层 $V_2O_5$ 片之间的距离为 2.9Å。在每个双层中的 V 原子可以看作处于八面体中，$VO_5$ 四棱锥体通过共边形成双链沿着 $b$ 轴延伸，这些双链通过链间的 V—O 键平行排列，这种结构具有足够的原子排序，可以形成纳米晶。也就是说，层状 $V_2O_5$ 材料是 $V_2O_5$ 单层的有序排列，而 $V_2O_5 \cdot nH_2O$ 干凝胶是由两个单 $V_2O_5$ 层构成的双层的堆积。

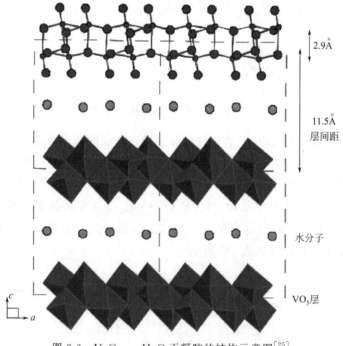

图 2-6  $V_2O_5 \cdot nH_2O$ 干凝胶的结构示意图[25]

## 2.1.2 VO$_2$

VO$_2$ 是另一种很重要的二元钒氧化物，主要以五种晶体相形式存在，包括四方相 VO$_2$(R)，单斜相 VO$_2$(M)，亚稳相 VO$_2$(A)、VO$_2$(B) 和 VO$_2$(C)。高温金红石结构的 VO$_2$(R) 和低温单斜相 VO$_2$(M) 在 68℃ 能发生完全可逆的金属-半导体转变而备受关注[26]，这与红外传输的剧烈变化以及电阻系数在 $10^4 \sim 10^5$ 数量级的变化有关[27]，这使它有望应用在光转换器件、智能窗户涂料等领域[28]。

在 VO$_2$ 各种晶相中，亚稳相 VO$_2$(B) 在二次电池领域研究较广泛，属斜方晶系，其晶格参数为 $a = 12.03$Å$\pm 10$Å，$b = 3.693$Å$\pm 0.010$Å，$c = 6.42$Å$\pm 0.05$Å，$\beta = 106.6°\pm 1°$，其空间群为 $C2/m$，其原子占位情况如表 2-3 所示[29]。在 VO$_2$(B) 中，V$_4$O$_{10}$ 型的双层没有被嵌入的离子或分子所分开，而是共用顶点形成一维隧道结构，如图 2-7 所示，其隧道结构可快速地脱/嵌锂离子，因其可用作锂离子电池正极材料而被广泛研究[29-31]。

表 2-3　VO$_2$(B) 的原子占位[29]

| 原子 | Wyckoff 位置 | $x/a$ | $y/b$ | $z/c$ |
|---|---|---|---|---|
| V(1) | $4i$ | 0.3010(2) | 0 | 0.7214(4) |
| V(2) | $4i$ | 0.3995(2) | 0 | 0.3145(4) |
| O(1) | $4i$ | 0.3601(6) | 0 | 0.0006(13) |
| O(2) | $4i$ | 0.2338(6) | 0 | 0.3436(11) |
| O(3) | $4i$ | 0.4432(7) | 0 | 0.6496(12) |
| O(4) | $4i$ | 0.1212(5) | 0 | 0.6928(10) |

图 2-7　VO$_2$(B) 的晶体结构图[29]

## 2.1.3 $V_6O_{13}$

$V_6O_{13}$ 具备高容量和高电子电导率等优异性能，自 1979 年 Murphy 首次报道后，其作为一个优秀的锂电池正极材料吸引了研究者的目光[32,33]。$V_6O_{13}$ 结构中的 V 是混合价态，分别为 $V^{4+}$ 和 $V^{5+}$。$V_6O_{13}$ 属单斜晶系，其晶格参数为 $a=10.0605(4)$ Å，$b=3.7108(3)$ Å，$c=11.9633(6)$ Å，$\beta=100.927(4)°$，其空间群为 $Pc(7)$，其原子占位情况如表 2-4 所示[34]，结构如图 2-8 所示，是由单双层的氧化钒交替分布而成，其中 V 具有混合价态，平均价态为 +4.33。在单层结构上的 V(1) 和双层结构上的 V(3) 均为 +4 价的 V；而双层结构上的 V(2) 则具有更多 +5 价的 V，V(2) 中含的 $V^{5+}$ 会在嵌锂过程中被还原成 $V^{4+}$[21]。

表 2-4  $V_6O_{13}$ 的原子占位[34]

| 原子 | Wyckoff 位置 | $x/a$ | $y/b$ | $z/c$ |
| --- | --- | --- | --- | --- |
| V(1) | 2a | −0.006112 | 0.30547(10) | 0.345635 |
| V(2) | 2a | −0.00318(4) | 0.23442(10) | 0.64159(4) |
| V(3) | 2a | 0.35945(6) | 0.25075(15) | 0.41726(4) |
| V(4) | 2a | 0.63137(6) | 0.24770(8) | 0.59109(4) |
| V(5) | 2a | 0.36290(6) | 0.24845(6) | 0.71952(5) |
| V(6) | 2a | 0.62975(6) | 0.25116(15) | 0.28889(4) |
| O(1) | 2a | −0.00338(13) | 0.2560(6) | 0.18496(9) |
| O(2) | 2a | 0.38429(12) | 0.2489(3) | 0.88711(9) |
| O(3) | 2a | 0.40576(13) | 0.2512(7) | 0.25536(9) |
| O(4) | 2a | −0.00355(15) | 0.2428(9) | 0.50362(10) |
| O(5) | 2a | 0.19198(12) | 0.2528(6) | 0.38814(9) |
| O(6) | 2a | 0.19615(13) | 0.2456(3) | 0.68354(10) |
| O(7) | 2a | 0.40316(13) | 0.2499(6) | 0.56668(9) |
| O(8) | 2a | −0.00447(13) | 0.2405(3) | 0.83018(9) |
| O(9) | 2a | 0.60862(12) | 0.2512(6) | 0.12271(9) |
| O(10) | 2a | 0.58680(13) | 0.2484(3) | 0.75362(9) |
| O(11) | 2a | 0.79887(12) | 0.2457(3) | 0.6193(1) |
| O(12) | 2a | 0.79785(13) | 0.2545(6) | 0.32391(9) |
| O(13) | 2a | 0.58849(13) | 0.2499(7) | 0.44333(9) |

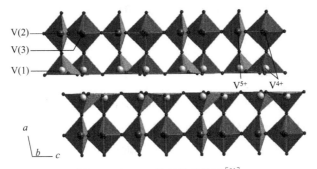

图 2-8　$V_6O_{13}$ 的晶体结构图[21]

$V_6O_{13}$ 在 1.8～4V 电压范围内嵌入锂离子时，V 的价态全部被还原为＋3价，理论比容量达 $417mA \cdot h \cdot g^{-1}$，能量密度约为 $900W \cdot h \cdot kg^{-1}$；此外，该材料在室温下具有金属特性[35]。$V_6O_{13}$ 还是一个低温多晶型物质[36]，在 150K 时发生相转变，随后其电导率和磁化率下降，这表明电荷再分配，发生了结构变化。Murphy 等人对 $V_6O_{13 \pm y}$ 的电化学性能进行了研究，发现了非化学计量的钒氧化物与锂的反应机制[37]。在正丁基锂溶液中，$V_6O_{13}$ 可以嵌入 4.5mol 锂离子，而部分氧化的 $V_6O_{13+y}$ 可以嵌入 8mol 锂离子。在锂离子电池中，$V_6O_{13}$ 可以嵌入 8mol 锂离子，此时所有 V 被还原为＋3 价[38]。在锂嵌入过程中伴随着多个相变，如图 2-9 所示[21]。同时，深度放电将导致材料发生不可逆相变。

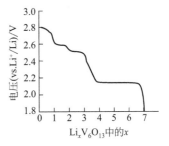

图 2-9　$V_6O_{13}$ 的电化学嵌锂图[21]

# 2.2
## 碱金属钒氧化合物

碱金属钒氧化合物作为锂金属电池和锂离子电池的正极材料，被广泛研究。相对于 $LiCoO_2$ 等传统嵌锂化合物，钒酸盐具有高理论容量这一显著优点，主要是由于嵌锂过程中其可实现多步还原和多电子转移。1957 年，Wadsley 等人首次提出 $Li_{1+x}V_3O_8$ 可用作锂离子电池正极材料[39]，该材料能在层间嵌入锂离子，一直备受关注。Khoo 和 Jian 等人先后在层状结构 $V_2O_5$ 中引入 Na 得到稳定的三维隧道结构 $\beta-Na_{0.33}V_2O_5$ 材料[40,41]，可改善其离子嵌入性能[42]。20 世纪 80 年代，Raistrick 和 Huggins 等人提出将钒酸钾用作锂离子电池正极材料[43,44]。由于该类材料具有高比容量，良好的结构稳定性，研究者开发了一系列高性能钒酸钾正极材料[45-49]，其中，$KV_3O_8$ 和 $K_{0.25}V_2O_5$ 最具代表性。

## 2.2.1 $Li_{1+x}V_3O_8$

$Li_{1+x}V_3O_8$ 是层间可以嵌入多个锂离子的钒基正极材料。单斜结构的 $Li_{1+x}V_3O_8$ 由 $(V_3O_8)^-$ 层沿着 $a$ 轴排列，而 $(V_3O_8)^-$ 层是由 $VO_6$ 八面体和 $VO_5$ 扭曲双四棱锥结构两个基本结构单元，通过角共用形成的。锂离子可以占据 V-O 层之间的八面体和四棱锥的间隙[39]，其结构如图 2-10 所示。位于八面体间隙的 Li 不参与电化学氧化还原反应，而是将层和层牢固地连接在一起，确保 $Li_{1+x}V_3O_8$ 在充放电过程中具有很好的结构稳定性，也不会阻碍嵌入的锂离子占据四棱锥的间隙位置[50-52]。

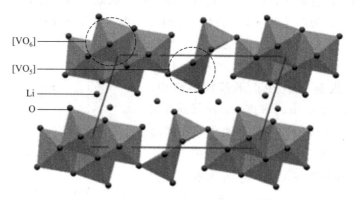

$[VO_6]$

$[VO_5]$

Li

O

图 2-10　$Li_{1+x}V_3O_8$ 的晶体结构图[21]

根据充放电曲线分析其嵌锂过程，发现：$Li_{1+x}V_3O_8$ 在 $1+x<3$ 时，只发生单相转变；在 $1+x>3$ 时，会发生两相转变，生成一种无序的岩盐结构的 $Li_4V_3O_8$[21]，如图 2-11 所示。基于理论计算，当 $Li_{1+x}V_3O_8$ 晶体中嵌入 3 个 $Li^+$ 时，其理论比容量达 $280mA \cdot h \cdot g^{-1}$。有文献报道，无定形的 $Li_{1+x}V_3O_8$ 最多可以嵌入 4.5 个锂离子，获得约 $419mA \cdot h \cdot g^{-1}$ 的理论比容量，这是因为在亚稳定状态下具有更多储锂位点，可嵌入更多的 $Li^+$[53]。另外，$Li_{1+x}V_3O_8$ 材料易合成、结构稳定、安全性能好，被认为是一种有良好应用前景的高容量的锂离子电池正极材料。

$LiV_3O_8$ 是 $Li_{1+x}V_3O_8$ 类中最具代表性的材料，属于单斜晶系，晶格参数为 $a=6.68(2)$Å，$b=3.60(1)$Å，$c=12.03(2)$Å，$\beta=107.8300°$，其空间群为 $P2_1/m$ (11)，其原子占位如表 2-5 所示。

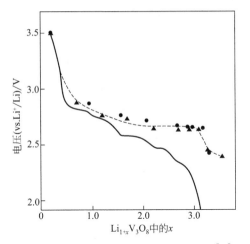

图 2-11 $Li_{1+x}V_3O_8$ 电化学嵌锂过程图[21]

**表 2-5 $LiV_3O_8$ 的原子占位[54]**

| 原子 | Wyckoff 位置 | $x/a$ | $y/b$ | $z/c$ |
|------|------|------|------|------|
| Li(1) | 2e | 0.494 | 0.25 | 0.69 |
| V(1) | 2e | 0.839(2) | 0.25 | 0.536 |
| V(2) | 2e | 0.204(2) | 0.25 | 0.077(8) |
| V(3) | 2e | 0.069(4) | 0.25 | 0.802(2) |
| O(1) | 2e | 0.075 | 0.25 | 0.458 |
| O(2) | 2e | 0.879 | 0.25 | 0.928 |
| O(3) | 2e | 0.796 | 0.25 | 0.675 |
| O(4) | 2e | 0.422 | 0.25 | 0.188 |
| O(5) | 2e | 0.616 | 0.25 | 0.438 |
| O(6) | 2e | 0.286 | 0.25 | 0.956 |
| O(7) | 2e | 0.225 | 0.25 | 0.725 |
| O(8) | 2e | 0.992 | 0.25 | 0.175 |

## 2.2.2 钒酸钠

　　钒酸钠材料具有较高的比容量、优良的结构稳定性和良好的倍率性能，已成为备受关注的锂离子电池正极材料，主要包括 $\beta\text{-}Na_{0.33}V_2O_5$、$Na_{1.2}V_3O_8$ 等。

　　$\beta\text{-}Na_{0.33}V_2O_5$ 晶体结构属于斜方晶系，其晶格参数为 $a = 15.43596(6)$Å，

$b = 3.6005(1)Å$, $c = 10.0933(3)Å$, $\beta = 109.570(2)°$，其空间群为 $C2/m$，其原子占位列于表 2-6[55] 中，其结构如图 2-12 所示。$\beta\text{-Na}_{0.33}\text{V}_2\text{O}_5$ 具有典型的三维隧道结构，该结构由 $V(1)O_6$、$V(2)O_6$ 八面体和 $V(3)O_5$ 四棱锥体沿 $b$ 轴方向所构成。钠离子位于 $b$ 轴方向的 4 个等效平衡位置上[55]。此外，该隧道结构可以作为锂离子快速扩散的通道，从而提高材料的扩散动力学行为。该材料在电化学循环过程中结构稳定，具有很好的可逆性[56]。

表 2-6　$\beta\text{-Na}_{0.33}\text{V}_2\text{O}_5$ 的原子占位[55]

| 原子 | Wyckoff 位置 | $x/a$ | $y/b$ | $z/c$ |
|---|---|---|---|---|
| Na(occ.=0.5) | $4i$ | 0.0067(2) | 0 | 0.403(2) |
| V(1) | $4i$ | 0.338(3) | 0 | 0.1029(4) |
| V(2) | $4i$ | 0.1160(3) | 0 | 0.1169(4) |
| V(3) | $4i$ | 0.2883(3) | 0 | 0.4115(5) |
| O(1) | $2a$ | 0 | 0 | 0 |
| O(2) | $4i$ | 0.1854(8) | 0 | 0.063(1) |
| O(3) | $4i$ | 0.3668(9) | 0 | $-0.072(1)$ |
| O(4) | $4i$ | 0.4375(8) | 0 | 0.223(1) |
| O(5) | $4i$ | 0.2647(7) | 0 | 0.2241(1) |
| O(6) | $4i$ | 0.1094(8) | 0 | 0.276(1) |
| O(7) | $4i$ | 0.2455(8) | 0 | 0.571(1) |
| O(8) | $4i$ | 0.3967(8) | 0 | 0.473(1) |

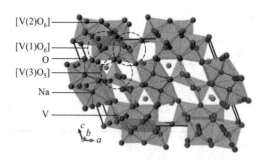

图 2-12　$\beta\text{-Na}_{0.33}\text{V}_2\text{O}_5$ 的晶体结构图[55]

$\beta\text{-Na}_{0.33}\text{V}_2\text{O}_5$ 具有典型的电化学锂可逆脱/嵌特性，其嵌入锂离子后形成化合物 $\beta\text{-Li}_x\text{Na}_{0.33}\text{V}_2\text{O}_5$，$x$ 为嵌入的 $\text{Li}^+$ 的物质的量。$\beta\text{-Na}_{0.33}\text{V}_2\text{O}_5$ 在 4.2～2.2V 电压范围内的充放电曲线如图 2-13 所示[55]。其电化学嵌锂主要包含三个

过程，在 3.3V、2.9V 和 2.5V 表现出三个电压平台，分别对应 $Li^+$ 嵌入 $\beta$-$Na_{0.33}V_2O_5$ 结构中的 M3、M2 和 M1 空位，如图 2-14 所示[57]。首先，在放电至 3.3V 过程中，$Li^+$ 逐渐占据 $\beta$-$Na_{0.33}V_2O_5$ 结构中的 M3 空位，对应 $0 < x \leqslant 0.33$。在 3.3~2.9V 放电区间，对应 $0.33 < x \leqslant 0.66$，$Li^+$ 嵌入一半的 M2 空位。最后，放电至 2.5V 时，$\beta$-$Na_{0.33}V_2O_5$ 结构中剩余的 M3、M2 和 M1 空位全被 $Li^+$ 占据，对应 $0.66 < x \leqslant 1.67$[58]。需要指出的是，放电时嵌入的锂离子在充电时可全部脱出，表明 $\beta$-$Na_{0.33}V_2O_5$ 具有优越的可逆性。

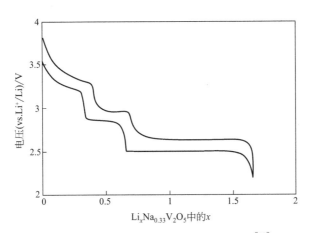

图 2-13　$\beta$-$Na_{0.33}V_2O_5$ 的首次充放电曲线[55]

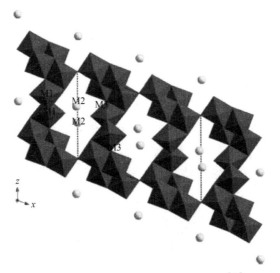

图 2-14　$\beta$-$Na_{0.33}V_2O_5$ 的空位示意图[57]

$Na_{1.2}V_3O_8$ 是另一种被广泛研究的钒酸钠化合物，属于单斜晶系，其晶格参数为 $a = 7.3316(7)$Å，$b = 3.6070(4)$Å，$c = 12.139(1)$Å，$\beta = 107.368(2)°$，其空间群为 $P2_1/m$，其原子占位列于表 2-7[59]，其结构如图 2-15 所示。$[V_3O_8]_n^-$ 层是由 $VO_6$ 八面体和 $VO_5$ 四棱锥构成，Na 均匀分布在层间隙。在 $b$ 轴方向上，每两个扭曲的 $VO_6$ 八面体和一个扭曲的 $VO_5$ 四棱锥共用一个 O。这种层状结构能提供较大的空间，有利于离子的嵌入和脱出[60,61]。

表 2-7　$Na_{1.2}V_3O_8$ 的原子占位[59]

| 原子 | Wyckoff 位置 | $x/a$ | $y/b$ | $z/c$ |
|---|---|---|---|---|
| V(1) | 2e | 0.1792(2) | 0.25 | 0.0409(1) |
| V(2) | 2e | 0.6029(2) | 0.75 | 0.4195(1) |
| V(3) | 2e | 0.2325(2) | 0.25 | 0.3102(1) |
| O(1) | 2e | −0.0987(9) | 0.25 | −0.0391(5) |
| O(2) | 2e | 0.0117(9) | 0.25 | 0.2360(5) |
| O(3) | 2e | 0.3053(8) | 0.75 | 0.3284(5) |
| O(4) | 2e | 0.3382(8) | 0.25 | 0.1757(5) |
| O(5) | 2e | 0.8056(9) | 0.75 | 0.5382(5) |
| O(6) | 2e | 0.5314(9) | 0.75 | 0.4274(5) |
| O(7) | 2e | 0.6880(9) | 0.75 | 0.3111(5) |
| O(8) | 2e | 0.3089(8) | 0.25 | −0.0457(5) |
| Na(1) | 2e | 0.6657(5) | 0.25 | 0.1741(3) |
| Na(2) | 2e | 0.995(2) | 0.25 | 0.558(2) |

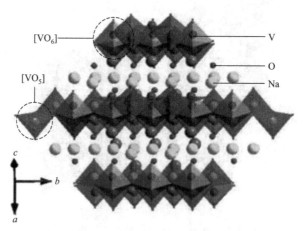

图 2-15　$Na_{1.2}V_3O_8$ 的晶体结构图[60]

$Na_{1.2}V_3O_8$ 嵌入锂离子形成 $Li_xNa_{1.2}V_3O_8$，其电化学嵌锂特性与 $Na_{1.25}V_3O_8$、$Na_{0.95}V_3O_8$、$Na_{1.08}V_3O_8$、$Li_{1.2}V_3O_8$ 等化合物相似[62-64]。Kawakita 等人比较了 $Na_{1.2}V_3O_8$ 和 $Li_{1.2}V_3O_8$ 的嵌锂特性，如图 2-16 所示[65]。$Na_{1.2}V_3O_8$ 具有多步电化学嵌锂过程，在 2.6V 和 2.4V 出现阳极峰，发生 $Li^+$ 嵌入四面体间隙的单相转变，对应 $0 < x \leqslant 2.8$。随后又发生了复杂的多相转变，$Li_xNa_{1.2}V_3O_8$ 中的 $x$ 为 $2.8 < x \leqslant 3.0$。

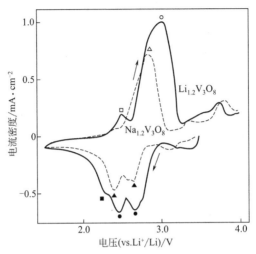

图 2-16　在 $0.01mV \cdot s^{-1}$ 下 $Li_{1.2}V_3O_8$ 和 $Na_{1.2}V_3O_8$ 的 CV 曲线[65]

## 2.2.3　钒酸钾

$KV_3O_8$ 属于单斜晶系[66,67]，其晶格参数为 $a = 4.9769(4)$Å，$b = 8.3810(7)$Å，$c = 7.6396(7)$Å，$\beta = 96.9340(10)°$，其空间群为 $P2_1/m$，其原子占位列于表 2-8 中[66,67]，其结构如图 2-17 所示。$KV_3O_8$ 是由 $(V_3O_8)^-$ 层叠堆而成，而 $(V_3O_8)^-$ 层主要由 V(1)$O_6$ 正八面体和 V(2)$_2O_8$ 四棱锥构成，K 位于 $(V_3O_8)^-$ 层间[45]。

表 2-8　$KV_3O_8$ 的原子占位[66,67]

| 原子 | Wyckoff 位置 | $x/a$ | $y/b$ | $z/c$ |
|---|---|---|---|---|
| V(1) | 2e | 0.41812(10) | 0.75 | 0.07850(7) |
| V(2) | 4f | 0.94057(7) | 0.55389(5) | 0.19097(5) |
| O(1) | 2e | 0.6191(5) | 0.75 | −0.0701(3) |
| O(2) | 4f | 0.6189(3) | 0.5982(2) | 0.2428(2) |
| O(3) | 2e | 0.0969(5) | 0.75 | 0.2652(3) |

| 原子 | Wyckoff 位置 | $x/a$ | $y/b$ | $z/c$ |
|---|---|---|---|---|
| O(4) | $4f$ | 0.1867(3) | 0.5860(2) | 0.0059(2) |
| O(5) | $4f$ | 1.0698(4) | 0.4307(2) | 0.3368(2) |
| K(1) | $2e$ | 0.45299(18) | 0.75 | 0.56471(12) |

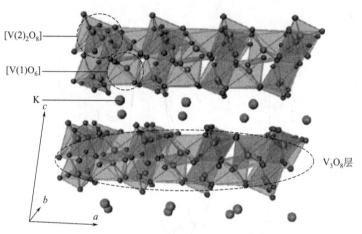

图 2-17　$KV_3O_8$ 的晶体结构图[45]

$K_{0.25}V_2O_5$ 具有典型 $\beta\text{-}Na_{0.33}V_2O_5$ 结构，属于斜方晶系，其晶格参数为 $a=15.6890\text{Å}$，$b=3.6040\text{Å}$，$c=10.1370\text{Å}$，$\beta=109.5500°$，其空间群为 $C2/m$，其原子占位列于表 2-9 中[68]，其结构如图 2-18 所示。V(1)$O_6$ 八面体与 V(2)$O_6$ 八面体以及 V(3)$O_5$ 四棱锥共同组成了 Z 字形双层结构，而钾离子位于沿 $b$ 轴方向的通道，作为"支柱"支撑了钒氧层[56]。由于钾离子的嵌入，$K_{0.25}V_2O_5$ 晶格发生明显膨胀，晶面间距为 7.41Å，比 $V_2O_5$ 的 4.37Å 明显要大[69]。由于钾离子半径比锂离子、钠离子半径大，$K_{0.25}V_2O_5$ 相对于三维隧道结构的 $Li_{0.3}V_2O_5$ 和 $\beta\text{-}Na_{0.33}V_2O_5$，具有更大的层间距[56,70]。因为钾离子的"支柱"作用，层结构更稳定，防止相邻钒氧层之间的相对位移[71]。其较大的层间距能够有效地缓减锂脱/嵌所引起的应力和抑制结构破坏。

表 2-9　$K_{0.25}V_2O_5$ 的原子占位[68]

| 原子 | Wyckoff 位置 | $x/a$ | $y/b$ | $z/c$ |
|---|---|---|---|---|
| K(1) | $4i$ | 0.00110 | 0 | 0.40390 |
| V(1) | $4i$ | 0.11624 | 0 | 0.11934 |
| V(2) | $4i$ | 0.28785 | 0 | 0.40985 |
| V(3) | $4i$ | 0.33753 | 0 | 0.10051 |
| O(1) | $4i$ | 0.10650 | 0 | 0.27200 |

| 原子 | Wyckoff 位置 | $x/a$ | $y/b$ | $z/c$ |
|---|---|---|---|---|
| O(2) | $4i$ | 0.24320 | 0 | 0.57450 |
| O(3) | $4i$ | 0.26330 | 0 | 0.22330 |
| O(4) | $4i$ | 0.39770 | 0 | 0.47100 |
| O(5) | $4i$ | 0.43640 | 0 | 0.22010 |
| O(6) | $4i$ | 0.63370 | 0 | 0.07760 |
| O(7) | $4i$ | 0.81430 | 0 | 0.05560 |
| O(8) | $2a$ | 0 | 0 | 0 |

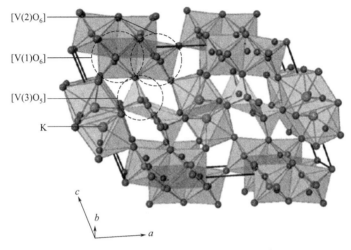

图 2-18 $K_{0.25}V_2O_5$ 的晶体结构图[45]

比较 $KV_3O_8$ 和 $K_{0.25}V_2O_5$ 两种典型晶体结构，钾离子在钒氧层间的占位明显不同。两种化合物有着不同的层的表面结构，$KV_3O_8$ 层的表面同时存在三连接和单连接的氧原子，而 $K_{0.25}V_2O_5$ 层的表面仅为单连接的氧原子，这使得钾离子在 $K_{0.25}V_2O_5$ 中受到更强的作用力[49]。

Baddour-Hadjean 等人报道的 $K_{0.25}V_2O_5$ 在 $4\sim2.2V$ 下的电化学嵌锂行为，其锂化过程包含三个过程[45]，如图 2-19 所示。其放电电压平台分别为 3.2V、2.9V 和 2.55V。在首次放电过程中，放电电压从 3.6V 降到 3.2V，其对应 $0<x\leqslant0.4$。而第二和第三个放电平台分别对应 $0.38<x\leqslant0.68$ 和 $0.68<x\leqslant1.7$。

比较 $K_{0.5}V_2O_5$、$KV_3O_8$ 和 $K_{0.25}V_2O_5$ 三种化合物的充放电过程，$K_{0.5}V_2O_5$ 与 $KV_3O_8$ 的充放电过程如图 2-20 所示，$K_{0.25}V_2O_5$ 具有更明显的充放电平台以及高度可逆的锂嵌/脱特性，这可能与其三维隧道型的结构有着密切的关系。由于这种三维隧道结构在充放电过程中表现出了优异的稳定性，所以 $K_{0.25}V_2O_5$ 材料备受科研工作者的关注[48,72,73]。

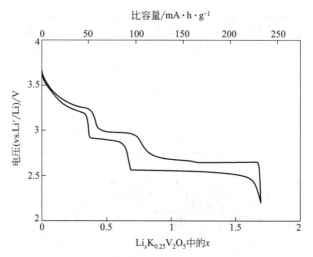

图 2-19　$K_{0.25}V_2O_5$ 的典型充放电曲线[45]

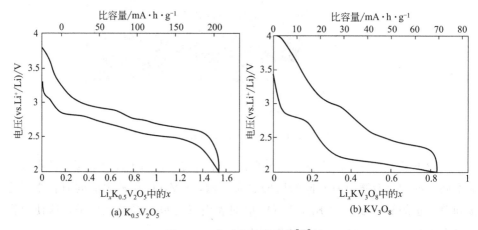

(a) $K_{0.5}V_2O_5$

(b) $KV_3O_8$

图 2-20　典型充放电曲线[45]

# 2.3

# 银、铜、锌系钒氧化合物

　　铜系钒酸盐中，研究较多的是钒酸银和钒酸铜化合物。钒酸银（SVOs）有化学计量比和非化学计量比两类，主要包含 $AgVO_3$、$Ag_2V_4O_{11}$、$Ag_4V_2O_7$、$Ag_{1.2}V_3O_8$ 和 $Ag_{0.33}V_2O_5$ 等化合物。相对于钒酸银，钒酸铜（CVOs）可实现更多的电子转移（$Cu^{2+}/Cu^0$ 氧化还原中有两个电子转移），所以具有更高的容量和能量密度。主要钒酸铜化合物包括 $Cu_{2.33}V_4O_{11}$、$CuV_2O_6$、$Cu_5V_2O_{10}$、$Cu_2V_2O_7$ 等[74-83]。由于铜资源储量丰富且原材料成本低，近年来，钒酸铜作为锂金属电池和锂离子电池的正极材料也获得广泛关注。此外，钒酸锌（ZVOs）具备良好的电化学活性和良好的可逆性等优势，也是锂离子电池中具有应用前景的电极材料，主要包括 $Zn_3(VO_4)_2$、$ZnV_2O_4$ 和 $Zn_2V_2O_7$ 等[84-93]。

## 2.3.1 钒酸银

$AgVO_3$ 有三种晶体相[94]，即 $\alpha\text{-}AgVO_3$、$\beta\text{-}AgVO_3$ 和 $\gamma\text{-}AgVO_3$。$\gamma\text{-}AgVO_3$ 相在高温下形成，而 $\alpha\text{-}AgVO_3$ 是亚稳相，在 200℃ 左右的时候会不可逆地转化成稳定的 $\beta\text{-}AgVO_3$ 相。$\beta\text{-}AgVO_3$ 属于单斜晶系，其晶格参数为 $a=18.1060(3)\text{Å}$，$b=3.5787(7)\text{Å}$，$c=8.043(3)\text{Å}$，$\beta=104.44(4)°$，其空间群为 $Cm$，其原子占位列于表 2-10[95]，其晶体结构如图 2-21(b) 所示。

$\beta\text{-}AgVO_3$ 晶体结构是由 $AgO_6$ 八面体、$Ag_2O_5$、$Ag_3O_5$ 四角锥体与共享边 $VO_6$ 八面体组成，呈锯齿状 $[V_4O_{12}]_n$ 双链紧密连接，形成三维网状结构[95]。结构上，$\beta\text{-}AgVO_3$ 可以设想为和 $Ag[Ag_3V_4O_{12}]$ 一样的结构[96]。就银和钒的成键方式来说，$\alpha\text{-}AgVO_3$ 的结构和 $\beta\text{-}AgVO_3$ 是不同的。相对于 $\beta\text{-}AgVO_3$ 中有四种变形八面体配位的钒，$\alpha\text{-}AgVO_3$ 只有一种钒位置可以使钒与氧形成正四面体。在 $\alpha\text{-}AgVO_3$ 结构中，两层共享边的 $AgO_6$ 八面体夹住共享顶点 O 的 $VO_4$ 四面体锯齿链，如图 2-21(a) 所示，导致其原子堆积密度比 $\beta\text{-}AgVO_3$ 更低[97]。

表 2-10　$\beta\text{-}AgVO_3$ 的原子占位[95]

| 原子 | Wyckoff 位置 | $x/a$ | $y/b$ | $z/c$ |
|---|---|---|---|---|
| Ag(1) | 2a | 0.5 | 0.5 | 0.5 |
| Ag(2) | 2a | 0.5526(3) | 0 | 0.8663(6) |
| Ag(3) | 2a | 0.4496(3) | 0 | 0.1406(6) |
| Ag(4) | 2a | 0.2550(3) | 0 | 0.9616(6) |
| V(1) | 2a | 0.1316(4) | 0 | 0.2308(9) |
| V(2) | 2a | 0.3214(4) | 0 | 0.4436(9) |
| V(3) | 2a | 0.1805(4) | 0.5 | 0.5640(8) |
| V(4) | 2a | 0.3725(4) | 0.5 | 0.7754(8) |
| O(1) | 2a | 0.037(1) | 0 | 0.232(2) |
| O(2) | 2a | 0.125(1) | 0 | 0.014(3) |

| 原子 | Wyckoff 位置 | $x/a$ | $y/b$ | $z/c$ |
|------|------------|-------|-------|-------|
| O(3) | $2a$ | 0.265(1) | 0 | 0.243(2) |
| O(4) | $2a$ | 0.404(2) | 0 | 0.403(3) |
| O(5) | $2a$ | 0.349(2) | 0 | 0.719(3) |
| O(6) | $2a$ | 0.194(1) | 0 | 0.500(3) |
| O(7) | $2a$ | 0.090(1) | 0.5 | 0.589(2) |
| O(8) | $2a$ | 0.152(1) | 0.5 | 0.295(3) |
| O(9) | $2a$ | 0.314(1) | 0.5 | 0.514(3) |
| O(10) | $2a$ | 0.465(1) | 0.5 | 0.764(3) |
| O(11) | $2a$ | 0.377(2) | 0.5 | 0.980(3) |
| O(12) | $2a$ | 0.240(1) | 0.5 | 0.762(3) |

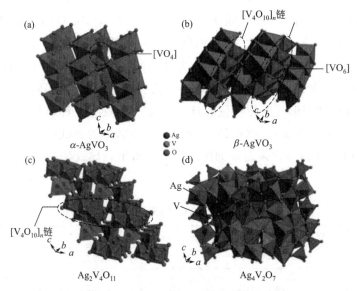

图 2-21　几种典型的钒酸银晶体结构[96]

$Ag_2V_4O_{11}$ 由四个 $[V_4O_{10}]_n$ 链组成。与 $\beta$-$AgVO_3$ 相比，$[V_4O_{10}]_n$ 链在 $\beta$-$AgVO_3$ 结构中是相互隔开的，但在 $Ag_2V_4O_{11}$ 结构中是通过共享顶点 O 形成连续的 V-O 层，并被 Ag-O 多面体连接[98]，其晶体结构如图 2-21(c) 所示。$Ag_2V_4O_{11}$ 属于斜方晶系，其晶格参数为 $a=15.480(3)$Å，$b=3.582(1)$Å，$c=9.537(2)$Å，$\beta=128.741(9)°$，其空间群为 $C2/m$，其原子占位列于表 2-11[99]。

表 2-11　$Ag_2V_4O_{11}$ 的原子占位[99]

| 原子 | Wyckoff 位置 | $x/a$ | $y/b$ | $z/c$ |
|---|---|---|---|---|
| Ag(1) | $4i$ | 0.11973(5) | 0 | 0.51088(9) |
| V(1) | $4i$ | 0.1493(1) | 0 | 0.1432(2) |
| V(2) | $4i$ | 0.36639(9) | 0 | 0.1501(1) |
| O(1) | $2a$ | 0 | 0 | 0 |
| O(2) | $4i$ | 0.3453(4) | 0 | 0.9071(7) |
| O(3) | $4i$ | 0.1671(4) | 0 | 0.9272(7) |
| O(4) | $4i$ | 0.1805(4) | 0 | 0.3393(8) |
| O(5) | $4i$ | 0.3245(4) | 0 | 0.2816(7) |
| O(6) | $4i$ | 0.5003(4) | 0 | 0.2993(8) |

$Ag_2V_4O_{11}$ 结构中的 $Ag^+$ 在充放电过程中会被原位还原成 $Ag^0$，金属银的析出显著提高了材料的导电性，导致电极体系的阻抗大大降低，从而进一步提高 $Li/Ag_2V_4O_{11}$ 体系的倍率性能。$Ag_2V_4O_{11}$ 每单位分子可以嵌入 7mol 锂离子，相应的理论比容量高达 $315mA \cdot h \cdot g^{-1}$，这比目前的商业锂电池的正极材料（如 $LiCoO_2$ 和 $LiMn_2O_4$）的比容量要高很多。另外，其在大电流下的放电曲线呈现出近乎线性，通过测试其电压便可估计其荷电状态，这也是非常吸引人的电化学特性[100]。

致密原子堆垛的 $Ag_4V_2O_7$，其晶体结构如图 2-21(d) 所示，具有较高的 Ag∶V 原子比，也显示有较高的密度（理论值为 $6.01g \cdot cm^{-3}$），因此理论上其在更高的电压下能贡献更多的容量[96]。但是，$Ag_4V_2O_7$ 中的 $V^{5+}$ 不能发生电化学还原反应，这是因为四面体配位中的 $V^{5+}$ 是唯一形式氧化态。因此，作为嵌锂电极材料，其性能欠佳，$Ag_4V_2O_7$ 的应用还没有被广泛报道。

$Ag_{0.33}V_2O_5$ 属于斜方晶系，其晶格参数为 $a=15.385(4)$Å，$b=3.615(1)$ Å，$c=10.069(3)$Å，$\beta=109.72(2)°$，其空间群为 $C2/m$，其原子占位列于表 2-12[101]，其晶体结构如图 2-22 所示。$Ag_{0.33}V_2O_5$ 具有典型的三维隧道结构，结构中的 V(3) 以 V(3) $O_5$ 四棱锥配位的方式沿 $b$ 轴方向形成了 Z 字形链，而该 Z 字形链通过连接顶角共用的 O 原子在 $[V_4O_{12}]_n$ 层与层之间充当"支柱"，这也使得该结构由 2D 转变成 3D 隧道结构[6]。这样的结构有效地缓和了该材料在脱/嵌 $Li^+$ 时的崩塌和结晶度损失。

表 2-12    Ag$_{0.33}$V$_2$O$_5$ 的原子占位[101]

| 原子 | Wyckoff 位置 | $x/a$ | $y/b$ | $z/c$ |
|------|------------|-------|-------|-------|
| Ag(1) | 4$i$ | 0.9961(1) | 0 | 0.4035(2) |
| V(1) | 4$i$ | 0.1167(1) | 0 | 0.1190(1) |
| V(2) | 4$i$ | 0.3379(1) | 0 | 0.1008(1) |
| V(3) | 4$i$ | 0.2880(1) | 0 | 0.4102(1) |
| O(1) | 2$a$ | 0 | 0 | 0 |
| O(2) | 4$i$ | 0.1075(3) | 0 | 0.2729(5) |
| O(3) | 4$i$ | 0.1332(3) | 0.5 | 0.0776(5) |
| O(4) | 4$i$ | 0.2634(3) | 0 | 0.2232(5) |
| O(5) | 4$i$ | 0.4369(3) | 0 | 0.2187(6) |
| O(6) | 4$i$ | 0.3143(3) | 0.5 | 0.0539(6) |
| O(7) | 4$i$ | 0.3986(3) | 0 | 0.4731(5) |
| O(8) | 4$i$ | 0.2580(4) | 0.5 | 0.4267(5) |

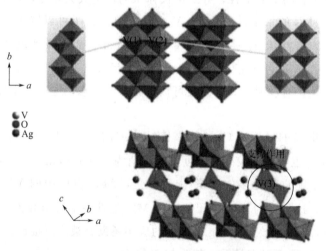

图 2-22    Ag$_{0.33}$V$_2$O$_5$ 的晶体结构图

Ag$_{0.33}$V$_2$O$_5$ 中 V 的平均价态为 +4.83，这使其比其他钒酸盐具有更高的理论比容量和更好的抗氧化性。此外，该结构中存在独特的三维通道结构，与 Ag$_2$V$_4$O$_{11}$ 和 AgVO$_3$ 相比较，因为其新颖的 3D 通道结构可以缓解结构崩溃和结晶度的损失，Ag$_{0.33}$V$_2$O$_5$ 的晶体结构在脱/嵌锂过程中更加稳定。有研究指出，Ag$_{0.33}$V$_2$O$_5$ 在循环过程中会析出金属银单质，银单质的析出将会在充放电过程中提高电极的导电性，另外，其结构仍能基本保持[102,103]。

## 2.3.2 钒酸铜

$Cu_{2.33}V_4O_{11}$ 是一种典型的钒酸铜化合物，属于斜方晶系，其晶格参数为 $a = 15.3090(2)$Å，$b = 3.6100(1)$Å，$c = 7.3350(2)$Å，$\beta = 101.840(1)°$，其空间群为 $C2/m$，其原子占位列于表 2-13[104]，其晶体结构如图 2-23 所示。在 $Cu_{2.33}V_4O_{11}$ 晶体结构中，共边扭曲的 $VO_6$ 八面体沿 $b$ 轴方向延伸，形成双层 Z 字形的 $[V_4O_{12}]$ 链，该链通过共享中心氧原子而演变成 $[V_4O_{11}]_n$ 层。这些层通过两种氧化态的铜离子连接，沿着 $c$ 轴方向堆垛。二价的铜离子位于扭曲的四面体间隙内，即 $Cu(1)$；一价的铜离子则分布在三个不固定的位置，即 $Cu(2)$、$Cu(3)$ 和 $Cu(4)$[75]。

表 2-13 $Cu_{2.33}V_4O_{11}$ 的原子占位[104]

| 原子 | Wyckoff 位置 | $x/a$ | $y/b$ | $z/c$ |
|---|---|---|---|---|
| Cu(1) | 4b | 0.5077(4) | 0.7030(2) | 0.5044(1) |
| Cu(2) | 2a | 0.2605(1) | 0 | 0.5632(1) |
| Cu(3) | 4b | 0.2621(1) | 0.2440(4) | 0.5043(2) |
| Cu(4) | 2a | 0.2652(1) | 0.5 | 0.4428(1) |
| V(1) | 2a | 0.12214 | 0 | 0.15794 |
| V(2) | 2a | 0.33440(2) | 0 | 0.14231(3) |
| V(3) | 2a | 0.18170(2) | 0.5 | 0.85281(3) |
| V(4) | 2a | 0.40467(2) | 0.5 | 0.85574(3) |
| O(1) | 2a | 0.0096(1) | 0 | −0.0019(3) |
| O(2) | 2a | 0.1964(1) | 0 | −0.0683(2) |
| O(3) | 2a | 0.3797(1) | 0 | 0.8978(2) |
| O(4) | 2a | 0.4290(1) | 0 | 0.2958(2) |
| O(5) | 2a | 0.2548(1) | 0 | 0.2917(2) |
| O(6) | 2a | 0.0918(1) | 0 | 0.3610(2) |
| O(7) | 2a | 0.0874(1) | 0.5 | 0.7070(2) |
| O(8) | 2a | 0.2593(1) | 0.5 | 0.7052(2) |
| O(9) | 2a | 0.4241(1) | 0.5 | 0.6416(2) |
| O(10) | 2a | 0.3215(1) | 0.5 | 0.0697(2) |
| O(11) | 2a | 0.1375(1) | 0.5 | 0.1033(2) |

虽然 $Cu_{2.33}V_4O_{11}$ 的结构中缺少嵌 $Li^+$ 的位置，但该化合物依旧适用于锂离子电池正极材料。相比于传统的嵌入反应，$Cu_{2.33}V_4O_{11}$ 作为锂离子电池正极材

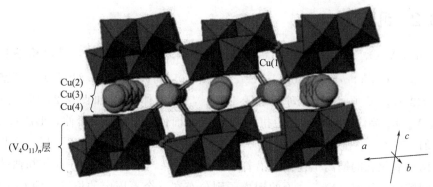

图 2-23  $Cu_{2.33}V_4O_{11}$ 的晶体结构图[75]

料时发生的是锂离子取代铜离子的反应，即锂离子连续不断地进入 $Cu_{2.33}V_4O_{11}$ 结构取代铜离子的位置，而被取代的铜离子则持续被挤出 $Cu_{2.33}V_4O_{11}$ 结构，从而形成微米级的铜金属枝晶。当放电结束时，该结构是无定形的状态；但是在重新充电时，Cu 又能返回该层状结构，其结晶性得到修复，并且原始结构和容量不会受到明显影响。该材料可逆地嵌入 5.5 个 $Li^+$ 时，其对应的稳定的比容量为 $250mA \cdot h \cdot g^{-1}$[21,75]。

$CuV_2O_6$ 和 $Cu_5V_2O_{10}$ 是另外两种典型的钒酸铜化合物。$CuV_2O_6$ 属于三斜晶系，其晶格参数为 $a = 9.168(5)$ Å、$b = 3.543(3)$ Å、$c = 6.478(7)$ Å，$\alpha = 92.25(8)°$、$\beta = 110.34(7)°$、$\gamma = 91.88(6)°$，其空间群为 $C\bar{1}$，其原子占位列于表 2-14[105]，其晶体结构如图 2-24（a）所示。$CuV_2O_6$ 主要由共边的 $VO_5$ 四棱锥呈一维链式结构，结构中的 Cu 提供作用力使得链与链呈层状堆垛。然而，在嵌 Li 的过程中，Cu 会被挤出，而并不是在固定位置不动，这也使得该结构中链与链之间有更多自由度来协调锂离子的嵌入[75]。

表 2-14  $CuV_2O_6$ 的原子占位[105]

| 原子 | Wyckoff 位置 | $x/a$ | $y/b$ | $z/c$ |
| --- | --- | --- | --- | --- |
| Cu(1) | $2a$ | 0 | 0 | 0 |
| V(1) | $4i$ | 0.19279(4) | 0.01267(10) | 0.65463(6) |
| O(1) | $4i$ | 0.0304(2) | 0.0027(5) | 0.7239(3) |
| O(2) | $4i$ | 0.3426(2) | 0.0482(6) | 0.8896(3) |
| O(3) | $4i$ | 0.3067(2) | −0.0028(5) | 0.4316(3) |

电化学放电过程中金属铜的析出跟钒酸银情况中金属银的析出情况类似。值得注意的是，$CuV_2O_6$ 的初始放电比容量超过 $500mA \cdot h \cdot g^{-1}$，相当于每标准单位嵌入约 5 个锂（$Li_5CuV_2O_6$）。其比容量比 $Ag_2V_4O_{11}$ 要高得多[106]。

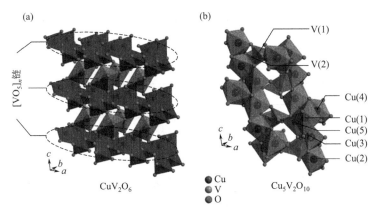

图 2-24  $CuV_2O_6$ 和 $Cu_5V_2O_{10}$ 的晶体结构图[96]

$Cu_5V_2O_{10}$ 属于单斜晶系，其晶格参数为 $a=8.393(2)$Å，$b=6.052(8)$Å，$c=16.1560(30)$Å，$\beta=108.09(2)°$，其空间群为 $P2_1/c$，其原子占位列于表 2-15[107]，其晶体结构如图 2-24（b）所示。$Cu_5V_2O_{10}$ 和 $CuV_2O_6$ 中的 Cu 具有相同的价态，但是 V 位于不同的四方锥和四面体位置。$Cu_5V_2O_{10}$ 中+4 价的钒离子在四面体中并不稳定，$V^{5+}/V^{4+}$ 的还原反应会受到影响，在放电过程中会生成非晶相[75]。

表 2-15  $Cu_5V_2O_{10}$ 的原子占位[107]

| 原子 | Wyckoff 位置 | $x/a$ | $y/b$ | $z/c$ |
|---|---|---|---|---|
| Cu(1) | 4e | 0.06052(9) | −0.6366 | 0.10166(5) |
| Cu(2) | 4e | 0.26391(9) | 0.24380(12) | 0.48448(5) |
| Cu(3) | 4e | 0.16051(10) | 0.18317(14) | 0.28887(14) |
| Cu(4) | 4e | 0.04069(10) | 0.45348(12) | 0.09186(12) |
| Cu(5) | 4e | 0.37081(10) | 0.22379(14) | 0.17954(5) |
| V(1) | 4e | 0.43036(13) | 0.71053(16) | 0.09887(6) |
| V(2) | 4e | 0.21585(13) | 0.69313(16) | 0.32889(6) |
| O(1) | 4e | 0.4026(6) | 0.1961(8) | 0.3048(3) |
| O(2) | 4e | 0.4910(6) | 0.2546(8) | 0.4820(3) |
| O(3) | 4e | 0.2930(6) | 0.9213(8) | 0.0983(6) |
| O(4) | 4e | 0.3208(6) | 0.4582(8) | 0.0849(3) |
| O(5) | 4e | 0.4033(6) | 0.6853(8) | 0.3161(3) |
| O(6) | 4e | 0.1752(6) | 0.4610(7) | 0.3867(3) |
| O(7) | 4e | 0.1878(6) | 0.9371(7) | 0.3778(3) |

| 原子 | Wyckoff 位置 | $x/a$ | $y/b$ | $z/c$ |
|------|------------|-------|-------|-------|
| O(8) | 4e | 0.0760(6) | 0.6854(8) | 0.2236(3) |
| O(9) | 4e | 0.1345(6) | 0.2131(7) | 0.1668(3) |
| O(10) | 4e | 0.0315(6) | 0.2116(7) | 0.4764(3) |

## 2.3.3 钒酸锌

2001 年 Hoyos 等人[92] 用水热法合成了 $Zn_3(VO_4)_2 \cdot 3H_2O$ 并首次解析了其晶体结构。其空间群为 $P\bar{6}$，晶格参数为 $a = 6.07877(8)$Å，$c = 7.1827(2)$Å，其晶体化学结构和晶体结构如图 2-25 所示。由图可见，$Zn_3(VO_4)_2$ 具有通道型的晶体结构，由钒酸盐基团连接的锌八面体层组成，该晶体由钒四面体与扭曲的

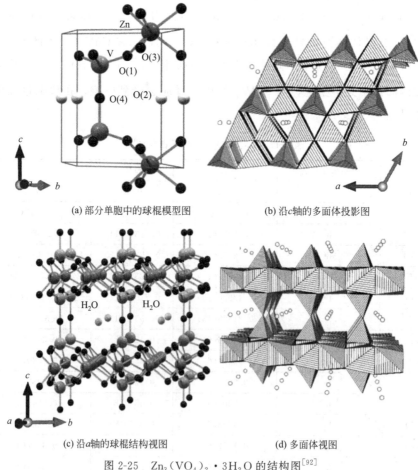

(a) 部分单胞中的球棍模型图

(b) 沿 c 轴的多面体投影图

(c) 沿 a 轴的球棍结构视图

(d) 多面体视图

图 2-25　$Zn_3(VO_4)_2 \cdot 3H_2O$ 的结构图[92]

锌八面体构成，见图 2-25(a)。结构水位于通道中，见图 2-25(c)，也可以容纳其他小分子。扭曲的锌八面体沿着 $a$ 轴方向进行排列，形成平行于 $ab$ 平面的锌八面体层。八面体通过钒四面体进行连接，钒四面体的 2 个顶点连接边共享的八面体链，第 3 个顶点与相邻的八面体链连接，最后 1 个顶点连接两个反向的钒四面体，如图 2-25(c)、(d) 所示。表 2-16 提供了键距和角度的详细数据，从中可以看出氧原子 O(1) 与 3 个 Zn 和 1 个 V 的配位情况。

表 2-16 $Zn_3(VO_4)_2 \cdot 3H_2O$ 晶体中所选键的键长和键角[92]

| 所选键 | 键长/Å | 所选键 | 键角/(°) |
| --- | --- | --- | --- |
| Zn—O(1) | 2.329(7) | O(1)—Zn—O(1) | 73.5(2) |
| Zn—O(1) | 2.113(8) | O(1)—Zn—O(3) | 120.3(5) |
| Zn—O(3) | 1.989(5) | O(1)—Zn—O(3) | 88.2(4) |
| V—O(1) | 1.707(6) | O(3)—Zn—O(3) | 54.0(2) |
| V—O(4) | 1.826(3) | O(1)—V—O(1) | 111.8(2) |
| | | O(1)—V—O(4) | 107.1(2) |

$Zn_3(VO_4)_2$ 有三种不同的晶体结构，主要分为 $\alpha$-$Zn_3(VO_4)_2$、$\beta$-$Zn_3(VO_4)_2$ 和 $\gamma$-$Zn_3(VO_4)_2$[93]。其中，$\alpha$-$Zn_3(VO_4)_2$ 已知为正交相，空间群为 $Acam$，晶胞参数为：$a=8.299$Å，$b=11.528$Å，$c=6.112$Å。$\beta$-$Zn_3(VO_4)_2$ 的空间群为单斜晶系 $P2_1$，晶胞参数为：$a=9.80$Å，$b=8.34$Å，$c=10.27$Å，$\beta=116°$。而 $\gamma$-$Zn_3(VO_4)_2$ 的空间群是单斜晶系 $Cm$，晶胞参数为：$a=10.40$Å，$b=8.59$Å，$c=9.44$Å，$\beta=98.8°$。$Zn_3(VO_4)_2$ 系列材料常被应用于锂离子电池负极材料，具备高容量的电化学特性。

$ZnV_2O_4$ 也可用作锂离子电池电极材料[87-90]。Zhang 等人[87] 通过溶胶-凝胶法合成尖晶石型 $ZnV_2O_4$ 空心微米球。通过 XRD 表征结果，得出其空间群为 $Fd\bar{3}m$，属于立方晶系，晶胞参数为 $a=8.409$Å，晶体结构如图 2-26 所示。

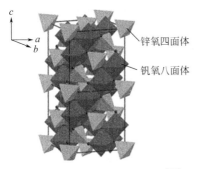

图 2-26 $ZnV_2O_4$ 的晶体结构[87]

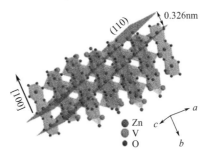

图 2-27 $ZnV_2O_6$ 纳米线的晶体结构示意图[86]

常用于锂离子电池的钒酸锌材料还包括 $ZnV_2O_6$、$Zn_2V_2O_7$ 等[84-86]。用水热法制备的 $ZnV_2O_6$ 纳米线具有晶态结构[86]。经过分析发现，$ZnV_2O_6$ 空间群为 $C2$，晶胞参数为 $a=9.242Å$，$b=3.526Å$，$c=6.574Å$，$\beta=111.55°$，其纳米线晶体结构如图 2-27 所示。

水热法合成的 $Zn_2V_2O_7$ 纳米棒材料也具有晶态结构[84]。$Zn_2V_2O_7$ 晶体的空间群为 $C2/c$，晶胞参数为 $a=7.429Å$，$b=8.340Å$，$c=10.098Å$，$\beta=111.37°$，其晶体结构如图 2-28(a) 所示。$Zn_2V_2O_7$ 的结构是基于氧原子沿 $c$ 轴方向的不标准六方堆积，锌离子与 6 个相邻氧原子连接，其中 5 个氧原子与锌离子的距离在 3.0Å 以内，另 1 个氧原子 $O(4f)$ 位于 3.35Å 处。根据该结构参数画出配位多面体图，如图 2-28(b) 所示。详细的原子占位情况列于表 2-17。该材料用作锂离子电池负极材料展现出了较好的循环稳定性和优异的倍率性能。

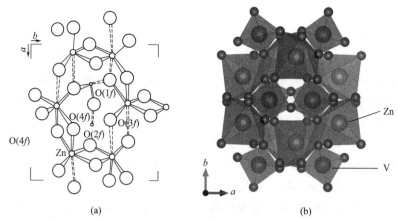

图 2-28　$Zn_2V_2O_7$·晶体结构及其沿 $ab$ 平面的投影图[84,85]

表 2-17　$Zn_2V_2O_7$ 的原子占位[85]

| 原子 | 位置坐标 | | |
| --- | --- | --- | --- |
| | $x$ | $y$ | $z$ |
| Zn | −0.04958(9) | 0.3239(1) | 0.51955(8) |
| V | 0.2016(1) | 0.0049(2) | 0.2058(1) |
| O(1) | 0 | 0.0612(16) | 1/4 |
| O(2) | 0.3984(7) | −0.0189(8) | 0.3620(5) |
| O(3) | 0.2440(7) | 0.1541(8) | 0.1056(6) |
| O(4) | 0.1531(8) | −0.1647(8) | 0.1138(7) |

# 2.4
# 铁、钴、镍系钒氧化合物

钒酸铁材料中 Fe 和 V 均可发生变价，可嵌入 2 个或多个 $Li^+$，具有较高的比容量。钒酸铁化合物具有多种类型，如 $FeVO_4$、$FeV_2O_4$、$FeV_3O_8$、$Fe_2V_4O_{13}$ 和 $Fe_4V_6O_{21}$ 等[108]。其中，三价铁钒氧化合物在锂离子电池中被广泛研究[96]。钒酸钴材料在电化学反应过程中，遵循转换反应和嵌入脱出反应机制，作为锂离子电池的电极材料具有较高的比容量。目前已开展多种钒酸钴材料用于电极材料的研究，包括 $Co(VO_3)_2$、$CoV_3O_8$、$Co_2VO_4$、$Co_2V_2O_7$、$Co_3V_2O_8$ 和 $Co_3V_{10}O_{28}$ 等[109-112]。此外，钒酸镍也可用于锂离子电池电极材料，目前研究较多的钒酸镍主要有 $NiV_3O_8$ 和 $Ni_3V_2O_8$[113]。

## 2.4.1 钒酸铁

$FeVO_4$ 具有四种晶型，即 $FeVO_4$-Ⅰ，属三斜晶系，空间群为 $P\bar{1}$；$FeVO_4$-Ⅱ，属正交晶系，空间群为 $Cmcm$；$FeVO_4$-Ⅲ，属正交晶系，空间群为 $Pbcn$；$FeVO_4$-Ⅳ，属单斜晶系，空间群为 $P2/c$[108]。$FeVO_4$-Ⅰ 在常温常压下较为稳定，且可在常压下制得，其余三种为亚稳相，通常需要在高温高压的条件下制得，且在常温常压下不稳定。Hotta 等人[114] 发现，在 800℃ 下，随着压力的增加，$FeVO_4$ 可以发生 $FeVO_4$-Ⅰ 向 $FeVO_4$-Ⅱ、$FeVO_4$-Ⅲ 和 $FeVO_4$-Ⅳ 的转变。$FeVO_4$-Ⅰ 的晶胞参数为 $a=6.719(7)$Å、$b=8.060(9)$Å、$c=9.254(9)$Å、$\alpha=96.65(8)°$、$\beta=106.57(8)°$、$\gamma=101.60(8)°$，其原子占位如表 2-18 所示[115]。在 $FeVO_4$-Ⅰ 结构中，$Fe^{3+}$ 有三种配位：Fe(1) 和 Fe(3) 位于畸变的八面体间隙，Fe(2) 位于畸变的三角双锥间隙，[Fe(1)$O_6$] 八面体与 [Fe(2)$O_5$] 三角双锥体通过 [$VO_4$] 四面体连接，如图 2-29 所示[116,117]。

表 2-18　$FeVO_4$-Ⅰ 的原子占位[115]

| 原子 | Wyckoff 位置 | $x/a$ | $y/b$ | $z/c$ |
|---|---|---|---|---|
| Fe(1) | 2$i$ | 0.75204 | 0.69423 | 0.40881 |
| Fe(3) | 2$i$ | 0.96885 | 0.30568 | 0.01195 |
| O(7) | 2$i$ | 0.52730 | 0.12770 | 0.21970 |
| O(12) | 2$i$ | 0.05370 | 0.52730 | 0.14720 |

| 原子 | Wyckoff 位置 | $x/a$ | $y/b$ | $z/c$ |
|---|---|---|---|---|
| O(3) | $2i$ | 0.05260 | 0.69900 | 0.42800 |
| V(2) | $2i$ | 0.19955 | 0.60155 | 0.34332 |
| O(2) | $2i$ | 0.25480 | 0.43750 | 0.42600 |
| O(11) | $2i$ | 0.94950 | 0.14520 | 0.15240 |
| O(4) | $2i$ | 0.15860 | 0.09540 | 0.42910 |
| O(6) | $2i$ | 0.76110 | 0.86700 | 0.26490 |
| O(1) | $2i$ | 0.64510 | 0.48440 | 0.25140 |
| V(3) | $2i$ | 0.52063 | 0.29906 | 0.12734 |
| O(9) | $2i$ | 0.35690 | 0.73080 | 0.01930 |
| V(1) | $2i$ | 0.00496 | 0.99694 | 0.25674 |
| Fe(2) | $2i$ | 0.46597 | 0.88944 | 0.21160 |
| O(8) | $2i$ | 0.15140 | 0.87200 | 0.17720 |
| O(5) | $2i$ | 0.45300 | 0.73880 | 0.36110 |
| O(10) | $2i$ | 0.26410 | 0.29600 | 0.03850 |

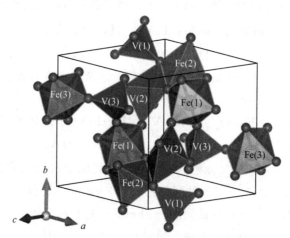

图 2-29　$FeVO_4$-Ⅰ的晶体结构图[117]

　　$Li^+$ 与 $FeVO_4$ 的电化学反应是一个复杂的多步反应，Denis 等人利用 XRD
谱、同步辐射 XANES 谱和 Fe Mössbauer 谱研究了其电化学反应机理[118,119]。
$FeVO_4$-Ⅰ的充放电曲线如图 2-30 所示，在 0.02～3.5V 的电压区间内，$FeVO_4$-
Ⅰ可以嵌入 7 个 $Li^+$，比容量可达 $1100mA \cdot h \cdot g^{-1}$。利用 Fe Mössbauer 谱研
究发现，在放电过程中，反应的初始阶段（$0 < x < 0.625$）对应于经典的插入过

程，伴随着 $Fe^{III}$ 向 $Fe^{II}$ 的还原反应，这一过程首先在三角双锥位点 Fe(2) 发生，接着在八面体位点 Fe(1) 和 Fe(3) 发生。反应后期（$x > 6$ 时），$Fe^{II}$ 转变为 $Fe^{0}$。结合 Fe Mössbauer 谱、XRD 和 XANES 的研究，放电过程 $0 < x < 1.125$ 对应于 $Fe^{III}$ 向 $Fe^{II}$ 和 $V^{V}$ 向 $V^{IV}$ 的部分还原，$1.125 < x < 2.75$ 时形成新相 $LiFeO_2$，此时产物应为 $Li_x Fe_{1-y}^{III} Fe_y^{II} V_z^{IV} O_4$，在 $2.75 < x < 3.75$ 过程中 $V^{IV}$ 被还原为 $V^{III}$，最后 $Fe^{0}$ 不断增多，$x > 6$ 时，获得含有 $Fe^{0}$ 和 V 的非晶态材料（其氧化价态约为 +2），并一直持续到放电结束。基于涉及 Fe-O-Li 和 V-O-Li 相互作用的锂吸附机制，在下一个充电过程中 $Fe^{0}$ 可以再被氧化。

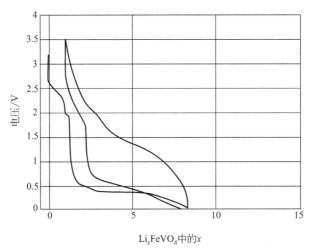

图 2-30　$FeVO_4$-I 的充放电曲线[118]

Wang 等人[120] 和 Baudrin 等人[121] 分别合成了 $Fe_2 V_4 O_{13}$，Wang 等人给出了晶体数据。$Fe_2 V_4 O_{13}$ 属于单斜晶系，空间群为 $P2_1/c$，晶胞参数为 $a = 8.300(2)$Å，$b = 9.404(6)$Å，$c = 14.560(2)$Å，$\beta = 102.0000°$，其原子占位信息列于表 2-19[120]，其晶体结构如图 2-31(a) 所示。$Fe_2 V_4 O_{13}$ 由分离的边共享八面体 $Fe_2 O_{10}$ 双聚体通过 4 个角共享四面体的 U 形 $V_4 O_{13}^{6-}$ 阴离子多聚体连接组成，如图 2-31(b) 所示。

表 2-19　$Fe_2 V_4 O_{13}$ 的原子占位[120]

| 原子 | Wyckoff 位置 | $x/a$ | $y/b$ | $z/c$ |
|------|-------------|-------|-------|-------|
| Fe(1) | $4e$ | 1.1893(2) | 0.5012(2) | 1.0069(1) |
| Fe(2) | $4e$ | 1.3081(2) | 0.0000(2) | 0.9816(1) |
| V(1) | $4e$ | 0.5303(2) | 0.2123(2) | 0.5956(1) |
| V(2) | $4e$ | 0.7476(2) | 0.2221(2) | 0.8278(1) |

| 原子 | Wyckoff 位置 | $x/a$ | $y/b$ | $z/c$ |
|------|------|------|------|------|
| V(3) | 4e | 1.1438(2) | 0.2408(2) | 0.8222(1) |
| V(4) | 4e | 0.9575(2) | −0.2074(2) | 0.9081(1) |
| O(1) | 4e | 1.350(1) | 0.615(1) | 0.9569(5) |
| O(2) | 4e | 1.231(1) | 0.617(1) | 1.1256(5) |
| O(3) | 4e | 1.346(1) | 0.361(1) | 1.0765(5) |
| O(4) | 4e | 1.008(1) | 0.382(1) | 1.0462(5) |
| O(5) | 4e | 1.161(1) | 0.384(1) | 0.8908(5) |
| O(6) | 4e | 1.286(1) | 0.120(1) | 0.8684(5) |
| O(7) | 4e | 1.505(1) | 0.113(1) | 1.0476(5) |
| O(8) | 4e | 1.315(1) | −0.113(1) | 1.0988(5) |
| O(9) | 4e | 1.141(1) | −0.135(1) | 0.9094(5) |
| O(10) | 4e | 1.163(1) | 0.293(1) | 0.7075(4) |
| O(11) | 4e | 0.945(1) | 0.165(1) | 0.8122(5) |
| O(12) | 4e | 0.610(1) | 0.223(1) | 0.7178(5) |
| O(13) | 4e | 0.863(1) | −0.117(1) | 0.9780(5) |

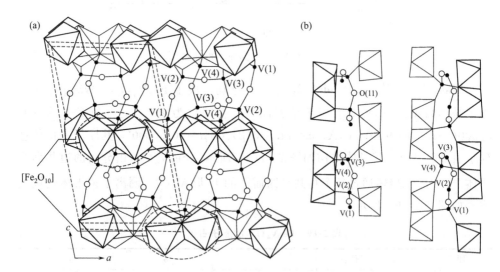

图 2-31　$Fe_2V_4O_{13}$ 晶体结构沿 $b$ 轴和 $c$ 轴的近似投影图

(a) 沿 $b$ 轴投影［加粗线为 Fe (1) $O_6$ 八面体；正常线为 Fe (2) $O_6$ 八面体，黑点球为钒原子，

空心球为氧原子，虚线为单胞］；(b) 沿 $c$ 轴投影

## 2.4.2　钒酸钴

CoV$_3$O$_8$ 属于正交晶系，其空间群为 *Ibam*，晶格参数为 $a = 14.379(12)$Å，$b = 9.9453(8)$Å，$c = 8.4527(7)$Å，原子占位情况列于表 2-20。CoV$_3$O$_8$ 结构中有三种多面体：MO$_6$[M=Co、V(1)]八面体、V(2) O$_4$ 四面体和 V(3) O$_5$ 三角双锥。MO$_6$ 八面体沿 $c$ 轴通过共享 O(2)-O(3) 和 O(6)-O(6) 边形成锯齿链，见图 2-32(a)，然后在 $b$ 轴方向共享 O(5) 顶点连接，见图 2-32(b)，在 $bc$ 平面形成 MO$_6$ 八面体层。MO$_6$ 八面体板层由 V(2)O$_4$ 和 V(3)O$_5$ 单元桥接，如图 2-32 所示。由图 2-32(a) 可见，该晶体沿 $c$ 轴呈隧道结构。

表 2-20　CoV$_3$O$_8$ 的原子占位[123]

| 原子 | Wyckoff 位置 | $x/a$ | $y/b$ | $z/c$ |
|---|---|---|---|---|
| Co 或 V(1) | 16$k$ | 0.1543(2) | 0.8335(3) | 0.3085(4) |
| V(2) | 8$j$ | 0.2969(4) | 0.9456(5) | 0 |
| V(3) | 8$j$ | 0.0237(3) | 0.6686(5) | 0 |
| O(1) | 16$k$ | 0.0815(7) | 0.7299(11) | 0.1499(13) |
| O(2) | 8$j$ | 0.5866(11) | 0.2751(15) | 0 |
| O(3) | 8$j$ | 0.7410(9) | 0.4081(13) | 0 |
| O(4) | 8$j$ | 0.4172(9) | 0.9827(17) | 0 |
| O(5) | 16$k$ | 0.1120(10) | 1.0154(47) | 0.2426(44) |
| O(6) | 16$k$ | 0.2695(6) | 0.8494(9) | 0.1640(10) |

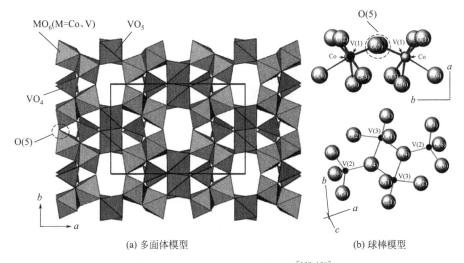

(a) 多面体模型　　　　　(b) 球棒模型

图 2-32　CoV$_3$O$_8$ 的晶体结构图[122,123]

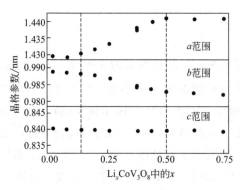

图 2-33 CoV₃O₈ 的嵌锂晶体结构参数变化

$CoV_3O_8$ 用作锂离子电池正极材料时，在 1.5~4.5V 的电压区间内，首次放电过程中 $Li_xCoV_3O_8$ 嵌入的锂为 $x=2.3$。在 2.3V、2.0V、1.8V 处有三个还原峰，对应着 V(2) 和 V(3) 的还原。在首次充电过程中，锂不可逆脱出量为 $x=0.7$，其不可逆性与 $Li^+$ 嵌入的位点有关。Hibino 等人[123] 进一步研究了 $CoV_3O_8$ 在储锂过程中的结构变化，研究发现晶胞参数在 $x<0.125$ 时无变化，在 $0.125<x<0.5$ 时呈线性变化趋势，当 $x>0.5$ 时保持不变，如图 2-33 所示。

$Co_3V_2O_8$ 属于正交晶系，空间群为 $Cmca$，其晶格参数为 $a=6.0300$Å，$b=11.4860$Å，$c=8.3120$Å，其原子占位列于表 2-21。在其晶体结构中，共边连接的 $[CoO_6]$ 八面体沿 $c$ 轴方向延伸，中间由 $V^{5+}$ 的 $[VO_4]$ 四面体隔开，共享中心氧原子，层与层之间沿着 $b$ 轴方向堆叠，如图 2-34 所示[124]。

表 2-21 $Co_3V_2O_8$ 的原子占位[124]

| 原子 | Wyckoff 位置 | $x/a$ | $y/b$ | $z/c$ |
| --- | --- | --- | --- | --- |
| Co(1) | 4a | 0 | 0 | 0 |
| O(1) | 8f | 0 | 3/12 | 0.229 |
| O(2) | 8f | 0 | 0.001 | 0.2447 |
| Co(2) | 8e | 1/4 | 0.1329 | 1/4 |
| O(3) | 16g | 0.27030 | 0.11850 | 0.99830 |
| V(1) | 8f | 0 | 0.3773 | 0.1204 |

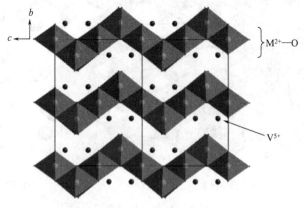

图 2-34 $Co_3V_2O_8$ 的晶体结构图[125]

研究发现，钒酸钴材料在循环过程中的容量衰减快，这是阻碍其进一步应用发展的重要原因。Yang 等人[112] 通过简单的水热方法合成了超薄纳米片自组装的 $Co_3V_2O_8$ 纳米结构，有效地改善了容量衰减问题。

## 2.4.3　钒酸镍

$Ni_3V_2O_8$ 与 $Co_3V_2O_8$ 的晶体结构一致，其晶体结构如图 2-34 所示，其中 $Co^{2+}$ 的位置由 $Ni^{2+}$ 取代。$Ni_3V_2O_8$ 属于正交晶系，空间群为 $Cmca$，其晶格参数为 $a=5.9360$Å，$b=11.4200$Å，$c=8.2400$Å，其原子占位列于表 2-22。

表 2-22　$Ni_3V_2O_8$ 的原子占位[124]

| 原子 | Wyckoff 位置 | $x/a$ | $y/b$ | $z/c$ |
|---|---|---|---|---|
| O(3) | $16g$ | 0.26663 | 0.11890 | 0.00030 |
| Ni(2) | $8e$ | 1/4 | 0.13024 | 1/4 |
| O(1) | $8f$ | 0 | 0.2486 | 0.2309 |
| Ni(1) | $4a$ | 0 | 0 | 0 |
| V(1) | $8f$ | 0 | 0.37623 | 0.11965 |
| O(2) | $8f$ | 0 | 0.0013 | 0.2448 |

Ni 等人[126] 通过非原位 XRD 研究了 $NiV_3O_8$ 在储锂过程中的相变，如图 2-35 所示。第一次循环放电过程中，在 2.2V 和 1.9V 附近有两个还原峰，由 XRD 信息可知此处对应着 $LiV_2O_5$ 的生成和 $NiV_3O_8$ 的消失。随后 $NiVO_3$ 分解为 $NiO$，生成 $Li_xV_2O_5$，最后 $NiO$ 被还原为 $Ni$。充电过程中，$Li^+$ 从 $Li_xV_2O_5$ 中脱出，$Ni$ 被氧化为 $NiO$，与 $Co_3V_2O_8$ 的储锂机理相似。

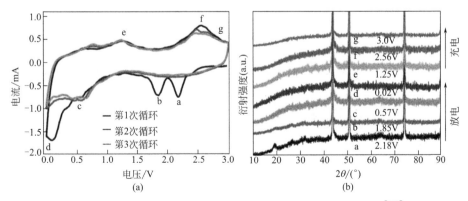

图 2-35　$NiV_3O_8$ 的 CV 曲线和不同充放电状态下的 XRD 图谱[126]

# 2.5
# 钒磷酸盐

近年来，在探寻高比能正极材料的过程中，聚阴离子型化合物，如 LiFe-PO$_4$、LiMnPO$_4$、LiCoPO$_4$、Li$_3$V$_2$(PO$_4$)$_3$、LiVPO$_4$F、Li$_2$FeSiO$_4$ 等，由于晶体结构稳定，安全性较高，适用于锂离子电池的大规模应用，受到研究者的重视。其中 Li$_3$V$_2$(PO$_4$)$_3$ 和 LiVPO$_4$F 具有相对较高的容量及与现有电解液体系相适应的电位，被视为继 LiFePO$_4$ 之后极具市场应用潜质的磷酸盐化合物。

## 2.5.1  Li$_3$V$_2$(PO$_4$)$_3$

Li$_3$V$_2$(PO$_4$)$_3$ 是典型的钠超离子导体，具有两种晶体结构：一种是菱方相，其晶体结构如图 2-36(a) 所示；另外一种是单斜相，其晶体结构如图 2-36(b) 所示[127]。两种晶体结构的 Li$_3$V$_2$(PO$_4$)$_3$ 都是由 VO$_6$ 八面体与 PO$_4$ 四面体共用顶点 O 组成的三维晶体结构。菱方相结构 Li$_3$V$_2$(PO$_4$)$_3$ 的热稳定性很差，不能直接合成，需要通过离子交换的方法才能得到[128]，该材料结构中的 Li$^+$ 在充放电过程中脱/嵌的可逆性差，容量衰减极为明显，并不是一种理想的正极材料。单斜结构 Li$_3$V$_2$(PO$_4$)$_3$ 的原子排列更紧密且热力学性质稳定，每个单胞里的 3 个锂离子都能进行可逆地脱/嵌，具有磷酸盐正极材料中最高的理论比容量（197mA·h·g$^{-1}$）[129]。

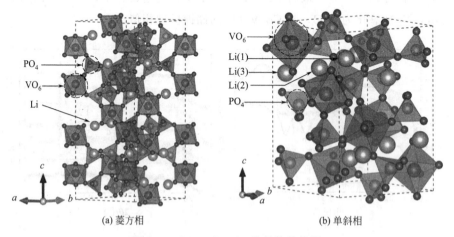

(a) 菱方相        (b) 单斜相

图 2-36  Li$_3$V$_2$(PO$_4$)$_3$ 的晶体结构图

单斜结构 $Li_3V_2(PO_4)_3$ 的晶格参数为 $a = 8.6098\text{Å}$，$b = 8.5950\text{Å}$，$c = 12.0431\text{Å}$，$\beta = 90.5899°$，空间群为 $P2_1/n$，其原子占位情况见表 2-23[130]。单斜结构的 $Li_3V_2(PO_4)_3$ 是由 $VO_6$ 八面体和 $PO_4$ 四面体共用顶点氧原子形成三维网络结构[131]，每个 $VO_6$ 八面体通过顶点与六个 $PO_4$ 四面体相连，每个 $PO_4$ 四面体通过顶点与四个 $VO_6$ 八面体相连。在三维网络 $V_2(PO_4)_3$ 单元结构中，锂离子位于晶胞中的四面体空隙位置，其结构如图 2-36(b) 所示。

$Li_3V_2(PO_4)_3$ 的三维网络结构为锂离子提供了较大的通道，使其在锂离子快速脱/嵌时能保持结构稳定。由于 $VO_6$ 八面体被 $PO_4$ 四面体隔开，相互之间不能连接，阻碍了 $Li_3V_2(PO_4)_3$ 中的电子传导，因此该材料电导率低。

表 2-23 $Li_3V_2(PO_4)_3$ 的原子占位[130]

| 原子 | Wyckoff 位置 | $x/a$ | $y/b$ | $z/c$ |
|---|---|---|---|---|
| Li(1) | 4e | 0.2087(0) | 0.7775(7) | 0.1796(4) |
| Li(2) | 4e | 0.9234(6) | 0.3032(9) | 0.2415(3) |
| Li(3) | 4e | 0.5722(7) | 0.4121(0) | 0.1923(0) |
| V(1) | 4e | 0.2475(7) | 0.4610(0) | 0.1101(5) |
| V(2) | 4e | 0.7519(7) | 0.4716(4) | 0.3899(2) |
| P(1) | 4e | 0.1064(7) | 0.1027(4) | 0.1486(0) |
| P(2) | 4e | 0.6038(9) | 0.1152(3) | 0.3527(0) |
| P(3) | 4e | 0.0361(2) | 0.2489(1) | 0.4919(0) |
| O(1) | 4e | 0.9273(9) | 0.1120(2) | 0.1468(2) |
| O(2) | 4e | 0.1446(8) | 0.9809(3) | 0.2385(8) |
| O(3) | 4e | 0.1751(9) | 0.0509(9) | 0.0422(2) |
| O(4) | 4e | 0.1615(6) | 0.2644(1) | 0.1867(8) |
| O(5) | 4e | 0.4311(0) | 0.0889(0) | 0.3301(0) |
| O(6) | 4e | 0.6982(4) | −0.0021(9) | 0.2805(4) |
| O(7) | 4e | 0.6436(4) | 0.0882(4) | 0.4734(1) |
| O(8) | 4e | 0.6422(3) | 0.2854(7) | 0.3181(1) |
| O(9) | 4e | 0.9509(9) | 0.1336(0) | 0.5673(8) |
| O(10) | 4e | 0.9286(5) | 0.3187(5) | 0.4042(4) |
| O(11) | 4e | 0.1690(7) | 0.1687(7) | 0.4296(8) |
| O(12) | 4e | 0.1095(8) | 0.3668(1) | 0.5727(1) |

作为正极材料的 $Li_3V_2(PO_4)_3$，钒为 +3 价，每个单胞的 3 个 $Li^+$ 完全脱出时形成 $V_2(PO_4)_3$，此时钒以 $V^{4+}/V^{5+}$ 的混合价存在。$Li_3V_2(PO_4)_3$ 的充放电

曲线中表现出多个电压平台，如图 2-37 所示。在不同电压范围内，$Li_3V_2(PO_4)_3$ 脱/嵌锂的程度不一样，表现出不同的容量。第一个 $Li^+$ 分两步脱出，存在一个稳定的中间相 $Li_{2.5}V_2(PO_4)_3$，即 $Li_3V_2(PO_4)_3 \rightarrow Li_{2.5}V_2(PO_4)_3 \rightarrow Li_2V_2(PO_4)_3$，对应两个相应的电压平台（3.60V 和 3.68V）；第二个 $Li^+$ 一步脱出，即 $Li_2V_2(PO_4)_3 \rightarrow LiV_2(PO_4)_3$，电压平台在 4.08V 左右；当充电电压高达 5V 时，$Li_3V_2(PO_4)_3$ 中的三个 $Li^+$ 全部脱出。当充放电电压范围为 3.0～4.3V 时，$Li_3V_2(PO_4)_3$ 中的两个 $Li^+$ 可以进行完全可逆脱/嵌，如图 2-37（a）所示，三个电压平台都对应 $V^{3+}/V^{4+}$ 的氧化/还原对，此时的理论比容量为 133mA·h·$g^{-1}$。$Li_3V_2(PO_4)_3$ 在 3.0～4.8V 的电压范围内充放电时，第三个 $Li^+$ 在 4.55V 左右脱出，对应 $V^{4+}/V^{5+}$ 的氧化/还原对，伴随着严重的过电压，说明第三个 $Li^+$ 脱出是最难进行的动力学过程，此时相应的理论比容量高达 197mA·h·$g^{-1}$[131,132]。但是在该电压范围内，放电曲线则是一种固溶体行为[133]，如图 2-37（b）所示。

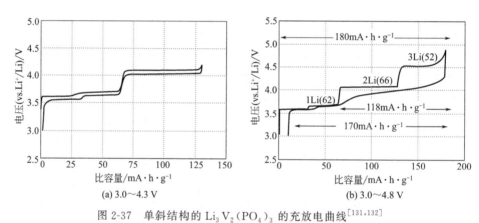

(a) 3.0～4.3 V          (b) 3.0～4.8 V

图 2-37　单斜结构的 $Li_3V_2(PO_4)_3$ 的充放电曲线[131,132]

## 2.5.2　$LiVPO_4F$

$LiVPO_4F$ 属于三斜晶系，其晶格参数为 $a=5.30941$Å、$b=7.49936$Å、$c=5.16888$Å，$\alpha=112.933°$、$\beta=81.664°$、$\gamma=113.125°$，空间群为 $P\bar{1}$，其原子占位情况见表 2-24[134]。$LiVPO_4F$ 的结构是由 $PO_4$ 四面体和 $VO_4F_2$ 八面体构建的三维框架结构，三维结构中每个 V 与 4 个 O 和 2 个 F 相连，F 位于 $VO_4F_2$ 八面体顶部，两个八面体共用一个 F，$PO_4$ 四面体和 $VO_4F_2$ 八面体共用一个氧顶点，$Li^+$ 分别占据两种不同的位置，其晶体结构如图 2-38 所示[135]。强电负性氟离子的存在使得 $PO_4$ 四面体和 $VO_4F_2$ 八面体在 $LiVPO_4F$ 中更加稳定。

表 2-24　LiVPO₄F 的原子占位[135]

| 原子 | Wyckoff 位置 | $x/a$ | $y/b$ | $z/c$ |
|---|---|---|---|---|
| Li(1) | 2i | 0.389 | 0.334 | 0.659 |
| Li(2) | 2i | 0.373 | 0.236 | 0.517 |
| V(1) | 1a | 0 | 0 | 0 |
| V(2) | 1g | 0 | 0.5 | 0.5 |
| P(1) | 2i | −0.6476 | −0.2515 | 0.0719 |
| O(1) | 2i | 0.2109 | −0.0936 | 0.1701 |
| O(2) | 2i | −0.342 | −0.1375 | 0.1705 |
| O(3) | 2i | −0.7627 | −0.41 | 0.2163 |
| O(4) | 2i | −0.6695 | −0.3597 | −0.2503 |
| F(1) | 2i | 0.0875 | 0.245 | 0.3585 |

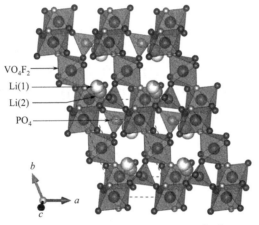

图 2-38　LiVPO₄F 的晶体结构图[135]

在 LiVPO₄F 中，磷酸根聚阴离子和具有高电负性的 F⁻ 相结合，提高了 $V^{3+}/V^{4+}$ 的氧化还原电位，使得其平均工作电位达到 4.2V 左右，其理论比容量为 $156mA \cdot h \cdot g^{-1}$。图 2-39 为 Li/LiVPO₄F 电池在 0.2C 倍率下的首次充放电曲线，充放电平台为 4.2V，充电比容量为 $135mA \cdot h \cdot g^{-1}$，放电比容量为 $114mA \cdot h \cdot g^{-1}$[136]。Ma 等人[137] 采用电化学原位 XRD 技术揭示了 LiVPO₄F 的储锂机制，LiVPO₄F 在脱锂过程中会经历两个连续的相变 $LiVPO_4F \rightarrow Li_{0.72}VPO_4F \rightarrow VPO_4F$，即在充电条件下，LiVPO₄F 中锂离子脱出形成中间相 $Li_{0.72}VPO_4F$ 和最终产物 VPO₄F。而放电条件下锂离子嵌入 VPO₄F 中形成 LiVPO₄F，并未形成中间相，说明材料在充放电过程中经历了两种不对称的相转变过程。

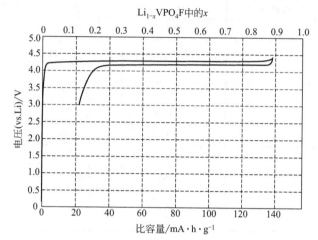

图 2-39 $LiVPO_4F$ 的充放电曲线图[136]

$LiVPO_4F$ 正极材料的应用也存在一定瓶颈，$LiVPO_4F$ 的电子电导率较低，离子电导率也有待提高，其在大电流下的充放电性能不够理想。$LiVPO_4F$ 中的氟原子不稳定，因此 $LiVPO_4F$ 正极材料的合成条件苛刻。所以，寻求稳定高效的 $LiVPO_4F$ 正极材料的合成工艺，通过掺杂或者包覆提高材料的电子和离子导电性，改善材料结构稳定性是推动 $LiVPO_4F$ 正极材料商业化应用的关键因素。

## 参考文献

［1］ Feldman L，Lpke G，Tolk N，et al. Particle-solid interactions and 21st century materials science［J］. Nuclear Instruments and Methods in Physics Research Section B：Beam Interactions with Materials and Atoms，2003，212：1-7.

［2］ Vasil'eva I A，Sukhushina I S，Balabaeva R F. Thermodynamic properties of $V_nO_{2n-1}$ （$n=4$ to 9）at high temperatures and at 298. 15 K ［J］. The Journal of Chemical Thermodynamics，1975，7（4）：319-328.

［3］ Oka Y，Ohtani T，Yamamoto N，et al. Phase transition and electrical properties of $VO_2$ （A）［J］. Nippon seramikkusu kyokai gakujutsu ronbunshi，1989，97（1130）：1134-1137.

［4］ Hagrman D，Zubieta J，Warren C. A new polymorph of $VO_2$ prepared by soft chemical methods ［J］. Journal of Solid State Chemistry，1998，138（1）：178-182.

［5］ Enjalbert R，Galy J. A Refinement of the Structure of $V_2O_5$ ［J］. Acta Crystallographica Section C，1986，42（11）：1467-1469.

［6］ Zavalij P Y，Whittingham M S. Structural chemistry of vanadium oxides with open frameworks ［J］. Acta Crystallographica Section B，1999，55（5）：627-663.

［7］ Haaß F，Adams A H，Buhrmester T，et al. X-Ray absorption and X-ray diffraction studies on molybdenum doped vanadium pentoxide ［J］. Physical Chemistry Chemical Physics，

2003，5（19）：4317-4324.

[8]  Murphy D W，Christian P A，Disalvo F J，et al. Lithium incorporation by vanadium pen-toxide [J]. Inorganic Chemistry，1979，11（10）：2800-2803.

[9]  Delmas C，Cognac-Auradou H，Cocciantelli J M，et al. The $Li_x V_2 O_5$ system：An over-view of the structure modifications induced by the lithium intercalation [J]. Solid State I-onics，1994，69（3-4）：257-264.

[10]  Delmas C，Brethes S，Menetrier M. $\omega$-$Li_x V_2 O_5$——a new electrode material for re-chargeable lithium batteries [J]. Journal of power sources，1991，34（2）：113-118.

[11]  Cocciantelli J M，Doumerc J P，Pouchard M，et al. Crystal chemistry of electrochemi-cally inserted $Li_x V_2 O_5$ [J]. Journal of power sources，1991，34（2）：103-111.

[12]  Galy J. Vanadium pentoxide and vanadium oxide bronzes—structural chemistry of single（S）and double（D）layer $M_x V_2 O_5$ phases [J]. Journal of Solid State Chemistry，1992，100（2）：229-245.

[13]  Wang H，Ma D，Huang Y，et al. Electrospun $V_2 O_5$ nanostructures with controllable morphology as high-performance cathode materials for lithium-ion batteries [J]. Chem-istry，2012，18（29）：8987-8993.

[14]  Wu H，Qin M，Li X，et al. One step synthesis of vanadium pentoxide sheets as cathodes for lithium ion batteries [J]. Electrochimica Acta，2016，206：301-306.

[15]  Yu L，Zhang X. Electrochemical insertion of magnesium ions into $V_2 O_5$ from aprotic electrolytes with varied water content [J]. Journal of Colloid and Interface Science，2004，278（1）：160-165.

[16]  Dewangan K，Sinha N N，Chavan P G，et al. Synthesis and characterization of self-as-sembled nanofiber-bundles of $V_2 O_5$：their electrochemical and field emission properties [J]. Nanoscale，2012，4（2）：645-651.

[17]  Baddour-Hadjean R，Marzouk A，Pereira-Ramos J P. Structural modifications of $Li_x V_2 O_5$ in a composite cathode（$0 \leqslant x < 2$）investigated by Raman microspectrometry [J]. Journal of Raman Spectroscopy，2012，43（1）：153-160.

[18]  Whittingham M S，Song Y，Lutta S，et al. Some transition metal（oxy）phosphates and vanadium oxides for lithium batteries [J]. Journal of Materials Chemistry，2005，15（33）：3362.

[19]  Wang Y，Cao G. Synthesis and Enhanced Intercalation Properties of Nanostructured Va-nadium Oxides [J]. Chemistry of Materials，2006，18（12）：2787-2804.

[20]  Wang Y，Cao G. Developments in Nanostructured Cathode Materials for High-Perform-ance Lithium-Ion Batteries [J]. Advanced Materials，2008，20（12）：2251-2269.

[21]  Chernova N A，Roppolo M，Dillon A C，et al. Layered vanadium and molybdenum ox-ides：batteries and electrochromics [J]. Journal of Materials Chemistry，2009，19（17）：2526.

[22]  Wu C，Xie Y. Promising vanadium oxide and hydroxide nanostructures：from energy storage to energy saving [J]. Energy & Environmental Science，2010，3（9）：1191.

[23]  Mai L，Xu X，Xu L，et al. Vanadium oxide nanowires for Li-ion batteries [J]. Journal of Materials Research，2011，26（17）：2175-2185.

[24] Zhong W, Huang J, Liang S, et al. New Prelithiated $V_2O_5$ Superstructure for Lithium-Ion Batteries with Long Cycle Life and High Power [J]. ACS Energy Letters, 2019, 5 (1): 31-38.

[25] Petkov V, Trikalitis P N, Bozin E S, et al. Structure of $V_2O_5 \cdot nH_2O$ Xerogel Solved by the Atomic Pair Distribution Function Technique [J]. Journal of American Chemical Society, 2002, 124 (34): 10157-10162.

[26] Cao C, Gao Y, Luo H. Pure single-crystal rutile vanadium dioxide powders: synthesis, mechanism and phase-transformation property [J]. The Journal of Physical Chemistry C, 2008, 112 (48): 18810-18814.

[27] Rogers K D, Coath J A, Lovell M C. Characterization of epitaxially grown films of vanadium oxides [J]. Journal of applied physics, 1991, 70 (3): 1412-1415.

[28] Zhang K F, Liu X, Su Z X, et al. $VO_2$ (R) nanobelts resulting from the irreversible transformation of $VO_2$ (B) nanobelts [J]. Materials Letters, 2007, 61 (13): 2644-2647.

[29] Oka Y, Yao T, Yamamoto N, et al. Phase transition and $V^{4+}$-$V^{4+}$ pairing in $VO_2$ (B) [J]. Journal of Solid State Chemistry, 1993, 105 (1): 271-278.

[30] Sediri F, Gharbi N. Nanorod B phase $VO_2$ obtained by using benzylamine as a reducing agent [J]. Materials Science and Engineering: B, 2007, 139 (1): 114-117.

[31] Theobald F, Cabala R, Bernard J. Essai sur la structure de $VO_2$(B) [J]. Journal of Solid State Chemistry, 1976, 17 (4): 431-438.

[32] Murphy D W, Christian P A, DiSalvo F J, et al. Vanadium Oxide Cathode Materials for Secondary Lithium Cells [J]. Journal of The Electrochemical Society, 1987, 126 (3): 497-499.

[33] Winter M, Besenhard J O, Spahr M E, et al. Insertion Electrode Materials for Rechargeable Lithium Batteries [J]. Advanced Materials, 1998, 10 (10): 725-763.

[34] Höwing J, Gustafsson T, Thomas J O. Low-temperature structure of $V_6O_{13}$ [J]. Acta Crystallographica Section B: Structural Science, 2003, 59 (6): 747-752.

[35] West K, Zachau-Christiansen B, Jacobsen T. Electrochemical properties of non-stoichiometric $V_6O_{13}$ [J]. Electrochim. Acta, 1983, 28 (12): 1829-1833.

[36] Kawashima K, Ueda Y, Kosuge K, et al. Crystal growth and some electric properties of $V_6O_{13}$ [J]. Journal of Crystal Growth, 1974, 26 (2): 321-322.

[37] Murphy D W, Christian P A, DiSalvo F J, et al. Lithium Incorporation by $V_6O_{13}$ and Related Vanadium (+4, +5) Oxide Cathode Materials [J]. Journal of The Electrochemical Society, 1981, 128 (10): 2053-2060.

[38] Gustafsson T, Thomas J O, Koksbang R, et al. The polymer battery as an environment for in situ X-ray diffraction studies of solid-state electrochemical processes [J]. Electrochim. Acta, 1992, 37 (9): 1639-1643.

[39] Wadsley A D. Crystal chemistry of non-stoichiometric pentavalent vandadium oxides: crystal structure of $Li_{1+x}V_3O_8$ [J]. Acta Crystallogr, 1957, 10 (4): 261-267.

[40] Khoo E, Wang J, Ma J, et al. Electrochemical energy storage in a $\beta$-$Na_{0.33}V_2O_5$ nanobelt network and its application for supercapacitors [J]. Journal of Materials Chemistry,

2010，20（38）：8368.

[41] Jian Z，Yuan C，Han W，et al. Atomic Structure and Kinetics of NASICON $Na_x V_2 (PO_4)_3$ Cathode for Sodium-Ion Batteries [J]. Advanced Functional Materials，2014，24（27）：4265-4272.

[42] Hong Trang N T，Lingappan N，Shakir I，et al. Growth of single-crystalline $\beta$-$Na_{0.33} V_2 O_5$ nanowires on conducting substrate：A binder-free electrode for energy storage devices [J]. Journal of power sources，2014，251：237-242.

[43] Raistrick I D，Huggins R A. An electrochemical study of the mixed beta-vanadium bronzes $Li_y Na_x V_2 O_5$ and $Li_y K_x V_2 O_5$ [J]. Materials Research Bulletin，1983，18（2）：337-346.

[44] Raistrick I D. Lithium insertion reactions in oxide bronzes [J]. Revue de chimie minérale，1984，21（4）：456-467.

[45] Baddour-Hadjean R，Boudaoud A，Bach S，et al. A comparative insight of potassium vanadates as positive electrode materials for Li batteries：influence of the long-range and local structure [J]. Inorganic Chemistry，2014，53（3）：1764-1772.

[46] Bach S，Boudaoud A，Emery N，et al. $K_{0.5} V_2 O_5$：A novel Li intercalation compound as positive electrode material for rechargeable lithium batteries [J]. Electrochimica Acta，2014，119：38-42.

[47] Fang G，Zhou J，Hu Y，et al. Facile synthesis of potassium vanadate cathode material with superior cycling stability for lithium ion batteries [J]. Journal of power sources，2015，274：694-701.

[48] Maowen X，Jin H，Guannan L，et al. Synthesis of novel book-like $K_{0.23} V_2 O_5$ crystals and their electrochemical behavior in lithium batteries [J]. Chemical Communications，2015，51（83）：15290-15293.

[49] Meng J，Liu Z，Niu C，et al. A synergistic effect between layer surface configurations and K ions of potassium vanadate nanowires for enhanced energy storage performance [J]. Journal of Materials Chemistry A，2016，4（13）：4893-4899.

[50] Kawakita J，Mori H，Miura T，et al. Formation process and structural characteristics of layered hydrogen vanadium [J]. Solid State Ionics，2000，131（3-4）：229-235.

[51] Kawakita J，Katayama Y，Miura T，et al. Structural properties of $Li_{1+x} V_3 O_8$ upon lithium insertion at ambient and high temerature [J]. Solid State Ionics，1998，107（1-2）：145-152.

[52] Kawakita J，Miura T，Kishi T. Lithium insertion into $Li_4 V_3 O_8$ [J]. Solid State Ionics，1999，120（1-4）：109-116.

[53] Mo R，Du Y，Zhang N，et al. In situ synthesis of $LiV_3 O_8$ nanorods on graphene as high rate-performance cathode materials for rechargeable lithium batteries [J]. Chemical Communications，2013，49（80）：9143-9145.

[54] Wadsley A D. Crystal Chemistry of Non-stoichiometric Pentavalent Vanadium Oxides：Crystal Structure of $Li_{1+x} V_3 O_8$ [J]. Acta Crystallogr，1957，10（4）：261.

[55] Baddour-Hadjean R，Bach S，Emery N，et al. The peculiar structural behaviour of $\beta$-$Na_{0.33} V_2 O_5$ upon electrochemical lithium insertion [J]. Journal of Materials Chemistry，

2011，21（30）：11296.

[56] Xu Y，Han X，Zheng L，et al. Pillar effect on cyclability enhancement for aqueous lithium ion batteries: a new material of $\beta$-vanadium bronze $M_{0.33}V_2O_5$（M = Ag，Na）nanowires [J]. Journal of Materials Chemistry，2011，21（38）：14466.

[57] Kim J K，Senthilkumar B，Sahgong S H，et al. New chemical route for the synthesis of beta-$Na_{0.33}V_2O_5$ and its fully reversible Li intercalation [J]. ACS Applied Materials & Interfaces，2015，7（12）：7025-7032.

[58] Li W，Xu C，Pan X，et al. High capacity and enhanced structural reversibility of $\beta$-$Li_xV_2O_5$ nanorods as the lithium battery cathode [J]. Journal of Materials Chemistry A，2013，1（17）：5361.

[59] Schindler M，Hawthorne F C，Alexander M A，et al. Na-Li-$[V_3O_8]$ insertion electrodes: Structures and diffusion pathways [J]. Journal of Solid State Chemistry，2006，179（8）：2616-2628.

[60] Yuan S，Liu Y，Zhang X，et al. Pure Single-Crystalline $Na_{1.1}V_3O_{7.9}$ Nanobelts as Superior Cathode Materials for Rechargeable Sodium-Ion Batteries [J]. Advanced Science，2015，2（3）：1400018.

[61] Bruce P G，Scrosati B，Tarascon J M. Nanomaterials for rechargeable lithium batteries [J]. Angew Chem Int Ed Engl，2008，47（16）：2930-2946.

[62] Liang S，Chen T，Pan A，et al. Synthesis of $Na_{1.25}V_3O_8$ nanobelts with excellent long-term stability for rechargeable lithium-ion batteries [J]. ACS Applied Materials & Interfaces，2013，5（22）：11913-11917.

[63] Wang X，Du H，Zhang Y，et al. Template-free synthesis of $Na_{0.95}V_3O_8$ nanobelts with improved cycleability as high-rate cathode material for rechargeable lithium ion batteries [J]. Ceramics International，2015，41（4）：6127-6131.

[64] Wang H，Liu S，Ren Y，et al. Ultrathin $Na_{1.08}V_3O_8$ nanosheets——a novel cathode material with superior rate capability and cycling stability for Li-ion batteries [J]. Energy & Environmental Science，2012，5（3）：6173.

[65] Kawakita J，Makino K，Katayama Y，et al. Preparation and lithium insertion behaviour of $Li_yNa_{1.2-y}V_3O_8$ [J]. Solid State Ionics，1997，99（3-4）：165-171.

[66] Evans H T，Block S. The crystal structures of potassium and cesium trivanadates [J]. Inorganic Chemistry，1996，5（10）：1808-1814.

[67] Oka Y，Yao T，Yamamoto N. Hydrothermal synthesis and structure refinements of alkali-metal trivanadates $AV_3O_8$（A = K，Rb，Cs）[J]. Materials Research Bulletin，1997，32（9）：1201-1209.

[68] Volkov V L，Miroshnikova L D，Zubkov V G. Growth of single crystals of oxide vanadium bronzes [J]. Inorganic Materials，1985，21（10）：1524-1527.

[69] Wei Q，Liu J，Feng W，et al. Hydrated vanadium pentoxide with superior sodium storage capacity [J]. Journal of Materials Chemistry A，2015，3（15）：8070-8075.

[70] Bao J，Zhou M，Zeng Y，et al. $Li_{0.3}V_2O_5$ with high lithium diffusion rate: a promising anode material for aqueous lithium-ion batteries with superior rate performance [J]. Journal of Materials Chemistry A，2013，1（17）：5423.

[71]  Zhao Y，Ha C，Yang J，et al. Stable Alkali Metal Ion Intercalation Compounds as Opti-
      mized Metal Oxide Nanowire Cathodes for Lithium Batteries [J]. Nano Letters，2015，
      15（3）：2180-2185.

[72]  Fang G，Zhou J，Hu Y，et al. Facile synthesis of potassium vanadate cathode material
      with superior cycling stability for lithium ion batteries [J]. Journal of Power Sources，
      2015，275：694-701.

[73]  Meng J，Liu Z，Niu C，et al. A synergistic effect between layer surface configurations
      and K ions of potassium vanadate nanowires for enhanced energy storage performance
      [J]. Journal of Materials Chemistry A，2016，4（13）：4893-4899.

[74]  Morcrette M，Martin P，Rozier P，et al. $Cu_{1.1}V_4O_{11}$：a new positive electrode material
      for rechargeable Li batteries [J]. Chemistry of Materials，2005，17（2）：418-426.

[75]  Morcrette M，Rozier P，Dupont L，et al. A reversible copper extrusion-insertion elec-
      trode for rechargeable Li batteries [J]. Nature materials，2003，2（11）：755-761.

[76]  Wei Y，Ryu C W，Chen G，et al. X-Ray Diffraction and Raman Scattering Studies of
      Electrochemically Cycled $CuV_2O_6$ [J]. Electrochemical and Solid-State Letters，2006，
      9（11）：A487.

[77]  Wei Y，Nam K，Chen G，et al. Synthesis and structural properties of stoichiometric and
      oxygen deficient CuVO prepared via co-precipitation method [J]. Solid State Ionics，
      2005，176（29-30）：2243-2249.

[78]  Cao X，Xie J，Zhou Y，et al. Synthesis of $CuV_2O_6$ as a cathode material for rechargeable
      lithium batteries from $V_2O_5$ gel [J]. Materials Chemistry and Physics，2006，98（1）：
      71-75.

[79]  Hua M，Shaoyan Z，Weiqiang J，et al. $\alpha$-$CuV_2O_6$ Nanowires：Hydrothermal Synthesis
      and Primary Lithium Battery Application [J]. Journal of the American Chemical Society，
      2008，130（5）：5361-5367.

[80]  Cao J，Wang X，Tang A，et al. Sol-gel synthesis and electrochemical properties of $CuV_2$
      $O_6$ cathode material [J]. Journal of Alloys and Compounds，2009，479（1）：875-878.

[81]  Li G，Wu W，Chen K，et al. Synthesis of ultra-long single crystalline $CuV_2O_6$ nanobelts
      [J]. Materials Letters，2010，64（7）：820-823.

[82]  Hillel T，Ein-Eli Y. Copper vanadate as promising high voltage cathodes for Li thermal
      batteries [J]. Journal of power sources，2013，229：112-116.

[83]  Hu W，Du X，Wu Y，et al. Novel $\varepsilon$-$Cu_{0.95}V_2O_5$ hollow microspheres and $\alpha$-$CuV_2O_6$
      nanograins：Facile synthesis and application in lithium-ion batteries [J]. Journal of pow-
      er sources，2013，237：112-118.

[84]  Chen H，Jiang J，Zhang L，et al. Highly conductive $NiCo_2S_4$ urchin-like nanostructures
      for high-rate pseudocapacitors [J]. Nanoscale，2013，5（19）：8879-8883.

[85]  Ramanathan G，Crispin C. Crystal Structure of $\alpha$-$Zn_2V_2O_7$ [J]. Canadian Journal of
      Chemistry，1973，51（7）：1004-1009.

[86]  Sun Y，Li C，Wang L，et al. Ultralong monoclinic $ZnV_2O_6$ nanowires：their shape-con-
      trolled synthesis, new growth mechanism, and highly reversible lithium storage in lithi-
      um-ion batteries [J]. RSC Advances，2012，2（21）：8110-8115.

[87]  Xiao L, Zhao Y, Yin J, et al. Clewlike $ZnV_2O_4$ hollow spheres: nonaqueous sol-gel synthesis, formation mechanism, and lithium storage properties [J]. Chemistry, 2009, 15 (37): 9442-9450.

[88]  Zheng C, Zeng L, Wang M, et al. Synthesis of hierarchical $ZnV_2O_4$ microspheres and its electrochemical properties [J]. CrystEngComm, 2014, 16 (44): 10309-10313.

[89]  Zeng L, Xiao F, Wang J, et al. $ZnV_2O_4$-CMK nanocomposite as an anode material for rechargeable lithium-ion batteries [J]. Journal of Materials Chemistry, 2012, 22 (28): 14284-14288

[90]  Zhu X, Jiang X, Xiao L, et al. Nanophase $ZnV_2O_4$ as stable and high capacity Li insertion electrode for Li-ion battery [J]. Current Applied Physics, 2015, 15 (4): 435-440.

[91]  Sambandam B, Soundharrajan V, Song J, et al. $Zn_3V_2O_8$ porous morphology derived through a facile and green approach as an excellent anode for high-energy lithium ion batteries [J]. Chemical Engineering Journal, 2017, 328: 454-463.

[92]  Hoyos D A, Echavarr'Ia A, Saldarriaga C. Synthesis and structure of a porous zinc vanadate, $Zn_3 (VO_4)_2 \cdot 3H_2O$ [J]. Journal of Materials Science, 2001, 36 (22): 5515-5518.

[93]  Huey-Hoon H. Zinc Vanadates in Vanadium Oxide-Doped Zinc Oxide Varistors [J]. Journal of the American Ceramic Society, 2001, 84 (2): 435-441.

[94]  Zhou J, Liang Q, Pan A, et al. The general synthesis of Ag nanoparticles anchored on silver vanadium oxides: towards high performance cathodes for lithium-ion batteries [J]. Journal of Materials Chemistry A, 2014, 2 (29): 11029.

[95]  Rozier P, Jean-Michel S, Jean G. $\beta$-$AgVO_3$ Crystal Structure and Relationships with $Ag_2V_4O_{11}$ and $\delta$-$Ag_xV_2O_5$ [J]. Journal of Solid State Chemistry, 1996, 12 (2): 303-308.

[96]  Cheng F, Chen J. Transition metal vanadium oxides and vanadate materials for lithium batteries [J]. Journal of Materials Chemistry, 2011, 21 (27): 9841.

[97]  Zhang S, Li W, Li C, et al. Synthesis, Characterization, and Electrochemical Properties of $Ag_2V_4O_{11}$ and $AgVO_3$ 1-D Nano/Microstructures [J]. The journal of physical chemistry B, 2006, 110 (49): 24855-24863.

[98]  Patrick R, Jean-Michel S, Jean G. $AgVO_3$ Crystal Structure and Relationships with $Ag_2V_4O_{11}$ and $Ag_xV_2O_5$ [J]. Journal of Solid State Chemistry, 1996, 122 (2): 303-308.

[99]  Masashige O, Keisuke K. Crystal structure and electronic properties of the $Ag_2V_4O_{11}$ insertion electrode [J]. Journal of Physics: Condensed Matter, 2001, 13 (31): 6675-6685.

[100]  Takeuchi K J, Marschilok A C, Davis S M, et al. Silver vanadium oxides and related battery applications [J]. Coordination Chemistry Reviews, 2001, 219-221: 283-310.

[101]  Ha-Eierdanz M L, Müller U. Ein neues Syntheseverfahren für Vanadiumbronzen. Die Kristallstruktur von $\beta$-$Ag_{0.33}V_2O_5$. Verfeinerung der Kristallstruktur von $\epsilon$-$Cu_{0.76}V_2O_5$ [J]. Zeitschrift für anorganische und allgemeine Chemie, 1993, 619 (2): 287-292.

[102]  Hu W, Zhang X B, Cheng Y L, et al. Mild and cost-effective one-pot synthesis of pure

single-crystalline beta-$Ag_{0.33}V_2O_5$ nanowires for rechargeable Li-ion batteries [J]. ChemSusChem，2011，4（8）：1091-1094.

[103] Liang S，Yu Y，Chen T，et al. Facile synthesis of rod-like $Ag_{0.33}V_2O_5$ crystallites with enhanced cyclic stability for lithium batteries [J]. Materials Letters，2013，109：92-95.

[104] Rozier P，Lidin S. The composite structure of $Cu_{2.33-x}V_4O_{11}$ [J]. Journal of Solid State Chemistry，2003，172（2）：319-326.

[105] Calvo C，Manolescu D. Refinement of the structure of $CuV_2O_6$ [J]. Acta Crystallographica Section B，1973，29（8）：1743-1745.

[106] Cao X，Zhan H，Xie J，et al. Synthesis of $Ag_2V_4O_{11}$ as a cathode material for lithium battery via a rheological phase method [J]. Materials Letters，2006，60（4）：435-438.

[107] Shannon R D，Calvo C. Crystal structure of $Cu_5V_2O_{10}$ [J]. Acta Crystallographica Section B，1973，29（6）：1338-1345.

[108] Xie W，Xing X，Cao Z. Thermodynamic，lattice dynamical，and elastic properties of iron-vanadium oxides from experiments and first principles [J]. Journal of the American Ceramic Society，2020，103（6）：3797-3811.

[109] Baudrin E，Laruelle S，Denis S，et al. Synthesis and electrochemical properties of cobalt vanadates vs. lithium [J]. Solid State Ionics，1999，123（1-4）：139-153.

[110] Denis S，Baudrin E，Orsini F，et al. Synthesis and electrochemical properties of numerous classes of vanadates [J]. Journal of power sources，1999，81：79-84.

[111] Hao Z，Jia-Xin J，Jing-Song C，et al. Preparation and Electrochemical Properties of $Co_3V_2O_8$/graphene Composite of Anode Material for Lithium Storage [J]. Chinese Journal of Inorganic Chemistry，2020，36（1）：62-68.

[112] Yang G，Cui H，Yang G，et al. Self-Assembly of $Co_3V_2O_8$ Multi layered Nanosheets：Controllable Synthesis，Excellent Li-Storage Properties，and Investigation of Electrochemical Mechanism [J]. Acs Nano，2014，8（5）：4474-4487.

[113] Ni S，Liu J，Chao D，et al. Vanadate-Based Materials for Li-Ion Batteries：The Search for Anodes for Practical Applications [J]. Advanced Energy Materials，2019，9（14）：1803324.

[114] Hotta Y，Ueda Y，Nakayama N，et al. Pressure-products diagram of $Fe_xV_{1-x}O_2$ system（$0 \leqslant x \leqslant 0.5$）[J]. Journal of Solid State Chemistry，1984，55（3）：314-319.

[115] Robertson B，Kostiner E. Crystal structure and Mössbauer effect investigation of $FeVO_4$ [J]. Journal of Solid State Chemistry，1972，4（1）：29-37.

[116] Sobolev A V，Presnyakov I A，Rusakov V S，et al. Mossbauer study of the modulated magnetic structure of $FeVO_4$ [J]. Journal of Experimental and Theoretical Physics，2017，124（6）：943-956.

[117] Gonzalez-Platas J，Lopez-Moreno S，Bandiello E，et al. Precise Characterization of the Rich Structural Landscape Induced by Pressure in Multifunctional $FeVO_4$ [J]. Inorg Chem，2020，59（9）：6623-6630.

[118] Denis S. Synthesis and Electrochemical Properties of Amorphous Vanadates of General

Formula RVO$_4$ (R=In, Cr, Fe, Al, Y) vs. Li [J]. Journal of The Electrochemical Society, 1997, 144 (12): 4099.

[119] Denis S, Dedryvere R, Baudrin E, et al. $^{57}$Fe Mossbauer study of the electrochemical reaction of lithium with triclinic iron vanadate [J]. Chemistry of Materials, 2000, 12 (12): 3733-3739.

[120] Wang X, Heier K R, Stern C L, et al. Structural Comparison of Iron Tetrapolyvanadate Fe$_2$V$_4$O$_{13}$ and Iron Polyvanadomolybdate Fe$_2$V$_{3.16}$Mo$_{0.84}$O$_{13.42}$: A New Substitution Mechanism of Molybdenum (Ⅵ) for Vanadium (Ⅴ) [J]. Inorg Chem, 1998, 37 (26): 6921-6927.

[121] Baudrin E, Denis S, Orsini F O, et al. On the synthesis of monovalent, divalent and trivalent element vanadates [J]. Journal of Materials Chemistry, 1999, 9 (1): 101-105.

[122] Oka Y, Yao T, Yamamoto N, et al. Crystal Structure and Metal Distribution of $\alpha$-CoV$_3$O$_8$ [J]. Journal of Solid State Chemistry, 1998, 141 (1): 133-139.

[123] Hibino M, Ozawa N, Murakami T, et al. Lithium insertion and extraction of cobalt vanadium oxide [J]. Electrochemical and Solid State Letters, 2005, 8 (10): A500-A503.

[124] Sauerbrei E E, Faggiani R, Calvo C. Refinement of the crystal structure of Co$_3$V$_2$O$_8$ and Ni$_3$V$_2$O$_8$ [J]. Acta Crystallographica Section B, 1973, 29 (10): 2304-2306.

[125] Rogado N, Lawes G, Huse D A, et al. The Kagome-staircase lattice: magnetic ordering in Ni$_3$V$_2$O$_8$ and Co$_3$V$_2$O$_8$ [J]. Solid State Communications, 2002, 124 (7): 229-233.

[126] Ni S, Ma J, Zhang J, et al. Excellent electrochemical performance of NiV$_3$O$_8$/natural graphite anodes via novel in situ electrochemical reconstruction [J]. Chemical Communications, 2015, 51 (27): 5880-5882.

[127] Burba C, Frech R. Vibrational spectroscopic studies of monoclinic and rhombohedral Li$_3$V$_2$(PO$_4$)$_3$ [J]. Solid State Ionics, 2007, 177 (39-40): 3445-3454.

[128] Gaubicher J, Wurm C, Goward G, et al. Rhombohedral Form of Li$_3$V$_2$(PO$_4$)$_3$ as a Cathode in Li-Ion Batteries [J]. Chemistry of Materials, 2000, 12 (11): 3240-3242.

[129] Fu P, Zhao Y, Dong Y, et al. Synthesis of Li$_3$V$_2$(PO$_4$)$_3$ with high performance by optimized solid-state synthesis routine [J]. Journal of power sources, 2006, 162 (1): 651-657.

[130] Yoon J, Muhammad S, Jang D, et al. Study on structure and electrochemical properties of carbon-coated monoclinic Li$_3$V$_2$(PO$_4$)$_3$ using synchrotron based in situ X-ray diffraction and absorption [J]. Journal of Alloys and Compounds, 2013, 569: 76-81.

[131] Saïdi M Y, Barker J, Huang H, et al. Performance characteristics of lithium vanadium phosphate as a cathode material for lithium-ion batteries [J]. Journal of power sources, 2003, 119-121: 266-272.

[132] Morgan D, Ceder G, Saidi M Y, et al. Experimental and Computational Study of the Structure and Electrochemical Properties of Li$_x$M$_2$(PO$_4$)$_3$ Compounds with the Monoclinic and Rhombohedral Structure [J]. Chemistry of Materials, 2002, 14 (11): 4684-

4693.

[133] Yin S C, Grondey H, Strobel P, et al. Charge ordering in lithium vanadium phosphates: electrode materials for lithium-ion batteries [J]. J Am Chem Soc, 2003, 125 (2): 326-327.

[134] Ateba Mba J M, Masquelier C, Suard E, et al. Synthesis and Crystallographic Study of Homeotypic $LiVPO_4F$ and $LiVPO_4O$ [J]. Chemistry of Materials, 2012, 24 (6): 1223-1234.

[135] Ellis B L, Ramesh T N, Davis L J M, et al. Structure and Electrochemistry of Two-Electron Redox Couples in Lithium Metal Fluorophosphates Based on the Tavorite Structure [J]. Chemistry of Materials, 2011, 23 (23): 5138-5148.

[136] Barker J, Saidi M Y, Swoyer J L. A Comparative Investigation of the Li Insertion Properties of the Novel Fluorophosphate Phases, $NaVPO_4F$ and $LiVPO_4F$ [J]. Journal of The Electrochemical Society, 2004, 151 (10): A1670.

[137] Ma R, Shao L, Wu K, et al. Effects of oxidation on structure and performance of $LiVPO_4F$ as cathode material for lithium-ion batteries [J]. Journal of power sources, 2014, 248: 874-885.

# 第 3 章

# 钒基材料的主要制备方法

# 3.1
# 主要制备方法概述

钒具有高价态且价态变化多，可形成的钒氧化物及其钒酸盐化合物种类很多，如 $V_2O_5$、$V_6O_{13}$、磷酸钒锂、钒酸铜、钒酸银、钒酸锂、钒酸钠、钒酸钾等。不同的钒基材料组成、结构、形貌影响着材料的电化学性能，而组成、结构、形貌又受制于材料的合成制备方法。因此加强对材料制备工艺过程的研究，实现电极材料的微观结构有效控制，对获得性能优异的材料具有十分重要的意义。同时电极材料的制备推动钒基材料的研究与实际生产应用相结合，有着极其重要的作用。

一般来说，电极材料的合成与制备包含两层意思：第一层意思是材料的化学合成，一般指合成具有特定物相或晶型的物质；第二层意思是材料制备，是将各种物质制备成特定尺寸和形态的材料，更具材料学意义。近代材料科学与工程发展的一个最显著特征就是材料结构的进一步微纳米化和控制精细化。众所周知，随着材料尺寸减小到纳米尺度，材料本征性能会发生显著改变。这主要得益于纳米材料特殊的表、界面和晶格结构产生的四大效应，即表面效应、界面效应、小尺寸效应和量子效应。对于电极材料，材料微纳米化后，金属离子在电极材料中嵌入/脱出深度小、行程短，电极在大电流充放电下极化程度小，可逆容量高、循环寿命长。同时，纳米材料的高空隙为电解液的浸润提供了充足的自由空间，也给金属离子的输运提供了快捷的通道，从而进一步提高输出容量和快速充放电性能。

电极材料的制备方法，目前主要按制备体系物相状态来划分，有固、液、气三种大类，也可进一步分为若干小种，如图 3-1 所示。这些分类分种并不是十分科学准确，很多方法更多的是结合自身主要特点来命名的。这些方法中比较有代表性的包括固相反应合成法、溶胶-凝胶法、水热法、模板法、喷雾热分解法、静电纺丝法、化学气相沉积法等。此外，可以根据微纳米电极材料加工方式的不同，制备方法又可分为"自上而下（top-down）"法和"自下而上（bottom-up）"法。"自上而下"法是将较大尺寸（从微米级到厘米级）的物质通过各种分刻技术来制备我们所需

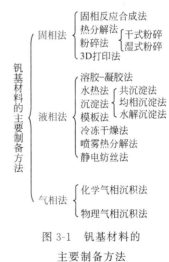

图 3-1  钒基材料的
主要制备方法

要的纳米结构。其优点在于可以方便地制备各种奇异的三维结构；也可以制备继承原始形貌结构的多孔材料。但缺点是浪费材料，将大尺寸材料分离、刻蚀成小尺寸纳米材料，残余材料都将因无法使用而被浪费；同时因总体而言材料体相结构已相对固化，对目标材料的微观形貌调控有所限制，并不能通过控制原子或离子间的距离来调控形貌。"自下而上"法是将一些较小的结构单元（如原子、分子、纳米粒子等）通过相互作用自组装构成相对较大、较复杂的结构体系（在纳米尺度上），图3-1中的化学气相沉积法和物理气相沉积法就属于此类方法。

对于结构、物相多样的钒基电极材料，如何控制其微纳米结构，尤其是界面的化学成分及其均匀性，以及如何控制晶粒尺寸分布是钒基材料制备工艺研究的主要课题。制备出清洁、成分可控、粒度均匀振实密度高的钒基微纳米粉体材料是制备工艺研究的重要目标。经过近些年的发展，钒基纳米材料已发展出一些比较有代表性的经典制备方法[1,2]。

# 3.2
# 固相反应合成法

## 3.2.1 原理简介

固相反应合成法分为高温固相反应合成法和低温固相反应合成法[3]。高温固相反应合成法是目前二次电池材料科学研究和工业生产中应用最为广泛和成熟的制备方法，已广泛应用于正极材料中无机化合物的合成制备。该方法的主要合成流程如图3-2(a)所示，主要过程有：①按化学计量比一次性称取所有原料；②将所得的原料混合物进行高能球磨（干磨或加入介质湿磨）；③在高温下进行煅烧。高温下的固相反应原理如图3-2(b)所示。

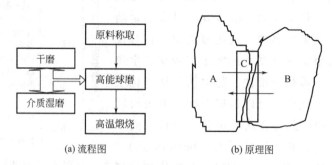

(a) 流程图　　　　　(b) 原理图

图3-2　二次电池材料高温固相反应合成制备

高温固相反应合成过程可分为扩散—反应—成核—生长四个阶段：①在反应热力学与动力学驱动下，参与固相化学反应的反应物组元首先进行互扩散，由组元A到组元B，和由组元B到组元A；②参与反应的组元经过充分扩散、混合，在接触处发生化学反应，生成产物C的新相原子团簇；③当产物原子团簇积累到一定大小时，出现产物的晶核；④晶核生长到一定的大小后形成产物的独立晶相。

该方法最重要的是相邻颗粒之间的界面构筑和界面反应。随着时间不断延长，产物相越来越多，反应物越来越少，直到反应组元全部转化为产物组元。因此，对原料组分充分研磨十分重要，一方面可以让组分均匀分散，颗粒接触更为紧密，提高粒子间的物理吸附和反应过程中元素的有效扩散速率；另一方面，相应地也会降低最佳合成温度，防止合成产物长大粗化，并节约能源等。

该方法的主要优点：①制备工艺简单；②应用范围广，几乎所有材料都可以使用或是部分用该方法来制备；③实验可控性强，只需一次将化学计量比的组分均匀混合，经高温处理后，大多都能合成出预期的材料。

当然，该方法也存在很多自身无法避免的缺点：①反应温度高和保温时间较长，能耗高；②长时间高温煅烧导致产物颗粒尺度较大，不利于材料本征性能的发挥；③受客观条件限制，反应物物料混合程度很难达到原子、分子尺度，导致同一温度下不同微区热力学平衡不同，反应不完全，进而生成杂质相；④产物形貌难以控制，导致材料性能不稳定。所以在大规模生产应用中，单一的高温固相合成法难以满足实际需求，通常与其他辅助方法综合使用。

传统的高温固相合成反应，原子间作用力受到很大程度破坏，所有参与反应的原子进行重排，得到热力学稳定的产物。而那些介稳中间物或动力学控制的化合物往往只能在较低温度下存在，它们在高温时分解或重组成热力学稳定的产物[7]。为了得到介稳态固相反应产物，扩大材料的选择范围，有必要降低固相反应温度。因此，南京大学忻新泉教授等提出并逐渐完善了低温固相反应合成法这一制备方法及理论体系[8]。

低温固相反应的特点和规律：①需要潜伏期，只有经过潜伏期的混合物，在反应体系升高到一定的温度后才会发生反应；②无化学平衡，合成反应一旦被引发，一般可以进行到底[9]；③拓扑化学控制原理，各反应物的晶格排列高度有序，晶格分子的移动较困难，只有合适取向的晶面上的分子足够靠近时，才能提供合适的反应中心，进行固相反应[10]；④分步反应，固相化学反应可通过控制反应物配比和合适的反应温度等条件，实现分步反应，并且能使反应停留在中间态下[11]。

低温固相反应合成技术由于可以得到高纯度、化学成分配比准确、各组分分布均匀的产物以及反应条件温和、操作简单等诸多优点而备受青睐，具有巨大的潜在应用价值[12]。低温固相反应合成法可以合成金属有机化合物、有机-无机杂化物、原子簇化合物等，为寻找高性能电池活性材料开辟了一条新途径。

## 3.2.2 应用实例

本书作者团队[4]利用高温固相反应合成法合成了表面被氧化的氮化钒（$VN_xO_y$）纳米片。首先将一定比例的三聚氰胺和五氧化二钒纳米薄片进行研磨混合，接着将混合粉末在氩气气氛中经过高温煅烧获得产物。三聚氰胺作为氮源和还原剂，成功实现了对五氧化二钒纳米薄片的氮化。如图 3-3 所示，$VN_xO_y$纳米片上具有高度多孔的结构，该结构由许多纳米晶域组成，这为离子的扩散提供了纳米级通道，并提供更多的氧化还原反应位点。$VN_xO_y$作为锌离子电池正极材料，在能量存储过程中同时伴随着可逆的阴离子（$N^{3-} \rightleftharpoons N^{2-}$）和阳离子（$V^{3+} \rightleftharpoons V^{2+}$）的氧化还原反应，具有优异的电化学性能。在 $30A \cdot g^{-1}$ 的电流密度下比容量可达到 $200mA \cdot h \cdot g^{-1}$，并具有长达 2000 次循环寿命。

(a) SEM图　　　　　　(b) TEM图

图 3-3　高温固相反应合成法合成表面被氧化的氮化钒[4]

Zhang 等人[5]用 $VO(C_5H_7O_2)_2$ 作为钒源和碳源，采用高温固相反应合成法合成了碳包覆的具有核壳结构的 $Li_3VO_4/C$，如图 3-4 所示。由图可见，$Li_3VO_4/C$ 的颗粒尺寸在 20~75nm 之间，$VO(C_5H_7O_2)_2$ 高温热解碳可以抑制颗粒生长。此碳包覆的 $Li_3VO_4$ 作为锂离子电池负极材料表现出优异的倍率性能，在 0.1C、10C 和 80C 的倍率下分别具有 $450mA \cdot h \cdot g^{-1}$、$340mA \cdot h \cdot g^{-1}$ 和 $106mA \cdot h \cdot g^{-1}$ 的可逆比容量。其循环稳定性也较好，在 10C 的倍率下循环 2000 次后仍保持 80% 的比容量。

Fang 等人[6]采用机械辅助高温固相反应合成法合成了结晶性良好的 $Na_3V_2(PO_4)_3$ 纳米颗粒，随后在 CVD 辅助下用分级结构的碳框架进行了修饰，合成过程如图 3-5(a) 所示。分级结构的碳框架是由石墨状二维碳和碳管交联组成的，粒度达 100~500nm，如图 3-5(b) 所示，该结构可以有效提升电子传输速率和钠离子脱/嵌过程中的结构稳定性。

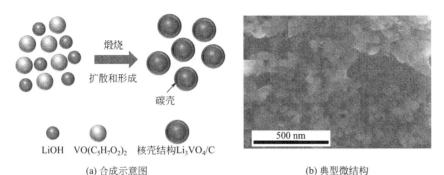

(a) 合成示意图

(b) 典型微结构

图 3-4 高温固相反应合成法合成碳包覆的钒酸锂[5]

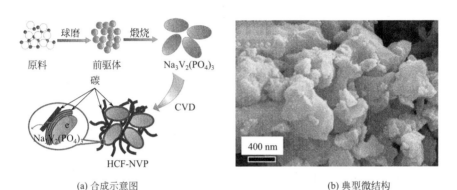

(a) 合成示意图

(b) 典型微结构

图 3-5 固相反应合成法合成分级结构碳包覆的磷酸钒钠[6]

# 3.3
# 溶胶-凝胶法

## 3.3.1 原理简介

溶胶-凝胶法是通过溶胶过程将金属有机物或无机化合物在原子或分子尺度水平混合均匀,再经陈化凝胶过程、干燥过程,并在适当温度下煅烧,实现材料合成的方法。该方法不仅可以有效降低最佳合成温度以及减少保温时间,也可以明显优化产物的理化性能,比如颗粒度、纯度、一致性以及电化学性能。

溶胶-凝胶法的主要工艺流程,如图 3-6 所示。其主要过程包括以下几个过程。溶胶的制备:首先将含有螯合剂的原料按化学计量比溶于溶剂中,通过螯合剂的水解聚合反应生成溶胶,为加快反应过程和防止离子水解,需要控制反应温度或是添加适量的无机酸调节 pH 值。溶胶-凝胶转化:在不断的加热搅拌过程中，随着溶剂不断挥发，溶液中单体组分不断缩聚成较大的分子链，溶液黏稠度越来越大，流动性越来越差，直至形成几乎没有流动性的凝胶。凝胶干燥：继续加热，溶胶将转变成没有流动性的凝胶，再经更高温度或是低温冷冻干燥后形成固相前驱体混合物。煅烧：混合物经充分研磨后在一定气氛和低于常规固相反应合成法的温度下煅烧，并适当保温获得预期产物。

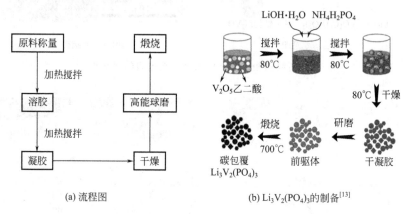

(a) 流程图　　　　　　　　(b) Li$_3$V$_2$(PO$_4$)$_3$的制备[13]

图 3-6　电极材料溶胶-凝胶法制备

溶胶-凝胶法不仅可用于制备微纳米粉体材料，而且可用于制备薄膜、纤维、体材和复合材料。该方法具有非常多的优点：①化学均匀性好，由于溶胶由溶液制得，化合物在分子或离子水平混合，故胶粒内及胶粒间化学成分完全一致；②对于材料的元素掺杂改性有很大的优势，一般都不会形成个别元素分离、偏析的区域；③反应过程基本都是在可视性的环境下进行，易于控制和及时调节，安全性和可控性较高，相比于固相法有着较低的煅烧温度，工艺流程耗时短，对硬件设施要求不高且能耗不高等；④产品颗粒的粒度小且均匀、结晶度高，通常晶体表面具有亚稳相或是微观形貌为多孔状，比较容易通过纳米效应改善材料性能，尤其是对于固相法难以合成或是合成后性能达不到要求的过渡金属氧化物。

当然，溶胶-凝胶法也有一些缺点，主要有以下几点：①一般前驱体需要过滤和冲洗，因此需要耗费较多的溶剂，如果是有机溶剂，制备成本会有所增加；②制备效率偏低，周期较长，规模制备可控性相对较低；③凝胶中存在大量微孔，在干燥过程中又将会逸出许多气体及有机物，并产生收缩。这些缺点是可以通过溶剂回收、优化工艺适当规避和克服的，所以并不影响该方法在小规模应用上发挥优势。

如果溶胶-凝胶法与其他处理方法配合应用，不仅能确保溶胶-凝胶法的优点，也能在很大程度上规避其缺点，大大降低工艺条件要求，拓宽溶胶-凝胶法在新材料合成上的应用。比如，最常用的是与高温固相反应合成法配合使用，能有效降低煅烧温度，控制产物团聚，提高产物结晶度，扩大固相反应合成法的适用范围，增加产量，降低成本等，也大大提高了溶胶-凝胶法在工业生产中的适用性。

## 3.3.2 应用实例

溶胶-凝胶法制备 $Li_3V_2(PO_4)_3$ 的过程，如图 3-6(b) 所示[13]。首先是将螯合剂（乙二酸）与化学计量比的 $V_2O_5$ 置于水溶剂中在 80℃下加热反应，溶液变成蓝色透明的草酸钒 VO—$(OCO—COO^-)_2$ 溶液；在上述溶液中加入一定化学计量比的 $LiOH \cdot 2H_2O$ 和 $NH_4H_2PO_4$，继续加热搅拌，水不断挥发，溶液中的草酸钒 VO—$(OCO—COO^-)_2$ 不断缩聚成较大的分子链 $[—OC—VO—CO—]$，直至溶剂完全挥发并经过充分干燥后，成绿色的固态凝胶；充分研磨后，得到组分分散均匀的前驱体混合物，在 700℃高温下煅烧得到产物。

Su 等人[14] 借助科琴炭黑作为硬模板，采用溶胶-凝胶法成功合成了多孔 $V_2O_5$ 纳米材料，合成过程如图 3-7 所示。$V_2O_5$ 粉末结晶性良好，颗粒尺寸在 50~100nm 之间，且具有丰富的孔隙，可促进电解质渗透，提高锂离子扩散速率和电子传输速率。因此，作为锂离子电池正极材料，它表现出良好的倍率性能（8C 倍率下比容量为 $88.6mA \cdot h \cdot g^{-1}$）和容量保持率（在 $100mA \cdot g^{-1}$ 电流密度下循环 50 次，容量保持率为 94.6%）。

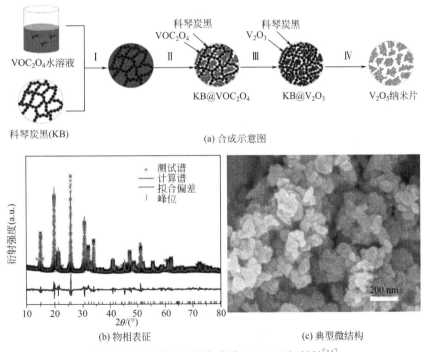

(a) 合成示意图

(b) 物相表征

(c) 典型微结构

图 3-7 溶胶-凝胶法制备多孔 $V_2O_5$ 正极材料[14]

# 3.4
# 水热法

## 3.4.1 原理简介

水热反应是指在高温、高压下在水溶液或蒸气等流体中所进行的有关化学反应的总称。水热条件通常能使难溶或不溶的物质溶解，加速离子反应和促进水解反应。在常温常压下一些从热力学分析上可以进行的反应，往往因反应速率极慢，以至于在实际应用中没有价值，但在水热条件下却可能使反应得以实现。水热法是制备结晶良好、无团聚粉体的一种优选方法。水热法制备纳米材料的一般流程为：称取一定量化学计量比的原料，并在一定的溶剂中加热搅拌，均匀混合，并调节好 pH 值；将上述溶液或混合物倒入聚四氟乙烯的水热釜内胆中，将内胆置于钢质水热外壳内，并在设定温度下反应一定时间，自然冷却到室温；将反应产物经过滤或离心沉积，并充分洗涤后在一定条件下干燥，经过充分研磨后得到产物。

水热法具有如下优点：相对低的反应温度，避免在高温处理过程中可能形成的产物粉体团聚；在密闭容器中进行，避免组分的挥发和对环境的污染；工艺相对较简单，生成的产物分散均匀，结晶性好，粒径小且均匀，粒径一般都会集中在几十到几百纳米的范围内。

水热法也有缺点，主要有以下几点：①需要在高温、高压且密闭的环境下进行反应，存在爆炸的危险，大规模制备危险更高，如将该方法应用于工业化规模生产时，会对设备提出极高的要求，从而大大增加成本；②反应在非可视性条件下进行，工艺过程中发生的反应和现象变化可控性不高，无法及时有效地进行调节和改变；③反应时间较长，一般都会在 10h 以上，也会带来成本增高的问题；④水热法所生产或制备的材料颗粒小、空隙率高，材料的振实密度等相对其他方法偏低，进而无法在应用中体现能量密度优势。

## 3.4.2 应用实例

本书作者团队[15]利用水热法合成了嵌入三维石墨烯网络的 $Na_3V_2(PO_4)_2F_3$（NVPF）复合材料，如图 3-8(a) 所示。合成材料每一颗 $Na_3V_2(PO_4)_2F_3$ 方块都被膜状的石墨烯完整地包裹着，$Na_3V_2(PO_4)_2F_3$ 方块的尺寸约为 $2\mu m$，如图 3-8(b)、(c) 所示。石墨烯的使用不仅提高了材料本身的导电性，并且有效缓解了材料在嵌入和脱出 $Na^+$ 时的应力和体积的变化。当其被用于钠离子电池正极时，$Na_3V_2(PO_4)_2F_3$@rGO 展现出了优异的循环稳定性和倍率性能。在 0.5C（1C 对应 $128mA \cdot g^{-1}$）的倍率下，$Na_3V_2(PO_4)_2F_3$@rGO 的首次放电比容量为 $120mA \cdot h \cdot g^{-1}$，循环 50 次后，放电比容量能保持 $113mA \cdot h \cdot g^{-1}$，在 10C 的高倍率下，其比容量为 $90mA \cdot h \cdot g^{-1}$。

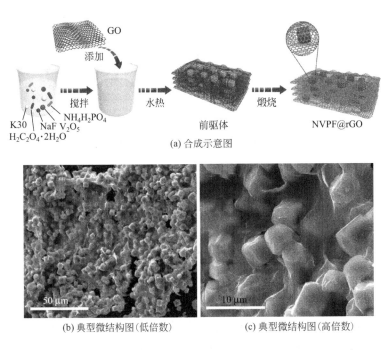

(a) 合成示意图

(b) 典型微结构图(低倍数)

(c) 典型微结构图(高倍数)

图 3-8  水热法制备微立方体状
$Na_3V_2(PO_4)_2F_3$@三维石墨烯复合材料[15]

Liang 等人[16] 还提出了一种合成三维碳包覆 $Li_3V_2(PO_4)_3$（LVP）分级微米球的溶剂热方法 [图 3-9(a)]。通过改进溶剂热反应的条件可让 $Li_3V_2(PO_4)_3$ 产物从一维结构向二维结构纳米片、三维结构微米花和微米球转变。表面活性剂聚乙烯吡咯烷酮（PVP）在该反应中发生交联反应生成 PVP 基水凝胶，最后转化为表面被三维碳包覆，二次颗粒尺寸在 $3\mu m$ 左右的 $Li_3V_2(PO_4)_3$ 分级微米球，如图 3-9(b) 所示。该材料用作锂离子电极正极材料时表现出了优异的倍率性能和循环稳定性，在 50C 的倍率下具有 $105.3mA \cdot h \cdot g^{-1}$ 的初始比容量，循环 5000 次后，放电比容量还能保持 $85mA \cdot h \cdot g^{-1}$，保持率达 80.7%。

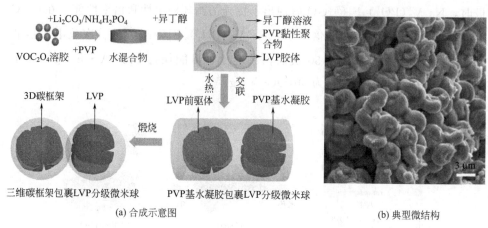

(a) 合成示意图           (b) 典型微结构

图 3-9　水热法制备 $Li_3V_2(PO_4)_3/C$ 正极材料[16]

# 3.5
# 模板法

## 3.5.1　原理简介

　　模板法是一种简单且普遍适用的合成纳米材料的方法。它是利用基质材料中的空隙或外表面作为模板，结合电化学沉积、溶胶-凝胶和化学气相沉积等技术，使物质原子或离子沉积到模板中形成特定纳米结构的材料。模板在合成中只起模具作用，具有双重功效，一是定型功效，二是稳定功效。模板可以分为两类：硬模板和软模板。硬模板是指具有特定形貌结构的材料，如多孔氧化铝、纳米管、多孔 Si 模板、金属模板以及经过特殊处理的多孔高分子薄膜等。软模板则是由表面活性剂构成的各种有序聚合物，包括胶团、反相胶团、囊泡、生物大分子等。两者的共性是都能提供一个限域的反应空间，区别在于前者提供的是静态孔道，后者是动态平衡的空腔。

　　该方法相较于其他制备方法的最大优势在于：可以预先根据合成材料的大小和形貌要求，设计出孔径和孔道尺寸可控的材料作为主体模板，然后在其空隙或外表面生成作为客体的纳米材料。因此，该方法可灵活调控纳米材料的尺寸、形貌、均匀性和周期性，而且实验装置简单、反应条件温和。该方法被广泛应用在电极材料的合成中。

## 3.5.2 应用实例

1999 年，Patrissi 等人用模板法合成了一系列多晶 $V_2O_5$ 纳米棒矩阵并研究了它们的电化学性能[17]，如图 3-10 所示。他们首先把三异丙氧基氧化钒 [triisopropoxyvanadium (V) oxide，TIVO] 沉积到聚碳酸酯的多孔模板中，然后在高温下分解有机物模板得到所需的氧化钒纳米棒阵列。用该材料制备的锂离子电池，在 200C 和 500C 的倍率下放电，可获得的比容量分别是薄膜电极的 3 倍和 4 倍。为了增加模板的孔隙度，提高 $V_2O_5$ 材料单位体积的能量密度，他们用 NaOH 对聚碳酸酯模板事先进行刻蚀处理，再用于 $V_2O_5$ 氧化物的合成[18]。Patrissi 和 Martin 制备了不同直径的 $V_2O_5$ 纳米棒，并比较了它们在低温工作时的电化学性能[18]。在相同条件下，$V_2O_5$ 纳米棒材料（70nm）比微米尺寸的 $V_2O_5$ 棒状材料能够释放更高的放电比容量。因为纳米材料的表面积更大且 $Li^+$ 扩散所需要经过的距离更短，所以可以缓解低温下材料的动力学扩散速率慢的不足。

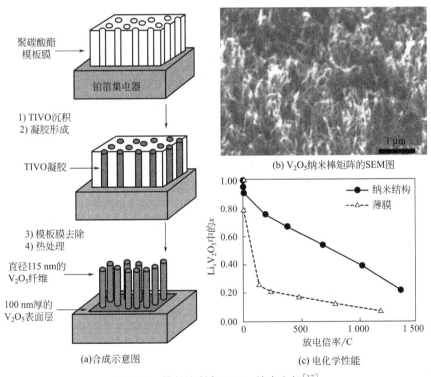

图 3-10  模板法制备 $V_2O_5$ 纳米电极[17]

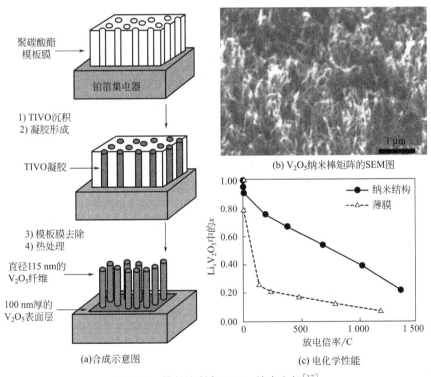(a)合成示意图 / (b) $V_2O_5$纳米棒矩阵的SEM图 / (c) 电化学性能

金属有机框架（metal-organic frameworks，MOFs）材料是构筑多孔纳米结构电极材料的理想模板。本书作者团队[19] 以钒金属有机骨架 MIL-88B（V）为前驱体及自牺牲模板，制备了具有多孔梭子状结构钒氧化物（$V_2O_5$ 和 $V_2O_3$），如图 3-11 所示。尽管不同的煅烧氛围对合成的物相影响很大，但是其最终产物都具有均匀的梭子状结构，如图 3-11(b)、(c) 所示。这种材料应用于钠离子电池负极材料，凭借其固有的层状结构和金属特性，以及多孔梭子状的碳框架，展现出了优异的电化学性能。在 $2A\cdot g^{-1}$ 电流密度下，其首次放电比容量能达到 $181mA\cdot h\cdot g^{-1}$，反复充放电 1000 次后比容量仍可保持 $133mA\cdot h\cdot g^{-1}$。

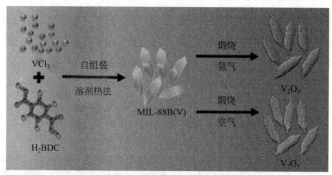

(a) 合成示意图

(b) $V_2O_3$ 典型微结构　　　　　(c) $V_2O_5$ 典型微结构

图 3-11　自模板法制备多孔梭子结构的钒氧化物（$V_2O_5$ 和 $V_2O_3$）[19]

# 3.6
# 喷雾热分解法

## 3.6.1　原理简介

喷雾热分解法最早出现在 20 世纪 60 年代初期，是一种综合了气相法和液相法特点的制备球形颗粒材料最有效和普遍的方法[20]。它的基本过程可分为分散液的制备、喷雾、干燥、收集和热处理。其特点是颗粒球形度好，分布比较均匀，尺寸从亚微米到 $10\mu m$，具体的尺寸范围取决于制备工艺、喷雾装置工艺参数控制。喷雾法可根据雾化和凝聚过程分为下述三种方法：①将液滴进行干燥并随即收集或再经过热处理之后获得产物化合物颗粒，这种方法称为喷雾干燥法；②使游离液滴于气相中进行热处理，这种方法叫喷雾焙烧法；③将液滴在气相中进行水解叫喷雾热水解法，近年来喷雾热分解法在新材料制备方面得到了越来越广泛的应用。

该方法常用技术：将各金属盐按照制备复合型粉末所需的化学计量比配成前驱体溶液，经雾化器雾化后，由载气带入高温反应炉中，在反应炉中瞬间完成溶剂蒸发、溶质沉淀形成固体颗粒、颗粒干燥、颗粒热分解、煅烧合成等一系列物理化学过程，最后形成超细粉末，如图 3-12 所示。喷雾热分解实际是个气溶胶过程，属气相法的范畴，但与一般的气溶胶过程不同的是它以液相溶液作为前驱体，因此兼具气相法和液相法的诸多优点。

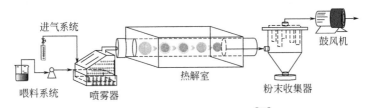

图 3-12　喷雾热分解法示意图[21]

该方法的主要优点有：由于微粉是由悬浮在空中的液滴干燥而来的，所以制备的颗粒一般呈十分规则的球形，且是可调控的；产物组分均匀且可控性强，因为起始原料是在溶液状态下均匀混合，故可以精确地控制所制备化合物的最终组分；制备过程效率高，这是因为制备过程在一个液滴内形成了微反应器，能促进整个过程迅速完成，且无须各种液相法中后续的过滤、洗涤、干燥、粉碎等过程，因而有利于工业化推广；在整个制备过程中无须研磨，可避免引入杂质，从而保证产物的高纯度。

## 3.6.2　应用实例

NASICON 结构的 $Na_3V_2(PO_4)_3$ 材料，由于其高的工作电压平台、优良的倍率性能和循环稳定性而成为具有良好应用前景的钠离子电池正极材料。为了同时实现高倍率性能和稳定的循环性能，一个有效的策略就是将纳米级的 $Na_3V_2(PO_4)_3$ 粒子嵌入高导电性的碳框架中。Zhang 等人[22] 用喷雾干燥法制备了 $Na_3V_2(PO_4)_3$ @rGO复合材料，其嵌入石墨烯薄片中形成多孔微球，如图 3-13(a) 所示。该

$Na_3V_2(PO_4)_3$@rGO 样品为微球状结构，其尺寸分布范围为 $5\sim18\mu m$，如图 3-13（b）、（c）所示。由于高导电性的石墨烯框架和多孔结构，$Na_3V_2(PO_4)_3$@rGO 作为钠离子电池的正极材料具有高可逆容量和良好的循环性能，0.2C 倍率下比容量为 $115mA\cdot h\cdot g^{-1}$，50C 倍率下循环 3000 次比容量保持率为 81%。

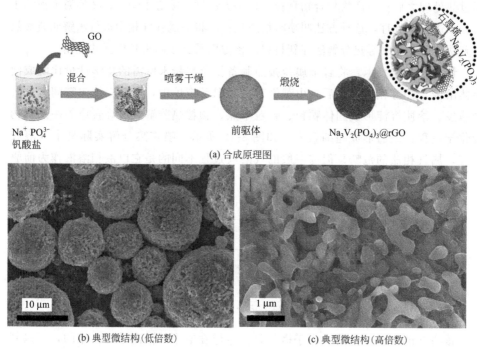

(a) 合成原理图

(b) 典型微结构(低倍数)

(c) 典型微结构(高倍数)

图 3-13　喷雾热分解法合成 $Na_3V_2(PO_4)_3$@rGO 微球[22]

# 3.7
# 静电纺丝法

## 3.7.1　原理简介

　　静电纺丝技术是使带电荷的高分子溶液或熔体在静电场中变形流动，然后经溶剂蒸发或熔体冷却固化得到纤维状物质的材料制备方法，简称电纺。该技术是目前用来制备纳米纤维材料的有效方法，得到的纤维直径在 $10nm\sim10\mu m$ 范围内，即可制备微米、亚微米或纳米级的纤维。与其他方法相比，该技术具有操作简便和适用性广的特点，可以制备有机高分子、无机化合物、复合材料等多种纤维，而这些材料可用于二次电池电极材料和隔膜材料等。如果在高分子溶液中加入其他的盐类，并进行适当的预处理和后处理，可以制备出各种结构的一维纳米线，例如实心、多孔、中空、核壳、多壳层等结构。这些结构上的多样性，不仅增加了一维纳米材料的多样性，而且进一步拓宽了其应用范围。

静电纺丝装置主要由高压电源、喷丝头及纺丝液供给系统和接收装置等几部分组成[23]。通常纺丝液供给系统可由注射器充当，金属针头可作为喷丝头，用来与高压电源相连。接收装置通常由导电材质制成，在实验过程中接地用来作为纺丝过程的负极。喷丝头与接收装置之间的几何排布可分为与重力线平行或者垂直两种基本类型，即立式和卧式，图 3-14 是一种立式静电纺丝装置示意图[24]。在静电纺丝工艺过程中，将聚合物熔体或溶液加上几千至几万伏的高压静电，从而在毛细管和接地的接收装置间产生一个强大的电场力。当电场力施加于液体的表面时，将在表面产生电流，并产生一个向外的力，这个力与表面张力的方向相反。如果电场力的大小等于表面张力，带电的液滴就悬挂在毛细管的末端并处在平衡状态。随着电场力的增大，在毛细管末端呈半球状的液滴在电场力的作用下将被拉伸成圆锥状，这就是 Taylor 锥。当电场力进一步加强，超过某个临界值后，将形成射流，实现静电纺丝，最终在接收装置上形成无纺布状的纳米纤维。

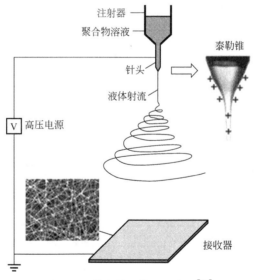

图 3-14　静电纺丝装置示意图[24]

由静电纺丝技术制的的纳米纤维，其形貌受一系列因素影响，包括：溶液因素（浓度，黏度，高聚物的分子量、导电性、表面电荷密度）、操作参数（施加电压、推进速度、喷丝头和接收装置之间的距离、接收形式）和环境因素（温度、湿度等)[25]。

## 3.7.2　应用实例

本书作者团队[26]通过静电纺丝法结合空气煅烧原位制备了 $LiCuVO_4/Li-VO_3/C$ 多孔中空纳米纤维复合材料,合成原理如图 3-15(a) 所示。合成材料形貌如图 3-15(b)、(c) 所示。碳的复合缓解了电极材料的体积膨胀,中空纳米纤维结构提供了连续的离子和电子传输路径,较大的比表面积使得离子传输更加高效。多孔纳米管结构的 $LiCuVO_4$ 与 $LiVO_3$ 的复合带来的大量缺陷和活性位点,提供了一部分赝电容,从而改善了电极材料的电化学性能。在电流密度为 $100mA \cdot g^{-1}$ 时,$LiCuVO_4$-450 的初始容量为 $910mA \cdot h \cdot g^{-1}$,经过 50 次循

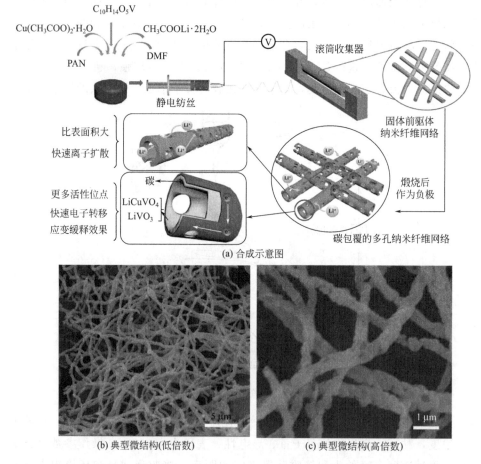

(a) 合成示意图

(b) 典型微结构(低倍数)　　　(c) 典型微结构(高倍数)

图 3-15　静电纺丝法制备 $LiCuVO_4/LiVO_3/C$ 多孔中空纳米纤维复合材料[26]

环后仍有 $576 mA \cdot h \cdot g^{-1}$。在 $0.5 A \cdot g^{-1}$ 电流密度下，300 次循环后仍能保持 $408 mA \cdot h \cdot g^{-1}$ 的比容量。

本书作者团队[27] 还通过简便的静电纺丝法以及之后在空气中 $500℃$ 煅烧 $2h$ 成功制备出了单晶的网状 $K_2V_8O_{21}$，其合成原理如图 3-16（a）所示，形貌特征如图 3-16（b）、（c）所示。由于单晶网状的 $K_2V_8O_{21}$ 具有层层堆叠的结构，并且彼此间存在较大的空间等优势，所以叉状 $K_2V_8O_{21}$ 表现出了优异的电化学性能，在 $50 mA \cdot g^{-1}$ 的电流密度下具有较高的放电比容量（$200.2 mA \cdot h \cdot g^{-1}$），并且在循环 100 次后仍有较好的容量保持率（96.52%）。此外，在 $500 mA \cdot g^{-1}$ 的电流密度下可稳定循环 300 次，表现出优异的长循环稳定性。这一实验结果表明，静电纺丝法制备的 $K_2V_8O_{21}$ 有潜力应用于锂离子电池的正极材料。由此可见，通过静电纺丝法制备各类电池电极材料，可提高材料的电化学性能和结构稳定性，该方法未来可作为电极微纳米材料的主要制备方法。

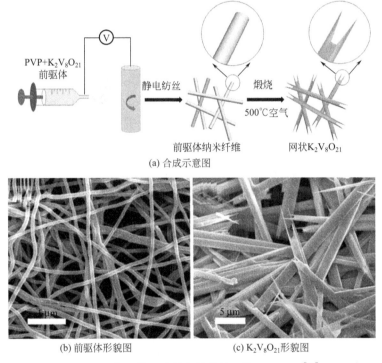

(a) 合成示意图

(b) 前驱体形貌图　　　　　(c) $K_2V_8O_{21}$形貌图

图 3-16　静电纺丝法制备单晶的网状 $K_2V_8O_{21}$[27]

## 参考文献

[1]　Cao G. Nanostructures and nanomaterials：synthesis，properties and applications［M］. World scientific：2004.

[2] 俞书宏. 低维纳米材料制备方法学 [M]. 北京：科学出版社，2019.

[3] Leising R A, Takeuchi E S. Solid-state cathode materials for lithium batteries: Effect of synthesis temperature on the physical and electrochemical properties of silver vanadium oxide [J]. Chemistry of materials, 1993, 5 (5): 738-742.

[4] Fang G, Liang S, Chen Z, et al. Simultaneous cationic and anionic redox reactions mechanism enabling high-rate long-life aqueous zinc-ion battery [J]. Advanced Functional Materials, 2019, 29 (44): 1905267.

[5] Zhang C, Song H, Liu C, et al. Fast and reversible Li ion insertion in carbon-encapsulated $Li_3VO_4$ as anode for lithium-ion battery [J]. Advanced Functional Materials, 2015, 25 (23): 3497-3504.

[6] Fang Y, Xiao L, Ai X, et al. Hierarchical carbon framework wrapped $Na_3V_2(PO_4)_3$ as a superior high-rate and extended lifespan cathode for sodium-ion batteries [J]. Advanced Materials, 2015, 27 (39): 5895-5900.

[7] Stein A, Keller S W, Mallouk T E. Turning down the heat: design and mechanism in solid-state synthesis [J]. Science, 1993, 259 (5101): 1558-1564.

[8] 忻新泉，周益明. 低热固相化学反应 [M]. 北京：高等教育出版社，2010.

[9] Xin X, Zheng L. Solid state reactions of coordination compounds at low heating temperatures [J]. Journal of Solid State Chemistry, 1993, 106 (2): 451-460.

[10] Toda F. Solid state organic chemistry: efficient reactions, remarkable yields, and stereoselectivity [J]. Accounts of Chemical Research, 1996, 27 (16): 480-486.

[11] Lei L, Wang Z, Xin X. The solid state reaction of $CuCl_2 \cdot 2H_2O$ and 8-hydroxylquinoline [J]. Thermochimica Acta, 1997, 297 (1-2): 193-197.

[12] Xin X, Zheng L. Solid state reactions of coordination compounds at low heating temperatures [J]. Journal of Solid State Chemistry, 1993, 106 (2): 451-460.

[13] Chen T, Zhou J, Fang G, et al. Rational design and synthesis of $Li_3V_2(PO_4)_3$/C nanocomposites as high-performance cathodes for lithium-ion batteries [J]. ACS Sustainable Chemistry & Engineering, 2018, 6 (6): 7250-7256.

[14] Su Y, Pan A, Wang Y, et al. Template-assisted formation of porous vanadium oxide as high performance cathode materials for lithium ion batteries [J]. Journal of Power Sources, 2015, 295: 254-258.

[15] Cai Y, Cao X, Luo Z, et al. Caging $Na_3V_2(PO_4)_2F_3$ microcubes in cross-linked graphene enabling ultrafast sodium storage and long-term cycling [J]. Advanced Science, 2018, 5 (9): 1800680.

[16] Liang S, Tan Q, Xiong W, et al. Carbon wrapped hierarchical $Li_3V_2(PO_4)_3$ microspheres for high performance lithium ion batteries [J]. Scientific Reports, 2016, 6: 33682.

[17] Patrissi C J, Martin C R. Sol-gel-based template synthesis and Li-insertion rate performance of nanostructured vanadium pentoxide [J]. Journal of The Electrochemical Society, 1999, 146 (9): 3176.

[18] Patrissi C J, Martin C R. Improving the volumetric energy densities of nanostructured $V_2O_5$ electrodes prepared using the template method [J]. Journal of The Electrochemical

Society, 2001, 148 (11): A1247-A1253.

[19] Cai Y, Fang G, Zhou J, et al. Metal-organic framework-derived porous shuttle-like vanadium oxides for sodium-ion battery application [J]. Nano Research, 2017, 11 (1): 449-463.

[20] 于才渊, 王喜忠. 喷雾干燥技术 [M]. 北京: 化学工业出版社, 2013.

[21] Hong Y, Kang Y. One-pot synthesis of core-shell-structured tin oxide-carbon composite powders by spray pyrolysis for use as anode materials in Li-ion batteries [J]. Carbon, 2015, 88: 262-269.

[22] Zhang J, Fang Y, Xiao L, et al. Graphene-scaffolded $Na_3V_2(PO_4)_3$ microsphere cathode with high rate capability and cycling stability for sodium ion batteries [J]. ACS Applied Materials & Interfaces, 2017, 9 (8): 7177-7184.

[23] 杨卫民, 李好义, 阎华, 吴昌政. 纳米材料前沿——纳米纤维静电纺丝 [M]. 北京: 化学工业出版社, 2018.

[24] Li D, Xia Y. Electrospinning of nanofibers: reinventing the wheel? [J]. Advanced Materials, 2004, 16 (14): 1151-1170.

[25] Bhardwaj N, Kundu S C. Electrospinning: a fascinating fiber fabrication technique [J]. Biotechnology Advanced, 2010, 28 (3): 325-347.

[26] Cui R, Lin J, Cao X, et al. In situ formation of porous $LiCuVO_4/LiVO_3/C$ nanotubes as a high-capacity anode material for lithium ion batteries [J]. Inorganic chemistry Frontiers, 2020, 7 (2): 340-346.

[27] Hao P, Zhu T, Su Q, et al. Electrospun single crystalline fork-like $K_2V_8O_{21}$ as high-performance cathode materials for lithium-ion batteries [J]. Frontiers in chemistry, 2018, 6: 195.

# 第 4 章

# 钒基电极材料的主要表征方法

材料的化学组成及其结构是决定其性能和应用的关键因素，因此获取电极材料在不同维度、尺度的组成、结构等信息十分重要。材料表征方法种类繁多，为了深度理解材料的构效关系，往往需要研究人员结合多种检测技术，以获得更可靠的信息。

按照电极材料设计、制备合成和电化学性能评价的流程，电极材料的表征可以分为以下几个方面。一是材料合成所需原材料的化学组成表征，以保证合成所用原材料的品质符合要求，主要利用多种特征谱仪，如原子发射光谱、X射线光电子能谱、拉曼光谱及红外光谱等[1]。二是电极材料制备合成过程的评价表征，主要是为了揭示合成过程中的主要物理、化学反应过程，及其发生次序、步骤、条件（如温度、压力、时间）等。相关的评价表征手段主要包括热重分析、差示扫描量热分析、原位X射线衍射分析、红外光谱分析、拉曼光谱分析等[2]。三是对合成材料的化学结构、物理结构和微观结构进行表征，主要涉及合成材料化学组成、形貌、粒度大小及分布、晶体相结构、界面结构、缺陷结构、比表面积等。常用的评价表征仪器有X射线衍射仪、中子衍射仪、扫描电镜、透射电镜、原子力显微镜和比表面孔径分析仪等[3]。四是合成材料制备成电池进行的各项电化学分析评价表征，主要包括充放电测试、倍率性能测试、循环伏安测试、电化学交流阻抗谱、恒电流间歇滴定测试等[4]。

# 4.1
## 钒基电极材料制备相关的理化表征技术

电极材料制备过程总体上可概括为：原材料种类选取、比例设计、均相混合、反应合成、产物评价表征和材料评价表征。在这些过程中，居于首位的是对合成过程的理解和优化控制。如果这个环节出了问题，将造成整个电极材料和器件制备的失败。当然，电极材料合成制备的其他环节的理化评价表征也很重要。

### 4.1.1 基于质量守恒和能量守恒原理的综合热分析

电极材料制备合成过程涉及不同化学组成的原材料之间复杂的化学反应，可以表示为式(4-1)：

$$A+B \longrightarrow C+D+\Delta H \tag{4-1}$$

式中，A、B为合成电极材料所需原料组元或前驱体；C、D为合成反应产物；$\Delta H$为合成反应过程中的摩尔焓变，$kJ \cdot mol^{-1}$。

综合热分析方法是最重要的现代物理化学分析手段之一，具有高灵敏度，可以用来监控分析反应过程中物理参数的变化，包括热重分析（thermogravimetric analysis，TG）、差示扫描量热分析（differential scanning calorimeter，DSC）和差热分析法（differential thermal analysis，DTA）等。TG 是在程序控温条件下，定量测量系统质量变化与温度（或时间）变化关系曲线的一种方法。在一定升温速率下，如果原料中含有易挥发物或者反应有气相生成，根据样品质量随着温度变化的曲线，可以研究物质的热分解原理。DSC 是通过测试在一定气氛下，样品和参比样品之间功率差或热流差曲线的凹凸以及凹凸程度随温度变化的情况，以确定合成反应是吸收热量还是放出热量，据此可以分析材料合成反应是吸热反应还是放热反应。DTA 则是在程序控温下，测量样品与参比样品温度差和温度关系的一种分析技术，根据 DTA 曲线的形状和峰位置，可以确定热转变的类型和转变温度。三种热分析方法各有所长，可以单独使用，也可以联合使用。一般来说，TG、DSC 和 DTA 曲线能够通过一个样品在单次测试过程中同步记录获得。

新材料制备过程中前驱体被广泛使用。热分析技术能较好地评价前驱体作用和优化材料制备工艺。本书作者课题组[5] 制备了金属有机框架衍生的介孔碳框架材料，之后通过将液态的含钒前驱体渗透到碳框架中及随后氧化热处理，制备了具有正十二面体形状的 $V_2O_5@C$ 复合材料。图 4-1 为 $VOC_2O_4 \cdot nH_2O@C$ 复合材料在空气中煅烧的 TG/DSC 曲线。在 30～200℃温度区间质量的下降主要归因于物理吸附水与 $VOC_2O_4 \cdot nH_2O$ 中化学结晶水的去除。262℃附近的放热峰及质量下降对应于 $VOC_2O_4$ 的分解，而 $VOC_2O_4$ 被完全氧化为 $V_2O_5$ 的温度约为 350℃，这一结果和文献测试结果相一致[6]。而在 440℃附近的质量下降则为碳被完全氧化。基于此，选择 350℃为制备 $V_2O_5@C$ 复合材料的烧结温度。

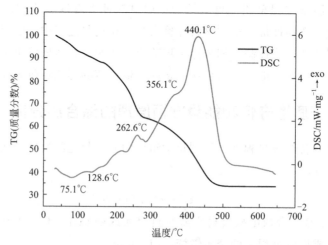

图 4-1　$VOC_2O_4 \cdot nH_2O@C$ 复合前驱体的热重曲线和差热曲线[5]

## 4.1.2　基于化学键合特征的光谱分析

材料合成化学反应过程中会有大量旧化学键断裂和新化学键形成，它们与不同波长、频率的光相互作用产生特征光谱，这已成为评价、表征材料合成的重要手段。

### 4.1.2.1　拉曼光谱分析

拉曼（Raman）光谱分析是使用一定频率范围内的光照射样品材料，通过散射效应，对获得的散射光谱进行进一步分析以得到分子振动和转动等信息。拉曼散射为非弹性碰撞，当分子或结构微元从激发虚态回到终态（基态或振动激发态），当终态能量高于受激发态时，为了保持系统能量平衡，其产生的散射光频率将小于入射光频率（$v_0$），产生的谱线称为 Stokes 线（$v_0-\Delta v$），如图 4-2 所示。反之，若终态能量低于受激发态时，散射光频率将大于入射光频率（$v_0$），其谱线称为反-Stokes 线（$v_0+\Delta v$）。通常，Stokes 散射的强度比反-Stokes 散射高得多。因此，在拉曼光谱分析中通常使用 Stokes 散射线做结构分析，Stokes 光的频率与激发入射光源的频率之差称为拉曼位移（$\Delta v$）。将试验样品的特征拉曼光谱与标准物质的特征拉曼光谱进行比对，可获得材料中大量化学键的信息，包括化学键振动、转动、键长等信号。

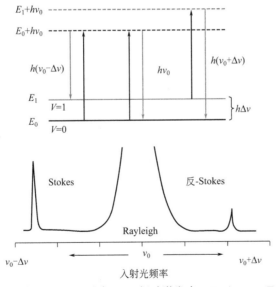

图 4-2　拉曼散射的基本原理（$E_0$ 基态；$E_1$ 振动激发态；$E_0+hv_0$，$E_1+hv_0$ 激发虚态）

需要指出的是，在图 4-2 中，在入射光频率（$v_0$）附近，发生的是分子（或结构微元）从激发虚态重回受激状态的散射，称为 Rayleigh（瑞利）弹性散射。拉曼光谱提供了物质独一无二的化学信号，可用于物相鉴定，通常用于定性测试，在特定条件下也可用于定量测试。拉曼光谱分析有以下几个优点：快速、简单且无损伤；需要的样品量非常少；可以测试出很小面积上的拉曼散射效应结果，空间分辨率较高。此外，拉曼光谱分析还可以实现原位分析，用于材料合成过程和电化学反应过程中的化学结构动态变化表征[7]。

拉曼光谱分析是表征碳包覆材料常用的分析方法。图 4-3 是 $V_2O_5$@C 复合材料、纯 $V_2O_5$ 以及包覆碳材料的典型拉曼光谱图，可根据碳的拉曼散射峰值，粗略计算产物材料中结晶碳与无定形碳的比例[5]。由图可知：$V_2O_5$@C 复合材料的拉曼图谱在 $1350cm^{-1}$ 和 $1570cm^{-1}$ 附近存在两个峰，分别代表无序相碳的拉曼特征峰（D 峰）和有序相碳的特征峰（G 峰）。$I_G/I_D$ 值的变化在一定程度上揭示了碳材料有序程度的变化，这里 $I_G/I_D$ 的值与高温碳化后碳层的石墨含量成正比。$V_2O_5$@C 中其他所有的拉曼峰都可以归属于钒氧化物的特征峰，列于表 4-1[5]。

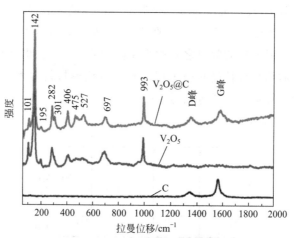

图 4-3　$V_2O_5$@C、$V_2O_5$ 以及包覆碳的拉曼光谱图[5]

**表 4-1　$V_2O_5$ 的拉曼峰及其对应的振动模式[5]**

| 频率/$cm^{-1}$ | 匹配峰型 | 振动模式 |
|---|---|---|
| 993 | V=O 伸缩振动 | $A_g$ |
| 697 | V—$O_1$ 伸缩振动 | $B_{2g}$ 和 $B_{3g}$ |
| 527 | V—$O_2$ 伸缩振动 | $A_g$ |
| 475 | V—$O_1$—V 弯曲振动 | $A_g$ |
| 406 | V—$O_2$—V 弯曲振动 | $A_g$ |

| 频率/cm$^{-1}$ | 匹配峰型 | 振动模式 |
| --- | --- | --- |
| 301 | $R_x$ 振动 | $A_g$ |
| 282 | $O_3$—V—$O_2$ 弯曲振动 | $B_{2g}$ |
| 195 | 晶格振动 | $A_g$ |
| 142 | 晶格振动 | $B_{3g}$ |
| 101 | $T_y$ 平移振动 | $A_g$ |

### 4.1.2.2 红外吸收光谱分析

红外吸收光谱分析法，又称红外分光光度分析法，是为研究物质分子对红外辐射吸收特性而建立起来的一种定性、定量分析方法。该方法是利用物质吸收红外光能量后，引起具有偶极矩变化的分子的振动、转动或能级跃迁等信号变化来分析材料中的基团或化学键等信息的分析表征技术。通常红外光谱的数据需要进行傅里叶变换处理，因此，红外光谱仪和傅里叶变化处理器联合使用，称为傅里叶变换红外光谱分析（fourier transform infrared spectroscopy，FTIR）。

红外光位于可见光区和微波光区之间，通常将其分为三个区：近红外光区（0.75～2.5μm）包含低能电子跃迁、含氢原子团伸缩振动的倍频吸收等，用于研究稀土和过渡金属离子的化合物，并适用于含氢原子团化合物的定量分析；中红外光区（2.5～25μm）包含绝大多数有机化合物和无机离子的基频吸收带，其也作为定性定量分析的主要区域；远红外光区（25～1000μm）由气体分子中的纯转动跃迁、振动-转动跃迁、液体和固体中重原子的伸缩振动、某些变角振动、骨架振动以及晶体中的晶格振动组成，适用于异构体金属有机化合物（包括络合物）、氢键、吸附现象研究。

红外光谱属于分子光谱，可作为拉曼光谱的补充，其产生需具备两个必要条件：一为电磁波能量与分子两能级差相等。分子从初始态能级 $E_1$，吸收一个能量为 $h\nu$ 的光子，可以跃迁到激发态能级 $E_2$，就可获得吸收光谱。反之，从激发态能级跳回到初始态能级而辐射出部分电磁波（光），就可获得发射光谱。整个运动过程满足能量守恒定律：

$$E_2 - E_1 = h\nu \tag{4-2}$$

式中，$E_1$ 为初始态能级，eV；$E_2$ 为激发态能级，eV；$h$ 为 Planck 常数（$4.136\times10^{-15}$ eV·s$^{-1}$）；$\nu$ 为吸收或发射光频率，Hz。二为分子振动时其偶极矩必须发生变化以使红外光与分子之间具有偶合作用，这也表明红外光能量在分子间的传递是通过分子振动偶极矩的变化来实现的。

傅里叶变换红外光谱通常是以吸收光的波长或波数为横坐标，以透过率为纵坐标表示吸收强度，峰强与分子跃迁的概率或分子偶极矩有关。一般来说，极性较强的分子或基团对应的吸收峰也较强；分子的对称性越低，所产生的吸收峰越强[8]。NASICON 结构 $Na_3V_2(PO_4)_3$ 具有优异的结构稳定性、良好的热稳定性和较高的能量密度，是一种理想的钠离子电池正极材料。本书作者课题组[9] 合成了三维石墨烯笼封装的 $Na_3V_2(PO_4)_3$ 纳米片。图 4-4 为 $Na_3V_2(PO_4)_3$ 纳米片的 FTIR 图谱，用来表征其表面官能团的情况。位于 $580cm^{-1}$ 和 $1048cm^{-1}$ 处的特征峰是 $PO_4$ 四面体中 P—O 键的伸缩振动所致，而位于 $631cm^{-1}$ 处的特征峰是由独立的 $VO_6$ 八面体中的 $V^{3+}$—$O^{2-}$ 键的伸缩振动所致。此外，$1150cm^{-1}$ 到 $1250cm^{-1}$ 范围内的红外信号归因于 $PO_4$ 基团的伸缩振动。由此可见，基于 FTIR 图谱中分子的特征吸收可以鉴定化合物结构。

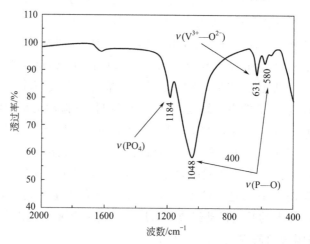

图 4-4　$Na_3V_2(PO_4)_3$ 纳米片的 FTIR 图谱[9]

### 4.1.2.3　等离子体发射光谱分析

电感耦合等离子体-原子发射光谱（inductively coupled plasma-atomic emission spectrometry，ICP-AES），又被称为电感耦合等离子体-发射光谱（inductively coupled plasma-optical emission spectrometry，ICP-OES），是重要的化学元素成分分析手段，主要应用于液体试样，或经化学处理能转变成溶液的固体试样中金属元素和部分非金属元素（约 74 种）的定性和定量分析[10]。

在高频感应场下被电离的氩气经点火后形成电感耦合等离子体焰炬，其温度可达 $6000\sim8000K$。当样品溶液通过雾化器形成气溶胶并被氩载气带入焰炬时，在热激发的作用下样品中的组分被原子化、电离和激发，原子由激发态回到基态时以光的形式发射出能量，这些光信号通过光栅，经过准直后聚焦于光阴极，再通过光电倍增管转换为电信号就得到了电感耦合等离子体-原子发射光谱，其测定的发射光谱波长范围为 $160\sim850nm$，如图 4-5 所示。由于各种元素的原子结构不同，每种元素的原子由激发态回到基态时发射的特征谱线具有独有性，因此每种元素的原子激发后，能产生特定波长的辐射光谱线，代表了元素的特征。

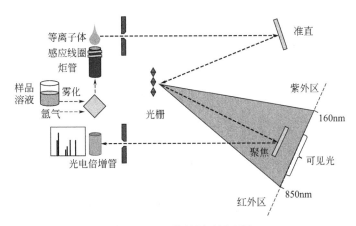

图 4-5　ICP 分析测试原理图

　　这里我们以水系锌离子电池锰基正极材料元素的定量分析为例说明其应用。该材料在实际应用中，通常会受到锰的溶解和结构坍塌的困扰。本书作者团队通过 $K^+$ 掺杂，有效缓解锰氧化物在循环过程中的锰溶解[11]。ICP 光源中 Mn 元素的主要分析线为 $257.61nm$，检出限可达 $0.3ng \cdot mL^{-1}$。采用 ICP-OES 技术分析了 $K_{0.8}Mn_8O_{16}$ 和 $\alpha$-$MnO_2$ 作为正极的锌离子电池循环后电解液中 $Mn^{2+}$ 的浓度，结果如图 4-6 所示。结果表明：在 $K_{0.8}Mn_8O_{16}$ 中锰的溶解得到明显缓解，即使在 50 次循环后锰的浓度也保持稳定。相比之下，$\alpha$-$MnO_2$ 表现出锰离子的快速溶解，电解液中溶解锰的含量远远高于 $K_{0.8}Mn_8O_{16}$。

　　需要指出的是，还有一种类似的元素分析技术：电感耦合等离子体-质谱仪分析技术（inductively coupled plasma-mass spectrometry，ICP-MS）[12]，其用途与 ICP-AES 基本上是一致的。主要区别是 ICP-AES 利用的是原子发射光谱进行定性定量分析，而 ICP-MS 利用荷质比不同而进行分离检测。两者可分析的元素基本一致，不过由于分析检测系统的差异，两者的检测限度有所不同：ICP-AES 一般是 $\mu g \cdot L^{-1}$ 的级别，而 ICP-MS 检测浓度很低，为 $ng \cdot L^{-1}$ 水平。

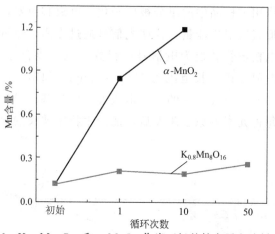

图 4-6　$K_{0.8}Mn_8O_{16}$ 和 $\alpha$-MnO$_2$ 作为正极的锌离子电池循环后

电解液中 Mn 含量的 ICP 分析[11]

### 4.1.2.4　X 射线光电子能谱分析

X 射线光电子能谱（X-ray photoelectron spectroscopy，XPS），是分析材料表面化学性质的一项重要技术。该技术可以分析出固体材料表面的元素组成及其化学态，即原子价态或化学环境，及元素的相对含量等信息，还能提供元素及其化学态在表面横向及纵向与深度分布的信息（即 XPS 线扫描和深度剖析），以及表面元素及其化学态的空间分布和浓度分布（即 XPS 成像）。此外，根据激发源的不同，常用电子能谱分析技术还包括俄歇电子能谱（Auger electron spectroscopy，AES）和紫外光电子能谱（ultraviolet photoelectron spectroscopy，UPS），这些都是研究原子、分子和固体材料的有力工具[13]。

该方法的分析原理是：利用 X 射线为激发源与材料表面作用，表层原子产生光致电离，即当一束光子（$h\nu$）辐照到样品表面时，光子可以被样品中某一元素的原子（A）轨道上的电子所吸收，使得该电子脱离原子核的束缚，以一定的动能从原子内部发射出来，变成自由的光电子（e），而原子处于受激发状态，被离子化（$A^+$），用反应式可表示为式(4-3)：

$$A + h\nu \longrightarrow A^+ + e^- \tag{4-3}$$

整个过程，如图 4-7 所示。在光电离过程中，固体物质的结合能可以用下面的方程表示：

$$E_k = h\nu - E_b - \Phi_s \tag{4-4}$$

式中，$E_k$ 为出射的光电子的动能，eV；$h\nu$ 为 X 射线源光子的能量，eV；$E_b$ 为特定原子轨道上的电子结合能，eV；$\Phi_s$ 为受激发电子的逸出功，eV。

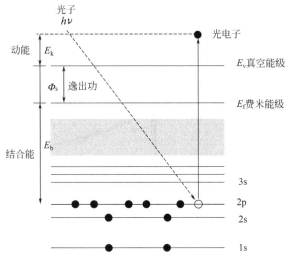

图 4-7　X 射线激发光电子的原理图

通常光电子能谱记录仪以结合能为横坐标，以光电子的计数率为纵坐标，记录样品表面元素受激发后发射出的超过一定动能的光电子。光电子谱峰的能量和强度可用于定性和定量分析材料表面所含元素（氢、氦元素除外）。需要强调的是，XPS 提供的分析结果是材料表面 1～10nm 内的信息，而非样品整体的平均信息[14]。

另外，在 XPS 分析中，由于很多时候采用的 X 射线激发源的能量较高，不仅可以激发出原子外层价轨道中的价电子，还可以激发出芯能级上的内层轨道电子。通常情况下，其芯能级上的电子逸出功与电子功能和结合能相比是比较小的，因此，可以认为：出射光电子的能量仅与入射光子的能量及原子轨道结合能有关。当固定激发源能量时，其光电子的能量仅与元素的种类和所电离激发的原子轨道有关。因此，可以根据光电子的结合能定性分析物质的元素种类。

这里以 $V_2O_3/C$ 复合材料为例，说明如何用 XPS 对其表面元素进行定性分析和化合态分析。$V_2O_3/C$ 复合材料的典型 XPS 定性分析结果，如图 4-8 所示[15]。该材料的 XPS 全谱中在 284.19eV、517.19eV 和 530.19eV 处有三个明显的峰，它们分别与 C 1s 轨道、V 2p 轨道和 O 1s 轨道相对应。

在 XPS 分析中，由于原子外层电子的屏蔽效应，芯能级轨道上的电子的结合能在不同的化学环境中是不一样的，有一些微小的差异。这种结合能上的微小差异就是元素的化学位移，它取决于元素在样品中所处的化学环境，特别是异质元素存在引起的变化。利用这种化学位移可以分析元素在该物种中的化学价态和存在形式。图 4-9(a) 为 $V_2O_3/C$ 中 C 能级轨道 1s 电子，即 C 1s 的高分辨图谱，它可以被分峰成一个高峰（284.79eV）和一个低峰（286.39eV），分别对应于无定形的碳和 C—O 键中的碳。这表明 $V_2O_3/C$ 复合材料中的 C 原子与 $V_2O_3$ 中的 O

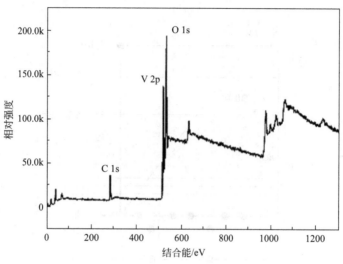

图 4-8  $V_2O_3/C$ 复合材料的 XPS 谱图[15]

原子发生了键合作用。V 2p 轨道的高分辨图谱 [图 4-9(b)] 揭示了 $V_2O_3/C$ 中三价钒元素的特征，该图谱被分峰成了分别位于 516.79eV 和 524.29eV 的两个峰，它们分别对应于 V $2p_{3/2}$ 和 V $2p_{1/2}$。也就是说图 4-8 中的 $V_2p$ 峰，是由 $V_2p_{1/2}$ 和 $V_2p_{3/2}$ 叠加的结果。

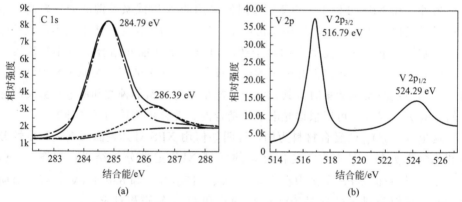

图 4-9  $V_2O_3/C$ 复合材料中 C 1s 和 V 2p 的高分辨 XPS 谱图[15]

## 4.1.2.5  核磁共振分析

核磁共振（nuclear magnetic resonance，NMR）分析技术是利用原子核与外磁场间的共振产生磁能级跃迁形成核磁共振波谱，用于解析物质分子结构的构型构象的分析技术。NMR 波谱法是一种无须破坏试样的分析方法，虽灵敏度不够高，但仍可从中获取分子结构的大量信息。此外，该方法还可得到化学键、热力学参数和反应动力学机理等方面的信息，既可做定性分析，也可以做定量分析。

想要得到具有高分辨率的分子内部结构信息的谱图，一般采用液态样品。用一定频率的电磁波对样品进行照射，使特定环境中的原子核实现共振，产生磁能级跃迁，在照射扫描过程中记录发生共振时的信号位置和强度，就可得到 NMR 谱。谱线上的共振信号位置反映样品分子的局部结构（例如官能团、分子构象等），信号强度则往往与有关原子核在样品中存在的量有关。事实上，也有固体核磁共振波谱（solid-state NMR）。该表征技术可实现样品的无损检测，并具有定量和原位分析等优点。应用于电极材料表征，可获取电极材料的化学组成、局域结构以及微观离子扩散动力学等信息。该技术已广泛应用于电极材料、固体电解质和电极表面固体电解质膜（SEI）等领域的研究中[16]。

核磁共振分析的基本原理如图 4-10 所示，在较强的外磁场中，原子核某些磁性能级可以分裂成两个或更多的量子化能级。如果用一个能量恰好等于分裂后相邻能级差的电磁波照射，该原子核就可以吸收此频率的波，发生能级跃迁，从而产生 NMR 吸收。在外磁场 $H_0$ 中，原子核吸收或放出能量时，就能在磁能级之间发生跃迁，跃迁所遵从的规律为磁量子数变化 $\Delta m = \pm 1$，能量变化为 $\Delta E$，可用式(4-5) 计算。

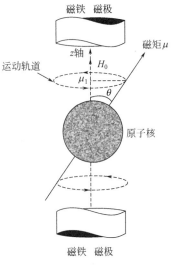

图 4-10 核磁共振技术的
基本原理图

$$\Delta E = \frac{\gamma h}{2\pi H_0} \qquad (4\text{-}5)$$

式中，$\gamma$ 为磁旋比，是核的特征常数；$h$ 为 Planck 常数（$4.136 \times 10^{-15}$ eV·s）；$\pi$ 为圆周率；$H_0$ 为外磁场强度。

如果通过电磁波照射，增加的能量为 $h\nu_0$，并满足：

$$\Delta E = h\nu_0 = \frac{\gamma h}{2\pi H_0} \qquad (4\text{-}6)$$

式中，$\nu_0$ 为共振频率。正是这个电磁波引起原子核的磁能级分裂，从而产生核磁共振现象。因此，核磁共振的条件是：

$$\nu_0 = \frac{\gamma}{2\pi H_0} \qquad (4\text{-}7)$$

具体到某个核的共振条件（$H_0$、$\nu_0$）是由核的本性决定的。

为了探索 $Al^{3+}$ 掺杂提高 P2 型 $Na_{0.67}Al_xMn_{1-x}O_2$ 材料电化学性能的内在机理，杨勇团队通过短程固体 NMR 结构表征技术，表征 $Na_{0.67}MnO_2$ 和

$Na_{0.67}Al_{0.1}Mn_{0.9}O_2$ 电极在充放电过程中的局域结构演变[17,18]。他们发现：位于约 $250\times10^{-6}\sim600\times10^{-6}$、$650\times10^{-6}\sim900\times10^{-6}$、$900\times10^{-6}\sim1400\times10^{-6}$ 和 $1400\times10^{-6}\sim1850\times10^{-6}$ 的 NMR 共振分别对应于水合相、$P2'$ 相、$P2$ 相和 $C2/c$ 相。水合信号在高电压下易于出现，这表明具有较低钠含量的层状钠过渡金属氧化物更易受水影响，而 Al 掺杂有利于抑制 $H_2O$ 在 $Na^+$ 层中的插入，如图 4-11 所示。$Na_{0.67}MnO_2$ 电极在首次充电过程中，$P2$ 相的信号强度降低，而 $1620\times10^{-6}$ 处的 $C2/c$ 的相信号增强并逐渐向低场移动，这对应于 $Mn^{3+}$ 的氧化。此外，充电终点时氧层发生滑移将导致局部结构变化或层错堆垛，最终导致 $1100\times10^{-6}$ 左右产生宽的信号。在首次放电过程中，$^{23}Na$ NMR 谱几乎与充电过程的相反，表明该过程为可逆的电化学过程。随着 $Na^+$ 的进一步嵌入，在 $825\times10^{-6}$ 处观察到新的 $P2'$ 相信号。同时，对应于 $C2/c$ 和 $P2$ 相的 NMR 信号强度降低。当材料完全放电时，仅观察到 $P2'$ 相的信号（$x\geqslant0.87$）。与 $Na_{0.67}MnO_2$ 相比，在初始状态 $Na_{0.67}Al_{0.1}Mn_{0.9}O_2$ 电极的 $^{23}Na$ NMR 谱中不存在 $C2/c$ 相的信号，如图 4-11(b) 所示。更重要的是，对于 $Na_{0.67}Al_{0.1}Mn_{0.9}O_2$ 电极，$P2'$ 相只在 $x=0.97$ 时观察到。上述固体 NMR 结果证实了 10%（摩尔分数）的 Al 掺杂使得材料在循环期间更温和的局部结构演变。

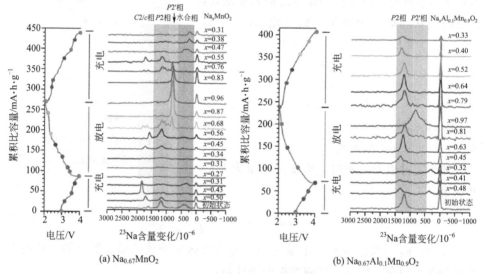

图 4-11　首次充放电和第二次充电期间的非原位 $^{23}Na$ NMR 谱图[17]

### 4.1.2.6　比表面积和孔分布分析

比表面分析通常是基于 BET（Brauner-Emmett-Teller，BET）等温吸附原理，使用氮气（$N_2$）吸附法，计算并分析多孔固体物质比表面积和孔径分布的一种测试分析方法。被测样品颗粒表面在超低温下对气体分子（吸附质，常用氮气）具有可逆物理吸附作用，并且对应一定压力存在确定的平衡吸附量，如图4-12所示。通过测定出该平衡吸附量，利用理论模型，通过式（4-8）来计算固体单分子层吸附体积 $V_m$。

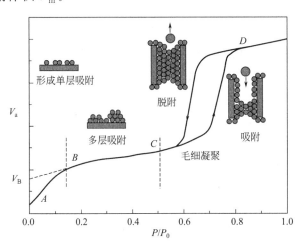

图 4-12　典型多孔材料等温吸附-脱附曲线及吸附机理示意图

$$\frac{P}{V_a(P_0-P)}=\frac{1}{V_mC}+\frac{(C-1)}{V_mC}\left(\frac{P}{P_0}\right) \tag{4-8}$$

式中，$P$ 为平衡吸附压力；$P_0$ 为吸附温度 $T$ 时 $N_2$ 的饱和蒸气压；$V_a$ 为吸附体积（标准状态）；$V_m$ 为单分子层吸附体积（标准状态）；$C$ 为与吸附热和冷凝热有关的常数。根据每个被吸附分子的截面积，可以求出被测样品的比表面积[19]，公式为：

$$S_g=\frac{V_mN_AA_m}{2240W}\times10^{-18} \tag{4-9}$$

式中，$S_g$ 为被测样品的比表面，$m^2/g$；$N_A$ 为阿伏伽德罗常数（$6.02\times10^{23}$）；$A_m$ 为氮分子等效最大横截面积（紧密排列理论值 $=0.162nm^2$）；$W$ 为被测样品质量，g。

多孔材料等温吸附-脱附曲线如图4-12所示，其中 $AB$ 段为单层吸附段，在 $BC$ 段形成多层吸附；在 $CD$ 段吸附气体分子在材料孔道内形成毛细凝聚，吸附量上升；当毛细凝聚填满材料中全部孔道后（$D$ 点以后），吸附只在远小于内表面的外表面发生，吸附量增加缓慢，吸附曲线出现平台。在毛细凝聚段，吸附和脱附不是完全可逆过程，吸附和脱附曲线不重合，形成滞后回线。

根据图 4-12 中的毛细凝聚，提出了分析材料中孔径大小和孔径分布的 BJH（Barrett-Joyner-Halend）方法[19]。该方法的主要原理为：在液氮温区，吸附在多孔固体表面上的氮气量是其压力的函数，随着气体压力的上升，在多孔物质的表面及孔壁发生多层吸附并形成液膜、孔内发生毛细管凝聚并形成类似液体的弯月面。液膜厚度与压力、材料性质有关，可用式（4-10）描述：

$$r_k = \frac{2\sigma_1 V_{ml}}{R T_b \ln\left(\frac{P}{P_0}\right)} = -\frac{0.953}{\ln\left(\frac{P}{P_0}\right)} = -\frac{0.414}{\lg\left(\frac{P}{P_0}\right)} \tag{4-10}$$

式中，$r_k$ 是凝聚在孔隙中吸附气体的曲率半径，nm；$\sigma_1$ 是液氮的表面张力，$0.0088760 \mathrm{N \cdot m^{-1}}$；$V_{ml}$ 是液氮的摩尔体积，$0.034752 \mathrm{L \cdot mol^{-1}}$；$R$ 是气体常数，$8.314 \mathrm{J \cdot mol^{-1} \cdot K^{-1}}$；$T_b$ 是分析测试时的冷浴温度，77.35K。据此，从实测样品得到的吸附数据就可以计算出固体材料的孔径分布。

以 $Na_3V_2(PO_4)_2F_3$@rGO 复合材料为例说明该技术在分析比表面积和孔径分布方面的应用。本书作者课题组[20] 采用 $N_2$ 吸附-脱附的方法研究了还原氧化石墨烯包覆的 $Na_3V_2(PO_4)_2F_3$ 微立方体的表面结构和孔径分布情况。如图 4-13 所示，在低压范围内（横坐标为 $0.05 \sim 0.8$），其吸附量逐渐增大，并且 $Na_3V_2(PO_4)_2F_3$@rGO 的 $N_2$ 吸附曲线和脱附曲线基本重合；在横坐标为 $0.8 \sim 1.0$ 的高压区间内，两条曲线不再重合，吸附曲线在下，脱附曲线在上，形成了明显的滞后环，属于典型的Ⅳ型吸附-脱附曲线，这可能与堆叠的石墨烯形成了较多狭缝孔有关。通过 BET 测定，$Na_3V_2(PO_4)_2F_3$@rGO 的比表面积为 $34.99\mathrm{m^2 \cdot g^{-1}}$。而由 $Na_3V_2(PO_4)_2F_3$@rGO 的 BJH 孔径分布曲线（图 4-13 中的插图）可以看出，该复合材料内部存在较多平均直径约为 3.2nm 的介孔。

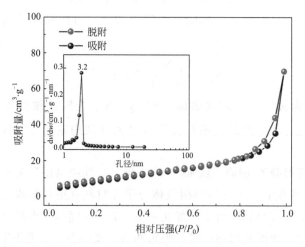

图 4-13　$Na_3V_2(PO_4)_2F_3$@rGO 复合材料的氮气吸附-脱附等温线和 BJH 孔径分布曲线[20]

# 4.2
# 钒基电极材料微结构相关的物理表征技术

## 4.2.1 X射线衍射分析

X射线衍射分析（X-ray diffraction，XRD）是利用固定波长为 $\lambda$ 的 X 射线照射电极材料，X 射线与晶粒中的原子发生相互作用产生衍射，当满足布拉格定律时，形成衍射谱，如图 4-14(a)、(c) 所示。用公式表示为：

$$n\lambda = 2d_{hkl}\sin\theta \qquad (4\text{-}11)$$

式中，$n$ 为衍射级数，$n=1$，2，3 等整数；$\lambda$ 为 X 射线波长；$d_{hkl}$ 为发生衍射晶面的面间距；$\theta$ 为 X 射线的入射角度。因此，对于指数为（hkl）的晶面，会在不同的 $\theta$（或 $2\theta$）角度形成衍射峰，如图 4-14(b)、(c) 所示。

由于电极材料中晶体颗粒在空间中的取向是随机、均匀且没有择优取向性的，为了获得不同晶面的衍射峰，可以连续改变 X 射线的入射角，从而获得材料中所有满足布拉格定律晶面的衍射峰。电极材料衍射花样的特征最主要的有两个：一个是衍射线在空间的分布规律，主要受晶粒大小、形状和位向决定；另一个是衍射线的强度，主要取决于晶体中原子的种类和它们在晶胞中的位置。

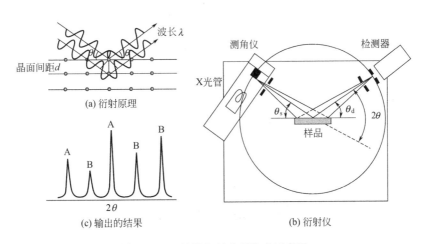

图 4-14　X 射线衍射分析技术示意图

为了表述晶体结构对衍射强度的影响，引入结构因子（Structure factor）$F_{hkl}$ 的概念。对于一个含 $N$ 个原子的晶胞系统，其结构因子定义为

$$F_{hkl} = \sum_{j=1}^{N} f_j(s) \exp\left[2\pi i (hx_j + ky_j + lz_j)\right] \qquad (4-12)$$

式中，$f_j(s)$ 为第 $j$ 个原子对 X 射线散射的系数；$h$，$k$，$l$ 为发生衍射晶面的晶面指数；$x_j$、$y_j$、$z_j$ 为第 $j$ 个原子在晶胞中的位置坐标。X 射线衍射强度与 $F_{hkl}$ 的平方成正比。因此，通过相关 X 射线衍射强度的准确测量，可以确定晶体中原子的坐标信息。

XRD 测试分析最常用于粉末样品的定性分析，该方法将实验样品的 XRD 谱图与数据库中已知标准衍射谱的物质卡片进行对比，实现物相鉴定。如果需要进一步收集材料物相更精准的结构信息，可进一步采用 GSAS（general structure analysis system）、FullProf 等软件对 XRD 谱图进行全谱拟合精修，以获取材料精准的晶胞参数、原子占位、温度因子、物相比例等信息[21]。此外，根据衍射谱还可以获取材料的结晶度、物相定量、晶胞参数、择优取向、晶粒内应力等结构信息和特性参数[22]。

本书作者课题组采用水热法制备了一种 $V_2O_5/NaV_6O_{15}$ 复合材料，其 XRD 全谱拟合结果如图 4-15 和表 4-2 所示[23]。通过与标准晶体结构数据进行对比，可以对复合材料进行定性分析，其结果对应于正交相的 $V_2O_5$ 和单斜相的 $NaV_6O_{15}$。进一步采用全谱拟合手段进行定量分析，可以得到 $V_2O_5$ 和 $NaV_6O_{15}$ 的质量分数分别为 39.82% 和 60.18%。此外，还可以得到复合材料中两相的详细晶胞参数信息（表 4-2），可以看出，与纯单相相比，复合材料中两相晶格参数变化很小，表明复合材料中各相变形很小。

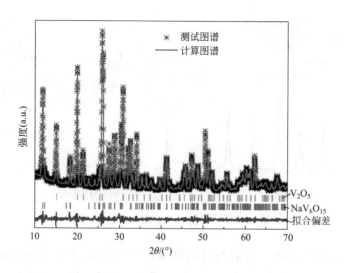

图 4-15　$V_2O_5/NaV_6O_{15}$ 复合材料的 XRD 全谱拟合精修图[23]

表 4-2  $V_2O_5/NaV_6O_{15}$ 复合材料 XRD 精修拟合获得的主要晶体学参数[23]

| 样品 | 晶胞参数 | | | | | 相含量（质量分数）/% | $R_p$/% |
|---|---|---|---|---|---|---|---|
| | $a$/nm | $b$/nm | $c$/nm | $\beta$/(°) | $V$/nm³ | | |
| 复合材料中的 $V_2O_5$ | 1.15103 | 0.35637 | 0.43726 | 90.0000 | 0.1794 | 39.819 | 8.15 |
| 纯 $V_2O_5$ | 1.15100 | 0.35630 | 0.43690 | 90.0000 | 0.1792 | — | — |
| 复合材料中的 $NaV_6O_{15}$ | 1.00828 | 0.36081 | 1.54002 | 109.505 | 0.5281 | 60.181 | 8.15 |
| 纯 $NaV_6O_{15}$ | 1.00883 | 0.36172 | 1.54493 | 109.570 | 0.5311 | — | — |

## 4.2.2 扫描电子显微镜分析

扫描电子显微镜（scanning electron microscope，SEM）简称扫描电镜，主要用于分析被测材料样品的显微形貌和物理化学特性，其工作原理如图 4-16 所示。由图 4-16(a) 系统顶部热阴极电子枪发射出电子束，直径约 $50\mu m$，在加速电压的作用下，电子束变成波长约为 0.003nm（3pm）的电子波，经过 2~3 个电磁透镜的汇聚作用，聚焦成极细的入射电子束（约 3~5nm），照射到分析样品表面。在双偏转线圈的控制下，电子束在试样表面进行扫描。当入射电子束打到试样表面时，与材料表面极微区域物质发生相互作用，产生各种电子，如图 4-16(b) 所示，主要有俄歇电子、二次电子、背散射电子、吸收电子、透射电子和特征 X 射线等。这些电子和特征 X 射线的强度随试样的表面形貌特征而变，从而产生信号衬度，并被信号检测器接收，信号检测器将不同的特征信号经放大器进行放大，通过调节阴极射线管的电子束强度，即可得到试样表面不同特征的扫描图像。通常二次电子可获得材料表面形貌像，背散射电子可获得形貌像和成分情况。

由于电子束极为细小，与普通光学显微镜相比，SEM 图像分辨率特别高，同时可将试样微区域放大数万乃至数十万倍。为了获得高质量的图像，必须控制好加速电压、聚光镜电流、物镜光阑、物镜与试样表面距离、样品安放情况、聚焦效果、放大倍数、亮度和衬度等多种因素，需要结合样品和仪器实际探索。

将扫描电镜与能量色散谱仪（energy dispersive spectrometer，EDS）结合，可以对组成材料的元素进行定性与定量的成分分析[24]。能量色散谱仪的工作原理是当样品原子的内层电子被入射电子激发或电离时，原子就会处于能量较高的

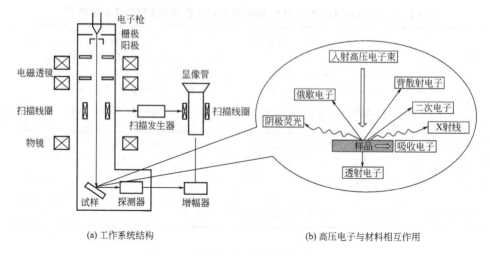

(a) 工作系统结构　　　　　　　　　　　(b) 高压电子与材料相互作用

图 4-16　扫描电子显微镜结构和原理图

激发状态，此时外层电子将向内层跃迁以填补内层电子的空缺，从而释放出反映元素成分的特征能量的 X 射线。EDS 就是利用不同元素发射的 X 射线光子特征能量不同这一特点来进行成分分析的。结合电子束在样品表面不同的扫描方式，可以进行点、线、面的元素定性定量分析。

　　以 $Na_3V_2(PO_4)_2F_3$@rGO 复合材料为例说明 SEM 在材料形貌表征中的应用。本书作者课题组[20] 记录了 $Na_3V_2(PO_4)_2F_3$@rGO 复合材料在场发射扫描电子显微镜下的微结构，如图 4-17 所示。微立方体状的 $Na_3V_2(PO_4)_2F_3$ 尺寸约为 $2\mu m$，均匀地分散在褶皱的石墨烯上。图 4-17(b) 中高放大倍数的 SEM 图像显示，每一颗 $Na_3V_2(PO_4)_2F_3$ 方块都被膜状的石墨烯完整地包裹着。在这种独一无二的结构中，石墨烯的包覆不仅能构建三维导电网络结构，从而提高 $Na_3V_2(PO_4)_2F_3$ 的导电性，还有助于减弱该材料在充放电过程中的应力变化。如图 4-17(c) 所示，EDS 面扫描结果表明 $Na_3V_2(PO_4)_2F_3$@rGO 复合材料中含有 Na、V、O、P、F 和 C，并且 C 在该复合材料中均匀分布。

## 4.2.3　透射电子显微镜分析

　　透射电子显微镜（transmission electron microscopy，TEM）分析，顾名思义，就是利用透过材料样品的电子成像的电子显微分析技术。在 TEM 系统中，电子枪发射出的电子束，在高电压加速作用下，经过电磁透镜汇聚成极细的入射电子束，电子束穿透样品，产生散射、干涉和衍射等信号。利用这些信号形成图像，进而研究试样的晶体形貌、微观结构、晶格与缺陷、微孔尺寸等信息[25]。为了让电子束能更多地透过材料样品，TEM 样品需要特殊减薄，厚度一般在

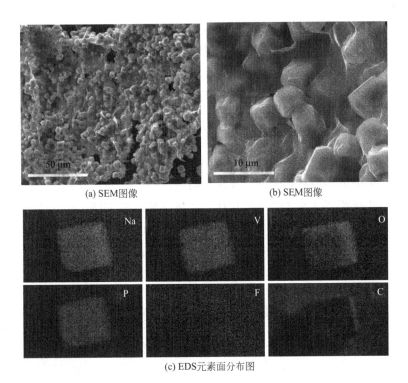

(a) SEM图像         (b) SEM图像

(c) EDS元素面分布图

图 4-17　$Na_3V_2(PO_4)_2F_3$@rGO 复合材料的微结构表征[20]

$10 \sim 100nm$，因此 TEM 制样难度比较大，颗粒样品相对要求低一些。通常 TEM 加速电压比 SEM 高出许多，一般加速电压在 200kV，电压在 $200kV \sim 400kV$ 的称为高压透射电镜，400kV 以上的称为超高压透射电镜。

作为一种材料超微结构显微分析技术，随着电子束汇聚加强和分辨率提高，TEM 可以将试样微结构放大几万至上百万倍，从而发展出高分辨（high-resolution TEM，HRTEM）和超高分辨（ultra-high-resolution TEM，UHRTEM）透射电子显微分析技术，点分辨率可达到 0.205nm，可观察到晶格条纹图像。进一步消除高压电子束通过试样形成物点孔径角偏大等图像变形，可以获得球差校正的透射电镜（spherical aberration corrected transmission electron microscope，ACTEM）图像，点分辨率可达 0.08nm，可以获得晶体中的原子图像。这些技术能够观察样品更细微的微观结构，能精确到纳米级；通过调节衍射角度，能有效确定细小晶粒重要的结构信息，如晶面间距离和晶粒取向等信息[25]。当前，透射电子显微分析技术已经拥有原子尺度的分辨能力，同时透射电子显微镜是一种可以提供对试样进行物理分析和化学分析（如形貌观察、结构分析、缺陷分析、成分分析等）所需的全部功能的高端结构表征仪器。

TEM 成像质量主要取决于仪器的精度，正确操作 TEM 十分重要，包括维持足够高的真空系统、规范样品置放、控制好电子枪高压和灯丝电流、电子枪合轴、照明部分的倾斜调整、放大倍数选择等。具体情况需要结合样品和仪器实际，在试验中确定，如果使用不当，会降低仪器的使用效能。

本书作者课题组[26] 通过简单的固相法制备了 $VN_xO_y$ 纳米片。如图 4-18(a) 所示，$VN_xO_y$ 由许多纳米微晶组成，具有高孔隙度。图 4-18(b) 中的 HRTEM 图像显示，晶格条纹的间距为 0.24nm，这与面心立方晶系 VN 相（JCPDS NO. 35-0768）的 (111) 晶面的晶面间距一致。图 4-18(b) 插图中的 SAED 图像显示出了清晰的衍射环，分别与 VN 相的 (111)、(200)、(220)、(311) 晶面对应，进一步证明了 $VN_xO_y$ 纳米片具有多晶特性。图 4-18(c) 中的元素分布图像表明 V、N、O 和 C 均匀地分布在纳米片上。纳米薄片中 O 的存在可能是由于纳米尺寸的氮化物晶体增加了表面氧化的敏感度[27]。通过图 4-18(d) 中的 EDX 图谱可得 $VN_xO_y$ 中元素 N 与 O 的摩尔比为 2.06∶1。

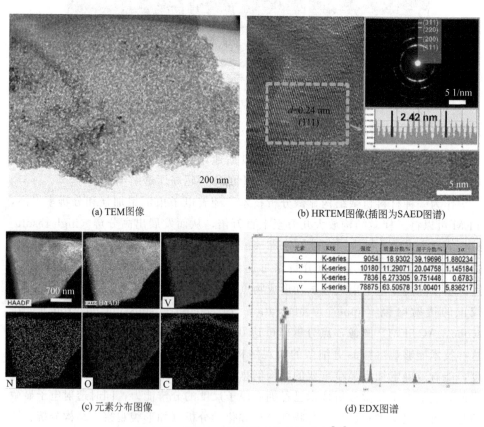

(a) TEM图像  (b) HRTEM图像(插图为SAED图谱)

(c) 元素分布图像  (d) EDX图谱

图 4-18 $VN_xO_y$ 的透射电镜结构表征[26]

## 4.2.4 原子力显微镜分析

原子力显微镜（atomic force microscopy，AFM）是通过检测待测样品表面和一个微型力敏元件之间极微弱的原子间相互作用力，研究测试样品表面结构和特性的显微分析仪器。原子力显微镜的工作原理如图 4-19 所示[28]。将一个对微弱力极敏感的微悬臂一端固定，另一端有一微小的针尖，针尖与样品表面轻轻接触，由于针尖尖端原子与样品表面原子间存在极微弱的排斥力，通过在扫描时控制这种力的恒定，带有针尖的微悬臂将对应于针尖与样品表面原子间作用力的等位面而在垂直于样品的表面方向起伏运动。利用光学检测法或隧道电流检测法，可测得微悬臂对应于扫描各点的位置变化，从而可以获得样品表面形貌的信息。

AFM 分析技术具有非破坏性、不会损伤样品、应用范围广、软件处理能力强等优点，可以用于导体、半导体和绝缘体表面特性的检测，如原子之间的接触、原子键合、范德华力、卡西米尔效应、弹性、硬度、黏着力、摩擦力等，其分辨率可接近原子水平。

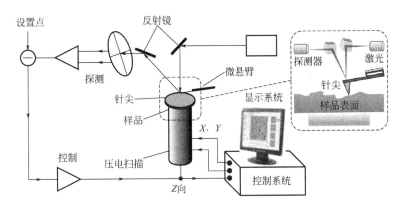

图 4-19　原子力显微镜工作原理示意图

本书作者课题组[29] 通过溶剂热法制备出超薄 $VO_2(B)$ 纳米片材料，该材料用作锂离子正极材料表现出了优异的倍率性能和出色的循环稳定性。为了更精确地获得 $VO_2(B)$ 纳米片的片层厚度信息，使用 AFM 对样品进行表征，结果如图 4-20 所示。大片的 $VO_2(B)$ 纳米片平整，其厚度仅为 5.2nm，且纳米片间存在层层堆叠的 $VO_2(B)$ 纳米片结构。进一步测试的结果表明：纳米片厚度一般在 2~5nm 之间，如图 4-20(c) 所示。

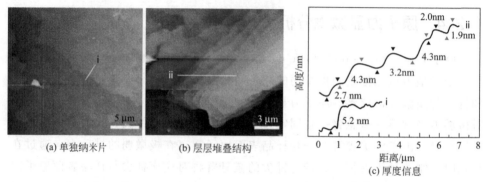

|  | (a) 单独纳米片 | (b) 层层堆叠结构 | (c) 厚度信息 |

图 4-20 片状纳米 $VO_2(B)$ 的 AFM 测试结果[29]

# 4.3
# 钒基电极材料的电化学表征

理解清楚电极材料的组成、结构以后，还必须利用这些材料组装成相关电池，以评估该材料能否用于制备性能优良的电池。用于实验室测试的电池一般为扣式半电池。为了更全面地评估材料的综合电化学性能，还需组装成扣式全电池，甚至软包电池或者 18650 电池。这些评价表征技术主要包括电池的充放电测试、循环伏安测试、赝电容计算、交流阻抗测试、恒电流（电压）间歇滴定测试等。钒基化合物易于合成，且能量密度高，因此是锂离子电池正极材料研究的热点，也被认为是有应用前景的正极材料之一。下面结合钒基材料的测试过程分别予以介绍。

## 4.3.1 充放电测试

通过对二次电池施加一定大小的电流或电压，使用多通道电池测试系统来记录其电压、容量等参数的变化情况，以完成电池充放电测试。常用方式有恒流充放电、恒压充放电、倍率充放电等。该测试中最重要的测试结果有充放电容量随着电压的变化曲线及充放电容量随循环次数的变化曲线，可以分别用来确定电池中活性材料的库仑效率、比容量大小和循环稳定性。通过施加递增或递减的电流对电池进行充放电测试，可以得到比容量随电流密度的变化曲线，即电池的倍率性能图。

本书作者课题组[30]通过简单的水热反应-煅烧方法制备了多层结构的 $V_2O_5$ 空心纳米微球。组装成 $V_2O_5//Li$ 扣式半电池对材料进行充放电测试。图 4-21

所示为 $V_2O_5$ 空心球制成的电极在 $50mA \cdot g^{-1}$ 电流密度下，$2.5 \sim 4V$ 的电压范围内的不同循环次数的充放电曲线和循环曲线。在充放电曲线中可以发现有两个明显的电压平台，对应于锂离子的嵌入和脱出过程，循环过程中不同次数的曲线形状基本重合，表明锂离子的嵌入和脱出过程具有很好的可逆性。$V_2O_5$ 空心球电极在 $50mA \cdot g^{-1}$ 电流密度下，首次放电比容量为 $141.2mA \cdot h \cdot g^{-1}$，为理论比容量的 $96\%$（在 $2.5 \sim 4V$ 的电压范围内，嵌入单个锂离子的理论比容量为 $147mA \cdot h \cdot g^{-1}$），循环 100 次后比容量仍保持 $130.3mA \cdot h \cdot g^{-1}$，为首次放电比容量的 $92.3\%$。该过程中库仑效率接近 $100\%$。

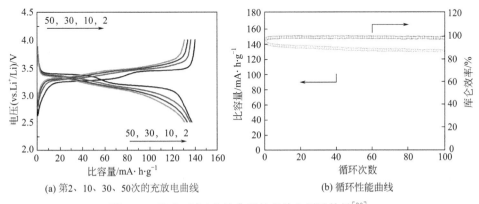

(a) 第2、10、30、50次的充放电曲线                (b) 循环性能曲线

图 4-21    $V_2O_5$//Li 电池典型的充放电测试结果[30]

图 4-22 为上述 $V_2O_5$//Li 电池的倍率性能测试结果，在 $50mA \cdot g^{-1}$、$100mA \cdot g^{-1}$、$200mA \cdot g^{-1}$、$300mA \cdot g^{-1}$ 和 $400mA \cdot g^{-1}$ 电流密度下的比容量分别为 $147mA \cdot h \cdot g^{-1}$、$139mA \cdot h \cdot g^{-1}$、$112mA \cdot h \cdot g^{-1}$、$92mA \cdot h \cdot g^{-1}$ 和 $78mA \cdot h \cdot g^{-1}$，在循环 25 次后，又回到 $100mA \cdot g^{-1}$ 的电流密度下，仍能获得 $137mA \cdot h \cdot g^{-1}$ 的比容量，再循环 120 次后，还保持有 $133mA \cdot h \cdot g^{-1}$ 的比容量。这表明所制备的多层壳 $V_2O_5$ 空心纳米微球在循环过程中电极材料的可逆性良好。

## 4.3.2  循环伏安测试

循环伏安测试是指以三角形脉冲电压输入待测电极，待电位线性增加至某一设定值后，再反向操作至原电位，电位改变期间若有氧化还原反应发生，则会有电流产生，从而得到电流与电位的关系。循环伏安测试可以观察电池电极材料的氧化还原反应机制、电池的可逆性、活性物质结构的改变，也可以测量电化学反应发生时的扩散系数与电子转移数等[4]。

基于不同扫描速率下的循环伏安（cyclic voltammograms，CV）曲线，可以

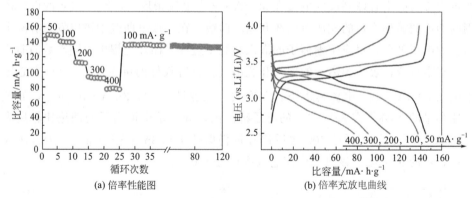

图 4-22　$V_2O_5$//Li 电池典型的倍率充放电测试结果[30]

用经典的 Randles Sevchik 公式来计算离子扩散系数[31]:

$$I_p = 2.69 \times 10^5 n^{3/2} A D^{1/2} v^{1/2} C_0^*$$  (4-13)

式中，$I_p$ 是峰值电流，A；$n$ 是每个物质反应时的电子转移数量（对于 $Li^+$ 或 $Na^+$，$n=1$）；$A$ 是电极的活性表面积；$D$ 是离子的扩散系数，$cm^2 \cdot s^{-1}$；$v$ 是扫描速率，$V \cdot s^{-1}$；$C_0^*$ 是不同电化学状态下对应的离子浓度，$mol \cdot cm^{-3}$。

图 4-23 为上述多层结构 $V_2O_5$ 空心球制成的电极在 $0.05 mV \cdot s^{-1}$ 扫描速率下、2.5～4V 的电压范围内第 1 次至第 5 次循环的 CV 曲线。由图可知，在阴极扫描过程中，$V_2O_5$ 出现了两个明显的还原峰，分别出现在 3.36V 和 3.17V 附近，这表明了锂离子在嵌入 $V_2O_5$ 过程中发生了两步相变，第一个还原峰对应锂离子嵌入时发生了由 $\alpha\text{-}V_2O_5$ 到 $\varepsilon\text{-}Li_{0.5}V_2O_5$ 的相变，锂离子进一步占据层间空位，第二个还原峰对应发生了由 $\varepsilon\text{-}Li_{0.5}V_2O_5$ 到 $\delta\text{-}LiV_2O_5$ 的相变。在阳极扫描过程中，也可以发现两个明显的氧化峰，分别出现在 3.44V 和 3.26V 附近，对应锂离子的脱/嵌，发生由 $\delta\text{-}LiV_2O_5$ 到 $\varepsilon\text{-}Li_{0.5}V_2O_5$ 的可逆转变，再可逆转变为 $\alpha\text{-}V_2O_5$。由图可见，多层壳 $V_2O_5$ 空心球电极前五次的循环伏安曲线基本重合，这表明锂离子在电极材料的嵌入和脱出过程中有很好的可逆性。

## 4.3.3　赝电容计算

电荷在储能器件中的储存方式可以分为非法拉第过程（non-Faradaic process）和法拉第过程（Faradaic process），非法拉第过程即电荷在电极材料的表面上可逆地吸附或脱附[32]，法拉第过程即在电极表面发生氧化还原反应，并且在电极与电解液界面会发生电荷转移。前者反应过程比较简单，后者则包括多种可能，既可以发生在电极材料的表面，也可以通过扩散的形式发生于块体材料内部[33]。

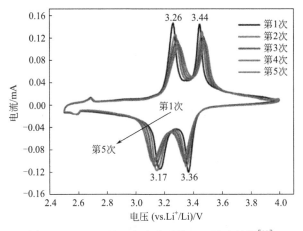

图 4-23 $V_2O_5$//Li 电池典型的 CV 测试结果[30]

具体来说，法拉第过程又可以细分为如下几种类型：①电解液中的阳离子与电极材料发生反应，导致后者成分发生改变生成不同的相或物质[32]，这种情况一般发生在一次电池中；②电解液中的阳离子嵌入层状或隧道型电极材料的层间间隙，并伴随着电极材料中金属阳离子价态的降低来维持电荷平衡[34]；③电解液中的阳离子通过电荷转移的方式被电化学吸附于电极材料的表面上[35]，由于电解液中的阳离子不需要进入电极材料的层间间隙并扩散，因此相比于方式②，这种反应过程在动力学上更迅速，也被称为氧化还原型赝电容[36]。另外，对于第②种类型的法拉第过程，虽然一般来说，插层反应因为涉及扩散过程，往往比较慢，但在某些情况下，例如在层与层之间依靠范德华力连接的层状材料中，离子在层间的扩散还是比较迅速的，这样的插层反应也可以被认为具有电容型的特点，即插层型赝电容[36]。Conway 提出[35]，因为在这些插层过程中，载流阳离子是以法拉第过程的方式储存在电极材料层间的，即电极材料内发生了氧化还原反应，其金属阳离子价态发生了变化，但并未引起相变（即结构重排），故而表现出赝电容特性。

因为赝电容型储能材料与传统电池材料相比具有更高的功率密度，同时，又能提供比双电层电容器高出至少一个数量级的能量密度，故而储能领域的学者们对开发赝电容型储能材料产生了浓厚的兴趣。

为了界定电极材料储能时的赝电容贡献和传统的扩散贡献，Dunn 等人[37]于 2007 年在研究纳米尺寸对 $TiO_2$ 储锂性能的影响时，提出了采用不同扫描速率的 CV 测试来分析电极材料的动力学行为的方法，并给出了具体的计算模型。测量的电流（$i$）和扫描速率（$v$）遵循式(4-14)的关系[38]：

$$i = av^b \tag{4-14}$$

式中，$a$ 和 $b$ 为可调值。$b$ 值与电荷存储机制相关，即 $b$ 值为 0.5 时，表示离子的行为主要受扩散控制；$b$ 为 1.0 时，表示为赝电容行为，受表面赝电容控制。通过式(4-15) 可以进一步量化赝电容的贡献[39]：

$$i = k_1 v + k_2 v^{1/2} \tag{4-15}$$

式中，$k_1$ 和 $k_2$ 是给定电位的常数；$k_1 v$ 代表表面赝电容控制的容量贡献；$k_2 v^{1/2}$ 代表扩散控制的容量贡献。

本书作者课题组从改善或屏蔽高价态中心阳离子带来的强静电排斥力作用的角度出发，制备了水合 $V_2O_5$ 纳米片，并研究了其储锌机制。通过不同扫描速率的 CV 测试法对材料进行了赝电容行为分析，其结果如图 4-24 所示。拟合结果显示，图 4-24(a) 中标识的四个氧化还原峰的峰值电流对应的反应过程的 $b$ 值分别为 0.73558、0.6364、0.68456 和 0.65577，说明 $V_2O_5$ 纳米片在储锌时表现

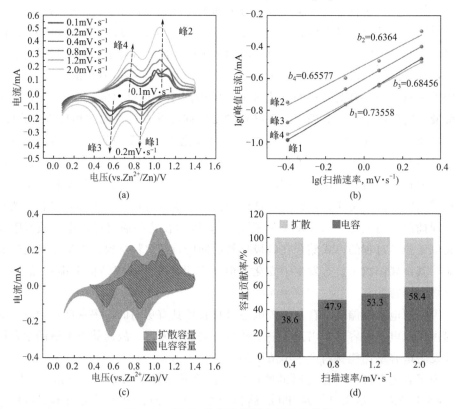

图 4-24　$V_2O_5$ 纳米片的赝电容行为分析

(a) CV 曲线；(b) $V^{5+}/V^{4+}$ 和 $V^{4+}/V^{3+}$ 两对氧化还原峰对应的 $b$ 值拟合结果；

(c) 1.2mV·$s^{-1}$ 扫描速率下的赝电容贡献情况；(d) 不同扫描速率下的赝电容贡献率

出了一定的电容性行为。$V_2O_5$ 纳米片材料在 $0.4mV \cdot s^{-1}$、$0.8mV \cdot s^{-1}$、$1.2mV \cdot s^{-1}$ 和 $2.0mV \cdot s^{-1}$ 扫描速率下的赝电容贡献率分别为 $38.6\%$、$47.9\%$、$53.3\%$ 和 $58.4\%$，结果如图 4-24(d) 所示，该水合 $V_2O_5$ 材料表现出的赝电容现象主要来源于纳米片结构较高的比表面积所引起的表面吸附型氧化还原反应，即吸附型赝电容贡献。

## 4.3.4　交流阻抗测试

电化学交流阻抗谱（electrochemical impedance spectroscopy，EIS）主要用来研究电池体系中的反应动力学行为和界面结构信息[40]。采用电化学工作站进行交流阻抗测试，测试的频率范围为 $100kHz \sim 0.01Hz$。具体测试过程为：在二次离子电池的开路电压达到稳定状态（变化控制在 $5mV$ 以下）后，对电极两端施加一个高频的交流电压，以产生响应电流信号，以此计算出电极的阻抗。同时，这种交变的信号对电池的影响基本上可以忽略，所以对电极表面反应的推断结果也更接近真实情况。

由测试所得的参量可绘制成多种形式的曲线，常用的是 EIS 阻抗谱，通常有两种表示形式：Nyquist 图和 Bode 图。Nyquist 图应用较广，该图主要描述在平板电极中，电极过程由电荷传递和扩散过程共同控制，Nyquist 图由动力学控制高频区的半圆和传质过程控制的低频区 45°直线构成，如图 4-25 所示。

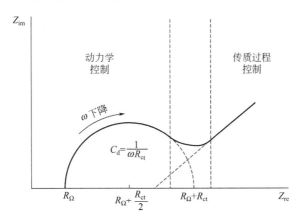

图 4-25　典型的 Nyquist 阻抗图

Warburg 阻抗与电极内离子的扩散密切相关，为了研究活性材料中离子的扩散行为，可通过以下公式计算离子的扩散系数[41]：

$$D_{Li^+} = \frac{R^2 T^2}{2A^2 n^4 F^4 C^2 \sigma^2} \tag{4-16}$$

式中，$R$ 为理想气体常数；$T$ 为完成测试时的系统温度，K；$A$ 为电极的表面积；$n$ 为每个活性材料分子参与电化学反应时转移的电子数；$F$ 为法拉第常数，$C$ 为离子的浓度；$\sigma$ 为 Warburg 因子，与阻抗的实部（$Z_{re}$）相关，见式(4-17)。

$$Z_{re} \propto \sigma \omega^{-1/2} \tag{4-17}$$

式中，$\omega$ 为角频率。因此，Warburg 因子可以根据 $Z_{re}$ 与角频率的平方根倒数之间的线性关系获得。根据式(4-16) 和式(4-17) 可以计算出活性材料中的表观离子扩散系数。

本书作者课题组以钴基金属有机框架（ZIF-67）衍生碳为模板，草酸钒（$VOC_2O_4$）溶液作为钒的前驱体，制备了具有正十二面体形状的 $V_2O_5$@C 复合材料[5]。其中，在 350℃保温 4h、3h 或 2h 得到的样品分别命名为 V@C-1、V@C-2 和 V@C-3。为了研究不同保温时间获得的 $V_2O_5$@C 复合材料与纯相 $V_2O_5$ 的电化学特性，测试了其电化学阻抗谱（EIS）。测试是在 ZAHNER-IM6ex 电化学工作站上执行的，频率范围为 100kHz～10mHz。如图 4-26 所示，在等效电路图中，$R_s$ 代表电解液阻抗和电池组件阻抗的结合，$R_{ct}$ 代表电荷转移阻抗，$QPE$ 是双电层电容，$Z_w$ 是韦伯阻抗。根据拟合结果得到 V@C-1、V@C-2、V@C-3 和 $V_2O_5$ 电极的电荷转移阻抗分别为 368.3Ω、308.1Ω、267.9Ω 和 638.8Ω，可以看到 V@C-3 的 $R_{ct}$ 远比纯 $V_2O_5$ 电极小，这主要归功于多孔的 $V_2O_5$@C 框架，不仅增大了电极和电解液的接触面积，同时提高了电子传输能力[42]。

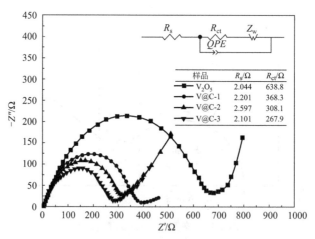

图 4-26　$V_2O_5$ 和 $V_2O_5$@C 的 Nyquist 阻抗图、等效电路图及阻抗拟合结果[5]

## 4.3.5　恒电流（电压）间歇滴定测试

离子在固体中的扩散过程比较复杂，分析离子在嵌入型电极材料中的固相扩散过程，对于理解电池中的动力学行为十分重要，包括离子晶体中"换位机制"类型的扩散、浓度梯度影响的扩散以及化学势影响的扩散等。离子的扩散系数一般可以用化学扩散系数来表示，化学扩散系数是一个包含上述几种扩散过程的宏观概念，目前被广泛用于离子电池电极材料的分析和研究中[43]。对于离子的嵌入/脱出反应来说，固相扩散过程较为缓慢，往往是整个电极反应的速控步骤。因此，离子的扩散速度决定了整个电极反应的速率，扩散系数越大，也就意味着电极的大电流充放电能力越好，其功率密度也就越高，倍率性能也越好。测量离子扩散系数是电极材料动力学行为的重要分析手段，目前常用的离子扩散系数的测量方法有：恒电流间歇滴定测试法（galvanostatic intermittent titration technique，GITT）[44]、恒电位间歇滴定测试法（potentiostatic intermittent titration technique，PITT）[45]、交流阻抗测试法[46] 和循环伏安测试法[47] 等。

比较常用的是恒电流间歇滴定技术，该技术可描述为在一段时间间隔内对电池施加一个恒定电流进行放电或充电，这里以锌离子电池放电过程为例进行描述，如图 4-27 所示。一段恒电流放电过程称为一个电流脉冲，在电流脉冲期间，电极材料发生氧化还原反应，正极材料与参比电极之间的电压将随之降低，一般要求脉冲电流要尽量小，而脉冲间隔时间也不宜过长，在脉冲期间的实时电压（$V$）与脉冲时间的平方根（$\sqrt{t}$）呈近似线性关系为宜。在电流脉冲期间，因为脉冲电流和脉冲时间间隔保持不变，所以每段电流脉冲期间，都有恒定量的 $Zn^{2+}$ 通过电极表面。然后停止电流脉冲，将电池静置一段时间，由于受到浓度梯度和化学势的驱动，$Zn^{2+}$ 将从电极表面向内部扩散，从而导致电极表面部分的 $Zn^{2+}$ 浓度降低，继而导致电压的上升。GITT 技术是稳态技术和暂态技术的综合，该测试方法消除了恒电位等技术中的欧姆降问题，所获得的测试数据比较

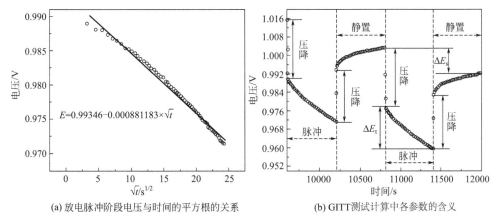

(a) 放电脉冲阶段电压与时间的平方根的关系    (b) GITT测试计算中各参数的含义

图 4-27　GITT 测试及计算示意图

准确，设备简单易操作。通过记录并分析在该电流脉冲后电池的电位响应曲线，分别记录下电流脉冲时间间隔内的暂态电位变化 $\Delta E_t$ 和由该脉冲电流引起的最终的稳态电压变化 $\Delta E_s$，代入下面的由 Fick 第二定律推导得到的计算公式中，即可计算这一段电流脉冲过程对应的离子扩散系数[48]。

$$D^{\mathrm{GITT}} = \frac{4}{\pi\tau}\left(\frac{m_\mathrm{B}V_\mathrm{M}}{M_\mathrm{B}S}\right)^2\left(\frac{\Delta E_\mathrm{s}}{\Delta E_\mathrm{t}}\right)^2 \tag{4-18}$$

式中，$\tau$ 是电流脉冲的持续时间；$m_\mathrm{B}$、$M_\mathrm{B}$ 和 $V_\mathrm{M}$ 分别为活性物质的质量、摩尔质量和摩尔体积；$S$ 是电极的表面积；$\Delta E_\mathrm{s}$ 为电池稳态电压的变化；$\Delta E_\mathrm{t}$ 为施加恒流脉冲后的暂态电压变化；$D$ 是离子在固相中的扩散系数，$\mathrm{cm}^2\cdot\mathrm{s}^{-1}$。

为了分析 $Na_3V_2(PO_4)_2F_3$@rGO 复合材料的储钠动力学行为，本书作者课题组采用恒电流间歇滴定技术（GITT）对电池进行测试分析，其结果如图 4-28 所示[20]。图中给出了 $Na_3V_2(PO_4)_2F_3$@rGO 电极从首圈充电过程至第 2 圈放电过程的有效扩散系数 $D_\mathrm{e}$。计算出的 $D_\mathrm{e}$ 值在 $10^{-9}\sim10^{-10}\,\mathrm{cm}^2\cdot\mathrm{s}^{-1}$ 范围，表明这种典型的 NASICON 复合材料具有离子快速扩散的特性。在充电（放电）过程中，在 3.7V(3.5V) 的低电压平台的扩散系数明显小于在 3.9V(4.1V) 的高电压的扩散系数，说明 $Na^+$ 在低电压扩散时受到一定的阻碍，且需要相对更多的能量。

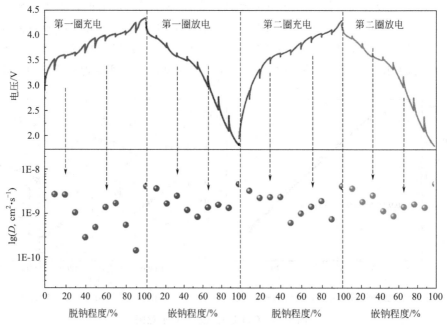

图 4-28　$Na_3V_2(PO_4)_2F_3$@rGO 电极的 GITT 充放电曲线和离子扩散系数[20]

# 参考文献

[1]  谷亦杰，宫声凯.材料分析检测技术 [M].长沙：中南大学出版社，2009.

[2]  刘德宝.功能材料制备与性能表征实验教程 [M].北京：化学工业出版社，2019.

[3]  李晓娜.材料微结构分析原理与方法 [M].大连：大连理工大学出版社，2014.

[4]  张鉴清.电化学测试技术 [M].北京：化学工业出版社，2010.

[5]  Zhang Y，Pan A，Wang Y，et al. Dodecahedron-shaped porous vanadium oxide and carbon composite for high-rate lithium ion batteries [J]. ACS Applied Materials & Interfaces，2016，8（27）：17303-17311.

[6]  Pan A，Liu J，Zhang J-G，et al. Template free synthesis of $LiV_3O_8$ nanorods as a cathode material for high-rate secondary lithium batteries [J]. Journal of Materials Chemistry，2011，21（4）：1153-1161.

[7]  孙姝纬，赵慧玲，郁彩艳，等.锂电池研究中的拉曼/红外实验测量和分析方法 [J].储能科学与技术，2019，8（5）：975.

[8]  翁诗甫，徐怡庄.傅里叶变换红外光谱分析 [M].北京：化学工业出版社，2016.

[9]  Cao X，Pan A，Liu S，et al. Chemical synthesis of 3D graphene-like cages for sodium-ion batteries applications [J]. Advanced Energy Materials，2017，7（20）：1700797.

[10]  辛仁轩.等离子体发射光谱分析 [M].北京：化学工业出版社，2018.

[11]  Fang G，Zhu C，Chen M，et al. Suppressing manganese dissolution in potassium manganate with rich oxygen defects engaged high-energy-density and durable aqueous zinc-ion battery [J]. Advanced Functional Materials，2019，29（15）：1808375.

[12]  游小燕，郑建明，余正东.电感耦合等离子体质谱原理与应用 [M].北京：化学工业出版社，2014.

[13]  黄惠忠.表面化学分析 [M].上海：华东理工大学出版社，2007.

[14]  Marom R，Amalraj S F，Leifer N. et al. A review of advanced and practical Lithium battery materials [J]. Journal of Materials chemistry，2011，21（27）：9938-9954.

[15]  Cai Y，Fang G，Zhou J，et al. Metal-organic framework-derived porous shuttle-like vanadium oxides for sodium-ion battery application [J]. Nano Research，2017，11（1）：449-463.

[16]  李超，沈明，胡炳文.面向金属离子电池研究的固体核磁共振和电子顺磁共振方法 [J].物理化学学报，2020，36（4）：1902019.

[17]  Liu X，Zuo W，Zheng B，et al. $P2\text{-}Na_{0.67}Al_xMn_{1\text{-}x}O_2$：Cost-effective，stable and high-rate sodium electrodes by suppressing phase transitions and enhancing sodium cation mobility [J]. Angewandte Chemie International Edition，2019，58（10）：18086-18095.

[18]  刘湘思，向宇轩，钟贵明，等.锂/钠离子电池材料的固体核磁共振谱研究进展 [J].电源技术，2019，43（1）：8.

[19]  杨正红.物理吸附100问 [M].北京：化学工业出版社，2017.

[20]  Cai Y，Cao X，Luo Z，et al. Caging $Na_3V_2(PO_4)_2F_3$ microcubes in cross-linked graphene enabling ultrafast sodium storage and long-term cycling [J]. Advanced Science，

2018，5（9）：1800680.

[21] 梁敬魁. 粉末衍射法测定晶体结构（第2版）[M].北京：科学出版社，2019.

[22] 黄继武，李周.多晶材料X射线衍射：实验原理、方法与应用[M].北京：冶金工业出版社，2012.

[23] Qin M，Liu W，Shan L，et al. Construction of $V_2O_5/NaV_6O_{15}$ biphase composites as aqueous zinc-ion battery cathode [J]. Journal of Electroanalytical Chemistry，2019，847：113246.

[24] 周玉，武高辉.材料分析测试技术：材料X射线衍射与电子显微分析[M].哈尔滨：哈尔滨工业大学出版社，2019.

[25] 黄孝瑛.材料微观结构的电子显微学分析[M].北京：冶金工业出版社，2008.

[26] Fang G，Liang S，Chen Z，et al. Simultaneous cationic and anionic redox reactions mechanism enabling high-rate long-life aqueous zinc-ion battery [J]. Advanced Functional Materials，2019，29（44）：1905267.

[27] Choi D，Blomgren G E，Kumta P N. Fast and reversible surface redox reaction in nano-crystalline vanadium nitride supercapacitors [J]. Advanced Materials，2006，18（9）：1178-1182.

[28] 袁帅.原子力显微镜纳米观测与操作[M].北京：科学出版社，2020.

[29] Liang S Q，Hu Y，Nie Z W，et al. Template-free synthesis of ultra-large $V_2O_5$ nanosheets with exceptional small thickness for high-performance lithium-ion batteries [J]. Nano Energy，2015，13：58-66.

[30] Wang Y，Nie Z，Pan A，et al. Self-templating synthesis of double-wall shelled vanadium oxide hollow microspheres for high-performance lithium ion batteries [J]. Journal of Materials Chemistry A，2018，6：6792-6799.

[31] Bard A J，Faulkner L R，Leddy J，et al. Electrochemical methods：fundamentals and applications [M]. wiley New York，1980.

[32] Winter M，Brodd R J. What are batteries，fuel cells，and supercapacitors? [J]. Chemical reviews，2004，104（10）：4245-4270.

[33] Conway B E. Transition from "supercapacitor" to "battery" behavior in electrochemical energy storage [J]. Journal of The Electrochemical Society，1991，138（6）：1539.

[34] Conway B E. Two-dimensional and quasi-two-dimensional isotherms for Li intercalation and upd processes at surfaces [J]. Electrochimica Acta，1993，38（9）：1249-1258.

[35] Conway B E，Birss V，Wojtowicz J. The role and utilization of pseudocapacitance for energy storage by supercapacitors [J]. Journal of Power Sources，1997，66（1-2）：1-14.

[36] Brezesinski T，Wang J，Tolbert S H，et al. Ordered mesoporous alpha-$MoO_3$ with iso-oriented nanocrystalline walls for thin-film pseudocapacitors [J]. Nature Materials，2010，9（2）：146-151.

[37] Wang J，Polleux J，Lim J，et al. Pseudocapacitive contributions to electrochemical energy storage in $TiO_2$ （Anatase）nanoparticles [J]. The Journal of Physical Chemistry C，2007，111（40）：14925-14931.

[38] Augustyn V，Simon P，Dunn B. Pseudocapacitive oxide materials for high-rate electrochemical energy storage ［J］. Energy & Environmental Science，2014，7（5）：1597-1614.

[39] Chao D，Liang P，Chen Z，et al. Pseudocapacitive Na-ion storage boosts high rate and areal capacity of self-branched 2D layered metal chalcogenide nanoarrays ［J］. ACS Nano，2016，10（11）：10211-10219.

[40] 查全性. 电极过程动力学导论 ［M］. 北京：科学出版社，2020.

[41] 巴德 A J，福克纳 L R. 电化学方法原理和应用（第 2 版）［M］. 北京：化学工业出版社，2005.

[42] Shen L，Li H，Uchaker E，et al. General strategy for designing core-shell nanostructured materials for high-power lithium ion batteries ［J］. Nano Letters，2012，12（11）：5673.

[43] Ngamchuea K，Eloul S，Tschulik K，et al. Planar diffusion to macro disc electrodeswhat electrode size is required for the Cottrell and Randles-Sevcik equations to apply quantitatively? ［J］. Journal of Solid State Electrochemistry，2014，18（12）：3251-3257.

[44] Weppner W，Huggins R A. Determination of the Kinetic Parameters of Mixed-Conducting Electrodes and Application to the System $Li_3Sb$ ［J］. Journal of the Electrochemical Society，1977，124（10）：1569-1578.

[45] Tang S B，Lai M O，Lu L. Study on $Li^+$-ion diffusion in nano-crystalline $LiMn_2O_4$ thin film cathode grown by pulsed laser deposition using CV，EIS and PITT techniques ［J］. Materials Chemistry and Physics，2008，111（1）：149-153.

[46] Chen J S，Diard J P，Durand R，et al. Hydrogen insertion reaction with restricted diffusion. Part 1. Potential step-EIS theory and review for the direct insertion mechanism ［J］. Journal of Electroanalytical Chemistry，1996，406（1-2）：1-13.

[47] MacLeod A J. A note on the Randles-Sevcik function from electrochemistry ［J］. Applied Mathematics and Computation，1993，57（2-3）：305-310.

[48] Ngo D T，Le H T T，Kim C，et al. Mass-scalable synthesis of 3D porous germanium-carbon composite particles as an ultra-high rate anode for lithium ion batteries ［J］. Energy & Environmental Science，2015，8（12）：3577-3588.

# 第 5 章

钒氧二元化合物纳米新材料

# 5.1
## V$_2$O$_5$ 棒状纳米颗粒材料

V$_2$O$_5$ 具有能量密度高（其理论比容量可达到 440mA·h·g$^{-1}$，对应 3 个锂离子脱/嵌）、成本低、钒资源储量丰富、易于合成等优势，是潜在的锂离子电池正极材料。但是该材料较低的 Li$^+$ 扩散系数（$D$ 约为 $10^{-12}$cm$^2$·s$^{-1}$）[1] 和较差的导电能力[2] 限制了其在锂电池实际应用中电化学性能的发挥。纳米技术为解决这些问题提供了新的途径。根据 $\tau_{eq}=L^2/D$，锂离子在电极材料中的扩散时间 $\tau_{eq}$ 由扩散系数和扩散的距离 $L$ 的平方来决定[3,4]。纳米材料相比微米级的颗粒尺寸更小，可极大缩短 Li$^+$ 扩散和电子传输的距离。利用反胶团、溶胶-凝胶法和水热法等合成的 V$_2$O$_5$ 纳米管、纳米线、纳米棒和多孔结构纳米材料[5]，使得导电能力较差的 V$_2$O$_5$ 也能获得较好的倍率性能。Takahashi 等借助模板定型[6]，通过电沉积合成了单晶纳米棒阵列，相比于溶胶-凝胶法得到的 V$_2$O$_5$ 具有更高的能量密度。该方法存在规模化生产和模板去除难的问题。Mohen 等用水热法成功合成了 V$_2$O$_5$，但是整个过程耗时一周[7]。这些方法合成的纳米结构材料都显示出了比大颗粒的 V$_2$O$_5$ 更好的电化学性能。然而大部分文献报道的 V$_2$O$_5$ 只有在低倍率（通常<50mA·g$^{-1}$）工作时具有高的比容量。虽然有报道称 V$_2$O$_5$ 气凝胶材料在大电流密度下具有好的性能，但是其体积能量密度仍然需要提高[8]，同时在整个合成过程中，对条件的控制比较严格。为此，寻找一个低成本、简便有效合成具有较高充放电容量和良好循环性能的 V$_2$O$_5$ 的方法，具有重要的意义。

本节介绍采用一种通过热分解自制的前驱体（VOC$_2$O$_4$），快速、高效合成具有优异电化学性能的 V$_2$O$_5$ 纳米颗粒材料的方法。本节研究了热分解过程，表征了产物的结构，并讨论了结构与电化学性能之间的关系。

### 5.1.1 材料制备与评价表征

V$_2$O$_5$（99.6%，Alfa Aesar）、草酸（H$_2$C$_2$O$_4$，98%，Aldrich）、聚偏氟乙烯（PVDF，Arkema Inc.）、N-甲基吡咯烷酮（NMP，Alfa Aesar）、LiPF$_6$（电池级别，Novolyte Technologies Inc.）、碳酸乙烯酯（EC，电池级别，Novolyte Technologies Inc.）按照商业纯度使用。V$_2$O$_5$ 和草酸按照 1:3 的摩尔比添加到 40mL 的蒸馏水中，在 500r/min 的速率下磁力搅拌，直到溶液的颜色由黄色变成蓝色，然后在 80℃ 的烘箱中干燥得到钒前驱体。该前驱体在 400℃ 加热

2h 所得到的 $V_2O_5$ 纳米颗粒样品命名为 13-$V_2O_5$。同时保持其他条件不变，按照 $V_2O_5$：$H_2C_2O_4$＝1：5 的比例，合成了 15-$V_2O_5$ 样品。

材料的晶体结构用 X 射线衍射（XRD，Scintag XDS2000 $\theta$-$\theta$ 粉末衍射仪）来检测。该设备装备 Ge（Li）接收器和 CuK$\alpha$ 发射管，所有样品的扫描范围（$2\theta$）是 $10°\sim70°$。样品颗粒的形貌用扫描电镜（SEM，FEI Helios 600 Nanolab FIB-SEM，3 kV）来观察。高分辨透射电镜分析在 Jeol JEM 2010 电镜上进行，LaB$_6$ 作为灯丝，加速电压为 200kV。前驱体热分解过程借助热差扫描（DSC）和热重（TG）来分析（Netzsch，STA 449C）。

纳米尺寸的 $V_2O_5$ 和微米尺寸的 $V_2O_5$ 颗粒分别作为正极材料组装成扣式电池进行测试，其中锂金属作为负极。对于 13-$V_2O_5$ 粉末，在电极的制备过程中，按照活性材料：Super P 炭：PVDF＝8：1：1 和 7：2：1 的两种比例分别做成两种电极。商业化的 $V_2O_5$ 微米颗粒的电极中活性材料：Super P 炭：PVDF 的比例是 8：1：1。商业化的 $V_2O_5$ 和 15-$V_2O_5$ 活性材料，电极的组成是活性材料：Super P 炭：PVDF＝7：2：1。电解液是 LiPF$_6$ 溶解在 EC/DMC（体积比为 1：1）中所得到的溶液（溶度为 1mol·L$^{-1}$）。循环伏安曲线用 CHI 660C 电化学工作站测试；室温下充放电性能测试在 Arbin BT-2000 电池测试系统上进行。

## 5.1.2 结果与分析讨论

### 5.1.2.1 结构表征与讨论

当商业化的 $V_2O_5$ 粉末按照 1：3 的摩尔比加入草酸（$H_2C_2O_4$）溶液中之后，溶液的颜色由黄色变成蓝色，这意味着 V 的化合价从 $V^{5+}$ 变成 $V^{4+}$，表明草酸钒前驱体（$VOC_2O_4$）的形成。该反应过程方程式为[9]：

$$V_2O_5 + 3H_2C_2O_4 \longrightarrow 2VOC_2O_4 + 3H_2O + 2CO_2 \tag{5-1}$$

图 5-1 是按照 1：3 的比例合成的含水草酸钒前驱体（$VOC_2O_4·nH_2O$）在空气中以 5℃·min$^{-1}$ 的速率加热到 600℃，前驱体 $VOC_2O_4·nH_2O$ 在空气中的热重分析结果和 DSC 结果。从图中可以看到前驱体在空气中的煅烧过程经历了三个明显的阶段。温度低于 267℃ 的为第一阶段，TG 曲线上质量慢慢减少，DSC 曲线上可观察到吸热峰，该过程对应于草酸钒（$VOC_2O_4·nH_2O$）中物理吸附和化学结合的水的损失。在 $267\sim292℃$ 温度区间（第二阶段），在 DSC 曲线上有一个明显的放热峰且 TG 曲线上对应的质量明显减少，这是因为 $VOC_2O_4$ 在空气中热分解转化为氧化钒。根据热重分析的结果，在 353℃ 时计算得到这些产物为混合价态的氧化钒（20% $V^{4+}$ 和 80% $V^{5+}$）。在温度高于 353℃ 的阶段，可以观察到质量的微量增加，这是由于 $VO_2$ 被进一步氧化为 $V_2O_5$。

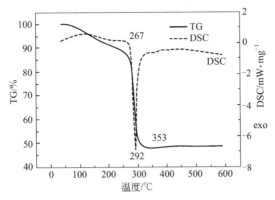

图 5-1  前驱体 $VOC_2O_4 \cdot nH_2O$ 在空气中的 TG 和 DSC 结果

图 5-2 为热分解所得的 $V_2O_5$ 和商用 $V_2O_5$ 的 XRD 图谱。由图发现两者的 XRD 图谱的峰位吻合得很好,也没有探测到杂峰,这表明合成的 $V_2O_5$ 具有很高的纯度。根据图谱中衍射峰的位置,热分解得到的 $V_2O_5$ 的晶体结构属于正交晶系(空间群为 Pmmn,$a=1.1516nm$,$b=0.3566nm$,$c=0.4372nm$)[10]。但是这些材料的峰强低于商业化微米尺寸的 $V_2O_5$ 峰的强度,同时峰宽更大,这说明合成材料的结晶度更低且晶粒粒径更小。Scherrer 公式[11] 可计算晶粒的尺寸。

$$D = \frac{K\lambda}{\beta \cos\theta} \tag{5-2}$$

式中,$D$ 为颗粒直径;$K$ 为 Scherrer 常数,这里取 $K=0.9$;$\lambda$ 为 X 射线的波长;$\beta$ 为峰高一半对应的峰宽度(半高宽);$\theta$ 为布拉格角度。根据该公式,热分解制备的 $V_2O_5$ 的晶粒大小为 48nm,这比商业化微米 $V_2O_5$ 的晶粒尺寸(60nm)更小。

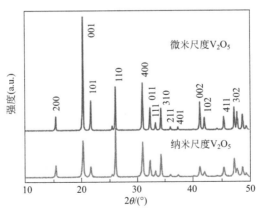

图 5-2  微米尺寸的 $V_2O_5$ 和热分解钒前驱体得到的纳米 $V_2O_5$ 的 XRD 图谱

图 5-3 为 $V_2O_5$ 和 $H_2C_2O_4$ 按照 1:3 化学计量比得到的前驱体在 400℃下煅烧 2h 制备的 $V_2O_5$ 纳米颗粒 [命名为 13-$V_2O_5$，见图 5-3(a)] 和商用 $V_2O_5$ 颗粒 [图 5-3(b)] 的 SEM 图片。如图 5-3(b) 所示，商业化的 $V_2O_5$ 颗粒的大小约为 $1\mu m$，厚度约为 $0.5\mu m$。而热分解合成的 13-$V_2O_5$ 纳米颗粒，颗粒尺寸明显要小很多，而且可以清晰地看到纳米粒子之间的空隙。

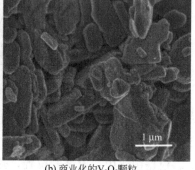

(a) 热分解制得的$V_2O_5$纳米颗粒　　　(b) 商业化的$V_2O_5$颗粒

图 5-3　$V_2O_5$ 颗粒的 SEM 图片

图 5-4 进一步展现了产物的表面形态和结构信息。图 5-4(a) 为 13-$V_2O_5$ 粒子的 SEM 图，该粒子尺寸为 50～300nm。在热力学驱动力的作用下，颗粒通过融合、粗化来降低颗粒的表面自由能。通过增加初始试剂中草酸的化学计量比 ($V_2O_5/H_2C_2O_4=1:5$)，得到的 15-$V_2O_5$ 颗粒大小更加均匀，颗粒分散性好，颗粒之间有较大的空隙 [图 5-4(b)、图 5-4(c)]。另外，15-$V_2O_5$ 材料呈现棒状结构，而且相邻的粒子在小范围内取向一致。仔细观察发现纳米棒状粒子表面有小的突起 [图 5-4(c)]。这些纳米棒状粒子的直径大约在 20～100nm 之间。电镜的高分辨图像 [图 5-4(d)、图 5-4(e)] 显示该晶体的表面覆盖着一薄层无定形材料，这与 SEM 图像中表面凹凸的结构对应得很好。从图中还可以清晰地观察到 $V_2O_5$ 的层状结构，层之间的距离为 0.43nm，该层间距与 $V_2O_5$ 晶体的 (001) 晶面间距一致，说明该纳米棒状颗粒沿着 (001) 方向生长。

## 5.1.2.2　电化学性能与讨论

图 5-5 为纳米尺寸 13-$V_2O_5$ 和微米尺寸 $V_2O_5$ 的循环伏安 (CV) 曲线。阴极扫描时，可以清楚观察到纳米尺寸的 $V_2O_5$ 循环伏安曲线上位于 3.32V、3.12V 和 2.17V(参比于 Li/Li$^+$) 处 3 个明显的还原峰，表明锂离子嵌入 $V_2O_5$ 基体材料是多步相变的过程，对应的材料也由 $\alpha$-$V_2O_5$ 经过 $\varepsilon$-Li$_{0.5}$V$_2$O$_5$ (3.31V)、$\delta$-LiV$_2$O$_5$ (3.12V) 等相，最后到 $\gamma$-Li$_2$V$_2$O$_5$ (2.17V)。具体反应如下[12]：

(a) 13-V$_2$O$_5$的SEM图    (b) 15-V$_2$O$_5$的SEM图    (c) 15-V$_2$O$_5$的SEM图

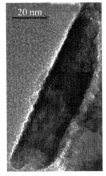
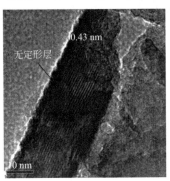

(d) 高分辨透射电镜图    (e) 高分辨透射电镜图

图 5-4    13-V$_2$O$_5$ 和 15-V$_2$O$_5$ 的形貌和结构信息

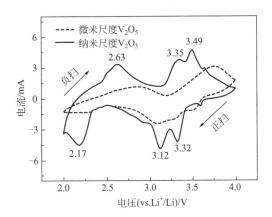

图 5-5    微米尺寸和纳米尺寸 V$_2$O$_5$ 电极的循环伏安曲线

[扫描速率 0.1mV·s$^{-1}$，电压 2~4V(参比于 Li$^+$/Li)]

$$\alpha\text{-}V_2O_5 + 0.5Li^+ + 0.5e^- \rightleftharpoons \epsilon\text{-}Li_{0.5}V_2O_5 \tag{5-3}$$

$$\epsilon\text{-}Li_{0.5}V_2O_5 + 0.5Li^+ + 0.5e^- \rightleftharpoons \delta\text{-}LiV_2O_5 \tag{5-4}$$

$$\delta\text{-}LiV_2O_5 + 1Li^+ + 1e^- \rightleftharpoons \gamma\text{-}Li_2V_2O_5 \tag{5-5}$$

在阳极扫描曲线上，也可以观察到 3 个分别位于 2.63V、3.35V 和 3.49V 处的氧化峰，对应于脱锂的相变。进一步测试了微米尺寸的 V$_2$O$_5$ 反应锂嵌入和脱出过程的 CV 曲线，在脱锂的阳极扫描过程中，只显示位于 2.84V 和 3.75V 处两个较宽的峰[13,14]。比较两者的循环伏安曲线图，很明显纳米尺寸的 $V_2O_5$ 极化更小，这是锂离子在纳米材料中的扩散更容易造成的。另一个明显的区别在于纳米尺寸的 $V_2O_5$ 的峰值电流强度差不多是微米尺寸 $V_2O_5$ 的峰值电流强度的两倍。有报道[15]认为如果在电极表面电荷转移速度足够快，锂离子的扩散速度成为控速步骤时，那峰值电流就正比于电极和电解液之间的接触面积。很明显纳米结构的材料具有更大表面积，与电解液接触面积更大，因而电流密度也更大。

图 5-6 是 $V_2O_5$ 的放电循环性能。可以看到 13-$V_2O_5$ 纳米材料的放电曲线有三个平台 [图 5-6(a)]，这与循环伏安曲线一致。在低放电倍率（C/20）下，初始放电比容量为 274mA·h·g$^{-1}$，在第二周，该比容量增加到 290mA·h·g$^{-1}$，这与 $V_2O_5$ 嵌入两个 Li$^+$ 时的理论比容量（294mA·h·g$^{-1}$）很接近。显然纳米尺寸的 $V_2O_5$ 比微米尺寸的 $V_2O_5$ 具有较高的放电比容量 [图 5-6(b)]，纳米尺寸的 $V_2O_5$ 的利用率更高。因为纳米材料与电解液接触面积更大，同时锂离子的扩散和电子转移的距离也缩短，所以该材料的利用率得到了提高。但是微米尺寸的 $V_2O_5$ 材料具有更好的循环稳定性。结合图 5-5 的循环伏安曲线，该结果与第二个锂离子在微米尺寸的 $V_2O_5$ 的嵌入能力较差有关。第二个锂离子嵌入后形成的 $\gamma$-Li$_2$V$_2$O$_5$，其可逆性差于 $\varepsilon$-Li$_{0.5}$V$_2$O$_5$、$\delta$-LiV$_2$O$_5$，多步相变会破坏纳米 $V_2O_5$ 晶体的结构，增加电池的电阻[16]。

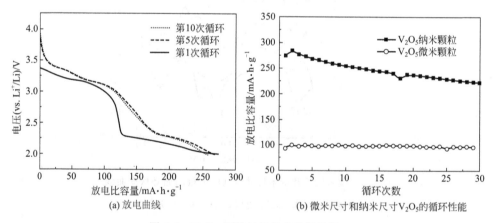

(a) 放电曲线      (b) 微米尺寸和纳米尺寸$V_2O_5$的循环性能

图 5-6　$V_2O_5$ 颗粒材料的电化学性能

## 5.1.2.3　$V_2O_5$ 颗粒尺度纳米化对材料性能优化的分析

尽管 13-$V_2O_5$ 在低的放电倍率（C/20）下具有高的比容量，但是在 C/2 的放电倍率下，其比容量降为 147mA·h·g$^{-1}$（图 5-7），该现象是由 $V_2O_5$ 材料较差的导电能力引起的。为了增强电极的导电能力，适当提高了电极制备过程中导电炭黑的含量（从 10% 增加到了 20%）。图 5-7 比较了不同炭黑含量的 13-$V_2O_5$ 纳米电极材料的放电性能。当炭黑含量增加到 20% 时，其最高放电比容量可以达到 239mA·h·$g^{-1}$，约为导电炭黑含量为 10% 电极最高比容量（120mA·h·$g^{-1}$）的两倍，并且具有更好的循环稳定性。该现象和很多文献报道的结果一致[17]，炭黑是一个很好的导电媒介，适当增加其含量，可以获得更好的倍率性能。

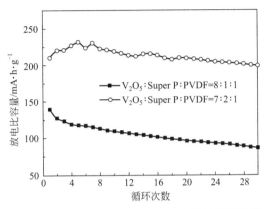

图 5-7 不同炭黑含量的 13-$V_2O_5$ 电极的循环性能

纳米尺寸的 $V_2O_5$ 存在一些颗粒团聚、尺寸粗化现象。为了有效地控制团聚，在制备钒前驱体的过程中，加入更多的草酸有助于获得分布更加均匀的纳米棒状颗粒［图 5-4(b)］。图 5-8 比较了 13-$V_2O_5$ 和 15-$V_2O_5$ 纳米材料的放电曲线以及循环性能。如图 5-8(a) 所示，第 5 次 15-$V_2O_5$ 的放电比容量为 266mA·h·$g^{-1}$，相比于 13-$V_2O_5$ 的 239mA·h·$g^{-1}$，其比容量更高。充放电循环 30 次后，两个电极的放电比容量分别为 240mA·h·$g^{-1}$ 和 198mA·h·$g^{-1}$。图 5-8(b) 是两个电极的循环放电性能。13-$V_2O_5$ 和 15-$V_2O_5$ 电极的放电比容量单次循环损失率分别为 0.53% 和 0.32%，这表明本节采用的热分解法制备的 $V_2O_5$ 纳米颗粒具有良好的电化学性能。相比于火焰喷雾热解所得的纳米材料在 30 次循环之后放电比容量（150mA·h·$g^{-1}$）[16] 更有优势。更好的容量保持率是由于合成的纳米粒子 $V_2O_5$ 纯度高和纳米颗粒团聚得到了有效抑制。在锂离子嵌入时，彼此分开的纳米颗粒和它们之间的空隙允许活性材料体积自由膨胀，因此降低了 $Li^+$ 嵌入的能垒，从而获得了更好的性能。Dunn 和他的合作者报道了类似取向的 $MoO_3$ 纳米材料具有更优越的嵌锂性能[18]。15-$V_2O_5$ 相比 13-$V_2O_5$ 电极材料具有更高的放电比容量，这是因为 15-$V_2O_5$ 纳米颗粒分布更加均匀，颗粒之间空隙更大。其次 15-$V_2O_5$ 粒子形状为纳米棒状结构，直径在

20～100nm 之间，而且局部区域平行排列。颗粒之间大的空隙以及颗粒的平行生长更加有利于电解液的扩散和润湿。

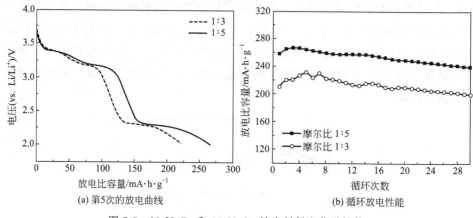

(a) 第5次的放电曲线  (b) 循环放电性能

图 5-8  13-V$_2$O$_5$ 和 15-V$_2$O$_5$ 纳米材料电化学性能

图 5-9 显示了 15-V$_2$O$_5$ 电极的倍率性能。在 C/2，即 147mA·g$^{-1}$ 的电流密度下，其放电比容量为 270mA·h·g$^{-1}$，与理论比容量 290mA·h·g$^{-1}$ 非常接近。在 1C（294mA·g$^{-1}$）、2C（588mA·g$^{-1}$）、4C（1176mA·g$^{-1}$）、8C（2352mA·g$^{-1}$）放电时，其放电比容量分别为 256mA·h·g$^{-1}$、234mA·h·g$^{-1}$、198mA·h·g$^{-1}$ 和 144mA·h·g$^{-1}$。该倍率性能相比之前文献报到的电化学性能提高明显。比如基于 V$_2$O$_5$ 的纳米胶囊结构的复合材料在 50mA·g$^{-1}$、250mA·g$^{-1}$ 和 500mA·g$^{-1}$ 电流密度下的放电比容量分别为 250mA·h·g$^{-1}$、200mA·h·g$^{-1}$ 和 160mA·h·g$^{-1[19]}$。与碳包覆的 V$_2$O$_5$ 的电化学性能

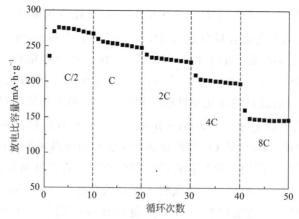

图 5-9  在 2～4V(vs. Li/Li$^+$) 电压范围内，相同的充放电倍率下，15-V$_2$O$_5$ 电极材料的倍率性能

相比，新合成的 15-$V_2O_5$ 材料性能更好[13,20]，其具有与 $V_2O_5$ 和碳双层纳米管相近的倍率性能[21]，而本合成工艺过程更简单，更容易实现规模制备。

本节通过热分解 $VOC_2O_4$ 制备了纳米 $V_2O_5$ 电极材料。合成的电极材料比商业化的 $V_2O_5$ 微米颗粒具有更优越的电化学性能。通过优化电极材料的配比和原始反应试剂的比例，可以获得规整排列的 $V_2O_5$ 棒状纳米颗粒。该材料在高倍率充放电时具有高的放电比容量和很好的循环稳定性。这些良好的特性主要归因于以下几点：纳米尺寸颗粒缩短了 $Li^+$ 扩散和电子传输的距离；纳米粒子之间较大的空隙和棒状结构纳米粒子在局部区域的同向排列有利于电解液渗透和润湿；纳米粒子彼此分开有助于适应锂离子嵌入和脱出过程中的体积变化。

# 5.2
# $V_2O_5$ 纳米带阵列材料

$V_2O_5$ 作为锂离子电池正极材料引起了极大的关注，因为它与商业化的 Li-$CoO_2$ 正极材料相比[22]，具有理论容量高、容易合成、成本低和资源丰富等优点。但它的锂离子扩散系数和电导率低导致其循环稳定性差[23]，阻碍了其作为锂离子电池正极材料的进一步发展。在过去的几十年里，纳米结构材料被证明能改善锂离子脱/嵌的动力学过程。尽管纳米结构钒氧化物的倍率性能得到了改善[24]，但它们的容量保持能力还有待进一步提高[25]。除了上一节中所得的纳米颗粒，其他纳米结构，如纳米棒[26]、纳米纤维[27]、纳米带[28]、纳米线[29] 和纳米管[24] 的制备也十分重要。一维纳米结构具有一系列独特的优点，包括电极材料和电解液之间的接触面积大，锂离子扩散距离短，有效的一维电子转移路径以及在电化学循环过程中易于应变松弛[24]。

本节采用无模板辅助的水热法合成超薄 $VO_2(B)$ 纳米带阵列，并研究水热时间对其电化学性能的影响。合成的 $VO_2(B)$ 通过在空气中 400℃ 煅烧能转变成多孔的 $V_2O_5$ 纳米带阵列，得到的 $V_2O_5$ 纳米带阵列显示了很好的倍率性能和循环性能。

## 5.2.1 材料制备与评价表征

药品试剂和溶剂都是分析纯级，使用时都没有经过进一步纯化。将 $0.5gV_2O_5$ 粉末分散在 20mL 去离子水中，磁力搅拌 5min 得到黄色悬浮液，然后加入 10mL 乙二醇。将混合液倒入反应釜中，在 180℃ 分别反应 2h、6h、12h、

18h、24h 和 48h，然后自然冷却到室温，将得到的深蓝色产物过滤，用去离子水和无水乙醇洗涤多次，在空气中 50℃ 干燥 12h。水热反应 2h、6h、12h 和 18h 得到的沉淀分别记为 $VO_2$-2h、$VO_2$-6h、$VO_2$-12h 和 $VO_2$-18h。将 $VO_2$-12h 在空气中以 2℃·$min^{-1}$ 的速率升温到 400℃ 并保温 1h 得到 $V_2O_5$ 纳米带阵列。

通过 X 射线衍射仪（XRD, Rigaku D/max2500）对钒氧化物纳米带的晶体结构进行检测。用场发射扫描电镜（FESEM, FEI Sirion200）和透射电镜（TEM, JEOL JEM-2100F）对材料的结构和形貌进行表征。通过差热扫描热重分析仪（NETZSCH STA 449C）研究 $VO_2$ 在空气中煅烧过程的反应过程。

通过组装扣式电池评估了钒氧化物纳米带阵列的电化学性能。钒氧化物活性材料、乙炔黑导电剂和聚偏二氟乙烯（PVDF）粘接剂以质量比 7∶2∶1 分散在 N-甲基-2-吡咯烷酮（NMP）溶剂中得到悬浮液，然后涂覆在铝箔上，90℃ 真空干燥 20h 得到正极片。在充满高纯氩气的手套箱中（Mbraun，德国）组装半电池，使用聚丙烯作为隔膜，$LiPF_6$ 溶于体积比为 1∶1 的碳酸亚乙酯/碳酸二甲酯（EC/DMC）溶剂中作为电解液（浓度为 1mol·$L^{-1}$）。在 CHI 660C 电化学工作站上测量循环伏安曲线，用蓝电测试系统（蓝电 CT 2001A，武汉）进行充放电性能测试。

## 5.2.2　结果与讨论

### 5.2.2.1　结构表征与讨论

图 5-10 显示了在不同的水热反应时间下制得的样品的 XRD 图。$VO_2$-2h、$VO_2$-6h、$VO_2$-12h 和 $VO_2$-18h 的衍射峰都能指数化为亚稳态单斜 $VO_2$(B)（空间群为 $C2/m$），晶格参数为 $a=1.1989$nm、$b=0.3693$nm、$c=0.6399$nm，这与报道的标准值相吻合（PDF 卡片号 31-1438，$a=1.2030$nm，$b=0.3693$nm，$c=0.6420$nm）[30]。$VO_2$-2h 中没有检测到杂相，说明高纯度的 $VO_2$(B) 能在 2h 内快速合成。如图 5-10 所示，亚稳相 $VO_2$(B) 在水热 2～18h 之间很稳定，然而，当水热时间延长到 48h，检测到了杂相单斜 $VO_2$(M)，说明亚稳相 $VO_2$(B) 有转变为单斜相 $VO_2$(M) 的趋势。

通过 FESEM 表征考察了水热反应时间对产物形貌的影响，结果如图 5-11 所示。水热反应时间分别为 2h、6h、12h 和 18h 时，得到的产物均为纳米带阵列，这说明该方法能比较容易地合成 $VO_2$(B) 纳米材料，并且其形貌能得到很好的控制。当水热反应时间延长到 24h 和 48h 时，纳米带转变为垂直取向的纳米片阵列，这种形貌的变化可能是由于 $VO_2$(B) 转变为 $VO_2$(M) 形成的新相引起的，这和 XRD 结果（图 5-10）相一致。

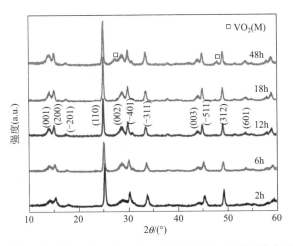

图 5-10  不同反应时间（2h、6h、12h、18h 和 48h）得到的产物的 XRD 图

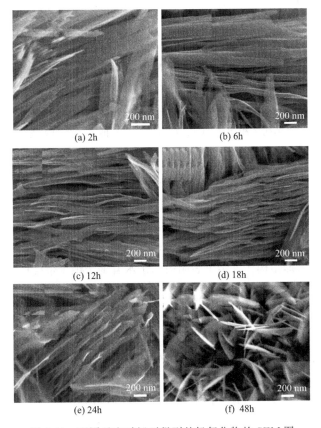

图 5-11  不同反应时间下得到的钒氧化物的 SEM 图

研究发现乙二醇和去离子水的体积比对产物的结构和形貌具有很大的影响。以不同体积比的乙二醇和去离子水作为溶剂在180℃反应12h得到的产物的XRD图谱如图5-12所示。当乙二醇和去离子水的体积比分别为1：2和1：1时，得到的产物的所有衍射峰都显示了$VO_2(B)$的特征峰，说明得到了纯的$VO_2(B)$；当乙二醇和去离子水的体积比达到2：1时，衍射峰的强度大大减弱；当使用纯的乙二醇作为溶剂时，没有观察到衍射峰，说明没有得到晶体相。XRD检测结果说明乙二醇和去离子水的体积比越低，越有利于得到高纯度的$VO_2(B)$相。

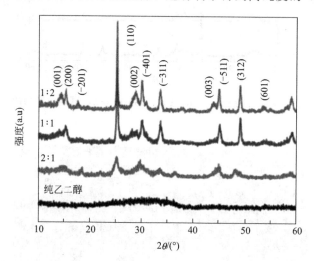

图5-12　以不同体积比（1：2、1：1、2：1）的乙二醇和去离子水作为溶剂以及以纯乙二醇作为溶剂得到的产物的XRD图谱

图5-13是以不同体积比的乙二醇和去离子水作为溶剂在180℃反应12h得到的产物的SEM图。当乙二醇和去离子水的体积比分别为1：2和1：1时，均能得到纳米带阵列；当乙二醇和去离子水的体积比达到2：1时，没有出现明显的纳米带结构，而是片层粘接在一起形成的块体结构；当使用纯的乙二醇作为溶剂时，得到的是不均匀的微米球结构，该结果表明去离子水有助于纳米带结构的生成。

## 5.2.2.2　电化学性能与讨论

图5-14是$VO_2$-6h电极材料在1.5～4.0V的电压范围内前两次的循环伏安曲线（CV曲线）。在阴极扫描中，位于2.77V和2.38V处的电流峰对应于锂离子在$VO_2(B)$电极中的嵌入过程，其反应式为：

$$VO_2 + xLi^+ + xe^- \longrightarrow Li_xVO_2 \tag{5-6}$$

在阳极扫描中，位于2.78V和3.04V处的电流峰对应于锂离子从$VO_2(B)$电极中的脱出过程。观察到的氧化还原峰对说明锂离子能在$VO_2(B)$电极材料中进

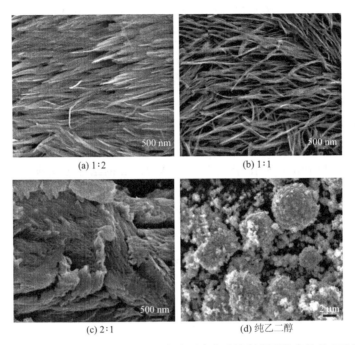

(a) 1:2    (b) 1:1

(c) 2:1    (d) 纯乙二醇

图 5-13　以不同体积比的乙二醇和去离子水作为溶剂得到的产物的 SEM 图

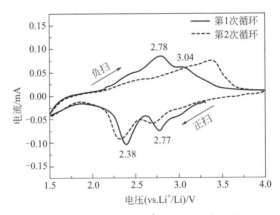

图 5-14　VO$_2$-6h 以 0.05mV·s$^{-1}$ 的扫描速率测得的 CV 曲线

行可逆脱/嵌。电极材料循环时，氧化还原峰位的偏移说明材料的电极极化变大。

通过充放电测试研究了反应时间对 VO$_2$(B) 作为锂离子电池正极材料的电化学性能的影响。图 5-15(a) 是 VO$_2$-6h 在 1.5～4.0V 的电压范围内以 50mA·g$^{-1}$ 的电流密度充放电时的充放电曲线，其充放电平台与 CV 曲线上的电流峰位置相一致。图 5-15(b) 比较了不同反应时间下得到的产物的循环稳定性。以 50mA·g$^{-1}$ 的电流密度充放电时，VO$_2$-6h 获得了 235mA·h·g$^{-1}$ 的首次放电比容量，循环 50 次后，容量保持率达到 85％；VO$_2$-2h 和 VO$_2$-12h 分别可获得 200mA·h·g$^{-1}$ 和 180mA·h·g$^{-1}$ 的首次放电比容量，在第 2 次循环时其比容量分别达到 222mA·h·g$^{-1}$ 和 190mA·h·g$^{-1}$，循环 50 次后，其比容量分别降为 149mA·h·g$^{-1}$ 和 124mA·h·g$^{-1}$；VO$_2$-18h 获得了 240mA·h·g$^{-1}$ 的首次放电比容量，但循环 5 次后其比容量迅速降为 115mA·h·g$^{-1}$，循环 50 次后，其比容量仅为 109mA·h·g$^{-1}$。VO$_2$-6h 相对于其他材料显示出了更好的循环稳定性和更高的放电比容量。从 XRD 结果（图 5-10）和 SEM 图片（图 5-11）中可以看出，相比于 VO$_2$-2h，VO$_2$-6h 的结晶度更高、形貌更规整；相比于 VO$_2$-12h 和 VO$_2$-18h，VO$_2$-6h 纳米带的厚度更薄、长度更长，为锂离子和电子提供了更短的扩散距离和更好的传输路径。我们通过实验所制得的 VO$_2$(B) 纳米带阵列的首次放电比容量比先前报道过的 VO$_2$(B) 纳米棒（152mA·h·g$^{-1}$）[31] 和 VO$_2$(B)/C 核壳微米球（161mA·h·g$^{-1}$）[32] 的放电比容量都要高很多。

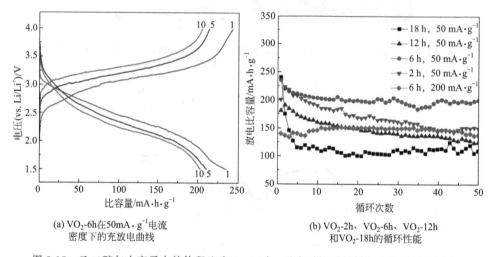

(a) VO$_2$-6h在50mA·g$^{-1}$电流
密度下的充放电曲线

(b) VO$_2$-2h、VO$_2$-6h、VO$_2$-12h
和VO$_2$-18h的循环性能

图 5-15 乙二醇与去离子水的体积比为 1∶2 时，反应时间对材料电化学性能的影响

通过充放电测试进一步研究了 VO$_2$-6h 在较大电流密度下的循环性能，如图 5-15(b) 所示。VO$_2$-6h 以 200mA·g$^{-1}$ 的电流密度充放电时显示出了很好的循环稳定性，初始放电比容量为 140mA·h·g$^{-1}$，循环 50 次后，仍能保持 138mA·h·g$^{-1}$ 的放电比容量，容量保持率高达 98.6％。

将 VO$_2$ 在空气中进行煅烧可以制备 V$_2$O$_5$ 材料。图 5-16 是 VO$_2$-6h、VO$_2$-12h 和 VO$_2$-18h 分别以 2℃·min$^{-1}$ 的速率升温到 350℃ 并保温 2h 得到的 V$_2$O$_5$-6h、V$_2$O$_5$-12h 和 V$_2$O$_5$-18h 的形貌和电化学性能。从图中可以看出，在

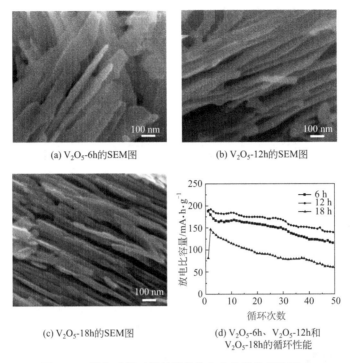

(a) V₂O₅-6h的SEM图     (b) V₂O₅-12h的SEM图

(c) V₂O₅-18h的SEM图     (d) V₂O₅-6h、V₂O₅-12h和
V₂O₅-18h的循环性能

图 5-16　煅烧时间对材料微结构和电化学性能的影响

$350℃$进行煅烧后，$V_2O_5$-6h 中的纳米带形貌不规整，$V_2O_5$-12h 具有均匀的纳米带阵列结构，$V_2O_5$-18h 中的纳米带粘连在一起，这说明 $VO_2$-12h 进行煅烧后其形貌能保持得更好。图 5-16(d) 显示了 $V_2O_5$-6h、$V_2O_5$-12h 和 $V_2O_5$-18h 在 $2\sim4V$ 的电压范围内，在 $50mA \cdot g^{-1}$ 的电流密度下充放电的循环性能。$V_2O_5$-12h 具有更高的放电比容量和更好的循环性能，获得了 $192mA \cdot h \cdot g^{-1}$ 的初始放电比容量，循环 50 次后，容量保持率为 72%；$V_2O_5$-6h 和 $V_2O_5$-18h 分别获得了 $188mA \cdot h \cdot g^{-1}$ 和 $146mA \cdot h \cdot g^{-1}$ 的初始放电比容量，循环 50 次后，其容量保持率分别为 61% 和 42%。

以 $VO_2$-12h 为原料，我们研究了煅烧条件对其产物的结构、形貌和电化学性能的影响。图 5-17 是 $VO_2$-12h 分别在 $350℃$ 保温 2h、$400℃$ 保温 1h 和 $400℃$ 保温 3h 得到的产物的 XRD 图。XRD 图谱中的衍射峰位置与正交结构的 $V_2O_5$（PDF 卡片号 41-1426，$a=1.1516nm$，$b=0.3566nm$，$c=0.3777nm$）[33] 的标准谱位置相吻合，属于 $Pmmn$ 空间群，这说明 $VO_2$-12h 在上述煅烧温度和煅烧时间下都能发生反应生成正交晶系的 $V_2O_5$。但 $VO_2$-12h 在 $400℃$ 保温 1h 所生成的 $V_2O_5$ 的峰的强度最弱、峰形最宽，这说明其结晶度最差，晶粒尺寸最小。

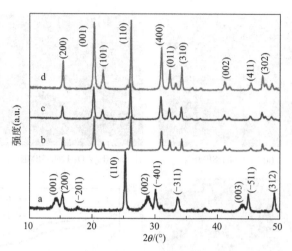

图 5-17　热处理温度、时间对材料物相的影响［$VO_2$-12h 的 XRD 图（a），$VO_2$-12h
分别在 350℃煅烧 2h（b）、400℃煅烧 1h（c）和 400℃煅烧 3h（d）得到的产物的 XRD 图］

　　为了考察煅烧条件对煅烧后产物的形貌和电化学性能的影响，图 5-18 显示
了 $VO_2$-12h 分别在 350℃保温 2h、400℃保温 1h 和 400℃保温 3h 得到的材料的

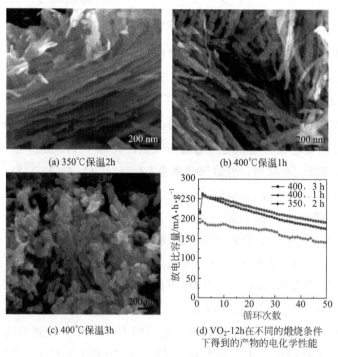

(a) 350℃保温2h

(b) 400℃保温1h

(c) 400℃保温3h

(d) $VO_2$-12h在不同的煅烧条件
下得到的产物的电化学性能

图 5-18　热处理温度、时间对材料微结构和电化学性能的影响

SEM 图及其电化学循环性能。从图 5-18(a) 中可以看出，在 350℃煅烧 2h，其纳米带阵列结构得到了很好的保留；从图 5-18(b) 中可见，在 400℃煅烧 1h，得到孔洞结构的纳米带阵列；当煅烧时间延长到 3h，纳米带阵列结构发生坍塌，转变为纳米颗粒，如图 5-18(c) 所示。VO$_2$-12h 在 350℃保温 2h、400℃保温 1h 和 400℃保温 3h 得到的产物在 2～4V 的电压范围内，在 50mA·g$^{-1}$ 的电流密度下充放电的循环性能如图 5-18(d) 所示。VO$_2$-12h 在 400℃保温 1h 得到的产物具有更高的放电比容量和更好的循环稳定性，在第 2 次循环时可获得 257mA·h·g$^{-1}$ 的放电比容量，循环 50 次后仍可保持 190mA·h·g$^{-1}$ 的放电比容量。VO$_2$-12h 在 400℃保温 3h 得到的产物获得了高达 262mA·h·g$^{-1}$ 的放电比容量，但循环 50 次后其放电比容量降低为 174mA·h·g$^{-1}$，容量保持率只有 66%，其较差的循环性能是由于其纳米颗粒被煅烧成块［图 5-18(c)］而引起的。由此可知，最佳的煅烧条件是在 400℃保温 1h，此条件下得到的产物具有最好的电化学性能。

图 5-19 是 VO$_2$-12h 在煅烧前后的形貌和结构对比图。图 5-19(a) 是 VO$_2$-12h 的 SEM 图，显示了产物由纳米带阵列组成，其中纳米带相互平行，厚度约为 10nm，宽度约为 200nm，长度约为 2μm。图 5-19(b) 中清晰的晶格条纹说明了纳米带有很好的结晶性能，观察到的 0.307nm 的面间距和 VO$_2$(B) 中相邻

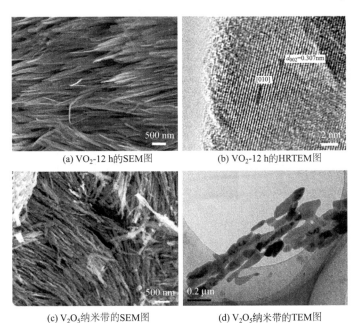

(a) VO$_2$-12 h的SEM图    (b) VO$_2$-12 h的HRTEM图

(c) V$_2$O$_5$纳米带的SEM图    (d) V$_2$O$_5$纳米带的TEM图

图 5-19　热处理对材料微结构的影响

的（002）晶面的间距相一致，这说明单根 $VO_2$(B) 纳米带沿着 [010] 方向生长。图 5-19(c) 是 $VO_2$-12h 以 $2℃ \cdot min^{-1}$ 的速率升温到 $400℃$ 并保温 1h 得到的 $V_2O_5$ 纳米带阵列的 SEM 图，由图可知，$VO_2$-12h 煅烧后其纳米带阵列结构得到保留，纳米带的厚度约为 20nm，长度约为 $2\mu m$。TEM 图 [图 5-19(d)] 显示了纳米带内部由平行连接的纳米颗粒组成，颗粒之间存在大量的孔洞。

将 $VO_2$-12h 在 $400℃$ 煅烧 1h 得到的 $V_2O_5$ 纳米带阵列材料组装成电池，在 $2.5\sim4V$ 的电压范围内进行电化学性能测试。图 5-20(a) 是多孔 $V_2O_5$ 纳米带在 $2.5\sim4V$ 电压范围内前 5 次的 CV 曲线图。在阴极扫描过程中，在 3.37V 和 3.17V 左右观察到了两个明显的电流峰，说明锂离子在电极材料中的嵌入分多步完成，相应地相从 $\alpha$-$V_2O_5$ 转变到 $\varepsilon$-$Li_{0.5}V_2O_5$ (3.37V)，再到 $\delta$-$LiV_2O_5$ (3.17V) 相[12]。在阳极扫描中，位于 3.25V 和 3.45V 的两个峰分别对应锂离子的脱出过程，物相又回到原始状态，即相从 $\delta$-$LiV_2O_5$ 转变为 $\varepsilon$-$Li_{0.5}V_2O_5$，

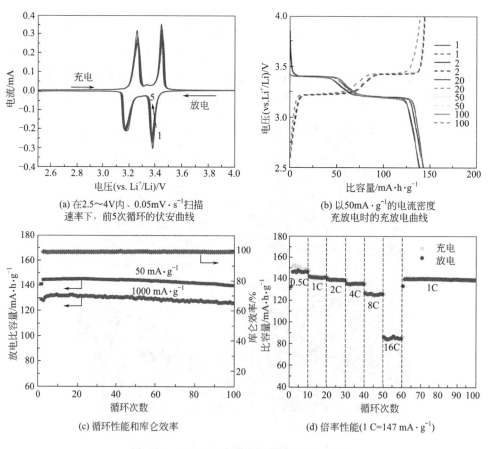

(a) 在 $2.5\sim4V$ 内、$0.05mV \cdot s^{-1}$ 扫描速率下，前5次循环的伏安曲线

(b) 以 $50mA \cdot g^{-1}$ 的电流密度充放电时的充放电曲线

(c) 循环性能和库仑效率

(d) 倍率性能(1 C=147 mA·g⁻¹) $1 C=147 mA \cdot g^{-1}$

图 5-20　$V_2O_5$ 纳米带材料综合电化学性能

再到 $\alpha\text{-}V_2O_5$[34]。CV 曲线几乎重合，说明锂离子在 $V_2O_5$ 中的脱/嵌具有高度可逆性。图 5-20(b) 是 $V_2O_5$ 纳米带阵列在 $50mA \cdot g^{-1}$ 的电流密度下和 2.5～4V 的电压范围内充放电时，第 1、10、20、50 和 100 次的充放电曲线，放电比容量分别为 $142mA \cdot h \cdot g^{-1}$、$146mA \cdot h \cdot g^{-1}$、$146mA \cdot h \cdot g^{-1}$、$145mA \cdot h \cdot g^{-1}$ 和 $141mA \cdot h \cdot g^{-1}$，循环过程中容量单次损失率为 0.03%，说明 $V_2O_5$ 纳米带阵列具有很好的容量保持率。充放电曲线中充放电平台与 CV 曲线上的电流峰位置吻合。图 5-20(c) 显示了 $V_2O_5$ 在不同电流密度下的循环性能和库仑效率。以 $50mA \cdot g^{-1}$ 的电流密度充放电时，可获得 $146mA \cdot h \cdot g^{-1}$ 的放电比容量，非常接近 $V_2O_5$ 晶体的理论比容量（$147mA \cdot h \cdot g^{-1}$），从第 1 次到第 100 次循环展现了杰出的循环稳定性，库仑效率接近 100%，说明锂离子脱/嵌过程具有很好的可逆性。当以 $1000mA \cdot g^{-1}$ 的电流密度充放电时，仍能得到 $130mA \cdot h \cdot g^{-1}$ 的比容量，循环 100 次后，比容量为 $128mA \cdot h \cdot g^{-1}$，单次容量衰减率仅为 0.015%，显示了优越的容量保持能力。

图 5-20(d) 显示了多孔 $V_2O_5$ 纳米带阵列的倍率性能。材料以 0.5C、1C、2C 和 4C 倍率充放电时，分别获得了 $146mA \cdot h \cdot g^{-1}$、$142mA \cdot h \cdot g^{-1}$、$139mA \cdot h \cdot g^{-1}$ 和 $135mA \cdot h \cdot g^{-1}$ 的放电比容量。当以 8C 和 16C 的倍率充放电时，仍能得到 $127mA \cdot h \cdot g^{-1}$ 和 $87mA \cdot h \cdot g^{-1}$ 的比容量。当电流密度重新回到 1C 时，放电比容量达到 $140mA \cdot h \cdot g^{-1}$。从第 60 次循环到第 100 次循环，放电比容量从 $140mA \cdot h \cdot g^{-1}$ 变化到 $139mA \cdot h \cdot g^{-1}$，几乎没有容量衰减。$V_2O_5$ 纳米带相比以前报道的 $V_2O_5$ 纳米颗粒[35] 和 $V_2O_5$ 微米球[36] 具有更好的电化学性能。电极材料很好的倍率性能和循环稳定性能归因于其多孔 $V_2O_5$ 纳米带阵列结构。纳米尺寸厚度缩短了锂离子扩散和电子转移的距离；同时，纳米带的孔洞结构有利于电解液的渗透，能增加电极材料与电解液的接触面积；此外，孔洞结构更有利于材料承受充放电过程中锂离子快速脱/嵌造成的体积膨胀。本节报道的低成本制备方法和良好的电化学性能使 $V_2O_5$ 多孔纳米带阵列材料更有望用作锂离子电池正极材料。

# 5.3
# $V_2O_5$ 超大超薄纳米片材料

自从单层石墨烯的研究者获得诺贝尔奖以来，二维层状材料已日渐成为材料科学领域的研究热点。研究者们在二维材料的制备和应用方面开展了广泛而深入的研究工作，其中，过渡金属氧化物纳米片层材料在传感[37]、催化[38]、储能及能量转换[39] 等诸多应用领域表现出了优良的电、光、磁及机械性能，具有良好的应用前景。目前，制备过渡金属氧化物纳米片材料通常采用超声剥离的方法，即在层状物质块体材料的层间嵌入大分子扩大层间距使层间相互作用力减弱，再辅以长时间的超声震荡从而剥离出超薄的纳米片层材料。然而，大分子插嵌过程通常需要在特定的溶液中进行长时间的离子交换，而且还需要进行冗长的超声震荡处理，整个过程常常需要花费一周甚至更长的时间[40]。而且，其投入产出比也很低，所使用的块体材料通常仅有 10%～30% 可以转化为纳米片材料，大部分原材料都被当作废料遗弃了。除此之外，该方法所得纳米片层材料的大小取决于所用块体材料的原始大小，且采用的超声剥离过程相对较为激烈，所得终产物的片层大小通常还要比原块体材料的尺寸更小。因此，如何廉价、高效地制备超大超薄纳米片仍是材料科学工作者面临的难题。

$V_2O_5$ 具有层状结构，在 2～4V 的电压区间内，$V_2O_5$ 能可逆地嵌入/脱出 2 个 $Li^+$ 并具有 $294mA \cdot h \cdot g^{-1}$ 的理论比容量[21]，远高于商业化的 $LiFePO_4$ 和 $LiCoO_2$，因而受到科研工作者的广泛关注[41]。但较差的 $Li^+$ 扩散效率和导电能力严重影响了 $V_2O_5$ 的电化学性能[42]。前面介绍过材料纳米化被认为是一种有效的解决办法。至今，已有多种纳米材料被制备出来并表现出了相较于块体材料更好的电化学性能，包括纳米阵列[42]、纳米棒[43]、纳米线[44]、纳米带[45]、纳米片[46] 和三维自组装微纳米球[47,48] 等材料。Lou 等人报道的具有裸露的 (001) 面的 $TiO_2$ 微米球材料即表现出了快速可逆储锂的能力[49]。此外，纳米材料的表面能和表面缺陷同样有助于其表现出优异的电化学性能[49]。为了获得理想的电化学性能，制备在充放电过程中有良好的 $Li^+$ 导通结构的纳米材料是一种重要途径。制备合成超大超薄纳米片材料对基础研究和实际应用有着重要意义，因为其超薄的纳米级厚度，有助于 $Li^+$ 的快速脱/嵌，继而提高材料的大电流循环能力；其超大的片层结构可使材料在 $Li^+$ 的反复脱/嵌过程中保持良好的结构完整性，从而保证良好的循环稳定性。目前独立的二维 $V_2O_5$ 纳米片材料鲜有报道。最近，Rui 等人报道了一种化学剥离块体 $V_2O_5$ 材料以获得长宽约几微米的 $V_2O_5$ 纳米片材料的制备方法，该材料展现出了优异的电化学性能[50]。但是，这种"自上而下"的制备方法，需要长时间的溶液处理和超声剥离，且所得纳米片材料多因剥离过程比较激烈而碎裂成小片。尤其是 $V_2O_5$ 层间是依靠较强的共价键连接的，故而剥离 $V_2O_5$ 纳米片更为困难，因此通过剥离的方法很难获得超大的 $V_2O_5$ 纳米片材料。探索更行之有效的方法来合成超大超薄的 $V_2O_5$ 纳米片材料对电化学材料的基础研究和实际应用有重要的研究意义。

本节介绍了一种简便的"自下而上"的溶剂热合成方法，制备宽度超过 $100\mu m$ 厚度仅为几个原子层的超大超薄 B 型 $VO_2$ 纳米片材料。这是已报道的同类型材料中最大的纳米片材料[51]。而且，该纳米片材料呈现出一种特殊的层层堆叠的结构。在空气中经一步简单的煅烧处理，即可获得超大超薄 $V_2O_5$ 纳米片材料，该材料用作锂离子正极材料表现出了优异的倍率性能和循环稳定性。

## 5.3.1　材料制备与评价表征

材料溶剂热合成制备：首先，称取 50mg 五氧化二钒粉末（$V_2O_5$，$\geqslant$ 99.0%，天津大茂试剂有限公司）置于烧杯中，加入 5mL 去离子水并超声处理 5min。随后，加入 10mL 过氧化氢（$H_2O_2$，$\geqslant 30\%$，国药集团化学试剂有限公司）并搅拌至 $V_2O_5$ 完全溶解得到亮黄色溶液。再加入 10mL 异丙醇 [$(CH_2)_2CHOH$，$\geqslant 99.7\%$，国药集团化学试剂有限公司]，继续搅拌 5min。最后，将上述溶液转入容积为 50mL 的聚四氟乙烯反应釜内胆中，以钢壳密封，置入炉中于 180℃反应 6h。待反应完毕，所得的蓝色沉淀物经抽滤漂洗（乙醇、去离子水各漂洗两次）后，于室温下自然风干。干燥后的样品可轻易地直接从滤膜上完整地剥离下来。整个过程如图 5-21 所示。将上述蓝色产物置于马弗炉中在 350℃下煅烧 2h，升温速率为 1℃·$min^{-1}$，可获得 $V_2O_5$ 超大超薄纳米片。

合成材料物相分析在 X 射线衍射分析仪（XRD，Rigaku D/max2500）下完成，靶材为 CuK$\alpha$，入射波长为 1.54178Å。扫描范围为 10°～80°（$2\theta$），步长为 0.02°。用环境扫描显微镜（FESEM，SIRION 200）和透射电子显微镜（TEM，JEOLJEM-2100F）观测了合成材料的微结构。纳米片材料的厚度信息由安捷伦科技 5500 型原子力显微镜（AFM，Agilent Technologies 5500）采用敲击模式测得。SEM 及 AFM 检测样品均是通过将样品分散在乙醇中，滴在洁净的硅片上制得的。红外图谱由 Nicolet 6700 型光谱仪（USA）测试获得，记录频率范围为 4000～400cm$^{-1}$。拉曼图谱由 LabRAM HR800 型光谱仪（Horiba Jobin Yvon S. A. S）测得，入射波长为 488nm，功率为 10mW。TG 和 DSC 曲线则由 STA449C 型热分析仪（Germany）测得，测试温度范围为室温至 600℃，升温速率为 5℃·$min^{-1}$。

电极材料制备：浆料由 $V_2O_5$ 纳米片、导电剂乙炔黑及粘接剂聚偏二氟乙烯（PVDF）以 7:2:1 的质量比混合并于 $N$-甲基吡咯烷酮（NMP）中混合均匀获得。所得浆料均匀涂布在铝箔上，并置于炉中以 100℃干燥 12h 以备装配电池。所有的测试电池均在充满氩气的手套箱中装配完成，测试扣式电池的对电极和参比电极为锂片，电解液为浓度为 1mol·$L^{-1}$ 的 $LiPF_6$ 溶液 [溶剂为体积比为

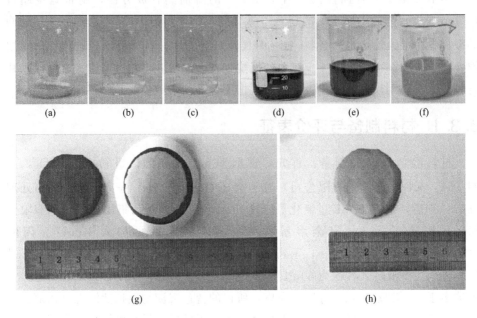

图 5-21　$V_2O_5$ 超大超薄纳米片材料制备过程中的颜色变化

（a）50mg$V_2O_5$ 在 5mL 去离子水中超声处理 5min 后；（b）加入 10mL $H_2O_2$ 后，形成 $V_2O_5$ 溶胶；
（c）加入 10mL 异丙醇后；（d）180℃溶剂热反应 6h 后；（e）经乙醇离心漂洗去除有机杂质并超声
震荡 10s 后；（f）煅烧后的样品重新超声分散于乙醇中；（g）经去离子水和乙醇抽滤漂洗并自然风
干后；（h）置于空气中于 350℃煅烧 2h 后

1：1：1的碳酸乙酯（EC）、碳酸二乙酯（DEC）和碳酸二甲酯（DMC）]。电池循环性能于室温下在蓝电测试系统（Land CT 2001 A，China）上测试获得，电压测试区间为 2.5～4V(vs. Li/Li$^+$)。电极的比容量是基于 $V_2O_5$ 的质量计算所得。循环伏安曲线由电化学工作站（CHI660C，China）获得，扫描速率为 0.05mV·s$^{-1}$，测试电压范围为 2.5～4V(vs. Li/Li$^+$)。电化学阻抗图谱则由 ZAHNER-IM6ex 型电化学工作站测得，测试频率范围为 100kHz～10mHz。

## 5.3.2　结果与分析讨论

### 5.3.2.1　结构表征与讨论

制备过程中的样品颜色变化记录于图 5-21 中。随着 $H_2O_2$ 的加入，原来的橘黄色浑浊液变成了亮黄色溶液，该变化是 $V_2O_5$ 与过氧根离子发生配位反应，得到 $V_2O_5$ 溶胶并溶于水中的结果。随后，加入异丙醇后，溶液颜色并无明显变化。于 180℃下反应 6h 后，实验得到深蓝色沉淀［图 5-21(d)］。该蓝色样品经

10s 的超声处理即可在乙醇中均匀分散 [图 5-21(e)]。将上述分散液进行抽滤漂洗即可收集获得蓝色沉淀产物，经自然风干后，该产物可轻易地从滤膜上完整地剥离下来 [图 5-21(g)]。将该蓝色圆片于空气中 350℃ 下煅烧 2h，可获得黄色的最终产物。

合成产物物相分析 XRD 测试结果如图 5-22(a) 所示，该结果与 Xie 等人所报道的 B 型 $VO_2$ 纳米片材料[52] 的 XRD 图谱十分相似。而样品的深蓝色亦与 B 型 $VO_2$ 的颜色相吻合。将该 XRD 衍射图谱与单斜晶型 $VO_2$（B）的标准图谱（JCPDS 81-2392，$C2/m$（12）空间群，$a=12.093$Å，$b=3.702$Å，$c=6.433$Å）进行对比发现，该样品仅显示出（001）、（002）和（003）衍射峰。由于三个峰不足以确定样品的物相，为此，采用了傅里叶变换红外光谱分析仪（FTIR）和拉

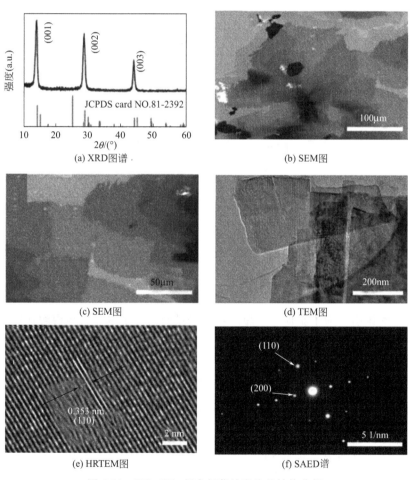

(a) XRD图谱           (b) SEM图

(c) SEM图           (d) TEM图

(e) HRTEM图           (f) SAED谱

图 5-22　$VO_2$（B）超大超薄纳米片的结构分析

曼光谱分析仪对样品的结构信息进行进一步分析，其结果如图 5-23(a)、(b) 所示。而两项测试均表明，样品的图谱结果均与前人报道的 $VO_2(B)$ 测试结果[53]相吻合。综上分析表明，所得深蓝色产物为纯相的 $VO_2(B)$，而仅显示出 (001)、(002) 和 (003) 峰的这一强取向性 XRD 图谱特点恰恰说明了样品的纳米片形貌特征。

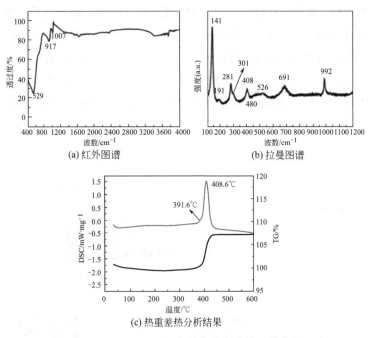

(a) 红外图谱

(b) 拉曼图谱

(c) 热重差热分析结果

图 5-23　$VO_2(B)$ 超大超薄纳米片的理化分析

这一微观形貌特点在环境扫描显微镜（FESEM）的测试结果中表现得更为直观，如图 5-22(b) 和图 5-22(c) 所示，表明该溶剂热反应产物具有超大的纳米片结构，其长宽超过 $100\mu m$。异丙醇的加入对于形成这一独特微观结构起着至关重要的作用，为了验证这一想法，用等量的去离子水替代异丙醇并保持其他反应参数不变，进行上述反应，反应结果表明，并无沉淀生成。正是因为加入了异丙醇，$V_2O_5$ 溶胶才得以被还原成 $VO_2(B)$，继而自主生长成超大的 $VO_2(B)$ 纳米片以减少表面能。该 $VO_2(B)$ 纳米片的长宽远大于之前报道的 $VO_2(B)$ 纳米片材料[54]。该纳米片的层层堆叠结构可以在 TEM 结果 [图 5-22(d)] 中清楚地观察到。高分辨 TEM 观测结果 [图 5-22(e)] 表明所得的 $VO_2(B)$ 为单晶结构，其晶格条纹间距为 $0.353nm$，与单斜晶型 $VO_2(B)$ 的 (110) 面的晶面间距十分吻合。而选区电子衍射（SAED）结果 [图 5-22(f)]表明产物的结晶性良好，同时也证明了 $VO_2(B)$ 纳米片材料沿 (001) 面择优生长。这种择优取向的产生可能是缘于最密堆积的（001）晶面上有更多的原子和更高的表面能，且有大量的 O—H 和 V—O 键官能团[55]。通过以上分析可以得出如下结论：溶剂热反应产物为纯相的单斜型 $VO_2(B)$ 并具有（00l）择优取向的超大纳米片材料。

在空气中于 350℃下经过 2h 的煅烧之后，$VO_2(B)$ 超薄纳米片即可转化为 $V_2O_5$ 纳米片，并保持了其超大超薄的纳米片形貌。图 5-23(c) 为 $VO_2$ 样品的 TG/DSC 的测试结果，$VO_2$ 纳米片在温度升至 400℃左右时 DSC 曲线上出现了一个明显的放热峰，并伴随 TG 曲线质量的增加，该过程为 $VO_2(B)$ 被氧化成 $V_2O_5$ 的反应过程。考虑到 TG/DSC 的测试中采用的是较快的 $5℃·min^{-1}$ 的升温速率且没有保温过程，因而其测试结果应比实际反应所需温度略高，所以选择 350℃作为煅烧温度。图 5-24(a) 为煅烧后所得样品的 XRD 图谱，其结果与纯相的正交型 $V_2O_5$ 的标准图谱（JCPDS 41-1426，$Pmnm$（59）空间群，$a=11.516$Å，$b=3.5656$Å，$c=4.3727$Å）高度吻合。虽然图谱上显示有诸如（101）、（110）、（011）等衍射峰存在，但位于 20°左右的（001）峰明显强于其他衍射峰，这一结果表明 $VO_2(B)$ 纳米片的强取向性在煅烧过程中得到了良好的保持。这一结果也得到了 SEM 检测结果［图 5-24(b)］的证实，结果表明，以每分钟 1℃的升温速率缓慢加热，$VO_2(B)$ 的纳米片层结构很好地保持了下来，所得的 $V_2O_5$ 纳米片仍然是超大超薄的片层结构。图片右上角卷起的纳米片说明该 $V_2O_5$ 纳米片材料不仅厚度很薄且具有良好的柔韧性。同时，图 5-24(c)

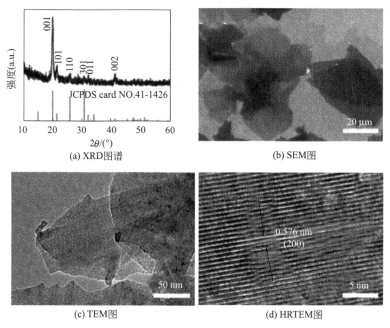

(a) XRD图谱  (b) SEM图

(c) TEM图  (d) HRTEM图

图 5-24    $V_2O_5$ 超大超薄纳米片的微结构表征

所示的 TEM 结果更清楚地揭示了该材料的超薄纳米片的微观形貌特点。高分辨 TEM 结果 [图 5-24(d)] 表明 $V_2O_5$ 纳米片也是结晶性良好的单晶，其晶格条纹间距为 0.576nm，与 (200) 面的晶面间距相吻合。

为了更精确地获得 $VO_2$(B) 与 $V_2O_5$ 纳米片的片层厚度信息，使用原子力显微镜 (AFM) 对样品进行了进一步的表征，结果如图 5-25 所示。大片的 $VO_2$(B) 纳米片十分平整，其厚度仅为 5.2nm。而图 5-25(b) 关注的是小片的层层堆叠的 $VO_2$(B) 纳米片结构，根据测试结果 [图 5-25(c)]，其厚度在 2~5nm 之间。综合 XRD 和 TEM 表征结果，表明 $VO_2$(B) 纳米片是沿 (001) 面择优生长的单晶纳米片，其晶面间距为 0.615nm，因此厚 2~5nm 对应于 3~8 层

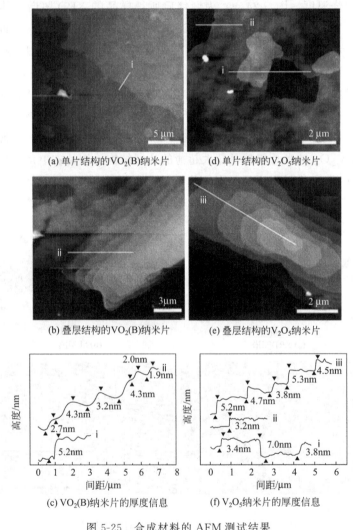

(a) 单片结构的$VO_2$(B)纳米片　　(d) 单片结构的$V_2O_5$纳米片

(b) 叠层结构的$VO_2$(B)纳米片　　(e) 叠层结构的$V_2O_5$纳米片

(c) $VO_2$(B)纳米片的厚度信息　　(f) $V_2O_5$纳米片的厚度信息

图 5-25　合成材料的 AFM 测试结果

(001) 晶面。由此可见，该 $VO_2(B)$ 超薄纳米片仅由 3～8 层（001）原子层构成。图 5-25(d)、(e)、(f) 显示的是 $V_2O_5$ 纳米片的厚度信息。由图可见，独立的大片纳米片结构和层层堆叠的纳米片结构均得到了很好的保持，其厚度为 3～5nm。该材料良好的结构保持得益于采用的较为温和的烧结条件（缓慢的升温速率和较低的煅烧温度）。这种超大的纳米片层结构和层层堆叠结构将有助于提高其作为锂离子电池正极材料的电化学性能。

### 5.3.2.2　电化学性能与讨论

将合成的 $V_2O_5$ 纳米片材料装配成扣式电池并进行了相应的电化学性能测试。首先，进行了循环伏安测试，测试电压区间为 $2.5～4V(vs. Li/Li^+)$。测试结果如图 5-26(a) 所示，前五次循环的 CV 曲线几乎完全重合，没有明显的衰减，说明该材料的循环稳定性优异。位于 3.38V 和 3.17V 处的两个氧化峰分别对应于 $\alpha-V_2O_5$ 转化为 $\varepsilon-Li_{0.5}V_2O_5$ 和 $\varepsilon-Li_{0.5}V_2O_5$ 转化为 $\delta-LiV_2O_5$ 的两步嵌

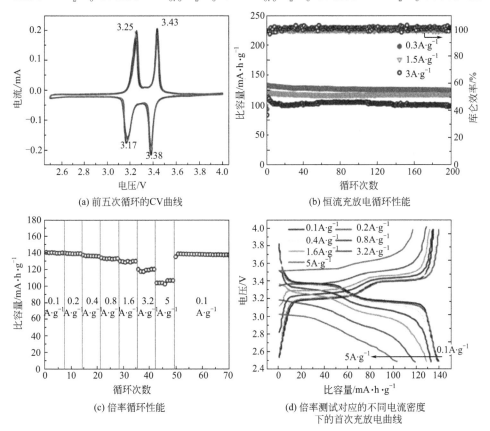

(a) 前五次循环的CV曲线

(b) 恒流充放电循环性能

(c) 倍率循环性能

(d) 倍率测试对应的不同电流密度下的首次充放电曲线

图 5-26　$V_2O_5$ 纳米片电极材料的电化学性能

锂反应过程[56]。而位于 3.43V 和 3.25V 处的两个还原峰则分别对应于上述两步嵌锂过程的逆反应过程[57]，且氧化峰与还原峰的电压间隙较小，表明电极材料和电解液极化较小。

为了测试 $V_2O_5$ 纳米片电极材料的长循环稳定性，对其进行了恒流充放电测试。在 $0.1A \cdot g^{-1}$ 的电流密度下，该材料释放出了 $141mA \cdot h \cdot g^{-1}$ 的高比容量 [图 5-27(a)]，约为其理论比容量的 96%。其放电曲线 [图 5-27(b)] 清楚地显示了位于 3.35V 和 3.15V 左右的两个放电平台，对应于上述的两步嵌锂反应过程。每圈的充放电曲线都几乎重合，表明该电极材料具有良好的循环稳定性。图 5-26(b) 为 $V_2O_5$ 纳米片电极材料在不同电流密度下（$0.3A \cdot g^{-1}$、$1.5A \cdot g^{-1}$ 和 $3A \cdot g^{-1}$）的恒流充放电循环图，在三种电流密度下，第 2 次循环的最大放电比容量分别为 $135mA \cdot h \cdot g^{-1}$、$125mA \cdot h \cdot g^{-1}$ 和 $116mA \cdot h \cdot g^{-1}$，且循环 200 次后，其容量保持率分别高达 93.8%、92.6% 和 87.1%，库仑效率在整个循环过程中均接近 100%。为了进一步探究材料的长循环能力，保持其在 $1.5A \cdot g^{-1}$ 的电流密度下一直循环了 500 次，其容量保持率仍然高达 92.6%，

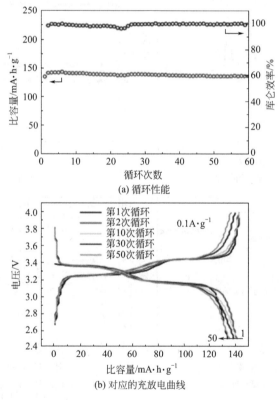

(a) 循环性能

(b) 对应的充放电曲线

图 5-27 $V_2O_5$ 纳米片电极材料在 $0.1A \cdot g^{-1}$ 的电流密度下的电化学性能

平均每次循环容量衰减率仅为 0.015％（图 5-28）。这样的循环表现要明显优于纳米片自组装 $V_2O_5$ 微米球材料[58]。其优异的循环性能得益于超大的纳米片结构和层层堆叠的纳米片层结构能够在 $Li^+$ 反复的循环脱嵌的过程中更好地保持其结构完整性。图 5-26(c)、(d) 显示的是该材料的倍率性能和对应的充放电曲线。在 $0.1A \cdot g^{-1}$、$0.2A \cdot g^{-1}$、$0.4A \cdot g^{-1}$、$0.8A \cdot g^{-1}$、$1.6A \cdot g^{-1}$、$3.2A \cdot g^{-1}$ 及 $5A \cdot g^{-1}$ 的电流密度下，其首次循环的放电比容量分别为 $139mA \cdot h \cdot g^{-1}$、$138mA \cdot h \cdot g^{-1}$、$136mA \cdot h \cdot g^{-1}$、$133mA \cdot h \cdot g^{-1}$、$129mA \cdot h \cdot g^{-1}$、$119mA \cdot h \cdot g^{-1}$ 及 $103mA \cdot h \cdot g^{-1}$。当电流密度重新降回 $0.1A \cdot g^{-1}$ 时，其放电比容量又重新回到了 $137mA \cdot h \cdot g^{-1}$。需要特别说明的是，即使在 $5A \cdot g^{-1}$ 的高电流密度下循环，该电极材料仍能释放出高达 $103mA \cdot h \cdot g^{-1}$ 比容量，表明该材料有优异的大电流充放电能力。图 5-26(d) 中的充放电曲线显示，在 $0.1A \cdot g^{-1}$、$0.2A \cdot g^{-1}$ 及 $0.4A \cdot g^{-1}$ 的较低的电流密度下循环，其放电曲线和放电平台几乎相互重合；而在 $0.8A \cdot g^{-1}$ 和 $1.6A \cdot g^{-1}$ 等较大的电流密度下，仍能观察到两个明显的放电平台；当电流密度进一步增大至 $3.2A \cdot g^{-1}$ 和 $5A \cdot g^{-1}$ 时，虽然放电平台已不太明显，但仍能分别释放出高达 $119mA \cdot h \cdot g^{-1}$ 和 $103mA \cdot h \cdot g^{-1}$ 的放电比容量。该倍率性能与 Rui 等人报道的 $V_2O_5$ 纳米片材料的倍率性能相仿[50]，并明显优于大多数报道结果[46]。交流阻抗测试结果（图 5-29）表明该材料的电荷转移电阻仅为 $82.14\Omega$，说明纳米片具有良好的 $Li^+$ 导通能力和导电能力，这也进一步解释了该材料优异的电化学性能。与其他微观结构的 $V_2O_5$ 纳米材料进行对比发现：相较于前人报道的纳米棒材料[43]、纳米线材料[44] 和三维自组装微米球材料[59]，该 $V_2O_5$ 超大超薄纳米片材料的电化学性能表现更为出色。其优异的电化学性能可归因于 $V_2O_5$ 超大

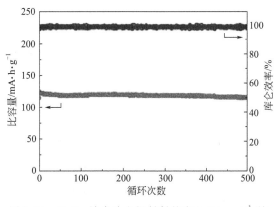

图 5-28　$V_2O_5$ 纳米片电极材料的在 $1.5A \cdot g^{-1}$ 的
电流密度下循环 500 次的性能图

超薄纳米片材料独特的微观结构优势，原因如下：①超薄纳米片层之间的空隙有助于电解液的浸润并扩大电极材料与电解液的接触面积；②纳米片超薄的厚度特性可有效缩短 $Li^+$ 的扩散路径和电子传输距离；③纳米片材料的柔韧性和片层之间的间隙有助于材料应对 $Li^+$ 反复嵌入脱出带来的体积变化，减少材料结构的坍塌；④超大纳米片层结构和层层堆叠结构可以更好地保持该纳米片电极材料的结构完整性。

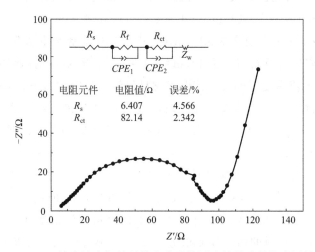

图 5-29　$V_2O_5$ 纳米片电极材料的交流阻抗测试结果及其拟合测算结果

# 5.4
# $V_2O_5$/MWCNT 纳米复合材料

$V_2O_5$ 晶格中较低的锂离子扩散系数[60] 和较低的电导率[24] 阻碍了其作为锂离子电池正极材料的广泛应用。纳米结构的 $V_2O_5$ 可以通过缩短锂离子扩散和电子的迁移距离来改进锂离子的脱/嵌性能，通过增大锂离子脱嵌的表面积来提高比功率[61]。但 $V_2O_5$ 的低电导率仍是限制其作为锂离子电池正极材料应用的另一个关键因素。

由于碳纳米管具有独特的一维管状结构、大的表面积、高的电导率和电化学稳定性，它被广泛用来修饰其他材料，用于能量储存和转换[62]。$V_2O_5$ 或者 $V_2O_5$ 凝胶与碳纳米管的复合材料在高倍率下显示出了很好的电化学性能。Hu 等[21] 通过浸渍法合成了 $V_2O_5$/CTITs 纳米复合材料，该材料具有很好的锂渗透性和电化学性能。Cao 等[63] 通过可控水解沉积法将 $V_2O_5$ 纳米颗粒沉积到单壁碳纳米管（SWNT）介孔薄膜上，合成了具有高倍率性能的 $V_2O_5$ 纳米颗粒/SWNT 介孔杂化薄膜。这些纳米复合材料为电子和离子提供了很好的扩散路径和传输通道，这对高倍率可充电锂离子电池至关重要，然而这些制备过程都比较复杂。

本节介绍一种简便且环境友好的水热法合成的 $V_2O_5$ 纳米颗粒和多壁碳纳米管（MWCNT）复合材料——$V_2O_5$/MWCNT，并对该纳米复合材料的结构和电化学性能进行了表征分析与讨论。

## 5.4.1 材料制备与评价表征

所用的药品试剂和溶剂直接购买，利用工业化生产的化学试剂，通过水热法合成 MWCNT/$V_2O_5$ 纳米复合材料。主要过程为：将 $0.364g V_2O_5$ 分散在 20mL 去离子水中，磁力搅拌下加入 5mL 30% 的 $H_2O_2$，室温下继续搅拌 1h。同时分别将不同含量（5%、10%、15%，质量分数）的 MWCNT 超声处理下分散在 10mL 去离子水中，最后，将上述两种溶液混合并继续搅拌 1h 以形成均匀的分散液。将分散液倒入反应釜中，200℃水热反应 4h 后自然冷却到室温。将产物过滤，用去离子水和乙醇洗涤 3 次，首先在 60℃干燥 12h，然后在 100℃真空干燥 10h 并研磨得到前驱体粉末。将前驱体在空气中 400℃煅烧 1h 得到纳米复合材料。作为对比，制备了没有加入 MWCNT 的纯 $V_2O_5$。MWCNT 由南京先丰纳米材料科技有限公司提供，直径为 50nm，长度为 10～30$\mu m$。

$V_2O_5$ 粉末和 MWCNT/$V_2O_5$ 纳米复合材料的晶体结构用 X 射线衍射仪（XRD，Rigaku D/max2500）进行检测。用场发射透射电镜（FETEM，JEOL JEM-2100F）和扫描电镜（SEM，FEI Sirion200）对材料的结构和形貌进行表征。利用差热扫描（DSC）/热重分析仪（NETZSCH STA 449C）研究前驱体的分解过程。

分别以 MWCNT/$V_2O_5$ 纳米复合材料和 $V_2O_5$ 粉末作为正极材料，锂片作为负极，组装成扣式电池（CR 2016）进行电化学性能测试。将活性材料、乙炔黑（导电剂）和聚偏二氟乙烯（粘接剂）以 7:2:1 的质量比混合，然后分散在 N-甲基吡咯烷酮（NMP）溶剂中得到浆料，将浆料涂覆在铝箔上，90℃真空干燥 20h 得到正极片。电池的组装在充满高纯氩气的手套箱（Mbraun，德国）中进行，以聚丙烯薄膜作为隔膜，以 $LiPF_6$ 溶解在体积比为 1:1 的碳酸亚乙酯/碳酸二甲酯（EC/DMC）中所得的溶液为电解液（浓度为 $1mol \cdot L^{-1}$）。分别用 CHI660c 和 IM6ex 电化学工作站对电池的循环伏安曲线和阻抗进行测试，室温下用蓝电测试系统（Land CT2001A，武汉）对电池在 2.05～4V 电压范围内进行充放电性能测试。计算 MWCNT/$V_2O_5$ 纳米复合材料的充放电比容量时，活性物质的质量为 $V_2O_5$ 和 MWCNT 的质量之和。

## 5.4.2　结果与分析讨论

### 5.4.2.1　结构表征与讨论

图 5-30 是 MWCNT 含量为 10%（质量分数）的 MWCNT/$V_2O_5$ 复合材料和纯 $V_2O_5$ 的前驱体以 10℃·$min^{-1}$ 的升温速率在空气中加热时的 TG-DSC 分

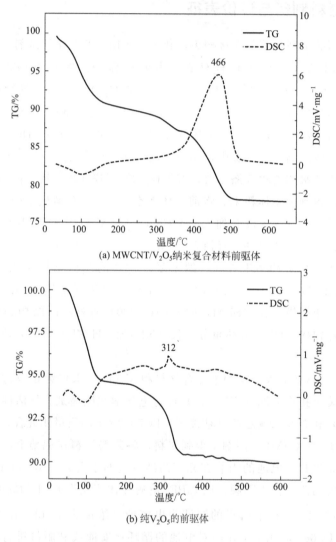

(a) MWCNT/$V_2O_5$纳米复合材料前驱体

(b) 纯$V_2O_5$的前驱体

图 5-30　前驱体的 TG-DSC 曲线图

析结果。在图 5-30(a) 中，TG 曲线分为三个不同的阶段，在 100℃ 之前有一个陡坡，其质量的损失是由物理吸附的水分蒸发造成的；在 100~350℃ 之间质量的减少是化学结合的水的损失过程；在 350~500℃ 之间的质量损失是 MWCNT 的燃烧过程。DSC 曲线上在 466℃ 出现了一个明显的放热峰。根据 TG 曲线上的质量损失计算得到前驱体中 MWCNT 的含量为 9.8%，这与实验加入的 MWCNT 的实际值（10%）非常接近。图 5-30(b) 是在相同条件下测得的纯 $V_2O_5$ 前驱体的 TG-DSC 曲线。TG 曲线分为两个阶段，在 100℃ 之前是物理吸附的水分的损失过程，在 100~350℃ 之间是 $V_2O_5$ 凝胶失去结晶水得到 $V_2O_5$ 的过程，DSC 曲线上在 312℃ 出现了一个强的放热峰。在 350℃ 之后质量趋于稳定。对比两个曲线图可以看出，在 350℃ 之前的 TG 曲线非常相似，在 350℃ 以上煅烧可以得到 $V_2O_5$ 材料。

将前驱体在 400℃ 煅烧 1h 得到的纯 $V_2O_5$ 和 MWCNT 含量为 15%（质量分数）的 MWCNT/$V_2O_5$ 纳米复合材料的 XRD 图谱，如图 5-31 所示。合成材料的衍射峰位与正交结构 $V_2O_5$ 的标准谱相一致，属于 $Pmmn$ 空间群（PDF 卡片号 41-1426，$a=1.1519nm$，$b=0.3564nm$，$c=0.4374nm$）。图谱中没有发现杂峰，这说明产物中没有其他晶相。对于复合材料，MWCNT 的特征峰 $2\theta=26.2°$[62] 与正交结构 $V_2O_5$ 的 (110) 峰位重叠。然而，纳米复合材料的峰的强度更弱、宽度更宽，说明其结晶度更低，晶粒尺寸更小。

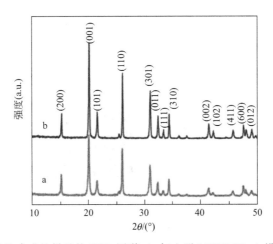

图 5-31　用水热法合成的样品的 XRD 图谱（a 加入了 MWCNT；b 没有加 MWCNT）

图 5-32 显示了合成的纯 $V_2O_5$ 粉末和 MWCNT/$V_2O_5$ 纳米复合材料的形貌。纯 $V_2O_5$ 由煅烧成块的微米颗粒组成，如图 5-32(a) 所示。纳米复合材料由分散的 $V_2O_5$ 纳米颗粒和表面粗糙的 MWCNT 组成，如图 5-32(b)、(c)、(d)

所示，随着 MWCNT 含量的增加，$V_2O_5$ 纳米颗粒的尺寸减小。

(a) 纯$V_2O_5$    (b)5% MWCNT/$V_2O_5$

(c)10% MWCNT/$V_2O_5$    (d)15% MWCNT/$V_2O_5$

图 5-32    纯 $V_2O_5$ 粉末和 MWCNT/$V_2O_5$ 纳米复合材料的 SEM 图

通过 TEM 检测进一步研究了 MWCNT 含量为 15％（质量分数）的纳米复合材料的微观形貌。TEM 图（图 5-33）显示了 MWCNT 的表面包覆着一层 $V_2O_5$ 纳米颗粒。因为是通过一步水热法将 $V_2O_5$ 负载在 MWCNT 上，因而 MWCNT 有可能成为 $V_2O_5$ 晶体成核和生长的媒介，使 $V_2O_5$ 纳米颗粒生长在 MWCNT 上，而不是简单地和 MWCNT 进行混合，这增加了 $V_2O_5$ 与 MWCNT 的接触面积，提高了正极材料之间的电子传导性能，从而使 MWCNT/$V_2O_5$ 纳米复合材料具有更好的电化学性能。

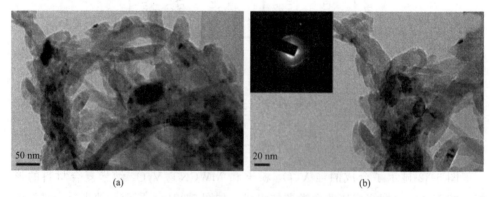

(a)    (b)

图 5-33    15％MWCNT/$V_2O_5$ 纳米复合材料的 TEM 图

［（b）中的插图为选区电子衍射图谱］

## 5.4.2.2 电化学性能与讨论

图 5-34 显示了纯 $V_2O_5$ 和 MWCNT 含量为 15%（质量分数）的纳米复合材料以 $0.1mV \cdot s^{-1}$ 的速率扫描时的循环伏安曲线。在 15% MWCNT/$V_2O_5$ 纳米复合材料的 CV 曲线中观察到了三对主峰，说明锂离子在 $V_2O_5$ 中的脱/嵌过程是一个多步反应过程。在阴极扫描过程中，分别在 3.36V、3.15V 和 2.21V 处观察到的峰对应 $\alpha$-$V_2O_5$ 向 $\epsilon$-$Li_{0.5}V_2O_5$（3.36V）、$\delta$-$LiV_2O_5$（3.15V）和 $\gamma$-$Li_2V_2O_5$（2.21V）的转变[56]。在阳极扫描中，分别在 2.59V、3.26V 和 3.46V 处观察到的峰对应锂离子的脱出[64]。由于 $Li_xV_2O_5$ 在 2.2V 左右的极化导致材料结构的不可逆变化，使得反应过程出现 5～6 个峰，其中一部分峰表现为肩峰[57]。作为对比，纯 $V_2O_5$ 粉末在锂离子脱出过程中只在 3.04V 和 3.92V 左右观察到了两个宽峰。通过对比这两条 CV 曲线发现，15% MWCNT/$V_2O_5$ 纳米复合材料的极化明显要小得多，这应该归因于其更小的颗粒尺寸。另一个显著的特点是 15% MWCNT/$V_2O_5$ 纳米复合材料的峰值电流比纯 $V_2O_5$ 粉末的峰值电流要大很多，这是由于 MWCNT 形成的导电网络有利于锂离子脱/嵌和电子的快速转移。这些结果说明锂离子在纳米复合材料中具有更好的反应活性和可逆性。

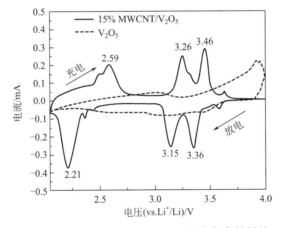

图 5-34 纯 $V_2O_5$ 和 15% MWCNT/$V_2O_5$ 纳米复合材料的 CV 曲线

通过充放电测试研究了碳纳米管含量对电极材料电化学性能的影响。图 5-35(a) 是纯 $V_2O_5$ 粉末和 MWCNT/$V_2O_5$ 纳米复合材料在第二次循环时的放电曲线。纯 $V_2O_5$ 粉末在 2.05～4V 的电压范围内放电时，没有观察到明显的放电平台，其放电比容量为 $157mA \cdot h \cdot g^{-1}$。MWCNT/$V_2O_5$ 纳米复合材料显示了三个明显的电压平台和更高的放电比容量，MWCNT 含量（质量分数）为 15%、10% 和 5% 的纳米复合材料分别获得了 $253mA \cdot h \cdot g^{-1}$、$274mA \cdot h \cdot g^{-1}$ 和

228mA·h·g$^{-1}$ 的放电比容量，其放电曲线上的电压平台与 CV 曲线上的电流峰位置相一致。图 5-35(b) 对比了纯 $V_2O_5$ 粉末和不同 MWCNT 含量的纳米复合材料在室温下以 50mA·g$^{-1}$ 的电流密度充放电时的循环性能。15%、10% 和 5% MWCNT/$V_2O_5$ 纳米复合材料的首次放电比容量分别为 243mA·h·g$^{-1}$、272mA·h·g$^{-1}$ 和 216mA·h·g$^{-1}$，循环 50 次后其比容量分别降为 209mA·h·g$^{-1}$、212mA·h·g$^{-1}$ 和 181mA·h·g$^{-1}$，单次循环的容量衰减率分别为 0.35%、0.44% 和 0.45%。15% MWCNT/$V_2O_5$ 纳米复合材料的放电比容量比 10% MWCNT/$V_2O_5$ 纳米复合材料的比容量要低，这是因为 15% MWCNT/$V_2O_5$ 纳米复合材料中实际的 $V_2O_5$ 活性材料的含量要少。随着 MWCNT 含量的增加，纳米复合材料中的导电网络更密，材料的电导率更高，且 $V_2O_5$ 纳米颗粒的尺寸更小，因而循环性能更好。作为对比，纯 $V_2O_5$ 粉末的首次放电比容量低得多，只有 155mA·h·g$^{-1}$，循环 50 次后，比容量降低为 127mA·h·g$^{-1}$。由于电极材料的电导率越高对应的电化学性能越好[65]，所以 MWCNT/$V_2O_5$ 纳米复合材料更好的电化学性能归因于 MWCNT 形成的导电网络以及 $V_2O_5$ 纳米颗粒在 MWCNT 上的生长。

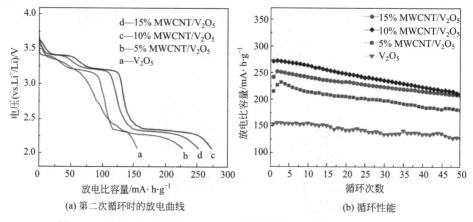

(a) 第二次循环时的放电曲线　　(b) 循环性能

图 5-35　纯 $V_2O_5$ 和不同 MWCNT 含量的纳米复合材料的电化学性能

图 5-36 是纯 $V_2O_5$ 粉末和 MWCNT/$V_2O_5$ 纳米复合材料在充放电循环 3 次后在 3.4V 测得的奈奎斯特图。阻抗图谱采用两电极扣式电池进行测试，测试频率从 100kHz 到 10mHz。奈奎斯特图由高-中频区的两个半圆和低频区的直线组成。高频区的半圆对应由固态电解质界面（SEI）膜引起的接触电阻，中频区的半圆对应电极材料/电解液界面处的电荷转移电阻，低频区的斜直线对应 Warburg 电阻，其与电极材料中的锂离子扩散过程有关[66]。中频区半圆的直径对应电荷转移电阻（$R_{ct}$）的大小，15% MWCNT/$V_2O_5$ 纳米复合材料的 $R_{ct}$ 大约为 100Ω，纯 $V_2O_5$ 粉末的 $R_{ct}$ 大约为 300Ω，这说明 MWCNT/$V_2O_5$ 纳米复合材料

中的电荷转移要快得多，这也直接证明了 MWCNT 网络与 $V_2O_5$ 纳米颗粒的复合能提高导电性，有利于 $V_2O_5$ 纳米颗粒之间更快的电荷转移。锂离子扩散系数能根据式(5-7) 和式(5-8) 从低频区的斜线部分初步计算出来[67]。

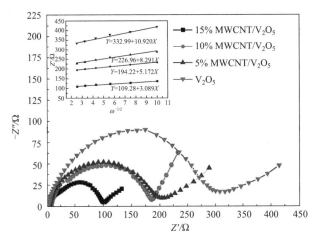

图 5-36　纯 $V_2O_5$ 粉末和 MWCNT/$V_2O_5$ 纳米复合材料充放电循环 3 次后在 3.4V

测得的奈奎斯特图（插图是低频区的 $Z'$ 与 $\omega^{-1/2}$ 的关系曲线）

$$D_{Li} = \frac{R^2 T^2}{2n^4 F^4 S^2 C^2 \sigma^2} \tag{5-7}$$

式中，$D_{Li}$ 是表观锂离子扩散系数；R 是气体常数；$T$ 是热力学温度；$n$ 是电荷转移数；F 是法拉第常数；$S$ 是电极表面积；$C$ 是电极中锂离子的浓度；$\sigma$ 是 Warburg 系数，与 $Z'$ 有关：

$$Z' = R_D + R_L + \sigma\omega^{-1/2} \tag{5-8}$$

式中，$\omega$ 是频率；$R_D$ 是电荷转移电阻；$R_L$ 是电解液电阻。

根据图 5-36 中的插图的拟合直线方程，得到纯 $V_2O_5$ 粉末、5%、10% 和 15% MWCNT/$V_2O_5$ 纳米复合材料的锂离子扩散系数分别为 $2.39\times10^{-12}\,cm^2 \cdot s^{-1}$、$4.41\times10^{-12}\,cm^2 \cdot s^{-1}$、$1.06\times10^{-11}\,cm^2 \cdot s^{-1}$ 和 $2.98\times10^{-11}\,cm^2 \cdot s^{-1}$。很明显，在 $V_2O_5$ 中加入 MWCNT 有利于锂离子扩散。

图 5-37 是纯 $V_2O_5$ 粉末和 MWCNT/$V_2O_5$ 纳米复合材料在不同倍率下的倍率性能。从图可知，MWCNT/$V_2O_5$ 纳米复合材料比纯 $V_2O_5$ 粉末具有更好的倍率性能。分别以 0.2C、0.5C 和 1C 的倍率充放电时，纯 $V_2O_5$ 粉末的放电比容量分别为 176mA $\cdot$ h $\cdot$ g$^{-1}$、138mA $\cdot$ h $\cdot$ g$^{-1}$ 和 59mA $\cdot$ h $\cdot$ g$^{-1}$，而 15% MWCNT/$V_2O_5$ 纳米复合材料的放电比容量分别为 245mA $\cdot$ h $\cdot$ g$^{-1}$、226mA $\cdot$ h $\cdot$ g$^{-1}$ 和 213mA $\cdot$ h $\cdot$ g$^{-1}$。当倍率增加到 2C（588mA $\cdot$ g$^{-1}$）和 4C

（1176mA·g$^{-1}$）时，15% MWCNT/V$_2$O$_5$ 纳米复合材料仍然能分别获得 200mA·h·g$^{-1}$ 和 180mA·h·g$^{-1}$ 的放电比容量，而纯 V$_2$O$_5$ 粉末的比容量几乎可以忽略，大约只有 2mA·h·g$^{-1}$，而且 15% MWCNT/V$_2$O$_5$ 纳米复合材料在不同倍率下的放电比容量更稳定，这些结果说明纳米复合材料的结构很稳定，锂离子的电化学脱/嵌过程可逆性好。以 0.2C、0.5C、1C、2C 和 4C 倍率充放电时，10% MWCNT/V$_2$O$_5$ 纳米复合材料的放电比容量分别为 261mA·h·g$^{-1}$、245mA·h·g$^{-1}$、220mA·h·g$^{-1}$、158mA·h·g$^{-1}$ 和 68mA·h·g$^{-1}$，5% MWCNT/V$_2$O$_5$ 纳米复合材料的放电比容量分别为 220mA·h·g$^{-1}$、201mA·h·g$^{-1}$、174mA·h·g$^{-1}$、126mA·h·g$^{-1}$ 和 58mA·h·g$^{-1}$。值得注意的是，15% MWCNT/V$_2$O$_5$ 纳米复合材料的倍率性能比 10% 和 5% MWCNT/V$_2$O$_5$ 纳米复合材料的倍率性能提升明显，也比其他 V$_2$O$_5$ 基电极材料的倍率性能更好[36]，和胡勇胜等制备的 V$_2$O$_5$/CTIT 纳米复合材料的倍率性能接近[21]，但 V$_2$O$_5$/CTIT 纳米复合材料的制备要更加复杂。

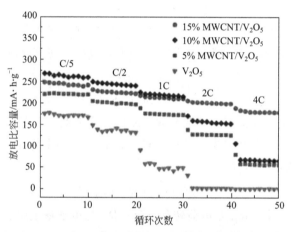

图 5-37 纯 V$_2$O$_5$ 粉末和 MWCNT/V$_2$O$_5$ 纳米复合材料在 2.05～4V 的电压范围内的倍率性能（1C＝294mA·g$^{-1}$）

# 5.5
# V$_2$O$_3$/C 多孔纳米复合材料

V$_2$O$_3$ 作为锂离子电池的负极材料，由于其成本低、钒资源储量丰富和理论比容量较高（作为锂电池的负极材料为 1070mA·h·g$^{-1}$）[68] 已经引起了广泛关注。与其他过渡金属氧化物类似，在充电/放电过程中 $V_2O_3$ 遭受了较大的体积变化，这就导致电极材料的容量衰减[69]。此外，$V_2O_3$ 的电子传导率低也影响了其电化学性能[70]。为了解决这些问题，制备钒氧化物和碳的复合材料是改善电化学性能的常见策略。例如，Boukhalfa 等人成功将氧化钒原子层沉积在碳纳米管上且应用在高功率超级电容器中[71]，Li 等人制备的 $VO_2$ (B) 生长在碳纤维上并且将其用作锂离子电池正极[72]。在这些研究工作中，钒氧化物主要生长在导电碳质材料上。然而，关于制备多孔碳纳米材料的报道却很少。除了锂离子电池，$V_2O_3$ 作为钠离子电池的负极材料也鲜有人研究报道。

柯琴（KB）碳由于成本低、孔隙率高、分散容易且导电性良好而被用于制备碳复合材料[73]。为了获得所需的结构，通常使用液体前驱体进行预复合[74]。迄今为止，关于 $V_2O_3$ 和 KB 碳复合材料的制备的研究工作未见报道。

在本节中，介绍一种使用 $VO_2$ 微米球作为钒源，通过水热法制备得到 $V_2O_3$ 和 KB 碳复合材料的方法。通过溶解和重结晶过程，将 $VO_2$ 微米球转化为纳米颗粒，并均匀分布在 KB 碳基质中。在高温煅烧后，可以获得具有高孔隙率的 $V_2O_3$/碳纳米复合材料。将制备的 $V_2O_3$ 和 KB 碳的纳米复合材料用作锂/钠离子电池的负极材料时，由于材料独特的多孔结构，其电化学性能表现得十分优异。

# 5.5.1 材料制备与评价表征

将按文献方法[47]合成的 0.1g $VO_2$、0.188g $LiH_2PO_4$ 和 0.336g KB 碳均匀分散在 30mL 去离子水中，同时制备另一组不含 KB 碳的混合溶液作为比较。然后将两种混合物溶液密封在 50mL PPL 内衬的不锈钢高压釜中，在 180℃下保温 12h。自然冷却至室温后，用高速离心机分离出黑色沉淀，用无水乙醇洗涤三次，然后在 80℃下干燥 12h。在 5% $H_2$/95% Ar 气氛条件下以 5℃·min$^{-1}$ 的加热速率将干燥后的两组样品于 600℃进一步煅烧 4h，获得 $V_2O_3$/碳纳米复合材料和 $V_2O_3$ 纳米颗粒。

通过将 $V_2O_3$/碳纳米复合材料、乙炔黑和聚偏二氟乙烯（PVDF）粘接剂以 80：10：10 的质量比混合后滴加到 N-甲基-2-吡咯烷酮（NMP）溶液中制备浆料。将浆料涂在铜箔上制成极片，并在真空烘箱中在 110℃下干燥过夜，然后在氩气填充的手套箱中组装电池。对于锂离子电池或钠离子电池，电解液为 $NaClO_4$ 或 $LiPF_6$ 溶解在体积比为 1：1 的 EC/DMC 混合溶液中所得到的溶液（浓度为 1mol·L$^{-1}$）。锂片和钠片分别用作两种电池系统的对电极。恒流充电/放电实验用国产 Land CT 2001A 测试仪在室温下进行。

通过 X 射线衍射（XRD，Rigaku D/max 2500）对样品物相进行了表征。通过扫描电子显微镜（SEM，Quanta FEG 250）和透射电子显微镜（TEM，JEOL JEM-2100F）对材料微观结构做了分析。通过拉曼光谱仪（Labram HR800）表征了碳层特性。通过组合的 TG 和 DSC 分析仪器（Netzsch STA 449C，Germany）以 $10℃ \cdot min^{-1}$ 的加热速率从室温升至 650℃ 进行了过程热分析。通过吸附仪器（NOVA 4200e，Quantachrome）在 77K 下测得了材料的 $N_2$ 吸附/脱附曲线。

## 5.5.2　结果与分析讨论

### 5.5.2.1　结构表征与讨论

图 5-38 分析了 $V_2O_3$/KB 碳纳米复合材料的形成过程。将 $VO_2$ 微米球和 KB 碳均匀分散在 $LiH_2PO_4$ 液体溶液中，在随后的水热反应中，通过溶解和重结晶过程，在 $LiH_2PO_4$ 的帮助下，将 $VO_2$ 微米球转化为小的纳米颗粒，从而形成均匀的 $VO_2$/KB 碳纳米复合材料。在 600℃ 下 5% $H_2$/95% Ar 的混合气氛中煅烧 4h 后，水热产物形貌结构保持良好并且转化为 $V_2O_3$/KB 碳复合材料。

图 5-39(a) 给出了通过简易的两步水热法合成的 $V_2O_3$/KB 碳纳米复合材料的前驱体的 XRD 图谱。衍射峰与单斜晶系 $VO_2$ 相的峰完美匹配，其晶格参数为 $a=4.5968$Å，$b=5.6844$Å，$c=4.9133$Å，$\beta=89.39°$。结果表明，水热处理后 $VO_2$ 相没有发生改变。然而，在水热溶液中添加或不添加 $LiH_2PO_4$ 得到的水热产物的形貌有很大的差异。当水热溶液中不添加 $LiH_2PO_4$ 时，$VO_2$ 微米球可以保持其原始形貌，如图 5-39(b) 所示。然而，在水热溶液中加入 $LiH_2PO_4$ 后，$VO_2$ 微米球变成了 $VO_2$ 纳米颗粒 [图 5-39(c)]。结果表明，$LiH_2PO_4$ 的存在对从 $VO_2$ 微米球到纳米颗粒的结构演变产生了很大的影响。结构变化可以通过溶解和重结晶过程来解释。由于 $LiH_2PO_4$ 的电离，溶液呈酸性，$VO_2$ 微米球可以在高压下溶解在上述溶液中以形成不稳定的溶液，随后分解成小的纳米颗粒。在此"溶解和重结晶"过程中，$VO_2$ 相可以均匀地分布到碳基质中，从而形成 $VO_2$ 纳米颗粒/KB 碳复合材料 [图 5-39(d)]。

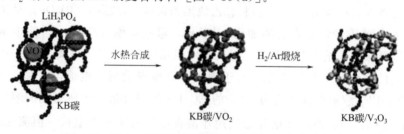

图 5-38　$V_2O_3$/KB 碳纳米复合材料的制备过程示意图

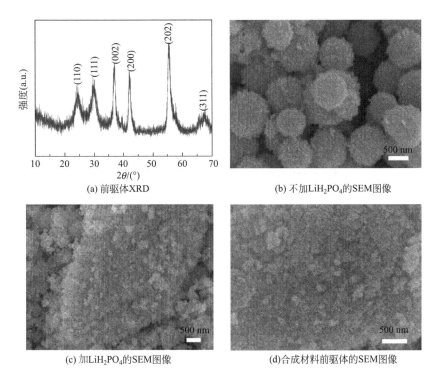

(a) 前驱体XRD

(b) 不加LiH₂PO₄的SEM图像

(c) 加LiH₂PO₄的SEM图像

(d)合成材料前驱体的SEM图像

图 5-39    $V_2O_3$/KB 碳纳米复合材料的结构特征

图 5-40(a) 给出了 $V_2O_3$/KB 碳纳米复合材料和 $V_2O_3$ 纳米颗粒的 XRD 图谱，可以看出两者很相似。衍射峰与菱形晶系 $V_2O_3$ 相的标准 PDF 卡片（空间群 $R3c$）一一对应，晶胞参数为 $a=4.954\text{Å}$，$c=14.008\text{Å}$。结果表明，在高温煅烧过程中 $VO_2$ 相已经转化为 $V_2O_3$。然而，复合材料的 XRD 峰的宽度略小于 $V_2O_3$ 纳米颗粒。产生的差异是由于纳米复合材料由较小的 $V_2O_3$ 纳米微晶组成。此外，对于 $V_2O_3$/KB 碳纳米复合材料，没有检测到碳相关的衍射峰，表明 $V_2O_3$/KB 碳纳米复合材料中的 KB 碳是非晶态或结晶度较低[68]。

图 5-40(b) 为 $V_2O_3$/KB 碳纳米复合材料精修 XRD 图谱。据此计算获得的精确的晶格参数为 $a=4.95493\text{Å}$，$c=13.98492\text{Å}$。没有检测到杂质相，说明了 $V_2O_3$/KB 碳纳米复合材料的纯度高。峰位置匹配良好，但不同峰值的强度有所不同，这种差异可能是由于通过不同制备方法合成的材料的结晶度不同所导致的。

图 5-41(a) 显示了纯 $V_2O_3$ 纳米颗粒的 SEM 图像。$V_2O_3$ 纳米颗粒由不同尺寸大小的纳米片颗粒组成，可以清晰地看到纳米片颗粒，其中一些小的纳米片堆叠在一起。图 5-41(b) 显示了 $V_2O_3$/KB 碳纳米复合材料的 SEM 图像。可以清楚地观察到小的片状颗粒和 KB 碳的存在，与图 5-41(a) 中的 $V_2O_3$ 纳米颗粒

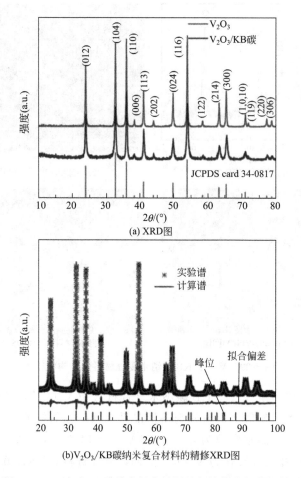

(a) XRD图

(b)V₂O₃/KB碳纳米复合材料的精修XRD图

图 5-40　V₂O₃/KB 碳纳米复合材料的相结构表征分析结果

形貌相一致。可以看出，小的纳米片被 KB 碳颗粒均匀地包围。此外，还可以清楚地观察到纳米复合材料存在许多微孔，这种结构有利于电解质的渗透，对提升材料电化学性能是非常有益的。

图 5-42(a) 显示了复合材料的 TEM 图像，可以清楚地观察到 V₂O₃ 在 KB 碳基质中均匀分布。V₂O₃ 纳米颗粒小于 50nm 并且与 KB 碳材料接触良好。此外，图像还进一步揭示了该纳米复合材料具有多孔的特性。孔隙率主要由 KB 碳贡献。图 5-42(b) 显示了纳米复合材料的高分辨率 TEM（HRTEM）图像，表明 V₂O₃ 纳米颗粒具有清晰的晶格条纹并且与 KB 碳接触良好。图 5-42(c) 呈现了 V₂O₃/KB 碳纳米复合材料的元素面分布图像。结果表明，C、V 和 O 元素在复合材料中均匀分布。

(a) V₂O₃纳米颗粒     (b) V₂O₃/KB碳纳米复合材料

图 5-41 $V_2O_3$ 纳米颗粒及 $V_2O_3$/KB 碳纳米复合材料的 SEM 图像

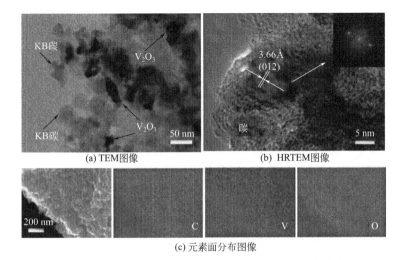

(a) TEM图像     (b) HRTEM图像

(c) 元素面分布图像

图 5-42 $V_2O_3$/KB 碳纳米复合材料的 TEM 图像与元素分布图像

  为了获得煅烧产物孔隙率更详细的信息，对 $V_2O_3$ 纳米颗粒和 $V_2O_3$/KB 碳纳米复合材料进行氮气吸附-脱附等温测试，结果如图 5-43 所示。$N_2$ 吸附-脱附等温线 [图 5-43(a)] 可以归类为Ⅳ型磁滞回线，表明存在介孔结构[75]。然而，$V_2O_3$/KB 碳纳米复合材料的比表面积为 76.59m² · g⁻¹，远高于纯 $V_2O_3$ 纳米颗粒（27.55m² · g⁻¹）。图 5-43(b) 显示了两个样品的 BJH 孔径分布图。由图可见，$V_2O_3$/KB 碳纳米复合材料中的大部分孔径小于 10nm。纯 $V_2O_3$ 纳米颗粒中的大多数孔径分布在 20～50nm 的范围内。结果表明，$V_2O_3$ 在 KB 碳基质中均匀分布，没有因聚集形成大的孔隙。此外，纳米复合材料中的小孔是由于 KB 碳的贡献，它提供了利于电解质渗透的碳骨架。多孔碳的结构有利于电解质渗透的电极材料[76]。

  $V_2O_3$/KB 碳纳米复合材料的拉曼光谱如图 5-44 所示，出现了位于 1326cm⁻¹

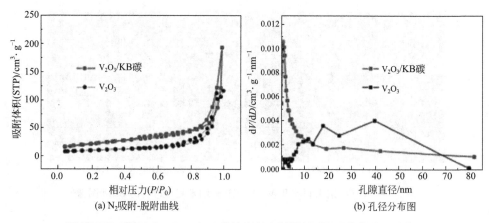

(a) N₂吸附-脱附曲线          (b) 孔径分布图

图 5-43　$V_2O_3$ 和 $V_2O_3$/KB 碳纳米复合材料的 $N_2$ 吸附与孔径分布

（D 带，无序碳）和 1594cm$^{-1}$（G 带，石墨烯碳）的碳材料的两个特征峰，清楚表明了复合材料中碳的存在。$V_2O_3$/KB 碳纳米复合材料的 D 带和 G 带的强度比为 $I_D/I_G=1.05$，KB 碳将有助于提高 $V_2O_3$/KB 碳纳米复合材料的电子电导率[76]。

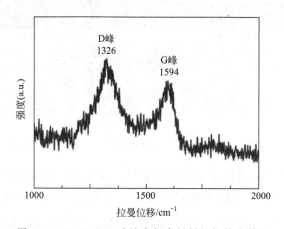

图 5-44　$V_2O_3$/KB 碳纳米复合材料的拉曼光谱图

图 5-45 是 $V_2O_3$/KB 碳纳米复合材料在空气中从室温以 10℃·min$^{-1}$ 的加热速率加热至 650℃ 的热重分析（TG）结果。在 150℃ 之前的初始质量损失可以归因于复合材料中物理结合水的蒸发。随后的质量增加是由于 $V_2O_3$ 在空气中被氧化为 $V_2O_5$ 所致。随后升温过程中的质量损失是由于 KB 碳的燃烧。三氧化二钒的氧化和 KB 碳的燃烧发生在 300～450℃ 之间。由于 $V_2O_3$ 完全反应生成 $V_2O_5$，在 500℃ 之后质量变得稳定。根据热重分析结果，$V_2O_3$/KB 碳纳米复合材料中 $V_2O_3$ 颗粒的含量为 75.63%（质量分数）。

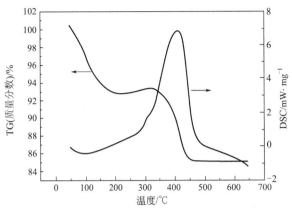

图 5-45　$V_2O_3/KB$ 碳纳米复合材料的热重（TG）和

差热分析（DSC）图谱

## 5.5.2.2　电化学性能与讨论

图 5-46 给出了 $V_2O_3/KB$ 碳纳米复合材料在 $100mA \cdot g^{-1}$ 的电流密度下的循环曲线，初始放电比容量为 $1140mA \cdot h \cdot g^{-1}$，并且在 200 次循环后放电比容量仍为 $587mA \cdot h \cdot g^{-1}$。初始比容量衰减是由电解质分解在电极和电解质之间形成的 SEI 膜所致。作为对照，$V_2O_3$ 纳米颗粒电极仅达到 $192mA \cdot h \cdot g^{-1}$ 的放电比容量，并且 KB 碳仅具有 $284mA \cdot h \cdot g^{-1}$ 的放电比容量。结果表明，通过纳米 $V_2O_3$ 和 KB 碳纳米复合，可以大大提高电极材料的电化学性能。

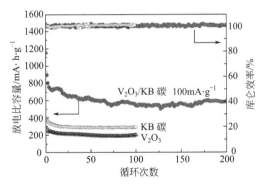

图 5-46　$V_2O_3/KB$ 碳纳米复合材料、$V_2O_3$ 纳米颗粒和

KB 碳作为锂离子电池电极材料的电化学性能图

图 5-47 给出了复合材料作为锂离子电池电极材料第 5、50、100、200 次循环在 $100mA \cdot g^{-1}$ 的电流密度下的循环充放电曲线。从图中可以看出曲线的形状是非常相似的，这表明 $V_2O_3/KB$ 碳纳米复合材料具有良好的结构可逆性。

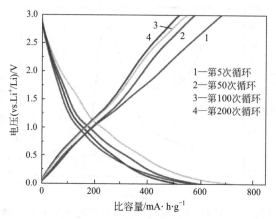

图 5-47　$V_2O_3/KB$ 碳纳米复合材料在 $100mA \cdot g^{-1}$ 的
电流密度下的充放电曲线图

图 5-48 给出了复合材料和 $V_2O_3$ 纳米颗粒电极的倍率性能。复合材料电极在 $100mA \cdot g^{-1}$、$200mA \cdot g^{-1}$、$300mA \cdot g^{-1}$、$500mA \cdot g^{-1}$、$1000mA \cdot g^{-1}$ 和 $2000mA \cdot g^{-1}$ 的电流密度下分别表现出了 $775mA \cdot h \cdot g^{-1}$、$590mA \cdot h \cdot g^{-1}$、$545mA \cdot h \cdot g^{-1}$、$472mA \cdot h \cdot g^{-1}$、$325mA \cdot h \cdot g^{-1}$ 和 $219mA \cdot h \cdot g^{-1}$ 的放电比容量。电极材料经过了同样的循环倍率测试，表现出相似的倍率性能。当电流回到 $100mA \cdot g^{-1}$ 时，可以得到 $713mA \cdot h \cdot g^{-1}$ 的放电比容量。该比容量甚至高于在 $100mA \cdot g^{-1}$ 电流密度下初始测得的比容量，这是因为在重复循环之后复合材料电极材料的润湿性得到了改善。此外，复合材料的倍率性能比 $V_2O_3$ 纳米颗粒电极好得多。优异的电化学性能，包括更高的放电比容量和更好的倍率

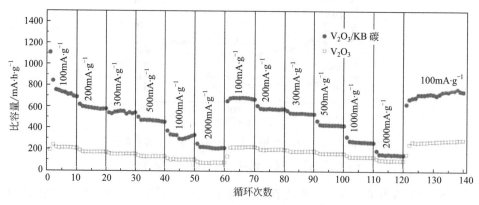

图 5-48　$V_2O_3/KB$ 碳纳米复合材料和 $V_2O_3$ 纳米颗粒作为
锂离子电池电极材料的倍率性能图

性能，是由于 $V_2O_3$/KB 碳复合材料结构的均匀稳定决定的。根据 SEM 结果和 TEM 结果，$V_2O_3$/KB 碳纳米复合材料具有高孔隙率，可以提供电解液更容易渗透的通道和增加电极材料与电解液之间的接触面积，从而改善材料的电化学特性。

$V_2O_3$/KB 碳纳米复合材料、KB 碳和 $V_2O_3$ 纳米颗粒分别作为钠离子电池负极材料的循环性能，如图 5-49 所示。在 $100mA \cdot g^{-1}$ 的电流密度下，$V_2O_3$/KB 碳纳米复合材料、纯 KB 碳和 $V_2O_3$ 纳米颗粒作为电极材料循环 150 次后，三个电极放电比电容量分别为 $270mA \cdot h \cdot g^{-1}$、$100mA \cdot h \cdot g^{-1}$ 和 $98mA \cdot h \cdot g^{-1}$。结果表明，$V_2O_3$/KB 碳复合材料的钠储存能力有明显提高。此外，$V_2O_3$/KB 碳复合材料在循环 5 次之后比容量保持稳定。$V_2O_3$ 的钠离子电池性能鲜有报道，相较于报道的 $VO_2$/rGO 纳米棒负极，本节制备的 $V_2O_3$/KB 碳复合材料表现出更优异的循环稳定性[77]。

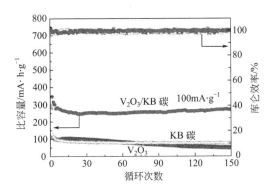

图 5-49　$V_2O_3$/KB 碳纳米复合材料、$V_2O_3$ 纳米颗粒和
KB 碳作为钠离子电池电极材料的循环性能曲线

图 5-50 给出了在 $100mA \cdot g^{-1}$ 的电流密度下，$V_2O_3$/KB 碳纳米复合材料循环不同次数的充放电曲线。从图中可以看出，第 2、10、50 和 100 次循环的充放电曲线基本保持一致，表现出良好的循环稳定性。

图 5-51 为在电流密度从 $100mA \cdot g^{-1}$ 至 $1000mA \cdot g^{-1}$ 下测得的 $V_2O_3$/KB 碳纳米复合材料和 $V_2O_3$ 纳米颗粒作为钠离子电池负极材料的倍率性能曲线。由图可知，即使在第二轮倍率性能测量之后，当电流密度返回到 $100mA \cdot g^{-1}$ 时，电极材料仍可保持 $270.8mA \cdot h \cdot g^{-1}$ 的放电比容量。而纯 $V_2O_3$ 纳米颗粒电极只能达到 $62.9mA \cdot h \cdot g^{-1}$。结果表明，$V_2O_3$/KB 碳纳米复合材料作为钠离子电池负极材料具有良好的倍率性能。

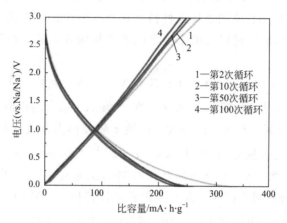

图 5-50 钠离子电池 $V_2O_3$/KB 碳纳米复合材料的充放电曲线

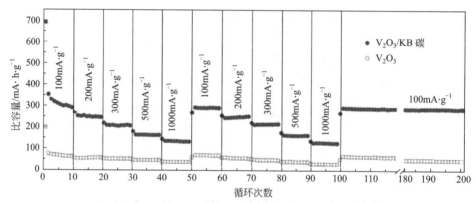

图 5-51 $V_2O_3$/KB 碳纳米复合材料和 $V_2O_3$ 纳米颗粒作为

钠离子电池负极材料的倍率性能图

图 5-52 给出了在 $1000mA \cdot g^{-1}$ 的电流密度下三个电极材料的循环性能。$V_2O_3$/KB 碳纳米复合材料的初始放电比容量比纯 $V_2O_3$ 纳米颗粒电极和纯 KB 碳电极高出很多。此外，$V_2O_3$/KB 碳纳米复合材料在循环 1000 次以后依然非常稳定。然而，$V_2O_3$ 纳米颗粒的放电比容量在循环 300 次后呈现出明显下降的趋势。尽管纯 KB 碳的放电比容量是稳定的，但是其放电比容量仅约占 $V_2O_3$/KB 碳纳米复合材料容量的 50%。该良好的钠储存性能是由于 $V_2O_3$/KB 碳复合材料有利于电解液的渗透，较高的比表面积和电子电导率的增加也有利于电极材料电化学性能的提高。

为了进一步研究电极材料的电化学性能，通过电化学阻抗谱（EIS）测试了

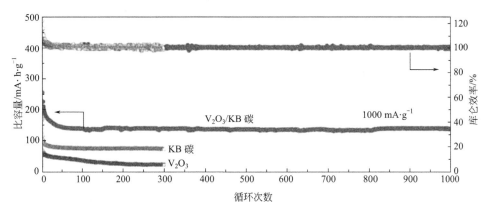

图 5-52 $V_2O_3$/KB 碳纳米复合材料、$V_2O_3$ 纳米颗粒
和 KB 碳钠离子电池电极材料的循环性能曲线

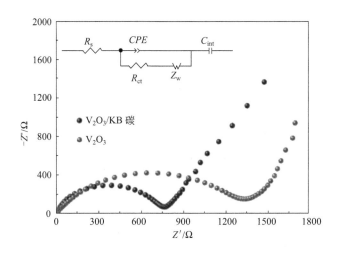

图 5-53 钠离子电池用 $V_2O_3$/KB 碳纳米复合
材料和 $V_2O_3$ 纳米颗粒材料的阻抗图

电极的电荷转移电阻，在 100kHz～10mHz 的频率范围内，结果如图 5-53 所示。在等效电路中，$R_s$ 表示电解质电阻与电池元件的欧姆电阻的组合。$R_{ct}$ 和 $CPE$ 分别表示电极和电解质之间的电荷转移电阻和电极表面上的双层电容。$Z_w$ 是扩散控制 Warburg 阻抗，$C_{int}$ 表示由电极材料晶体中 $Na^+$ 的积累或损失引起的电容。作为钠离子电池的负极，$V_2O_3$/KB 碳纳米复合材料的模拟电荷转移电阻（$R_{ct}$）为 639.5Ω，远小于纯 $V_2O_3$ 电极（1233.1Ω）。多孔 $V_2O_3$/KB 碳纳米复合材料具有连续的多孔结构，且 $V_2O_3$ 与 KB 碳的接触良好，从而提高了纳米复合材料的电导率。

## 参考文献

［1］ Takashi Watanabe Y I，Takashi Ono，Mitsuhiro Hibino，Maiko Hosoda，Keiji Sakai，Tetsuichi Kudo. Characterization of vanadium oxide sol as a starting material for high rate intercalation cathodes［J］. Solid State Ionics，2002，151：313-320.

［2］ Muster J，Kim G T，Krstić V，Park J G，Park Y W，Roth S，Burghard M. Electrical Transport Through Individual Vanadium Pentoxide Nanowires［J］. Advanced Materials，2000，12：420-424.

［3］ Guo Y，Hu J S，Wan L J. Nanostructured materials for electrochemical energy conversion and storage devices［J］. Advanced Materials，2008，20：2878-2887.

［4］ Aric A S，Bruce P，Scrosati B，Tarascon J M，Schalkwijk W V. Nanostructured materials for advanced energy conversion and storage devices［J］. Nature Materials，2005，4：366-377.

［5］ Chen X，Sun X，Li Y. Self-assembling vanadium oxide nanotubes by organic molecular templates［J］. Inorganic Chemistry，2002，41（17）：4524-4530.

［6］ Takahashi K，Wang Y，Cao G. Growth and electrochromic properties of single-crystal $V_2O_5$ nanorod arrays［J］. Applied Physics Letters，2005，86（5）：053102.

［7］ Mohan V M，Hu B，Qiu W L，Chen W. Synthesis，structural，and electrochemical performance of $V_2O_5$ nanotubes as cathode material for lithium battery［J］. J. Appl. Electrochem.，2009，39：2001-2006.

［8］ Parent M J，Passerini S，Owens B B，Smyrl W H. Composites of $V_2O_5$ Aerogel and Nickel Fiber as High Rate Intercalation Electrodes［J］. J. Electrochem. Soc.，1999，146：1346-1350.

［9］ Ren M M，Zhou Z，Gao X P，Peng W X，Wei J P. Core-shell $Li_3V_2(PO_4)_3$@C composites as cathode materials for lithium-ion batteries［J］. J. Phys. Chem. C，2008，112：5689-5693.

［10］ Galy J. Vanadium pentoxide and vanadium oxide bronzes—Structural chemistry of single（S）and double（D）layer $M_x V_2 O_5$ phases［J］. J. Solid State Chem.，1992，100：229-245.

［11］ Patterson A L. The scherrer formula for X-ray particle size determination［J］. Phys. Rev.，1939，56：978-982.

［12］ Liu D，Liu Y，Garcia B B，et al. $V_2O_5$ xerogel electrodes with much enhanced lithium-ion intercalation properties with $N_2$ annealing［J］. Journal of Materials Chemistry，2009，19（46）：8789.

［13］ Odani A，Pol V G，Pol S V，Koltypin M，Gedanken A，Aurbach D. Testing carbon-coated $VO_x$ prepared via reaction under autogenic pressure at elevated temperature as Li-insertion materials［J］. Advanced Materials，2006，18：1431-1436.

［14］ Koltypin M，Pol V，Gedanken A，Aurbach D. The Study of Carbon-Coated $V_2O_5$ Nanoparticles as a Potential Cathodic Material for Li Rechargeable Batteries［J］. J. Electrochem. Soc.，2007，154：A605-A613.

［15］ Rui X H，Yesibolati N，Chen C H. $Li_3V_2(PO_4)_3$/C composite as an intercalation-type anode material for lithium-ion batteries［J］. Journal of Power Sources，2011，196：

2279-2282.

[16] Ng S H，P T J，Büchel R，Krumeich F，Wang J Z，Liu H K，Pratsinis S E，Novák P. Flame spray-pyrolyzed vanadium oxide nanoparticles for lithium battery cathodes ［J］. Phys. Chem. Chem. Phys. ，2009，11：3748-3755.

[17] Ergang N S，Lytle J C，Lee K T，et al. Photonic crystal structures as a basis for a three-dimensional interpenetrating electrochemical-cell system ［J］. Advanced Materials，2006，18（13）：1750-1753.

[18] Brezesinski T，Wang J，Tolbert S H，et al. Ordered mesoporous $\alpha$-$MoO_3$ with iso-oriented nanocrystalline walls for thin-film pseudocapacitors ［J］. Nature Materials，2010，9（2）：146-151.

[19] Liu J，Xia H，Xue D，et al. Double-Shelled Nanocapsules of $V_2O_5$-Based Composites as High-Performance Anode and Cathode Materials for Li Ion Batteries ［J］. Journal of the American Chemical Society，2009，131（34）：12086-12087.

[20] Ergang N S，Lytle J C，Lee K T，Oh S M，Smyrl W H，Stein A. Photonic crystal structures as a basis for a three-dimensional interpenetrating electrochemical-cell system ［J］. Adv. Mater. ，2006，18：1750-1753.

[21] Hu Y，Liu X，Muller J，et al. Synthesis and Electrode Performance of Nanostructured $V_2O_5$ by Using a Carbon Tube-in-Tube as a Nanoreactor and an Efficient Mixed-Conducting Network ［J］. Angewandte Chemie，2009，48（1）：210-214.

[22] Wang Y，Cao G. Synthesis and Enhanced Intercalation Properties of Nanostructured Vanadium Oxides ［J］. Chemistry of Materials，2006，18（12）：2787-2804.

[23] Wang Y，Cao G. Developments in Nanostructured Cathode Materials for High-Performance Lithium-Ion Batteries ［J］. Advanced Materials，2008，20（12）：2251-2269.

[24] Wang Y，Takahashi K，Shang H，et al. Synthesis and Electrochemical Properties of Vanadium Pentoxide Nanotube Arrays ［J］. Journal of Physical Chemistry B，2005，109（8）：3085-3088.

[25] Mai L，Xu L，Han C，et al. Electrospun Ultralong Hierarchical Vanadium Oxide Nanowires with High Performance for Lithium Ion Batteries ［J］. Nano Letters，2010，10（11）：4750-4755.

[26] Takahashi K，Limmer S J，Wang Y，et al. Synthesis and Electrochemical Properties of Single-Crystal $V_2O_5$ Nanorod Arrays by Template-Based Electrodeposition ［J］. Journal of Physical Chemistry B，2004，108（28）：9795-9800.

[27] Yan L C，Gupta N，Pramana S S，et al. Morphology，structure and electrochemical properties of single phase electrospun vanadium pentoxide nanofibers for lithium ion batteries ［J］. Journal of Power Sources，2011，196（15）：6465-6472.

[28] Li G，Pang S，Jiang L，et al. Environmentally Friendly Chemical Route to Vanadium Oxide Single-Crystalline Nanobelts as a Cathode Material for Lithium-Ion Batteries ［J］. Journal of Physical Chemistry B，2006，110（19）：9383-9386.

[29] Zhou F，Zhao X，Liu Y，et al. Synthesis of Millimeter-Range Orthorhombic $V_2O_5$ Nanowires and Impact of Thermodynamic and Kinetic Properties of the Oxidant on the Synthetic Process ［J］. European Journal of Inorganic Chemistry，2008，2008（16）：2506-2509.

[30] Tsang C，Manthiram A. Synthesis of Nanocrystalline $VO_2$ and Its Electrochemical Behavior in Lithium Batteries [J]. ChemInform，1997，28（22）.

[31] Reddy C V S，Walker E H，Wicker S A，et al. Synthesis of $VO_2$（B）nanorods for Li battery application [J]. Current Applied Physics，2009，9（6）：1195-1198.

[32] Wang F，Liu Y，Liu C. Hydrothermal synthesis of carbon/vanadium dioxide core-shell microspheres with good cycling performance in both organic and aqueous electrolytes [J]. Electrochimica Acta，2010，55（8）：2662-2666.

[33] Pan A，Wu H B，Yu L，et al. Synthesis of Hierarchical Three-Dimensional Vanadium Oxide Microstructures as High-Capacity Cathode Materials for Lithium-Ion Batteries [J]. ACS Applied Materials & Interfaces，2012，4（8）：3874-3879.

[34] Braithwaite J S，Catlow C R A，Gale J D，et al. Lithium Intercalation into Vanadium Pentoxide：a Theoretical Study [J]. Chemistry of Materials，1999，11（8）：1990-1998.

[35] Ng S H，Chew S Y，Wang J，et al. Synthesis and electrochemical properties of $V_2O_5$ nanostructures prepared via a precipitation process for lithium-ion battery cathodes [J]. Journal of Power Sources，2007，174（2）：1032-1035.

[36] Wang S，Lu Z，Wang D，et al. Porous monodisperse $V_2O_5$ microspheres as cathode materials for lithium-ion batteries [J]. Journal of Materials Chemistry，2011，21（17）：6365.

[37] Wu S，Zeng Z，He Q，et al. Electrochemically Reduced Single-Layer $MoS_2$ Nanosheets：Characterization，Properties，and Sensing Applications [J]. Small，2012，8（14）：2264-2270.

[38] Choi M，Na K，Kim J，et al. Stable single-unit-cell nanosheets of zeolite MFI as active and long-lived catalysts [J]. Nature，2009，461（7261）：246-249.

[39] Liu J，Jiang J，Cheng C，et al. $Co_3O_4$ Nanowire@$MnO_2$ Ultrathin Nanosheet Core/Shell Arrays：A New Class of High-Performance Pseudocapacitive Materials [J]. Advanced Materials，2011，23（18）：2076-2081.

[40] Liu L，Yao T，Tan X，et al. Room-Temperature Intercalation-Deintercalation Strategy Towards $VO_2$（B）Single Layers with Atomic Thickness [J]. Small，2012，8（24）：3752-3756.

[41] Abello L，Husson E，Repelin Y，et al. Vibrational spectra and valence force field of crystalline $V_2O_5$ [J]. Spectrochimica Acta Part A：Molecular and Biomolecular Spectroscopy，1983，39（7）：641-651.

[42] Chao D，Xia X，Liu J，et al. A $V_2O_5$/conductive-polymer core/shell nanobelt array on three-dimensional graphite foam：a high-rate，ultrastable，and freestanding cathode for lithium-ion batteries [J]. Advanced Materials，2014，26（33）.

[43] Pan A，Zhang J G，Nie Z，et al. Facile synthesized nanorod structured vanadium pentoxide for high-rate lithium batteries [J]. Journal of Materials Chemistry，2010，20（41）：9193.

[44] Lee J W. Extremely stable cycling of ultra-thin $V_2O_5$ nanowire-graphene electrodes for lithium rechargeable battery cathodes [J]. Energy & Environmental Science，2012，5（12）：9889-9894.

[45] Wang Y，Zhang H J，Lim W X，et al. Designed strategy to fabricate a patterned $V_2O_5$

nanobelt array as a superior electrode for Li-ion batteries [J]. Journal of Materials Chemistry, 2011, 21 (7): 2362-2368.

[46]　An Q, Wei Q, Mai L, et al. Supercritically exfoliated ultrathin vanadium pentoxide nanosheets with high rate capability for lithium batteries [J]. Physical Chemistry Chemical Physics, 2013, 15 (39): 16828-16833.

[47]　Pan A, Wu H B, Yu L, et al. Template-Free Synthesis of VO$_2$ Hollow Microspheres with Various Interiors and Their Conversion into V$_2$O$_5$ for Lithium-Ion Batteries [J]. Angewandte Chemie, 2013, 52 (8): 2226-2230.

[48]　Pan A Q, Wu H B, Zhang L, et al. Uniform V$_2$O$_5$ nanosheet-assembled hollow microflowers with excellent lithium storage properties [J]. Energy & Environmental Science, 2013, 6 (5): 1476-1479.

[49]　Chen J S, Tan Y L, Li C M, Cheah Y L, Luan D, Madhavi S, Boey F Y C, Archer L A, Lou X W. Constructing hierarchical spheres from large ultrathin anatase TiO$_2$ nanosheets with nearly 100% exposed (001) facets for fast reversible lithium storage [J]. Journal of the American Chemical Sociaty, 2010, 132 (17), 6124-6130.

[50]　Rui X, Lu Z, Yu H, et al. Ultrathin V$_2$O$_5$ nanosheet cathodes: realizing ultrafast reversible lithium storage [J]. Nanoscale, 2013, 5 (2): 556-560.

[51]　Liang S Q, Hu Y, Nie Z W, et al. Template-free synthesis of ultra-large V$_2$O$_5$ nanosheets with exceptional small thickness for high-performance lithium-ion batteries [J]. Nano Energy, 2015, 13: 58-66.

[52]　Liu L, Yao T, Tan X, et al. Room-Temperature Intercalation-Deintercalation Strategy Towards VO$_2$ (B) Single Layers with Atomic Thickness [J]. Small, 2012, 8 (24): 3752-3756.

[53]　Soltane L, Sediri F. Rod-like nanocrystalline B-VO$_2$: Hydrothermal synthesis, characterization and electrochemical properties [J]. Materials Research Bulletin, 2014, 53 (may): 79-83.

[54]　Wei W, Bo J, Hu L, et al. Single crystalline VO$_2$ nanosheets: A cathode material for sodium-ion batteries with high rate cycling performance [J]. Journal of Power Sources, 2014, 250 (mar. 15): 181-187.

[55]　Mai L, Gu Y, Han C, et al. Orientated Langmuir-Blodgett Assembly of VO$_2$ Nanowires [J]. Nano Letters, 2009, 9 (2): 826-830.

[56]　Cava R J, Santoro A, Murphy D W, et al. The structure of the lithium-inserted metal oxide $\delta$Li V$_2$O$_5$ [J]. Journal of Solid State Chemistry, 1986, 65 (1): 63-71.

[57]　Odani A, Pol V G, Pol S V, et al. Testing Carbon-Coated VO$_x$ Prepared via Reaction under Autogenic Pressure at Elevated Temperature as Li-Insertion Materials [J]. Advanced Materials, 2006, 18 (11): 1431-1436.

[58]　An Q P, Hao B W, Lei Z, et al. Uniform V$_2$O$_5$ nanosheet-assembled hollow microflowers with excellent lithium storage properties [J]. Energy & Environmental Science, 2013, 6 (5): 1476-1479.

[59]　Zhang C, Chen Z, Guo Z, et al. Additive-free synthesis of 3D porous V$_2$O$_5$ hierarchical microspheres with enhanced lithium storage properties [J]. Energy and Environmental Science, 2013, 6 (3): 974-978.

[60] Mcgraw J M, Bahn C S, Parilla P A, et al. Li ion diffusion measurements in $V_2O_5$ and Li $(Co_{1-x}Al_x)$ $O_2$ thin-film battery cathodes [J]. Electrochimica Acta, 1999, 45 (1-2): 187-196.

[61] Wang Y, Takahashi K, Lee K, et al. Nanostructured Vanadium Oxide Electrodes for Enhanced Lithium-Ion Intercalation [J]. Advanced Functional Materials, 2006, 16 (9): 1133-1144.

[62] Liu X, Huang Z, Oh S, et al. Sol-gel synthesis of multiwalled carbon nanotube-$LiMn_2O_4$ nanocomposites as cathode materials for Li-ion batteries [J]. Journal of Power Sources, 2010, 195 (13): 4290-4296.

[63] Cao Z, Wei B. $V_2O_5$/single-walled carbon nanotube hybrid mesoporous films as cathodes with high-rate capacities for rechargeable lithium ion batteries [J]. Nano Energy, 2013, 2 (4): 481-490.

[64] Braithwaite J S, Catlow C R A, Gale J D, et al. Calculated cell discharge curve for lithium batteries with a $V_2O_5$ cathode [J]. Journal of Materials Chemistry, 2000, 10 (2): 239-240.

[65] Sakamoto J, Dunn B. Vanadium Oxide-Carbon Nanotube Composite Electrodes for Use in Secondary Lithium Batteries [J]. Journal of The Electrochemical Society, 2002, 149 (1): A26.

[66] Nobili F, Croce F, Scrosati B, et al. Electronic and Electrochemical Properties of $Li_x$ $Ni_{1-y}Co_yO_2$ Cathodes Studied by Impedance Spectroscopy [J]. Chemistry of Materials, 2001, 13 (5): 1642-1646.

[67] Wang H, Huang K, Ren Y, et al. $NH_4V_3O_8$/carbon nanotubes composite cathode material with high capacity and good rate capability [J]. Journal of Power Sources, 2011, 196 (22): 9786-9791.

[68] Shi Y, Zhang Z, Wexler D, et al. Facile synthesis of porous $V_2O_3$/C composites as lithium storage material with enhanced capacity and good rate capability [J]. Journal of Power Sources, 2015, 275: 392-398.

[69] Jiang L, Qu Y, Ren Z, et al. In Situ Carbon-Coated Yolk-Shell $V_2O_3$ Microspheres for Lithium-Ion Batteries [J]. ACS Applied Materials & Interfaces, 2015, 7 (3): 1595-1601.

[70] Wang Y, Zhang H J, Admar A S, et al. Improved cyclability of lithium-ion battery anode using encapsulated $V_2O_3$ nanostructures in well-graphitized carbon fiber [J]. RSC Advances, 2012, 2 (13): 5748-5753.

[71] Boukhalfa S, Evanoff K, Yushin G. Atomic layer deposition of vanadium oxide on carbon nanotubes for high-power supercapacitor electrodes [J]. Energy and Environmental Science, 2012, 5 (5): 6872-6879.

[72] Li S, Liu G, Liu J, et al. Carbon fiber cloth@ $VO_2$ (B): excellent binder-free flexible electrodes with ultrahigh mass-loading [J]. Journal of Materials Chemistry, 2016, 4 (17): 6426-6432.

[73] Pan A, Liu J, Zhang J, et al. Nano-structured $Li_3V_2(PO_4)_3$/carbon composite for high-rate lithium-ion batteries [J]. Electrochemistry Communications, 2010, 12 (12): 1674-1677.

[74] Su Y，Pan A，Wang Y，et al. Template-assisted formation of porous vanadium oxide as high performance cathode materials for lithium ion batteries [J]. Journal of Power Sources，2015，295：254-258.

[75] Wang L，Bi X，Yang S. Partially Single-Crystalline Mesoporous $Nb_2O_5$ Nanosheets in between Graphene for Ultrafast Sodium Storage [J]. Advanced Materials，2016，28 (35)：7672-7679.

[76] Pan A，Liu J，Zhang J G，et al. Nano-structured $Li_3V_2(PO_4)_3$/carbon composite for high-rate lithium-ion batteries [J]. Electrochemistry Communications，2010，12 (12)：1674-1677.

[77] He G，Li L，Manthiram A. $VO_2$/rGO nanorods as a potential anode for sodium-and lithium-ion batteries [J]. Journal of Materials Chemistry，2015，3 (28)：14750-14758.

# 第6章

# 碱金属钒氧化合物纳米新材料

# 6.1

# $Li_{0.0625}V_2O_5$ 超结构纳米线材料

层状结构的 $V_2O_5$ 因具有相对高的理论容量而被广泛研究[1]。已有研究表明，正交 $\alpha$-$V_2O_5$ 是由 $VO_5$ 四棱锥层沿 $c$ 轴方向叠堆组成，进而形成层状结构。其层间允许各种离子和分子嵌入和脱出，从而实现能量的储存和释放。由此推测，适当扩宽 $V_2O_5$ 的层间距离或在层间创造更多的活性位点，将有望进一步提高其放电容量。

由于 $V_2O_5$ 层间是通过较弱的静电相互作用连接，在 $Li^+$ 大量且快速脱/嵌过程中，层状结构难以维持稳定[2,3]。此外，低电子电导率、低离子电导率和缓慢的电化学动力学行为也限制了它们的发展。研究表明，在 $V_2O_5$ 的层间预嵌金属离子如 $Li^+$、$Na^+$、$K^+$ 等，能改善其结构稳定性和电化学动力学行为，该类材料表现出较大潜力。然而如何精准控制离子预嵌量和精确预嵌位置一直是难题。

本节通过一种二次水热反应的锂化作用对 $\alpha$-$V_2O_5$ 的层间结构进行修饰，合成了具有有序超结构的 $Li_{0.0625}V_2O_5$ 纳米线，并对其电化学性能进行探究。由于 $Li_{0.0625}V_2O_5$ 纳米线具有更开放的结构，其表现出较高的放电比容量。同时，$Li_{0.0625}V_2O_5$ 纳米线具有更高的相结构稳定性和表面结构稳定性，在充放电过程中具有非常好的循环稳定性和倍率性能。

## 6.1.1 材料制备与评价表征

$Li_{0.0625}V_2O_5$ 纳米线水热反应法制备：0.364g $V_2O_5$（$V_2O_5$，99.99%）加入 30mL 去离子水中，随后加入 5mL $H_2O_2$（35%）并搅拌 30min。将所得到的溶液转移至 50mL 的聚四氟乙烯高温高压内衬中，随后转移到反应釜内，放在烘箱里面 210℃保温 48h。自然冷却后将得到的溶液转移至烧杯中，加入 0.085g LiCl，将得到的浆料超声处理 2h。之后，将浆料转移至 50mL 的聚四氟乙烯高温高压内衬中，跟着转移到反应釜内，放在烘箱里面在 180℃条件下保温 24h。之后使反应釜在空气中自然冷却，通过离心法收集固体沉淀物，并放在 50℃环境下干燥 6h。

用扫描电子显微镜（SEM，FEI Nova Nano SEM 230）和透射电子显微镜（TEM，JEOL JEM-2100F）表征了所制备样品的结构和形态。用 X 射线衍射仪（XRD，Rigaku D/max 2500 XRD，Cu K$\alpha$ 辐射，$\lambda = 1.54178$Å）获得粉末 X 射线衍射（XRD）图谱。用 XPS（X 射线光电子能谱仪，Thermo ESCALAB 250Xi，单色 Al K$\alpha$ 辐射）表征样品的元素组成和价态。

将未锂化和锂化的 $V_2O_5$ 纳米线、炭黑（Super P，MMM，Belgium）和聚

偏二氟乙烯（PVDF）粘接剂研磨成浆料并涂覆在铝箔上，得到的电极在真空烘箱中于 80℃ 下干燥 8h。以聚丙烯膜为隔膜，金属锂片为负极，$1mol \cdot L^{-1}$ $LiPF_6$ 混合碳酸乙烯酯/碳酸二甲酯（EC/DMC，体积比为 1∶1）溶液为电解液，在高纯 Ar 手套箱（Mbraun，Unilab，Germany）中组装成 CR2325 型扣式电池。电极的循环性能在 Arbin Battery Tester BT-2000（Arbin Instruments，College Station，Texas）设备上测得。循环伏安曲线和交流阻抗图谱在 IM6ex 电化学工作站（ZAHNER Co.，Germany）上测得。

## 6.1.2 结果与分析讨论

### 6.1.2.1 结构表征与讨论

图 6-1(a) 为纯 $\alpha$-$V_2O_5$ 纳米线和通过二次水热反应获得锂化的 $Li_{0.0625}V_2O_5$ 纳

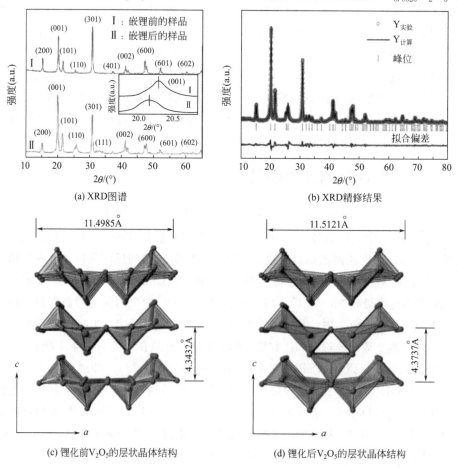

(a) XRD图谱

(b) XRD精修结果

(c) 锂化前$V_2O_5$的层状晶体结构

(d) 锂化后$V_2O_5$的层状晶体结构

图 6-1 预锂化前后 $V_2O_5$ 的结构表征

米线的 XRD 图谱。未锂化样品的衍射峰与正交晶相标准卡片（ICDD♯PDF 41-1426）高度一致，其晶格常数为 $a=11.4985(6)$Å、$b=3.5502(6)$Å、$c=4.3432(2)$Å，体积为 177.29(8)Å$^3$。与未锂化样品相比，由于在 $\alpha$-V$_2$O$_5$ 中引入锂离子，锂化样品的（001）晶面对应峰的角度变得更低，表明锂化后样品沿 $c$ 轴方向的层间距增大。锂化后样品的 XRD 精修图谱如图 6-1(b) 所示，结果表明测量 XRD 图谱与拟合 XRD 图谱之间有较好的一致性（可靠性因子为：$R_p=9.06\%$，$R_{wp}=12.4\%$）。

从优化结果中可以获得锂化 V$_2$O$_5$ 的晶体结构，如图 6-1(c)、(d) 所示，并得到其精确的化学成分为 Li$_{0.0625}$V$_2$O$_5$。Li$_{0.0625}$V$_2$O$_5$ 相具有由八个 V$_2$O$_5$ 晶胞组成的正交超结构，通过预锂化引入的 Li$^+$ 在每八个 V$_2$O$_5$ 单元晶胞中仅占据一个位置。Li$_{0.0625}$V$_2$O$_5$ 有序结构中的所有锂原子均与六个氧原子配位，形成 LiO$_6$ 三角柱，其中锂原子占据中心位置。LiO$_6$ 三角柱位于 VO$_5$ 四棱锥层之间，每个 LiO$_6$ 三角柱在相邻的变形 VO$_5$ 四棱锥顶部连接六个氧原子。这种顶部连接将有助于增强边共享 VO$_5$ 四棱锥的层结构稳定性。与纯 V$_2$O$_5$ 结构中的 VO$_5$ 四棱锥相比，这种扭曲和压缩的 VO$_5$ 四棱锥还赋予本征层结构更高的结构稳定性。同时，预锂化使得 V$_2$O$_5$ 层的层间距增加，晶格常数和晶体体积均变大，更有利于锂离子的可逆脱/嵌。

图 6-2 展示了 Li$_{0.0625}$V$_2$O$_5$ 纳米线的形貌和微观结构。从图 6-2(a)、(b) 可以看出，预锂化前后产物形貌得到了很好的保持。同时，TEM 图像也证明，预

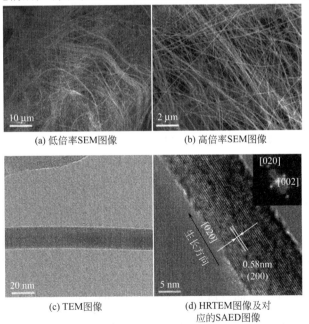

(a) 低倍率SEM图像　　　　　　(b) 高倍率SEM图像

(c) TEM图像　　　　(d) HRTEM图像及对应的SAED图像

图 6-2　Li$_{0.0625}$V$_2$O$_5$ 纳米线的微结构表征

锂化的 $V_2O_5$ 显示出纳米线的形态，其宽度约为 20nm，长度约为 $10\mu m$，如图 6-2(c) 所示。HRTEM 图像中可以观察到在纳米线中更细的平行带状条纹结构，其间隔距离（5.8Å）对应于正交 $V_2O_5$ 结构的（200）晶面间距，如图 6-2(d) 所示。对应的傅里叶变换（FFT）结果也表明，该纳米线具有正交的 $\alpha$-$V_2O_5$ 结构，且表现出沿 [020] 方向择优生长的趋势。

## 6.1.2.2　电化学性能与讨论

采用循环伏安法研究 $V_2O_5$ 和 $Li_{0.0625}V_2O_5$ 的 $Li^+$ 嵌入/脱出行为，其扫描速率为 $0.1mV\cdot s^{-1}$，电压区间为 2.5～4V。$V_2O_5$ 纳米线嵌入一个 $Li^+$ 的理论比容量为 $147mA\cdot h\cdot g^{-1}$，其电化学反应可以分为以下两步：

$$\alpha\text{-}V_2O_5 + 0.5\ Li^+ + 0.5e^- \Longleftrightarrow \varepsilon\text{-}Li_{0.5}V_2O_5 \tag{6-1}$$

$$\varepsilon\text{-}Li_{0.5}V_2O_5 + 0.5\ Li^+ + 0.5e^- \Longleftrightarrow \delta\text{-}LiV_2O_5 \tag{6-2}$$

图 6-3(a) 是 $V_2O_5$ 纳米线电极的 CV 曲线，可以从中观察到与式(6-1)、式(6-2) 对应的两个明显的可逆氧化还原峰。图 6-3(b) 是 $Li_{0.0625}V_2O_5$ 纳米线电极的 CV 曲线，前五个循环的 CV 曲线的峰形和峰位置没有明显变化，这表明 $Li_{0.0625}V_2O_5$ 纳米线的锂离子嵌入/脱出具有高度可逆性。与 $V_2O_5$ 纳米线电极相比，$Li_{0.0625}V_2O_5$ 纳米线电极的 CV 曲线除了对应于式(6-1)、式(6-2) 的正常峰外，在低电压范围（2.5～2.8V）内还显示了两对新的可逆氧化还原峰，如图中的 S1 和 S2 标注。Mai 等人在特定取向层状 $MoO_3$ 微晶的研究中也发现了类似的现象，这是由于额外的 $Li^+$ 能够插入 $MoO_3$ 的准 2D 范德华间隙中，进而获得额外的容量。低电压范围内两个额外峰的出现可能与 $c$ 平面层间隙扩大的 $Li_{0.0625}V_2O_5$ 有序结构有关[4,5]。两个 S 峰增强了 $Li_{0.0625}V_2O_5$ 纳米线的储锂能力，因此，在 2.5～4V（vs. $Li^+/Li$）电压范围内与 $V_2O_5$ 的理论比容量（$147mA\cdot h\cdot g^{-1}$）相比，$Li_{0.0625}V_2O_5$ 具有高达 $215mA\cdot h\cdot g^{-1}$ 的比容量。

图 6-3(c) 是 $Li_{0.0625}V_2O_5$ 与 $V_2O_5$ 纳米线的恒电流充放电曲线。当放电至 2.5V 时，$V_2O_5$ 纳米线获得了 $154mA\cdot h\cdot g^{-1}$ 的比容量（略高于理论比容量），表现出 3.4V 和 3.2V 两个电压平台。这两个平台分别对应于 $V_2O_5$-$Li_{0.5}V_2O_5$ 和 $Li_{0.5}V_2O_5$-$LiV_2O_5$ 两个不同的两相共存区。对于 $Li_{0.0625}V_2O_5$ 纳米线，首次放电比容量高达 $215mA\cdot h\cdot g^{-1}$，其库仑效率为 99.5%。由此可见，$Li_{0.0625}V_2O_5$ 的实际比容量远高于其理论比容量。其额外的容量来自 2.5～3.2V 的低压范围，对应于 CV 曲线所示该电位范围内的两对新的可逆 S 峰。容量提高的主要原因是锂的储存量增加，这可能是由于 $Li_{0.0625}V_2O_5$ 形成了有序结构，且具有扩宽的层间间距。

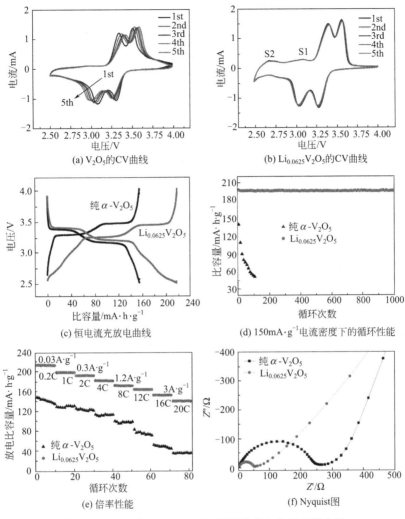

(a) $V_2O_5$的CV曲线　　　　　(b) $Li_{0.0625}V_2O_5$的CV曲线

(c) 恒电流充放电曲线　　　　　(d) 150mA·$g^{-1}$电流密度下的循环性能

(e) 倍率性能　　　　　(f) Nyquist图

图 6-3　$V_2O_5$ 和 $Li_{0.0625}V_2O_5$ 纳米线的电化学性能表征

图 6-3(d) 显示了 150mA·$g^{-1}$ 电流密度下 $Li_{0.0625}V_2O_5$ 与 $V_2O_5$ 纳米线的充放电的循环性能。对于 $V_2O_5$，100 次循环后比容量降低到 55mA·$h·g^{-1}$，比容量保持率为 38％。而 $Li_{0.0625}V_2O_5$ 的比容量在 1000 次循环后仍保持在 200mA·$h·g^{-1}$，没有表现出任何容量衰减。这种超高的循环稳定性归功于 $Li_{0.0625}V_2O_5$ 具有扭曲和压缩的 $VO_5$ 四棱锥的改性结构，该扭曲和压缩的 $VO_5$ 四棱锥可以在 $Li^+$ 的嵌入或脱出过程中赋予本征层结构更好的稳定性。

图 6-3(e) 显示了 $V_2O_5$ 与 $Li_{0.0625}V_2O_5$ 纳米线电极在 0.2C（1C＝150mA·$g^{-1}$）～20C 区间的倍率性能。$V_2O_5$ 纳米线电极在 20C 时具有 37mA·$h·g^{-1}$

的比容量，是其在 0.2C 时初始比容量的 24.8%。但 $Li_{0.0625}V_2O_5$ 纳米线电极在 0.2C、1C、2C、4C、8C、12C、16C 和 20C 下循环时表现出了 $213mA \cdot h \cdot g^{-1}$、$200mA \cdot h \cdot g^{-1}$、$192mA \cdot h \cdot g^{-1}$、$182mA \cdot h \cdot g^{-1}$、$172mA \cdot h \cdot g^{-1}$、$164mA \cdot h \cdot g^{-1}$、$153mA \cdot h \cdot g^{-1}$ 和 $140mA \cdot h \cdot g^{-1}$ 的比容量。在 20C 时为 $140mA \cdot h \cdot g^{-1}$，是 0.2C 时比容量的 65.7%。可见，$Li_{0.0625}V_2O_5$ 电极的倍率性能优于 $V_2O_5$。

图 6-3(f) 显示了纯 $\alpha\text{-}V_2O_5$ 与 $Li_{0.0625}V_2O_5$ 正极在 3.5V 下的 Nyquist 曲线图。$Li_{0.0625}V_2O_5$ 正极的电阻为 $50\Omega$，远小于纯 $\alpha\text{-}V_2O_5$ 正极的电阻（$268\Omega$）。结果表明，由于层间结构的改变，电荷转移得到了很大的改善。因此 $Li_{0.0625}V_2O_5$ 中 $ab$ 平面具备较强的电子与离子扩散效率，由此表现出优异的倍率性能。

通过电子能量损失谱（EELS）研究了 $V_2O_5$ 与 $Li_{0.0625}V_2O_5$ 正极材料在 2~4V 与 2.5~4V 电压范围内循环期间的电子结构与组成，结果表明所有样品在循环结束后均保持去锂化的状态。在 2.5~4V 电压范围内，$V_2O_5$ 和 $Li_{0.0625}V_2O_5$ 都显示出清晰的 Li K 边，表明在该电压范围内并非所有的 $Li^+$ 都能从纳米线结构中脱/嵌，如图 6-4(a) 所示。但是，$Li_{0.0625}V_2O_5$ 的 Li 信号最小，证明了在 $Li_{0.0625}V_2O_5$ 中 $Li^+$ 具备更好的可逆性，这与电化学测试结果一致。对于 V 而言，$L_3/L_2$ 峰的比值可以用来表征其在循环过程中的价态变化。结果表明，其价态随 $L_3/L_2$ 比值的降低而增加。如图 6-4(b) 所示，在 2.5~4V 范围内循环的 $Li_{0.0625}V_2O_5$ 保持最接近 +5 价的最高氧化态，随着 V 价态的下降，$a_1$ 峰随即开始减小或消失，而 b 峰则会增大。通过对这 4 个样品的 O K 边精细结构的比较，发现 $Li_{0.0625}V_2O_5$ 循环后的 V 氧化价态最高，因此 $Li_{0.0625}V_2O_5$

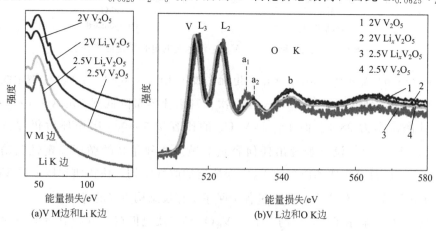

图 6-4　$\alpha\text{-}V_2O_5$ 与 $Li_{0.0625}V_2O_5$ 在不同电压状态的电子能量损失谱

的循环可逆性更强。

TEM 图像用于进一步分析 SEI 层的形成和微观结构的变化。在 $2.5\sim4V$ 电压范围内循环 10 次后，在 $Li_{0.0625}V_2O_5$ 正极表面形成了约 2nm 厚的均匀的 SEI 膜，如图 6-5(a) 所示。而在纯 $\alpha$-$V_2O_5$ 表面形成的 SEI 膜则要厚得多，如图 6-5(b) 所示。$Li_{0.0625}V_2O_5$ 正极上形成更薄且均匀的 SEI 膜的原因可能是由于具有更多相稳定与表面结构稳定的层结构，进一步证实 $Li_{0.0625}V_2O_5$ 具有高度电化学可逆性。此外，循环后的 HRTEM 图像显示，$Li_{0.0625}V_2O_5$ 在 $2.5\sim4V$ 电压范围内，其晶体结构能够在循环结束后的脱锂状态中可逆地回到初始正交结构，如图 6-5(c) 所示。

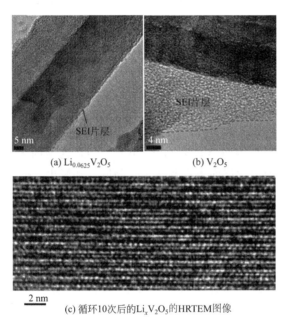

(a) $Li_{0.0625}V_2O_5$      (b) $V_2O_5$

(c) 循环10次后的 $Li_xV_2O_5$ 的HRTEM图像

图 6-5  在 $2.5\sim4V$ 电压范围内循环 10 次后形成的 SEI 微观结构表征

综上所述，利用二次水热法合成了具有超结构的 $Li_{0.0625}V_2O_5$ 纳米线超结构，其电极在 1C 下经过 1000 次循环后没有任何容量衰减，表现出很好的循环性能，在 20C 下具有高达 $140mA\cdot h\cdot g^{-1}$ 的可逆比容量，具备出色的倍率性能。其优异的循环稳定性与倍率能力归因于较强的层状晶体结构稳定性、薄 SEI 膜的形成与较好的导电性。另外，在 $2.5\sim4V$ 的电压范围内，1 个 $Li_{0.0625}V_2O_5$ 可插入 1.5 个 $Li^+$，比容量高达 $215mA\cdot h\cdot g^{-1}$，远高于 $V_2O_5$。$Li_{0.0625}V_2O_5$ 的 CV 曲线除了正常的两个锂脱/嵌可逆峰之外，在低电位范围还显示了两对新的可逆 S 峰。分析表明其容量的增加可能归功于 $Li_{0.0625}V_2O_5$ 具有扩展的 $c$ 面中间层和有序超结构。

# 6.2
## LiV$_3$O$_8$ 纳米片材料

LiV$_3$O$_8$ 能够嵌入多个 Li$^+$ [6-8]，且其结构稳定性比 V$_2$O$_5$ 的更好，所以有潜力获得更好的循环性能。Wadsley 在 1957 年首先报道了单斜结构的 Li$_{1+x}$V$_3$O$_8$ [9]，其结构由沿 a 轴排列的（V$_3$O$_8$）$^-$ 层与位于八面体间隙起连接作用的 Li$^+$ 构成。在放电过程中，Li$^+$ 可以占据层之间的四面体间隙[10]，且具有较高可逆性。

但是，该化合物的电化学性能如放电比容量、循环稳定性和倍率性能等在很大程度上取决于材料的形貌和结构。目前报道的合成 LiV$_3$O$_8$ 材料的方法包括：高温固相法、溶胶-凝胶法、水热法、低温干燥法、喷射干燥法、流变相反应、超声制备、火焰燃烧分解法、低温加热固相法、微波法、EDTA 溶胶-凝胶法、表面活性剂辅助聚合物前驱体法等[6]。总的来说，纳米结构（如纳米棒形貌[6,11-13]）的材料具有更高的放电比容量（>300mA·h·g$^{-1}$），这是因为其颗粒尺寸更小，比表面积更大，在动力学层面更有利于 Li$^+$ 的嵌入和脱出。但是这些材料的容量保持能力（约 70%）需要进一步提高。例如，火焰燃烧法生成的 LiV$_3$O$_8$ 纳米颗粒的放电比容量为 320mA·h·g$^{-1}$，但是循环 50 次之后其比容量降为 180mA·h·g$^{-1}$ [13]。因此，开发具有高放电比容量和良好容量保持能力的 LiV$_3$O$_8$ 材料一直是需要解决的难题。

本节介绍一种通过添加合适的聚合物作为结构改变剂来获得纳米片状结构 LiV$_3$O$_8$ 材料的方法，通过该方法对材料的综合电化学性能进行有效改进。

## 6.2.1  材料制备与评价表征

材料制备：V$_2$O$_5$（99.6%）、Li$_2$CO$_3$（>99%）和草酸（H$_2$C$_2$O$_4$，>99%）用来制备前驱体溶液。草酸既作为还原剂，又作为螯合剂，而聚乙二醇（PEG）作为结构的改变剂。首先，V$_2$O$_5$ 和草酸按照 1∶3 的化学计量比加入去离子水中，在室温下搅拌直到形成蓝色的 VOC$_2$O$_4$ 溶液。之后，化学计量比的 Li$_2$CO$_3$ 加入上述溶液中，搅拌 1h。接着，2g 分子量为 8000 的聚乙二醇（PEG）一滴滴地加入所配制的溶液中，所得混合溶液在 80℃ 环境下干燥得到固体前驱体。该前驱体在空气中分别在 400℃、450℃、500℃ 和 550℃ 于空气中煅烧 2h 得到的样品分别命名为 LVO-400、LVO-450、LVO-500 和 LVO-550。没有加入聚乙二醇的前驱体样品也进行了制备，以探究热分解过程对产物的影响。

用装备了 Ge（Li）固态接收器和 Cu Kα（λ＝1.54178Å）作为入射线的粉末 X 射线衍射仪检测合成材料的晶体结构。2θ 的扫描范围为 10°～70°，单步扫描幅度为 0.02°，曝光时间为 10s。以扫描电镜（FEI Helios 600 Nanolab FIB-SEM，3kV）和透射电镜（Jeol JEM-2010，200kV）表征合成材料的微观结构。用差热分析（DSC）和热重分析（TG）设备（Mettler-Toledo，TGA/DSC STAR system）分析前驱体的分解和反应过程，测试气氛为氧气，升温速率为 5℃·min$^{-1}$。

电极的制备：LiV$_3$O$_8$、Super P 导电炭添加剂和聚偏二氟乙烯（PVDF）粘接剂按照 7：2：1 的质量比混合，随后分散到 N-甲基吡咯烷酮（NMP）溶液中获得浆糊状的混合物。得到的浆糊混合物涂在铝箔上，抽真空 100℃ 干燥过夜。Li/LiV$_3$O$_8$ 的 CR2325 型扣式电池的组装在填充了高纯 Ar 的手套箱（Mbraun，Inc.）中进行。在半电池中，聚丙烯作为隔膜，锂金属作为负极，将 LiPF$_6$ 溶于碳酸乙烯酯/碳酸二甲酯（EC/DMC，体积比为 1：1）中作为电解液（浓度为 1mol·L$^{-1}$）。电极的放电和充电性能测试在 Arbin 电池检测设备 BT-2000 上进行。循环伏安曲线和交流阻抗在电化学工作站（CHInstruments，Austin，Texas）设备上测试，其中交流阻抗测试的电压为 3.5V（vs. Li$^+$/Li）。

## 6.2.2 结果与分析讨论

### 6.2.2.1 结构表征与讨论

图 6-6 给出了合成的前驱体样品的 TG 和 DTA 曲线。由图 6-6(a) 可见，在 30～50℃ 区间内，不含 PEG 的前驱体样品质量随温度升高缓慢减少，这是由于物理吸附水分子和化学结合水分子的挥发。在 250～320℃ 之间看到的质量明显减小和在 DTA 曲线上观察到的放热峰对应于无机前驱体的分解。320℃ 之后，在 TG 曲线上看到质量有微量的增加，相应地，在 DTA 曲线上也看到了两个较小的放热峰，这两个放热峰是由碳燃烧和 V$^{4+}$ 被氧化造成的。总体质量表现出有增加的趋势，表明 V$^{4+}$ 被氧化所获得的质量比碳的损失要多。TG 测试后得到的产物为棕色，这也与 LiV$_3$O$_8$ 的颜色一致。由图 6-6(b) 可见，在 30～250℃ 之间，含 PEG 前驱体的热分解谱与不含 PEG 前驱体的相似，说明失水过程类似。含 PEG 前驱体在 250～320℃ 温度区间内，质量变化较大。但是在 DTA 曲线上观察到的放热峰的强度比不含 PEG 前驱体分解所观察到的放热峰强度要大得多。这额外的能量是由于 PEG 的热分解引起的。另外，含 PEG 前驱体在 320℃ 后有一定的质量损失，这是由于 PEG 分解造成的。560℃ 后体系质量保持稳定。DTA 曲线在 600℃ 出现吸热峰，而 TG 曲线无明显质量变化，表明此处

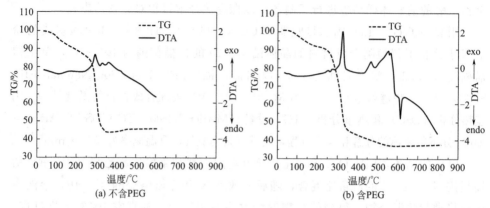

(a) 不含PEG

(b) 含PEG

图 6-6　前驱体的 TG 和 DTA 曲线

没有出现质量变化的物理化学相变反应。

图 6-7 是在不同温度下制备的样品的 XRD 图谱与 LVO-400、LVO-500 的拉曼图谱。所有的 XRD 图谱与 $LiV_3O_8$ 相（JCPDS 72-1193）的标准谱很好对应，均属于单斜晶体结构和 $P2_1/m$ 空间群。对于 LVO-400 样品，XRD 图谱上可以检测到单斜 $LiV_3O_8$ 结构的主要峰，这意味着 $LiV_3O_8$ 在质量损失的过程中已经逐步形成。但是与 LVO-450 和 LVO-500 样品相比，LVO-400 的结晶度更低，峰位也更偏左。如图 6-7(b) 所示，LVO-400 样品的拉曼图谱上有对应于碳典型的 D 带（1400cm$^{-1}$）[14] 和 G 带（1650cm$^{-1}$）[15,16]，表明了在热分解过程中有碳生成。该结果与 320～600℃ 的热重分析结果一致。

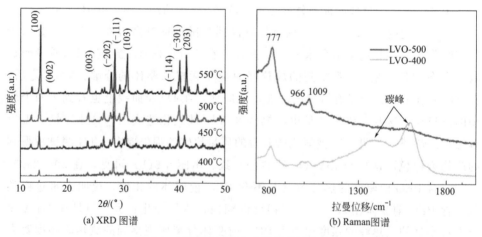

(a) XRD 图谱

(b) Raman图谱

图 6-7　不同温度下合成材料的结构表征

拉曼图谱中，在 777cm$^{-1}$、966cm$^{-1}$ 和 1099cm$^{-1}$ 处检测到的峰与 $LiV_3O_8$

典型的拉曼谱线很好吻合[17]。对于 LVO-500 样品，只在 G 带位置附近看到一个较宽的坡峰，这意味着 LVO-500 样品中碳的含量大大降低。拉曼光谱上 777cm$^{-1}$ 处的峰对应着角共享氧原子的运动模式。位于 966cm$^{-1}$ 和 1099cm$^{-1}$ 处的高频峰与 $VO_5$ 金字塔的伸展振动模式有关[17]。更高温度合成的样品在 XRD 图谱中显示的峰更多，强度也更大。拉曼图谱中位于 777cm$^{-1}$、966cm$^{-1}$ 和 1099cm$^{-1}$ 处的峰的强度也有所增强。虽然所有的样品都呈现出黑色，但是研磨之后的样品的颜色有所不同。研磨后 LVO-400 和 LVO-450 样品是黑色或者灰色，而 LVO-500 和 LVO-550 的颜色则为 $LiV_3O_8$ 的棕色。

图 6-8 给出了 LVO-500 样品的形貌和结构特征。由图 6-8(a)、(b) 可知，LVO-500 具有片层堆积结构，如图中箭头所示，且可以清楚地看到层层堆积的层由间隙隔开，顶层的片由三个较薄的层组成，和下面层之间也有较大的空隙。TEM 图像也清晰地呈现了 LVO-500 样品的纳米片层结构，如图 6-8(c)、(d) 所示。如图中数字显示，较暗的区域（数字"1"）由 3 层相互叠加而成，最亮的区域（数字"3"）只有一层，数字标为"2"的区域为 2 层堆积。这与 SEM 观察到的层层堆积结果一致。该特殊的形貌特征也与先前报道的通过无 PEG 添加前驱体溶液中制得的纳米棒有所区别[6]，表明 PEG 添加剂与纳米片层结构的形成有密切联系，而层状结构之间空隙的形成也可能与 PEG 分解后形成的碳在空气中被氧化有关。

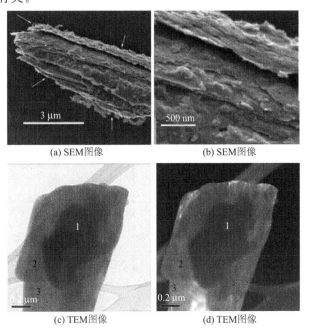

(a) SEM图像    (b) SEM图像

(c) TEM图像    (d) TEM图像

图 6-8 LVO-500 合成材料样品的形貌表征

## 6.2.2.2 电化学性能与讨论

图 6-9 给出了在 400℃、450℃、500℃ 和 550℃ 下合成的材料的电化学性能。由图 6-9(a) 可见，LVO-400 样品表现出了较陡的充放电平台与较低的容量，而 LVO-450、LVO-500 和 LVO-550 的充放电曲线平台明显许多，也与 $LiV_3O_8$ 晶体典型的充放电曲线一致[6,18]。4 个样品的放电比容量大小顺序为：LVO-500＞LVO-550＞LVO-450＞LVO-400。图 6-9(b) 显示了 4 个样品在 $100mA \cdot g^{-1}$ 电流密度下的循环性能。相比于第一次循环的放电比容量，第二次循环的放电比容量更高，这可能是因为电极材料在第一次循环时没有完全活化。其次，$LiV_3O_8$ 在较高的电压下（3.7V）充电会有部分 $Li^+$ 脱出，有更多的空位允许 $Li^+$ 在接下来的循环中重新嵌入，促进容量增加。相比于其他两个电极，LVO-500 和 LVO-550 具有更好的循环稳定性和更高的放电比容量。LVO-400

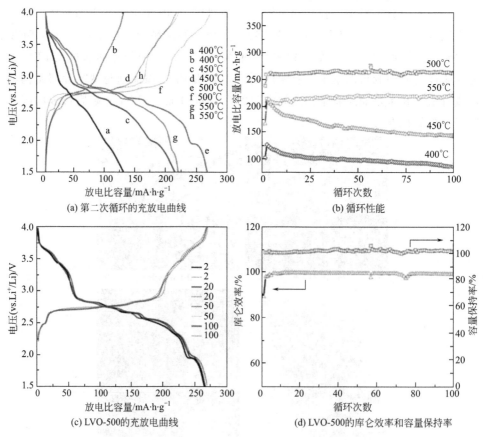

(a) 第二次循环的充放电曲线

(b) 循环性能

(c) LVO-500的充放电曲线

(d) LVO-500的库仑效率和容量保持率

图 6-9　在 $100mA \cdot g^{-1}$ 电流密度下合成材料的电化学性能

和 LVO-450 的开路电位分别为 3.0V 和 3.2V，比 LVO-500 和 LVO-550 正极的工作电压（3.59V、3.60V）要低得多，较低的开路电位可能跟钒的氧化状态有关。LVO-400 和 LVO-450 较差的循环稳定性归因于其较低的纯度和结晶度。在该电压范围内，处于无定形状态的低价态元素钒不参与氧化还原反应。另外，低结晶度意味着 $LiV_3O_8$ 晶格内原子的排布不规则，这有可能成为 $Li^+$ 在 $LiV_3O_8$ 基体材料中的扩散通道上的障碍，从而降低了其可逆性和循环稳定性。该现象在锂过渡族氧化物中比较常见，如 $LiNiO_2^{[19-21]}$。LVO-500 电极比 LVO-550 电极的放电比容量更高是因为 $Li^+$ 在 LVO-500 中的扩散效率更高，而 LVO-500 中残留的碳较少，更高温度的热处理过程会造成层间距的迅速缩小，降低电解液的渗透速率和 $Li^+$ 的扩散效率。图 6-9(c) 显示了 LVO-500 电极在不同循环次数下的充放电曲线。它们的放电比容量分别为 260.7mA·h·g$^{-1}$、262.2mA·h·g$^{-1}$、265.7mA·h·g$^{-1}$、262.4mA·h·g$^{-1}$；对应的充电比容量分别为 266.8mA·h·g$^{-1}$、263.5mA·h·g$^{-1}$、267.5mA·h·g$^{-1}$、265.1mA·h·g$^{-1}$；库仑效率分别为 97.7%、99.4%、99.3%、99%。前 100 次循环中并未观察到比容量的大幅度降低。图 6-9(d) 显示了 LVO-500 电极前 100 次循环的库仑效率和容量保持率，可以看出 LVO-500 正极并未表现出明显的容量损失，其库仑效率接近 100%。

该材料优越的电化学性能归因于层层堆积的纳米片结构。首先，纳米片之间的较大空隙可以增大电极材料和电解液之间的接触面积，允许电解液更快速地渗透。其次，这些纳米片的宽度小于 50nm，这大大缩短了锂离子扩散和电子传输所需要经过的路程。再次，纳米片结构相比于纳米棒形貌的电极材料更有可能保持结构的稳定性。因为纳米棒形貌的电极材料，其与电解液的接触面积更大，当多个 $Li^+$ 嵌入 $LiV_3O_8$ 中会造成体积的膨胀和收缩，部分活性物质从基体中脱落到电解液中造成容量的损失。而较薄的、层层堆积的纳米片在充放电过程中可以更好地适应结构的变化，即使有部分 $LiV_3O_8$ 碎片在层与层之间产生，也不会直接与整个基体失去接触，因此更容易保持放电比容量的稳定。

图 6-10 是 LVO-500 电极在 0.1mV·s$^{-1}$ 扫描速率下的循环伏安曲线。从该图可以清楚地看到锂离子嵌入和脱出时的峰位。阴极扫描时，可以看到位于 3.63V、3.42V、2.86V、2.80V、2.73V、2.63V、2.54V、2.31V、1.99V 的 9 个明显的峰。这说明 $Li^+$ 嵌入 $Li_{1+x}V_3O_8$ 材料是多相转变的过程。阳极扫描时，可以检测到位于 2.41V、2.47V、2.75V、2.79V、2.84V、2.90V、3.45V 和 3.67V 的 8 个相变峰。循环伏安曲线围成的形状在前 5 次循环中基本保持不变，表明材料具备较好的循环可逆性。氧化还原峰的电压也与充放电平台 [图 6-9(c)] 相对应。在阳极扫描曲线上检测到 3.67V 有一个 $Li^+$ 从基体脱出的峰，这说明

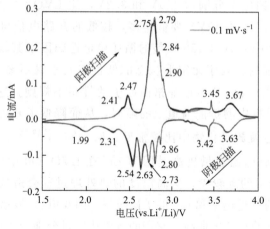

图 6-10　LVO-500 的 CV 曲线

$LiV_3O_8$ 中的 $Li^+$ 在该电压下有部分脱出，很好地解释了上面观察到的第二次循环容量增加的现象。

图 6-11 是 LVO-500 电极和传统方法合成的 $LiV_3O_8$ 材料在 3.5V 时的奈奎斯特图。微米尺寸的 $LiV_3O_8$ 在 680℃ 加热 10h 制备得到[6]。这两个电极的制备过程一样，阻抗的不同与电极材料的性质密切相关。如图 6-11 所示，纳米片形貌的 LVO-500 电极的电阻为 60Ω，该数值比微米尺寸电极材料的 200Ω 的电阻要小得多。这说明电子在纳米片电极材料中的传输更加容易，纳米片层提供的空隙促进了电解液的渗透并提高了电解液和电极材料的接触面积。另外，纳米片形貌的电极材料中残余的少量碳有助于提高 LVO-500 的导电性。

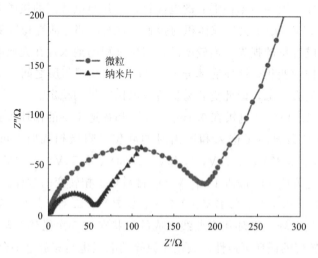

图 6-11　LVO-500 与 $LiV_3O_8$ 在 3.5V 的奈奎斯特图

在 1.5～4V 电压区间内，LVO-500 在不同的电流密度下的循环稳定性，如图 6-12 所示。在 $100mA \cdot g^{-1}$、$300mA \cdot g^{-1}$、$1000mA \cdot g^{-1}$ 电流密度下，其第二次的放电比容量分别为 $260mA \cdot h \cdot g^{-1}$、$194mA \cdot h \cdot g^{-1}$、$166mA \cdot h \cdot g^{-1}$，循环 100 次后仍有 $262mA \cdot h \cdot g^{-1}$、$181mA \cdot h \cdot g^{-1}$、$157mA \cdot h \cdot g^{-1}$ 的放电比容量，表明该材料具有很好的循环稳定性。

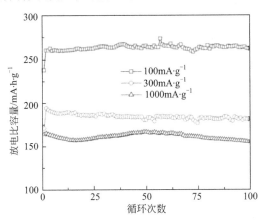

图 6-12　在 1.5～4.0V 电压区间内 LVO-500 正极的循环性能

表 6-1 比较了文献中报道的 $LiV_3O_8$ 和纳米片形貌的 $LiV_3O_8$ 电极的电化学性能。由表可知，本工作合成的材料初始比容量可以达到 $260mA \cdot h \cdot g^{-1}$，同时具有最好的循环稳定性。只有少数方法（如溶胶-凝胶法[22]、Ag 掺杂[12] 和之前报道的未添加 PEG 的热分解的方法[6]）合成的电极材料的比容量可以超过 $260mA \cdot h \cdot g^{-1}$。溶胶-凝胶法制备的材料第一次循环的放电比容量为 $281mA \cdot h \cdot g^{-1}$，在 $60mA \cdot g^{-1}$ 电流密度下循环 40 次后，比容量降为 $200mA \cdot h \cdot g^{-1}$，其容量保持率仅为 71%。Ag 掺杂 $LiV_3O_8$ 电极虽然首次循环表现出 $328mA \cdot h \cdot g^{-1}$ 的比容量，但在接下来的 50 次循环内迅速衰减（$252.7mA \cdot h \cdot g^{-1}$），容量保持仅有 77%。通过软化学方法合成的 $LiV_3O_8$ 纳米棒在 $100mA \cdot g^{-1}$ 下拥有最高比容量（$320mA \cdot h \cdot g^{-1}$）[6]，但在循环 100 次后仅为 $250mA \cdot h \cdot g^{-1}$，循环稳定性仍需进一步提高。通过液相法（99%）[23]、喷射干燥法（84%）[24]、聚合物方法（99%）[10] 和水热法（96%）[18] 制备得到的 $LiV_3O_8$ 电极具备较好的容量保持率，但是它们表现出较低的放电比容量（约 $180mA \cdot h \cdot g^{-1}$）。相较之下，本节中所报道的纳米片结构 $LiV_3O_8$ 在 $100mA \cdot g^{-1}$ 的电流密度下，不仅具有理想的容量保持率，也具有相对较高的放电比容量（$260mA \cdot h \cdot g^{-1}$）。经计算，在 $100mA \cdot g^{-1}$ 的电流密度下可获得 $700kW \cdot h \cdot kg^{-1}$ 的能量密度，该能量密度比同时期报道过的正极材料（如 $LiCoO_2$、$LiFePO_4$ 等）都高。

表 6-1　不同方法制备的 $LiV_3O_8$ 的电化学性能比较[10]

| 合成方法 | 成分 | 电流密度 /mA·g$^{-1}$ | 比容量/mA·h·g$^{-1}$ (括号中为循环次数) | 容量 保持率/% |
|---|---|---|---|---|
| 水热法[25] | $LiV_3O_8$ | 120 | 212.8(1)-152.1(18) | 72 |
| 溶胶-凝胶法[22] | $Li_{1.2}V_3O_8$ | 60 | 281(2)-200(40) | 71 |
| 溶胶-凝胶法[12] | $Li_{0.96}Ag_{0.04}V_3O_8$ | 150 | 328(1)-252.7(50) | 77 |
| 火焰燃烧法[13] | $LiV_3O_8$ | 100 | 271(1)-180(50) | 66 |
| 溶液法[23] | $LiV_3O_8$-聚吡咯(PPy) | 40 | 184(1)-183(100) | 99 |
| 喷射干燥法[24] | $Li_{1.1}V_3O_8$ | 116 | 260(2)-220(60) | 84 |
| 水热法[18] | $LiV_3O_8$ | 100 | 稳定在 236(100) | 96 |
| 聚合物方法[10] | $LiV_3O_8$ | 120 | 182(2)-180(60) | 99 |
| 软化学方法[6] | $LiV_3O_8$ | 100 | 320(2)-250(100) | 78 |
| 本工作 | $LiV_3O_8$ | 100 | 260(2)-262(100) | 100 |

综上所述，通过在合成过程中将 PEG 聚合物加入前驱体溶液中制备了纳米片形貌的 $LiV_3O_8$，并探究了煅烧温度等因素对 $LiV_3O_8$ 正极电化学性能的影响。结果表明，500℃时合成的样品具有最佳的性能：在 100mA·g$^{-1}$ 电流密度下充放电时表现出 260mA·h·g$^{-1}$ 的初始比容量，并在 100 次循环后仍有 262mA·h·g$^{-1}$ 的放电比容量，容量保持率接近 100%。进一步研究发现，其优越的电化学性能归因于新颖的纳米片状结构：①层状结构之间较大的空隙有利于电解液的渗透；②纳米尺寸厚度有利于 Li$^+$ 的扩散和电子的传输；③纳米片比纳米棒更容易保持结构的完整，从而获得更好的容量保持率。

# 6.3
# $LiV_3O_8$ 纳米棒材料

虽然层状 $Li_{1+x}V_3O_8$ 在结构上具有优势，但是其电化学性能取决于采用的合成方法[7,10,26-29]。减小活性物质的颗粒大小可以缩短锂离子扩散路径，改善其扩散动力学行为，而且 Li$^+$ 嵌入过程中，纳米颗粒可以自由膨胀减弱嵌入反应的动力学障碍。因此，纳米尺寸颗粒可以获得更高的放电比容量和更好的倍率性能。此外，考虑到实际应用，简便、快速的低温合成法更能引起人们的兴趣。

本节报道了一种在低温热分解 V 和 Li 的前驱体混合物合成棒状 $LiV_3O_8$ 纳米颗粒的方法。研究了不同的热分解温度对材料形貌、晶体结构和电化学性能的影响。同时也比较了新方法合成的 $LiV_3O_8$ 材料与传统方法合成的材料的形貌和电化学性能。此外，该方法经济有效，适用于大规模的生产。新方法合成的 $LiV_3O_8$ 的电极材料放电比容量高、循环稳定性和倍率性能好。

## 6.3.1  材料制备与评价表征

$LiV_3O_8$ 纳米棒低温热分解制备：将 $V_2O_5$ 和草酸按照 $1:3$ 的化学计量比加入去离子水中，持续搅拌直到溶液由黄色变成蓝色。然后再加入化学计量比的 $CH_3COOLi \cdot 2H_2O$，在室温下搅拌 1h，随后在 80℃ 环境下干燥得到的固体前驱体。该前驱体在空气中 350℃、400℃ 和 500℃ 煅烧 2h，得到的样品分别命名为 LT350、LT400 和 LT500。为了比较，$V_2O_5$ 粉末和 $Li_2CO_3$ 按照传统的方法在 680℃ 煅烧 10h 得到的样品命名为 HT680。

用装备了 Ge（Li）固态接收器和密封管中 Cu $K\alpha$（$\lambda = 1.54178\text{Å}$）作为入射线的粉末 X 射线衍射仪检测合成样品的晶体结构。用扫描电镜（FEI Helios 600 Nanolab FIB-SEM，3kV）和透射电镜（Jeol JEM 2010）分析材料的显微结构。用差热分析和热重分析（TGA/DSC）分析前驱体的分解和反应过程。

电极的制备：$LiV_3O_8$、导电炭添加剂（Super P）与聚偏二氟乙烯（PVDF）粘接剂按照 $7:2:1$ 的质量比混合均匀后，分散到 N-甲基吡咯烷酮溶液中得到浆糊状的混合物。获得的浆糊混合物涂在铝箔上，并在抽真空的炉子里于 100℃ 加热 12h。$Li/LiV_3O_8$ 的 CR2325 型扣式电池的组装在充了高纯 Ar 的手套箱（Mbraun, Inc.）中完成。半电池以聚丙烯膜为隔膜，锂金属为负极，$LiPF_6$ 溶于碳酸乙烯酯/碳酸二甲酯（EC/DMC，体积比为 $1:1$）混合溶液中作为电解液（浓度为 $1\text{mol} \cdot L^{-1}$）。电极的放电、充电性能和间歇恒电流滴定（GITT）测试于室温在 Arbin Battery Tester BT-2000 设备上完成。循环伏安曲线和交流阻抗图谱在电化学工作站（CH Instruments，Austin，Texas）上完成。

## 6.3.2  结果与分析讨论

### 6.3.2.1  结构表征与讨论

图 6-13 给出了前驱体 $VOC_2O_4$、$CH_3COOLi \cdot 2H_2O$，以及两者混合物的热重分析（TG）和差热分析（DTA）结果，升温速率为 $5℃ \cdot min^{-1}$。$CH_3COOLi \cdot 2H_2O$ 的 TG/DTA 分析结果，如图 6-13（a）所示。在 $30 \sim 100℃$ 的温度范围内，有 5% 的质量损失（相当于 0.28 个水分子），同时 DTA 的曲线上 57℃ 有一个吸热峰，对应于吸附在材料表面的水的损失。在 110℃ 和 150℃ 之

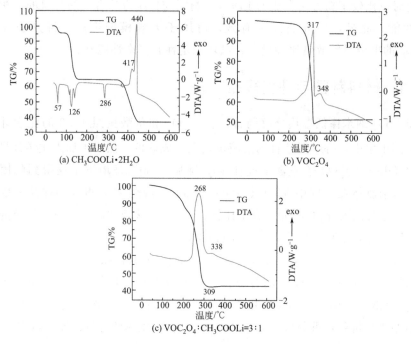

图 6-13　不同前驱体及其混合物的 TG 与 DTA 曲线

间存在的 30% 质量损失对应于材料中另外 1.72 个水分子的损失，材料也变成无定形的 $CH_3COOLi$。在 126℃，DTA 曲线上观察到的吸热峰也证实了这种变化。在 150～360℃ 温度范围内，升高温度并没有造成任何的质量损失。在 360～450℃ 之间，看到的质量损失是因为无定形的 $CH_3COOLi$ 热分解造成的。对应的 DTA 曲线上在 417℃ 和 440℃ 出现了两个放热峰。位于 417℃ 的放热峰是 $CH_3COOLi$ 在 385℃ 热离解的碳在空气中燃烧的结果。第二个放热峰则对应于热离解的产物 $Li_2O$ 和 $CO_2$ 反应生成 $Li_2CO_3$。XRD 实验证实了所得到的最后样品为 $Li_2CO_3$，同时该推论与 TG 曲线上的质量的变化对应得很好。

　　图 6-13(b) 是 $VOC_2O_4$ 在空气中的热重分析（TG）和差热分析（DTA）结果。在热重分析曲线上，观察到 30～267℃ 温度区间内只有少量的质量损失。之后，随着温度的升高，质量急剧下降，在 321℃ 降到原始质量的 49%。在该过程中发生了 $VOC_2O_4$ 的热分解和钒的部分氧化。位于 DTA 曲线上 317℃ 的放热峰证实了该过程。317℃ 之后，热分解的过程已经完成，但是 $V^{4+}$ 的氧化过程还在继续，对应于 TG 曲线上质量轻微地增加。根据 TG 的结果，在质量最低点的时候，$V_2O_4$ 和 $V_2O_5$ 的比例为 1∶4。

　　图 6-13(c) 是 $VOC_2O_4$ 和 $CH_3COOLi$ 前驱体化学计量比为 3∶1 的混合物

在空气中的热分析结果。在 30～240℃ 温度区间内，少量质量的损失是前驱体混合物中物理吸附水和化学绑定的水损失造成的。随着温度的继续增加，热重分析显示质量明显减少。对应的差热分析（DTA）曲线上也看到两个分别位于 268℃和 338℃ 的放热峰。第一个峰的宽度比单一 $VOC_2O_4$ 热分解的峰更宽，这表明两个前驱体混合物受热共同分解。之后看到更小的峰对应于 $V^{4+}$ 在空气中被进一步氧化。混合物中的 $CH_3COOLi$ 的热分解温度明显比纯的 $CH_3COOLi$ 的温度低。这种现象有两种可能的解释。其一是 $VOC_2O_4$ 的热分解产生的能量可以补偿 $CH_3COOLi$ 分解所需要的额外能量。其二是 $VOC_2O_4$ 分解的产物，在空气中与 $CH_3COOLi$ 反应，促使 $CH_3COOLi$ 在较低的温度分解。继续升高温度，DTA 曲线上没有出现峰，对应的 TG 曲线上也没有质量的变化，说明没有新的反应和相变发生。

图 6-14 是不同温度热分解得到的样品 LT350、LT400、LT500 和传统高温方法合成的 HT680 样品的 X 射线衍射的结果。它们的衍射峰的位置一致，峰强度随着温度的升高不断加强。这与 TG 和 DTA 显示的 350℃ 之后没有其他相变和反应发生的结果一致。样品的 XRD 图谱与已知的 $LiV_3O_8$（JCPDS 72-1193）谱线一致，这意味着该低温方法合成的样品具有单斜的晶体结构类型，属于 $P2_1/m$ 空间群[30,31]，该结构由 $VO_6$ 八面体和三角双金字塔形状的 $VO_5$ 组成。低温合成的三个样品都可以检测到 $Li_{0.3}V_2O_5$ 杂相。该杂相在其他方法合成的 $LiV_3O_8$ 材料中也存在[10,32,33]。因为 $Li_{0.3}V_2O_5$ 相的含量并不太多，而且它本身也是一种嵌入型化合物，所以对合成的 $LiV_3O_8$ 电极材料的性能没有明显的影响。高温合成的 HT680 的 XRD 谱线峰尖锐，强度更大，表明材料的结晶度更

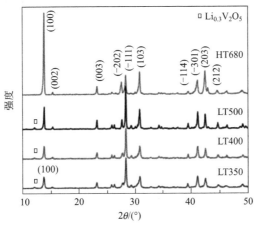

图 6-14　不同合成温度和条件下 $LiV_3O_8$ 样品的 XRD 图谱

高。对于 HT680 样品,(100) 面具有最高的强度,但是低温合成的 $LiV_3O_8$(LT350、LT400 和 LT500)的 $(\overline{1}11)$ 面强度最大。这种不同是因为低温共热分解合成的样品具有择优取向,呈现棒状的形貌。

图 6-15 是高温合成的样品 HT680 和热分解合成的 LT350 样品的 SEM 形貌。其中,HT680 的结晶相尺寸是微米级的,虽然大颗粒的表面可以看到棒状的粒子,但是大颗粒内部比较厚实,没有看到空隙。这是因为材料颗粒在高温更容易长大。固体粒子为了降低材料表面的自由能,不断地聚合在一起形成更大的颗粒,高温为原子的迁移提供了更大的机会,更有利于颗粒的长大。

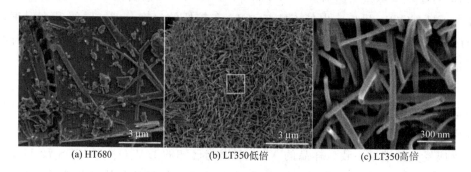

(a) HT680          (b) LT350低倍          (c) LT350高倍

图 6-15    不同条件合成材料的 SEM 图像

图 6-15(b) 和图 6-15(c) 是 LT350 在不同的放大倍数下的形貌图。所形成的纳米棒分布均匀,棒的长度可以达到几个微米,直径在 $30\sim150nm$ 之间。另外,纳米棒之间有很大的空隙。该结构有利于电解液的渗透,同时因为纳米棒的直径在 $30\sim150nm$ 之间,这大大缩短了 $Li^+$ 扩散所需经过的路程。因此,在高倍率放电和充电下,材料的利用率会更高,也可以获得更高的比容量。

图 6-16 是 LT350 样品的 TEM 表征结果。TEM 图像显示所得的纳米棒内部存在着堆叠的缺陷。选区电子衍射结果表明每个纳米棒都是单晶结构。另外,选区电子衍射斑点图谱进一步证明了材料中缺陷的存在。纳米棒的生长方向接近于 $[\overline{1}11]$ 晶向。该缺陷的存在为 $Li^+$ 的扩散和电子的传输提供了快速的通道,这可能也是后面讨论的更好的倍率性能的原因之一。

图 6-17 是不同温度下热分解方法制备的 $LiV_3O_8$ 合成相的 SEM 形貌图。350℃合成的纳米颗粒彼此分开得很好,形貌也比较均匀。400℃合成的样品,同样可以看到纳米棒,但是其尺寸更大,长度有明显的增加,纳米棒与纳米棒之间的连接更加紧密并形成了块状结构。而 500℃下得到的样品,基本是由纳米颗粒粘接而成的板块状结构。该结果也与 XRD 衍射图谱结果相一致。

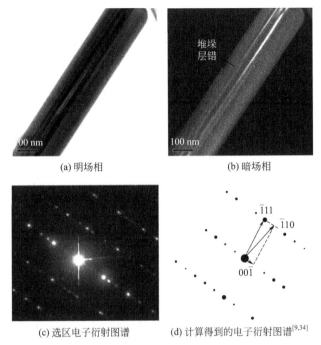

(a) 明场相          (b) 暗场相

(c) 选区电子衍射图谱    (d) 计算得到的电子衍射图谱[9,34]

图 6-16   LT350 样品的透射图像和电子衍射图像

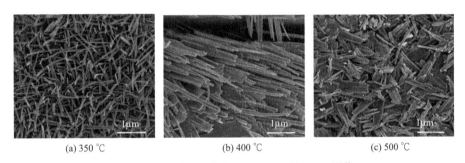

(a) 350 ℃        (b) 400 ℃        (c) 500 ℃

图 6-17   不同温度合成的 $LiV_3O_8$ 的 SEM 图像

## 6.3.2.2   电化学性能与讨论

图 6-18 是 HT680 和 LT350 样品在第一次循环伏安曲线。在 LT350 阴极扫描过程中，2.71V 左右的峰对应于 $Li^+$ 嵌入四面体间隙位置，位于 2.41V 左右的峰对应于 $Li^+$ 进一步占据四面体中心的位置，同时伴随着 $Li_3V_3O_8$ 到 $Li_4V_3O_8$ 两相的转变过程。最后看到位于 2.24V 左右的一个较小峰是动力学嵌入更慢的单相转变过程[10]。从两种不同方法合成的电极的循环伏安图可以看出，在 2.71V 左右，两者的阴极电流密度峰值差不多。在 $Li^+$ 的初始嵌入阶段，由

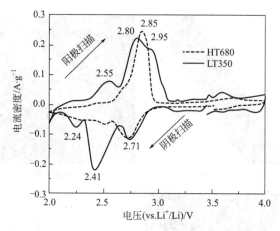

图 6-18　HT680 电极和 LT350 电极第一次 CV 曲线

于正极内部静电作用较弱，其扩散速率较快，占据了较多四面体间隙位置。J. Kawakita 等[35] 报道了在单相转变的第一阶段，在不同的电流密度和不同温度下具有类似的现象。但是对于两相转变过程，LT350 电极的峰值电流要比 HT680 的峰值电流高得多。有报道称两相转变过程中 Li$^+$ 的扩散系数要低得多[35]，可能原因是 Li$^+$ 嵌入 HT680 样品受到了动力学的限制。但是对于 LiV$_3$O$_8$ 纳米棒电极，因为其直径小于 150nm，Li$^+$ 扩散需要通过的距离更短。同时颗粒之间的大空隙可以很好地适应 Li$^+$ 嵌入过程中引起的体积的变化，也降低了 Li$^+$ 扩散的能垒。这也解释了在 2.2V 左右阴极扫描时电流密度的不同。在阳极扫描过程中也观察到了类似的结果。这些结果说明 Li$^+$ 在纳米结构的 LiV$_3$O$_8$ 电极中的扩散比在微米尺寸的颗粒中的扩散更快，动力学更加有利。

图 6-19 是 HT680 和 LT350 的充放电曲线和循环性能曲线。从图中可以看

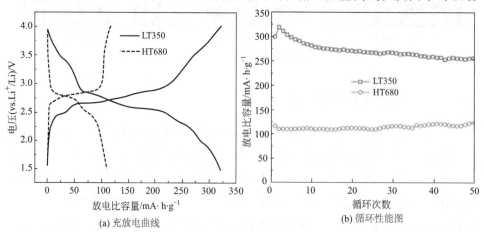

(a) 充放电曲线　　　　　　　　　(b) 循环性能图

图 6-19　HT680 和 LT350 的电化学性能

出，HT680 电极在 4～2.7V 电压范围内，充放电曲线近似垂直，之后有一个较短的电压平台。在 $100mA \cdot g^{-1}$ 电流密度下，整个电压范围内的放电比容量仅为 $109mA \cdot h \cdot g^{-1}$。但是 LT350 电极显示了更多的电压平台和更高的放电比容量。在第二次循环时，其放电比容量为 $320mA \cdot h \cdot g^{-1}$，是 HT680 电极放电比容量的两倍多。该数值也比传统高温方法合成的 $LiV_3O_8$ 电极的最好的放电比容量（$180mA \cdot h \cdot g^{-1}$）高。J. Kawakita 等人[35]认为颗粒的大小和形貌对 $Li_{1+x}V_3O_8$ 晶体的倍率性能具有重要的影响。在这里，检测到纳米结构的 $LiV_3O_8$ 电极分布均匀，颗粒尺寸较小，颗粒之间有较大空隙。该结果说明低温合成的 $LiV_3O_8$ 具有更高的放电比容量，材料的利用率也更高。

图 6-19(b) 显示了 LT350 和 HT680 两个电极在 $100mA \cdot g^{-1}$ 电流密度下充放电的循环性能。纳米棒状 LT350 电极的初始放电比容量为 $300mA \cdot h \cdot g^{-1}$，第二次循环增加到 $320mA \cdot h \cdot g^{-1}$，相当于嵌入 3.45 个 $Li^+$。该放电比容量在第 10 次循环下降为 $282mA \cdot h \cdot g^{-1}$，之后其变得比较稳定。在第 11～100 次循环，单次循环比容量损失仅为 0.23%。$LiV_3O_8$ 电极的容量的损失是一个比较常见的现象。Guyomard 等人[36,37]认为容量的损失是因为在 2.4～2.6V 之间发生转变的两相晶格常数相差较大，造成局部晶体结构被破坏。此外，单次循环之后，晶体结构变化引起固体电解质界面膜的重新形成造成电解液的不断消耗。LT350 电极在循环 50 次之后仍然可以获得 $256mA \cdot h \cdot g^{-1}$ 的放电比容量。对于 HT680 电极，在循环 50 次之后，其放电比容量从第一次循环的 $116mA \cdot h \cdot g^{-1}$ 稍微增加到 $123mA \cdot h \cdot g^{-1}$。但是 HT680 电极的容量仍然比低温方法合成的电极的容量低得多。

图 6-20 显示了两个样品的交流阻抗（EIS）和间歇恒电流滴定方法（GITT）的测试结果。对于两个电极，电解液和电极的制备过程是一样的，高频的半圆与电极的电子传输有关。LT350 电池的阻抗为 $50\Omega$，比 HT680 的 $200\Omega$ 要小很多。该结果意味着电荷转移在 LT350 电极中的传输比在 HT680 电极中传输容易。纳米尺寸 LT350 电极缩短了电子传输的距离。图 6-20(b) 是两个电极在充放电循环 10 次之后，采用恒电流间歇滴定法测的曲线。两个样品都是先放电/充电 10min，然后静置 40min 后得到稳定的开路电压（OCP）。可以明显地观察到 LT350 样品经历的步骤比 HT680 样品更多，这与其更高的放电比容量有关。

图 6-20(c) 是两个电极在放电和充电过程中计算得到的扩散系数随电压变化的曲线图。总的来说，LT350 的扩散系数比 HT680 要大一点。LT350 的扩散系数在 2.6V 时到达最低值。该平台对应于 $Li_{1+x}V_3O_8$（$1.5<x<3$）的两相转变过程。$Li_4V_3O_8$ 相比 $LiV_3O_8$ 相在 $Li^+$ 嵌入和脱出过程中，材料晶格常数的变化更大可能是 $Li^+$ 扩散系数迅速降低的原因。LT350 样品的放电比容量是 HT680 的两倍还多，所以形成了更多的 $Li_4V_3O_8$，因此在 2.6V 左右时，LT350 样品的扩

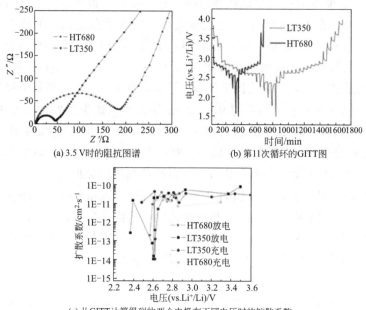

(a) 3.5 V时的阻抗图谱　　　(b) 第11次循环的GITT图

(c) 从GITT计算得到的两个电极在不同电压时的扩散系数

图 6-20　LT350 和 HT680 的动力学表征

散系数没有 HT680 样品高。即使此时 LT350 检测到的扩散系数比 HT680 要低得多，LT350 电极仍然具有更好的放电/充电比容量。根据 Fick 定律，当扩散需要经过的路程从几个微米缩小到 150nm，可以大大缩小扩散所需的时间，从而获得更好的电化学性能。

图 6-21 是不同温度合成的 $LiV_3O_8$ 纳米颗粒电极的电化学性能。350℃、400℃和500℃合成的 $LiV_3O_8$ 电极的最高放电比容量分别为 $320mA \cdot h \cdot g^{-1}$、$267mA \cdot h \cdot g^{-1}$ 和 $193mA \cdot h \cdot g^{-1}$。在第 2~100 次循环，它们的容量损失分

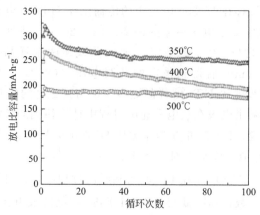

图 6-21　不同温度下合成的 $LiV_3O_8$ 纳米棒的循环性能

别为 0.23%、0.27%和 0.09%。可以看到放电比容量随着合成温度的升高而降低，它们颗粒的尺寸和形貌是造成容量不同的原因。LT350 电极材料具有纳米棒状结构，并且颗粒彼此之间有空隙可以允许电解液的快速渗透和电极材料的润湿。LT400 电极材料的纳米颗粒开始融合在一起，颗粒之间的空隙也减少。LT500 电极材料颗粒长得更大。因为 350℃合成的 $LiV_3O_8$ 的颗粒之间有较大的空隙存在，可以很好地适应 $Li^+$ 嵌入和脱出过程中引起的体积的变化，降低了 $Li^+$ 扩散所需要的能垒。Dunn 等人[38] 最近报道了类似的颗粒空隙对于同一取向的 $MoO_3$ 纳米粒子的电化学性能的贡献。较为松散的纳米粒子结构具备良好的 $Li^+$ 脱/嵌性能也在工作中得到了证明[39]。这也解释了为什么 350℃合成的电极比 400℃合成的电极具有更高的容量和更好的容量保持能力。但是 500℃合成的电极的容量保持能力最好，单次循环的容量损失速率仅为 0.09%。一种可能的解释是它们的放电比容量较低。虽然材料的颗粒比在其他更低温度下合成的材料的颗粒要大，但是 $Li^+$ 嵌入活性材料的数量更少，仍然属于纳米范围的 $LiV_3O_8$ 可以很好地适应充放电过程中的体积变化，从而具有更好的电化学稳定性。

图 6-22 是 LT350 电极材料在不同的电流密度（$100mA \cdot g^{-1}$、$300mA \cdot g^{-1}$ 和 $1000mA \cdot g^{-1}$）下的循环性能。在 $100mA \cdot g^{-1}$ 和 $300mA \cdot g^{-1}$ 电流密度下，LT350 电极的放电比容量在第二次循环时达到最大值，这可能与材料在第一次循环的活化有关。在 $100mA \cdot g^{-1}$、$300mA \cdot g^{-1}$ 和 $1000mA \cdot g^{-1}$ 电流密度下的最高放电比容量分别为 $320mA \cdot h \cdot g^{-1}$、$296mA \cdot h \cdot g^{-1}$ 和 $239mA \cdot h \cdot g^{-1}$。10 次循环之后，容量的损失速率降低；从第 2～100 次循环，对应的单次循环放电比容量的损失分别为 0.23%、0.30%和 0.34%。

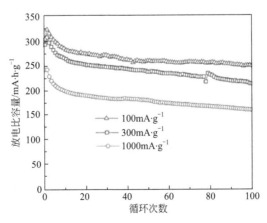

图 6-22　LT350 在不同的电流密度下的循环性能

相对于之前报道的 $LiV_3O_8$ 材料,本工作的 $LiV_3O_8$ 纳米棒的电化学性能具有很大的优势。例如,$LiV_3O_8$/聚吡咯复合材料虽然具有很好的循环稳定性,但其放电比容量低（184mA·h·g$^{-1}$,电流密度 40mA·g$^{-1}$）[31]。采用喷涂干燥获得的 $LiV_3O_8$ 具有较高的放电比容量,但是该材料在 2.0～3.7V 的容量损失较大（单次循环容量损失超过 2%）[40]。本工作所合成的 $LiV_3O_8$ 纳米棒电极材料倍率性能也比曾报道过的借助表面活性剂合成的纳米棒 $LiV_3O_8$ 电极的要好。Sakunthala 等人[10] 合成的棒状的电极材料具有良好的循环稳定性;在 30mA·g$^{-1}$、120mA·g$^{-1}$、240mA·g$^{-1}$ 和 740mA·g$^{-1}$ 电流密度下放电,分别可以获得 230mA·h·g$^{-1}$、180mA·h·g$^{-1}$、152mA·h·g$^{-1}$ 和 75mA·h·g$^{-1}$ 的放电比容量。新合成的材料的直径在 30～150nm 之间,为文献报道的直径大约为 $1\mu m$ 的棒状材料的 1/10 左右,因此更有利于 Li$^+$ 的扩散和获得更好的倍率性能。另外,TEM 检测到的堆叠缺陷有利于电解液的渗透和电子的传输,这也说明采用本工作的方法合成的电极材料相比于其他方法合成的电极材料具有优势。

综上所述,本节报道的无模板、低温共热分解方法合成了纳米棒状的 $LiV_3O_8$ 材料。350℃合成的纳米棒状颗粒形貌均匀,直径在 30～150nm,长度可以达到几个微米,同时棒状纳米颗粒内部还有堆叠缺陷。该方法合成的 $LiV_3O_8$ 电极同时具有非常高的放电比容量和循环稳定性。在 100mA·g$^{-1}$ 电流密度下放电可以获得 320mA·h·g$^{-1}$ 的放电比容量,单次循环的容量损失仅为 0.23%。在更高电流密度 1A·g$^{-1}$ 下循环 100 次后仍可获得 158mA·h·g$^{-1}$ 的放电比容量。

# 6.4
# $LiV_3O_8$/Ag 纳米带复合材料

$Li_{1+x}V_3O_8$ 正极材料的电化学性能跟其合成方法和最终的形貌关系很大。纳米化技术可以有效地提高 $Li_{1+x}V_3O_8$ 的电化学性能,特别是倍率性能。需要指出的是,虽然正极材料的电导率对其倍率性能影响很大,但已开展的工作似乎很少试图去提高 $Li_{1+x}V_3O_8$ 正极材料电导率。事实上,提高 $Li_{1+x}V_3O_8$ 材料电导率对提升电池综合电化学性能是有利的。一般而言,引入金属银纳米粒子,电极材料体系的电导率可得到有效的提升,从而获得优异的电化学性能。

本节设计并提供了一种简单的溶胶-凝胶法来合成银纳米粒子附着在 $LiV_3O_8$ 纳米带上的复合材料,并表征了合成的复合材料的晶体结构和形貌,系统地测试了其电化学性能。研究表明,合成的 $LiV_3O_8$/Ag 纳米带复合材料作为锂电池的正极材料具有很好的倍率性能和长期循环稳定性能。

## 6.4.1　材料制备与评价表征

溶胶-凝胶法合成 $LiV_3O_8/Ag$ 纳米带所用原材料包括：$V_2O_5$（≥99.0%）、$C_6H_8O_7 \cdot H_2O$（≥99.5%）、$Li_2CO_3$（≥97.0%）、$AgNO_3$（≥99.8%）、聚乙烯吡咯烷酮（PVP K30，≥97.0%，分子量为 10000）、$N,N$-二甲基甲酰胺（DMF，≥99.5%）。PVP 和 DMF 分别作为合成反应的分散剂和还原剂。$V_2O_5$（1.2g）和 $C_6H_8O_7 \cdot H_2O$（4.1594g）放入含有 40mL 去离子水的烧杯中，磁力搅拌直至溶液变为蓝色，表明了 $VO^{2+}$ 的形成。随后，加入 0.163g $Li_2CO_3$ 并继续搅拌 10min，最后，加入 0.2g PVP 与 10mL $AgNO_3$ 溶液（0.0335mol·$L^{-1}$，单质银与 $LiV_3O_8$ 的理论质量比为 3:100），并将 5mL DMF 慢慢注射入上述混合溶液中，继续搅拌几个小时直至形成溶胶。在 60℃ 干燥箱中干燥约 24h 即可得到蓝色前驱体，并将其研磨成粉末。该前驱体粉末在空气中于不同温度下煅烧 4h 即可得到最终复合材料，命名为 LVO/Ag，焙烧过程的升温速率为 2℃·$min^{-1}$。作为对比，在前驱体溶液中不加入 $AgNO_3$ 和 DMF 而获得了纯 $LiV_3O_8$ 纳米带，标记为 LVO。

用 X 射线衍射仪（XRD，Rigaku D/max2500）来检测合成材料的物相。样品的形貌和微观结构通过扫描电镜（SEM，FEI Nova NanoSEM 230）和透射电镜（TEM，JEOL JEM-2100F）分析。

将合成的材料组装成 CR2016 型扣式电池，并测试其电化学性能。正极制备过程如下：活性材料、乙炔黑和聚偏氟乙烯（PVDF）粘接剂的质量比是 7:2:1，将它们混合在一起研磨 30min，然后滴入适量的 $N$-甲基吡咯烷酮（NMP）溶液，随后在磁力搅拌器下搅拌一天，将得到的泥浆型混合物涂抹在铝箔上，最后在真空干燥箱中以 100℃ 干燥大约 15h，将其冲成小极片。扣式电池在充满高纯氮气的手套箱（Mbraun，Germany）中组装。半电池中锂金属作为负极，$LiPF_6$溶解于碳酸乙烯酯/碳酸二甲酯（EC/DMC，体积比为 1:1）的溶液中作为电解液（浓度为 1mol·$L^{-1}$），聚丙烯膜作为隔膜。电极的充放电性能于室温下在蓝电电池测试系统（Land CT 2001A，Wuhan，China）中进行测试。循环伏安曲线（CV）在电化学工作站（CHI660C，China）上进行测试，扫描速率为0.5mV·$s^{-1}$。交流阻抗谱在电化学工作站（ZAHNER Co，Germany）上测试。

## 6.4.2　结果与分析讨论

### 6.4.2.1　结构表征与讨论

使用 XRD 图谱表征前驱体粉末在不同煅烧温度中热处理的物相的变化趋

势，如图 6-23(a) 所示。350℃和 400℃温度下合成的样品只显示出三个衍射峰，对应面心立方金属银相［空间群 $Fm\overline{3}m$（225），JCPDS 04-0783］。进一步提高其煅烧温度（450℃和 500℃），可得到单斜晶体结构 $LiV_3O_8$ 物相［空间群 $P2_1/m$（11），JCPDS 72-1193］[41]。结果表明，成功合成 LVO/Ag 复合材料需要高于 400℃的温度，这可能是因为分解前驱体中的 PVP 需要较高的能量。有研究表明，利用聚乙二醇（PEG）为结构导向剂合成 $LiV_3O_8$ 纳米薄片也出现了类似的现象[41]。虽然在 350℃和 400℃温度下得到的样品具有明显的 Ag 的衍射峰，但是在 LVO/Ag 复合材料的 XRD 图谱中，无法观察到 Ag 的存在，这可能是因为 Ag 在复合材料中的含量太低。图 6-23(b) 对比了 450℃下合成的纯 LVO 和 LVO/Ag 复合材料的 XRD 图谱。样品的大多数衍射峰都可以索引到单斜 $LiV_3O_8$ 物相，且产品的纯度和结晶度都较高。然而，还是发现一个很小的杂质峰，根据文献其属于 $Li_{0.3}V_2O_5$ 物相，并且存在于很多过去别的方法合成的 $LiV_3O_8$ 正极材料中[42-44]。LVO/Ag 复合材料的特征衍射峰和 LVO 的基本相同，这表明银单质的引入并没有改变 $LiV_3O_8$ 的晶体结构。

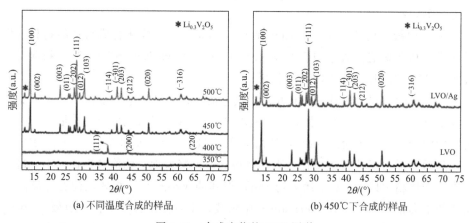

(a) 不同温度合成的样品　　　　　　　(b) 450℃下合成的样品

图 6-23　合成产物的 XRD 图谱

图 6-24(a)、(b) 分别展示了 450℃下合成的 LVO/Ag 复合材料和纯的 LVO 的 SEM 图像。由图可知，两个样品都是由大量的纳米带组成，其厚度为几个纳米，宽度为 50～200nm，长度为几十微米。对于 LVO/Ag 复合材料，其纳米带均匀分布，纳米带之间有充足的空间，并且可以清楚地观察到空隙。过去的研究表明，较小的颗粒尺寸有利于 $Li^+$ 的电化学脱/嵌行为，同时可以增加电极材料和电解液之间的接触面积从而提高材料的利用率，因此可以获得更高的电化学容量和更好的倍率性能。如图 6-24(c) 所示，TEM 图像进一步证实了 LVO/Ag 复合材料是由规整的纳米带组成，并且这些纳米带上面附着很多小的

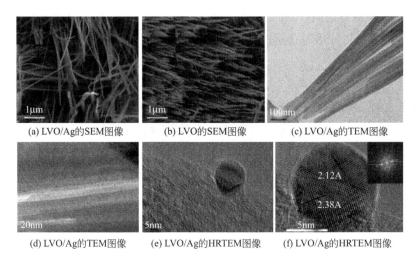

(a) LVO/Ag的SEM图像  (b) LVO的SEM图像  (c) LVO/Ag的TEM图像

(d) LVO/Ag的TEM图像  (e) LVO/Ag的HRTEM图像  (f) LVO/Ag的HRTEM图像

图 6-24  450℃下合成的 LVO/Ag 和 LVO 的形貌和微观结构表征

纳米颗粒，这些纳米颗粒分散均匀，如图 6-24(d) 所示。图 6-24(e)、(f) 显示了纳米带上附着的单个纳米粒子的 HRTEM 图像，可以清楚看到纳米粒子的晶格条纹，其条纹间距为 2.38Å 和 2.12Å，分别与面心立方 Ag 的（111）和（200）晶面间距一致，插图中的 FFT 图片也能证实这一点。HRTEM 图片表明附着的纳米粒子为金属单质银纳米粒子。EDX 图像表明 LVO/Ag 复合材料由 V、O 和 Ag 组成，并且 Ag 在复合材料中的含量测试结果为 4.53%，如图 6-25 所示。在 EDX 面扫描区域内，Ag 无显著隔离，说明银纳米粒子均匀分散在

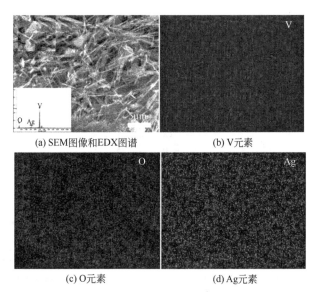

(a) SEM图像和EDX图谱  (b) V元素

(c) O元素  (d) Ag元素

图 6-25  LVO/Ag 的 EDX 图谱和元素面扫分布图

LVO/Ag 复合材料之间。Ag 纳米粒子在材料中的均匀分布可显著提高电导率，从而使材料获得更好的电化学性能。

## 6.4.2.2 电化学性能与讨论

图 6-26(a) 展示了 LVO/Ag 复合材料在 $0.1mV \cdot s^{-1}$ 扫描速率下前五次循环的 CV 曲线。由图可观测到三个主要的阴极峰（约 2.8V、约 2.73V 和约 2.5V，vs. $Li^+/Li$）和三个对应的阳极峰（约 2.5V、约 2.77V 和约 2.88V，vs. $Li^+/Li$），这对应于 $Li^+$ 在 LVO/Ag 复合材料结构中的嵌入/脱出行为。位于 2.8V 和 2.5V 的阴极峰分别对应于 $Li_{1+x}V_3O_8$（$1 \leqslant x \leqslant 2$）和 $Li_4V_3O_8$ 之间的单相反应和两相转变[42,45]。其后的四次循环伏安曲线与首次循环非常相似，表明 LVO/Ag 复合材料具有良好的电化学脱/嵌 $Li^+$ 的可逆性。图 6-26(b) 展示了 LVO/Ag 复合材料在 $100mA \cdot g^{-1}$ 电流密度下选定循环的充放电曲线。这些充放电曲线的形状基本相似，表明电极材料具有良好的电化学可逆性。此外，也与

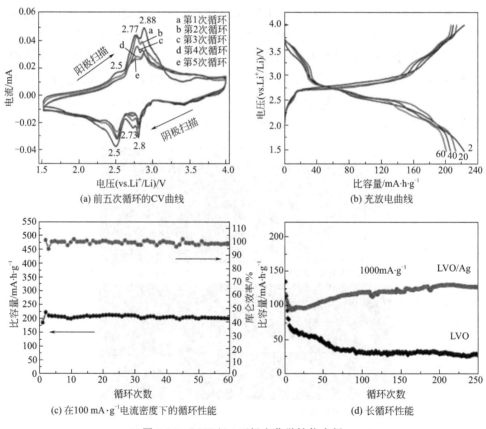

(a) 前五次循环的CV曲线

(b) 充放电曲线

(c) 在 100 mA·g⁻¹电流密度下的循环性能

(d) 长循环性能

图 6-26　LVO/Ag 正极电化学性能表征

前人文献中 $LiV_3O_8$ 正极材料的电化学性质非常相似[42,43,46]，这也表明了附着的银纳米粒子没有影响 $LiV_3O_8$ 的电化学反应行为。图 6-26(a) 显示在约 2.8V 与约 2.5V 上的明显的电压平台，与前面的 CV 分析结果一致。图 6-26(c) 显示了 LVO/Ag 复合材料在 $100mA \cdot g^{-1}$ 电流密度下的循环性能。尽管首次容量偏低，但是第三个循环时可获得 $212mA \cdot h \cdot g^{-1}$ 的高比容量。Liu 等人报道的 $LiV_3O_8$ 正极材料的首次放电比容量达到 $270mA \cdot h \cdot g^{-1}$，但是循环 40 次后其比容量急剧下降到 $217mA \cdot h \cdot g^{-1}$[47]。片状的 $LiV_3O_8$ 在 $100mA \cdot g^{-1}$ 电流密度下也获得了 $282mA \cdot h \cdot g^{-1}$ 的高比容量，但在循环 20 次后比容量仅剩 $228.4mA \cdot h \cdot g^{-1}$[48]。上述结果表明，大部分 $LiV_3O_8$ 正极材料的 $Li^+$ 脱/嵌可逆性差。LVO/Ag 复合材料在循环 60 次后仍保持 $201mA \cdot h \cdot g^{-1}$ 的比容量，保持率为 95%。在第 3～60 次循环之间的平均比容量衰减率仅为 0.09%，并且其库仑效率均达到 98% 以上。图 6-26(d) 展示了 LVO/Ag 和纯 LVO 在 $1A \cdot g^{-1}$ 电流密度下的长循环性能。由图可看出，LVO/Ag 复合材料表现出更高的放电比容量和循环稳定性，其循环 250 次后仍有 $128mA \cdot h \cdot g^{-1}$ 的放电比容量，远高于纯 LVO 的 $30mA \cdot h \cdot g^{-1}$。$LiV_3O_8$ 纳米带上附着的银纳米粒子提高了电子电导率，因而电子在循环过程中更快速地传输，促进材料在高电流密度下表现出稳定的电化学可逆嵌锂行为。

图 6-27 给出了 LVO/Ag 复合材料和纯 LVO 的阻抗图谱。在高频区半圆与电荷转移过程相关，是 $Li^+$ 在电解液/电极界面迁移所产生的阻抗[49]。表 6-2 显示了这两种电极主要的阻抗拟合参数。如图 6-27 所示，LVO/Ag 复合材料的电荷转移阻抗（$R_{ct}$）值为 44.42Ω，比 LVO 的 $R_{ct}$ 值（509.5Ω）低了很多，这说明了 Ag 的引入使得电极体系的电荷转移能力得到很好的改善。$LiV_3O_8$ 纳米带上附

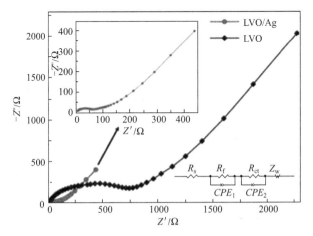

图 6-27　LVO/Ag 和 LVO 的交流阻抗图谱及其等效电路图

表 6-2　LVO/Ag 复合材料和纯的 LVO 的阻抗参数拟合数据

| 样品 | $R_s/\Omega$ | $R_f/\Omega$ | $R_{ct}/\Omega$ |
|------|------|------|------|
| LVO/Ag | 1.479 | 46.98 | 44.42 |
| LVO | 9.6 | 144.6 | 509.5 |

着的 Ag 纳米粒子可以提高电极的电导率，获得更快的 $Li^+$ 和电子转移速率等动力学行为[50,51]，因此其电荷转移阻抗小了很多。

图 6-28(a) 给出了 LVO/Ag 复合材料和 LVO 在不同电流密度下的充放电曲线。在不同电流密度下，LVO/Ag 电极的充放电曲线都非常相似，表现出 2 个明显的放电平台。LVO/Ag 电极在 $50mA \cdot g^{-1}$、$100mA \cdot g^{-1}$、$300mA \cdot g^{-1}$、$500mA \cdot g^{-1}$ 和 $1000mA \cdot g^{-1}$ 电流密度下的最大放电比容量为 $247mA \cdot h \cdot g^{-1}$、$214mA \cdot h \cdot g^{-1}$、$175mA \cdot h \cdot g^{-1}$、$149mA \cdot h \cdot g^{-1}$ 和 $124mA \cdot h \cdot g^{-1}$。在 $1500mA \cdot g^{-1}$、$2000mA \cdot g^{-1}$ 电流密度下仍能保持 $113mA \cdot h \cdot g^{-1}$、$103mA \cdot h \cdot g^{-1}$ 的比容量。将电流密度恢复至 $100mA \cdot g^{-1}$，其比容量仍能维

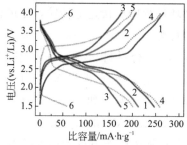

1 LVO/Ag 50mA·g⁻¹　　4 LVO 50mA·g⁻¹
2 LVO/Ag 100mA·g⁻¹　　5 LVO 100mA·g⁻¹
3 LVO/Ag 300mA·g⁻¹　　6 LVO 300mA·g⁻¹

(a) 在不同电流密度下的充放电曲线

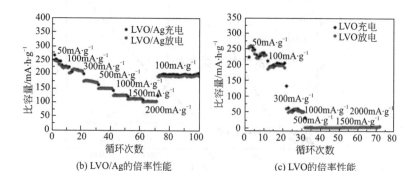

(b) LVO/Ag 的倍率性能　　　　(c) LVO 的倍率性能

图 6-28　LVO/Ag 和 LVO 电极倍率性能

持在 $196mA \cdot h \cdot g^{-1}$，如图 6-28(b) 所示，表明其优异的循环稳定性能。对于 LVO 电极来说，在 $50mA \cdot g^{-1}$ 的低电流密度下，其充放电曲线也有两个放电平台，该平台随着电流密度的增加而逐渐变得倾斜并消失。在倍率性能测试中，LVO 电极的放电比容量随着电流密度的增加而出现急剧下降，反映出较差的倍率稳定性，如图 6-28(c) 所示。相较之下，LVO/Ag 表现出了更加理想且稳定的倍率性能，且比过去报道过的 $LiV_3O_8$ 都更加优异[52-55]。该优异的性能可以归因于电极体系中 Ag 的引入带来的电导率的提升。

综上所述，本节通过一种简单的溶胶-凝胶法合成 $LiV_3O_8$/Ag 纳米带复合材料。$LiV_3O_8$/Ag 复合材料由规整的纳米带组成，并且这些纳米带上面附着很多小的 Ag 纳米颗粒。金属 Ag 的引入并没有改变 $LiV_3O_8$ 原有的晶体结构，而是金属 Ag 均匀分散在 $LiV_3O_8$ 材料间。在性能上，金属 Ag 的引入提升了材料的电导率，明显降低电荷转移阻抗，提升了反应动力学行为。当用作锂离子电池正极材料时，$LiV_3O_8$/Ag 电极表现出理想的倍率性能和循环稳定性。在 $50mA \cdot g^{-1}$、$100mA \cdot g^{-1}$、$300mA \cdot g^{-1}$、$500mA \cdot g^{-1}$、$1000mA \cdot g^{-1}$、$1500mA \cdot g^{-1}$ 和 $2000mA \cdot g^{-1}$ 电流密度下分别获得 $247mA \cdot h \cdot g^{-1}$、$214mA \cdot h \cdot g^{-1}$、$175mA \cdot h \cdot g^{-1}$、$149mA \cdot h \cdot g^{-1}$、$124mA \cdot h \cdot g^{-1}$、$113mA \cdot h \cdot g^{-1}$ 和 $103mA \cdot h \cdot g^{-1}$ 的放电比容量，且在 $1A \cdot g^{-1}$ 电流密度下能够稳定循环 250 次。

# 6.5
# $Na_{0.282}V_2O_5$ 纳米棒材料

研究发现在钒氧层间引入金属离子（如 $Ag^+$、$Li^+$、$Na^+$、$K^+$ 等）后，不仅能增大层间距，并且这些金属离子会产生"支柱效应"，可以提升材料在嵌入/脱出 $Li^+$ 或 $Na^+$ 时的结构稳定性[56,57]。其中，$Na_xV_2O_5$ 吸引了较多研究者的关注，尤其是 $\beta$-$Na_{0.33}V_2O_5$。本书作者报道的 $\beta$-$Na_{0.33}V_2O_5$ 微米球在 $1000mA \cdot g^{-1}$ 电流密度下能获得了 $157mA \cdot h \cdot g^{-1}$ 的可逆比容量[58]。此外，通过非原位 XRD 技术，证实了 $\beta$-$Na_{0.33}V_2O_5$ 在 $1.5\sim4V$ 电压范围内脱/嵌 $Li^+$ 时，具有优越的结构稳定性和电化学可逆性[59]。

本节设计了一种与 $\beta$-$Na_{0.33}V_2O_5$ 同构，但 $Na^+$ 的化学计量比仅为 0.282 的钒酸盐（$Na_{0.282}V_2O_5$），并分别通过溶胶-凝胶法和水热法成功实现了对其形貌的控制。并将其应用于锂离子电池与钠离子电池正极，研究了其电化学性能。相

比于 $\beta$-$Na_{0.33}V_2O_5$，该材料表现出更高的比容量和更好的循环稳定性。采用非原位 XRD 技术研究了该材料充电或放电至不同电压后的结构变化。最后，使用第一性原理计算对材料结构的稳定性与电子导电性做了进一步研究。

## 6.5.1 材料制备与评价表征

$Na_{0.282}V_2O_5$ 水热法制备：将 0.182g $V_2O_5$ 和 0.324g $H_2C_2O_4 \cdot 2H_2O$ 溶于 15mL 去离子水中，并使用磁力搅拌器将其在 70℃ 下搅拌 2h 直至溶液变为蓝色；然后，向上述溶液中加入 1.5mL $H_2O_2$，并继续搅拌 20min，直至溶液变为颜色均匀的砖红色液体；向上述溶液中加入一定化学计量比的 $NaNO_3$，并继续在 70℃ 下搅拌 20min；随后，将得到的深绿色的混合物转移至 50mL 的内衬中，随后转移到水热釜内，并在 180℃ 保温 24h，待其冷却至室温，通过三次水洗一次酒精洗离心即可获得前驱体；将前驱体置于电烘箱中以 70℃ 烘干后，转移至马弗炉，在空气气氛中以 5℃·min$^{-1}$ 的升温速率加热至 500℃，并保温 5h，即可得到最终产物。

$Na_{0.282}V_2O_5$ 溶胶-凝胶法制备：将 0.182g $V_2O_5$ 和 0.324g $H_2C_2O_4 \cdot 2H_2O$ 溶于 15mL 去离子水中，并使用磁力搅拌器将其在 70℃ 下搅拌 15min 直至溶液变为蓝色；然后，向上述溶液中加入一定化学计量比的 $NaNO_3$，并继续在 70℃ 下搅拌数小时，直至水汽全部蒸发后得到深蓝色固体前驱体；最后，将前驱体置于马弗炉内，在空气气氛中以 5℃·min$^{-1}$ 的升温速率加热至 500℃，并保温 5h，即可得到最终产物。

用 X 射线衍射仪（XRD，Rigaku D/max 2500）测定合成的化合物的物相和结构。用等离子体发射光谱仪（ICP-OES）分析化合物的元素比例。通过扫描电子显微镜（SEM，FEI Nova Nano-SEM 230）和透射电子显微镜（TEM，JEOL-JEM-2100F）分析化合物的微观形貌和结构。

正极制备：首先将合成的活性物质、乙炔黑、聚偏氟乙烯以 7∶2∶1 的质量比混合均匀，并将其溶于一定计量比的 $N$-甲基吡咯烷酮中搅拌 12h；接着，把浆料以 10μm 的厚度均匀涂在铝箔上，并放入 100℃ 的真空烘箱中保温 12h；最后，将极片裁剪成直径为 10mm 的圆片。采用专业的手套箱（Mbraun，Garching，德国）进行 CR2016 型扣式电池组装。用金属锂片和聚丙烯膜分别作为对电极和隔膜，$LiPF_6$ 溶于碳酸乙烯酯/碳酸二甲酯（EC/DMC）按照 1∶1 的体积比混合所得的溶液中作为电解液（浓度为 1mol·L$^{-1}$）。

利用电化学工作站（CHI604E，上海辰华）测试电池的循环伏安曲线（CV），扫描速率为 0.1mV·s$^{-1}$，电压窗口为 1.5～4.0V。利用蓝电测试系统（Land CT

2001A，中国）测试 Li/Na$_{0.282}$V$_2$O$_5$ 和 Na/Na$_{0.282}$V$_2$O$_5$ 电池在室温下的恒流充放电性能及倍率性能。通过 ZAHNER-IM6ex 电化学工作站（Kronach，Germany）测定交流阻抗，其测试频率的范围为 100kHz～10mHz。

## 6.5.2 结果与分析讨论

### 6.5.2.1 结构表征与讨论

图 6-29(a) 是通过水热法合成的 Na$_{0.282}$V$_2$O$_5$ 的精修 XRD 图谱，精修的误差 $R_p$＝6.69%、$R_{wp}$＝8.69%，均在允许的误差范围内。图中所有的衍射峰都能与单斜晶系的 Na$_{0.282}$V$_2$O$_5$ 相（其空间群为 $C2/m$）相对应，并没有出现其他杂相，说明该方法合成了高纯的 Na$_{0.282}$V$_2$O$_5$ 相。精修后的晶格参数为 $a$＝1.54054(5)nm，$b$＝0.36095(1)nm，$c$＝1.00788(3)nm，$\beta$＝109.546(2)°。如图 6-29(b) 所示，正八面体和 [VO$_5$] 正方棱锥通过共顶点和共边构成了 Na$_{0.282}$V$_2$O$_5$ 的框架结构，该结构在 $b$ 轴方向存在可供离子脱/嵌的三维通道。Na$^+$ 坐落在通道内，并形成"支柱效应"以防止结构崩塌，这有益于该材料中 Li$^+$ 或 Na$^+$ 可逆地嵌入或脱出，保持材料的循环稳定性。

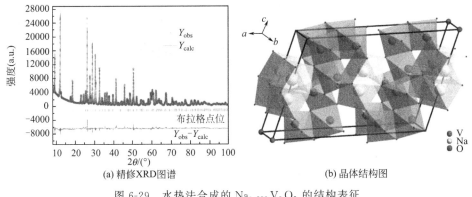

(a) 精修XRD图谱　　(b) 晶体结构图

图 6-29　水热法合成的 Na$_{0.282}$V$_2$O$_5$ 的结构表征

采用溶胶-凝胶法合成的 Na$_{0.282}$V$_2$O$_5$ 的 XRD 图谱如图 6-30 所示。其衍射峰与水热法合成的 Na$_{0.282}$V$_2$O$_5$ 的 XRD 图谱完全对应，且没有杂峰，说明该方法也能制备纯相的 Na$_{0.282}$V$_2$O$_5$。

如图 6-31 是水热法合成的 Na$_{0.282}$V$_2$O$_5$ 的 SEM 图像和 TEM 图像。由图 6-31(a) 和图 6-31(b) 可见，水热法合成的 Na$_{0.282}$V$_2$O$_5$ 呈现出均匀的纳米棒状结构，其直径约为 300nm，长度也只有几微米。这些纳米棒之间存在大量的间隙，有利于电解液的浸入，从而增大 Na$_{0.282}$V$_2$O$_5$ 与电解液的接触面积，缩

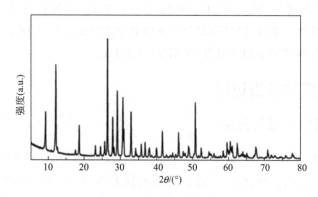

图 6-30　溶胶-凝胶法合成的 $Na_{0.282}V_2O_5$ 的 XRD 图谱

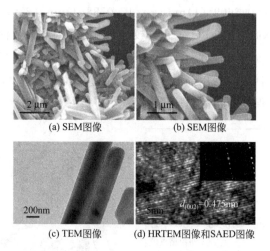

(a) SEM图像　　　　(b) SEM图像

(c) TEM图像　　　(d) HRTEM图像和SAED图像

图 6-31　水热法合成的 $Na_{0.282}V_2O_5$ 的形貌和微观结构表征

短离子的扩散距离，从而获得更好的电化学性能。TEM 图像也进一步证实了 $Na_{0.282}V_2O_5$ 的纳米棒形貌，如图 6-31(c) 所示。HRTEM 图像和 SAED 图像表明了该 $Na_{0.282}V_2O_5$ 纳米棒为单晶，其晶格条纹清晰可见，如图 6-31(d) 所示。图中标记的晶格条纹间距为 $d=0.475nm$，对应于（002）晶面。

　　溶胶-凝胶法合成的 $Na_{0.282}V_2O_5$ 的微观形貌如图 6-32(a) 所示。由图可见，该方法合成的产物微观形貌并不是很均匀，微米块和纳米颗粒杂乱分布。图 6-32(b) 是 $Na_{0.282}V_2O_5$ 纳米颗粒的 TEM 图像，虽然其形貌不规则，但是 HRTEM 图像证实它也是单晶，如图 6-32(c) 所示。图中标记的晶格条纹间距为 $d=0.214nm$，对应于（601）晶面。SAED 图像进一步证实了它是单晶，并且其带轴为 [010]，如图 6-32(d) 所示。

(a) SEM图像

(b) TEM图像

(c) HRTEM图像

(d) SAED图谱

图 6-32　溶胶-凝胶法合成的 $Na_{0.282}V_2O_5$ 的形貌和微观结构表征

## 6.5.2.2　电化学性能与讨论

图 6-33(a) 是水热法合成的 $Na_{0.282}V_2O_5$ 的 CV 曲线，其测试电压窗口为 1.5～4.0V。由图可见，共有四个还原峰，分别位于 1.94V、2.32V、2.78V 及 3.22V；四个氧化峰，分别位于 2.65V、2.98V、3.11V 及 3.46V，其中 2.98V

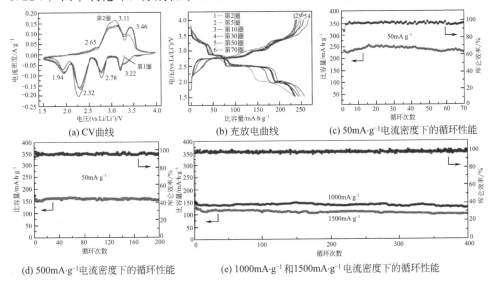

(a) CV曲线

(b) 充放电曲线

(c) 50mA·g⁻¹电流密度下的循环性能

(d) 500mA·g⁻¹电流密度下的循环性能

(e) 1000mA·g⁻¹和1500mA·g⁻¹电流密度下的循环性能

图 6-33　水热法合成的 $Na_{0.282}V_2O_5$ 的电化学性能表征

和 3.11V 位置的两个峰由于相距太近，导致其不能明显地区分开来。这些氧化还原峰表明 $Na_{0.282}V_2O_5$ 在充放电时，发生了多步 $Li^+$ 嵌入/脱出反应。此外，即使循环了数圈，不同圈数的 CV 曲线还能基本保持重合，说明 $Na_{0.282}V_2O_5$ 电极的嵌锂和脱锂是一个高度可逆的过程。

图 6-33(b) 是 $Na_{0.282}V_2O_5$ 电极在 $50mA \cdot g^{-1}$ 电流密度下的充放电曲线。图中共有四个放电平台，分别位于 3.24V、2.85V、2.48V、2V；四个充电平台，分别位于 2.75V、2.99V、3.33V、3.67V，其结果与 CV 曲线基本对应。不同循环圈数下的充放电曲线都呈现出明显的充放电平台，反映出 $Na_{0.282}V_2O_5$ 稳定的多步脱/嵌锂离子行为，并且具有高度可逆性。

此外，还研究了 $Na_{0.282}V_2O_5$ 在 $50mA \cdot g^{-1}$、$500mA \cdot g^{-1}$、$1000mA \cdot g^{-1}$ 及 $1500mA \cdot g^{-1}$ 电流密度下的循环性能。该电极在 $50mA \cdot g^{-1}$ 电流密度下的初始放电比容量为 $240mA \cdot h \cdot g^{-1}$；循环至 16 圈时，其比容量达到最大值 $264mA \cdot h \cdot g^{-1}$；循环至 70 圈时，其比容量仍为 $236mA \cdot h \cdot g^{-1}$，相对首圈的保持率为 98.33%，如图 6-33(c) 所示。图 6-33(d) 给出了 $Na_{0.282}V_2O_5$ 电极在 $500mA \cdot g^{-1}$ 电流密度下的循环曲线。其首圈放电比容量为 $186mA \cdot h \cdot g^{-1}$，循环 200 圈后的比容量为 $170mA \cdot h \cdot g^{-1}$，容量保持率为 91.4%。值得指出的是，其平均库仑效率接近 99%，表明该电极具有优异的可逆性。$Na_{0.282}V_2O_5$ 纳米棒在 $1000mA \cdot g^{-1}$ 和 $1500mA \cdot g^{-1}$ 电流密度下的首圈放电比容量分别为 $191mA \cdot h \cdot g^{-1}$ 和 $149mA \cdot h \cdot g^{-1}$，如图 6-33(e) 所示。循环 400 圈后，在 $1000mA \cdot g^{-1}$ 电流密度下能释放 $134mA \cdot h \cdot g^{-1}$ 的高放电比容量，相比第 2 圈的放电比容量的保持率为 83%；在 $1500mA \cdot g^{-1}$ 电流密度下的比容量为 $105mA \cdot h \cdot g^{-1}$，其平均每圈的容量损失率仅为 0.088%。显然，$Na_{0.282}V_2O_5$ 正极无论在小电流密度下还是大电流密度下都能获得出色的循环稳定性。

图 6-34 给出了 $Na_{0.282}V_2O_5$ 电极在 $50\sim1500mA \cdot g^{-1}$ 电流密度区间的倍率性能。充放电曲线显示出该正极在 $50mA \cdot g^{-1}$、$100mA \cdot g^{-1}$ 和 $200mA \cdot g^{-1}$ 电流密度下放电和充电时出现的四个明显的嵌锂和脱锂平台，表明该材料具有良好的倍率性能。如图 6-34(a) 所示，$Na_{0.282}V_2O_5$ 正极依次在 $50mA \cdot g^{-1}$、$100mA \cdot g^{-1}$、$200mA \cdot g^{-1}$、$500mA \cdot g^{-1}$、$1000mA \cdot g^{-1}$ 和 $1500mA \cdot g^{-1}$ 电流密度下获得了 $230mA \cdot h \cdot g^{-1}$、$223mA \cdot h \cdot g^{-1}$、$211mA \cdot h \cdot g^{-1}$、$164mA \cdot h \cdot g^{-1}$、$131mA \cdot h \cdot g^{-1}$ 和 $109mA \cdot h \cdot g^{-1}$ 的放电比容量，当电流密度回到 $50mA \cdot g^{-1}$ 时，其放电比容量恢复至 $230mA \cdot h \cdot g^{-1}$，再次表明了该材料良好的倍率性能和循环稳定性。

为了进行比较，本工作也测试了通过溶胶-凝胶法得到的 $Na_{0.282}V_2O_5$ 的电

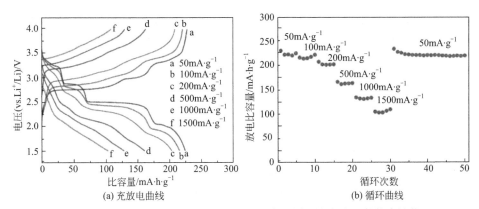

图 6-34　水热法合成的 $Na_{0.282}V_2O_5$ 电极在不同电流密度下的倍率性能

化学性能。如图 6-35(a) 所示，溶胶-凝胶法合成的 $Na_{0.282}V_2O_5$ 的 CV 曲线也呈现出四对明显的氧化还原峰，还原峰分别位于 1.94V、2.38V、2.87V 及 3.26V，氧化峰分别位于 2.63V、2.88V、2.99V 及 3.32V，其峰形与水热法合成的 $Na_{0.282}V_2O_5$ 的 CV 曲线基本一致，说明 $Na_{0.282}V_2O_5$ 的电化学机制是一个可逆的多步 $Li^+$ 嵌入/脱出反应，与合成方法无关。图 6-35(b) 是溶胶-凝胶法合成 $Na_{0.282}V_2O_5$ 电极在 $50mA \cdot g^{-1}$ 电流密度下的充放电曲线。在第 2 个循环时，4 组充放电平台清晰可见；但是，随着循环圈数的增加，其充放电平台越来越不明显，表明该材料的循环可逆性在逐渐降低，这可能与其不规则的显微形貌有关。如图 6-35(c)，该电极在 $50mA \cdot g^{-1}$ 电流密度下的初始放电比容量为 $202mA \cdot h \cdot g^{-1}$，循环 50 圈后，其比容量仅为 $154mA \cdot h \cdot g^{-1}$。图 6-35(d)

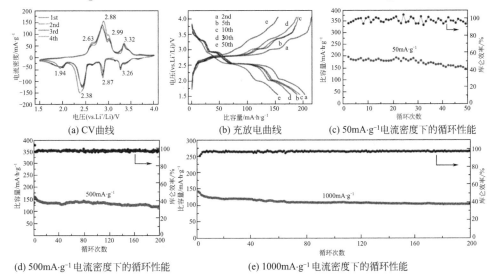

图 6-35　溶胶-凝胶法合成的 $Na_{0.282}V_2O_5$ 电极的电化学性能表征

是溶胶凝胶法合成的 $Na_{0.282}V_2O_5$ 电极在 $500mA \cdot g^{-1}$ 电流密度下的循环曲线。该电极的第 2 圈比容量能达到 $165mA \cdot h \cdot g^{-1}$，循环 200 圈后的比容量为 $126mA \cdot h \cdot g^{-1}$，容量保持率仅为 $76.3\%$。此外，在 $1000mA \cdot g^{-1}$ 电流密度下测试时，其首圈放电比容量为 $145mA \cdot h \cdot g^{-1}$，循环 200 圈后仅保留 $106mA \cdot h \cdot g^{-1}$ 比容量[图 6-35（e）]。

显然，水热法合成的 $Na_{0.282}V_2O_5$ 纳米棒比溶胶-凝胶法合成的 $Na_{0.282}V_2O_5$ 展现出了更好的循环稳定性和 $Li^+$ 嵌入/脱出的可逆性。这说明水热法合成的具有均匀纳米结构的 $Na_{0.282}V_2O_5$ 更有益于充放电过程中锂离子的扩散。

为了研究 $Na_{0.282}V_2O_5$ 正极在充放电过程中的嵌锂和脱锂的机制，采用非原位 XRD 技术采集了 $Na_{0.282}V_2O_5$ 电极被放电或充电至不同电压状态及循环不同圈数后的 XRD 图谱，如图 6-36(a) 所示。图中 $2\theta = 65.099°$ 和 $78.232°$ 处的衍射

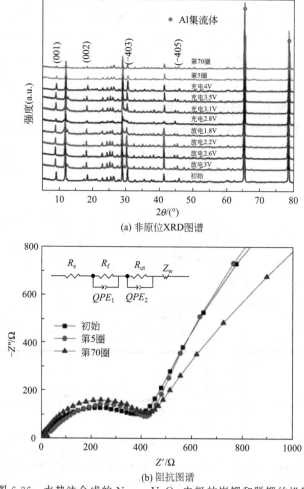

(a) 非原位XRD图谱

(b) 阻抗图谱

图 6-36　水热法合成的 $Na_{0.282}V_2O_5$ 电极的嵌锂和脱锂的机制

峰对应铝箔相，JCPDS 卡片号为 04-0787。由图可见，不同电压状态的 XRD 图谱与初始基本一致，这说明 $Na_{0.282}V_2O_5$ 在嵌锂和脱锂的过程中，其相结构不会发生变化。然而，（001）、（002）、（$\overline{4}03$）和（$\overline{4}05$）晶面对应的衍射峰在充放电的过程中发生了小幅度的偏移。根据布拉格方程，当 $Li^+$ 嵌入 $Na_{0.282}V_2O_5$ 的晶格时，会导致晶格发生膨胀，从而对应的衍射峰会向低角度偏移。当 $Li^+$ 从 $Na_{0.282}V_2O_5$ 中脱出后，（001）、（002）、（$\overline{4}03$）和（$\overline{4}05$）晶面对应的衍射峰又恢复到了标准峰的位置；不仅如此，当循环至第 5 圈和第 70 圈时，其衍射峰依旧能与 $Na_{0.282}V_2O_5$ 的标准峰相匹配。所以，在充放电的过程中，$Li^+$ 会占据 $Na_{0.282}V_2O_5$ 的晶格中一些特殊的位置，而不是取代其中的 $Na^+$。该结果也说明，$Na_{0.282}V_2O_5$ 用作锂离子电池正极材料在嵌入和脱出 $Li^+$ 时，具有良好的可逆性，这也是其具有出色的循环稳定性的原因。

为了进一步研究其电化学性能，对 $Na_{0.282}V_2O_5$ 电极的交流阻抗图谱进行分析。图 6-36(b) 给出了 $Na_{0.282}V_2O_5$ 电极在不同圈数时的 Nyquist 图谱。其拟合参数列于表 6-3，$Na_{0.282}V_2O_5$ 电极循环至第 5 圈时 $R_{ct}=382\Omega$，其值略大于初始状态的值（$R_{ct}=333\Omega$），电荷转移电阻的小幅度增加可以归咎于锂离子在 SEI 膜中连续的沉积[60,61]。即使循环至 70 圈时，$R_{ct}$ 值也仅为 $386\Omega$，$R_{ct}$ 值的变化也并不大，这就是 $Na_{0.282}V_2O_5$ 电极具有良好的电子导电性和稳定的循环性能的又一个重要原因。

表 6-3　水热法合成的 $Na_{0.282}V_2O_5$ 电极的阻抗参数拟合数据

| 样品 | $R_s/\Omega$ | $R_{ct}/\Omega$ |
|---|---|---|
| 未循环 | 18.7 | 333 |
| 循环至第 5 圈 | 20.1 | 382 |
| 循环至第 70 圈 | 20.13 | 386 |

为了进一步研究 $Na_{0.282}V_2O_5$ 纳米棒正极材料的优点，还采用了第一性原理计算分析其本征结构。这部分的理论计算主要运用的是 VASP（vienna ab-initio simulation package）软件[62]。在计算过程中，电子间的相互作用及交换关联势分别采用投影缀加波（PAW）和广义梯度近似（GGA）进行描述[63,64]。平面波的截断能和能量精度分别设置为 400eV 和 $10^{-4}$eV。布里渊区的积分方式选择的是 Monkhorst Pack 方法，K-point 的值为 $7\times7\times7$[65]。以上所有计算参数都是通过能量收敛的方式验证后选取的。本工作分别计算了形成焓和电子态密度（DOS），以分析 $Na_{0.282}V_2O_5$ 的晶体结构和电子结构。$Na_{0.33}V_2O_5$、$NaV_3O_8$、

$Na_{0.282}V_2O_5$ 的晶格参数和形成焓列于表 6-4，这三种钒酸钠都属于斜方晶系，且具有相似的晶体结构参数。相比而言，$Na_{0.282}V_2O_5$ 的形成焓最低，这意味着嵌入更少 $Na^+$ 的 $Na_{0.282}V_2O_5$ 具有最稳定的结构。

表 6-4  $Na_{0.33}V_2O_5$、$NaV_3O_8$、$Na_{0.282}V_2O_5$ 的晶格参数及形成焓

| 相 | $a_0/nm$ | $b_0/nm$ | $c_0/nm$ | $\beta/(°)$ | $\Delta H/eV \cdot atom^{-1}$ |
|---|---|---|---|---|---|
| $Na_{0.33}V_2O_5$ | 1.54359 | 0.36005 | 1.00933 | 109.570 | -1.728 |
| $NaV_3O_8$ | 0.73316 | 0.36070 | 1.2139 | 107.368 | -1.224 |
| $Na_{0.282}V_2O_5$ | 1.54054 | 0.36095 | 1.00788 | 109.546 | -1.822 |

此外，图 6-37 给出了 $Na_{0.282}V_2O_5$ 和 $V_2O_5$ 的电子态密度图。由图 6-37(a) 可见，纯 $V_2O_5$ 属于半导体材料，其电子带可以被分成三个部分。在低能级部分（-16eV 附近），其态密度主要由 O-s 贡献；从 -5.5eV 至 Fermi 能级部分的价带主要受 O-p 和 V-d 轨道影响，这两个轨道的杂化导致形成［$VO_5$］四棱锥体；在导带部分（1eV 左右），其态密度主要由 V-d 态决定。图 6-37(b) 给出了 $Na_{0.282}V_2O_5$ 的 DOS 图。通过比较 $Na_{0.282}V_2O_5$ 和 $V_2O_5$ 的 DOS 图能发现，其两者有一定的相似处，$Na_{0.282}V_2O_5$ 也属于半导体材料。然而，$Na_{0.282}V_2O_5$ 的 Fermi 能级穿过其导带部分。众所周知，Fermi 能级附近的电子态密度越大，对应该材料的电子传输能量越强。因此，相比于 $V_2O_5$，$Na_{0.282}V_2O_5$ 具有更好的电子导电能力。上述结果说明在 $V_2O_5$ 层状结构中掺杂少量的 $Na^+$，能有效提升其导电性，从而提升材料的电化学性能。

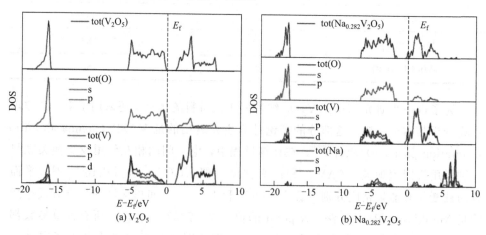

图 6-37  $V_2O_5$ 和 $Na_{0.282}V_2O_5$ 的电子态密度图

综上所述，本节阐述了使用一种简单的方法合成了一种新型纳米棒状 $Na_{0.282}V_2O_5$ 材料。通过 Rietveld 结构精修方法获得了该化合物的晶体结构及其原子占位数据。当 $Na_{0.282}V_2O_5$ 被用于锂离子电池正极材料时，它在 $50mA \cdot g^{-1}$、$500mA \cdot g^{-1}$、$1000mA \cdot g^{-1}$ 及 $1500mA \cdot g^{-1}$ 电流密度下分别能释放 $264mA \cdot h \cdot g^{-1}$、$186mA \cdot h \cdot g^{-1}$、$191mA \cdot h \cdot g^{-1}$ 及 $149mA \cdot h \cdot g^{-1}$ 的高放电比容量。该电极在 $1000mA \cdot g^{-1}$ 和 $1500mA \cdot g^{-1}$ 电流密度下循环 400 圈后容量基本没衰减，表现出了优异的循环稳定性。通过非原位 XRD 技术和 EIS 分析发现，$Na_{0.282}V_2O_5$ 纳米棒用作锂离子电极材料时，具有良好的电子导电性和结构稳定性。最后，通过第一性原理计算论证了 $Na_{0.282}V_2O_5$ 具有良好的导电性的原因是其具有改善的电子结构。

# 6.6
# $\beta$ -Na$_{0.33}$V$_2$O$_5$ 多孔纳米片材料

钒酸钠材料因为其高容量、优异的结构稳定性受到了广泛关注[66-72]。$\beta$-$Na_{0.33}V_2O_5$ 材料具有稳定的三维通道结构，可为离子扩散提供快速和稳定的路径[73]。选择适当的材料制备方法，减小材料颗粒尺寸，设计复杂多级结构等赋予材料更多优点，进一步改善其电化学反应的热力学和动力学性质。多孔纳米结构可以提供更多电化学活性位点，增大电极材料与电解液的接触面积，减小极化，抑制离子脱/嵌过程引起的体积变化[74]。

本节介绍一种水热法以及后续煅烧处理合成的多孔片状 $\beta$-$Na_{0.33}V_2O_5$ 正极材料，并研究煅烧温度对产物形貌和相结晶度的影响。作为锂离子电池的正极材料，合成的 $\beta$-$Na_{0.33}V_2O_5$ 正极材料可以获得较高的放电比容量、较好的循环稳定性和倍率性能。还利用非原位 XRD 手段研究了其在电压范围为 $1.5 \sim 4V$（vs. $Li^+$/Li）的 $Li^+$ 嵌入/脱出过程中的晶体结构稳定性。通过深入分析，认为其之所以能够获得较好的电化学性能是因为其新颖的多孔片状结构和循环过程中的优异结构稳定性。

## 6.6.1 材料制备与评价表征

$\beta$-$Na_{0.33}V_2O_5$ 多孔纳米片水热法制备：将 $0.8g$ $NH_4VO_3$ 粉末加入 $20mL$ 去离子水中，然后滴入 $2mL$ $H_2O_2$ 溶液，磁力搅拌 $20min$ 直至形成透明的浅黄色溶液。随后，将化学计量比的 NaF 溶液加入上述溶液中继续剧烈搅拌 $30min$。

将所得到的溶液转移至 50mL 的聚四氟乙烯高温高压内衬中，随后转移到反应釜内，在电烘箱里面以 205℃ 的温度保温 48h。自然冷却后，将水热后所得到的透明的红褐色溶液在 80℃ 下磁力搅拌直至水分挥发得到固体前驱体。该前驱体粉末分别在空气中以 5℃·min$^{-1}$ 的升温速率于 300℃、400℃ 和 500℃ 的温度下煅烧 4h，得到的 $\beta$-Na$_{0.33}$V$_2$O$_5$ 材料分别命名为 N300、N400 和 N500。作为对比，所得到的混合溶液没有经过水热处理，直接在 80℃ 下磁力搅拌干燥后得到的固体前驱体在 300℃ 温度下煅烧 4h 后得到的产品命名为 N300-2。

用差示扫描量热分析（DSC）与热重分析（TGA）的仪器（耐驰 STA449C，德国）分析水热并干燥后得到的前驱体在空气中的化学变化，加热速率为 10℃·min$^{-1}$。用 X 射线衍射仪（XRD，Rigaku D/max2500）来检测，采用 Cu 靶（$\lambda = 1.54178$Å）分析合成材料的相纯度、晶体结构以及充放电过程的结构变化。根据 Williamson-Hall（WH）模型，结合 X 射线峰宽化与衍射角间关系可以计算出平均晶粒尺寸。用扫描电镜（SEM，FEI Nova NanoSEM 230）和透射电镜（TEM，JEOL JEM-2100F）分析样品的形貌和微结构。氮气吸附-脱附实验在康塔仪器（NOVA 4200e）上进行，测量温度为 77K，样品质量约为 300mg。

扣式电池的正极制备：$\beta$-Na$_{0.33}$V$_2$O$_5$、乙炔黑和聚偏氟乙烯（PVDF）粘接剂的质量比是 7∶2∶1，将它们混合在一起研磨 30min，然后滴入适量的 N-甲基吡咯烷酮（NMP）溶液，随后在磁力搅拌器上搅拌一天，将得到的泥浆型混合物涂抹在铝箔上，最后在真空干燥箱中以 100℃ 干燥大约 15h，将其冲成小极片。锂金属作为负极。LiPF$_6$ 溶解在碳酸乙烯酯/碳酸二甲酯（EC/DMC，体积比为 1∶1）的溶液中作为电解液（浓度为 1mol·L$^{-1}$）。聚丙烯膜作为隔膜。在充满高纯氮气的手套箱（Mbraun，Germany）中组装 CR2025 型扣式电池。用蓝电电池测试系统（Land CT 2001A，Wuhan，China）测试其充放电性能，用上海辰华电化学工作站（CHI660C，China）测试其循环伏安曲线，用德国 ZAH-NER-IM6ex 电化学工作站（ZAHNER Co.，Germany）测试其交流阻抗谱。

## 6.6.2 结果与分析讨论

### 6.6.2.1 结构表征与讨论

图 6-38 是水热并干燥后得到的前驱体的热重-差热分析图。在热重曲线上可以明显观察到 2 个主要的失重阶段。在室温和 170℃ 之间出现第一个失重阶段，对应约 7% 的质量损失，可归结为物理吸附和化学键合的水的蒸发，相应

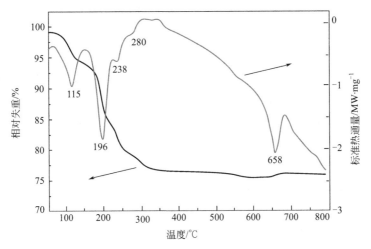

图 6-38　水热并干燥后得到的前驱体的热重-差热图

的 DSC 曲线上有一个明显的吸热峰（115℃）。第二个阶段有很大的质量损失，约为 16%，对应着 DSC 曲线上一系列的放热峰（196℃、238℃和 280℃），这说明该温度区间内发生了多步反应后形成了 $\beta$-$Na_{0.33}V_2O_5$ 材料。在 280~658℃之间，DSC 曲线上没有发现明显的吸热峰和放热峰，也没发现明显的质量损失，说明在此温度期间可以合成 $\beta$-$Na_{0.33}V_2O_5$ 材料。在 658℃ DSC 曲线上出现一个尖锐的吸热峰，对应于 $\beta$-$Na_{0.33}V_2O_5$ 晶体的熔化。根据这些 TG-DSC 分析结果，选择了 300℃、400℃和 500℃的煅烧温度来合成 $\beta$-$Na_{0.33}V_2O_5$ 材料。

图 6-39 显示了不同方法和不同温度下合成的样品的 XRD 图谱。所有样品都表现出尖锐的 X 射线衍射峰，说明样品的结晶度较好。对于 N300、N400 和 N500 样品，它们的衍射峰位置几乎一致，归于单斜晶体结构的 $\beta$-$Na_{0.33}V_2O_5$

相 [空间群 $A2/m$（12），JCPDS 86-0120]。没有检测到杂相，表明合成的样品具有很高的纯度。$\beta$-$Na_{0.33}V_2O_5$ 具有三维通道结构[70]。这种三维的通道结构可以有效缓解 $Li^+$ 嵌入/脱出过程中的结构坍塌，从而有效提高了材料的循环稳定性[68]。根据威廉姆森霍尔（WH）方法计算得到 N300 的平均晶粒尺寸约为 34nm。N300-2 样品也具有典型的 $\beta$-

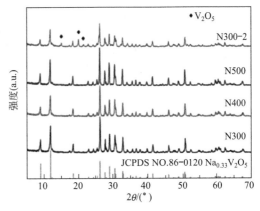

图 6-39　$\beta$-$Na_{0.33}V_2O_5$ 样品的 XRD 图谱

$Na_{0.33}V_2O_5$ 相，但是样品中存在 $V_2O_5$ 杂相（空间群为 $Pmn21/m$（31），JCP-DS 卡片号 89-0611），可能是由于直接干燥亮黄色溶液得到的前驱体混合不均匀。上述结果也验证了水热法是合成高纯度 $\beta$-$Na_{0.33}V_2O_5$ 的必要步骤。

图 6-40 给出了合成的样品的 SEM 图像。从图中可以看出随着煅烧温度的变化，样品的形貌变化也很大。从图 6-40(a) 可以看到，片状结构的 N300 颗粒的平均厚度约为 100nm。虽然其中有一些薄片聚集起来，但它们中的大多数纳米片还是分开的，并且能够观察到薄片间的空间。这些薄片的表面呈现出多孔的结构，如图 6-40(c)、(d) 所示。样品 N400 是由很多高度聚集在一起的纳米片和少量的纳米棒组成。当煅烧温度升到 500℃ 时，样品是由大量的纳米棒组成，能观察到的纳米片已经很少。这些小纳米棒可能是由于薄片在高温下分解而成，如图 6-40(f) 所示。由 SEM 图像可知，在合成 $\beta$-$Na_{0.33}V_2O_5$ 的过程中，先形成片状颗粒，然后其在更高的温度下分解成相互连接的纳米棒，形成了多孔的结构。样品 N300-2 由许多不规则的微米颗粒组成，其中有些看起来像块状，如图 6-40(g) 所示。高倍 SEM 图像显示出块状结构是由聚集起来的纳米带构建起来，没有明显的多孔结构。这些结果表明水热合成的 $\beta$-$Na_{0.33}V_2O_5$ 材料有其显著的优越性。

(a) N300　　　　(b) N300　　　　(c) N400　　　　(d) N400

(e) N500　　　　(f) N500　　　　(g) N300-2　　　　(h) N300-2

图 6-40　$\beta$-$Na_{0.33}V_2O_5$ 的 SEM 图像

$\beta$-$Na_{0.33}V_2O_5$ 的多孔纳米片状结构可以由 TEM 图像来进一步证实，如图 6-41 所示。一个单片纳米片宽度大概为 500nm，其由许多长度约为 100～500nm 和宽度约为 40nm 的纳米棒颗粒组成。这些纳米棒小颗粒互相连接起来，组成一个网络状的结构，这种结构有利于 $Li^+$ 的扩散和电子的传输。

图 6-41　煅烧温度为 300℃下合成的 $\beta$-$Na_{0.33}V_2O_5$ 的 TEM 图像

## 6.6.2.2　电化学性能与讨论

图 6-42(a) 给出了 N300 电极的首次循环伏安曲线。四个明显的阴极峰分别位于 3.26V、2.88V、2.48V 和 1.8V。四个对应的阳极峰分别位于 2.14V、

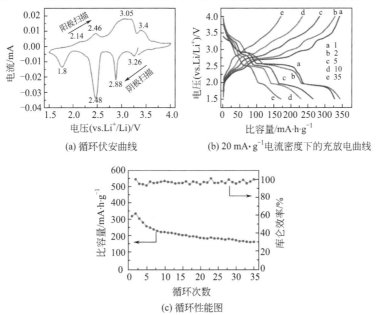

(a) 循环伏安线　　　(b) 20 mA·g$^{-1}$电流密度下的充放电曲线

(c) 循环性能图

图 6-42　N300 电极的电化学性能表征

2.46V、3.05V 和 3.4V，对应于 $Li^+$ 在 $\beta$-$Na_{0.33}V_2O_5$ 结构中的脱/嵌行为。图 6-42(b) 显示了 N300 电极在 20mA·$g^{-1}$ 电流密度下选定的充放电曲线。这些充放电曲线都具有四个明显的充放电平台，表明其具有很好的可逆性。图 6-42(c) 展示了 N300 电极在 20mA·$g^{-1}$ 电流密度下的循环性能，在第 2 圈放电比容量达到最大值，为 339mA·h·$g^{-1}$，然后逐渐降低，第 35 圈的放电比容量为 168mA·h·$g^{-1}$，单周损失率为 1.9%。整体库仑效率大于 95%。

用非原位 XRD 技术分析 N300 电极在 $Li^+$ 嵌入和脱出过程中的结构变化，如图 6-43 所示。$2\theta$ 角度为 38.472°、44.738°、65.133°和 78.227°的位置的峰是属于面心立方 Al 金属（JCPDS 04-0787）集流体的特征衍射峰。而其他衍射峰都可以归属于单斜结构的 $\beta$-$Na_{0.33}V_2O_5$ 相。这说明了 $\beta$-$Na_{0.33}V_2O_5$ 材料在不同的充放电状态和不同的循环圈数后，都具有优越的结构可逆性。当电极放电至 2.2V、1.5V 和充电至 2.5V 时，其衍射峰相对较弱。当电极经历一个充放电循环回到 4V 后，其衍射峰强度可以得到恢复，表现出优异的结构可逆性。另外，正极的晶体结构在循环 35 圈后仍然保持稳定。这些结果都反映了 $\beta$-$Na_{0.33}V_2O_5$ 的晶体结构具有较好的循环可逆性。

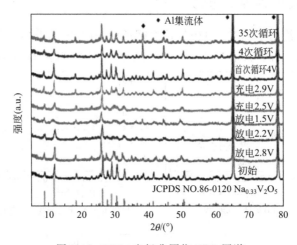

图 6-43　N300 电极非原位 XRD 图谱

尽管 $\beta$-$Na_{0.33}V_2O_5$ 在循环过程中表现出杰出的结构稳定性，然而它在 20mA·$g^{-1}$ 电流密度下的比容量衰减得却很快。为了解释其原因，测试了不同充放电状态和循环圈数后 N300 电极的电化学阻抗，如图 6-44 所示。N300 电极在不同充放电状态和循环圈数后的主要阻抗拟合参数列于表 6-5。电荷转移电阻（$R_{ct}$）在很大程度上取决于电极表面的理化性质，决定了电池的反应动力学[75]。从表 6-5 中可以看到，电极在初始状态时，其电荷转移阻抗为 80.92$\Omega$。当电极

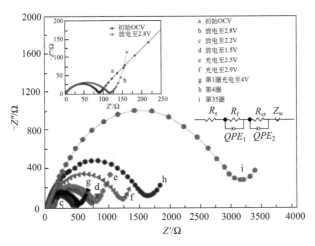

图 6-44　N300 电极的奈奎斯特图

表 6-5　N300 电极的主要阻抗参数拟合数据

| 样品条件 | $R_s/\Omega$ | $R_{ct}/\Omega$ |
|---|---|---|
| 开路电压 | 0.02 | 80.92 |
| 放电到 2.8V | 2.053 | 87.51 |
| 放电到 2.2V | 9.405 | 301.9 |
| 放电到 1.5V | 4.377 | 449.8 |
| 充电到 2.5V | 9.106 | 639.2 |
| 充电到 2.9V | 3.248 | 1072 |
| 充电到 4.0V | 14.0 | 428.2 |
| 第 4 次循环 | 1.551 | 1257 |
| 第 35 次循环 | 17.19 | 2955 |

放电到 2.2V 的时候，其电荷转移阻抗突然增大到 301.9Ω，这可能是由于 SEI 膜的形成[76]。然而，当电极完成一个充放电循环后，充电到 4.0V，其 $R_{ct}$ 值比之前充电状态下的小。而电极的电荷转移阻抗随着循环次数的增加而急剧增大，这可能是由于锂离子的连续沉积导致 SEI 膜厚度的增加[76]。结果表明，β-Na$_{0.33}$V$_2$O$_5$ 电极的极化现象较严重，这导致了电极在循环过程中容量急剧衰减。

图 6-45(a) 给出了 N300 电极在不同电流密度下的首次充放电曲线。从图中可以看到，电极在不同的电流密度下都表现出相似的充放电曲线形状。N300 电极在电流密度为 20mA·g$^{-1}$、50mA·g$^{-1}$、100mA·g$^{-1}$ 和 300mA·g$^{-1}$ 时的放电比容量为 323mA·h·g$^{-1}$、271mA·h·g$^{-1}$、251mA·h·g$^{-1}$ 和 226mA·h·g$^{-1}$，显示出良好的倍率性能，这归功于其多孔的纳米片结构。从

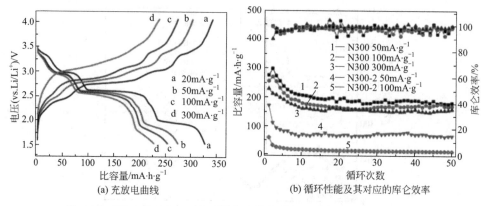

图 6-45　N300 和 N300-2 在不同电流密度下的充放电曲线和循环性能

TEM 图像中可以清晰地看到每个纳米片都是由无限连接起来的纳米棒颗粒组成，连接成一个二维的网状多孔结构。更小的纳米棒颗粒和多孔结构有利于 $Li^+$ 扩散和电解液渗透。图 6-45(b) 是 N300 电极在不同电流密度下的循环性能。在 $50mA \cdot g^{-1}$ 和 $100mA \cdot g^{-1}$ 电流密度下，放电比容量都在第 2 次循环时达到最大值，分别为 $294mA \cdot h \cdot g^{-1}$ 和 $266mA \cdot h \cdot g^{-1}$，且在 50 次循环后分别可以保持 $177mA \cdot h \cdot g^{-1}$ 和 $165mA \cdot h \cdot g^{-1}$ 的比容量，单周容量损失率为 $0.86\%$ 和 $0.85\%$。N300 电极在 $300mA \cdot g^{-1}$ 电流密度下，50 圈后还可以获得 $154mA \cdot h \cdot g^{-1}$ 放电比容量，单周容量损失率仅为 $0.78\%$。如图可见，比容量都在前 10 圈有明显的下降，这是由于 SEI 膜的生成，在阻抗测试中也证实了这一点。循环多次后，形成的 SEI 膜层的厚度变得稳定，容量衰减率降低并趋于平稳。作为对比，也将 N300-2 电极在不同电流密度下进行循环性能的测试。其在 $50mA \cdot g^{-1}$ 电流密度下也可获得 $168mA \cdot h \cdot g^{-1}$ 的首次放电比容量，在循环 50 圈后迅速衰减至 $64mA \cdot h \cdot g^{-1}$，如图 6-45(b) 所示。在 $100mA \cdot g^{-1}$ 电流密度下表现出更低的放电比容量与更恶劣的循环性能。总的来说，多孔片状结构的 $\beta$-$Na_{0.33}V_2O_5$ 电极表现出较高的放电比容量，较好的循环性能和倍率性能，比报道的许多钒氧化合物和钒酸盐如 $\beta$-$Na_{0.33}V_2O_5$[70]、$V_2O_5$[77,78]、$(NH_4)_{0.5}V_2O_5$ 纳米带[79]、$NH_4V_3O_8 \cdot 0.2H_2O$ 纳米片[80] 的性能都优越。其优异的电化学性能可以归因于独特的多孔纳米片状结构和优异的结构可逆性。然而，由于 $Li^+$ 在嵌入/脱出过程中的缓慢扩散导致的容量衰减也不可忽视[70]。通过减小颗粒尺寸或合成碳包覆复合材料有望进一步提高其电化学性能。

综上所述，本节采用一个简单的水热法加后续煅烧处理合成了具备多孔纳米片结构的 $\beta$-$Na_{0.33}V_2O_5$。XRD 结果表明水热处理是合成高纯度 $\beta$-$Na_{0.33}V_2O_5$ 的必要过程。TEM 表征结果显示单个纳米片宽度大概为 $500nm$，其由许多长度约为 100～500nm 和宽度约为 40nm 的纳米棒颗粒构成，连接成一个二维的网状多孔结构。在 1.5～4V 电压区间进行充放电，多孔纳米片结构的 $\beta$-$Na_{0.33}V_2O_5$ 表现出较高的放电比容量，较好的循环性能和倍率性能。其在电流密度为 $20mA \cdot g^{-1}$、$300mA \cdot g^{-1}$ 下分别可以释放出 $339mA \cdot h \cdot g^{-1}$、$226mA \cdot h \cdot g^{-1}$ 的首次放电比容量。该正极在 $300mA \cdot g^{-1}$ 电流密度下放电至 50 圈仍有 $154mA \cdot h \cdot g^{-1}$ 放电比容量，单周容量损失率仅为 $0.78\%$。非原位 XRD 技术研究了电极在 $Li^+$ 嵌入和脱出过程中的结构变化，并发现其在 1.5～4.0V 电压范围内充放电具有很好的结构可逆性。因此，$\beta$-$Na_{0.33}V_2O_5$ 良好的电化学性能可以归因于其独特的多孔纳米片结构和充放电过程中优异的结构可逆性。

# 6.7
# $Na_{0.76}V_6O_{15}$ 纳米带材料

钒酸钠材料因其高比容量、良好的可逆性、高倍率和低成本等优势而受到很大的关注。例如，Liu 等人报道了 $NaV_6O_{15}$ 纳米棒，并研究了其作为锂离子电池正极材料的电化学行为[81]。R. Baddour-Hadjean 等人发现 $\beta$-$Na_{0.33}V_2O_5$ 具有三个明显的电压平台，并且在 $Li^+$ 嵌入/脱出过程中没有发生相变[82]。Wang 等报道了一种超薄 $Na_{1.08}V_3O_8$ 纳米带，发现其具有高达 50C 的倍率性能和优异的循环稳定性[66]。此外，层层堆叠的 $Na_{1.1}V_3O_{7.9}$ 纳米带[83]、$Na_{1.25}V_3O_8$[84] 和多孔 $\beta$-$Na_{0.33}V_2O_5$[59] 也相继被报道，这些材料显示出优良的结构稳定性和优越的循环稳定性。显然，开发新型钒酸钠材料作为锂离子电池正极材料是十分有必要的。

本节介绍了一种水热法以及后续煅烧处理制备 $Na_{0.76}V_6O_{15}$ 纳米带的方法。SEM 图像与 TEM 图像显示 $Na_{0.76}V_6O_{15}$ 内部为层层堆叠的纳米带结构。同时对该材料用作锂离子电池正极的电化学性能进行了研究，结果显示其拥有较高的比容量，高倍率性能及优越的循环稳定性。这可以归因于其层层堆叠的纳米带结构和在循环过程中良好的结构稳定性。

## 6.7.1 材料制备与评价表征

材料水热法制备：$0.5g$ $NH_4VO_3$ 加入 30mL 去离子水中在 80℃ 下搅拌至形成透明的淡黄色液体。随后，将 0.722g NaCl 和 0.1781g 十二烷基硫酸钠（SDS）加入上述溶液中继续搅拌 30min。将所得到的混合液转移到 50mL 聚四氟乙烯内衬中，随后转移到不锈钢高压釜内，然后在烘箱中 200℃ 保温 12h。自然冷却后，前驱体通过离心法收集，并用去离子水和乙醇洗涤两次，随后在烘箱中 80℃ 干燥一夜。最后，前驱体粉末在空气中于 400℃ 温度下煅烧 4h，升温速率为 5℃·min$^{-1}$。

## 6.7.2　结果与分析讨论

### 6.7.2.1　结构表征与讨论

图 6-46 显示了所合成的 $Na_{0.76}V_6O_{15}$ 样品的 XRD 图谱。如图所示，其衍射峰较为尖锐，说明合成的材料结晶度很高。所有的衍射峰都与单斜结构的 $Na_{0.76}V_6O_{15}$ 相（空间群 $C2/m$，JCPDS 卡 片 号 75-1653，$a=15.4045Å$，$b=3.6101Å$，$c=10.0740Å$）对应。没有检测到其他杂相，表明合成的 $Na_{0.76}V_6O_{15}$ 具有很高的纯度。最强衍射峰对应（200），这表明其沿（200）面的择优取向。样品的化学成分通过 ICP-OES 进一步确认，测试结果列于表 6-6 中，计算结果显示 Na 与 V 的摩尔比为 0.755：6，这证实了所合成的样品为 $Na_{0.76}V_6O_{15}$。

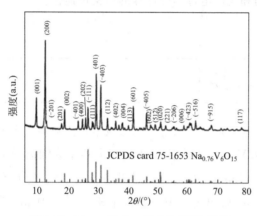

图 6-46　$Na_{0.76}V_6O_{15}$ 样品的 XRD 图谱

表 6-6　样品的 ICP-OES 分析结果

| 元素 | 组成/μg·g$^{-1}$ | 摩尔比 |
|------|------|------|
| Na | 2.96 | Na：V=0.755：6 |
| V | 52.1 | |

图 6-47 是 $Na_{0.76}V_6O_{15}$ 纳米带的 SEM 图像和 TEM 图像。样品由一维纳米带组成，其长度在几微米到几十微米之间，如图 6-47(a)、(b) 所示。更高倍数的 SEM 图像表明了纳米带表面是光滑和均匀的。图 6-47(c) 给出了纳米带的 TEM 图像，显示纳米带具有层层堆叠的结构，在高倍数 TEM 图像中能更清楚地观察到。研究表明，这种新颖的结构有利于 $Li^+$ 的嵌入与脱出，有利于提高其电化学性能[83,85]。使用 HRTEM 图像和 SAED 花样分析纳米带的结构信息和晶体取向，如图 6-47(d) 所示。由图可见，HRTEM 图像具有清楚的晶格条纹，其条纹间距为 7.14Å，与单斜结构 $Na_{0.76}V_6O_{15}$ 相的（200）晶面间距一致。

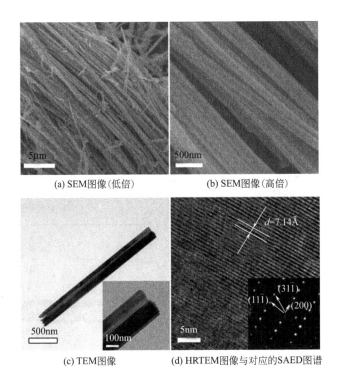

(a) SEM图像(低倍)       (b) SEM图像(高倍)

(c) TEM图像       (d) HRTEM图像与对应的SAED图谱

图 6-47　$Na_{0.76}V_6O_{15}$ 纳米带的形貌和微观组织表征

SAED 花样表明单根 $Na_{0.76}V_6O_{15}$ 纳米带为单晶，且可标记出（200）、（$11\overline{1}$）和（$31\overline{1}$）晶面。上述结果表明样品沿（200）晶面择优生长，与 XRD 结果一致。

## 6.7.2.2　电化学性能与讨论

图 6-48(a) 是 $Na_{0.76}V_6O_{15}$ 电极前三圈的循环伏安曲线。首圈阴极扫描观测到四个阴极峰，分别位于 3.25V、2.85V、2.43V 和 1.97V，对应 $Li^+$ 嵌入 $Na_{0.76}V_6O_{15}$ 电极的过程，这与之前报道的 $\beta$-$AgVO_3$[86] 和 $\beta$-$Na_{0.33}V_2O_5$[59] 相似。位于 3.25V 的峰是由于 $Na^+$ 被还原成金属 $Na^0$，2.85V 处的峰对应于 $V^{5+}$ 被还原成 $V^{4+}$，2.43V 处的峰是由于 $V^{4+}$ 被还原成 $V^{3+}$，1.97V 处的峰对应于 $V^{4+}$ 进一步被还原成 $V^{3+}$。阳极扫描时，三个阳极峰分别位于 2.85V、3.01V 和 3.32V，对应 $Li^+$ 的脱/嵌过程。后几圈循环中相似的伏安曲线表明 $Na_{0.76}V_6O_{15}$ 电极具有较好的可逆性。其 $Li^+$ 可逆嵌入/脱出行为可以用以下化学反应式表示：

$$Na_{0.76}V_6O_{15} + xLi^+ + xe \Longleftrightarrow Li_xNa_{0.76}V_6O_{15} \tag{6-3}$$

图 6-48(b) 给出了 $Na_{0.76}V_6O_{15}$ 电极在 $300mA \cdot g^{-1}$ 电流密度下的充放电曲线。在放电曲线上，4 个明显的放电平台分别位于 3.2V、2.8V、2.4V 和

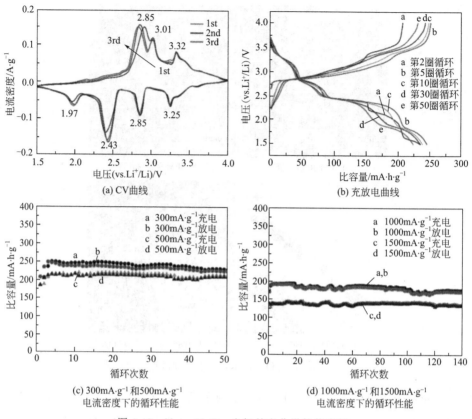

图 6-48　$Na_{0.76}V_6O_{15}$ 电极的电化学性能表征

1.9V，这与之前的 CV 结果相一致。不同圈数的充放电曲线非常相似，表明 $Na_{0.76}V_6O_{15}$ 电极具有良好的可逆性。如图 6-48（c）所示，$Na_{0.76}V_6O_{15}$ 在 $300mA \cdot g^{-1}$ 和 $500mA \cdot g^{-1}$ 的电流密度下分别有 $207mA \cdot h \cdot g^{-1}$ 和 $184mA \cdot h \cdot g^{-1}$ 的放电初始比容量，在第三圈和第四圈达到 $248mA \cdot h \cdot g^{-1}$ 和 $214mA \cdot h \cdot g^{-1}$ 的最大比容量，且在循环 50 圈后能够分别保持 $222mA \cdot h \cdot g^{-1}$ 和 $209mA \cdot h \cdot g^{-1}$ 的放电比容量，表明 $Na_{0.76}V_6O_{15}$ 电极具有良好的循环性能。其比容量在充放电初始阶段表现出逐渐增加的趋势，这在前人的文献中也有过报道，可能与活化过程和电极的润湿有关[66,83]。图 6-48(d) 是 $Na_{0.76}V_6O_{15}$ 电极在 $1000mA \cdot g^{-1}$ 和 $1500mA \cdot g^{-1}$ 电流密度下的循环性能，放电比容量在循环 2 圈后分别达到 $191mA \cdot h \cdot g^{-1}$ 和 $142mA \cdot h \cdot g^{-1}$，循环 140 圈仍能分别保持 $177mA \cdot h \cdot g^{-1}$ 和 $137mA \cdot h \cdot g^{-1}$，基于第二圈的容量保持率分别高达 92.7% 和 99.1%。上述结果表明 $Na_{0.76}V_6O_{15}$ 电极在不同电流密度下具有较高的比容量和优异的循环稳定性。

$Na_{0.76}V_6O_{15}$ 电极的倍率性能如图 6-49 所示。当电流密度从 $50mA \cdot g^{-1}$ 逐步升高到 $2000mA \cdot g^{-1}$ 时，$Na_{0.76}V_6O_{15}$ 电极的充放电曲线都非常相似。当电流密度低于 $500mA \cdot g^{-1}$ 时，在充放电曲线上可以明显地看到放电平台。当电流密度逐渐提高到 $2000mA \cdot g^{-1}$，尽管放电平台变得模糊，其依然表现出较高的比容量。图 6-49(b) 显示了 $Na_{0.76}V_6O_{15}$ 电极的倍率性能，在 $50mA \cdot g^{-1}$、$100mA \cdot g^{-1}$、$300mA \cdot g^{-1}$、$500mA \cdot g^{-1}$、$1000mA \cdot g^{-1}$、$1500mA \cdot g^{-1}$ 和 $2000mA \cdot g^{-1}$ 电流密度下，比容量分别能达到 $242mA \cdot h \cdot g^{-1}$、$234mA \cdot h \cdot g^{-1}$、$213mA \cdot h \cdot g^{-1}$、$197mA \cdot h \cdot g^{-1}$、$165mA \cdot h \cdot g^{-1}$、$135mA \cdot h \cdot g^{-1}$ 和 $110mA \cdot h \cdot g^{-1}$，当电流密度恢复到 $100mA \cdot g^{-1}$，比容量还能达到 $239mA \cdot h \cdot g^{-1}$，表明其优异的倍率性能。其倍率性能优于很多被报道的钒酸盐材料，如 $K_{0.25}V_2O_5$[87]、$Ag_{1.2}V_3O_8$[88]、$Na_2V_6O_{16} \cdot xH_2O$[67]、$Na_{1.1}V_3O_{7.9}$[83] 等。电极的高倍率性能与材料中的锂离子扩散动力学有关，$Na_{0.76}V_6O_{15}$ 样品层层堆叠的纳米带结构可以缩短锂离子扩散和电子传输的距离，同时增大电极与电解质之间的接触面积，有利于提升锂离子的扩散动力学行为。

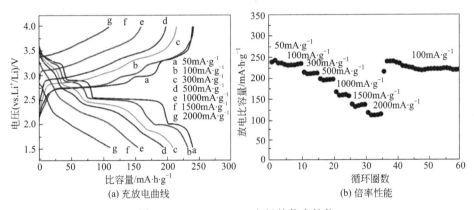

图 6-49　$Na_{0.76}V_6O_{15}$ 电极的倍率性能

高电流密度的长期循环性能是锂离子电池实际应用中的一个关键要求。图 6-50 给出了 $Na_{0.76}V_6O_{15}$ 电极在 $2000mA \cdot g^{-1}$ 的高电流密度下的长循环性能。与在低电流密度下相似，初始放电比容量仅为 $76mA \cdot h \cdot g^{-1}$，接着比容量逐渐上升，在第八圈时可达 $115mA \cdot h \cdot g^{-1}$，循环 200 圈后其仍能保持 $113mA \cdot h \cdot g^{-1}$ 的高比容量。此外，其库仑效率高达 97%，表明了电极在高电流密度下优越的循环性能。

图 6-51(a) 给出了 $Na_{0.76}V_6O_{15}$ 电极在循环前、第 1 次循环、第 5 次循环、第 50 次循环后的非原位 XRD 图谱。由图可知，循环前和循环后的衍射图谱基本一致，说明 $Na_{0.76}V_6O_{15}$ 电极在充放电过程中具有良好的结构稳定性，这有助于材料良好的循环性能。

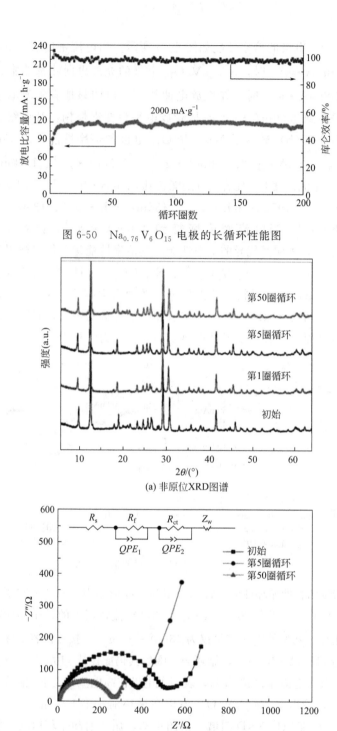

图 6-50　$Na_{0.76}V_6O_{15}$ 电极的长循环性能图

(a) 非原位XRD图谱

(b) 交流阻抗图谱及其等效电路图

图 6-51　$Na_{0.76}V_6O_{15}$ 电极循环过程结构和阻抗图谱表征

不同循环圈数后 $Na_{0.76}V_6O_{15}$ 电极的电化学交流阻抗图谱如图 6-51(b) 所示，表 6-7 列出了 $Na_{0.76}V_6O_{15}$ 电极在不同循环圈数后的主要阻抗拟合参数。当电压处于开路电压状态时，电极的电荷转移阻抗为 436.8Ω。在循环 5 圈和 50 圈后，电荷转移阻抗分别降至 335.5Ω 和 255Ω，说明循环后反应动力学提高。研究表明，电荷转移阻抗的降低有利于提高电极的循环性能和倍率性能[87,89,90]。例如，Li 等人测试了 $LiNi_{0.5}Mn_{0.4}M_{0.1}O_2$（M＝Li、Mg、Al 和 Co）电极的电荷转移阻抗，其中 $LiNi_{0.5}Mn_{0.4}Co_{0.1}O_2$ 表现出更低的阻抗，这可能是其拥有良好的倍率性能的原因[89]。

表 6-7　$Na_{0.76}V_6O_{15}$ 电极在循环前和循环后的主要阻抗拟合参数

| 样品状态 | $R_s/\Omega$ | $R_{ct}/\Omega$ |
| --- | --- | --- |
| 循环前 | 1.765 | 436.8 |
| 循环 5 圈后 | 1.803 | 335.5 |
| 50 圈后 | 2.833 | 255 |

图 6-52 给出了电极在循环 1 圈、5 圈和 50 圈后的 SEM 图片。如图 6-52(a) 所示，经过首次充放电过程后，超长的纳米带破碎而聚合成纳米棒，这种结构有利于 $Li^+$ 的扩散和电解液的渗透。经过充放电后，电极的形貌和第一圈相比几乎没有什么变化，这表明 $Na_{0.76}V_6O_{15}$ 电极在 $Li^+$ 的嵌入和脱出过程中拥有良好的结构稳定性。

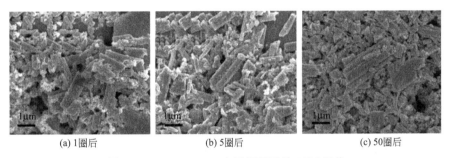

(a) 1圈后　　　　　　(b) 5圈后　　　　　　(c) 50圈后

图 6-52　$Na_{0.76}V_6O_{15}$ 电极循环后的 SEM 图像

表 6-8 对比了 $Na_{0.76}V_6O_{15}$ 纳米带与文献报道的钒酸盐的电化学性能。由表可知，许多报道的钒酸盐的应用受限于较差的循环稳定性，例如，$\beta$-$Ag_{0.33}V_2O_5$ 纳米材料在 $20mA \cdot g^{-1}$ 的电流密度下的第 2 次循环的放电比容量达 $250mA \cdot h \cdot g^{-1}$，但循环 30 次后只能保持 $180mA \cdot h \cdot g^{-1}$ 的比容量[91]。此外，与前人报道的钒酸钾和钒酸钠相比，$Na_{0.76}V_6O_{15}$ 纳米带拥有更优越的电化学性能。$K_{0.25}V_2O_5$ 拥有 89.6% 的高容量保持率，但其比容量相对较低[87]。

表 6-8　$Na_{0.76}V_6O_{15}$ 纳米带和文献报道的钒酸盐材料的电化学性能对比

| 样品 | 电流密度/mA·g$^{-1}$ | 比容量/mA·h·g$^{-1}$<br>（括号中为循环圈数） | 容量保持率 |
|---|---|---|---|
| $\beta$-$Ag_{0.33}V_2O_5$[91] | 20 | 250(2)-180(30) | 72.0% |
| | 100 | 189(2)-125(30) | 66.1% |
| $AgVO_3$/PANI[92] | 30 | 211(1)-131(20) | 62.1% |
| $Ag/Ag_{1.2}V_3O_8$[93] | 100 | 190(2)-164(50) | 86.3% |
| $AgVO_3$/GAs[94] | 100 | 118.9(50) | 62.9% |
| | 1000 | 116.4(50) | 80.9% |
| $K_{0.25}V_2O_5$[87] | 100 | 211(1)-189(50) | 89.6% |
| $K_{0.23}V_2O_5$[95] | 50 | 244(1)-185.3(100) | 75.9% |
| | 1800 | — | |
| $Na_2V_6O_{16}\cdot xH_2O$[67] | 30 | 235.2(1)-214.3(30) | 91.1% |
| $\beta$-$Na_{0.33}V_2O_5$[59] | 100 | 266(2)-165(50) | 62.0% |
| | 300 | 226(1)-154(50) | 68.1% |
| $\beta$-$Na_{0.33}V_2O_5$[58] | 1000 | 157(1)-111(35) | 70.7% |
| $Na_{1.1}V_3O_{7.9}$[83] | 100 | 184(1)-174(30) | 94.5% |
| | 1000 | 95(1)-114(100) | — |
| $Na_{1.25}V_3O_8$[84] | 100 | 191(1)-217(70) | — |
| $Na_{0.76}V_6O_{15}$ | 300 | 247.5(2)-222.1(50) | 89.7% |
| | 1000 | 191.1(2)-177.2(140) | 92.7% |
| | 2000 | 114.7(8)-113(200) | 98.5% |

Wang 等人合成的 $Na_2V_6O_{16}\cdot xH_2O$ 在 $30mA\cdot g^{-1}$ 的电流密度下循环 30 圈后的容量保持率高达 91.1%，但其高倍率性能并没有研究[67]。多孔 $\beta$-$Na_{0.33}V_2O_5$ 表现出高达 $266mA\cdot h\cdot g^{-1}$ 的初始比容量，但其容量下降得比较快[59]。$Na_{1.25}V_3O_8$ 纳米带在 $100mA\cdot g^{-1}$ 的电流密度下呈现出优异的循环性能，但其倍率性能较差[84]。本工作的 $Na_{0.76}V_6O_{15}$ 纳米带在电流密度为 $300mA\cdot g^{-1}$ 下表现出 $248mA\cdot h\cdot g^{-1}$ 的放电比容量和高容量保持率，即使在 $2000mA\cdot g^{-1}$ 高电流密度下，其比容量仍达 $114.7mA\cdot h\cdot g^{-1}$。上述结果表明 $Na_{0.76}V_6O_{15}$ 纳米带具有优越的电化学性能，包括很高的放电比容量，良好的循环稳定性以及优异的倍率性能。$Na_{0.76}V_6O_{15}$ 纳米带优越的电化学性能可以归因于以下原因：①层层堆叠的纳米带结构有利于 $Li^+$ 的扩散，增大了电极和电解质之间的接触面积，

微小的纳米带之间有些空隙，它不仅提供了电子转移通道，而且缓冲了电化学反应过程；②良好的结构稳定性可以保证 $Li^+$ 嵌入和脱出的可逆性，这对长期循环稳定性具有重要的意义。

综上所述，本节采用水热法及后续煅烧处理合成了层层堆叠的 $Na_{0.76}V_6O_{15}$ 纳米带。XRD 结果表明合成的 $Na_{0.76}V_6O_{15}$ 样品具有很高的纯度。作为锂电池正极材料，$Na_{0.76}V_6O_{15}$ 纳米带在 $300mA \cdot g^{-1}$ 和 $500mA \cdot g^{-1}$ 的电流密度下可分别获得 $248mA \cdot h \cdot g^{-1}$ 和 $214mA \cdot h \cdot g^{-1}$ 的高比容量，并且循环 50 圈后，仍能分别保持 $222mA \cdot h \cdot g^{-1}$ 和 $209mA \cdot h \cdot g^{-1}$ 的比容量。此外，电极还表现出优越的长循环稳定性，在 $2000mA \cdot g^{-1}$ 的电流密度下，循环 200 圈后比容量基本没有衰减。

# 6.8
# $Na_{1.1}V_3O_{7.9}$ 超薄纳米带材料

$NaV_3O_8$ 相具有合成简便、比容量高、循环性能稳定等优势，受到了人们的广泛关注[66,67,96]。Wang 等人[66] 报道了一种超薄的 $Na_{1.1}V_3O_{7.9}$ 纳米片并研究了其嵌锂行为，发现其具有非常优越的倍率性能和循环稳定性能。然而，其报道的 $Na_{1.1}V_3O_{7.9}$ 正极材料的合成方法的合成步骤比较烦琐，不利于大规模生产。此外，关于片层堆叠的 $Na_{1.1}V_3O_{7.9}$ 纳米带结构的研究较少。

本节介绍一种利用简单实用的水热法以及后续煅烧处理制备合成层层堆叠的超薄 $Na_{1.1}V_3O_{7.9}$ 纳米带新材料的方法，并研究煅烧温度对形成的纳米带形貌、物相结晶度和其电化学性能的影响。作为锂电池正极材料，所制备的纳米带具有理想的长循环稳定性和倍率性能。其优异的电化学性能可以归因于层层堆叠的超薄 $Na_{1.1}V_3O_{7.9}$ 纳米带结构和循环过程中的良好结构可逆性。

## 6.8.1 材料制备与评价表征

材料水热法制备：将 0.8g $NH_4VO_3$ 粉末（$NH_4VO_3$，$\geqslant 99.0\%$）加入 20mL 去离子水中后滴入 2mL $H_2O_2$ 溶液（$H_2O_2$，$\geqslant 30\%$），然后磁力搅拌 20min 直至形成透明的浅黄色溶液。随后，把 15mL NaF（NaF，$\geqslant 98\%$）溶液（0.152 M）加入上述的溶液中继续剧烈搅拌 30min。将所得到的溶液转移至 50mL 的聚四氟乙烯高温高压内衬中，随后转移到反应釜内，在电烘箱里面以 205℃ 的温度保温 48h。自然冷却后，将水热后所得到的透明的红褐色溶液在 60℃ 下磁力搅拌直至水分挥发得到固体前驱体。该前驱体粉末分别在空气中于 300℃、350℃、400℃、450℃ 和 500℃ 的温度下煅烧 4h，升温速率为 5℃·$min^{-1}$，得到的 $Na_{1.1}V_3O_{7.9}$ 样品分别命名为 N300、N350、N400、N450 和 N500。

用 X 射线衍射仪 [XRD，Rigaku D/max2500，Cu 靶（$\lambda = 1.54178\text{Å}$）] 分析合成材料的相纯度和晶体结构。用扫描电镜（SEM，FEI Nova NanoSEM 230）和透射电镜（TEM，JEOL JEM-2100F）分析样品的形貌和微观结构。

扣式电池正极制备：$Na_{1.1}V_3O_{7.}$、乙炔黑和聚偏氟乙烯（PVDF）粘接剂的质量比是 7：2：1，将它们混合在一起研磨 30min，然后滴入适量的 N-甲基吡咯烷酮（NMP）溶液，随后在磁力搅拌器下搅拌约 24h。将得到的泥浆型混合物涂抹在铝箔上，最后在真空干燥箱中以 100℃ 干燥大约 15h，将其冲成小极片。将制备好的极片作为正极，锂金属作为负极，$LiPF_6$ 溶于碳酸乙烯酯/碳酸二甲酯（EC/DMC，体积比为 1：1）混合溶液中作为电解液（浓度为 $1mol·L^{-1}$），聚丙烯膜作为隔膜，在充满高纯 $N_2$ 的手套箱（Mbraun）中组装成 CR2016 型扣式电池。用蓝电电池测试系统（Land CT 2001A）测试电池的充放电性能。用上海辰华电化学工作站（CHI660C）测试循环伏安（CV）曲线。用德国 ZAHNER-IM6ex 电化学工作站测试交流阻抗谱。

## 6.8.2 结果与分析讨论

### 6.8.2.1 结构表征与讨论

图 6-53(a) 为不同煅烧温度下合成的样品的 XRD 图谱。由图可知，它们大多数的衍射峰对应于单斜晶体结构的 $Na_{1.1}V_3O_{7.9}$ 相（空间群为 $P2_1/m$，JCP-

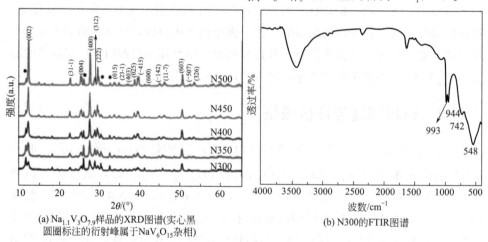

(a) $Na_{1.1}V_3O_{7.9}$ 样品的 XRD 图谱（实心黑圆圈标注的衍射峰属于 $NaV_6O_{15}$ 杂相）　(b) N300 的 FTIR 图谱

图 6-53　合成新材料的结构分析

DS 45-0498）。XRD 结果表明合成的样品具有较高的纯度，这与关于 $Na_{1.1}V_3O_{7.9}$ 物相的报道一致[66]。随着煅烧温度的增加，衍射峰强度也随着增加，表明高温下合成的样品有更高的结晶度。特别地，$Na_{1.1}V_3O_{7.9}$ 中最强的衍射峰会随着煅烧的温度而变化。比如，N300 的最强衍射峰是（400）面，然而 N500 的最强衍射峰为（002）面。这与之前 Wang 等人[66] 的报道一致，在所得到的 XRD 图谱上也发现了 $NaV_6O_{15}$ 杂峰（JCPDS 24-1155），杂峰的含量会随着煅烧温度的升高而减少。N300 样品的 FTIR 表征结果如图 6-53（b）所示，$Na_{1.1}V_3O_{7.9}$ 的特征吸收峰的范围主要在 $400 \sim 1000cm^{-1}$。其中 $993cm^{-1}$、$994cm^{-1}$ 的吸收峰可以归属于 V—O 键伸缩振动，而处于 $742cm^{-1}$ 和 $548cm^{-1}$ 的特征吸收峰可归结为非对称伸缩振动的 V—O—V 键[97]。

图 6-54 是不同温度下合成的样品在不同放大倍数下的 SEM 图像。如图 6-54（a）和图 6-54（b）所示，N300 由大量的纳米带组成，纳米带的厚度约为 20nm，宽为 $50 \sim 500nm$，长为几个微米，单个纳米带呈现层层堆叠的超薄纳米带结构。此外，纳米带之间并没有完全聚集在一起，其间可以清楚地观察到足够的空间，且纳米带的表面光滑。这样的结构有利于 $Li^+$ 的扩散和电解液的渗透。图 6-54（c）和图 6-54（d）为 N400 的形貌表征，随着温度的升高，这些纳米带变得更窄且更厚，而且开始呈现出棒状颗粒。这些纳米带的厚度为 56nm，这数值比 N300 的大许多。当煅烧温度提高到 500℃后，纳米带完全消失，样品是由不规则的纳米棒

(a) 300℃    (b) 300℃    (c) 400℃

(d) 400℃    (e) 500℃    (f) 500℃

图 6-54　不同温度下合成的 $Na_{1.1}V_3O_{7.9}$ 材料样品的 SEM 图像

组成。这些纳米棒大小不一，直径大约分布在 200nm 和 1μm 之间。如 SEM 图像结果所示，煅烧温度对产物的形貌有重要影响，N500 的颗粒比低温合成的样品大很多也更密集。这是由于其动力学决定的，因为高温为原子的迁移提供了更大的机会，小颗粒为了降低材料的表面自由能，在高温动力学的有利条件下自发生长成更大的颗粒[51]。

图 6-55 给出了 N300 在不同放大倍数下的 TEM 图像。如图 6-55(a) 所示，纳米带规整均匀，表面光滑，宽度为 100nm 左右。其中插图展示了单根 $Na_{1.1}V_3O_{7.9}$ 纳米带的高分辨图片。从图中可以清楚看到明显的晶格条纹，计算出其条纹间距约为 0.209nm 和 0.215nm，这分别与单斜结构的 $Na_{1.1}V_3O_{7.9}$ 的（600 晶面）和（60$\bar{2}$）晶面间距一致。高倍数的 TEM 图像揭示了其新颖的层层堆叠特性，其层数有 4 层。单层的纳米带的厚度约为几个纳米，表明其超薄的结构特性，这种新颖的结构将有利于 $Li^+$ 的嵌入与脱出。例如，Pan 等人合成了具有层层堆叠结构的 $LiV_3O_8$ 纳米片，其作为锂电池正极材料表现出优异的容量保持率[41]。

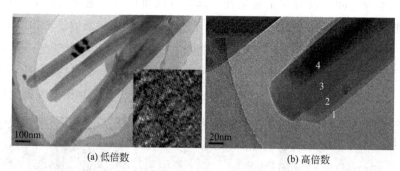

(a) 低倍数　　　　　　　　　　(b) 高倍数

图 6-55　不同倍数下 N300 的 TEM 图像

## 6.8.2.2　电化学性能与讨论

图 6-56(a) 给出了 N300 电极的前 3 圈的循环伏安曲线。首圈阴极扫描时，有四个明显的还原峰，分别位于 3.27V、2.87V、2.39V 和 1.86V，四个主要的阳极峰分别位于 2.65V、2.89V、3.02V 和 3.32V。这表明在 $Li^+$ 嵌入/脱出 $Na_{1.1}V_3O_{7.9}$ 晶体结构的过程中发生了多个相变。CV 曲线在多次循环中保持相似，表明 $Na_{1.1}V_3O_{7.9}$ 纳米带电极具有很好的可逆性。

图 6-56(b) 为 N300 电极在 100mA·g$^{-1}$ 电流密度下的充放电曲线。三个很明显的放电平台分别位于约 1.8V、2.4V 和 2.8V，这与 CV 测试结果一致。图 6-56(c) 给出了 N300 电极在 100mA·g$^{-1}$ 电流密度下的循环性能。N300 的

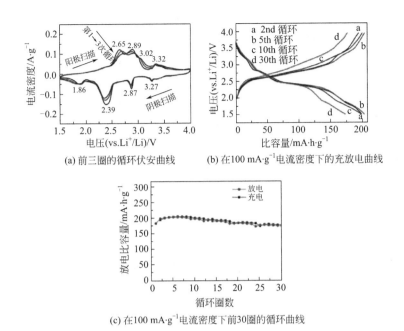

(a) 前三圈的循环伏安曲线  (b) 在100 mA·g⁻¹电流密度下的充放电曲线

(c) 在100 mA·g⁻¹电流密度下前30圈的循环曲线

图 6-56  N300 新材料电极的电化学性能

首次放电比容量为 $184mA \cdot h \cdot g^{-1}$，随后其比容量上升，第五圈达到最大值 $204mA \cdot h \cdot g^{-1}$。N300 在循环 30 圈后能够保持 $174mA \cdot h \cdot g^{-1}$ 的可逆比容量，为首次放电比容量的 95%。上述电化学测试结果表明 N300 电极具有良好的循环性能。

图 6-57 为不同温度下合成的 $Na_{1.1}V_3O_{7.9}$ 样品在 $300mA \cdot g^{-1}$ 和 $1000mA \cdot g^{-1}$ 电流密度下的循环性能图。由图可见，300℃下合成的样品的电化

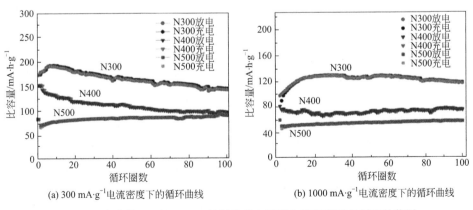

(a) 300 mA·g⁻¹电流密度下的循环曲线   (b) 1000 mA·g⁻¹电流密度下的循环曲线

图 6-57  合成的 $Na_{1.1}V_3O_{7.9}$ 材料样品在不同电流密度下的循环性能图

学性能最好。在 300mA·g$^{-1}$ 和 1000mA·g$^{-1}$ 的电流密度下，N300 电极可以释放出的最大比容量为 191mA·h·g$^{-1}$ 和 126mA·h·g$^{-1}$。在 300mA·g$^{-1}$ 的电流密度下，N300 电极的首次放电比容量为 173mA·h·g$^{-1}$，循环 100 圈后仍保持为 142mA·h·g$^{-1}$，容量保持率为 82.1%。在 1000mA·g$^{-1}$ 的电流密度下，尽管其首次放电比容量仅为 95mA·h·g$^{-1}$，但是其容量呈现上升趋势，循环 100 圈后达到了 114mA·h·g$^{-1}$，表明其具备理想的循环稳定性。另外，N400 电极和 N500 电极在 300mA·g$^{-1}$ 电流密度下循环 100 圈比容量为 107mA·h·g$^{-1}$ 和 85mA·h·g$^{-1}$，在 1000mA·g$^{-1}$ 电流密度下循环 100 圈仅为 72mA·h·g$^{-1}$ 和 54mA·h·g$^{-1}$，反映出了较差的循环性能。该结果表明热处理过程中温度对材料的电化学性能有着显著的影响。在不同的电流密度下，N300 电极的充放电比容量最初都随着循环圈数而上升，而 N400 和 N500 电极没有出现这样的现象。根据 XRD 结果来分析，N300 样品存在着较多的 $NaV_6O_{15}$ 杂相。其中 $NaV_6O_{15}$ 材料在不同电流密度下的初始充放电阶段表现出的比容量逐渐增加趋势在其他文献中也有报道[69]，因此考虑这部分杂质相的存在影响了 $Na_{1.1}V_3O_{7.9}$ 的电化学充放电行为。

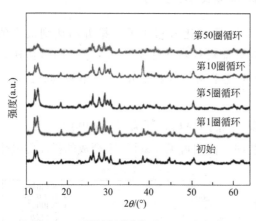

图 6-58 给出了 N300 电极第 1、5、10、50 圈循环后电极的 XRD 图谱。可以看出，$Na_{1.1}V_3O_{7.9}$ 的特征衍射峰在整个循环过程中基本保持一致，表明其在充放电过程中具有良好的结构稳定性。

图 6-59 为不同温度下合成的 $Na_{1.1}V_3O_{7.9}$ 样品的交流阻抗图谱及其等效电路图。表 6-9 列出了不同温度下合成的 $Na_{1.1}V_3O_{7.9}$ 样品主要的阻抗拟合参数。从表中可以看到，N300 的电荷转移阻抗（$R_{ct}$）

图 6-58 不同循环圈数后 N300 电极的非原位 XRD 图谱

为 191.5Ω，这数值大大低于 N400 电极（273Ω）和 N500 电极（315Ω），说明低温合成的样品具有较优异的电化学性能。这可以归因于层层堆叠的超薄 $Na_{1.1}V_3O_{7.9}$ 纳米带结构，这种特殊的结构可以有效降低锂离子的扩散距离和电子传输距离。N300 电极表现出较低的电荷转移阻抗，表明其电极体系内拥有较好的 Li$^+$ 扩散能力与电子传输能力，因而具备较好的倍率性能。

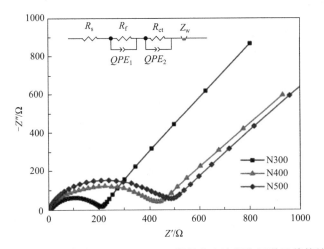

图 6-59 不同温度下合成的 $Na_{1.1}V_3O_{7.9}$ 样品的交流阻抗图谱及其等效电路图

**表 6-9 不同温度下合成的 $Na_{1.1}V_3O_{7.9}$ 样品的阻抗参数拟合数据**

| 样品 | $R_s/\Omega$ | $R_f/\Omega$ | $R_{ct}/\Omega$ |
|------|-----|-----|-----|
| N300 | 9.442 | 20.8 | 191.5 |
| N400 | 1.932 | 109 | 273 |
| N500 | 2.568 | 101.7 | 315 |

图 6-60 为 N300 电极在大电流密度下的长循环性能图。N300 电极在 $1500mA \cdot g^{-1}$ 和 $2000mA \cdot g^{-1}$ 电流密度下首次放电比容量为 $101mA \cdot h \cdot g^{-1}$ 和 $98mA \cdot h \cdot g^{-1}$，其数值非常接近，表明其良好的倍率性能。在 $1500mA \cdot g^{-1}$ 电流密度下循环 200 圈后仍能保持 $96mA \cdot h \cdot g^{-1}$ 的放电比容量，对应于其初

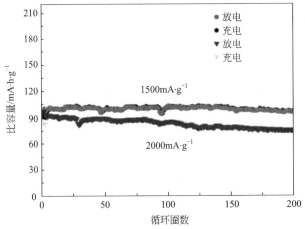

图 6-60 N300 电极充放电的循环性能图

始放电比容量的 95%。而在 2000mA·g$^{-1}$ 电流密度下放电 200 圈后仍有 74mA·h·g$^{-1}$ 的可逆比容量，单周衰减率为 0.14%。上述结果表明 N300 样品作为锂离子电池正极材料具有优异的循环性能，这归因于其在循环过程中优异的结构稳定性。

如前面分析，合成的 $Na_{1.1}V_3O_{7.9}$ 纳米带作为锂电池正极材料表现出优异的电化学性能，且优于许多报道的钒氧化物和钒酸盐的性能，比如 $V_2O_5$[77,78]、$LiV_3O_8$[52-54]、$NaV_6O_{15}$ 纳米棒[69]、$(NH_4)_{0.5}V_2O_5$ 纳米带[79]、$NH_4V_3O_8$·$0.2H_2O$ 纳米片[80]、$Na_2V_6O_{16}$·$xH_2O$ 纳米线[67] 等。其优异的电化学性能可以归因于以下几个原因：①新颖的层层堆叠超薄纳米带结构[66]，超薄纳米带结构可以缩短锂离子扩散距离和电子传输距离，以及增大电极和电解质之间的接触面积，另外，这种结构还可以调节其在充放电过程中体积和应力的变化；②充放电过程中的良好结构稳定性保证了 $Li^+$ 在电极材料中嵌入和脱出的可逆性。

综上所述，本节采用简单的水热法以及后续煅烧处理合成了层层堆叠的超薄 $Na_{1.1}V_3O_{7.9}$ 纳米带。XRD 分析结果表明，合成的样品具有较高的纯度，但仍含有少量的 $NaV_6O_{15}$ 杂质，并且杂质的含量随着温度的升高而降低。SEM 和 TEM 结果表明单个纳米带是由超薄纳米带层层堆叠而成。作为锂电池的正极材料，在 300℃下合成的 $Na_{1.1}V_3O_{7.9}$ 样品具有很好的电化学性能。其在 100mA·g$^{-1}$ 电流密度下放电，能达到的最高放电比容量为 204mA·h·g$^{-1}$。在高电流密度 1500mA·g$^{-1}$ 和 2000mA·g$^{-1}$ 下，其首圈比容量仍达到 101mA·h·g$^{-1}$ 和 98mA·h·g$^{-1}$，在 1500mA·g$^{-1}$ 电流密度下，200 圈后的容量保持率为 95%，并且表现出优异的循环性能。这些优异的电化学性能是因为其新颖的层层堆叠超薄纳米带结构和充放电过程中的良好结构稳定性。上述电化学分析表明 $Na_{1.1}V_3O_{7.9}$ 有潜力作为高性能的锂离子电池正极材料。

# 6.9
# $K_{0.25}V_2O_5$ 微米球和纳米棒材料

由于钾离子半径大，其在 $V_2O_5$ 层间能起到更稳定的"支柱"作用，可以大大提高钒酸钾材料的结构稳定性和 $Li^+$ 存储能力[87,98,99]。因此，钒酸钾作为锂离子电池正极材料已经备受关注。其中，$K_{0.25}V_2O_5$ 具有特殊的三维通道结构，具有高比容量和良好的循环稳定性[87]，在锂离子电池正极材料方面具有巨大的潜能。

本节采用水热法合成了三维 $K_{0.25}V_2O_5$ 分层微米球，并与溶胶-凝胶法制备的 $K_{0.25}V_2O_5$ 纳米棒进行结构形貌和电化学性能的对比。当其用作锂离子电池正极时，表现出理想的放电比容量，优秀的倍率性能与良好的循环稳定性。通过赝电容行为分析，发现 $K_{0.25}V_2O_5$ 微米球材料在电池的充放电过程中表现出一部分赝电容贡献，从而可以获得较好的倍率性能。

## 6.9.1  材料制备与评价表征

$K_{0.25}V_2O_5$ 微米球水热法制备：称取 0.1819g $V_2O_5$ 加入盛有 35mL 无水乙醇的烧杯中，在常温下充分搅拌；称取与 $V_2O_5$ 摩尔比为 1∶3 的草酸（$H_2C_2O_4 \cdot 2H_2O$）在搅拌条件下缓慢加至上述溶液中，继续搅拌 2h；将悬浮溶液转移到 50mL 的聚四氟乙烯内衬中，随后转移到反应釜内，然后放入烘箱中在 180℃ 环境中加热 24h，自然冷却至室温后，将所得沉淀物用去离子水和无水乙醇洗涤，离心 3～5 次，所得样品在鼓风干燥箱中 70℃ 充分干燥，得到所需 $K_{0.25}V_2O_5$ 前驱体材料；将上述前驱体粉末在空气中以 2℃·$min^{-1}$ 的升温速率升至 550℃ 并保温 6h，收集所得的物质，标记为 KVO-H。

$K_{0.25}V_2O_5$ 纳米棒溶胶-凝胶法制备：称量 0.727g $V_2O_5$ 和与其摩尔比为 1∶3 的草酸溶于 35mL 的无水乙醇中，在常温条件下搅拌约 2h，称取 1mol $KNO_3$ 加入上述溶液中，在 75℃ 下加热搅拌直至溶液蒸干得到固体成分，将其放入鼓风干燥箱中于 70℃ 干燥 12h，经研磨后即可得到 $K_{0.25}V_2O_5$ 前驱体混合物粉末。将前驱体粉末在空气中以 2℃·$min^{-1}$ 的升温速率加热到 550℃ 并保温 6h，收集所得产物，标记为 KVO-S。

## 6.9.2  结果与分析讨论

### 6.9.2.1  结构表征与讨论

通过水热法与溶胶-凝胶法分别获得了三维多孔微米球和纳米棒形貌的 $K_{0.25}V_2O_5$。图 6-61(a) 给出了合成样品的 XRD 图谱，所制备的两种产物均具有明显的 XRD 衍射峰，表明了样品的结晶度良好。其主要衍射峰都与 $K_{0.25}V_2O_5$ 标准卡片（空间群 $A2/m$，JCPDS 卡片号 39-0889）吻合良好，且没有检测到其他杂相的衍射峰，比如 $V_2O_5$、$VO_2$、$KVO_3$，说明两种方法制得的产物均为纯相。从图中还可以看出最强衍射峰是（002）晶面，表明晶体沿（002）面择优取向生长。单斜 $K_{0.25}V_2O_5$ 晶体结构具有典型的 $\beta$-$Na_{0.33}V_2O_5$ 结构，沿 $b$ 轴方向的三维"隧道结构"能够给离子提供一个快速脱/嵌的通道[100]。

图 6-61(b) 给出了 KVO-H 和 KVO-S 的拉曼光谱。由图可见，在 $100\sim1100\,\mathrm{cm}^{-1}$ 范围内均具有 12 个特征峰，分别位于 $108\,\mathrm{cm}^{-1}$、$149\,\mathrm{cm}^{-1}$、$201\,\mathrm{cm}^{-1}$、$258\,\mathrm{cm}^{-1}$、$290\,\mathrm{cm}^{-1}$、$332\,\mathrm{cm}^{-1}$、$410\,\mathrm{cm}^{-1}$、$501\,\mathrm{cm}^{-1}$、$701\,\mathrm{cm}^{-1}$、$786\,\mathrm{cm}^{-1}$、$883\,\mathrm{cm}^{-1}$ 和 $1000\,\mathrm{cm}^{-1}$。低于 $400\,\mathrm{cm}^{-1}$ 的特征峰源于键的弯曲振动，高频区的特征峰则是由于 O—V—O 键和 V—O—V 键的弯曲振动以及 V—O 键的价电子振动。

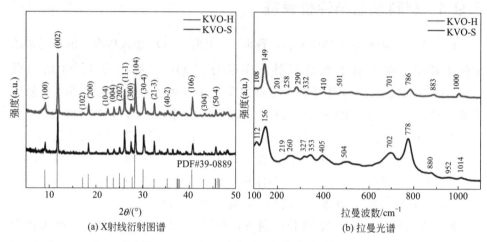

图 6-61　KVO-H 和 KVO-S 的结构表征

用 X 射线光电子能谱对 KVO-H 样品的化学成分和钒元素的价态进行分析，其全谱信息如图 6-62(a) 所示。从图中可以看出，该样品中含有 K、V、O、C 四种元素，没有其他杂质元素的存在。三个位于电子结合能为 292.5eV、531.4eV 和 517.1eV 处的主峰分别代表 K 2p、O 1s 和 V 2p 轨道，C 可能来源于炭导电胶。图 6-62(b) 是 V 2p 谱，从图中可以看出，通过分峰，可以分出两种价态的钒元素，

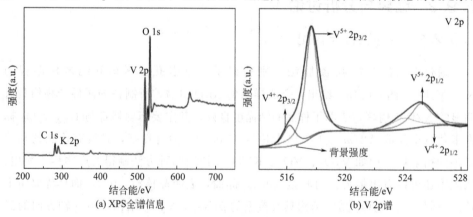

图 6-62　KVO-H 样品的价态分析

V $2p_{3/2}$ 和 V $2p_{1/2}$ 的电子结合能分别为 517.1eV 和 525.2eV。电子结合能在 517.1eV 和 525.2eV 处分别为 V 的 $2p_{3/2}$ 和 $2p_{1/2}$，这与 $V^{5+}$ 的结合能一致，而少量位于 516.2eV 和 523.8eV 处的特征峰则表明该样品中有少量 +4 价的 V。

图 6-63(a)、(b) 给出了合成的 KVO-H 样品不同倍数下的 SEM 图像。从图中可以看出，该样品具有分散性良好且形状均匀的三维微米球形貌，球体半径大约为 1~2μm。高倍 SEM 图像显示微米球表面是由光滑且层层堆叠的厚度为

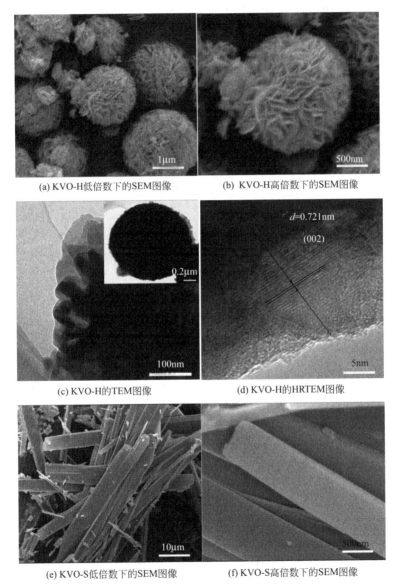

(a) KVO-H低倍数下的SEM图像　　　　(b) KVO-H高倍数下的SEM图像

(c) KVO-H的TEM图像　　　　(d) KVO-H的HRTEM图像

(e) KVO-S低倍数下的SEM图像　　　　(f) KVO-S高倍数下的SEM图像

图 6-63　KVO-H 样品和 KVO-S 样品的形貌和微观结构表征

20～30nm 的纳米片组成的，如图 6-63(b) 所示。TEM 图像对 KVO-H 三维微米球的结构进行了进一步的表征，如图 6-63(c)、(d) 所示。TEM 图像进一步表明微球表层是由大量纳米片组成的，而且具有很高的孔隙率。图 6-63(d) 是微米球的 HRTEM 图像。由图可以清楚地看到晶格条纹，通过精确计算得到条纹间距为 7.21Å，这与单斜晶体结构的 $K_{0.25}V_2O_5$ 相（JCPDS 卡片号 39-0889）的 (002) 晶面间距一致。研究表明，微米球结构具有较大的比表面积，有利于活性物质和电解液的充分接触，增大电化学反应界面，便于 $Li^+$ 的嵌入和脱出，有利于提高其电化学性能[101,102]。而 KVO-S 样品则由大量纳米棒堆叠而成，如图 6-63(e)、(f) 所示。

### 6.9.2.2　电化学性能与讨论

图 6-64(a)、(b) 分别为 KVO-H 电极和 KVO-S 电极在 1.5～4.0V 电压范围内，扫描速率为 $0.1mV \cdot s^{-1}$ 条件下前三圈的循环伏安曲线图，两个样品的

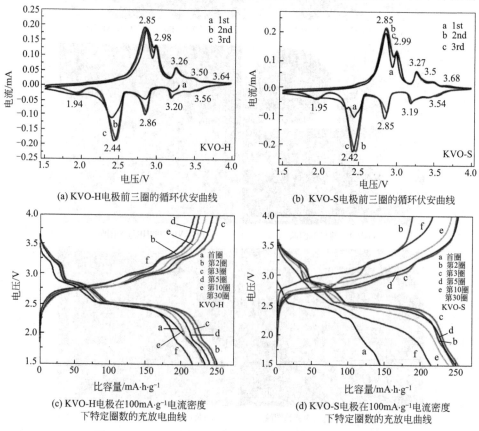

(a) KVO-H电极前三圈的循环伏安曲线　　(b) KVO-S电极前三圈的循环伏安曲线

(c) KVO-H电极在100mA·g⁻¹电流密度
下特定圈数的充放电曲线

(d) KVO-S电极在100mA·g⁻¹电流密度
下特定圈数的充放电曲线

图 6-64　KVO-H 电极和 KVO-S 电极的电化学性能表征

循环伏安曲线均可以形成一个闭合的回路，表明 KVO-H 和 KVO-S 作为锂离子电池的正极时都具有良好的可逆性。从 KVO-H 的首圈 CV 曲线中可以看出，在 3.56V、3.20V、2.86V、2.44V、1.94V 处都有很强的阴极峰，这对应 $Li^+$ 的多步嵌入过程，而位于 2.85V、2.98V、3.26V、3.50V、3.64V 的五个阳极氧化峰则对应着 $Li^+$ 的脱出过程。其中，位于 3.56V 的峰对应于 $K^+$ 被还原成金属 $K^0$，位于 3.20V 和 2.86V 两处的峰则归因于 $V^{5+}$ 被还原成 $V^{4+}$，2.44V 处的峰主要是由于 $V^{4+}$ 被还原成 $V^{3+}$，而处于 1.94V 处的峰则对应着 $V^{4+}$ 被进一步还原成 $V^{3+}$。KVO-S 正极也表现出了相似的循环伏安曲线。

从 CV 图中可以看出，第二、三圈的曲线与第一圈的非常接近，表明 $K_{0.25}V_2O_5$ 电极的电化学可逆性非常好。图 6-64(c)、(d) 分别为 KVO-H 和 KVO-S 电极在电流密度为 $100mA \cdot g^{-1}$，电压范围为 1.5~4.0V 的条件下选定的特定循环下的充放电曲线。在该电流密度下，KVO-H 电极的第 1、2、3、5、10、30 圈分别表现出了 $231.7mA \cdot h \cdot g^{-1}$、$249.1mA \cdot h \cdot g^{-1}$、$245.9mA \cdot h \cdot g^{-1}$、$238.6mA \cdot h \cdot g^{-1}$、$229.5mA \cdot h \cdot g^{-1}$、$214.7mA \cdot h \cdot g^{-1}$ 的可逆比容量，与之对比的 KVO-S 电极的放电比容量分别为 $141.3mA \cdot h \cdot g^{-1}$、$242.7mA \cdot h \cdot g^{-1}$、$249.2mA \cdot h \cdot g^{-1}$、$246mA \cdot h \cdot g^{-1}$、$236.7mA \cdot h \cdot g^{-1}$、$211.3mA \cdot h \cdot g^{-1}$。不仅如此，充放电曲线表明该正极存在四个明显的放电平台，分别位于 3.2V、2.9V、2.5V 和 2.0V 处，进一步充分证明了在单斜结构的 $K_{0.25}V_2O_5$ 电极中 $Li^+$ 的嵌入是复杂多步的。KVO-H 电极的不同圈数的充放电曲线没有表现出很大的变化，这一结果表明该电极在充放电过程中 $Li^+$ 的嵌入和脱出过程可逆性表现非常好。

图 6-65(a) 显示了 KVO-H 电极和 KVO-S 电极在电流密度为 $300mA \cdot g^{-1}$ 条件下的循环性能和库仑效率。KVO-H 电极在第 8 圈时达到 $215mA \cdot h \cdot g^{-1}$ 的最大放电比容量，随后缓慢衰减，在循环 100 圈之后仍然能够达到 $196mA \cdot h \cdot g^{-1}$ 的比容量，基于最大放电比容量的容量保持率达到了 91.2%。不仅如此，从图中可以看出整个循环过程中库仑效率都在 99% 以上，表明 KVO-H 电极的可逆性良好，这种优异的电化学性能归因于其独特的三维球体结构以及良好的结构稳定性。与之相比，KVO-S 电极的最大放电比容量为 $199.5mA \cdot h \cdot g^{-1}$，循环 100 圈之后，其容量保持率也能达到 87.8%。这两种材料在充放电初始阶段比容量都出现了逐渐增加的趋势，这种趋势的原因一方面可能是由于电极的活化过程，另一方面则是由于电极电解液和活性物质的润湿[87,103-105]。

图 6-65(c) 给出了 KVO-H 电极和 KVO-S 电极的长循环性能图。KVO-H 电极的初始放电比容量能够达到将近 $190mA \cdot h \cdot g^{-1}$，循环 400 圈之后其仍能保持 $140mA \cdot h \cdot g^{-1}$ 的放电比容量，基于初始放电比容量的容量保持率为 73.7%，

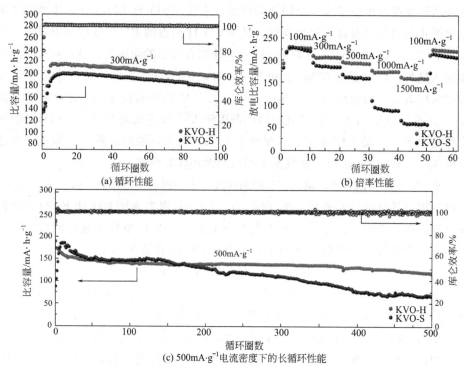

图 6-65　KVO-H 电极和 KVO-S 电极在 $300mA \cdot g^{-1}$ 电流密度下的电化学性能表征

500 圈之后，该电极的放电比容量为 $120mA \cdot h \cdot g^{-1}$，库仑效率保持在 99％以上，这表明该电极在高电流密度下具有良好的循环性能。与之对照的 KVO-S 纳米棒电极则在长循环过程中容量衰减程度比较大。

图 6-65(b) 显示了 KVO-H 电极和 KVO-S 电极在不同电流密度下的循环性能，KVO-H 电极在 $100mA \cdot g^{-1}$、$300mA \cdot g^{-1}$、$500mA \cdot g^{-1}$、$1000mA \cdot g^{-1}$ 电流密度下的放电比容量分别为 $226mA \cdot h \cdot g^{-1}$、$207.9mA \cdot h \cdot g^{-1}$、$194.6mA \cdot h \cdot g^{-1}$、$175.5mA \cdot h \cdot g^{-1}$。在 $1500mA \cdot g^{-1}$ 电流密度下，该电极的放电比容量仍然能达到 $161.2mA \cdot h \cdot g^{-1}$，当测试电流密度恢复到初始的 $100mA \cdot g^{-1}$ 时，KVO-H 电极的放电比容量可恢复到 $222.2mA \cdot h \cdot g^{-1}$，容量恢复率达到了 98.3％，上述数据表明了 KVO-H 电极具有优异的倍率性能。而 KVO-S 在低倍率下表现出较高的放电比容量，随着电流密度的增加，其容量衰减迅速，在 $500mA \cdot g^{-1}$、$1000mA \cdot g^{-1}$、$1500mA \cdot g^{-1}$ 的电流密度下该电极仅表现出 $166.7mA \cdot h \cdot g^{-1}$、$108.9mA \cdot h \cdot g^{-1}$、$64.6mA \cdot h \cdot g^{-1}$ 的放电比容量。相比于先前报道过的 $NaV_6O_{15}$、$KV_3O_8$、$K_{0.5}V_2O_5$、$K_{0.25}V_2O_5$、$Ag_{1.2}V_3O_8$、$Na_{0.95}V_3O_8$ 正极，KVO-H 电极显示出了理想的倍率性能与稳定性。

图 6-66 给出了 KVO-H 和 KVO-S 在不同扫描速率下的循环伏安测试结果。随着扫描速率的增大，氧化峰和还原峰逐渐变宽，而且小峰之间的分离处几乎都在同一位置，说明了高扫描速率下极化率最小。图 6-66(b)、图 6-66(e) 分别为 KVO-H 电极材料和 KVO-S 电极材料的 $\lg(i)$-$\lg(v)$ 曲线，经过计算，KVO-H 电极材料 CV 图中标出的三个还原峰 1、2、3 对应的 $b$ 值分别为 0.6334、0.7133 和 0.8522，这一数据结果表明该电极氧化还原反应由扩散过程和表面还原反应引起的赝电容过程共同控制，尤其是在位于 3.2V 处的还原峰，赝电容的贡献所占的比重有明显的增加，这使得 $K_{0.25}V_2O_5$ 三维微米球在高电流密度下仍然具有优异的电化学性能。图 6-66(c)、图 6-66(f) 分别为在扫描速率为 $0.2mV \cdot s^{-1}$ 条件下 KVO-H 和 KVO-S 电极反应中赝电容过程贡献占比图，图中阴影部分为赝电容过程部分，实线构成的封闭图形则代表整个电极反应。由图中数据可知，

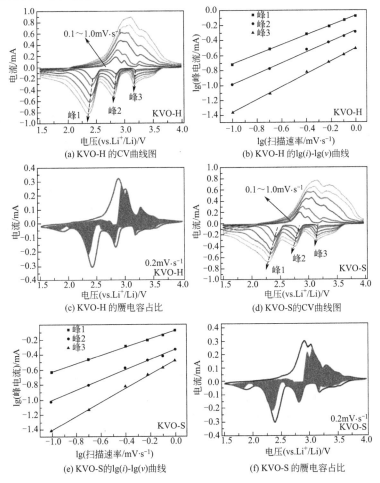

(a) KVO-H 的CV曲线图
(b) KVO-H 的lg($i$)-lg($v$)曲线
(c) KVO-H 的赝电容占比
(d) KVO-S的CV曲线图
(e) KVO-S的lg($i$)-lg($v$)曲线
(f) KVO-S 的赝电容占比

图 6-66　KVO-H 和 KVO-S 在不同扫描速率下的 CV 曲线和动力学分析

KVO-H 电极的赝电容贡献占比为 65.6%，要大于 KVO-S 电极（61.9%），进一步说明 KVO-H 电极材料电化学性能优于 KVO-S 电极材料。KVO-H 电极中赝电容行为高贡献占比的原因可能是由于相互连接的纳米片组成的三维微米球拥有更大的比表面积，这给 $Li^+$ 电化学嵌入和脱嵌过程提供了充足的活性区域和间隙位置。

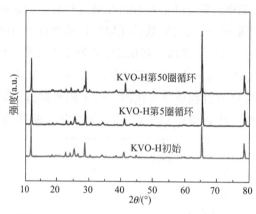

图 6-67　KVO-H 电极循环前后的 XRD 图谱

图 6-67 给出了 KVO-H 电极在循环前、循环 5 圈、循环 50 圈后的非原位 XRD 图谱。从图中可以看到，除了位于 $2\theta = 65.133°$ 和 78.227°处的两个铝相（JCPDS 卡片号 04-0787）的衍射峰，其他衍射峰都与单斜晶系的 $K_{0.25}V_2O_5$ 相（JCPDS 卡片号 39-0889）一致。电极循环前后的衍射图谱基本相同，说明 $K_{0.25}V_2O_5$ 分层微米球电极材料在充放电过程中能够保持良好的结构稳定性，因此该电极材料才具有良好的电化学循环性能。

电化学阻抗图谱如图 6-68 所示，图中插图为交流阻抗的模拟等效电路图。其中 $R_1$ 为电池元件中电解质电阻与欧姆电阻的总和，$R_2$ 为固体电解质界面膜（SEI）的阻抗，$R_3$ 则代表电极中电化学反应过程中电荷转移的阻抗。$CPE_1$、$CPE_2$ 和 $W_1$ 分别代表膜电容、双电层电容和扩散阻抗。经过等效电路模拟，KVO-H 电极的电荷转移阻抗 $R_3$ 为 274.1Ω，这比 KVO-S 电极的电荷转移阻抗

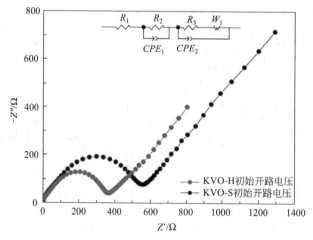

图 6-68　KVO-H 电极和 KVO-S 电极循环前的交流阻抗图谱

（519.5Ω）要低得多，这一结果表明 KVO-H 电极具有较高的电导率，较 KVO-S 电极来说电化学反应动力学更快。

综上所述，本节通过简单水热法与后续高温煅烧相结合的实验方案合成了表面由层层堆叠的纳米片组成的三维 $K_{0.25}V_2O_5$ 微米球，这种特殊的球状结构一方面可以缩短 $Li^+$ 脱/嵌过程中的扩散距离，另一方面由于具有很高的比表面积，能够增大电极与电解液的接触面积，这使得该材料在作为锂离子电池正极材料时具有能量密度高、倍率性能优秀、循环寿命长等优点。同时，采用溶胶-凝胶法合成的具有纳米棒形貌的 $K_{0.25}V_2O_5$ 正极的电化学性能也进行了测试，以与 KVO-H 材料进行对比。研究发现，KVO-H 这种新颖特殊的球状结构具有良好的储锂性能，具体表现在以下三个方面：①100mA·$g^{-1}$ 的电流密度下能够达到 249mA·h·$g^{-1}$ 的初始比容量；②循环稳定性能良好，500mA·$g^{-1}$ 的电流密度下循环 500 圈之后仍然具有 120mA·h·$g^{-1}$ 的放电比容量；③倍率性能优良，在 1.5A·$g^{-1}$ 的电流密度下能够达到 161.2mA·h·$g^{-1}$ 的放电比容量。

# 参考文献

[1] Wang C，Li H，Zhang X，et al. Atomic-Layered $\alpha$-$V_2O_5$ Nanosheets Obtained via Fast Gas-Driven Exfoliation for Superior Aerobic Oxidative Desulfurization [J]. Energy & Fuels，2020，34（2）：2612-2616.

[2] Yue Y，Liang H. Micro- and Nano-Structured Vanadium Pentoxide（$V_2O_5$）for Electrodes of Lithium-Ion Batteries [J]. Advanced Energy Materials，2017，7（17）：1602545.

[3] Enjalbert R，Galy J. A Refinement of the Structure of $V_2O_5$ [J]. Acta Crystallographica Section C Crystal Structure Communications，1986，42（11）：1467-1469.

[4] Mai L，Hu B，Chen W，et al. Lithiated $MoO_3$ Nanobelts with Greatly Improved Performance for Lithium Batteries [J]. Advanced Materials，2007，19（21）：3712-3716.

[5] Tsumura T，Inagaki M. Lithium Insertion/Extraction Reaction on Crystalline $MoO_3$ [J]. Solid State Ionics，1997，104（3）：183-189.

[6] Pan A，Liu J，Liang S，et al. Template Free Synthesis of $LiV_3O_8$ Nanorods as a Cathode Material for High-Rate Secondary Lithium Batteries [J]. Journal of Materials Chemistry，2011，21（4）：1153-1161.

[7] Shi Q，Hu R，Zhu M，et al. High-capacity $LiV_3O_8$ Thin-film Cathode with a Mixed Amorphous-nanocrystalline Microstructure Prepared by RF Magnetron Sputtering [J]. Electrochemistry Communications，2009，11（11）：2169-2172.

[8] Feng Y，Hou F，Li Y. A New Low-temperature Synthesis and Electrochemcial Properties of $LiV_3O_8$ Hydrate as Cathode Material for Lithium-ion Batteries [J]. Journal of Power Sources，2009，192（2）：708-713.

[9] Wadsley A. Crystal Chemistry of Non-stoichiometric Pentavalent Vanadium Oxides：Crystal Structure of $Li_{1+x}V_3O_8$ [J]. Acta Crystallographica，1957，10（4）：261-267.

[10] Sakunthala A，Reddy M，Selvasekarapandian S，et al. Preparation，Characterization，

and Electrochemical Performance of Lithium Trivanadate Rods by a Surfactant-Assisted Polymer Precursor Method for Lithium Batteries [J]. Journal of Physical Chemistry C, 2010, 114 (17): 8099-8107.

[11] Severine J, Annie L, Dominique G, et al. Influence of the Morphology on the Li Insertion Properties of $Li_{1.1}V_3O_8$ [J]. Journal of Materials Chemistry, 2003, 13 (4): 921-927.

[12] Sun J, Jiao L, Yuan H, et al. Preparation and Electrochemical Performance of $Ag_xLi_{1-x}V_3O_8$ [J]. Journal of Alloys and Compounds, 2009, 472 (1-2): 363-366.

[13] Ng S, Patey T, Novak P. Flame Spray-pyrolyzed Vanadium Oxide Naoparticles for Lithium Battery Cathodes [J]. Physical Chemistry Chemical Physics, 2009, 11 (19): 3748-3755.

[14] Dresselhaus M, Dresselhaus G, Saito R, et al. Raman Spectroscopy of Carbon Nanotubes [J]. Physics Reports, 2004, 409 (2): 47-99.

[15] Liu F, Cao Z, Wang Z, et al. Ultrathin Diamond-like Carbon Film Coated Silver Nanoparticles-based Substrates for Surface-enhanced Raman Spectroscopy [J]. ACS Nano, 2010, 4 (5): 2643-2648.

[16] Dresselhaus M, Jorio A, Hofmann M, et al. Perspectives on Carbon Nanotubes and Graphene Raman Spectroscopy [J]. Nano Letters, 2010, 10 (3): 751-758.

[17] Yang G, Wang G, Hou W. Microwave Solid-state Synthesis of $LiV_3O_8$ as Cathode Material for Lithium Batteries [J]. Journal of Physical Chemistry B, 2005, 109 (22): 11186-11196.

[18] Liu H, Wang Y, Zhou H, et al. Synthesis and Electrochemical Properties of Single-crystalline $LiV_3O_8$ Nanorods as Cathode Materials for Rechargeable Lithium Batteries [J]. Journal of Power Sources, 2009, 192 (2): 668-673.

[19] Li W, Reimers J, Dahn J. In-situ X-ray-diffraction and Electrochemical Studies of $Li_{1-x}NiO_2$ [J]. Solid state Ionics, 1993, 67 (1-2): 123-130.

[20] Wang G, Zhong S, Bradhurst D, et al. Synthesis and Characterization of $LiNiO_2$ Compounds as Cathodes for Rechargeable Lithium Batteries [J]. Journal of Power Sources, 1998, 76 (2): 141-146.

[21] Zhecheva E, Stoyanova R. Stabilization of the Layered Crystal-Structure of $LiNiO_2$ by Co-Substitution [J]. Solid state Ionics, 1993, 66 (1-2): 143-149.

[22] Xie J, Li J, Zhou Y, et al. Low-temperature Sol-gel Synthesis of $Li_{1.2}V_3O_8$ from $V_2O_5$ Gel [J]. Materials Letter. , 2003, 57 (18): 2682-2687.

[23] Chew S, Feng C, Ng S, et al. Low-temperature Synthesis of Polypyrrole-coated $LiV_3O_8$ Composite with Enhanced Electrochemical Properties [J]. Journal of The Electrochemical Society, 2007, 154 (7): A633-A637.

[24] Tran N, Bramnik K, Hibst H, et al. Spray-drying Synthesis and Electrochemical Performance of Lithium Vanadates as Positive Electrode Materials for Lithium Batteries [J]. Journal of the Electrochemistry Society. , 2008, 155 (5): A384-A389.

[25] Xu J, Zhang H, Zhang T, et al. Influence of Heat-treatment Temperature on Crystal Structure, Morphology and Electrochemical Properties of $LiV_3O_8$ Prepared by Hydrothermal

Reaction [J]. Journal of Alloys and Compounds, 2009, 467 (1-2): 327-331.

[26] West K, Zachau-Christiansen B, Skaarup S, et al. Comparison of LiV$_3$O$_8$ Cathode Materials Prepared by Different Methods [J]. Journal of the Electrochemical Society, 1996, 143 (3): 820-825.

[27] Cao X, Yuan C, Xie L, et al. Low-temperature Synthesis of Cu-doped Li$_{1.2}$V$_3$O$_8$ as Cathode for Reversible Lithium Storage [J]. Ionics, 2010, 16 (1): 39-44.

[28] Cui C, Wu G, Shen J, et al. Synthesis and Electrochemical Performance of Lithium Vanadium Oxide Nanotubes as Cathodes for Rechargeable Lithium-ion Batteries [J]. Electrochimica Acta, 2010, 55 (7): 2536-2541.

[29] Zhorin V, Kiselev M, Puryaeva T, et al. Activation of Thermal Processes in Mixtures of Some Vanadium Compounds with LiOH as a Result of Plastic Deformation under High Pressure [J]. Protection of Metals and Physical Chemistry of Surfaces, 2010, 46 (1): 96-102.

[30] Liu Y, Zhou X, Guo Y. Effects of Reactant Dispersion on the Structure and Electrochemical Performance of Li$_{1.2}$V$_3$O$_8$ [J]. Journal of Power Sources, 2008, 184 (1): 303-307.

[31] Chew S, Feng C, Ng S, et al. Low-temperature Synthesis of Polypyrrole-coated LiV$_3$O$_8$ Composite with Enhanced Electrochemical Properties [J]. Journal of the Electrochemical Society, 2007, 154 (7): A633.

[32] Yang G, Wang G, Hou W. Microwave Solid-state Synthesis of LiV$_3$O$_8$ as Cathode Material for Lithium Batteries [J]. Journal of Physical Chemistry B, 2005, 109 (22): 11186-11196.

[33] Xu J, Zhang H, Zhang T, et al. Influence of Heat-treatment Temperature on Crystal Structrure, Morphology and Electrochmical Properties of LiV$_3$O$_8$ Prepared by Hydrothermal Reaction [J]. Journal of Alloys and Compounds, 2009, 467 (1-2): 327-331.

[34] Picciotto L, Adendorff K, Thackeray M, et al. Structural Characterization of Li$_{1+x}$V$_3$O$_8$ Insertion Electrodes by Single-crystal X-ray Diffraction [J]. Solid State Ionics, 1957, 1993 (62): 297-307.

[35] Kawakita J, Miura T, Kishi T. Lithium Insertion and Extraction Kinetics of Li$_{1+x}$V$_3$O$_8$ [J]. Journal of Power Sources, 1999, 83 (1-2): 79-83.

[36] Jouannneau S, Salle A, Guyomard D, et al. Influence of the Morhpology on the Li Insertion Properties of Li$_{1.1}$V$_3$O$_8$ [J]. Journal of Materials Chemistry, 2003, 13 (4): 921-927.

[37] Jouannneau S, Salle A, Guyomard D, et al. The Origin of Capacity Fading upon Lithium Cycling in Li$_{1.1}$V$_3$O$_8$ [J]. Journal of Electrochemical Society, 2005, 152 (8): A1660.

[38] Brezesinski T, Tolbert S, Dunn B. Ordered Mesoporous $\alpha$-MoO$_3$ with Iso-oriented Nanocrystalline Walls for Thin-film Pseudocapacitors [J]. Nature Materials, 2010, 2010 (9): 146-151.

[39] Pan A, Liang S, Liu J. Facile Synthesized Nanorod Structured Vanaidum Pentoxide for High-rate Lithium Batteries [J]. Journal of Materials Chemistry, 2010, 20 (41): 9193-9199.

[40] Xiong X, Wang Z, Li X, et al. Study on Ultrafast Synthesis of LiV$_3$O$_8$ Cathode Material for Lithium-ion Batteries [J]. Materials Letters, 2012, 76: 8-10.

[41] Pan A, Liang S, Liu J, et al. Nanosheet-structured LiV$_3$O$_8$ with High Capacity and Excellent Stability for High Energy Lithium Batteries [J]. Journal of Materials Chemistry, 2011, 21 (27): 10077.

[42] Xu X, Luo Y, Mai L, et al. Topotactically Synthesized Ultralong LiV$_3$O$_8$ Nanowire Cathode Materials for High-rate and Long-life Rechargeable Lithium Batteries [J]. NPG Asia Materials, 2012, 4 (6): e20.

[43] Pan A, Liu J, Liang S, et al. Template Free Synthesis of LiV$_3$O$_8$ Nanorods as a Cathode Material for High-rate Secondary Lithium Batteries [J]. Journal of Materials Chemistry, 2011, 21 (4): 1153.

[44] Si Y, Li H, Yuan H, et al. Structural and Electrochemical Properties of LiV$_3$O$_8$ Prepared by Combustion Synthesis [J]. Journal of Alloys and Compounds, 2009, 486 (1-2): 400-405.

[45] Liu H, Wang Y, Zhou H, et al. Synthesis and Electrochemical Properties of Single-crystalline LiV$_3$O$_8$ Nanorods as Cathode Materials for Rechargeable Lithium Batteries [J]. Journal of Power Sources, 2009, 192 (2): 668-673.

[46] Idris N, Rahman M, Wang J, et al. Synthesis and Electrochemical Performance of LiV$_3$O$_8$/carbon Nanosheet Composite as Cathode Material for Lithium-ion Batteries [J]. Composites Science and Technology, 2011, 71 (3): 343-349.

[47] Liu L, Jiao L, Yuan H, et al. Electrochemical Properties of Submicron-sized LiV$_3$O$_8$ Synthesized by a Low-temperature Reaction Route [J]. Journal of Alloys and Compounds, 2009, 471 (1-2): 352-356.

[48] Wang D, Cao L, Huang J, et al. Synthesis and Electrochemical Properties of Submicron Sized Sheet-like LiV$_3$O$_8$ Crystallites for Lithium Secondary Batteries [J]. Materials Letters, 2012, 71: 48-50.

[49] Yoon S, Jo C, Noh S, et al. Development of a High-performance Anode for Lithium Ion Batteries Using Novel Ordered Mesoporous Tungsten Oxide Materials with High Electrical Conductivity [J]. Physical Chemistry Chemical Physics, 2011, 13 (23): 11060-11066.

[50] Liu Z, Zhang N, Sun K, et al. Highly Dispersed Ag Nanoparticles (<10nm) Deposited on Nanocrystalline Li$_4$Ti$_5$O$_{12}$ Demonstrating High-rate charge/discharge Capability for Lithium-ion Battery [J]. Journal of Power Sources, 2012, 205: 479-482.

[51] Liang S, Zhou J, Pan A, et al. Facile Synthesis of Ag/AgVO$_3$ Hybrid Nanorods with Enhanced Electrochemical Performance as Cathode Material for Lithium Batteries [J]. Journal of Power Sources, 2013, 228: 178-184.

[52] Feng Y, Hou F, Li Y. A New Low-temperature Synthesis and Electrochemical Properties of LiV$_3$O$_8$ Hydrate as Cathode Material for Lithium-ion Batteries [J]. Journal of Power Sources, 2009, 192 (2): 708-713.

[53] Sun J, Peng W, Jiao L, et al. Electrochemical Properties of Facile Emulsified LiV$_3$O$_8$ Materials [J]. Materials Chemistry and Physics, 2010, 124 (1): 248-251.

[54] Liu Y, Zhou X, Guo Y. Effects of Fluorine Doping on the Electrochemical Properties of $LiV_3O_8$ Cathode Material [J]. Electrochimica Acta, 2009, 54 (11): 3184-3190.

[55] Qiao Y, Tu J, Wang X, et al. Self-Assembled Synthesis of Hierarchical Waferlike Porous Li-V-O Composites as Cathode Materials for Lithium Ion Batteries [J]. The Journal of Physical Chemistry C, 2011, 115 (51): 25508-25518.

[56] Delmas C, Brèthes S, Ménétrier M. $\omega$-$Li_xV_2O_5$——A new Electrode Material for Rechargeable Lithium Batteries [J]. Journal of Power Sources, 1991, 34 (2): 113-118.

[57] Onoda M, Arai R. The Spin-gap State and the Linear-chain State in $\delta$-phase $Ag_xV_2O_5$ with a Double-layered Structure [J]. Journal of Physics: Condensed Matter, 2001, 13 (46): 10399-10416.

[58] Tan Q, Pan A, Liang S, et al. Template-free Synthesis of $\beta$-$Na_{0.33}V_2O_5$ Microspheres as Cathode Materials for Lithium-ion Batteries [J]. CrystEngComm, 2015, 17 (26): 4774-4780.

[59] Liang S, Zhou J, Fang G, et al. Synthesis of Mesoporous $\beta$-$Na_{0.33}V_2O_5$ with Enhanced Electrochemical Performance for Lithium Ion Batteries [J]. Electrochimica Acta, 2014, 130: 119-126.

[60] Xu J, Hu Y, Wu X, et al. Improvement of Cycle Stability for High-voltage Lithium-ion Batteries by In-situ Growth of SEI Film on Cathode [J]. Nano Energy, 2014, 5: 67-73.

[61] Buqa H, Würsig A, Vetter J, et al. SEI Film Formation on Highly Crystalline Graphitic Materials in Lithium-ion Batteries [J]. Journal of Power Sources, 2006, 153 (2): 385-390.

[62] Kim M, Ryu J, Lim Y, et al. Langmuir-Blodgett Artificial Solid-electrolyte Interphases for Practical Lithium Metal Batteries [J]. Nature Energy, 2018, 3 (10): 889-898.

[63] Ouyang C, Wang D, Shi S, et al. First Principles Study on $Na_xLi_{1-x}FePO_4$ As Cathode Material for Rechargeable Lithium Batteries [J]. Chinese Physics Letters, 2006, 23 (1): 61-64.

[64] Wu S, Zhu Z, Yang Y, et al. Structural Stabilities, Electronic Structures and Lithium Deintercalation in $Li_xMSiO_4$ (M=Mn, Fe, Co, Ni): A GGA and GGA+U Study [J]. Computational Materials Science, 2009, 44 (4): 1243-1251.

[65] Monkhorst H, Pack J. Special Points for Brillouin-zone Integrations [J]. Physical Review B, 1976, 13 (12): 5188-5192.

[66] Wang H, Liu S, Tang A, et al. Ultrathin $Na_{1.08}V_3O_8$ Nanosheets——a Novel Cathode Material with Superior Rate Capability and Cycling Stability for Li-ion Batteries [J]. Energy & Environmental Science, 2012, 5 (3): 6173.

[67] Wang H, Wang W, Huang K, et al. A New Cathode Material $Na_2V_6O_{16} \cdot xH_2O$ Nanowire for Lithium Ion Battery [J]. Journal of Power Sources, 2012, 199: 263-269.

[68] Xu Y, Han X, Xie Y, et al. Pillar Effect on Cyclability Enhancement for Aqueous Lithium Ion Batteries: a New Material of $\beta$-vanadium bronze $M_{0.33}V_2O_5$ (M = Ag, Na) Nanowires [J]. Journal of Materials Chemistry, 2011, 21 (38): 14466.

[69] Liu H, Wang Y, Zhou H, et al. Facile Synthesis of $NaV_6O_{15}$ Nanorods and Its Electrochemical Behavior as Cathode Material in Rechargeable Lithium Batteries [J]. Journal of Materials

Chemistry, 2009, 19 (42): 7885-7891.

[70] Baddour-Hadjean R, Bach S, Emery N, et al. The Peculiar Structural Behaviour of $\beta$-$Na_{0.33}V_2O_5$ upon Electrochemical Lithium Insertion [J]. Journal of Materials Chemistry, 2011, 21 (30): 11296.

[71] Nagaraju G, Chandrappa G. Solution Phase Synthesis of $Na_{0.28}V_2O_5$ Nanobelts into Nanorings and the Electrochemical Performance in Li Battery [J]. Materials Research Bulletin, 2012, 47 (11): 3216-3223.

[72] Nagaraju G, Sarkar S, Dupont J, et al. $Na_{0.33}V_2O_5 \cdot 1.5H_2O$ Nanorings/nanorods and $Na_{0.33}V_2O_5 \cdot 1.5H_2O$/RGO Composite Fabricated by a Facile One Pot Synthesis and Its Lithium Storage Behavior [J]. Solid State Ionics, 2012, 227: 30-38.

[73] Khoo E, Wang J, Ma J, et al. Electrochemical Energy Storage in a $\beta$-$Na_{0.33}V_2O_5$ Nanobelt Network and Its Application for Supercapacitors [J]. Journal of Materials Chemistry, 2010, 20 (38): 8368.

[74] Fang G, Zhou J, Liang S, et al. Metal-organic Framework-templated Two-dimensional Hybrid Bimetallic Metal Oxides with Enhanced Lithium/sodium Storage Capability [J]. Journal of Materials Chemistry A, 2017, 5 (27): 13983-13993.

[75] Sarkar S, Banda H, Mitra S. High Capacity Lithium-ion Battery Cathode Using $LiV_3O_8$ Nanorods [J]. Electrochimica Acta, 2013, 99: 242-252.

[76] Huang C, Chen D, Guo Y, et al. Sol-gel Synthesis of $Li_3V_2(PO_4)_3$/C Cathode Materials with High Electrical Conductivity [J]. Electrochimica Acta, 2013, 100: 1-9.

[77] Zhou X, Wu G, Gao G, et al. The Synthesis, Characterization and Electrochemical Properties of Multi-Wall Carbon Nanotube-induced Vanadium Oxide Nanosheet Composite as a Novel Cathode Material for Lithium Ion Batteries [J]. Electrochimica Acta, 2012, 74: 32-38.

[78] Zhai T, Li H, Fang X, et al. Centimeter-long $V_2O_5$ Nanowires: from Synthesis to Field-emission, Electrochemical, Electrical Transport, and Photoconductive Properties [J]. Advanced Materials, 2010, 22 (23): 2547-2552.

[79] Wang H, Huang K, Huang C, et al. $(NH_4)_{0.5}V_2O_5$ Nanobelt with good cycling Stability as Cathode Material for Li-ion Battery [J]. Journal of Power Sources, 2011, 196 (13): 5645-5650.

[80] Wang H, Huang K, Liu S, et al. Electrochemical Property of $NH_4V_3O_8 \cdot 0.2H_2O$ Flakes Prepared by Surfactant Assisted Hydrothermal Method [J]. Journal of Power Sources, 2011, 196 (2): 788-792.

[81] Liu H, Wang Y, Zhou H, et al. Facile Synthesis of $NaV_6O_{15}$ Nanorods and Its Electrochemical Behavior as Cathode Material in Rechargeable Lithium Batteries [J]. Journal of Materials Chemistry, 2009, 19 (42): 7885.

[82] Baddour-Hadjean R, Bach S, Pereira-Ramos J, et al. The Peculiar Structural Behaviour of $\beta$-$Na_{0.33}V_2O_5$ upon Electrochemical Lithium Insertion [J]. Journal of Materials Chemistry, 2011, 21 (30): 11296.

[83] Liang S, Zhou J, Fang G, et al. Ultrathin $Na_{1.1}V_3O_{7.9}$ Nanobelts with Superior Performance as Cathode Materials for Lithium-ion Batteries [J]. ACS Applied Materials &

Interfaces，2013，5（17）：8704-8709.

[84] Liang S，Chen T，Pan A，et al. Synthesis of $Na_{1.25}V_3O_8$ Nanobelts with Excellent Long-term Stability for Rechargeable Lithium-ion Batteries [J]. ACS Applied Materials & Interfaces，2013，5（22）：11913-11917.

[85] Pan A，Zhou J，Liang S，et al. Nanosheet-structured $LiV_3O_8$ with High Capacity and Excellent Stability for High Energy Lithium Batteries [J]. Journal of Materials Chemistry，2011，21（27）：10077.

[86] Liang L，Liu H，Yang W. Synthesis and Characterization of Self-bridged Silver Vanadium Oxide/CNTs Composite and Its Enhanced Lithium Storage Performance [J]. Nanoscale，2013，5（3）：1026-1033.

[87] Fang G，Zhou J，Liang S，et al. Facile Synthesis of Potassium Vanadate Cathode Material with Superior Cycling Stability for Lithium Ion Batteries [J]. Journal of Power Sources，2015，275：694-701.

[88] Liang S，Chen T，Pan A，et al. Facile Synthesis of Belt-like $Ag_{1.2}V_3O_8$ with Excellent Stability for Rechargeable Lithium Batteries [J]. Journal of Power Sources，2013，233：304-308.

[89] Li D，Sasaki Y，Sato Y，et al. Morphological，Structural，and Electrochemical Characteristics of $LiNi_{0.5}Mn_{0.4}M_{0.1}O_2$（M＝Li，Mg，Co，Al）[J]. Journal of Power Sources，2006，157（1）：488-493.

[90] Cui P，Liang Y，Zhan D，et al. Synthesis and Characterization of $NiV_3O_8$ Powder as Cathode Material for Lithium-ion Batteries [J]. Electrochimica Acta，2014，148：261-265.

[91] Wu Y，Zhu P，Peng S，et al. Highly Improved Rechargeable Stability for Lithium/silver Vanadium Oxide Battery Induced Viaelectrospinning Technique [J]. Journal of Materials Chemistry A，2013，1（3）：852-859.

[92] Mai L，Xu X，Han C，et al. Rational Synthesis of Silver Vanadium Oxides/polyaniline Triaxial Nanowires with Enhanced Electrochemical Property [J]. Nano Letter，2011，11（11）：4992-4996.

[93] Zhou J，Pan A，Liang S，et al. The General Synthesis of Ag Nanoparticles Anchored on Silver Vanadium Oxides：Towards High Performance Cathodes for Lithium-ion Batteries [J]. Journal of Materials Chemistry A，2014，2（29）：11029.

[94] Liang L，Xu Y，Lei Y，et al. 1-Dimensional $AgVO_3$ Nanowires Hybrid with 2-dimensional Graphene Nanosheets to Create 3-dimensional Composite Aerogels and Their Improved Electrochemical Properties [J]. Nanoscale，2014，6（7）：3536-3539.

[95] Xu M，Han J，Li G，et al. Synthesis of Novel Book-like $K_{0.23}V_2O_5$ Crystals and Their Electrochemical Behavior in Lithium Batteries [J]. Chemical Communication.，2015，51（83）：15290-15293.

[96] Zhou D，Liu S，Wang H，et al. $Na_2V_6O_{16} \cdot 0.14H_2O$ Nanowires as a Novel Anode Material for Aqueous Rechargeable Lithium Battery with Good Cycling Performance [J]. Journal of Power Sources，2013，227：111-117.

[97] Reddy C，Yeo I，Mho S. Synthesis of Sodium Vanadate Nanosized Materials for Electro-

chemical Applications [J]. Journal of Physics and Chemistry of Solids, 2008, 69 (5-6): 1261-1264.

[98] Fang G, Liang S, Zhou J, et al. Effect of Crystalline Structure on the Electrochemical Properties of $K_{0.25}V_2O_5$ Nanobelt for Fast Li Insertion [J]. Electrochimica Acta, 2016, 218: 199-207.

[99] Zhao Y, Mai L, Song B, et al. Stable Alkali Metal Ion Intercalation Compounds as Optimized Metal Oxide Nanowire Cathodes for Lithium Batteries [J]. Nano Letters, 2015, 15 (3): 2180-2185.

[100] Baddour-Hadjean R, Boudaoud A, Bach S, et al. A Comparative Insight of Potassium Vanadates as Positive Electrode Materials for Li Batteries: Influence of the Long-range and Local Structure [J]. Inorganic Chemistry, 2014, 53 (3): 1764-1772.

[101] Tan Q, Liang S, Pan A, et al. Template-free Synthesis of $\beta$-$Na_{0.33}V_2O_5$ Microspheres as Cathode Materials for Lithium-ion Batteries [J]. CrystEngComm, 2015, 17 (26): 4774-4780.

[102] Hu L, Zhong H, Zheng X, et al. $CoMn_2O_4$ Spinel Hierarchical Microspheres Assembled with Porous Nanosheets as Stable Anodes for Lithium-ion Batteries [J]. Science Report, 2012, 2: 986.

[103] Cao X, Pan A, Liang S, et al. Nanorod-Nanoflake Interconnected $LiMnPO_4 \cdot Li_3V_2$ $(PO_4)_3$/C Composite for High-Rate and Long-Life Lithium-ion Batteries [J]. ACS Applied Materials & Interfaces, 2016, 8 (41): 27632-27641.

[104] Lu Y, Wu J, Liu J, et al. Facile Synthesis of $Na_{0.33}V_2O_5$ Nanosheet-Graphene Hybrids as Ultrahigh Performance Cathode Materials for Lithium Ion Batteries [J]. ACS Applied Materials & Interfaces, 2015, 7 (31): 17433-17440.

[105] Yang K, Liang S, Zhou J, et al. Hydrothermal Synthesis of Sodium Vanadate Nanobelts as High-performance Cathode Materials for Lithium Batteries [J]. Journal of Power Sources, 2016, 325: 383-390.

# 第 7 章

# 铜、银系钒氧化合物纳米新材料

# 7.1
# $Cu_3V_2O_7(OH)_2 \cdot 2H_2O$ 纳米材料

铜系钒氧化合物由于具有较高的理论容量和特殊的物理及化学性能，因此在特殊领域获得了广泛关注[1-4]。例如，$Ag_2V_4O_{11}$已经从1984年开始运用在植入式心脏复律除颤器（ICD）的电极材料中[1,5]。钒酸铜材料与$Ag_2V_4O_{11}$具有相似的电化学性能，其层状结构能在锂的嵌入过程中发生多级反应而具有更高的能量密度[6]。同时，由于铜比银的成本更低，铜基钒酸盐很有可能取代$Ag_2V_4O_{11}$用于ICD中的锂电池正极材料。近年来，学者们用很多新方法合成了不同形貌的铜基钒酸盐，Ma等人[1]用水热法合成了$CuV_2O_6$纳米线，比容量为$514mA \cdot h \cdot g^{-1}$；Zhang等人[7]通过形状控制的策略合成了$Cu_3V_2O_7(OH)_2 \cdot 2H_2O$纳米线、纳米片和纳米颗粒，纳米线的比容量达到$530mA \cdot h \cdot g^{-1}$。

本节将用一种简便的水热法合成$Cu_3V_2O_7(OH)_2 \cdot 2H_2O$纳米颗粒，并测试其材料的结构和电化学性能。

## 7.1.1 材料制备与评价表征

材料水热法制备：将0.25g $NH_4VO_3$粉末加入15mL的去离子水中搅拌，而后加入2mL 30% $H_2O_2$后继续搅拌20min直到形成浅黄色溶液，之后缓慢加入18mL 0.178mol·$L^{-1}$的浅蓝色$Cu(CH_3COO)_2 \cdot H_2O$溶液继续搅拌20min，最后得到黑灰色的溶液。将所得溶液在190℃的电炉中保温2h、12h和24h，分别命名为CVO-1、CVO-2和CVO-3。自然冷却后将离心析出的黄色沉淀洗涤后在60℃干燥整晚即可获得所需样品。

用X射线衍射仪（XRD，Rigaku D/max2500）表征样品的晶体结构。用扫描电镜（SEM，FEI Nova NanoSEM 230）和透射电镜（TEM，JEOL JEM-2100F）表征样品的形貌和微观结构。

将已制备的正极材料、乙炔黑和聚偏氟乙烯（PVDF）粘接剂以7∶2∶1的质量比分散在N-甲基-2-吡咯烷酮（NMP）溶液中制成浆料，然后涂在铝箔上，放置在90℃真空烘箱中约12h烘干。以聚丙烯膜为隔膜，锂金属为负极，将$LiPF_6$溶于碳酸乙烯酯/碳酸二甲酯（EC/DMC，体积比为1∶1）混合溶液中作为电解质溶液（浓度为1mol·$L^{-1}$），在充满超高纯度氩气的手套箱中组装CR2025型扣式电池。在室温中，使用电池测试仪（Land CT 2001A，中国武汉）评估电极的恒电流充放电性能，截止电压为1.5V（相对于$Li^+/Li$）。

## 7.1.2 结果与分析讨论

### 7.1.2.1 结构表征与讨论

运用 X 射线衍射（XRD）技术确定样品 CVO-1、CVO-2 和 CVO-3 的物相和结晶度。图 7-1(a) 是 CVO-1、CVO-2 和 CVO-3 的 XRD 图谱，从图中可以看出制备的材料为纯净的结晶度高的 $Cu_3V_2O_7(OH)_2 \cdot 2H_2O$ ［空间群为 $C2/m$ (12)，JCPDS 46-1443][8]。未检测到任何其他相的峰，说明产品纯度高。产物的衍射峰均较强且较窄，表明结晶度高。但产物的峰强度随反应时间的增加而增加，说明产物结晶度随反应时间的增加而增加。通过 SEM 和 TEM 对制备的 $Cu_3V_2O_7(OH)_2 \cdot 2H_2O$ 材料进行了形貌表征。CVO-1、CVO-2 和 CVO-3 的 SEM 图像如图 7-1(b)～(d) 所示，从图中可以看出随着反应时间延长，颗粒尺寸增大，CVO-1 颗粒最小但是结晶度最差，CVO-3 的结晶度最高但颗粒尺寸最大，有些颗粒直径尺寸达到 $1\mu m$，而 CVO-2 的尺寸在 50～200nm 之间，结晶度很高，同时，颗粒之间分散均匀，很少团聚。图 7-1(f) 为单个颗粒的 HRTEM 图像，可以看出每个颗粒都是一个晶粒，晶面间距为 2.54Å，与 $Cu(CH_3COO)_2 \cdot H_2O$ 的（401）晶面对应。

### 7.1.2.2 电化学性能与讨论

图 7-2(a) 是在 $20mA \cdot g^{-1}$ 电流密度下测试的三个试样的首次放电曲线，从图中可以看出 CVO-2 比其他两种材料的比容量高，这主要是因为该材料具有较小的颗粒尺寸和较高的结晶度。图 7-2(b) 是 CVO-2 在不同电流密度下测试的放电曲线，这些电极的放电曲线与 $Ag_2V_4O_{11}$ 类似，都稍有下降，可以通过测量电压测试其放电状态，有利于应用在 ICD 中[9]。

CVO-2 在 $10mA \cdot g^{-1}$ 下放电时的比容量最高，为 $544mA \cdot h \cdot g^{-1}$，同时也具有最高的倍率性能，在 $20mA \cdot g^{-1}$、$30mA \cdot g^{-1}$、$50mA \cdot g^{-1}$ 和 $100mA \cdot g^{-1}$ 电流密度下放电时的比容量分别为 $503mA \cdot h \cdot g^{-1}$、$475mA \cdot h \cdot g^{-1}$、$458mA \cdot h \cdot g^{-1}$ 和 $429mA \cdot h \cdot g^{-1}$，均高于之前对 ICD 电极用材料的研究，如 $Cu_3V_2O_7(OH)_2 \cdot 2H_2O$ 微球[7]、$Ag_4V_2O_6F_2$[5]、$\beta$-$AgVO_3$ 纳米棒[10]、$Ag_2V_4O_{11}$ 纳米线[11]、$CuV_2O_6$[12]。本实验中由 CVO-2 制备的电极材料测试温度为 14℃，若在 37℃ 条件下测试，该材料将具有更好的电化学性能[8,13]。这种优秀的电化学性能主要是由于材料的纳米颗粒之间分散很均匀，这将缩短 $Li^+$ 的扩散途径，电解液更易渗入[10,14]。

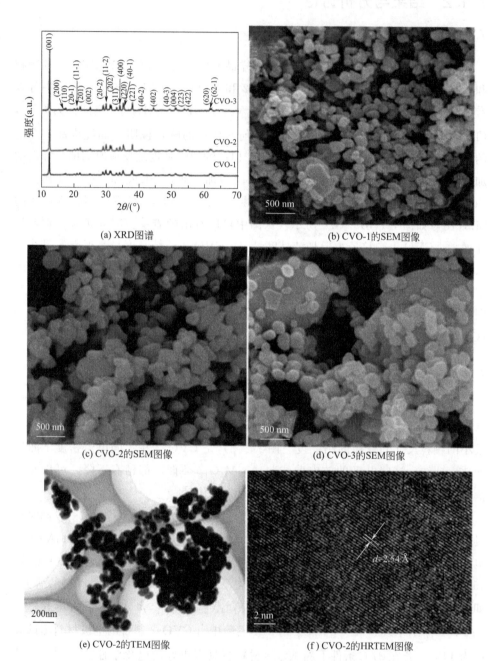

(a) XRD图谱

(b) CVO-1的SEM图像

(c) CVO-2的SEM图像

(d) CVO-3的SEM图像

(e) CVO-2的TEM图像

(f) CVO-2的HRTEM图像

图 7-1　CVO 系列样品的形貌和结构表征

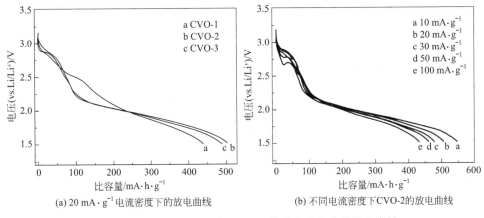

(a) 20 mA·g⁻¹电流密度下的放电曲线     (b) 不同电流密度下CVO-2的放电曲线

图 7-2   CVO-1、CVO-2 和 CVO-3 的首次放电曲线和比容量

综上所述，通过简便的水热法合成了高纯度和结晶度的 $Cu_3V_2O_7(OH)_2 \cdot 2H_2O$ 纳米颗粒，颗粒之间彼此分散均匀，尺寸约在 $50 \sim 200nm$ 之间，电化学测试表明 $Cu_3V_2O_7(OH)_2 \cdot 2H_2O$ 纳米材料具有很高的初始放电比容量和优异的倍率性能，是用于 ICD 的一种理想材料。

# 7.2
# CuVO₃/C 纳米复合材料

钒酸铜由于能与锂离子进行多步电化学反应而拥有较高的容量，是锂离子电池的候选电极材料之一。Yamaki 等人[15] 报道了 $\beta\text{-}Cu_2V_2O_7$ 中锂离子的可逆嵌入与脱出过程，在 $0.5mA \cdot cm^{-2}$ 的电流密度下循环 100 圈，比容量达到 $260mA \cdot h \cdot g^{-1}$。由于传统的粉体电极材料导电性能较差以及呈零散状态，需要添加导电剂及粘接剂等辅助材料完成电极的制备。辅助材料的加入增大了极片的无用体积，尤其是粘接剂的使用还会阻碍离子传输。除此之外，传统的电极制备过程不仅工艺复杂，而且对极片的要求较高，要求极片不能出现褶皱、涂布不均匀等现象。三维复合电极是以三维骨架的材料直接作为集流体，让活性物质直接生长在基底上作为电极。碳纤维布（CFC）由于其良好的导电性能、较高的机械强度、优异的抗腐蚀性以及良好的柔韧性，成了三维电极集流体的优质备选材料。

本节介绍一种水热法合成前驱体，然后在真空中煅烧得到 CuVO₃/CFC 复合电极的方法。结果表明，该复合材料是由蜂窝状结构的多孔钒酸铜均匀生长在碳纤维布上构成的。对三维复合电极进行了一系列电化学性能测试，结果显示三维复合电极拥有优异的电化学性能。其优良的性能可归因于三维基底良好的导电性能以及缓冲体积膨胀的能力。

## 7.2.1　材料制备与评价表征

材料水热法制备：将 0.1705g $CuCl_2 \cdot 2H_2O$ 加入 5mL 去离子水中溶解。称取 0.1819g $V_2O_5$ 溶解在 20mL 去离子水中，随后加入 2mL $H_2O_2$ 溶液并持续搅拌至溶液变为澄清亮橙色。然后将之前配制好的氯化铜溶液缓慢滴入亮橙色溶液中再搅拌 10min。将所得到的混合溶液与处理好的炭布转移到 50mL 聚四氟乙烯内衬的不锈钢高压釜中，放置在烘箱中 200℃ 保温 18h。待自然冷却后，取出长满前驱体的炭布，并用去离子水和乙醇分别洗涤多次，将表面多余的副产物除去，随后在烘箱中 60℃ 干燥 12h。最后，将复合材料在 550℃ 的温度下真空煅烧 2h，得到最终的钒酸铜复合电极。

用 X 射线衍射仪（XRD，Rigaku D/max2500）分析样品的晶体结构。用扫描电镜（SEM，FEI Nova NanoSEM 230）和透射电镜（TEM，JEOL JEM-2100F）表征样品的形貌和微结构。

## 7.2.2　结果与分析讨论

### 7.2.2.1　结构表征与讨论

通过水热法成功在碳纤维布上合成蜂窝状 $CuVO_3$ 纳米阵列。图 7-3 给出了复合材料的 SEM 图像。从图 7-3(a) 中可以看出，碳纤维布被 $CuVO_3$ 纳米阵列完全包覆，并且非常均匀。从图 7-3(b) 中可以看出，$CuVO_3$ 纳米阵列相互连

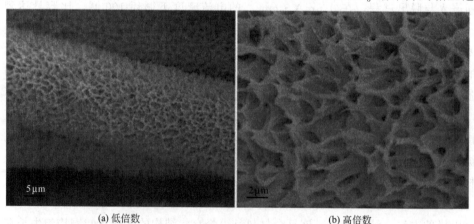

(a) 低倍数　　　　　　　　　　　　(b) 高倍数

图 7-3　$CuVO_3$/CFC 复合材料的 SEM 图像

接，形成了纳米级的蜂窝状结构。在碳纤维布上的纳米级活性物质能有效缩短锂离子的传输距离，三维结构的碳纤维布能更好地促进电解液渗透，有助于锂离子的传输，并且能提供足够的空间来应对活性物质在充放电时的体积膨胀[16-18]。

图 7-4 给出了 $CuVO_3$/CFC 复合材料的 XRD 图谱。图中位于 26° 的峰为碳纤维布所产生的碳峰，其他的衍射峰与 $CuVO_3$ 相的标准峰（JCPDS 卡片号 24-0383）吻合，证明成功合成了 $CuVO_3$/CFC 三维复合材料。

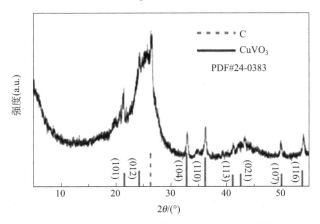

图 7-4  $CuVO_3$/CFC 复合材料的 XRD 图谱

图 7-5 给出了复合材料的 TEM 图像。从图 7-5(a) 中可以看出，$CuVO_3$ 形貌为叶片状纳米片，宽度大约为 100nm。图 7-5(b) 中间距为 3.66Å 的晶格条纹与 $CuVO_3$ 的 （012） 晶面符合 （JCPDS 卡片号 24-0383）。

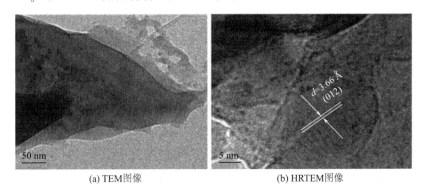

(a) TEM图像          (b) HRTEM图像

图 7-5  $CuVO_3$/CFC 复合材料的 TEM 表征

### 7.2.2.2  电化学性能与讨论

图 7-6(a) 给出了 $CuVO_3$/CFC 复合电极的 CV 曲线，测试电压范围为 $0.01\sim 3.0V$ （vs. $Li^+/Li$），扫描速率为 $0.1mV \cdot s^{-1}$。由图可见，前三圈 CV 曲线几

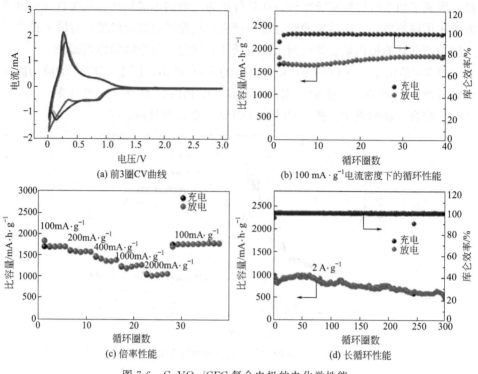

图 7-6    CuVO₃/CFC 复合电极的电化学性能

乎重叠，证明了材料拥有非常好的可逆性。首圈阴极扫描中在 0.01V 的位置可以看到非常明显的阴极峰，这是由固态电解质膜（SEI）形成引起的。在随后的扫描中，这个最强的还原峰分解成两个较弱的还原峰。在图 7-6(a) 中可以看到位于 1.65V 附近的还原峰，这可能是由于 $V^{4+}$ 被还原到 $V^{3+}$ 所产生的，而在 2.1V 附近的微弱还原峰的出现，可能是由少量的 $V^{5+}$ 被还原到 $V^{4+}$ 引起的。图 7-6(b) 展示了 CuVO₃/CFC 复合电极在 100mA·g$^{-1}$ 电流密度下的循环性能，首圈库仑效率为 92.32%，相对较低，这是由于在首圈放电时部分锂离子被消耗来形成 SEI 膜导致。在经过 40 圈的循环后，比容量依旧保持有 1826mA·h·g$^{-1}$，显示出 CuVO₃/CFC 复合电极拥有超高比容量以及较好的循环稳定性。图 7-6(c) 展示了 CuVO₃/CFC 复合电极优异的倍率性能，在 100mA·g$^{-1}$、200mA·g$^{-1}$、400mA·g$^{-1}$、1000mA·g$^{-1}$、2000mA·g$^{-1}$ 电流密度下分别展示出高达 1721mA·h·g$^{-1}$、1618mA·h·g$^{-1}$、1473mA·h·g$^{-1}$、1247mA·h·g$^{-1}$、1069mA·h·g$^{-1}$ 的比容量，并且当电流密度回到 100mA·g$^{-1}$ 时，比容量也随之恢复到 1719mA·h·g$^{-1}$ 并保持稳定。复合电极的长循环性能如图 7-6(d) 所示，在 2A·g$^{-1}$ 的大电流密度下拥有 984mA·h·g$^{-1}$ 的初始比容量，经过 300 圈循环后放电比容量保持在 $590mA \cdot h \cdot g^{-1}$。

为了进一步验证材料的电化学性能，对 $CuVO_3/CFC$ 复合材料进行了交流阻抗测试。图 7-7 显示了 $CuVO_3/CFC$ 复合电极的交流阻抗图谱及其等效电路图。阻抗图谱由一个近似半圆的高频区域和一条直线的低频区组成。在半圆区域中代表了电解液电阻（$R_s$）、固态电解质界面膜阻（$R_f$）以及电荷转移电阻（$R_{ct}$），低频区域的直线对应 Warburg 阻抗[19]。表 7-1 显示了 $CuVO_3/CFC$ 复合电极的阻抗拟合参数。$CuVO_3/CFC$ 的电荷转移电阻为 $112.8\Omega$，说明该材料的电荷传输的动力学性能很好，这可能是由于三维碳纤维布的架构起到了至关重要的作用，使电极拥有非常好的导电性，从而提升了电极的电化学性能。

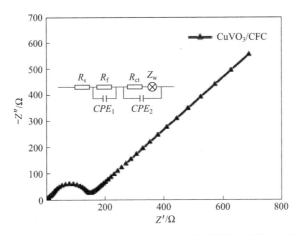

图 7-7    $CuVO_3/CFC$ 复合电极的交流阻抗图谱及其等效电路图

**表 7-1    复合电极的阻抗拟合参数**

| 样品 | $R_s/\Omega$ | $R_f/\Omega$ | $R_{ct}/\Omega$ |
|---|---|---|---|
| $CuVO_3/CFC$ | 2.691 | 15.11 | 112.8 |

上述测试结果显示，$CuVO_3/CFC$ 复合电极拥有优异的电化学性能。其中 $CuVO_3/CFC$ 复合电极在小电流密度下展现出超高比容量，首圈放电比容量达到 $1805mA \cdot h \cdot g^{-1}$，且拥有出色的倍率性能。复合电极之所以拥有如此出众的电化学性能可以归结于如下几个原因：①纳米级别的活性物质生长在三维碳纤维布上拥有较大的比表面积，能增加有效的活性位点，有助于更多锂离子嵌入；②复合电极避免使用粘接剂与导电剂等物质，有效节约体积空间，并免除了粘接剂对锂离子迁移的阻碍；③三维结构使电解液更易渗透，有助于电解液与活性物质的接触，并且拥有充足的体积空间应对活性物质在充放电时产生的体积膨胀，避免结构被破坏；④碳纤维布拥有优异的导电性能。这些优势使钒酸盐与碳纤维布的

复合电极有应用于储能设备的潜力。

综上所述，采用简易的水热法及后续煅烧处理成功合成了多孔蜂窝形貌的 $CuVO_3/CFC$ 复合材料。在对不同的原料进行实验后发现以氯化铜作为铜源的复合效果最佳。在 $100mA \cdot g^{-1}$ 的电流密度下 $CuVO_3/CFC$ 复合电极的首次放电比容量高达 $1805mA \cdot h \cdot g^{-1}$，且循环 40 圈后的比容量能保持 $1822mA \cdot h \cdot g^{-1}$，容量没有衰减，展示出了优良的循环稳定性能。此外，$CuVO_3/CFC$ 电极还表现出了优良的倍率性能。这些优良的电化学性能可归因于三维电极结构的构建。

# 7.3
# Ag/AgVO₃ 纳米棒复合材料

$\beta\text{-}AgVO_3$ 因具有高容量和良好的循环稳定性而备受关注。例如，Zhang 等人[11] 通过水热反应法分别合成了 $Ag_2V_4O_{11}$ 纳米线、$\alpha\text{-}AgVO_3$ 微米棒和 $\beta\text{-}AgVO_3$ 纳米线，并测试了这些材料的电化学性能，发现 $\beta\text{-}AgVO_3$ 纳米线具有较好的电化学性能。Rout 等人[20] 报道了大规模合成 $\beta\text{-}AgVO_3$ 纳米带的方法，该纳米带在 $0.1mA \cdot cm^{-2}$ 的电流密度下首次放电比容量达到 $104mA \cdot h \cdot g^{-1}$。Mai 等人[21] 合成的 $\beta\text{-}AgVO_3/PANI$ 三轴纳米线表现出了较为优异的电化学性能。虽然这些 $\beta\text{-}AgVO_3$ 材料得到了广泛的研究，但是由于这种材料本身的结构特性，其循环性能不太理想。目前研究者主要把它用作一次锂电池正极材料，很少关注其在锂离子电池中的性能。

Ag 纳米粒子附着在其他材料上可以获得更好的性能，在许多领域得到重视[22-30]，特别在电极材料方面。例如，Takeuchi 等人[29,30] 合成了 $Ag_2VO_2PO_4$，他们发现电极活性材料中的 $Ag^+$ 在充放电过程中可以被原位还原成为金属 Ag 单质，Ag 的析出提高了材料的电导率从而降低了电池体系的电化学阻抗，因此该材料可以获得更好的倍率性能。电化学性能的提高是因为 Ag 纳米粒子具备很高的电子导电性，这有利于电子的传输。因为合成 Ag 纳米粒子通常需要还原环境，在高氧化态的金属氧化物中附着 Ag 纳米粒子仍是一个很有挑战性的工作。

本节采用一步反应的低温固相合成法大规模合成 $Ag/\beta\text{-}AgVO_3$ 纳米棒复合材料，并进一步表征了其晶体结构和形貌，分析了煅烧温度、煅烧时间对材料的结构性质及形貌的影响，研究并比较了其电化学性能。合成的 $Ag/\beta\text{-}AgVO_3$ 复合材料表现出较好的电化学性能，包括较高的初始放电比容量、良好的倍率性能和较好的循环稳定性。

## 7.3.1　材料制备与评价表征

材料低温固相合成：将 $V_2O_5$ 和 $H_2C_2O_4 \cdot 2H_2O$ 按照 $1:3$ 的化学计量比加入 40mL 蒸馏水中，在 80℃ 的温度下不停地搅拌直到溶液由黄色变成蓝色，此时将化学计量比的 $AgNO_3$ 溶于 20mL 的蒸馏水中，然后逐滴把 $AgNO_3$ 溶液加入上述溶液中，等到溶液中的水分蒸发并形成糊状凝胶，随后在 80℃ 干燥箱中干燥 15h 得到固体前驱体，再将其研磨成粉末。将该前驱体粉末分别在空气中于 300℃、350℃、380℃、400℃、420℃ 和 450℃ 温度下煅烧 4h，以及在 420℃ 分别煅烧 2h 和 8h，升温速率都为 $5℃ \cdot min^{-1}$，合成 8 种钒酸银材料，分别命名为 A300、A350、A380、A400、A420、A450 以及 A420-2h、A420-8h。

用示差扫描量热分析（DSC）/热重分析（TGA）研究前驱体在空气中的化学变化，加热速率为 $5℃ \cdot min^{-1}$。用 X 射线衍射仪（XRD，Rigaku D/max2500，Cu 靶 $\lambda = 1.54178$Å）检测合成材料的相纯度和晶体结构，扫描区间（$2\theta$）为 $10°\sim 80°$，步宽 0.02°。用扫描电镜（SEM，FEI Sirion200）和透射电镜（TEM，JEOL JEM-2100F）分析样品的形貌和微结构。使用装有背照明电荷耦合探测器附件（CCD）的光谱仪（LabRAM HR800）获得样品的拉曼光谱。使用傅里叶变换红外光谱仪（FTIR，Nicolet6700）获得样品的红外光谱。

正极极片制备：将 $Ag/AgVO_3$ 复合材料、乙炔黑和聚偏氟乙烯（PVDF）粘接剂按照质量比 $7:2:1$ 混合在一起研磨 30min，然后滴入适量的 $N$-甲基吡咯烷酮（NMP）溶液，放置磁力搅拌器下搅拌一天，将得到的浆料涂抹在铝箔上，最后在真空干燥箱中 100℃ 干燥大约 15h，并将其冲成小极片。以锂金属作为负极，将 $LiPF_6$ 溶于碳酸乙烯酯/碳酸二甲酯（EC/DMC，体积比为 $1:1$）混合溶液中作为电解液（浓度为 $1mol \cdot L^{-1}$），聚丙烯膜作为隔膜，在充满高纯 Ar 气的手套箱（Mbraun，Germany）中组装 CR2016 型扣式电池。使用蓝电电池测试系统（Land CT 2001A，Wuhan，China）测试电池的充放电性能，电压范围为 $1.5\sim 3.5$V（vs. $Li^+/Li$）。用上海辰华电化学工作站（CHI660C，China）测试循环伏安（CV）曲线，扫描速率为 $0.5mV \cdot s^{-1}$，电压范围为 $1.5\sim 3.5$V（vs. $Li^+/Li$）。用德国 ZAHNER-IM6ex 电化学工作站（ZAHNER Co.，Germany）测试交流阻抗谱。

## 7.3.2　结果与分析讨论

### 7.3.2.1　结构表征与讨论

图 7-8 显示了在 80℃ 下干燥后得到的前驱体的热重-差热分析图。从图中可

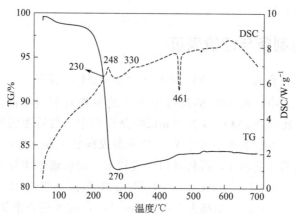

图 7-8　前驱体热重-差热图

以看出，DSC 曲线上有三个放热峰，分别出现在 230℃、248℃、330℃，还有一个尖锐的吸热峰，出现在 461℃。从室温升高到 230℃ 的这个过程中，在 TG 曲线上可以看到约有 7.3% 的质量损失，这是因为前驱体中的物理吸附水和化学结合水的蒸发。当温度升到 248℃ 时，TG 曲线出现一个急剧下降说明样品中发生较大的质量损失，与此同时在 DSC 曲线上相应出现了一个明显的放热峰。这个放热峰是因为前驱体中 $VOC_2O_4$ 和 $AgNO_3$ 的热共分解产生的。在 230~270℃ 这个阶段，主要是 $V^{4+}$ 被氧化成 $V^{5+}$，生成了 $AgVO_3$ 晶相，同时还存在 Ag 单质和 $V_2O_5$。第二个小的放热峰是由于在 330℃ 下，空气中剩下的小部分 $V^{4+}$ 被进一步氧化为 $V^{5+}$。从图中可以看到，270℃ 之后，随着温度的升高，质量没有下降，反而有轻微的上升，这是因为 Ag 和 $V_2O_5$ 与空气中的氧气发生化学反应不断地生成 $AgVO_3$。在 461℃ 出现一个尖锐的吸热峰是因为 $AgVO_3$ 在这个温度开始融化。

图 7-9 为在煅烧时间为 4h、不同温度下合成的 $Ag/AgVO_3$ 复合材料的 X 射线衍射图谱。从图中可以看到，当温度为 300℃ 和 350℃ 时，(111)、(200)、(220) 衍射峰强度比其他的衍射峰的强度都高，说明其含量较高，这些衍射峰的位置与面心立方的 Ag 单质 [空间群为 $Fm\bar{3}m$ (225)，JCPDS 04-0783] 的谱线一致。而 ($\bar{3}11$) 衍射峰属于 $V_2O_5$ 相 [空间群为 $C2/c$ (15)，JCPDS 54-0513]。在这两个温度下，$AgVO_3$ 的特征衍射峰已经明显出现。当温度升到 380℃ 时，(111)、(200)、(220) 和 ($\bar{3}11$) 衍射峰的强度变得很弱，说明此温度下 Ag 相和 $V_2O_5$ 相的含量很少。400℃ 时，($\bar{3}11$) 衍射峰消失，表面此温度合成的材料主要包括 $AgVO_3$ 和 Ag 相。当温度升到 450℃ 时，所有的衍射峰都可以归为纯的 $\beta$-$AgVO_3$ 相 [空间群为 $I2/m$ (12)，JCPDS 29-1154]，几乎没有发现别的衍射

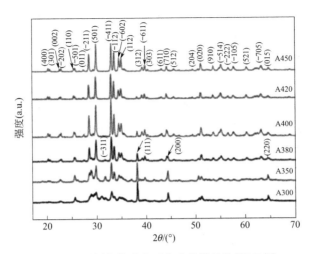

图 7-9　不同煅烧温度下合成的样品的 XRD 图

峰，说明合成的样品中 $\beta$-AgVO$_3$ 的纯度很高，Ag 的衍射峰也看不到，说明 Ag 的含量非常少。从 XRD 图谱中可以发现金属 Ag 和 V$_2$O$_5$ 相强度随着温度的升高而不断下降，而 AgVO$_3$ 相强度随着温度的升高变强，结合 TG 和 DSC 分析结果（图 7-7）可以知道，在温度上升的过程中，V$_2$O$_5$ 和 Ag 不断地生成 Ag-VO$_3$。另外，XRD 分析结果表明，复合材料中的金属 Ag 相含量随着煅烧温度的增加而降低。当温度达到 380℃ 时，主要的衍射峰都属于纯的 $\beta$-AgVO$_3$ 相，并且峰的位置基本一致，说明 Ag 只是存在材料的表面，没有改变材料的结构。

图 7-10 为煅烧温度为 420℃ 时在不同煅烧时间下制得的样品的 XRD 图谱。

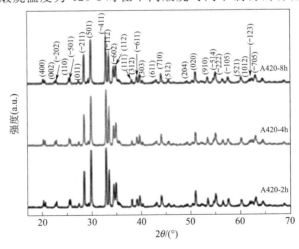

图 7-10　煅烧温度为 420℃ 时不同煅烧时间下合成的样品的 XRD 图

从 XRD 图谱中可以看出，煅烧时间对样品的合成影响不大，各个温度的 Ag-VO$_3$ 的衍射峰强度都差不多，并且相纯度较高。但在煅烧时间为 2h 时，还可以明显看出 Ag 和 V$_2$O$_5$ 衍射峰的存在。这说明样品中仍然含有 V$_2$O$_5$ 和 Ag。当煅烧时间为 4h 时，可以看到，Ag 的衍射峰强度降低，V$_2$O$_5$ 的衍射峰几乎看不到。这也说明了随着煅烧时间的增加，V$_2$O$_5$ 和 Ag 也在不断地生成 AgVO$_3$。当煅烧时间为 8h 时，Ag 的衍射峰变得很微弱，这说明其含量已经很少。通过对煅烧时间和煅烧温度的 XRD 分析，可以得出煅烧温度为 420℃，煅烧时间为 4h 时制得的 Ag/AgVO$_3$ 复合材料最好，此时 AgVO$_3$ 的相纯度高，Ag 含量适中，因为过高的 Ag 含量和过低的 Ag 含量对样品的电化学性能都有不利的影响，这将在后面的电化学性能的讨论中进行详细分析。

图 7-11 显示了煅烧时间为 4h 不同温度下合成的 Ag/AgVO$_3$ 复合材料的拉曼光谱。最强的波段 886cm$^{-1}$ 和其旁边的 916cm$^{-1}$ 波段可能是属于 V═O 的末端拉伸振动，而 845cm$^{-1}$ 拉曼峰对应于桥接的 V—O—Ag 键的振动[27,31,32]。807cm$^{-1}$ 波段可以归结为连接起来的 Ag—O—Ag 键的伸缩振动[33]。732cm$^{-1}$ 和 517cm$^{-1}$ 的波段分别可以对应到相应的非对称和对称延伸的 V—O—V 振动[34]。338cm$^{-1}$ 和 390cm$^{-1}$ 拉曼峰对应的是对称四面体（VO$_4$）$^{3-}$ 的非对称与对称伸缩变动模式，而低于 300cm$^{-1}$ 波段的拉曼峰属于（VO$_4$）$^{3-}$ 单元的弯曲振动[31]。从图中可以看到，位于 954cm$^{-1}$ 的拉曼峰随着煅烧温度的上升，相对强度变弱，这是因为这个位置的拉曼峰对应于 V$^{4+}$-O$_1$ 的伸缩振动，说明在较低温度时仍有 V$^{4+}$，随着温度的升高，V$^{4+}$ 全部被氧化成 V$^{5+}$，于是在 A450 中没发现其拉曼峰。另外，我们也发现，随着温度的升高，V═O 键的相对强度也逐

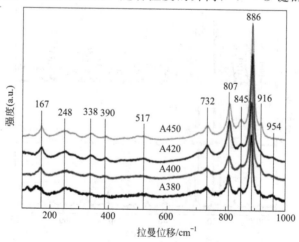

图 7-11　不同温度下合成的样品的 Raman 图

渐升高。这个键的相对强度的增加可能是由于随着煅烧温度的升高，产品的纯度和结晶度都升高。复合材料当中 Ag 的存在可能会削弱 V＝O 双键的强度，加强 Ag—O—Ag 键的强度。因此，随着温度升高，Ag 含量不断降低，V＝O 键的相对强度也就逐渐升高。

图 7-12 显示了煅烧时间为 4h，不同温度下合成的 $Ag/AgVO_3$ 复合材料的傅里叶变换红外光谱（FTIR）图。图谱中从 $400cm^{-1}$ 到 $1000cm^{-1}$ 的特征吸收峰与纯相 $\beta$-$AgVO_3$ 结构的特征吸收峰基本相同，说明了 Ag 的加入并没有改变材料的内部结构。V＝O 双键的伸缩振动位于 $969cm^{-1}$、$917cm^{-1}$、$891cm^{-1}$ 和 $673cm^{-1}$ 波段，而在 $849cm^{-1}$ 处的吸收带属于 V—O 键的伸缩振动和 Ag—O—V 振动[25]。样品红外光谱图中 $802cm^{-1}$ 和 $509cm^{-1}$ 处的波段，可归结为对称和非对称伸缩振动的 V—O 键在 Ag、V 结构的特征吸收峰的振动[35]。相对于 A380 和 A400 样品，A420 样品中处于 $969cm^{-1}$、$673cm^{-1}$ 和 $849cm^{-1}$ 处的特征吸收峰发生了微小的红移，说明了 V＝O 双键和 Ag—O—V 键变得更加稳定，420℃合成的样品具有高稳定性，这可能是由于 Ag 含量的减少，材料的结构受外界的影响较小[36]。另外，$V^{4+}$ 被氧化成 $V^{5+}$ 会导致结构层中的 V＝O 双键的键能变弱，从而导致一个轻微的红移使得能量转移[25]。

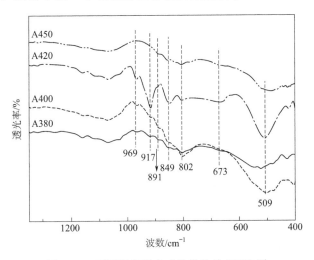

图 7-12　不同温度下合成的样品的 FTIR 图

图 7-13 显示了不同煅烧时间和不同温度下合成的 $Ag/AgVO_3$ 复合材料的 SEM 图像。从图中可以看到，煅烧温度和煅烧时间对合成的材料的形貌有很大的影响。如图 7-13（a）所示，该样品的颗粒形态是不规则的，它们由典型的纳米颗粒和纳米棒组成，粒子之间有足够空间，整体看起来就像一块大石头分裂成的无数的小颗粒。当煅烧温度升到 400℃ ［图 7-13（b）］，得到的大多数棒状粒子的

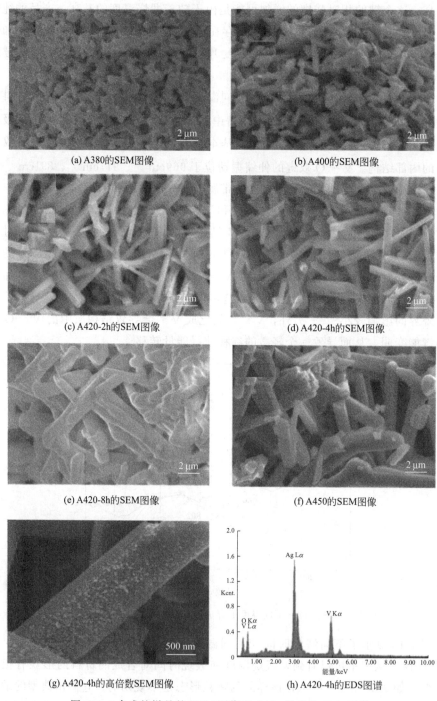

(a) A380的SEM图像

(b) A400的SEM图像

(c) A420-2h的SEM图像

(d) A420-4h的SEM图像

(e) A420-8h的SEM图像

(f) A450的SEM图像

(g) A420-4h的高倍数SEM图像

(h) A420-4h的EDS图谱

图 7-13　合成的样品的 SEM 图像和 A420 样品的 EDS 图谱

直径大约为几十到几百纳米,仍有一些直径约为100nm的小纳米颗粒掺杂其中。当煅烧温度升高到420℃[图7-13(d)],该样品由大量的一维纳米棒组成,这些纳米棒分布非常均匀,彼此之间有充足的空间,没有严重的团聚现象。另外,纳米棒非常规整,它们的表面很光滑,其直径约为100nm~1μm,其长度达几微米。这些细小、规整、分布均匀的纳米棒对于获得优异的电化学性能非常有利。将煅烧温度进一步提高到450℃[图7-13(f)],样品的颗粒成为微米棒的形状,其直径为1~3μm,并且团聚较严重。图7-13(c)为420℃下煅烧2h合成的样品,其颗粒大小不一,直径为100nm~2μm,团聚也比较严重,而且看上去颗粒在1μm以上的居多。当煅烧时间为8h[图7-13(e)]时,合成的样品的颗粒变得更大且更密集。对比这些不同时间和不同温度合成的样品的SEM图像可以发现,合成材料的结晶度和颗粒大小随着煅烧温度升高及煅烧时间延长而增大,这与XRD的结果对应得很好。这些形貌的演变是由相变动力学控制的。这是因为材料的颗粒在高温的环境下和长时间的加热下更容易长大。高温为原子的迁移提供了更大的机会,小颗粒降低了材料的表面自由能,在高温动力学的条件下有利于自发生长成更大的颗粒[37]。

图7-13(g)显示了在420℃下煅烧4h合成的Ag/AgVO₃复合材料的更高倍数的SEM图像。从图中可以清晰地看到有许多白色纳米粒子附着在棒的表面上。在棒的选定区域[标记在图7-13(g)]进行EDS元素分析[图7-13(h)],结果表明棒主要由Ag、V和O元素组成。其中Ag和V的含量分别为26.54%和21.98%,而纯相的AgVO₃中Ag:V(摩尔比)为1:1,实验结果中Ag:V(摩尔比)大于1:1,说明了样品中Ag含量较多。结合DSC-TG和XRD结果分析可以知道这些白色的纳米粒子应该是金属Ag纳米粒子,并以单质形式存在。

图7-14(a)显示了在420℃下煅烧4h合成的单根Ag/AgVO₃纳米棒的透射电镜图像,及其高分辨图像和对应的傅里叶转换图。从图中可以清楚地观察到很多细小的纳米颗粒,直径约25nm,自然地附着在β-AgVO₃纳米棒的表面。从插图中的HRTEM图像上可以清楚地看到纳米棒的晶格条纹,计算出其条纹间距为2.05Å,与单斜结构的β-AgVO₃的(710)晶面间距一致。这在其对应的傅里叶转换图上也能清楚地反映出来,FFT也说明了β-AgVO₃属于单晶结构。附着在β-AgVO₃纳米棒上的单个纳米颗粒[标记在图7-14(a)]也用高分辨透射电镜来表征,如图7-14(b)所示。可以看到Ag纳米粒子的晶格条纹非常清晰,其条纹间距2.38Å与面心立方Ag的(111)晶面间距一致。这在其插图中的FFT图片中也能反映出来,其点状图案特征也表明该样品为单晶。这也进一步证明了附着在β-AgVO₃纳米棒上的纳米粒子就是金属Ag单质。这些附着在

(a) 单根纳米棒 　　　　　　　　(b) 单个Ag纳米粒子

图 7-14　A420 样品的 TEM 图像和 HRTEM 图像

$\beta$-AgVO$_3$ 纳米棒上的 Ag 纳米粒子预期可以有效地提高材料的电导率，从而获得优异的电化学性能。

## 7.3.2.2　电化学性能与讨论

图 7-15 比较了不同温度和不同时间合成的 Ag/AgVO$_3$ 复合材料的首次放电曲线，测试所用的电流密度为 $50\,\mathrm{mA\cdot g^{-1}}$。从图 7-15(a) 中可以看到，A380 电极的放电平台与其他三个材料的放电平台有很大差异，这是因为 A380 样品中含有较多杂质。从 A380 的 XRD 图片中还可以明显观察到有 V$_2$O$_5$ 的衍射峰存在，而 V$_2$O$_5$ 也是一种具有很好发展前景的正极材料，因此，较高含量的 V$_2$O$_5$ 会影响复合材料中 AgVO$_3$ 电极的放电平台。另外，A400、A420 和 A450 的首次放电曲线与之前文献中报道的典型的锂离子嵌入 AgVO$_3$ 晶体结构的放电曲线是一致的[11,21]。这也说明了 Ag 纳米粒子的存在并没有影响典型的 AgVO$_3$ 的放电行为，Ag 只是少量存在于复合材料中。这几个温度合成的复合材料的首次放电比容

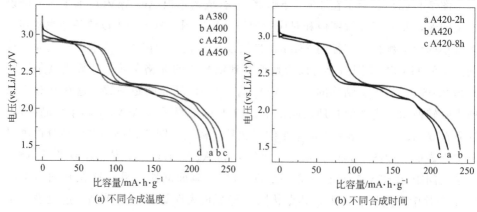

(a) 不同合成温度 　　　　　　　　(b) 不同合成时间

图 7-15　不同温度和不同时间合成的 Ag/AgVO$_3$ 复合材料的首次放电曲线

量顺序如下：A420＞A400＞A380＞A450。其中 A420 电极的首次放电比容量最高，达到 243mA·h·g$^{-1}$，而 A450 电极的放电比容量最低，只有 212mA·h·g$^{-1}$。图 7-15(b) 对比了不同时间合成的样品的首次放电曲线，它们的放电曲线的形状大致相同，但是 A420 电极的放电平台更明显，平台也更宽，因此其放电比容量也较高。综合对比了不同条件合成的样品的初始放电比容量，发现 A420 样品的放电比容量是最高的。这主要有以下两个原因：

① Ag 的含量无疑会影响复合材料的电化学性能。Ag 的存在将增加电池体系的电子电导率，但是金属 Ag 对电池活性材料的理论容量没有贡献，因此，过多的 Ag 将降低材料的理论容量。

② 粒子的大小及其形貌也会影响其电化学性能。与大颗粒相比，较小的颗粒彼此之间有充足的空间，这有利于 Li$^+$ 的快速扩散和电解液的快速渗透，因此可以获得更高的比容量[38,39]。

图 7-16 为不同温度下合成的 Ag/AgVO$_3$ 复合材料的交流阻抗图谱及其等效电路图。从图中可以观察到，所有这些电极的阻抗图谱都具有相似的形状，每个电极阻抗图谱都由高频率区域的一个压低的半圆和低频区域的一条与坐标轴成一定角度的直线组成。其中半圆可以解释为由电荷转移和传递形成，另外也和材料表面形成的钝化膜有关[11,40]。直线的形成与电极材料中锂离子扩散相关，其由电极反应的反应物扩散控制，斜率越大，其电化学阻抗越高[21,41,42]。图 7-16 里面的插图为其等效电路图。$R_s$ 为电解液电阻和电池组件的欧姆电阻的总和。$R_f$ 和 $R_{ct}$ 分别是膜电阻和电荷转移电阻。$CPE_1$、$CPE_2$ 和 $Z_w$ 分别是膜电容、双层电容和 Warburg 阻抗。表 7-2 显示了这几种电极主要的拟合参数。从表中可以看出，复合材料的 $R_s$ 和 $R_f$ 数值相差不大，而电荷转移电阻 $R_{ct}$ 值随着煅烧温度的升高而不断增大，而 XRD 的分析结果显示金属 Ag 单质的含量随着温度

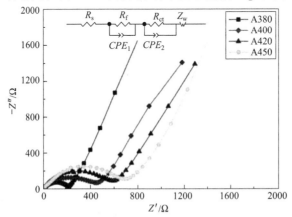

图 7-16　不同温度合成的 Ag/AgVO$_3$ 复合材料的交流阻抗图谱及其等效电路图

表 7-2　Ag/AgVO₃ 复合材料的阻抗参数拟合数据

| 样品 | $R_s/\Omega$ | $R_f/\Omega$ | $R_{ct}/\Omega$ |
|------|--------------|--------------|-----------------|
| A380 | 1.442 | 28.83 | 131.9 |
| A400 | 1.539 | 57.77 | 265.9 |
| A420 | 5.186 | 59.53 | 404.5 |
| A450 | 6.046 | 56.21 | 488.6 |

的升高而降低，这表明附着在 AgVO₃ 纳米棒上的 Ag 纳米粒子的含量对电极的电荷转移阻抗有很大的影响。单质 Ag 含量越高，电极的电荷转移电阻越小。另外，我们合成的 Ag/AgVO₃ 复合材料的交流阻抗比报道的纯 $\beta$-AgVO₃ 和 $\beta$-AgVO₃/PANI 三轴纳米线要低得多[21]。较低的阻抗是因为均匀地附着在 AgVO₃ 纳米棒上的 Ag 纳米粒子很大程度上提高了电极材料体系的电子电导率，从而加快了体系的电子传输。最近也有研究证实了高导电的金属 Ag 可以明显降低电池内阻[30]。虽然金属 Ag 可以提高材料的电导率，但是复合材料中 Ag 含量也不是越多越好，为了达到最优越的性能，Ag 含量应该优化在一个有利的数值。这在上文也有讨论。如图 7-15(a) 所示，A420 电极，Ag 含量不是最高的，但是其放电比容量是最高的。这是由材料的理论容量、电导率和形貌共同影响的。金属 Ag 虽然可以提高材料的电导率，但过多的 Ag 会导致其理论容量下降。

图 7-17(a) 显示了 A420 电极的前五周的循环伏安曲线，测试所用的扫描速率为 $0.5\text{mV} \cdot \text{s}^{-1}$。首周阴极扫描时，有三个很强的还原峰分别位于 2.7V、2.18V 与 2.0V，一个微弱的氧化峰位于 2.88V，其分别对应于 Li⁺ 的嵌入/脱出反应。所有的还原峰都与 Ag⁺ 被还原成金属 Ag⁰ 有联系，另外，2.18V 和 2.0V 处的还原峰还分别对应于 $V^{5+}$ 被还原成 $V^{4+}$ 和部分 $V^{4+}$ 被还原为 $V^{3+}$[11]。位于 2.89V 处的氧化峰可能是因为 $V^{3+}$ 被氧化为 $V^{4+}$ 和 $V^{4+}$ 被氧化为 $V^{5+}$ 造成的。第一个周期后，所有峰强度都有明显下降，峰的位置也有移动，还原峰转移至 2.23V 和 1.79V 处，但是阳极峰位置变化不大。在后面的周期中，它们的循环伏安曲线基本相似，峰位置和强度变化都不大，这表明其循环稳定性能有提高。

为了研究充放电过程中材料的结构变化，对循环前、首次循环后、五次循环后的电极片进行非原位 XRD 分析，其结果如图 7-17(c) 所示。从循环前的 XRD 图谱中可以看到 2 个很强的衍射峰，位于 $2\theta = 65.133°$、78.227° 处，它们属于面心立方 Al 相（JCPDS 卡片号 04-0787）。Al 的存在是因为使用铝箔作为电极材料的集流体。从图 7-17(c) 中可以看出，在循环前的图谱中 Ag/AgVO₃ 的 XRD 衍射峰全部存在，而循环一次后，AgVO₃ 相的特征衍射峰几乎全部消失，而且

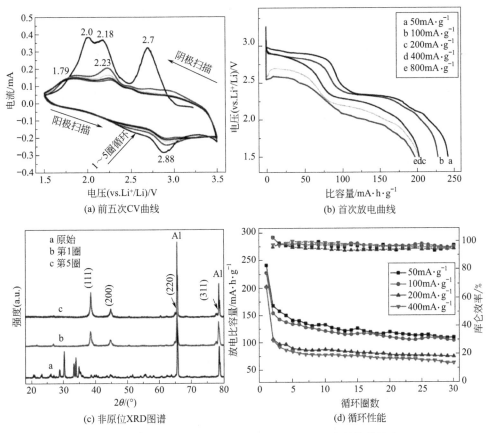

图 7-17 A420 电极的电化学性能与充放电过程中的结构演变

在后面的循环中也没出现。这表明首次循环后材料发生了不可逆相变形成非晶相，这在之前的钒基氧化物的研究中也有相关的报道[43-46]。这也很好地解释了这些材料首次放电后容量下降很严重的原因。循环几圈后材料仍是非晶态，这表明材料的晶格损失了其长程有序度。后面的循环中也没有新相生成，暗示其结构趋于稳定，从而导致了后期的循环具有较好的稳定性。另外，XRD 图谱上 $2\theta =$ 38°、44°、64°、77°的衍射峰分别对应面心立方 Ag 相的（111）、（200）、（220）、（311）晶面，这些面的衍射峰强度随着循环而增强。这表明了在循环过程中，Ag 含量不断增加，将导致电极体系在充放电过程中电导率得到进一步提升，从而有效提高其电化学性能。

图 7-17(b) 显示了 A420 电极在不同电流密度下的首次放电曲线。从图中可以看到该材料在 $50\text{mA}\cdot\text{g}^{-1}$ 和 $100\text{mA}\cdot\text{g}^{-1}$ 的电流密度下放电时有三个明显的放电平台，这与前面 CV 的结果对应得很好。A420 电极在 $100\text{mA}\cdot\text{g}^{-1}$ 的电流密度下放电能获得 $229\text{mA}\cdot\text{h}\cdot\text{g}^{-1}$ 的比容量，为其在 $50\text{mA}\cdot\text{g}^{-1}$ 的电流密度

下的 94.4%。当电流密度提高到 200mA·g$^{-1}$ 时，其放电比容量仍能够获得 204mA·h·g$^{-1}$，为其在 50mA·g$^{-1}$ 的电流密度下的 84%。当提高其电流密度至 400mA·g$^{-1}$ 和 800mA·g$^{-1}$ 时，其放电比容量仍高达 203mA·h·g$^{-1}$ 和 198mA·h·g$^{-1}$，为其在 50mA·g$^{-1}$ 的电流密度下的 83.6% 与 81.6%。随着电流密度的增大，其放电比容量并没有急剧下降，而且其放电曲线仍有两个完整的放电平台，说明了合成的复合材料具有优异的倍率性能，这就是因为附着在 AgVO$_3$ 纳米棒上的 Ag 纳米粒子提高了材料的电子电导率。

众所周知，银钒氧化物（SVOs）中的 Ag 离子在电化学嵌锂过程中会发生不可逆的置换反应，因此其一般作为植入式心脏复律除颤器中用的一次锂电池正极材料，而它们的循环稳定性鲜有报道。在这项研究中，我们研究了 A420 电极在不同电流密度下的循环稳定性能，其结果如图 7-17(d) 所示，所有电极在不同电流密度下的首次容量下降都很严重，这是由于材料发生了不可逆的结构相变，这在循环伏安曲线和非原位 XRD 测试中有体现。首次循环后，其容量下降减缓，与 CV 结果吻合得很好。A420 电极在 50mA·g$^{-1}$ 的电流密度下循环 30 次后的放电比容量为 111mA·h·g$^{-1}$，其基于第二周的单周放电比容量的损失为 1.49%。在 100mA·g$^{-1}$、200mA·g$^{-1}$ 和 400mA·g$^{-1}$ 的电流密度下充放电，其循环 30 次后的放电比容量分别为 106mA·h·g$^{-1}$、77mA·h·g$^{-1}$ 和 65mA·h·g$^{-1}$。另外，在不同的电流密度下，其库仑效率都大于 95%。A420 电极表现出很高的放电比容量和较好的循环稳定性。

表 7-3 对比了文献报道中不同方法合成的 SVOs 的电化学性能。本节合成的 Ag/AgVO$_3$ 复合材料有着最好的倍率性能和较好的循环稳定性。虽然其首次放电比容量比水热法合成的材料低一点[11,48]，但其循环稳定性在很大程度上提高了。例如，水热法合成的 $\beta$-AgVO$_3$ 的首次放电比容量高达 302.1mA·h·g$^{-1}$，但循环 20 周之后只能保持其首次放电比容量的 30%。另外一个水热法[20] 和超声化学法[47] 合成的 $\beta$-AgVO$_3$ 材料的首次放电比容量很低，分别只有 104mA·h·g$^{-1}$ 和 102mA·h·g$^{-1}$。水热法合成的 Ag$_2$V$_4$O$_{11}$ 材料同样也是首次放电比容量很高，但循环稳定性很差。Chen 等人[48] 合成的 Ag/Ag$_2$V$_4$O$_{11}$ 纳米带在低的电流密度（20mA·g$^{-1}$）下有着高达 276mA·h·g$^{-1}$ 的首次放电比容量，但是循环 20 周之后仅能保持其首次比容量的 10.9%。不同方法合成的 SVOs 的循环稳定性都很差，因此其稳定性需进一步改善。最近，Mai 等人[21] 结合原位化学氧化聚合和界面的氧化还原反应的机理合成了 $\beta$-AgVO$_3$/PANI 三轴纳米线，其能显著提高材料的电化学性能。相对于纯的 $\beta$-AgVO$_3$ 纳米线，SVO/PANI 纳米线有着很高的首次放电比容量和较好的循环稳定性。但是，聚苯胺的存在将降低

SVO/PANI 纳米线的理论容量，因为它几乎无法容纳锂离子嵌入和脱出。我们合成的 $Ag/AgVO_3$ 纳米棒，在电流密度为 $50mA \cdot g^{-1}$ 时不仅表现出相对较高的初始放电比容量（$242mA \cdot h \cdot g^{-1}$），而且也显示出更好的循环稳定性。更重要的是，$Ag/AgVO_3$ 复合材料显示出优异的倍率性能，即使在高达 $800mA \cdot g^{-1}$ 电流密度下其仍表现出高达 $198mA \cdot h \cdot g^{-1}$ 的首次放电比容量。合成的复合材料具有优越的电化学性能，包括优异的倍率性能和良好的循环稳定性，可以归因于附着在 $AgVO_3$ 纳米棒上的 Ag 纳米粒子。这些 Ag 纳米粒子可以很大程度上提高 $\beta$-$AgVO_3$ 纳米棒的电子电导率。另外，纳米尺寸的 $\beta$-$AgVO_3$ 材料可以有效降低锂离子扩散和电子传输的距离[37,39]；纳米棒之间分布很均匀，而且有着充足的空间，这将有利于电解液的渗透，从而提高了电极的润湿性[49]。另外也有研究表明一维的纳米棒具有快速的电子传输和离子扩散能力，以及在循环过程中比表面积大等优势[50]。电化学性能测试结果表明本节所制备的 $Ag/AgVO_3$ 复合材料在心脏除颤器中使用的一次锂电池（Li-SVO）中是一种很有前景的正极材料。另外，它在可充电锂离子电池（LIBs）正极材料中有着潜在的应用价值。

表 7-3　不同方法合成的银钒氧化物（SVOs）的电化学性能比较

| 合成方法 | 成分 | 电流密度<br>（括号中为首次放电<br>比容量，$mA \cdot h \cdot g^{-1}$） | 比容量/$mA \cdot h \cdot g^{-1}$<br>（括号中为循环次数） | 容量保持率 |
|---|---|---|---|---|
| 基于 $AgVO_3$<br>纳米线[21] | $AgVO_3$/PANI | $30mA \cdot g^{-1}$(211) | 211(1)-131(20) | 62% |
| 水热法[11] | $\beta$-$AgVO_3$ | $0.01mA \cdot cm^{-2}$(302.1)<br>$0.1mA \cdot cm^{-2}$(272.7) | 302.1(1)-90.6(20) | 30% |
| 水热法[20] | $\beta$-$AgVO_3$ | $0.1mA \cdot cm^{-2}$(104) | — | — |
| 超声化学法[47] | $\beta$-$AgVO_3$ | $125mA \cdot g^{-1}$(102) | — | — |
| 水热法[48] | $Ag/Ag_2V_4O_{11}$ | $20mA \cdot g^{-1}$(276)<br>$100mA \cdot g^{-1}$(150) | 276(1)-30(20) | 10.9% |
| 本工作 | $Ag/AgVO_3$ | $50mA \cdot g^{-1}$(242.5)<br>$100mA \cdot g^{-1}$(228.8)<br>$200mA \cdot g^{-1}$(203.7)<br>$400mA \cdot g^{-1}$(202.7)<br>$800mA \cdot g^{-1}$(198) | 242.5(1)-111(30) | 46% |

综上所述，一步反应的低温固相合成法大规模合成了 $Ag/\beta$-$AgVO_3$ 纳米棒复合材料。复合材料中金属 Ag 单质的含量可以由煅烧温度和煅烧时间调节。煅烧温度为 420℃，煅烧时间为 4h 时制得的 $Ag/AgVO_3$ 复合材料最好，此时 $AgVO_3$ 的相纯度高，Ag 含量适中。XRD、Raman 和 FTIR 分析表明金属 Ag 只是存在于 $AgVO_3$ 材料的表面，没有改变材料的基本结构。SEM 形貌分析表明 420℃、4h 条件下合成的样品由大量一维纳米棒组成，纳米棒非常规整，分布均匀，其直径约为 100nm～1$\mu m$，长度达几微米，彼此之间有充足的空间，没有严重的团聚现象。EDS 和 TEM 分析确认了 Ag 的存在，并且 Ag 纳米粒子均匀地附着在 $AgVO_3$ 纳米棒上。在所有样品中，420℃、4h 条件下合成的样品具备较好的电化学性能，其在电流密度为 50mA·$g^{-1}$、100mA·$g^{-1}$、200mA·$g^{-1}$、400mA·$g^{-1}$、800mA·$g^{-1}$ 时的首次放电比容量分别达到 243mA·$h$·$g^{-1}$、229mA·$h$·$g^{-1}$、204mA·$h$·$g^{-1}$、203mA·$h$·$g^{-1}$、198mA·$h$·$g^{-1}$，显示出优异的倍率性能。其在 50mA·$g^{-1}$ 的电流密度下循环 30 次后的放电比容量为 111mA·$h$·$g^{-1}$，基于第二周的单周放电比容量的损失为 1.49%，表现出较好的循环稳定性能。交流阻抗分析表明附着在 $AgVO_3$ 纳米棒上的 Ag 纳米粒子对电极的电荷转移电阻有很大的影响，Ag 含量越高，电极的电荷转移电阻越小。循环伏安法和放电后的非原位 XRD 分析表明首次循环后材料发生了不可逆相变形成非晶相，这也是导致材料首次比容量急剧下降的主要原因。其优异的电化学性能主要是因为：①均匀地附着在 $AgVO_3$ 纳米棒上的 Ag 纳米粒子很大程度上提高了材料的电子电导率，从而加快了电极体系的电子运输，并且高导电性的金属 Ag 可以明显降低电池内阻；②纳米尺寸的 $\beta$-$AgVO_3$ 材料可以有效缩短锂离子扩散和电子传输的距离；纳米棒之间分布均匀，有充足的空间，有利于电解液的渗透，从而提高电极的润湿性；③一维的纳米棒具有快速的电子传输和离子扩散的能力，以及在循环过程中比表面积大等优势。

# 7.4
# $Ag/\beta$-$AgVO_3$ 纳米带复合材料

因为 $\beta$-$AgVO_3$ 具有很好的电化学、电子学、光催化、传感等特性，得到了研究人员的广泛关注[3,34,51-53]。作为一次锂电池的正极材料，$\beta$-$AgVO_3$ 纳米线可以获得 302mA·$h$·$g^{-1}$ 的高放电比容量，同时还表现出了良好的倍率性能[11]。另外，$\beta$-AgVO$_3$ 也用作锂离子电池的正极材料，大多数工作专注于去提高其循环稳定性能和倍率性能[21,51,53,54]。研究表明，将 Ag 纳米粒子与钒酸银材料复合，将有效改善电极材料的电导率，可获得更优异的电化学性能[54]。上节中，通过低温固相反应合成了 Ag/$\beta$-AgVO$_3$ 纳米棒复合材料，其作为锂电池正极材料获得了较为优异的性能。

本节介绍一种高效水热法合成 Ag 纳米粒子附着的 $\beta$-AgVO$_3$ 纳米带，并系统地表征了合成材料的结构、形貌及其作为锂电池正极材料的电化学性能。同时也研究了复合材料充放电循环后的结构变化和阻抗变化情况。结果表明，Ag/$\beta$-AgVO$_3$ 纳米带展现出了优越的电化学性能，包括很高的首次放电比容量、倍率性能和循环稳定性。

## 7.4.1  材料制备与评价表征

Ag/$\beta$-AgVO$_3$ 纳米带水热法制备：将 0.3g NH$_4$VO$_3$ 粉末加入含有 20mL 去离子水的烧杯中，然后在磁力搅拌中持续滴入 2mL 30％ H$_2$O$_2$ 溶液；等溶液颜色变成明亮的黄色，加入 15mL 化学计量比的 AgNO$_3$ 溶液，再继续搅拌大概 20min；将所得的溶液转移到 50mL 的聚四氟乙烯反应釜中，然后在电烘箱中 190℃保温 24h，自然冷却后，将所得的沉淀物通过去离子水和无水乙醇洗涤离心 5 次；随后将得到的沉淀物在烘箱中 60℃干燥约 12h，得到 Ag/$\beta$-AgVO$_3$ 纳米带材料。

用 X 射线衍射仪（XRD，Rigaku D/max2500）表征合成样品的相纯度和晶体结构。用扫描电镜（SEM，FEI Nova NanoSEM 230）和透射电镜（TEM，JEOL JEM-2100F）分析样品的形貌和微观结构。

正极极片制备：将 Ag/AgVO$_3$ 复合材料、乙炔黑和聚偏氟乙烯（PVDF）粘接剂按照质量比 7：2：1 混合在一起研磨 30min，然后滴入适量的 N-甲基吡咯烷酮（NMP）溶液，随后在磁力搅拌器下搅拌约 24h，将得到的浆料涂抹在铝箔上，最后在真空干燥箱中 100℃干燥大约 15h，并将其冲成小极片。CR2016 型扣式电池在充满高纯氮气的手套箱（Mbraun，Germany）中组装，其中锂金属作为负极，将 LiPF$_6$ 溶解于碳酸乙烯酯/碳酸二甲酯（EC/DMC）（体积比为 1：1）混合溶液中作为电解液（浓度为 1mol·L$^{-1}$），聚丙烯膜作为隔膜。用蓝电电池测试系统（Land CT 2001A，Wuhan，China）测试室温下电池的充放电性能。用上海辰华电化学工作站（CHI660C，China）记录循环伏安（CV）曲线，扫描速率为 0.5mV·s$^{-1}$。用德国 ZAHNER-IM6ex 电化学工作站（ZAHNER Co.，Germany）测试交流阻抗谱。电池的比容量和电流密度的计算基于 Ag/$\beta$-AgVO$_3$ 正极材料的质量，每个极片的 Ag/$\beta$-AgVO$_3$ 质量在 1~2mg 之间。

## 7.4.2 结果与分析讨论

### 7.4.2.1 结构表征与讨论

Ag/$\beta$-AgVO$_3$ 纳米带的 XRD 图谱如图 7-18 所示。所有的衍射峰都与单斜的 $\beta$-AgVO$_3$ 相［空间群为 $I2/m$（12），JCPDS 卡片号 29-1154］匹配，这与过去关于 $\beta$-AgVO$_3$ 的报道类似[3,21,35]。几乎没有发现别的衍射峰，表明合成的材料纯度较高。对于 $\beta$-AgVO$_3$ 的晶体结构来说，双链 V$_4$O$_{12}$ 被隔离开，由 AgO$_6$ 八面体支撑起来，依靠 Ag$_2$O$_5$ 和 Ag$_3$O$_5$ 组成的方形金字塔牢牢相连在一起，形成坚固的三维网络结构[6]。另外，金属 Ag 相在 XRD 图谱上没有出现，表明复合材料中单质 Ag 的含量很低。Ag/$\beta$-AgVO$_3$ 复合材料的 XRD 衍射峰跟纯的 $\beta$-AgVO$_3$ 一致，表明金属 Ag 的引入没有进入其晶体结构，只是附着在材料的表面。

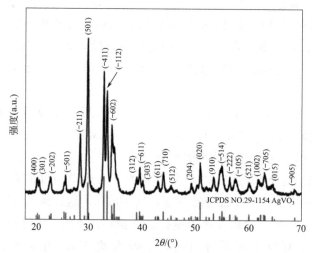

图 7-18 Ag/$\beta$-AgVO$_3$ 纳米带的 XRD 图谱

图 7-19 显示了合成的 Ag/$\beta$-AgVO$_3$ 纳米带的 SEM 图像。如图所示，样品由大量的纳米带组成，有些纳米带断掉，像小颗粒一样。这些纳米带的宽度为 100nm 左右，长度有几个微米。它们均匀分散，能看到带与带之间的空隙，并且纳米带的表面非常光滑。图 7-20(a)、图 7-20(b) 展示了 Ag/$\beta$-AgVO$_3$ 纳米带的 TEM 图像。可以观察到非常规整的纳米带形貌，并且纳米带上有很多小的 Ag 纳米颗粒附着。更加清晰地显示了在 $\beta$-AgVO$_3$ 纳米带上分散均匀的 Ag 纳米

(a) 低倍数      (b) 高倍数

图 7-19   Ag/$\beta$-AgVO$_3$ 纳米带的 SEM 图像

颗粒，其直径约为 5~20nm。图 7-20(c) 展示了单个纳米带的 TEM 图像和其对应的 SAED 电子衍射斑点图像。SAED 图像表明单个 $\beta$-AgVO$_3$ 纳米带是一个单晶。一个附着在纳米带上的纳米颗粒的 HRTEM 图像如图 7-20(d) 所示。其条纹间距为 2.38Å，与面心立方 Ag 的 （111） 晶面间距一致，确认了这些附着的纳米颗粒是金属 Ag 纳米颗粒。

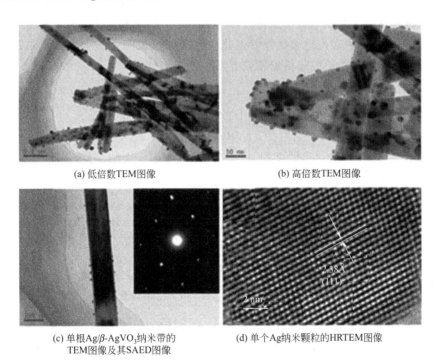

(a) 低倍数TEM图像      (b) 高倍数TEM图像

(c) 单根Ag/$\beta$-AgVO$_3$纳米带的
TEM图像及其SAED图像      (d) 单个Ag纳米颗粒的HRTEM图像

图 7-20   Ag/$\beta$-AgVO$_3$ 纳米带的 TEM 图像和 HRTEM 图像

### 7.4.2.2 结构表征与讨论

图 7-21(a) 显示了 $Ag/\beta\text{-}AgVO_3$ 纳米带在不同电流密度下的首次放电曲线。在 $20mA \cdot g^{-1}$ 和 $50mA \cdot g^{-1}$ 的电流密度下，电极可以表现出三个放电电压平台，这跟过去的报道一致[11,21,54]。这结果也表明了单质 Ag 的引入并没有改变 $\beta\text{-}AgVO_3$ 的电化学行为。在放电过程中，每个电压平台都伴随着 $Ag^+$ 被还原成 $Ag^0$；第二个放电平台还与 $V^{5+}$ 被还原成 $V^{4+}$ 有关，而第三个电压平台跟 $V^{4+}$ 被进一步还原成 $V^{3+}$ 有关[6,11,42,54]。令人惊奇的是，$Ag/\beta\text{-}AgVO_3$ 纳米带在 $20mA \cdot g^{-1}$、$50mA \cdot g^{-1}$、$100mA \cdot g^{-1}$、$500mA \cdot g^{-1}$ 和 $1000mA \cdot g^{-1}$ 的电流密度下，分别可以获得 $285mA \cdot h \cdot g^{-1}$、$246mA \cdot h \cdot g^{-1}$、$237mA \cdot h \cdot g^{-1}$、$225mA \cdot h \cdot g^{-1}$ 和 $188mA \cdot h \cdot g^{-1}$ 的放电比容量。$Ag/\beta\text{-}AgVO_3$ 纳米带表现出很高的放电比容量和较好的倍率性能，这些数值比过去关于 $\beta\text{-}AgVO_3$ 电化学性能的报道好很多，比如 $\beta\text{-}AgVO_3$ 径向纳米簇[51]、$\beta\text{-}AgVO_3$/聚苯胺三轴纳米线[21]、$Ag/AgVO_3$ 纳米棒[54]、$\beta\text{-}AgVO_3$ 纳米带[20]、$\beta\text{-}AgVO_3$ 纳米线[47]，等等。最近的研究发现活性材料中添加高导电 Ag 可以有效改善电极体系的电导率[29]。因此，这些优异的电化学性能可以归功于附着的 Ag 纳米粒子提高了电极体系的电导率，并且纳米带结构可以缩短 $Li^+$ 的扩散和电子传输的路径。$Ag/\beta\text{-}AgVO_3$ 纳米带表现出这么优异的电化学性能，也说明了其有潜力作为锂一次电池的正极材料，在心脏起搏器领域有潜在的应用价值。

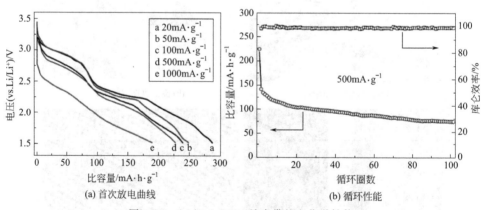

(a) 首次放电曲线　　　　　　　(b) 循环性能

图 7-21　$Ag/\beta\text{-}AgVO_3$ 纳米带的电化学性能

为了研究 $Ag/\beta\text{-}AgVO_3$ 纳米带是否在二次锂电池上也有潜在的应用，本节还研究了其循环稳定性能，其测试结果如图 7-21(b) 所示。其在 $500mA \cdot g^{-1}$ 的高电流密度下可以获得 $225mA \cdot h \cdot g^{-1}$ 的首次放电比容量，但是第二次循环后只剩下 $144mA \cdot h \cdot g^{-1}$ 的比容量。幸运的是，其在后面的循环中，容量的衰减率降低，循环 100 次后，仍能保持 77mA・h・g$^{-1}$，相对于第二圈的容量保持率为 53.5%，其单周容量衰减率为 0.63%。其库仑效率也达到 99%。众所周知，银钒氧化物通常用作一次锂电池的正极材料，其在二次锂电池的应用有很大的限制，这是因为其循环稳定性能还需要有很大的提高。比如，$\beta$-AgVO$_3$ 纳米线可以获得 302mA・h・g$^{-1}$ 的首次放电比容量，然而，其循环 20 次后只有 30% 的容量保持率[11]。$\beta$-AgVO$_3$/聚苯胺在 30mA・g$^{-1}$ 电流密度下也能获得 211mA・h・g$^{-1}$ 的首次放电比容量，20 次循环后也仅能保持 62% 的容量[21]。上一节所合成的 Ag/AgVO$_3$ 纳米棒虽然获得了较为出色的循环性能，但距离二次锂电池的实际应用还有非常大的距离[54]。在本节中，Ag/$\beta$-AgVO$_3$ 纳米带在较高的电流密度下获得的循环性能比很多文献报道的都要好，这是因为 Ag 纳米粒子的引入提高了其电导率，使其能在较高的电流下进行电化学嵌锂行为。但是其循环稳定性能离实际应用还有很大差距。钒酸银正极材料想要在二次锂电池中有所应用还需要研究者进行更为深入的研究。

为了解释其首次放电后容量急剧衰减的现象，本节测试了循环前、首次循环后和循环 100 次后的电极极片的 XRD，其结果如图 7-22(a) 所示。放电前的极片显示出 $\beta$-AgVO$_3$ 的 XRD 特征衍射峰。然而，面心立方 Ag 的衍射峰也存在，这跟其水热后得到的 Ag/$\beta$-AgVO$_3$ 纳米带的 XRD 不一致。为了避免实验误差，测试了三个循环前的电极片的 XRD，它们的结果都一样，都是有金属 Ag 衍射峰的存在。在 XRD 图谱中显示出较强的 Ag 的衍射峰，说明电极片中 Ag 的含量较高。这可能是由于 $\beta$-AgVO$_3$ 中小部分 Ag$^+$ 在极片制备的过程中被还原成银单质。更高的单质 Ag 含量将会使得电极体系的电导率得到进一步提升，从而获得更好的性能。首次循环后，$\beta$-AgVO$_3$ 的特征衍射峰消失，只有单质 Ag 的特征衍射峰出现，表明不可逆相变过程发生和非晶相的形成。结合实验结果与前人的报道，第一次充放电后

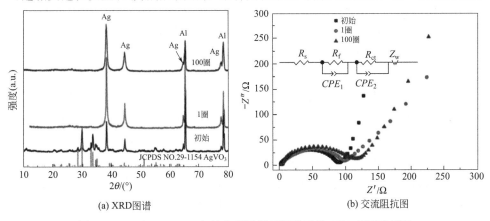

(a) XRD图谱　　　　　　　　(b) 交流阻抗图

图 7-22　Ag/$\beta$-AgVO$_3$ 电极在不同循环圈数后的 XRD 图谱和阻抗

容量的急剧降低，可以归结为不可逆的相变和非晶相的形成，以及电解液的分解和固体电解质膜（SEI）的形成[55-57]。100 次循环后，XRD 图谱上没有出现新的物相，表明电极的结构趋于稳定，这也跟前面循环稳定性能测试中第 2 次循环到第100 次循环之间容量衰减变得缓慢一致。电极在循环前和循环后的交流阻抗图谱如图 7-22（b）所示。这些阻抗图谱的形状都相似，在高频区出现的一个半圆和在低频区出现的一条直线，分别对应其膜电阻和电荷转移电阻，以及其 Warburg 电阻[11,58]。图 7-22（b）里面的插图是其等效电路图。电极的主要拟合参数如表 7-4 所示。如表中数据所示，这些电极都表现出很小的电荷转移电阻，表明金属 Ag的引入确实可以有效地减小电极体系的电化学阻抗。电极在循环一次后的电荷转移电阻（$R_{ct}$，64.89Ω）比放电前的（66.09Ω）还要小，这是因为 $\beta$-AgVO$_3$ 中的 Ag$^+$ 在放电过程中不断地被还原成金属银单质。100 个循环后，其 $R_{ct}$ 值只增大一点点，为 71.69Ω，这也解释了在这些循环期间，其稳定性能得到改善。毫无疑问，这些电极表现出如此低的电荷转移电阻，是因为高电导率的金属 Ag 单质增大了电极体系的电子电导率，使得其电子在电极体系能够快速传输。

表 7-4　Ag/$\beta$-AgVO$_3$ 电极的阻抗参数拟合数据

| 样品状态 | $R_s$/Ω | $R_f$/Ω | $R_{ct}$/Ω |
|---|---|---|---|
| 循环前 | 2.206 | 11.02 | 66.09 |
| 第 1 次循环后 | 4.795 | 19.08 | 64.89 |
| 第 100 次循环后 | 4.025 | 22.28 | 71.69 |

Ag/$\beta$-AgVO$_3$ 电极在第一次循环后和第 100 次循环后的 TEM 图像如图 7-23 所示。第一次循环后，Ag/$\beta$-AgVO$_3$ 电极的纳米带形貌消失了，只能观察到纳米棒的形貌 [图 7-23（a）和（b）]。而且，有很多较大的纳米颗粒附着在$\beta$-AgVO$_3$ 纳米棒上。我们表征了单个纳米颗粒的 HRTEM，其分析结果显示这些纳米颗粒就是 Ag 纳米颗粒。循环后，这些 Ag 纳米粒子变大，这是因为 $\beta$-AgVO$_3$ 中的 Ag$^+$ 在放电过程中不断地沉积，然后团聚在一起。这也能解释为什么电极在首次放电后容量下降那么快。即使循环 100 次后，Ag/$\beta$-AgVO$_3$ 纳米棒的形貌也能得到保持，这表明了在第一次循环后其电极结构的良好的稳定性。此结果也对应了第 2 个循环到第 100 个循环之间电极表现出较好的循环稳定性能。

综上所述，采用简单有效的水热法可合成 Ag 纳米颗粒附着的 $\beta$-AgVO$_3$ 纳米带。合成的 $\beta$-AgVO$_3$ 纳米带的宽度约为 100nm，长度有几个微米，表面附着的 Ag 纳米颗粒的直径约为 5～20nm。由于其新颖的纳米带结构和具有高导电性的 Ag 纳米粒子的附着，Ag/$\beta$-AgVO$_3$ 纳米带具有较高的比容量、较好的倍率性

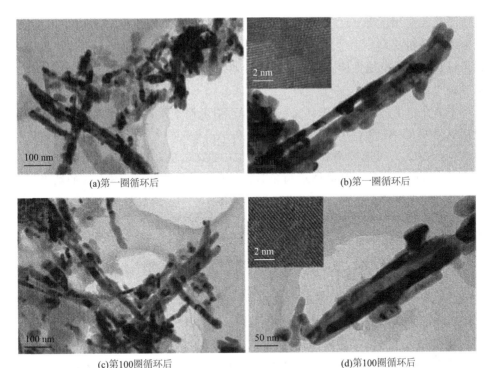

(a)第一圈循环后            (b)第一圈循环后

(c)第100圈循环后          (d)第100圈循环后

图 7-23    Ag/$\beta$-AgVO$_3$ 电极在不同循环圈数后的 TEM 图像及 HRTEM 图像

能和循环稳定性能。在 20mA·g$^{-1}$、50mA·g$^{-1}$、100mA·g$^{-1}$、500mA·g$^{-1}$ 和 1000mA·g$^{-1}$ 的电流密度下，其分别可以获得 285mA·h·g$^{-1}$、246mA·h·g$^{-1}$、237mA·h·g$^{-1}$、225mA·h·g$^{-1}$ 和 188mA·h·g$^{-1}$ 的放电比容量。Ag/$\beta$-AgVO$_3$ 纳米带表现出的优异电化学性能，表明其有潜力作为在心脏起搏器中使用的锂一次电池的正极材料。另外，我们的工作也提供了一种通过与高导电金属复合的途径来获得锂离子电池高性能电极材料的方法。

# 7.5
# 其他银/银钒氧化物纳米复合材料

银钒氧化物（SVOs）作为金属氧化物中具有最多复杂物相的物质体系之一，可以通过不同的合成条件获得多种含有不同 Ag/V 摩尔比的 SVOs。不同的 Ag、V 和 O 物质的量含量的 SVO 具有不同的物理化学性质，比如电化学活性、传感特性、催化活性、光学性质、磁学性能、电学性能等[3,4,35,51,59-63]。特别是，具有多氧化价态的 SVOs 表现出更高的容量和能量密度，在锂离子电池领域具有潜在的应用前景[4]。然而，它们的倍率性能和循环性能还不能令人满意，仍需要进一步提高[11,21,51,54,61,64-66]。研究表明，合成 Ag/SVOs 的纳米复合材料可以有效提高电池性能，因为高导电金属 Ag 的引入可以有效改善电极体系的电导率[29]。

本节介绍了溶胶-凝胶法合成一系列 Ag 纳米粒子附着 SVOs 纳米复合材料，包括 $AgVO_3$、$Ag_2V_4O_{11}$、$Ag_{0.33}V_2O_5$ 和 $Ag_{1.2}V_3O_8$。一系列的银/银钒氧化物（Ag/SVOs）可通过调节银钒（Ag：V）的摩尔比，以同样的化学合成方法来合成。同时，表征了其晶体结构和形貌，并研究了这些 Ag/SVOs 的纳米复合材料的电化学性能。

## 7.5.1  材料制备与评价表征

$Ag/AgVO_3$ 复合材料溶胶-凝胶法合成：将 1g $NH_4VO_3$ 粉末加入含有 20mL 去离子水的烧杯中，在磁力搅拌中持续滴入 3mL 30％ $H_2O_2$ 溶液，继续搅拌 20min 直至形成明亮的黄色溶液。将 20mL 化学计量比（1.4521g）的 $AgNO_3$ 溶液加入上述溶液中，然后在 60℃ 温度下持续搅拌直至凝胶状。将该凝胶在电烘箱中 60℃ 干燥，然后充分研磨得到前驱体粉末。将该前驱体粉末在空气中分别处于不同温度煅烧 4h，升温速率都为 5℃ · $min^{-1}$，得到 $Ag/AgVO_3$ 产物。

$Ag/Ag_2V_4O_{11}$、$Ag/Ag_{0.33}V_2O_5$ 和 $Ag/Ag_{1.2}V_3O_8$ 纳米复合材料合成：其合成的方法和步骤跟合成 $Ag/AgVO_3$ 复合材料一样，只需要在合成过程中改变 Ag：V 的摩尔比。

用差示扫描量热分析（DSC）/热重分析（TGA）的仪器（NETZSCH STA449C，Germany）研究前驱体在空气中的化学变化，加热速率为 10℃ · $min^{-1}$。用 X 射线衍射仪（XRD，Rigaku D/max2500）检测合成材料的相纯度和晶体结构。用 K-Alpha1063 型 X 射线光电子能谱仪（XPS，Thermo Fisher Scientific，England）获取样品的价态和化学成分。用场发射扫描电镜（SEM，FEI Nova NanoSEM 230）和透射电镜（TEM，JEOL JEM-2100F）来观察样品的形貌。高分辨透射电子显微分析也是在透射电镜（TEM，JEOL JEM-2100F）上进行。

正极极片制备：将复合材料、乙炔黑和 PVDF 粘接剂按照质量比 7：2：1 混合在一起研磨 30min，然后滴入适量的 N-甲基吡咯烷酮（NMP）溶液，随后在磁力搅拌器上搅拌约 24h，将得到的浆料涂抹在铝箔上，最后在真空干燥箱中 90℃ 干燥大约 15h，并将其冲成小极片。以锂金属作为负极，1mol · $L^{-1}$ $LiPF_6$ 碳酸乙烯酯/碳酸二甲酯（EC/DMC，体积比 1：1）溶液作为电解液，聚丙烯膜作为隔膜，在充满高纯氮气的手套箱（Mbraun，Germany）中组装成 2025 型扣式电池。用蓝电电池测试系统（Land CT 2001A，Wuhan，China）测试电池的充放电性能。在上海辰华电化学工作站（CHI660C，China）上记录循环伏安（CV）曲线。使用德国 ZAHNER-IM6ex 电化学工作站（ZAHNER Co.，Germany）测试交流阻抗谱。

## 7.5.2  结果与分析讨论

### 7.5.2.1  结构表征与讨论

AgVO$_3$ 有三种典型的晶体结构，分别为 $\alpha$-AgVO$_3$、$\beta$-AgVO$_3$ 和 $\gamma$-AgVO$_3$[6]。$\alpha$-AgVO$_3$ 是亚稳态，其在 200℃ 左右会不可逆地转化为稳定的 $\beta$-AgVO$_3$ 相；而合成 $\gamma$-AgVO$_3$ 需要很高的温度[67]。$\beta$-AgVO$_3$ 晶体结构中的双链 V$_4$O$_{12}$ 依靠 AgO$_6$ 八面体和牢牢相连的 Ag$_2$O$_5$ 和 Ag$_3$O$_5$ 组成的方形金字塔支撑起来，形成坚固的三维网络结构[6,68]。最近几年，由于稳定的结构和特殊的物理化学性质，$\beta$-AgVO$_3$ 吸引了很多研究者。在本节中，Ag 纳米粒子附着的 $\beta$-AgVO$_3$ 纳米棒可以在很宽的温度范围内合成。图 7-24 显示了 Ag/AgVO$_3$ 前驱体的热重-差热图谱。可以看到在热重曲线上出现了两个明显的质量损失阶段。从室温到 63℃ 之间的第一个阶段约有 2.5% 的质量损失，这属于前驱体中的物理吸附水的蒸发。第二个阶段对应了 26.5% 的质量损失，其在差热曲线上对应着一系列的吸热峰或放热峰，这说明这个温度期间发生了许多化学反应，从而生成 Ag/AgVO$_3$ 复合材料。差热曲线上 329℃ 后没有明显的吸热峰或放热峰，热重曲线上 350℃ 后没有出现明显的质量损失，说明在这个温度范围内可以合成 Ag/AgVO$_3$ 复合材料。根据上述热重-差热结果，选择 350℃、400℃ 和 450℃ 来合成 Ag/Ag-

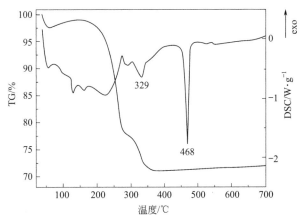

图 7-24  Ag/AgVO$_3$ 前驱体的热重-差热图谱

$VO_3$ 复合材料。差热曲线上在 468℃时出现一个尖锐的吸热峰，这应该是 $\beta$-Ag-$VO_3$ 的熔化峰。

图 7-25(a) 显示了不同温度合成的 Ag/AgVO₃ 复合材料的 XRD 图谱。这些样品的 XRD 衍射峰完全相似，其可以归属于单斜结构的 $\beta$-AgVO₃ 相 [空间群为 $I2/m$ (12)，JCPDS 卡片号 29-1154][3,35,60]，并且没有发现杂相峰。XRD 结果也证实了我们对 TG-DSC 图谱的分析，在 350~450℃可以合成 Ag/AgVO₃ 复合材料。XRD 图谱中没有出现金属 Ag 的衍射峰，说明 Ag 在复合材料中的含量很少。XPS 技术用来进一步研究 400℃合成的样品的价态和化学成分。图 7-25(b) 的 XPS 全谱扫描表明了样品仅由 C、O、V、Ag 组成，进一步确认其纯度高。在 284.8eV 结合能上的峰为校准试样 C 1s 的峰。在 516.7eV 和 523.8eV 结合能上的峰属于 V 2p 态 [图 7-25(c)]，分别是 $V^{5+}$，V $2p_{3/2}$ 和 V $2p_{1/2}$[53]。图 7-25(d) 显示的为 Ag 3d 的高分辨 XPS 光谱，发现 Ag 3d 谱中 Ag $3d_{5/2}$ 和

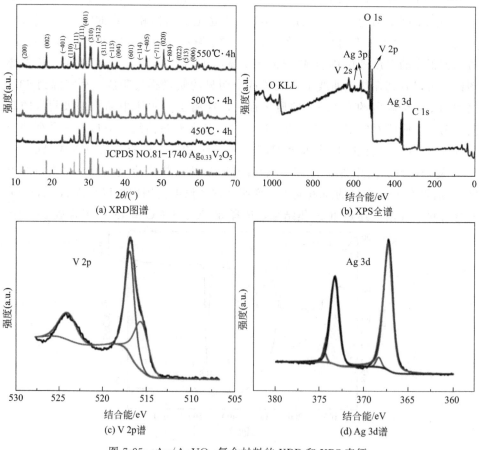

图 7-25　Ag/AgVO₃ 复合材料的 XRD 和 XPS 表征

Ag $3d_{3/2}$ 的结合能峰都可以由 2 个峰拟合而成，表明 Ag 在复合材料中存在两种不同的价态。Ag 3d 区域中较为尖锐的两个峰，表明 Ag 的化学价态以 $Ag^+$ 为主，电子结合能位置在 367.4eV 和 373.4eV，分别归属于 $Ag^+$，Ag $3d_{5/2}$ 和 Ag $3d_{3/2}$；在 368.4eV 和 374.4eV 位置的强度较弱的两个峰可以归为 $Ag^0$，Ag $3d_{5/2}$ 和 Ag $3d_{3/2}$[11]。XPS 分析结果表明合成的复合材料中共存在 Ag 的两个价态，分别是 $Ag^0$ 和 $Ag^+$（来自 $AgVO_3$）。

400℃合成的 $Ag/AgVO_3$ 复合材料不同倍数的 SEM 图像如图 7-26 所示。合成的样品呈现出纳米棒的形貌，其直径约为 $200\sim500nm$，纳米棒均匀分散，之间有空隙 [图 7-26(a)]。有趣的是，很多白色的纳米颗粒附着在纳米棒的表面。$Ag/AgVO_3$ 复合材料的 TEM 结果如图 7-27 所示。大量的纳米粒子均匀地附着在 $AgVO_3$ 纳米棒表面。纳米颗粒的直径小于 20nm。其对应的高分辨透射电镜（HRTEM）分析结果证实了附着的纳米颗粒是 Ag 纳米颗粒，因为从图中可以清楚看到的晶格条纹的间距约为 0.236nm，与面心立方结构的 Ag 单质（JCPDS 卡片号 04-0783）的（111）晶面间距一致。另外，$AgVO_3$ 纳米棒的晶面间距也很明显，标记出来的 $d$ 值，计算出来是 0.276nm 和 0.305nm，其与单斜结构的 $\beta$-$AgVO_3$ 物相的（$\bar{4}11$）和（310）晶面的间距一致。TEM 测试结果与之前 XPS 结

(a) 低倍数　　　　　　　　　　(b) 高倍数

图 7-26　$Ag/AgVO_3$ 复合材料的 SEM 图像

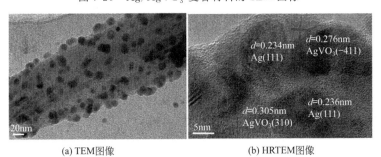

(a) TEM图像　　　　　　　　　(b) HRTEM图像

图 7-27　$Ag/AgVO_3$ 复合材料的 TEM 图像和 HRTEM 图像

果对应得很好，进一步证实了复合材料中单质 Ag 和 $AgVO_3$ 物相的共存。

由前述的分析表明，采用简单的溶胶-凝胶法可以成功合成 $Ag/AgVO_3$ 复合材料。因为 SVOs 的物相有很多，改变其 Ag∶V 比例可以衍生出很多种不同的物相，并且会获得不同的电化学性能。我们通过用同样的方法只是简单地改变反应物中的 Ag∶V 摩尔比去合成其他的银/银钒氧化物，比如 $Ag/Ag_2V_4O_{11}$、$Ag/Ag_{0.33}V_2O_5$ 和 $Ag/Ag_{1.2}V_3O_8$。

在所有的 SVOs 中，$Ag_2V_4O_{11}$ 正极材料因为其高容量、高功率和长期化学稳定性（＞10 年），已经在心脏起搏器中使用的一次锂电池上得到广泛应用[69,70]。$Ag_2V_4O_{11}$ 的晶体结构呈现出二维的层状结构，$Ag^+$ 坐落在 V-O 层之间，由两个等效钒位点组成的无穷 $[V_4O_{12}]_n$ 四重体通过角共享氧原子提供的连续 V-O 层沿（001）面连接起来[71]。500℃下不同反应时间合成的 $Ag_2V_4O_{11}$ 的 XRD 图谱如图 7-28（a）所示，大部分的 XRD 衍射峰可以归属于单斜结构的

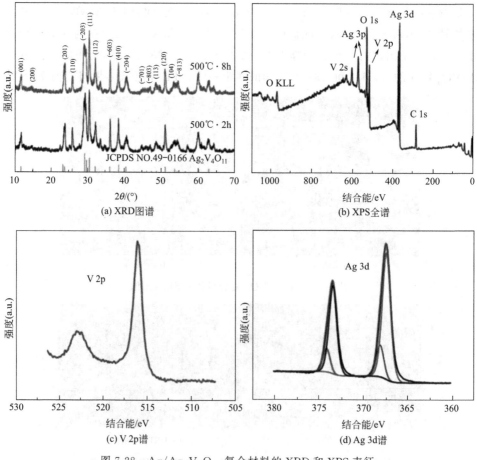

图 7-28　$Ag/Ag_2V_4O_{11}$ 复合材料的 XRD 和 XPS 表征

$Ag_2V_4O_{11}$ 相（空间群为 $C2/m$，JCPDS 49-0166），这结果跟过去关于 $Ag_2V_4O_{11}$ 材料的报道结果一致[72]。其衍射峰较为尖锐，说明合成的材料的结晶度较高。XPS 全谱扫描显示了样品仅由 C、O、V 和 Ag 元素组成[图 7-28(b)]。校准试样 C 的标峰的结合能在 284.8eV。V 2p 价态的电子结合能在 516.7eV 和 523.8eV [图 7-28(c)]。高分辨率的 Ag 3d 谱显示其每个峰都能用高斯拟合分成两个峰，说明 Ag 在其复合材料中存在不同价态[图 7-28(d)]。XPS 拟合峰中坐落在 368.4eV 和 374.4eV 的两个较弱的峰，分别属于 $Ag^0$，Ag $3d_{5/2}$ 和 Ag $3d_{3/2}$，证实了金属 Ag 单质存在于复合材料中。XRD 和 XPS 分析结果表明这种方法能够成功合成 $Ag/Ag_2V_4O_{11}$ 复合材料。

对于 $Ag_{0.33}V_2O_5$ 来说，其也属于单斜结构，空间群为 $I2/m$（12），它是由填隙 $Ag^+$ 在 $V_2O_5$ 层间构成[73]。$Ag_{0.33}V_2O_5$ 的结构中有三个等效的钒位点，V (3) 位点通过角共享氧原子沿 $b$ 轴方向形成无限曲折的 $[V_4O_{11}]_n$ 连接层，但由五层的四方锥 V (3) $O_5$ 配位体协调[71]。这种独特的晶体结构跟二维层状结构的 $Ag_2V_4O_{11}$ 是完全不同的，$Ag_{0.33}V_2O_5$ 表现出独特的三维通道结构。与 $Ag_2V_4O_{11}$ 和 $AgVO_3$ 相比较，$Ag_{0.33}V_2O_5$ 的晶体结构在脱/嵌锂过程中更加稳定，因为其新颖的 3D 通道结构可以缓解结构坍塌和结晶度的损失。因此，在所有的 SVOs 当中，$Ag_{0.33}V_2O_5$ 是最有可能被用作锂离子电池正极材料的 SVOs。利用同样的方法也合成了 $Ag/Ag_{0.33}V_2O_5$ 复合材料。图 7-29(a) 展示了不同温度条件下制备的 $Ag/Ag_{0.33}V_2O_5$ 复合材料的 XRD 图谱。全部的 XRD 衍射峰都能索引到单斜的 $\beta$-$Ag_{0.33}V_2O_5$ 物相 [空间群为 $C2/m$（12），JCPDS 81-1740]，跟过去的报道一致[61,73]。但是，其图谱上没有 Ag 的衍射峰，说明单质 Ag 的含量很少。进一步利用 XPS 表征手段来研究合成的材料，图 7-29(b) 显示 450℃ 下合成的 $Ag/Ag_{0.33}V_2O_5$ 复合材料的 XPS 全谱图。样品仅由 C、O、V 和 Ag 组成，进一步确认其纯度高。校准试样元素碳的标峰的结合能在 284.8eV。从图 7-29(c) 可知，$Ag_{0.33}V_2O_5$ 中钒的价态有两种，为 $V^{5+}$ 和 $V^{4+}$。$V^{5+}$ V $2p_{3/2}$ 和 $V^{5+}$ V $2p_{1/2}$ 的电子结合能在 517.1eV 和 524.2eV；而 $V^{4+}$ 的电子结合能在 515.8eV，但是其峰值较弱，表明 $V^{4+}$ 的含量较少，这结果跟过去的文献报道的一致[71,73]。从图 7-29 (d) 可知，Ag 3d 谱中的银也有两种价态。图谱中两个强的拟合峰值为 367.4eV 和 373.3eV，属于 $Ag^+$，Ag $3d_{5/2}$ 和 Ag $3d_{3/2}$；两个较弱的拟合峰为 368.4eV 和 374.4eV，属于单质 $Ag^0$，Ag $3d_{5/2}$ 和 Ag $3d_{3/2}$。跟上述的 $Ag_2V_4O_{11}$ 和 $AgVO_3$ 一样，其 XPS 的 Ag 3d 谱都存在银的混合价态，分别为 $Ag_{0.33}V_2O_5$ 结构中的 $Ag^+$ 和单质金属 $Ag^0$，表明成功合成了 $Ag/Ag_{0.33}V_2O_5$ 复合材料。

层状结构的 $Ag_{1+x}V_3O_8$ 与 $Li_{1+x}V_3O_8$ 结构类似，其空间群为 $I2/m$（12），属于

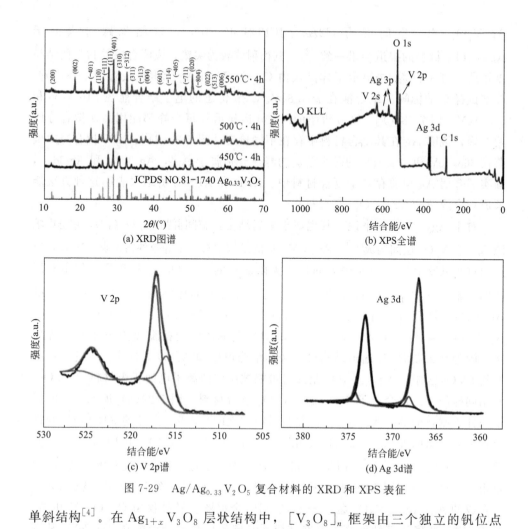

图 7-29  Ag/Ag$_{0.33}$V$_2$O$_5$ 复合材料的 XRD 和 XPS 表征

单斜结构[4]。在 Ag$_{1+x}$V$_3$O$_8$ 层状结构中，[V$_3$O$_8$]$_n$ 框架由三个独立的钒位点组成。其中两个是八面体配位，另一个是三角双锥配位，包括两个结构单元，由双链边共享三角双锥沿 [010] 方向连接双链边共享的 VO$_6$ 八面体。而 Ag$^+$ 驻留在扭曲的八面体位置，这跟主要的 Li$^+$ 坐落在 Li$_{1.2}$V$_3$O$_8$ 结构中的位置一致[62,74]。在电化学嵌锂过程中，Ag$_{1.2}$V$_3$O$_8$ 结构中的 Ag$^+$ 会连续地沉积为金属 Ag 附着在活性材料表面，而金属 Ag 单质在随后的脱/嵌锂过程中不会进入 Ag$_{1.2}$V$_3$O$_8$ 层状结构中[66,75]，这样将不会改变其晶体结构，而 Ag 的析出可以进一步改善其电导率。我们研究发现，Li$^+$ 会代替 Ag$_{1.2}$V$_3$O$_8$ 结构中八面体位置的 Ag$^+$ 形成新的物质，Li$_{1+x}$V$_3$O$_8$，而且它的结构在随后的循环过程中是可逆的，这也可以在其充放电后电极的非原位 XRD 结果中得到证实[66]。相对 AgVO$_3$ 来说，Ag$_{1.2}$V$_3$O$_8$ 具有更好的循环性能，这是因为 Ag$_{1.2}$V$_3$O$_8$ 在首次放电后可以形成具有良好的结构稳定性的 $Li_{1+x}V_3O_8$ 相。因此，$Ag_{1.2}V_3O_8$ 具有良好的研究价值，但是需要进一步改善其循环稳定性能和倍率性能。

不同温度下合成的 $Ag/Ag_{1.2}V_3O_8$ 复合材料的 XRD 图谱如图 7-30(a) 所示。所有的 XRD 衍射峰都能索引到单斜结构的 $Ag_{1.2}V_3O_8$ 相 [空间群为 $P2_1/m(11)$，JCPDS 88-0686]，所得的 XRD 图谱跟过去文献报道的一致[62,66]。从 XRD 图中可以知道，利用本方法可以在较宽的温度范围内合成 $Ag_{1.2}V_3O_8$ 材料。但是 XRD 图谱没有显示金属 Ag 单质的衍射峰，说明其含量很少。需要像前面研究别的 Ag/SVOs 一样，利用 XPS 确定其元素价态的组成。高分辨 V 2p 的 XPS 谱呈现出不对称性 [图 7-30(c)]，这是因为 $Ag_{1.2}V_3O_8$ 中的钒存在着两种价态。核心层中占主导地位的峰值在 517.2eV，属于 $V^{5+}$ 的电子结合能；而较弱的峰值在 515.8eV，属于 $V^{4+}$ 的电子结合能[62]。对于 Ag 3d 谱来说，其与前

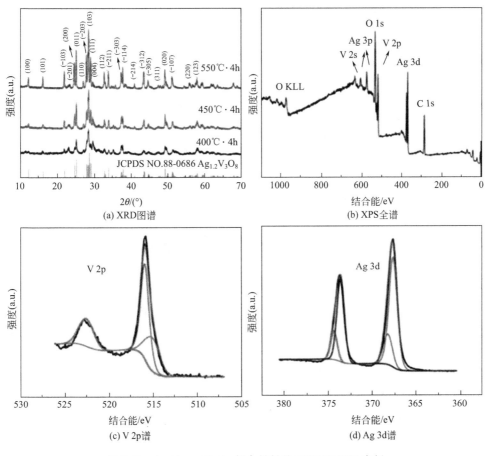

图 7-30　$Ag/Ag_{1.2}V_3O_8$ 复合材料的 XRD 和 XPS 表征

述的 Ag/SVOs 复合材料一样,Ag 都由两个价态。拟合峰中稍微弱的峰,坐落在 368.2eV 和 374.27eV,属于金属 Ag 单质的电子结合能,为 $Ag^0$ 的 Ag $3d_{5/2}$ 和 Ag $3d_{3/2}$。XPS 结果确认了金属 Ag 单质存在于 Ag/$Ag_{1.2}V_3O_8$ 复合材料中。

TEM 用来进一步表征合成的 Ag/SVOs 复合材料的显微结构,其结果如图 7-31 所示。从 TEM 图片中可以清晰地看到,虽然合成的 SVOs 的形貌不一致,但是它们的表面都均匀地附着了很多纳米颗粒。对这些 SVOs 和附着的纳米颗粒进行 HRTEM 表征。这些 SVOs 都呈现出清晰的晶格条纹,计算得到其条纹间距分别为 0.237nm [图 7-31(b)]、0.2056nm [图 7-31(d)]和 0.323nm [图 7-31(f)],

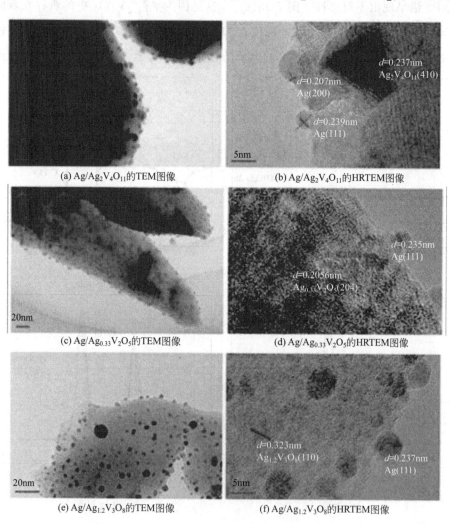

(a) Ag/$Ag_2V_4O_{11}$的TEM图像

(b) Ag/$Ag_2V_4O_{11}$的HRTEM图像

(c) Ag/$Ag_{0.33}V_2O_5$的TEM图像

(d) Ag/$Ag_{0.33}V_2O_5$的HRTEM图像

(e) Ag/$Ag_{1.2}V_3O_8$的TEM图像

(f) Ag/$Ag_{1.2}V_3O_8$的HRTEM图像

图 7-31 Ag/SVOs 复合材料的 TEM 图像和 HRTEM 图像

分别与 $Ag_2V_4O_{11}$ 物相的（410）面（JCPDS 49-0166）、$Ag_{0.33}V_2O_5$ 物相的（204）面（JCPDS 81-1740）、$Ag_{1.2}V_3O_8$ 物相的（110）面（JCPDS 88-0686）的晶面间距一致。附着的纳米粒子的直径约为 $2\sim10nm$，它们的 HRTEM 图片也显示了清晰的晶格条纹，其条纹间距与面心立方 Ag 的相应晶面的晶面间距一致，表明这些纳米颗粒是 Ag 纳米颗粒。HRTEM 结果进一步表明了本节成功合成了 Ag 纳米粒子附着在一系列 SVOs 上面。

## 7.5.2.2 电化学性能与讨论

图 7-32(a) 显示了 400℃合成的 $Ag/AgVO_3$ 复合材料的循环伏安（CV）曲线，扫描速率为 $0.05mV\cdot s^{-1}$。CV 曲线清晰地展示了三个很强的还原峰，分别位于 2.97V、2.32V 和 2.16V（vs. $Li^+/Li$），一个微弱的还原峰，位于 1.95V（vs. $Li^+/Li$）。所有的还原峰都跟 $Ag^+$ 被还原成 $Ag^0$ 有关，而在 2.32V 和 2.16V 的还原峰还分别与 $V^{5+}$ 被还原成 $V^{4+}$ 和 $V^{4+}$ 被部分还原成 $V^{3+}$ 有关[6,11,42,54,76]。1.95V 处微弱的还原峰是由于 $V^{4+}$ 进一步被还原成 $V^{3+}$[53]。

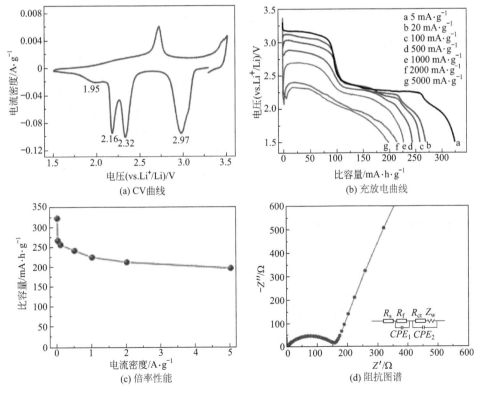

(a) CV曲线    (b) 充放电曲线

(c) 倍率性能    (d) 阻抗图谱

图 7-32　400℃合成的 $Ag/AgVO_3$ 复合材料的电化学性能

图 7-32(b) 展示了 Ag/AgVO$_3$ 复合材料在不同电流密度下的首次放电曲线。电极表现出很高的放电比容量，其在 5mA·g$^{-1}$、20mA·g$^{-1}$、100mA·g$^{-1}$、500mA·g$^{-1}$、1000mA·g$^{-1}$ 和 2000mA·g$^{-1}$ 电流密度下分别可以获得 325mA·h·g$^{-1}$、269mA·h·g$^{-1}$、259mA·h·g$^{-1}$、244mA·h·g$^{-1}$、227mA·h·g$^{-1}$ 和 215mA·h·g$^{-1}$ 的首次放电比容量。令人惊讶的是，即使在 5000mA·g$^{-1}$ 超高的电流密度下，该电极仍然能够正常工作，并释放出 199mA·h·g$^{-1}$ 的放电比容量。这比前两节合成的 Ag/AgVO$_3$ 复合材料的性能好很多。其电流密度从 20mA·g$^{-1}$ 升到 5000mA·g$^{-1}$ 的容量保持率达到 74% [图 7-32(c)]，显示出非常优异的倍率性能。此外，对其电化学阻抗进行测试，并利用等效电路图分析其图谱，得到其电荷转移电阻为 117Ω，如图 7-32(d) 所示。此数值低于过去文献关于 AgVO$_3$ 电极的阻抗的报道，包括 AgVO$_3$/PANI 三轴纳米线[21]、Ag/AgVO$_3$ 纳米棒复合材料[54]、聚苯胺包裹的 $\beta$-AgVO$_3$ 纳米线[77]。其较小的电荷转移电阻是由于高导电的 Ag 纳米粒子附着在 AgVO$_3$ 的表面，有效地改善了电极体系的电导率，从而导致了电极体系中更快的电子传输。

为了研究其放电过程中结构的变化，测试了其不同放电深度后的 TEM，其结果如图 7-33 所示。在放电过程中，$\beta$-AgVO$_3$ 纳米棒的形貌没有太大的变化，

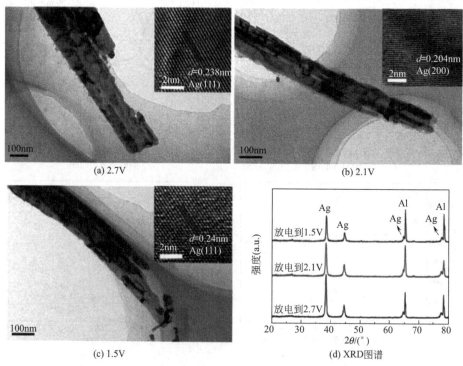

图 7-33　400℃合成的 Ag/AgVO$_3$ 在不同放电深度的 TEM、HRTEM 和 XRD 表征

表现出良好的形貌稳定性。但是很难看到附着在纳米棒上的 Ag 纳米粒子，这些纳米粒子在放电过程中聚集在一起，成为片状的颗粒附着在 $\beta$-AgVO$_3$ 纳米棒上。图 7-33(a)~(c)里面的插图为片状颗粒的 HRTEM 图像，进一步确认了它们就是金属单质 Ag。这是因为 $\beta$-AgVO$_3$ 中部分 Ag$^+$ 在放电过程中不断被还原成金属 Ag 单质，沉积在纳米棒上，聚集在一起。图 7-33(d) 的 XRD 图谱进一步确认了上述猜测。$2\theta = 65.133°$、$78.227°$ 上的衍射峰属于面心立方 Al 相（JCPDS 卡片号 04-0787），它是扣式电池正极材料的集流体。放电后 $\beta$-AgVO$_3$ 的特征衍射峰完全消失，只有面心立方的 Ag 相出现。电极在不同放电深度的 XRD 衍射峰一致。XRD 结果说明在放电过程中，电极发生了不可逆相变析出了金属 Ag 单质，并形成了非晶态相。这结果跟前两节的研究结果一致。钒酸银正极材料在放电过程中析出 Ag 单质在 Chen 等人[11] 的研究工作中也有体现。

如表 7-5 所示，过去的文献报道了很多不同的方法去合成钒酸银正极材料或者其复合材料，有部分取得了不错的电化学性能。合成的 Ag/AgVO$_3$ 复合材料跟过去的文献中报道的材料相比，其电化学性能要好很多。结合前述分析结果，Ag/AgVO$_3$ 复合材料能够获得很高的放电比容量和优异的倍率性能可能是由于：①AgVO$_3$ 纳米棒上附着的 Ag 纳米粒子和其在放电过程中不断原位沉积的 Ag 单质有效地提高了电极体系的电子电导率；②均匀分散的纳米棒结构，有利于电解液渗透；③Ag 纳米粒子可能有表面催化的效果，可以有效促进电极表面的嵌入/脱出反应。

表 7-5　不同方法合成的钒酸银正极材料的电化学性能

| 合成方法 | 成分 | 电流密度 | 初始比容量 /mA·h·g$^{-1}$ |
|---|---|---|---|
| 基于 AgVO$_3$ 纳米线复合[21] | AgVO$_3$/PANI | 30mA·g$^{-1}$ | 211 |
| 基底辅助水热法[51] | AgVO$_3$ | 100mA·g$^{-1}$<br>500mA·g$^{-1}$ | 220<br>163 |
| 水热法[11] | AgVO$_3$ | 0.01mA·cm$^{-2}$<br>0.1mA·cm$^{-2}$ | 302<br>273 |
| 水热法[20] | AgVO$_3$ | 0.1mA·cm$^{-2}$ | 104 |
| 超声化学法[47] | AgVO$_3$ | 125mA·g$^{-1}$ | 102 |
| 流变相法[9] | Ag$_2$V$_4$O$_{11}$ | 30mA·g$^{-1}$<br>120mA·g$^{-1}$ | 272<br>240 |
| 水热法[48] | Ag/Ag$_2$V$_4$O$_{11}$ | 20mA·g$^{-1}$<br>100mA·g$^{-1}$ | 276<br>150 |

| 合成方法 | 成分 | 电流密度 | 初始比容量 /mA·h·g$^{-1}$ |
|---|---|---|---|
| 水热法[53] | Ag/AgVO$_3$/CNTs | 5mA·g$^{-1}$<br>1000mA·g$^{-1}$ | 268<br>197 |
| 低温固相法[54] | Ag/AgVO$_3$ | 20mA·g$^{-1}$<br>800mA·g$^{-1}$ | 243<br>198 |
| 水热法[64] | Ag/AgVO$_3$ | 20mA·g$^{-1}$<br>1000mA·g$^{-1}$ | 285<br>188 |
| 本工作 | Ag/AgVO$_3$ | 5mA·g$^{-1}$<br>20mA·g$^{-1}$<br>100mA·g$^{-1}$<br>500mA·g$^{-1}$<br>1000mA·g$^{-1}$<br>2000mA·g$^{-1}$<br>5000mA·g$^{-1}$ | 325<br>269<br>259<br>244<br>227<br>215<br>199 |

　　循环稳定性对商业化锂离子电池来说，是一个很关键的因素。虽然其在 100mA·g$^{-1}$ 电流密度下的初始放电比容量达到 259mA·h·g$^{-1}$，但是其容量急速下降，第二周的比容量只有 159mA·h·g$^{-1}$，容量保持率仅为 61.4%，这是由于 AgVO$_3$ 在首次放电后发生了不可逆相变。幸运的是，其容量衰减率在随后的循环开始变得缓慢，循环 400 圈后还能保持将近 41mA·h·g$^{-1}$ 的比容量，相对第二周容量的单周容量损失率为 0.34%。糟糕的循环性能说明其在二次锂电池上应用还有很大的距离。然而，超高的初始放电比容量和倍率性能表明其很有潜力作为一次锂电池正极材料在植入式心脏复律除颤器（ICD）上得到应用。

　　图 7-34(a) 展示了 Ag/Ag$_2$V$_4$O$_{11}$ 电极在不同电流密度下的初始放电容量曲线。该电极在 20mA·g$^{-1}$ 和 50mA·g$^{-1}$ 电流密度下可以获得 309mA·h·g$^{-1}$ 和 272mA·h·g$^{-1}$ 的较高初始放电比容量。Ag/Ag$_2$V$_4$O$_{11}$ 复合材料的比容量比过去文献中一些关于 Ag$_2$V$_4$O$_{11}$ 报道的要好一些。然而，其在 3V 电压以上贡献的容量几乎没有，比前述 Ag/AgVO$_3$ 复合材料的低很多。由于 ICD 在 3V 以上工作效率更高，所以在高电压范围内获得高容量对于提高 ICD 的工作性能是非常重要的[11]。从这方面来说，本节合成的 Ag/AgVO$_3$ 复合材料表现出更优异的电化学性能，更适合作为锂电池正极材料用于 ICD 领域。我们也测试了其循环稳定性能，结果如图 7-34(b) 所示。与 AgVO$_3$ 一样，其首次放电后容量快速衰减，第二周的比容量只有 226mA·h·g$^{-1}$，容量保持率为 83%，这数值比 Ag/

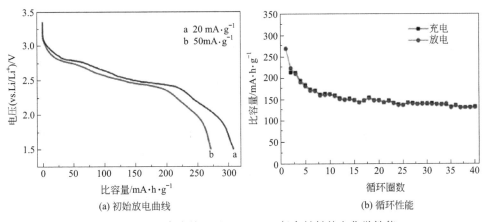

(a) 初始放电曲线　　　　(b) 循环性能

图 7-34　500℃合成的 $Ag/Ag_2V_4O_{11}$ 复合材料的电化学性能

$AgVO_3$ 复合材料要好。随后其容量衰减率减小，循环 40 圈后还可以保持 $135mA \cdot h \cdot g^{-1}$ 的较高比容量。虽然其循环稳定性能比 $Ag/AgVO_3$ 复合材料要好一些，但其离二次锂电池正极材料的商业化应用还有很大的差距，还需要进一步提高。

图 7-35(a) 显示了 $Ag/Ag_{0.33}V_2O_5$ 电极的首次循环伏安（CV）曲线。4 个很明显的还原峰和 4 个对应的氧化峰出现在 CV 曲线上，这是由于锂离子在电极材料中的多步嵌入/脱出反应。图 7-35(b) 是该电极在不同电流密度下的放电曲线。在 3.3V、3.0V、2.5V 和 2.0V 上出现了四个放电平台，这与前面的 CV 结果对应得很好。其在 $20mA \cdot g^{-1}$ 和 $100mA \cdot g^{-1}$ 电流密度下的首次放电比容量为 $293mA \cdot h \cdot g^{-1}$ 和 $220mA \cdot h \cdot g^{-1}$。图 7-36(a) 显示了其在 $100mA \cdot g^{-1}$ 电流密度下的循环稳定性能。该电极显示出了良好的稳定性能，50 圈后其比容量为 $194mA \cdot h \cdot g^{-1}$，其容量保持率为 88%。图 7-36（b）显示了其在

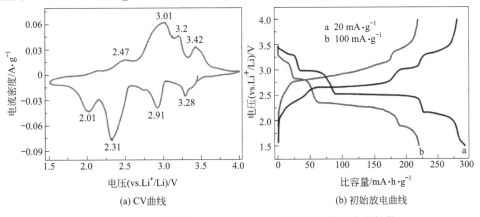

(a) CV曲线　　　　(b) 初始放电曲线

图 7-35　450℃合成的 $Ag/Ag_{0.33}V_2O_5$ 复合材料的电化学性能

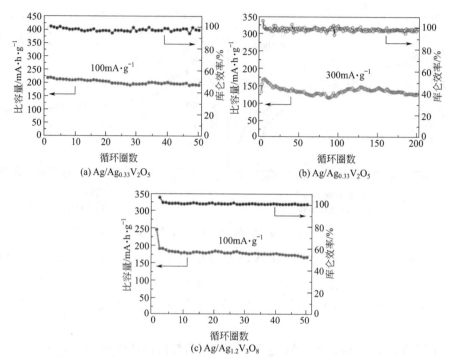

(a) Ag/Ag$_{0.33}$V$_2$O$_5$

(b) Ag/Ag$_{0.33}$V$_2$O$_5$

(c) Ag/Ag$_{1.2}$V$_3$O$_8$

图 7-36　450℃ 合成的 Ag/Ag$_{0.33}$V$_2$O$_5$ 和 Ag/Ag$_{1.2}$V$_3$O$_8$ 复合材料的循环性能图

300mA·g$^{-1}$ 电流密度下的循环性能。其充放电的初始比容量为 137mA·h·g$^{-1}$，经过 200 圈的长期循环后，其比容量还能保持 132mA·h·g$^{-1}$，容量保持率高达 96.4%，这样优异的稳定性能对 SVOs 电极来说是非常罕见的。而且，其库仑效率保持在 99%。最近有报道指出 Ag$_{0.33}$V$_2$O$_5$ 结构在充放电循环过程中具有

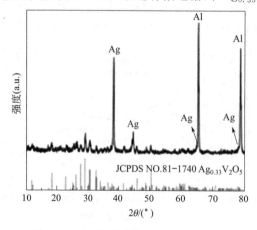

图 7-37　450℃ 合成的 Ag/Ag$_{0.33}$V$_2$O$_5$ 复合材料循环 50 圈后的非原位 XRD 图

良好的结构可恢复性，循环几圈后结构变化不大[61,78]。由循环 50 圈后的 XRD（图 7-37）发现，在循环 50 圈后 Ag$_{0.33}$V$_2$O$_5$ 的 XRD 特征衍射峰还存在，只是析出了金属银单质。Ag 单质的析出将会在充放电过程中提高电极的电导率。因此，Ag/Ag$_{0.33}$V$_2$O$_5$ 复合材料之所以能获得较为优异的电化学性能，是因为其晶体结构的良好可逆性和充放电过程中的 Ag 析出增加了电导率。

图 7-36(c) 显示了 $Ag/Ag_{1.2}V_3O_8$ 复合材料在 $100mA \cdot g^{-1}$ 电流密度下的循环性能图。$Ag_{1.2}V_3O_8$ 很少有作为锂电池正极材料的报道，而 $Ag/Ag_{1.2}V_3O_8$ 复合材料是首次作为锂电池正极材料来研究。该电极在 $100mA \cdot g^{-1}$ 电流密度下能获得 $246mA \cdot h \cdot g^{-1}$ 的较高比容量，然后在第二个循环快速下降到 $190mA \cdot h \cdot g^{-1}$。这是因为锂离子在不断嵌入 $Ag_{1.2}V_3O_8$ 结构的过程中发生了相变，形成了新的物相，即金属 Ag 单质和 $Li_{1+x}V_3O_8$[66]。众所周知，$Li_{1+x}V_3O_8$ 的结构稳定性很好，而原位析出的 Ag 单质会进一步改善电极的电导率，使材料获得更好的性能。因此，$Ag_{1.2}V_3O_8$ 材料具有较好的研究价值。如我们所料，其在第二个循环后，放电比容量变得平稳，循环 50 圈后还能保持 $164mA \cdot h \cdot g^{-1}$ 的较高比容量。

本节合成了一系列 Ag 纳米粒子附着的银钒氧化物，包括 $AgVO_3$、$Ag_2V_4O_{11}$、$Ag_{0.33}V_2O_5$ 和 $Ag_{1.2}V_3O_8$。在过去的几十年里，$AgVO_3$ 和 $Ag_2V_4O_{11}$ 材料一般作为一次锂电池正极材料来研究，而 $Ag_{0.33}V_2O_5$ 和 $Ag_{1.2}V_3O_8$ 主要作为二次锂电池正极材料被研究。这是因为 $AgVO_3$ 和 $Ag_2V_4O_{11}$ 正极材料在首次循环后会发生不可逆相变和形成非晶相，导致容量的急剧衰减以及随后的令人不满意的循环稳定性能[54]。然而，$Ag_{0.33}V_2O_5$ 表现出杰出的结构可逆性，$Ag_{1.2}V_3O_8$ 在首次循环后形成良好结构稳定性的 $Li_{1+x}V_3O_8$ 相，这使得它们都有潜力作为二次锂电池的正极材料[61,66,75]。如表 7-6 所示，$Ag/AgVO_3$ 和 $Ag/Ag_2V_4O_{11}$ 释放出很高的初始放电比容量并且具有较好的倍率性能。特别是 $Ag/AgVO_3$ 复合材料，其在 $5A \cdot g^{-1}$ 的超高电流密度下还可以获得 $199mA \cdot h \cdot g^{-1}$ 的放电比容量，其在 ICD 用的一次锂电池上有潜在的应用价值。但是其循环稳定性能却非常糟糕，这是由其材料本征结构决定的，可能很难改善。但是对 $Ag/Ag_{0.33}V_2O_5$

表 7-6　本章合成的 Ag/SVOs 复合材料的电化学性能对比表

| 成分 | 电流密度 /$mA \cdot g^{-1}$ | 初始比容量 /$mA \cdot h \cdot g^{-1}$ | 比容量/$mA \cdot h \cdot g^{-1}$ （括号中为循环次数） | 容量保持率 |
|---|---|---|---|---|
| $Ag/AgVO_3$ | 20 | 269 | — | — |
| | 100 | 259 | — | — |
| | 5000 | 199 | — | — |
| $Ag/Ag_2V_4O_{11}$ | 20 | 309 | | |
| | 50 | 272 | | |
| $Ag/Ag_{0.33}V_2O_5$ | 100 | 302 | 220(1)-194(50) | 88.2% |
| | 300 | 137 | 137(1)-132(200) | 96.4% |
| $Ag/Ag_{1.2}V_3O_8$ | 100 | 246 | 246(1)-164(50) | 66.7% |

和 $Ag/Ag_{1.2}V_3O_8$ 材料来说，虽然其在不同电流密度下的初始比容量比 $Ag/Ag$-$VO_3$ 低，它们表现出更优越的循环稳定性能，甚至比很多报道的结果都要好，比如 $Ag_{0.33}V_2O_5$ 纳米线[61]、$Ag_{0.33}V_2O_5$ 纳米棒[65]、通道结构的 $Ag_{0.33}V_2O_5$ 纳米棒[79] 和 $Ag_{1.2}V_3O_8$ 纳米带[66]。特别是 $Ag_{0.33}V_2O_5$ 正极材料，其不但具有较高的放电比容量，并且在放电过程中展现出非常平稳的放电电压平台和很好的结构可逆性，这样独特的电化学嵌锂行为使其具有很好的研究价值。

综上所述，本节合成了一系列 Ag 纳米粒子附着的钒酸银纳米复合材料，包括 $AgVO_3$、$Ag_2V_4O_{11}$、$Ag_{0.33}V_2O_5$ 和 $Ag_{1.2}V_3O_8$ 等新材料。不同 Ag：V 摩尔比的银/银钒氧化物可通过调节银钒（Ag：V）的摩尔比来合成。这种化学合成方法经济有效、环境友好，可用于大规模制备纳米材料。这种方法也有可能适用于其他金属钒氧化物的制备。XRD 分析结果表明银/银钒氧化物可以在较宽的温度范围内合成，银的存在并没有改变材料的晶体结构，并且银单质的含量较低。XPS 表征证明了 Ag 单质存在于银/银钒氧化物中。TEM 结构分析进一步确认了 Ag 纳米粒子均匀地附着在银钒氧化物表面。$Ag/AgVO_3$ 复合材料表现出很高的放电比容量和优异的倍率性能。其在 $5mA \cdot g^{-1}$、$20mA \cdot g^{-1}$、$100mA \cdot g^{-1}$、$500mA \cdot g^{-1}$、$1000mA \cdot g^{-1}$ 和 $2000mA \cdot g^{-1}$ 电流密度下分别可以获得 $325mA \cdot h \cdot g^{-1}$、$269mA \cdot h \cdot g^{-1}$、$259mA \cdot h \cdot g^{-1}$、$244mA \cdot h \cdot g^{-1}$、$227mA \cdot h \cdot g^{-1}$ 和 $215mA \cdot h \cdot g^{-1}$ 的首次放电比容量。令人惊讶的是，即使在 $5000mA \cdot g^{-1}$ 超高的电流密度下，该电极仍能释放出 $199mA \cdot h \cdot g^{-1}$ 的放电比容量。其电流密度从 $20mA \cdot g^{-1}$ 升到 $5000mA \cdot g^{-1}$ 的容量保持率达到 74%。但是其循环稳定性能比较差，在 $100mA \cdot g^{-1}$ 下循环 400 圈后只能保持 $41mA \cdot h \cdot g^{-1}$ 的比容量。放电后的 TEM 表征和非原位 XRD 分析表明首次循环后材料发生了不可逆相变，生成金属 Ag 单质且形成非晶相，导致材料首次循环后容量急剧下降。测试 $Ag/Ag_2V_4O_{11}$、$Ag/Ag_{0.33}V_2O_5$ 和 $Ag/Ag_{1.2}V_3O_8$ 复合材料的电池性能表明：$Ag/Ag_2V_4O_{11}$ 在 $20mA \cdot g^{-1}$ 和 $50mA \cdot g^{-1}$ 电流密度下可以获得 $309mA \cdot h \cdot g^{-1}$ 和 $272mA \cdot h \cdot g^{-1}$ 的较高初始放电比容量。$Ag/Ag_{1.2}V_3O_8$ 复合材料在 $100mA \cdot g^{-1}$ 电流密度下的首次放电比容量为 $246mA \cdot h \cdot g^{-1}$，循环 50 圈后还能保持 $164mA \cdot h \cdot g^{-1}$ 的较高比容量，表现出良好的循环性能。$Ag/Ag_{0.33}V_2O_5$ 正极材料不但具有较高的放电比容量和优异的循环稳定性能，而且展现出非常平稳的放电电压平台和很好的结构可逆性，这样独特的电化学嵌锂行为使其具有很好的研究价值。$Ag/Ag_{0.33}V_2O_5$ 正极材料在 $100mA \cdot g^{-1}$ 电流密度下循环 50 圈的容量保持率为 88%，在 $300mA \cdot g^{-1}$ 电流密度下循环 200 圈后的容量保持率高达 96.4%。本节的研究成果进一步表明 $AgVO_3$ 和 $Ag_2V_4O_{11}$ 材料可以作为一次锂电池正极材料来研究，而 $Ag_{0.33}V_2O_5$ 和 $Ag_{1.2}V_3O_8$ 可以用作二次锂电池正极材料。

## 参考文献

[1] Ma H, Zhang S, Ji W, et al. $CuV_2O_6$ nanowires: hydrothermal synthesis and primary lithium battery application [J]. Journal of the American Chemical Society, 2008, 130: 5361-5367.

[2] Zhang S, Ci L. Synthesis and formation mechanism of $Cu_3V_2O_7$ (OH)$_2$ · $2H_2O$ nanowires [J]. Materials Research Bulletin, 2009, 44 (10): 2027-2032.

[3] Mai L, Xu L, Gao Q, et al. Single $\beta$-AgVO$_3$ nanowire $H_2S$ sensor [J]. Nano Letters, 2010, 10 (7): 2604-2608.

[4] Takeuchi K J, Marschilok A C, Davis S M, et al. Silver vanadium oxides and related battery applications [J]. Coordination Chemistry Reviews, 2001, 219-221: 283-310.

[5] Frédéric S, Vincent B, Hervé V, et al. $Ag_4V_2O_6F_2$ (SVOF): A high silver density phase and potential new cathode material for implantable cardioverter defibrillators [J]. Inorganic Chemistry, 2008, 47: 8464-8472.

[6] Cheng F, Chen J. Transition metal vanadium oxides and vanadate materials for lithium batteries [J]. Journal of Materials Chemistry, 2011, 21 (27): 9841-9848.

[7] Zhang S, Ci L, Liu H. Synthesis, characterization, and electrochemical properties of $Cu_3V_2O_7$ (OH)$_2$ · $2H_2O$ nanostructures [J]. The Journal of Physical Chemistry C, 2009, 113: 8624-8629.

[8] Sun X, Wang J, Xing Y, et al. Hydrothermal synthesis of $Cu_3V_2O_7$ (OH)$_2$ · $2H_2O$ hierarchical microspheres and their electrochemical properties [J]. Materials Letters, 2010, 64 (18): 2019-2021.

[9] Cao X, Zhan H, Xie J, et al. Synthesis of $Ag_2V_4O_{11}$ as a cathode material for lithium battery via a rheological phase method [J]. Materials Letters, 2006, 60 (4): 435-438.

[10] Liang S, Zhou J, Pan A, et al. Facile synthesis of $\beta$-AgVO$_3$ nanorods as cathode for primary lithium batteries [J]. Materials Letters, 2012, 74: 176-179.

[11] Zhang S, Li W, Li C, et al. Synthesis, characterization, and electrochemical properties of $Ag_2V_4O_{11}$ and $AgVO_3$ 1-D nano/microstructures [J]. The Journal of Physical Chemistry B, 2006, 110 (49): 24855-24863.

[12] Cao J, Wang X, Tang A, et al. Sol-gel synthesis and electrochemical properties of $CuV_2O_6$ cathode material [J]. Journal of Alloys and Compounds, 2009, 479 (1-2): 875-878.

[13] Takahashi M, Tobishima S, Takei K, et al. Characterization of $LiFePO_4$ as the cathode material for rechargeable lithium batteries [J]. Journal of Power Sources, 2001, 97-98: 508-511.

[14] Pan A, Zhang J, Cao G, et al. Nanosheet-structured $LiV_3O_8$ with high capacity and excellent stability for high energy lithium batteries [J]. Journal of Materials Chemistry, 2011, 21 (27): 10077.

[15] Sakura Y, Ohtsuka H, Yamaki J. Rechargeable copper vanadate cathodes for lithium cell

[J]. Journal of the Electrochemical Society, 1988, 135: 32.

[16] Cheng Q, Tang J, Ma J, et al. Polyaniline-coated electro-etched carbon fiber cloth electrodes for supercapacitors [J]. Journal of Physical Chemistry C, 2011, 115 (47): 23584-23590.

[17] Modibedi R M, Mathe M K, Motsoeneng R G, et al. Electro-deposition of Pd on Carbon paper and Ni foam via surface limited redox-replacement reaction for oxygen reduction reaction [J]. Electrochimica Acta, 2014, 128: 406-411.

[18] Long H, Shi T, Hu H, et al. Growth of hierarchal mesoporous NiO nanosheets on carbon cloth as binder-free anodes for high-performance flexible lithium-ion batteries [J]. Scientific Reports, 2014, 4: 7413.

[19] Cho J, Hong Y, Kang Y. Design and synthesis of bubble-nanorod-structured $Fe_2O_3$ carbon nanofibers as advanced anode material for Li-ion batteries [J]. ACS Nano, 2015, 9 (4): 4026-4035.

[20] Rout C, Gautam U, Bando Y, et al. Facile hydrothermal synthesis, field emission and electrochemical properties of $V_2O_5$ and $AgVO_3$ nanobelts [J]. Science of Advanced Materials, 2010, 2: 407-412.

[21] Mai L, Xu X, Han C, et al. Rational synthesis of silver vanadium oxides/polyaniline triaxial nanowires with enhanced electrochemical property [J]. Nano Letters, 2011, 11 (11): 4992-4996.

[22] Lu C, Shen Q, Zhao X, et al. Ag nanoparticles self-supported on $Ag_2V_4O_{11}$ nanobelts: Novel nanocomposite for direct electron transfer of hemoglobin and detection of $H_2O_2$ [J]. Sensors and Actuators B: Chemical, 2010, 150 (1): 200-205.

[23] Schlecht U, Guse B, Raible I, et al. A direct synthetic approach to vanadium pentoxide nanofibres modified with silver nanoparticles [J]. Chemical Communications, 2004, 19: 2184-2185.

[24] Dong W, Shi Z, Ma J, et al. One-pot redox syntheses of heteronanostructures of Ag nanoparticles on $MoO_3$ nanofibers [J]. The Journal of Physical Chemistry B, 2006, 110 (12): 5845-5848.

[25] Holtz R D, Souza Filho A G, Brocchi M, et al. Development of nanostructured silver vanadates decorated with silver nanoparticles as a novel antibacterial agent [J]. Nanotechnology, 2010, 21 (18): 185102.

[26] Wang B, Tian C, Zheng C, et al. A simple and large-scale strategy for the preparation of Ag nanoparticles supported on resin-derived carbon and their antibacterial properties [J]. Nanotechnology, 2009, 20 (2): 025603.

[27] Holtz R D, Lima B A, Souza Filho A G, et al. Nanostructured silver vanadate as a promising antibacterial additive to water-based paints [J]. Nanomedicine, 2012, 8 (6): 935-940.

[28] Shao M, Lu L, Wang H, et al. An ultrasensitive method: surface-enhanced Raman scattering of Ag nanoparticles from beta-silver vanadate and copper [J]. Chemical Communications, 2008, 20: 2310-2312.

[29] Takeuchi E S, Marschilok A C, Tanzil K, et al. Electrochemical reduction of silver vanadium phosphorous oxide, $Ag_2VO_2PO_4$: the formation of electrically conductive metallic

silver nanoparticles [J]. Chemistry of Materials, 2009, 21 (20): 4934-4939.

[30] Marschilok A C, Kozarsky E S, Takeuchi E S, et al. Electrochemical reduction of silver vanadium phosphorous oxide, $Ag_2VO_2PO_4$: silver metal deposition and associated increase in electrical conductivity [J]. Journal of Power Sources, 2010, 195 (19): 6839-6846.

[31] Bao Q, Bao S, Li C M, et al. Lithium insertion in channel-structured $\beta$-$AgVO_3$: in situ Raman study and computer simulation [J]. Chemistry of Materials, 2007, 19 (24): 5965-5972.

[32] Tian H, Wachs I E, Briand L E. Comparison of UV and visible Raman spectroscopy of bulk metal molybdate and metal vanadate catalysts [J]. The Journal of Physical Chemistry B, 2005, 109 (49): 23491-23499.

[33] Lewandowska R, Krasowski K, Bacewicz R, et al. Studies of silver-vanadate superionic glasses using Raman spectroscopy [J]. Solid State Ionics, 1999, 119 (1): 229-234.

[34] Bao S, Bao Q, Li C, et al. Synthesis and electrical transport of novel channel-structured $\beta$-$AgVO_3$ [J]. Small, 2007, 3 (7): 1174-1177.

[35] Song J, Lin Y, Yao H, et al. Superlong $\beta$-$AgVO_3$ nanoribbons: High-yield synthesis by a Pyridine-assisted solution approach, their Stability, electrical and electrochemical properties [J]. ACS Nano, 2009, 3 (3): 653-660.

[36] Xiong C, Aliev A E, Gnade B, et al. Fabrication of silver vanadium oxide and $V_2O_5$ nanowires for electrochromics [J]. ACS Nano, 2008, 2 (2): 293-301.

[37] Pan A, Zhang J, Nie Z, et al. Facile synthesized nanorod structured vanadium pentoxide for high-rate lithium batteries [J]. Journal of Materials Chemistry, 2010, 20 (41): 9193-9199.

[38] Bruce P G, Scrosati B, Tarascon J M. Nanomaterials for rechargeable lithium batteries [J]. Angewandte Chemie International Edition, 2008, 47 (16): 2930-2946.

[39] Sivakumar N, Gnanakan S, Karthikeyan K, et al. Nanostructured $MgFe_2O_4$ as anode materials for lithium-ion batteries [J]. Journal of Alloys and Compounds, 2011, 509 (25): 7038-7041.

[40] Li C, Wei W, Fang S, et al. A novel CuO-nanotube/$SnO_2$ composite as the anode material for lithium ion batteries [J]. Journal of Power Sources, 2010, 195 (9): 2939-2944.

[41] Ramasamy R, Feger C, Strange T, et al. Discharge characteristics of silver vanadium oxide cathodes [J]. Journal of Applied Electrochemistry, 2006, 36 (4): 487-497.

[42] Lee J, Popov B N. Electrochemical intercalation of lithium into polypyrrole/silver vanadium oxide composite used for lithium primary batteries [J]. Journal of Power Sources, 2006, 161 (1): 565-572.

[43] Huang W, Gao S, Ding X, et al. Crystalline $MnV_2O_6$ nanobelts: Synthesis and electrochemical properties [J]. Journal of Alloys and Compounds, 2010, 495 (1): 185-188.

[44] Kim S S, Ikuta H, Wakihara M. Synthesis and characterization of $MnV_2O_6$ as a high capacity anode material for a lithium secondary battery [J]. Solid State Ionics, 2001, 139 (1): 57-65.

[45] Hara D, Shirakawa J, Ikuta H, et al. Charge-discharge reaction mechanism of manganese

vanadium oxide as a high capacity anode material for lithium secondary battery [J]. Journal of Materials Chemistry, 2002, 12 (12): 3717-3722.

[46] Hara D, Ikuta H, Uchimoto Y, et al. Electrochemical properties of manganese vanadium molybdenum oxide as the anode for Li secondary batteries [J]. Journal of Materials Chemistry, 2002, 12 (8): 2507-2512.

[47] Mao C, Wu X, Zhu J. Large scale preparation of $\beta$-AgVO$_3$ nanowires using a novel sonochemical route [J]. Journal of Nanoscience and Nanotechnology, 2008, 8 (6): 3203-3207.

[48] Chen Z, Gao S, Li R, et al. Lithium insertion in ultra-thin nanobelts of Ag$_2$V$_4$O$_{11}$/Ag [J]. Electrochimica Acta, 2008, 53 (28): 8134-8137.

[49] Pan A, Liu J, Zhang J, et al. Template free synthesis of LiV$_3$O$_8$ nanorods as a cathode material for high-rate secondary lithium batteries [J]. Journal of Materials Chemistry, 2011, 21 (4): 1153.

[50] Yang Y, Xie C, Ruffo R, et al. Single nanorod devices for battery diagnostics: A case study on LiMn$_2$O$_4$ [J]. Nano Letters, 2009, 9 (12): 4109.

[51] Han C, Pi Y, An Q, et al. Substrate-assisted self-organization of radial $\beta$-AgVO$_3$ nanowire clusters for high rate rechargeable lithium batteries [J]. Nano Letters, 2012, 12 (9): 4668-4673.

[52] Xu J, Hu C, Xi Y, et al. Synthesis and visible light photocatalytic activity of $\beta$-AgVO$_3$ nanowires [J]. Solid State Sciences, 2012, 14 (4): 535-539.

[53] Liang L, Liu H, Yang W. Synthesis and characterization of self-bridged silver vanadium oxide/CNTs composite and its enhanced lithium storage performance [J]. Nanoscale, 2013, 5 (3): 1026-1033.

[54] Liang S, Zhou J, Pan A, et al. Facile synthesis of Ag/AgVO$_3$ hybrid nanorods with enhanced electrochemical performance as cathode material for lithium batteries [J]. Journal of Power Sources, 2013, 228: 178-184.

[55] Park S, Yu S, Woo S, et al. A facile and green strategy for the synthesis of MoS$_2$ nanospheres with excellent Li-ion storage properties [J]. CrystEngComm, 2012, 14 (24): 8323.

[56] Guo X, Fang X, Sun Y, et al. Lithium storage in carbon-coated SnO$_2$ by conversion reaction [J]. Journal of Power Sources, 2013, 226: 75-81.

[57] Chen X, Zhang N, Sun K. Facile fabrication of CuO mesoporous nanosheet cluster array electrodes with super lithium-storage properties [J]. Journal of Materials Chemistry, 2012, 22 (27): 13637-13642.

[58] Liang S, Zhou J, Liu J, et al. PVP-assisted synthesis of MoS$_2$ nanosheets with improved lithium storage properties [J]. CrystEngComm, 2013, 15 (25): 4998.

[59] Frédéric S, Vincent B, Jean-Marie T, et al. Room-temperature synthesis leading to nanocrystalline Ag$_2$V$_4$O$_{11}$ [J]. Journal of the American Chemical Society, 2010, 132: 6778-6782.

[60] Parida M R, Vijayan C, Rout C S, et al. Enhanced optical nonlinearity in $\beta$-AgVO$_3$ nanobelts on decoration with Ag nanoparticles [J]. Applied Physics Letters, 2012, 100 (12): 121119.

[61]  Hu W，Zhang X，Cheng Y，et al. Mild and cost-effective one-pot synthesis of pure sin-
gle-crystalline $\beta$-Ag$_{0.33}$V$_2$O$_5$ nanowires for rechargeable Li-ion batteries [J]. ChemSus-
Chem，2011，4 (8)：1091-1094.

[62]  Wu C，Zhu H，Dai J，et al. Room-temperature ferromagnetic silver vanadium oxide
(Ag$_{1.2}$V$_3$O$_8$)：A magnetic semiconductor nanoring structure [J]. Advanced Functional
Materials，2010，20 (21)：3666-3672.

[63]  Randolph A L，Takeuchi E S. Solid-state synthesis and characterization of silver vanadi-
um oxide for use as a cathode material for Lithium batteries [J]. Chemistry of Materials，
1994，6：489-495.

[64]  Liang S，Zhou J，Zhang X，et al. Hydrothermal synthesis of Ag/$\beta$-AgVO$_3$ nanobelts
with enhanced performance as a cathode material for lithium batteries [J]. CrystEng-
Comm，2013，15 (46)：9869.

[65]  Wu Y，Zhu P，Zhao X，et al. Highly improved rechargeable stability for lithium/silver
vanadium oxide battery induced via electrospinning technique [J]. Journal of Materials
Chemistry A，2013，1 (3)：852-859.

[66]  Liang S，Chen T，Pan A，et al. Facile synthesis of belt-like Ag$_{1.2}$V$_3$O$_8$ with excellent
stability for rechargeable lithium batteries [J]. Journal of Power Sources，2013，233：
304-308.

[67]  Shigeharu K，Kosaku M，Akashi H. Crystal structure of $\alpha$-AgVO$_3$ and phase relation of
AgVO$_3$ [J]. Journal of Solid State Chemistry，1999，142：360-367.

[68]  Patrick R，Savariault J，Galy J. AgVO$_3$ Crystal structure and relationships with Ag$_2$V$_4$O$_{11}$
and Ag$_x$V$_2$O$_5$ [J]. Journal of Solid State Chemistry，1996，122：303-308.

[69]  Craig L S，Skarstad P M. The future of lithium and lithium-ion batteries in implantable
medical devices [J]. Journal of Power Sources，2001,97-98：742-746.

[70]  Ann M C，Sonja K S，Craig L S，et al. Evolution of power sources for implantable card-
ioverter defibrillators [J]. Journal of Power Sources，2001，96：33-38.

[71]  Xu Y，Han X，Zheng L，et al. Pillar effect on cyclability enhancement for aqueous lithi-
um ion batteries：a new material of $\beta$-vanadium bronze M$_{0.33}$V$_2$O$_5$ (M＝Ag，Na)
nanowires [J]. Journal of Materials Chemistry，2011，21 (38)：14466.

[72]  Yang X，Han X，Zheng L，et al. First investigation on charge-discharge reaction mecha-
nism of aqueous lithium ion batteries：a new anode material of Ag$_2$V$_4$O$_{11}$ nanobelts [J].
Dalton Transactions，2011，40：10751-10757.

[73]  Liu Y，Zhang Y，Zhang M，et al. A facile hydrothermal process of fabricating $\beta$-Ag$_{0.33}$V$_2$O$_5$
single-crystal nanowires [J]. Journal of Crystal Growth，2006，289 (1)：197-201.

[74]  Rozier P，Galy J. Ag$_{1.2}$V$_3$O$_8$ crystal structure：relationship with Ag$_2$V$_4$O$_{11-y}$ and in-
terpretation of physical properties [J]. Journal of Solid State Chemistry，1997，134：
294-301.

[75]  Kawakita J，Katayama Y，Miura T，et al. Lithium insertion behaviour of silver vanadi-
um bronze [J]. Solid State Ionics，1997，99：71-78.

[76]  Anguchamy Y K，Lee J W，Popov B N. Electrochemical performance of polypyrrole/sil-
ver vanadium oxide composite cathodes in lithium primary batteries [J]. Journal of

Power Sources，2008，184（1）：297-302.

[77] Zhang S，Peng S，Liu S，et al. Preparation of polyaniline-coated $\beta$-AgVO$_3$ nanowires and their application in lithium-ion battery [J]. Materials Letters，2013，110：168-171.

[78] Liang S，Yu Y，Chen T，et al. Facile synthesis of rod-like Ag$_{0.33}$V$_2$O$_5$ crystallites with enhanced cyclic stability for lithium batteries [J]. Materials Letters，2013，109：92-95.

[79] Liang S，Zhang X，Zhou J，et al. Hydrothermal synthesis and electrochemical performance of novel channel-structured $\beta$-Ag$_{0.33}$V$_2$O$_5$ nanorods [J]. Materials Letters，2014，116：389-392.

# 第 8 章

# 其他系钒氧化合物纳米新材料

# 8.1
# 钒酸锌氧化物纳米复合负极材料

过渡金属钒酸盐（$A_xV_yO_z$，A＝Fe，Co，Ni，Cu，Zn，Mn 等）由于具有特殊属性被视为具有良好前景的电极材料[1-5]。钒酸锌（$Zn_xV_yO_z$）因其具有高比容量、低成本、易制备以及低环境污染等众多优势，而得到广泛关注[3,6-8]。但较低的电导率和充放电时巨大的体积膨胀，极大地阻碍了钒酸盐类材料在锂离子电池负极材料中的应用[9-11]。三维电极的独特结构，能够更好地缓冲循环过程中的体积变化，是提高电化学性能的一种有效方法。

本节介绍了一种简单有效的方法制备 $Zn_3V_3O_8$ 纳米带阵列覆盖碳纤维布的复合材料。三维柔性碳纤维布作为集流体，提供了优异的机械强度、高电导率以及出色的抗腐蚀性能，同时 $Zn_3V_3O_8$ 纳米带阵列直接生长在碳纤维布上作为无粘接剂负极，极大地减少了不活跃界面，并且能有效应对充放电过程中体积膨胀所带来的负面影响。因此，三维 $Zn_3V_3O_8$/CFC 电极表现出高比容量、优良的倍率性能以及较好的循环性能等优势。

## 8.1.1 材料制备与评价表征

$Zn_3V_3O_8$/CFC 复合材料水热法制备：首先，将 1mmol $Zn(NO_3)_2 \cdot 6H_2O$ 晶体溶解在 5mL 的去离子水中形成 $0.2mol \cdot L^{-1}$ 透明 $Zn(NO_3)_2$ 溶液。然后，将 1mmol 五氧化二钒（$V_2O_5$）溶解在 25mL 去离子水中，随后加入 2mL 浓度为 30% 的双氧水，持续搅拌直到溶液呈现澄清橘黄色。将之前配制好的硝酸锌溶液缓慢加入澄清的五氧化二钒水溶液中，持续搅拌数分钟后，将混合溶液转移到 50mL 聚四氟乙烯内衬的不锈钢高压釜中，放入一片碳纤维布（2cm×2cm），然后密封并在 200℃ 的温度下加热 48h（碳纤维布分别在丙酮、去离子水以及酒精中进行超声清洗 20min 预处理），自然冷却到室温后取出。碳纤维布被绿色粉末覆盖，用去离子水和酒精将碳纤维布清洗几次去除副产物，然后在 60℃ 下干燥 12h。最后在氩气氛围中加热到 600℃ 煅烧 2h，得到最终样品。

$Zn_3V_3O_8$ 粉末制备：其合成方法和 $Zn_3V_3O_8$/CFC 复合材料类似，但不在反应釜中添加碳纤维布。再将粉末样品与导电炭和 PVDF 以 7:2:1 质量比混合研磨，加入 NMP 后涂覆到铜箔上，然后在 80℃ 下干燥 12h 以获得普通 $Zn_3V_3O_8$ 电极极片。

通过 X 射线衍射（XRD，Rigaku D/max 2500 X 射线衍射仪，具有非单色

Cu-K$\alpha$ 辐射，$\lambda=1.54178\text{Å}$）分析样品的晶相。用场发射扫描电镜（FESEM，FEI Nova NanoSEM 230，20kV）和透射电子显微镜（TEM，JEOL JEM-2100 F，200kV）表征样品的形貌和微观结构。

Zn$_3$V$_3$O$_8$/CFC 复合材料作为工作电极（活性物质负载量大约为 1.3mg·cm$^{-2}$，占总质量的 10% 左右），用锂片作为对电极，聚丙烯膜作为隔膜，1mol·L$^{-1}$ LiPF$_6$ 碳酸亚乙酯（EC）/碳酸二乙酯（DEC）/碳酸二甲酯（DMC）溶液（体积比 1:1:1）作为电解液，在高纯氩氛围的手套箱（Mbraun，德国）中组装 CR2016 型扣式电池。在测试性能之前首先将电池静置 8h，以确保电解液在电极中完全渗透。用上海辰华电化学工作站（CHI600C）测试循环伏安曲线，电压范围为 0.01～3.0V（vs. Li$^+$/Li）。用 ZAHNER-IM6ex 电化学工作站（ZAHNER Co.，德国）测试电化学阻抗，频率范围为 100kHz～0.01Hz。使用多通道电池测试系统（LAND CT2001A，中国）测试电池的恒流充放电曲线和电化学性能，电压范围为 0.01～3.0V（vs. Li$^+$/Li）。

## 8.1.2 结果与分析讨论

### 8.1.2.1 结构表征与讨论

图 8-1 展示了 Zn$_3$V$_3$O$_8$/CFC 复合材料合成的示意图。

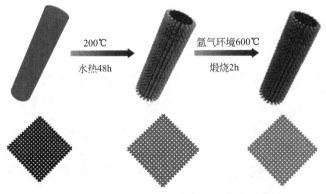

图 8-1　Zn$_3$V$_3$O$_8$/CFC 复合材料的合成示意图

第一步，碳纤维布 Zn-V 醇盐纳米带覆盖。之后在氩气氛围下进行煅烧，升温速率为 1℃·min$^{-1}$，煅烧过后得到 Zn$_3$V$_3$O$_8$/CFC 复合材料。通过场发射扫描电镜观察 Zn$_3$V$_3$O$_8$/CFC 复合材料的形貌特征，在低倍场发射扫描电镜图像 [图 8-2(a)] 中可以清楚地看到每一根碳纤维上都被前驱体纳米带均匀地覆盖。从图 8-2(b) 中可以看到这些纳米带直径大约为 20nm，长度为 500nm 左右，整齐有序地排列在碳纤维布上。如图 8-2(c) 所示，在经过煅烧后，草形的钒酸锌纳

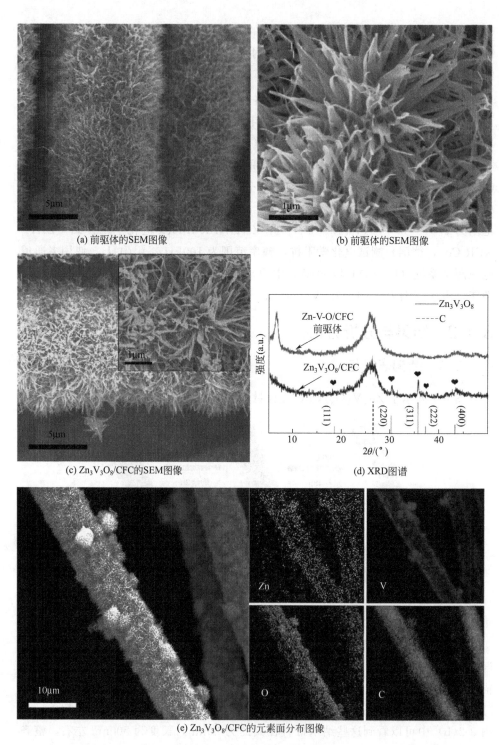

(a) 前驱体的SEM图像

(b) 前驱体的SEM图像

(c) Zn₃V₃O₈/CFC的SEM图像

(d) XRD图谱

(e) Zn₃V₃O₈/CFC的元素面分布图像

图 8-2　Zn-V-O/CFC 以及前驱体的 SEM、XRD 和 mapping 表征

米带形貌依然能够得到保持。这些纳米尺寸的草形纳米带能缩短锂离子的扩散距离，并能为锂离子提供足够的存储运输空间。碳纤维布作为三维导电基底，能够有效改善电荷传导性，并能有效应对在嵌锂和脱锂过程中的活性物质聚合与体积膨胀。

图 8-2(d) 展示了前驱体/CFC 复合材料与 $Zn_3V_3O_8$/CFC 复合材料的 X 射线衍射（XRD）图谱。位于 26° 左右的强衍射峰可以与碳纤维布相匹配，且前驱体在 $2\theta = 6.7°$ 的位置有一个明显的衍射峰。由于前驱体中包含 Zn、V、O 和其他的元素，将其命名为 Zn-V-O/CFC 前驱体。在经过煅烧后，最终产物的 XRD 图谱与 $Zn_3V_3O_8$（JCPDS 卡片号 31-1477）非常吻合，表明 Zn-V-O/CFC 前 驱 体 完 全 转 化 成

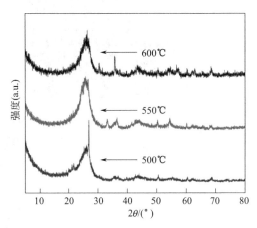

图 8-3　复合材料在不同温度下煅烧后的 XRD 图谱

$Zn_3V_3O_8$/CFC 复合材料。不同温度下煅烧的复合材料的 XRD 衍射图谱（图 8-3）表明，在 600℃ 下前驱体完全转化成 $Zn_3V_3O_8$ 相。图 8-2（e）展示了 $Zn_3V_3O_8$/CFC 复合材料的元素映射图像，其中分散的点状物质分别代表锌、钒、氧、碳元素，表明这些元素均匀地分布在 $Zn_3V_3O_8$/CFC 复合材料上。

相比之下，通过对比 $Zn_3V_3O_8$ 粉末样品的形貌可以发现，如图 8-4 所示，粉末由很多不均匀的颗粒聚集而成，会导致材料的比表面积降低，同时反应期间发生的活性物质膨胀/收缩可能会导致颗粒破碎并脱落。

(a) 低倍数　　　　　(b) 高倍数

图 8-4　$Zn_3V_3O_8$ 粉末样的 SEM 表征

样品更为清晰的结构特征通过透射电子显微镜（TEM）测试得到。图 8-5(a) 和图 8-5(b) 的透射电子显微镜图像证实了样品退火后形成了草形纳米带结构。高分辨电子显微镜图像［图 8-5(c)］清楚地展示了晶面间距为 2.1Å 和 2.5Å

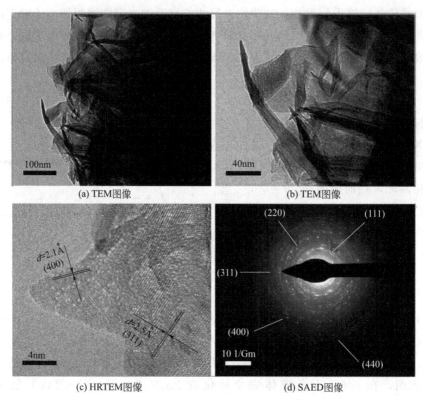

(a) TEM图像  (b) TEM图像

(c) HRTEM图像  (d) SAED图像

图 8-5  $Zn_3V_3O_8$ 纳米带的透射电子显微表征

的晶格条纹，它们分别与 $Zn_3V_3O_8$ 的（400）和（311）晶面间距保持一致（JCPDS 卡片号 31-1477）。选区电子衍射（SAED）图展示在图 8-5(d) 中，揭示了 $Zn_3V_3O_8$ 典型的多晶特征，衍射环（111）、（220）、（311）、（400）和（440）与标准相一致。

为了验证 $Zn_3V_3O_8$/CFC 复合材料的化学成分及元素价态，进一步对材料进行了 X 射线光电子能谱（XPS）测试（图 8-6）。如图 8-6(a) 所示，全扫描谱线证实了所制备的复合材料由锌、钒、氧以及碳基底组成。位于 1022.4eV、530.9eV、517.3eV 以及 285eV 附近的峰分别由 $Zn \ 2p_{3/2}$、$V \ 2p_{3/2}$、$O \ 1s$ 以及 $C \ 1s$ 所产生。在 $Zn \ 2p$ 的高分辨图谱 [图 8-6(b)] 中，位于 1022.4eV 和 1045.5eV 的峰可以分别归因于 $Zn^{2+}$ 中的 $Zn \ 2p_{3/2}$ 和 $Zn \ 2p_{1/2}$[12]。图 8-6(c) 展示了 $V \ 2p$ 图谱，图谱能分为位于 517.3eV 的 $2p_{3/2}$ 和位于 525.1eV 的 $2p_{1/2}$ 两个部分。位于 517.1eV 和 524.3eV 的两个峰分别属于 $V^{3+}$ 的 $2p_{3/2}$ 和 $2p_{1/2}$，位于 518.0eV 和 525.5eV 的两个峰分别属于 $V^{4+}$ 的 $2p_{3/2}$ 和 $2p_{1/2}$[11]。$V^{4+}$ 和 $V^{3+}$ 的图谱面积比大约为 1∶2，与 $Zn_3V_3O_8$ 中的 $V^{4+}$ 和 $V^{3+}$ 的摩尔比相对应[13]。属于 $O \ 1s$ 的

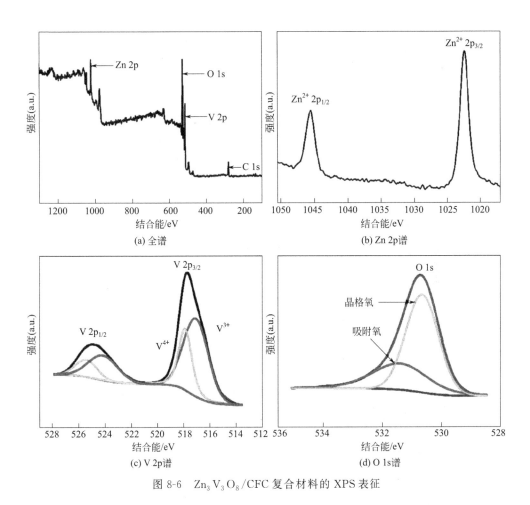

图 8-6　$Zn_3V_3O_8$/CFC 复合材料的 XPS 表征

峰同样能分解为两个峰，分别位于 530.7eV 和 531.4eV。一部分谱线归因于晶格氧，另一部分属于吸附氧[14]。吸附氧可能是材料合成期间连接到碳纤维布基底上的含氧官能团，这一方面有利于改进电极与电解液界面处的亲和性，另一方面有利于界面处的电荷转移和活性位点的激发。根据上述数据分析，证明成功合成了新型的 $Zn_3V_3O_8$ 纳米带覆盖碳纤维布复合材料。

## 8.1.2.2　电化学性能与讨论

$Zn_3V_3O_8$/CFC 复合材料的电化学性能通过与金属锂作为负极组装的 CR2016 型扣式半电池进行测试。复合材料的循环伏安（CV）曲线在电压为 $0.01 \sim 3.0V$（vs. $Li^+$/Li）的范围内，以 $0.1mV \cdot s^{-1}$ 的扫描速率测试。如图 8-7 所示，首圈阴极扫描出现了两个明显的还原峰，位于 0.45V 和 0.01V 左右，

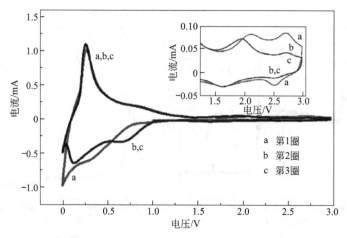

图 8-7　$Zn_3V_3O_8/CFC$ 复合电极的循环伏安曲线

分别是由 $Zn^{2+}$ 被还原成金属 Zn 和形成固态电解质界面（SEI）膜所引起的[15]。在电压范围为更低位的 0.05～0.01V，金属 Zn 进一步合金化形成 Li-Zn 合金[16]。另外两个还原峰位于 2.5V 与 1.7V 左右（图 8-7 插图），可能分别是由 $V^{4+}$ 被还原到 $V^{3+}$ 与 $V^{3+}$ 被还原到 $V^{2+}$ 引起的。在阳极扫描的过程中，在 0.28V 左右的位置出现了一个很强的氧化峰，可以归因于 Li-Zn 合金的脱锂，形成金属纳米颗粒[11]。而位于 0.95V 左右的氧化峰可能是 $V^{2+}$ 被氧化成 $V^{3+}$，并伴随着 Zn 被氧化为 $Zn^{2+}$ 的结果[17]。位于 1.95V 与 2.70V（图 8-7 插图）的氧化峰可能是分别由 $V^{3+}$ 进一步被氧化成为 $V^{4+}$ 以及 $V^{4+}$ 被氧化为 $V^{5+}$ 所产生[11]。在第二圈扫描循环中，位于 0.01V 的最强还原峰转化成了两个稍弱的还原峰，位于 0.01V 与 0.13V，位于 0.45V 的还原峰转移到了 0.75V 并稳定下来。这个现象可以归因于固态电解质界面膜的形成和一些不可逆转变的发生。此外，伏安曲线的电流峰强度在第一圈循环过后只产生了一些轻微变化，表明材料拥有较好的循环稳定性。为了验证 $Zn_3V_3O_8/CFC$ 复合材料在充放电过程中的电化学反应机理，非原位 XRD 测试结果如图 8-8 所示，当材料放电到 0.01V 时，大多数的衍射峰可归因于 Zn、$LiVO_2$ 以及 Li-Zn [图 8-8(a)]。可以推断在放电过程中，$Zn^{2+}$ 先发生还原反应生成 Zn，然后生成 Li-Zn 合金[8]。当电极电压再次充电到 3.0V 时 [图 8-8(b)]，能够发现 $LiV_2O_5$ 和 ZnO 的衍射峰。

根据先前报道，纯碳纤维布基底电极的 CV 曲线没有明显的峰值强度，表明碳纤维布基底对复合材料电极的比容量贡献很低[15]。Zn-V-O/CFC 前驱体复合材料的恒流充放电曲线展示在图 8-9。明显能看到在放电的过程中电池正常运行，但电池的电压在充电过程中不能恢复，换句话说，电池在放电过程中出现了

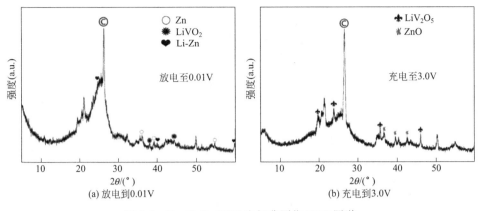

图 8-8　$Zn_3V_3O_8$/CFC 电极非原位 XRD 图谱

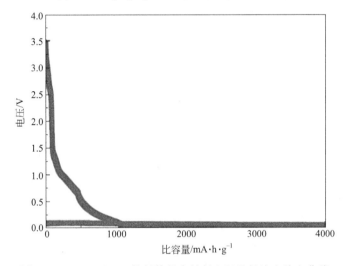

图 8-9　Zn-V-O/CFC 前驱体复合材料电极的恒流充放电曲线

不可逆循环。而没有经过煅烧的前驱体通常充放电过程不可逆，这与实验结果非常吻合。因此可以推断，$Zn_3V_3O_8$ 材料生长在碳纤维布基底上贡献了嵌锂/脱锂的主要容量。

图 8-10(a) 展示了 $Zn_3V_3O_8$/CFC 复合材料在电流密度为 $100mA \cdot g^{-1}$ 条件下的典型充放电电压曲线。在第一圈循环中，放电过程中电压迅速下降到 1.0V，电压平台位于 1.0V 和 0.01V 之间，与 CV 曲线的还原峰吻合。由于固态电解质界面膜的形成与碳纤维布部分贡献的影响，$Zn_3V_3O_8$/CFC 复合材料电极首圈放电拥有高达 $1798mA \cdot h \cdot g^{-1}$ 的放电比容量。图 8-10(b) 展示了 $Zn_3V_3O_8$/CFC 复合材料在电流密度为 $100mA \cdot g^{-1}$ 条件下的充放电循环性能与库仑效率。在经过 30 圈循环后，电极依然保持高达 $1723mA \cdot h \cdot g^{-1}$ 的放电比容量，容量保持率

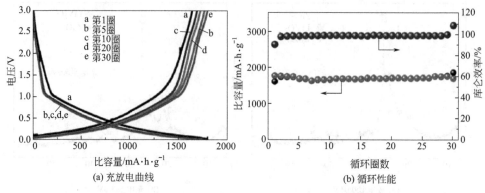

(a) 充放电曲线

(b) 循环性能

图 8-10 $Zn_3V_3O_8$/CFC复合材料的充放电曲线和循环性能

达到95%，并且库仑效率接近100%。$Zn_3V_3O_8$/CFC复合材料电极拥有超高的比容量，可能是由于以下两点原因。首先，复合材料的三维结构与 $Zn_3V_3O_8$ 纳米带拥有较大的比表面积和较多的活性位点，能够促使大量锂离子嵌入以达到较高的容量[18]。其次，碳纤维布基底可能为复合材料电极贡献了一小部分的容量[19]。

图 8-11 展示了粉末样品制成的电极材料与纯碳纤维布基底制成的电极在电流密度为 $100mA·g^{-1}$ 条件下的循环性能。纯碳纤维布电极的比容量仅为 $120mA·h·g^{-1}$，表明碳纤维布基底的容量贡献很小。可以看到 $Zn_3V_3O_8$ 粉末样品电极虽然在初始放电过程拥有 $787mA·h·g^{-1}$ 的放电比容量，但在随后的循环中比容量下降速度非常快。$Zn_3V_3O_8$ 粉末样品较差的电化学性能可能是由

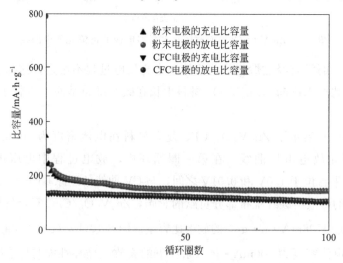

图 8-11 $Zn_3V_3O_8$ 粉末与纯碳纤维布电极的循环性能

于其不均匀颗粒团聚的结构所导致，这种结构会阻碍电解液的渗透以及锂离子的扩散[20]，而且也不能有效缓解充放电过程中活性物质产生的体积膨胀所带来的影响[21]。因此循环一定圈数之后，其比容量与纯碳纤维布基底保持一致，证明了 $Zn_3V_3O_8$ 粉末活性物质基本失效。而相比之下 $Zn_3V_3O_8$/CFC 复合材料电极在前面的几次循环中没有出现此现象，证明 $Zn_3V_3O_8$/CFC 复合材料拥有良好的结构稳定性。

图 8-12 展示了 $Zn_3V_3O_8$/CFC 复合材料显著的倍率性能，放电比容量在电流密度为 $80mA \cdot g^{-1}$、$160mA \cdot g^{-1}$、$400mA \cdot g^{-1}$、$800mA \cdot g^{-1}$ 和 $1500mA \cdot g^{-1}$ 的条件下分别达到 $1895mA \cdot h \cdot g^{-1}$、$1730mA \cdot h \cdot g^{-1}$、$1456mA \cdot h \cdot g^{-1}$、$1211mA \cdot h \cdot g^{-1}$ 以及 $942mA \cdot h \cdot g^{-1}$。当电流密度重回到 $80mA \cdot g^{-1}$ 时，复合材料电极的比容量能恢复到一个较高的比容量，$1800mA \cdot h \cdot g^{-1}$。值得注意的是，与之前报道的钒酸锌材料进行比较，此复合材料拥有相当优越的倍率性能，比如 $Zn_3V_3O_8$/C 微球（在 $1.6A \cdot g^{-1}$ 电流密度下比容量为 $506mA \cdot h \cdot g^{-1}$）[11]、焦钒酸锌纳米片（在 $2A \cdot g^{-1}$ 电流密度下比容量为 $629mA \cdot h \cdot g^{-1}$）[22]、单斜晶 $ZnV_2O_6$ 纳米线（在 $800mA \cdot g^{-1}$ 电流密度下比容量为 $688.2mA \cdot h \cdot g^{-1}$）[3] 以及 $Zn_3V_3O_8$ 纳米笼子（在 $6A \cdot g^{-1}$ 电流密度下比容量为 $515mA \cdot h \cdot g^{-1}$）[8]。因此，在这项工作中所制得的 $Zn_3V_3O_8$/CFC 复合材料拥有潜在的实际应用前景。

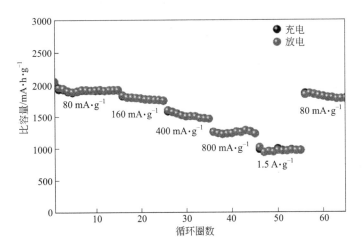

图 8-12　$Zn_3V_3O_8$/CFC 复合材料的倍率性能

长循环性能同样为锂离子电池最重要的性能之一。图 8-13 展示了在 $5A \cdot g^{-1}$ 的大电流密度下，$Zn_3V_3O_8$/CFC 复合材料电极的长循环性能以及库仑效率。电极

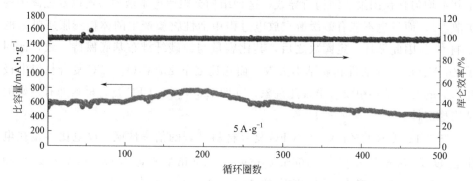

图 8-13　$Zn_3V_3O_8$/CFC 复合材料的长循环性能

的容量在开始循环的几圈下降得比较慢，然后维持在 $600mA \cdot h \cdot g^{-1}$ 左右一个相对稳定的比容量。可以看出，容量在最初的 200 圈循环中呈上升的趋势，容量上升可能是由于电极材料的激活或者是界面基团存储的锂离子所引起的[23,24]。随着循环圈数的增加，更多的活性材料能暴露出来用于存储锂离子，而且界面的增加同样也能增加锂离子的存储量。在 500 圈循环后，复合材料电极保持 $455mA \cdot h \cdot g^{-1}$ 比容量，相比于首圈循环，容量保持率为 $75.8\%$，库仑效率维持在 $99.9\%$ 左右。

不同温度煅烧的样品的循环性能对比如图 8-14 所示。很明显，Zn-V-O/CFC 复合材料在 $600℃$ 下煅烧能得到最高比容量。这可能是由于 Zn-V-O/CFC 复合材料在 $600℃$ 煅烧能得到高纯度与高结晶度的样品（图 8-3），使锂离子嵌入并发生转化反应时可以维持稳固的晶体结构，同时也提供了更多的电化学反应活性位点，使材料拥有优越的循环性能。

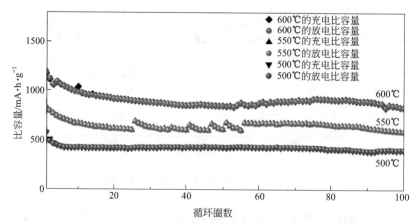

图 8-14　Zn-V-O/CFC 复合材料在 $1A \cdot g^{-1}$ 电流密度下的循环性能

为了进一步证明 $Zn_3V_3O_8$/CFC 复合材料优良的电化学性能，对材料进行了阻抗测试，Nyquist 图如图 8-15 所示。$Zn_3V_3O_8$/CFC 复合材料与 $Zn_3V_3O_8$ 粉末样电极的开路电压大约为 3.1V。半圆的高频区域代表着电解质电阻（$R_s$）与固态电解质膜电阻（$R_f$）。中频区域代表着电荷转移电阻（$R_{ct}$）。复合材料电极的 Nyquist 图中出现了一个更大的半圆可能意味着电池中双层电容的存在。大半圆后的低频斜线对应着 Warburg 阻抗（$Z_w$）[25]。很明显复合材料电极的半圆直径要远小于传统涂布在铜集流体上的粉末样品制成的电极。这两个电极的主要电化学阻抗谱模拟参数如表 8-1 所示。可以看到 $Zn_3V_3O_8$/CFC 复合材料电极的电荷转移电阻（$R_{ct}$）为 58.3Ω，远小于 $Zn_3V_3O_8$ 粉末样品电极（149.8Ω）。这结果显示三维复合材料电极能有效增强电子的传输动力。而且，在低频区域直线垂直度越高，代表锂离子扩散速度越快[26]。

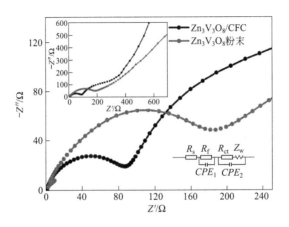

图 8-15　$Zn_3V_3O_8$/CFC 复合材料与 $Zn_3V_3O_8$ 粉末电极的阻抗图谱

**表 8-1　$Zn_3V_3O_8$/CFC 复合材料与 $Zn_3V_3O_8$ 粉末电极的 EIS 主要模拟参数**

| 样品 | $R_s/\Omega$ | $R_f/\Omega$ | $R_{ct}/\Omega$ |
| --- | --- | --- | --- |
| $Zn_3V_3O_8$/CFC | 1.5 | 18.3 | 58.3 |
| $Zn_3V_3O_8$ 粉末 | 1.8 | 9.1 | 149.8 |

为了进一步理解 $Zn_3V_3O_8$/CFC 复合材料电极优良的电化学性能，测试了不同循环圈数的循环后阻抗，其结果如图 8-16 所示，电化学阻抗谱模拟参数展示在表 8-2 中。可以看到电极的电荷转移电阻（$R_{ct}$）在第二、第五、第十圈循环过后只有有些微提升后保持稳定，表明 $Zn_3V_3O_8$/CFC 复合材料电极拥有良好的循环稳定性。

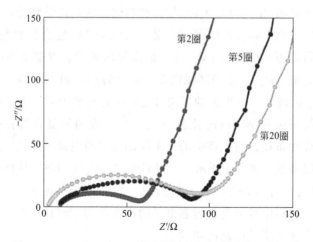

图 8-16　$Zn_3V_3O_8$/CFC 复合材料电极循环后的阻抗图谱

表 8-2　$Zn_3V_3O_8$/CFC 电极循环后的 EIS 测试主要模拟参数

| 循环圈数 | $R_s/\Omega$ | $R_f/\Omega$ | $R_{ct}/\Omega$ |
|---|---|---|---|
| 2 | 10.75 | 16.28 | 23.55 |
| 5 | 11.24 | 24.22 | 44.73 |
| 10 | 3.344 | 23.96 | 52.73 |

对 $Zn_3V_3O_8$/CFC 复合材料电极在 $100mA \cdot g^{-1}$ 的电流密度下循环 1 圈、5 圈以及 10 圈后的形貌进行了扫描电镜测试。如图 8-17 所示，在第一圈循环过后，形成了一层厚厚的固态电解质膜覆盖在 $Zn_3V_3O_8$ 纳米带上 [图 8-17(a)]。可以看到在循环了 5 圈、10 圈之后，活性物质始终依附在碳纤维布基底上，而且能保持三维层级结构的完整性 [图 8-17(b) 和（c)]，表明了这种新型的结构能够缓解充放电过程中产生的活性物质体积膨胀。

根据上述讨论的结果，$Zn_3V_3O_8$/CFC 复合材料拥有优越的电化学性能，这

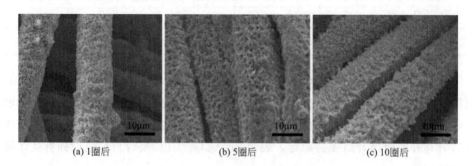

(a) 1圈后　　　　　　　(b) 5圈后　　　　　　　(c) 10圈后

图 8-17　$Zn_3V_3O_8$/CFC 电极循环后的非原位 SEM 图像

可能是由于以下几个原因所致：第一，草形纳米带结构的活性物质能给电子和锂离子扩散进出电解质和材料界面提供快速的动力学支持；第二，$Zn_3V_3O_8$ 直接生长在碳纤维布上能够避免粘接剂的使用，除去了电极中无用的体积，有助于离子迁移进入电解质；第三，碳纤维布的三维结构能提供足够的空间来调节锂离子反复嵌入/脱出所造成的体积膨胀，因此电极能得到良好的循环稳定性；第四，碳纤维布基底提供的良好的导电性能与三维离子扩散路径相结合，能改善其倍率性能。然而，需要注意的是 $Zn_3V_3O_8$/CFC 复合材料在锂离子电池中应用时也面临一些缺点，比如碳纤维布高昂的价格、大规模生产较为困难以及复合材料电极的压实密度较低。因此，在未来的研究中应将更多的努力用于复合材料电极在锂离子电池的实际应用中。

综上所述，采用水热法及煅烧热处理可成功合成三维 $Zn_3V_3O_8$/CFC 复合材料。该材料展现出了高比容量、优异的倍率性能以及长循环稳定性。结果表明 $Zn_3V_3O_8$/CFC 复合材料有成为锂离子电池负极材料的潜力，同时也证明了构建无粘接剂和无添加剂的三维电极来增强储能装置的电化学性能的可能性。

# 8.2
# $AlV_3O_9$ 纳米片材料

材料水热法制备：$Al^{3+}$ 进入 $V_2O_5$ 层间结构形成 $AlO_6$ 八面体，可以显著提高电子电导率，增大层间距，有利于离子的嵌入。其中，$AlV_3O_9$ 引起了研究者的广泛关注[27-29]。二维结构的纳米材料，如纳米片，可以增加活性物质与电解液的接触面积，提高反应动力学行为，有利于电化学性能的提高[30]。本节通过水热法及后续煅烧处理合成了 $AlV_3O_9$ 纳米片，研究了煅烧温度对 $AlV_3O_9$ 样品的晶体结构、形貌以及电化学性能的影响。

## 8.2.1 材料制备与评价表征

将 0.3509g $NH_4VO_3$ 加入 30mL 去离子水中在 80℃下搅拌溶解至形成透明的淡黄色液体，再滴入 2mL $H_2O_2$ 溶液并搅拌 5min。随后，将 0.2414g $AlCl_3 \cdot 6H_2O$ 和 0.1442g 十二烷基硫酸钠（SDS）加入上述溶液中再搅拌 30min。将所得到的混合液转移到 50mL 聚四氟乙烯内衬的不锈钢高压釜中，然后在烘箱中 180℃保温 12h。自然冷却后通过洗涤、离心收集前驱体，随后在烘箱中 80℃干燥过夜。最后，将前驱体粉末分别在 400℃、450℃和 500℃的温度下空气气氛中煅烧 4h，升温速率是 2℃・min$^{-1}$，得到的样品分别命名为 A400、A450 和 A500。

用 X 射线衍射仪（XRD，Rigaku D/max 2500 X，Cu-K$\alpha$ 辐射，$\lambda = 1.54178$Å）表征样品的晶相。使用场发射扫描电镜（FESEM，FEI Nova NanoSEM 230，20kV）和透射电子显微镜（TEM，JEOL JEM-2100 F，200kV）表征样品的形貌和微观结构。

正极电极制备：将活性材料、乙炔黑导电剂和聚偏二氟乙烯（PVDF）粘接剂以 7：2：1 质量比混合，然后分散在 $N$-甲基吡咯烷酮（NMP）溶剂中得到浆料，再将浆料涂在铝箔上，在 90℃ 真空干燥 20h 得到正极片。以锂片作为负极，聚丙烯薄膜作为隔膜，1mol・L$^{-1}$ LiPF$_6$ 碳酸亚乙酯/碳酸二甲酯（EC/DMC）（体积比为 1：1）溶液作为电解液，在充满高纯氩气的手套箱（Mbraun，德国）中组装 CR2016 型扣式电池。用蓝电测试系统（Land CT 2001A，武汉）测试电池的温室充放电性能。

## 8.2.2 结果与分析讨论

### 8.2.2.1 结构表征与讨论

图 8-18(a) 显示了水热合成的前驱体的热重（TG）/差热分析（DSC）图谱。从图中可以看到，在热重曲线上主要有两个失重阶段。第一个阶段是室温到 197℃ 的温度范围，相应地可以在 DSC 曲线上 197℃ 位置观察到了一个明显的吸热峰，这应该是由于前驱体中物理吸附水和化学结合水的蒸发。第二个阶段是 197℃ 到 435℃ 的温度范围，根据 TG 曲线可以看出其质量损失比较大，对应着在 DSC 曲线上可观察到两个放热峰（分别位于 384℃ 和 435℃），这表明应该是这期间发生了化学反应形成 AlV$_3$O$_9$。从此后直到 650℃，TG 曲线变得平缓，没有明显的质量损失，DSC 曲线上也没有发现明显的放热峰和吸热峰。因此选择三个煅烧温度分别为 400℃、450℃ 和 500℃ 来进行对比。

图 8-18(b) 显示了不同煅烧温度合成的 AlV$_3$O$_9$ 样品的 XRD 图谱。三个 AlV$_3$O$_9$ 样品的图谱非常相似，大多数的衍射峰都可以索引到单斜晶系的 AlV$_3$O$_9$ 相（JCPDS 49-0694，$a = 10.452$Å，$b = 9.2$Å，$c = 14.167$Å），表明三个样品都具有较高的纯度。在 400℃ 样品的 XRD 图谱中存在 Al$_{0.32}$V$_2$O$_5$ 杂峰（JCPDS 19-0055），说明在该温度下前驱体还没有完全转化为 AlV$_3$O$_9$ 相。当温度升高到 450℃ 和 500℃，杂峰逐渐消失。此外，随着温度的逐渐升高，衍射峰强度也在增加，相应地结晶度逐渐增强。

图 8-19 显示了不同温度下合成的 AlV$_3$O$_9$ 样品在不同放大倍数下的 SEM 图

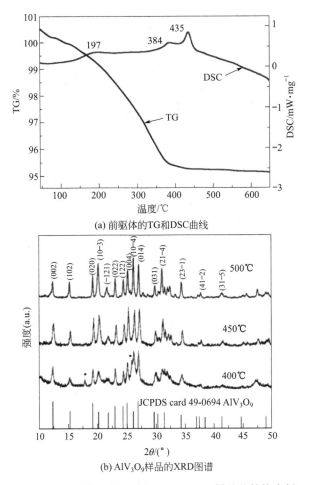

(a) 前驱体的TG和DSC曲线

(b) AlV₃O₉样品的XRD图谱

图 8-18　前驱体的热重分析和 $AlV_3O_9$ 样品的结构表征

像。如图所示，在不同煅烧温度下合成的 $AlV_3O_9$ 样品的形貌差别比较大。如图 8-19（a）和图 8-19（b）所示，A400 样品由紧密堆积的片状颗粒组成。当温度升高到 450℃ 时，样品是由大量纳米片堆叠在一起组成。在高倍数图片上可以看出这些纳米片比较薄，多数纳米片之间存在着空隙。当温度继续升高到 500℃，样品由团聚的纳米片组成，高倍 SEM 图像中还出现了部分纳米棒。综上所述，在 $AlV_3O_9$ 样品的合成过程中，应该是先形成较大的片状颗粒，然后温度升高，片状颗粒分解成堆叠的纳米薄片，在更高的温度下纳米薄片开始团聚，并部分解体形成纳米棒。

　　图 8-20 显示了 A450 样品在不同倍数下的 TEM 图像。如图 8-20（a）所示，该样品由很多不同大小的纳米片组成，纳米片的长度在几百纳米到几微米之间。

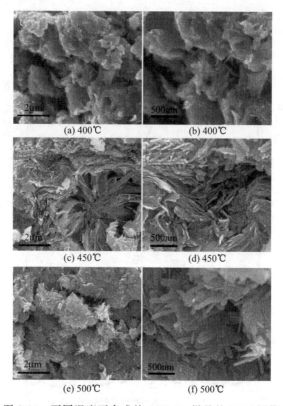

图 8-19　不同温度下合成的 $AlV_3O_9$ 样品的 SEM 图像

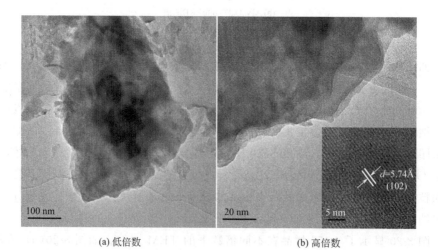

(a) 低倍数　　　　　　　　　　　　　　(b) 高倍数

图 8-20　A450 样品的 TEM 和 HRTEM 表征

更高倍数下的图像［图 8-20(b)］可以看出这些纳米片堆叠在一起，并且单层的纳米片比较薄。图 8-20(b) 中的插图是单层纳米片的高分辨图像。从图中可以观察到很明显的晶格条纹，其条纹间距为 5.74Å，与单斜结构的 $AlV_3O_9$ 相的 (102) 晶面间距一致。

## 8.2.2.2 电化学性能与讨论

图 8-21(a) 显示了 A450 电极在前三周的循环伏安曲线。首周阴极扫描时，可以观察到四个很强的阴极峰，位于 3.14V、2.49V、2.12V 和 1.82V（vs. Li/Li+），这表明锂离子嵌入 $AlV_3O_9$ 是多步嵌入过程[27]。阳极扫描时，可以看到一个较宽的阳极峰，位于 2.8～3.2V 电压范围。在后两圈的曲线中也可以观察到相似的较宽的阴极峰（1.8～2.3V）和阳极峰（2.8～3.2V），峰的强度大幅度下降，这表明 $AlV_3O_9$ 在嵌入锂离子后其晶格常数发生了变化，电极的循环稳定性有待提高。

图 8-21(b) 显示了 A450 电极在 $100mA \cdot g^{-1}$ 的电流密度下选定循环的充放电曲线。在首次放电曲线上可以看到三个明显的放电平台，位于 2.5V、2.1V 和 1.8V 左右，这与前面的 CV 结果相一致。而后面圈数的曲线就看不到明显的平

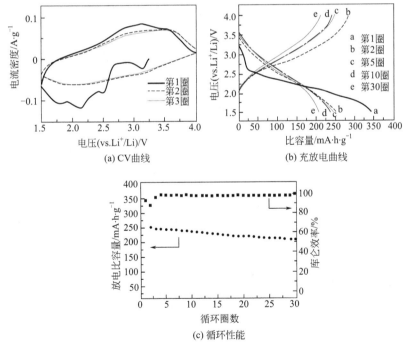

(a) CV曲线　　　(b) 充放电曲线

(c) 循环性能

图 8-21　A450 电极的电化学性能

台了。图 8-21(c) 显示了 A450 电极在 $100mA \cdot g^{-1}$ 的电流密度下的循环性能图。电极的首次放电比容量高达 $344mA \cdot h \cdot g^{-1}$，但在第二次循环就急剧下降，比容量为 $252mA \cdot h \cdot g^{-1}$，这应该是因为 $AlV_3O_9$ 发生了不可逆相变[31]。然后其比容量随循环慢慢降低，30 次循环后保持 $208mA \cdot h \cdot g^{-1}$，相对于第二圈的容量保持率为 $82.5\%$，其库仑效率也基本在 $97\%$ 以上。

图 8-22 显示了不同温度下合成的 $AlV_3O_9$ 样品在 $100mA \cdot g^{-1}$ 和 $500mA \cdot g^{-1}$ 的电流密度下的循环性能。如图所示，A450 电极的循环性能明显最好。在 $500mA \cdot g^{-1}$ 的电流密度下，A450 电极的首次放电比容量为 $252mA \cdot h \cdot g^{-1}$，与 $100mA \cdot g^{-1}$ 电流密度下的性能相似，第二圈比容量就降到 $184mA \cdot h \cdot g^{-1}$。随后降幅变缓，循环 50 圈后，比容量保持为 $134mA \cdot h \cdot g^{-1}$，基于第二周的容

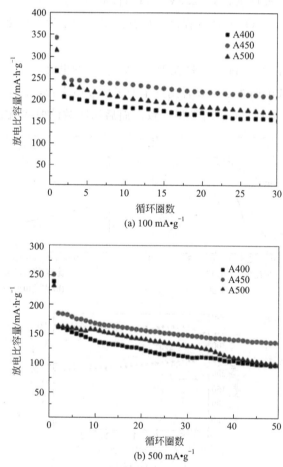

图 8-22   不同温度下合成的 $AlV_3O_9$ 样品的循环性能图

量保持率为 72.8%。然而，对于 A400 和 A500 电极来说，在 100mA·g$^{-1}$ 的电流密度下，循环 30 圈后，其比容量分别仅为 154mA·h·g$^{-1}$ 和 173mA·h·g$^{-1}$。在 500mA·g$^{-1}$ 的电流密度下，经 50 圈循环后，其比容量分别只剩 95mA·h·g$^{-1}$ 和 96mA·h·g$^{-1}$，与 A450 电极相差的较大，这说明温度对 AlV$_3$O$_9$ 样品的电化学性能有很大影响。A450 电极更优良的电化学性能应归因于堆叠的纳米片结构[32]。

图 8-23 显示了不同温度下合成的 AlV$_3$O$_9$ 样品的交流阻抗图谱及其等效电路图。如图所示，所有的阻抗图谱的形状比较类似，这些阻抗图谱都是由高频区域的一个近似半圆和低频区域的一条直线组成。其中位于高频区域的半圆是与固体电解质界面膜（SEI）的形成和电荷的转移过程有关，而直线区域则是与锂离子在电极内的扩散过程有关。图中的插图为其等效电路图。$R_s$ 是锂电池组件中的电解质电阻和欧姆电阻的总和。而 $R_f$ 和 $R_{ct}$ 分别代表 SEI 的阻抗和电化学反应过程中的电荷转移阻抗。$QPE_1$、$QPE_2$ 和 $Z_w$ 分别代表膜电容、双电层电容和扩散阻抗（韦伯阻抗）。表 8-3 显示了在不同温度下合成的 AlV$_3$O$_9$ 样品的主要阻抗拟合参数。如表所示，A450 样品的电荷转移阻抗为 115Ω，比 A400 样品的 230.2Ω 和 A500 样品的 208Ω 要小得多。这说明 A450 样品拥有更好的导电性，从而拥有更好的电化学性能。这可以归因于 A450 样品中堆叠的纳米片结构，这种结构具有大量空隙，有利于电解液的渗透，增大了电极与电解液的接触面积，可以有效缩短电子和离子传输的距离[33]。同时，Al$^{3+}$ 的掺入在 VO$_x$ 层间形成了稳定的"支柱"，一方面提高了材料的稳定性防止其被破坏，另一方面拓宽了锂离子扩散通道，促进了离子扩散动力学[27,34]。

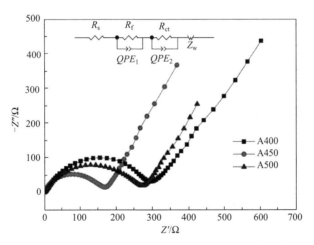

图 8-23　不同温度下合成的 AlV$_3$O$_9$ 样品的交流阻抗图谱及其等效电路图

表 8-3　不同温度下合成的 $AlV_3O_9$ 样品的阻抗拟合参数

| 样品 | $R_s/\Omega$ | $R_f/\Omega$ | $R_{ct}/\Omega$ |
|---|---|---|---|
| A400 | 2.334 | 23.64 | 230.2 |
| A450 | 1.981 | 26.17 | 115 |
| A500 | 3.848 | 23.46 | 208 |

A450 电极的倍率性能结果显示在图 8-24 中。在电流密度从 $50mA \cdot g^{-1}$ 逐步升至 $1000mA \cdot g^{-1}$ 时，A450 电极的充放电曲线都比较相似。当电流密度为 $50mA \cdot g^{-1}$ 时，在放电曲线上可以明显地看到放电平台。当电流密度升高到 $100mA \cdot g^{-1}$ 后，放电平台开始消失了，表现出光滑的斜线，但是其依然表现出较高的比容量。图 8-24（b）显示了在不同倍率下的循环性能。A450 电极在 $50mA \cdot g^{-1}$、$100mA \cdot g^{-1}$、$300mA \cdot g^{-1}$、$500mA \cdot g^{-1}$ 和 $1000mA \cdot g^{-1}$ 电流密

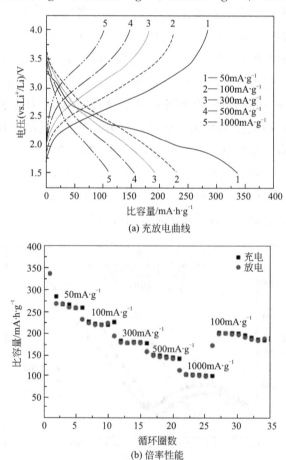

图 8-24　A450 电极的倍率性能

度下的比容量分别为 336mA·h·g$^{-1}$、230mA·h·g$^{-1}$、191mA·h·g$^{-1}$、155mA·h·g$^{-1}$ 和 111mA·h·g$^{-1}$。当电流密度恢复到 100mA·g$^{-1}$，其比容量还能达到 198mA·h·g$^{-1}$，表现出优良的倍率性能。

综上所述，采用水热法及后续煅烧处理可合成纳米片形貌的 $AlV_3O_9$。煅烧温度对 $AlV_3O_9$ 形貌和电化学性能影响显著，450℃合成的样品的电化学性能最好。实验结果表明，$AlV_3O_9$ 电极表现出了优良的循环稳定性能和倍率性能，优良的电化学性能可归因于其堆叠的纳米片结构。

# 8.3
# $AlV_3O_9$ 纳米花材料

钒酸铝中铝、钒元素之间有着协同效应，有助于锂离子进行可逆的嵌入/脱出反应，大大提升材料的电化学性能。因此，具有三维结构的钒酸铝材料备受关注。Yan L. Cheah 等人[35]采用简单的静电纺丝法合成了 $Al_{0.5}V_2O_5$ 和 $Al_{1.0}V_2O_5$ 纳米纤维。$Al_{0.5}V_2O_5$ 纳米纤维的初始放电比容量高，容量保持率相较于没有嵌入 $Al^{3+}$ 的 $V_2O_5$ 更高。当嵌入更多的 $Al^{3+}$，生成 $Al_{1.0}V_2O_5$ 时，其倍率性能和高温性能有了进一步提升，容量保持率进一步提高。同时，密集连接的纳米颗粒形成多孔的纳米纤维网络，扩大了电极和电解液之间的接触面积，增加了电子与锂离子的扩散路径。Yang 等人[36]采用简易的一步水热法合成了由三维多层、超薄纳米片自组装而成的 $AlV_3O_9$ 微米球，其表现出极其优异的可逆储锂容量和优良的倍率性能。如此优异的电化学性能被认为得益于其较强的结构稳定性和独特的多层纳米结构。

本节介绍了一种分层三维的 $AlV_3O_9$ 纳米花，并研究了其用作锂离子电池正极材料和负极材料的电化学性能。用作正极材料时，其有高比容量（100mA·g$^{-1}$ 电流密度下比容量可达 308mA·h·g$^{-1}$）、良好的倍率性能和优异的循环稳定性（≥300 圈）。更重要的是，用作负极材料时，其也表现出较好的储锂性能，在 100mA·g$^{-1}$ 电流密度下充放电的第二圈比容量高达 843mA·h·g$^{-1}$。

## 8.3.1 材料制备与评价表征

$AlV_3O_9$ 纳米花水热法制备：将 1mmol $AlCl_3·6H_2O$ 和 3mmol $NH_4VO_3$ 加入含有 35mL 甲醇的烧杯中，磁力搅拌 30min 后，将上述溶液转移至 50mL 的聚四氟乙烯高温高压反应釜里，在 180℃下保温 12h。待自然冷却至室温后，前驱体被收集，并用去离子水和乙醇分别洗涤两次，然后在 60℃ 下真空干燥 12h。将干燥后的前驱体在空气中分别以 300℃、400℃ 和 500℃ 烧结 2h，升温速率为 1℃·min$^{-1}$。所得样品分别标定为 AVO300、AVO400 和 AVO500。$V_2O_5$ 纳米花的合成采用相似方法，但反应物中不含 $AlCl_3 \cdot 6H_2O$。

通过 X 射线衍射仪（XRD，Rigaku D/max 2500 X，Cu-K$\alpha$，$\lambda = 1.54178$Å）表征样品的晶相。用场发射扫描电镜（FESEM，FEI Nova NanoSEM 230，20kV）和透射电子显微镜（TEM，JEOL JEM-2100 F，200kV）表征样品的微观形貌。

将活性材料、乙炔黑导电剂和聚偏二氟乙烯（PVDF）粘接剂以 7∶2∶1 的质量比混合分散在 N-甲基吡咯烷酮（NMP）溶剂中得到浆料，将浆料涂覆在铝/铜箔上，90℃ 真空干燥 20h 得到正/负极极片。以锂片作为对电极，聚丙烯薄膜作为隔膜，$1mol \cdot L^{-1}$ LiPF$_6$ 碳酸亚乙酯/碳酸二甲酯（EC/DMC）（体积比为 1∶1）溶液作为电解液，在充满高纯氩气的手套箱（Mbraun，德国）中组装 CR2016 型纽扣式电池。在室温下用蓝电测试系统（Land CT 2001A，武汉）测试电池的充放电性能。

## 8.3.2 结果与分析讨论

### 8.3.2.1 结构表征与讨论

从 TG 曲线 ［见图 8-25(a)］看出，从室温升高到 225℃ 的过程中约有 13.2% 的质量损失，这是前驱体中物理吸附水和化学结合水的蒸发引起的。当温度升至 300℃ 后，样品的质量趋于稳定。AVO300 样品的形貌呈现为分层的三维纳米花 ［见图 8-27(a)、(b)］，与其前驱体的形貌（见图 8-26）相似，纳米花直径为 300~600nm，从高倍 SEM 图像中看出纳米花由大量纳米片组装而成。AlV$_3$O$_9$ 纳米花及其前驱体的 XRD 图谱 ［见图 8-25(b)］表明前驱体晶格是无定形的，而在烧结后结晶性逐渐提升。然而，如图 8-25(b) 所示，AVO300 的结晶性很差，只有一个衍射峰对应于单斜 AlV$_3$O$_9$ 相（JCPDS 49-0694）。当在 500℃ 下烧结时，所得样品的物相不纯，其 XRD 图谱中出现了 $V_2O_5$ 的一些衍射峰。TG 曲线在 500℃ 左右出现了轻微的质量损失，可能就与 $V_2O_5$ 的产生有关。而且，纳米片在 500℃ 下发生了自团聚 ［见图 8-27(e)、(f)］，这可能会阻碍锂离子的扩散和电解液的渗透。从 DSC 曲线 ［见图 8-25(a)］看出，396℃ 时有一个明显的放热峰，说明样品发生进一步结晶。从 AVO400 的 XRD 图谱可以看出，其结晶度高、物相纯，且有着均匀的纳米花形貌 ［见图 8-27(c)、(d)］，验证了 DSC 的结

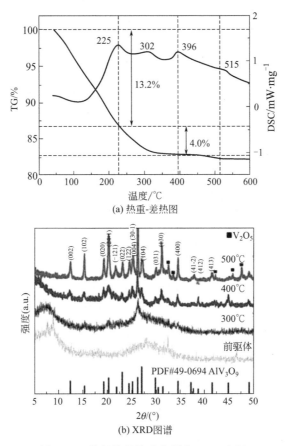

(a) 热重-差热图

(b) XRD图谱

图 8-25　前驱体的热重分析和 XRD 表征

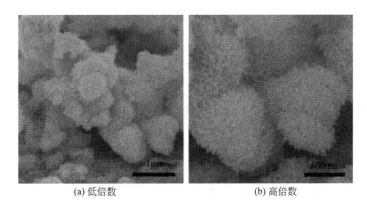

(a) 低倍数　　　　　　　　(b) 高倍数

图 8-26　钒酸铝前驱体的 SEM 图像

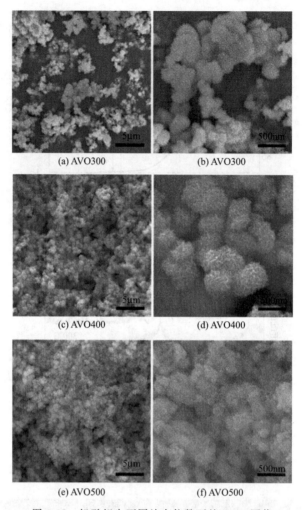

(a) AVO300  (b) AVO300

(c) AVO400  (d) AVO400

(e) AVO500  (f) AVO500

图 8-27　钒酸铝在不同放大倍数下的 SEM 图像

果。根据以上分析，AVO300、AVO500 都不适宜用作锂离子电池电极材料。所以，AVO400 被选择以进行进一步关于晶体结构和电化学性能的研究。此外，用相似方法合成的 $V_2O_5$ 纳米花的物相和形貌如图 8-28(a)、（b）所示，其 XRD 图谱对应于正交晶系 $V_2O_5$ 的标准图谱（JCPDS 41-1426），纳米花大小不均匀，分散性较差。

图 8-29 展示了 AVO400 在不同放大倍数下的 TEM 图像。这进一步确认了 AVO400 具有分层的三维纳米花结构，并由纳米片组装而成。高分辨图像［见图 8-29(d)］显示每个纳米片由相互连接的多晶纳米颗粒组成，纳米颗粒的晶体取向任意分布，其晶面间距 2.61Å 和 2.43Å 分别对应 $AlV_3O_9$ 相（JCPDS 49-

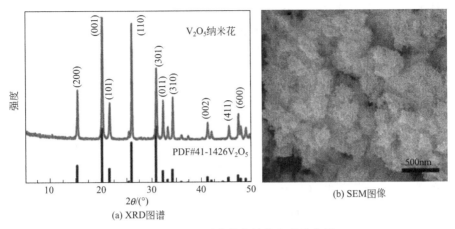

(a) XRD图谱

(b) SEM图像

图 8-28　V$_2$O$_5$ 纳米花的结构和形貌表征

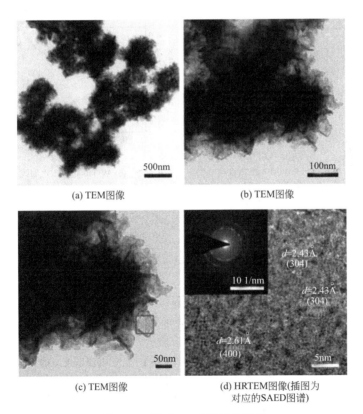

(a) TEM图像

(b) TEM图像

(c) TEM图像

(d) HRTEM图像(插图为
对应的SAED图谱)

图 8-29　AVO400 的微结构表征

0694）的晶面（400）和（304）。电子衍射环［见图 8-29(d) 中插图］进一步证实了纳米片的多晶结构特征。这种分层的三维结构被认为具有较多的开放空间，有利于电解液渗透和锂离子扩散，并能很好地适应电化学反应过程中的体积变化，有利于提升材料的电化学性能[37]。

## 8.3.2.2 电化学性能与讨论

AVO400 用作正极材料的 CV 曲线和充放电曲线体现在图 8-30 中。如图 8-30(a) 所示，初始的阴极扫描出现 3 个阴极峰（3.16V、2.22V 和 1.89V），说明锂离子通过多步嵌入的方式进入 $AlV_3O_9$ 晶格。然而，接下来两圈 CV 曲线中只观察到一个宽的阴极峰（1.9～2.7V），说明 $AlV_3O_9$ 的晶格在锂离子嵌入后发生了改变[27]。恒流充放电曲线［见图 8-30(b)］也印证了 CV 曲线的结果。作为对比，$V_2O_5$ 纳米花（合成方法类似）的电化学性能也被评估，其在 $100mA \cdot g^{-1}$ 电流密度下前两圈的充放电曲线如图 8-30(c) 所示。

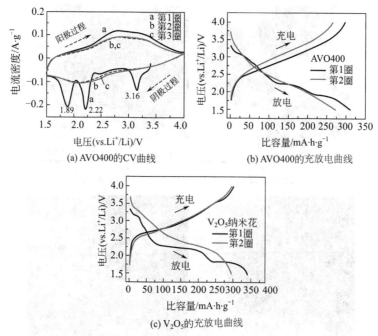

(a) AVO400的CV曲线

(b) AVO400的充放电曲线

(c) $V_2O_5$的充放电曲线

图 8-30　AVO400 和 $V_2O_5$ 的 CV 曲线和 $100mA \cdot g^{-1}$ 电流密度下的充放电曲线

为了探究嵌锂过程中 $AlV_3O_9$ 晶体结构的演变机制，对不同充放电状态下的 AVO400 电极进行了非原位 XRD 测试，结果如图 8-31 所示。当放电至 3.0V，样品的 XRD 图谱相比于最初样品，很多衍射峰强度降低甚至消失，生成相和

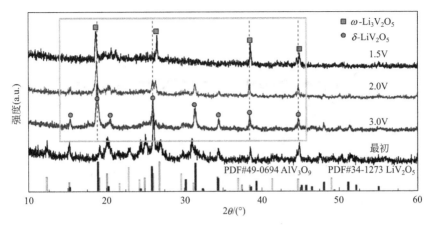

图 8-31　AVO400 不同放电状态下的非原位 XRD 图像

LiV$_2$O$_5$ 相 （JCPDS 卡片号 34-1273）的标准图谱较好对应。进一步放电（电压为 2.0V 和 1.5V 时）在造成一些衍射峰的轻微偏移同时，还出现了新相 $\omega$-Li$_3$V$_2$O$_5$（如正方形标记所示）。因此，嵌锂过程中，AlV$_3$O$_9$ 晶体结构将转变为类似于 $\omega$-Li$_3$V$_2$O$_5$ 的相。结合 CV 曲线和充放电曲线的结果，可以认为 AlV$_3$O$_9$ 的嵌锂行为和 V$_2$O$_5$ 是相似的。

图 8-32（a）对比了 AVO400 和 V$_2$O$_5$ 纳米花电极的倍率性能。AVO400 电极在 100mA·g$^{-1}$、200mA·g$^{-1}$、300mA·g$^{-1}$、500mA·g$^{-1}$ 和 1000mA·g$^{-1}$ 电流密度下分别获得 308mA·h·g$^{-1}$、249mA·h·g$^{-1}$、217mA·h·g$^{-1}$、192mA·h·g$^{-1}$ 和 166mA·h·g$^{-1}$ 的高放电比容量，即便在 1500mA·g$^{-1}$ 和 2000mA·g$^{-1}$ 的超高电流密度下比容量仍分别达到 144mA·h·g$^{-1}$ 和 128mA·h·g$^{-1}$，表现出优异的倍率性能。相比之下，V$_2$O$_5$ 电极在 100mA·g$^{-1}$ 电流密度下可获得 343mA·h·g$^{-1}$ 的高比容量，然而在快速充放电时却不能维持其容量，在 1000mA·g$^{-1}$ 电流密度下循环时比容量低至 86mA·h·g$^{-1}$。

图 8-32（b）显示了这两种电极在 200mA·g$^{-1}$ 电流密度下的循环性能曲线。AVO400 电极的第 1 圈比容量高达 258mA·h·g$^{-1}$，50 圈后仍拥有 194mA·h·g$^{-1}$，单圈平均容量损失率仅 0.5%。然而 V$_2$O$_5$ 的初始比容量为 280mA·h·g$^{-1}$，50 圈后容量仅保留初始的 33.6%，表现出较差的循环稳定性。此外，AVO400 比 V$_2$O$_5$ 也有着更好的长周期循环稳定性能，如图 8-32（c）所示。AVO400 在 1000mA·g$^{-1}$ 电流密度下循环首圈可获得 174mA·h·g$^{-1}$ 的比容量，300 圈后仍有 117mA·h·g$^{-1}$，而 V$_2$O$_5$ 虽然获得高的初始比容量（232mA·h·g$^{-1}$），但 300 圈后仅剩 39mA·h·g$^{-1}$。

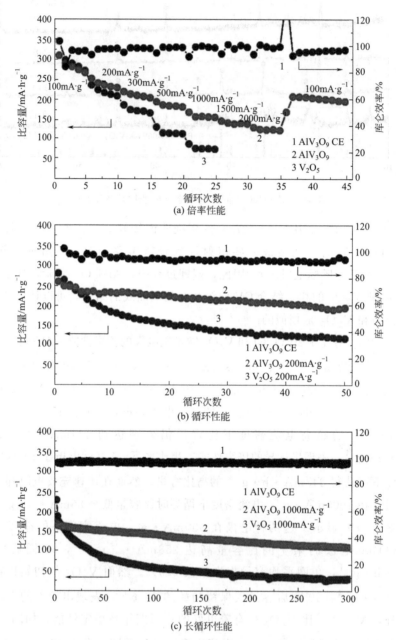

图 8-32   AVO400 和 $V_2O_5$ 的倍率和循环性能

电化学阻抗谱测试被用来探究电极的内在电化学机制。根据图 8-33 可以看出，AVO400 和 $V_2O_5$ 两个电极的阻抗谱图具有相似的形状，由高-中频率区域的压低的半圆和低频区域的近似直线构成。其中，半圆对应电荷转移阻抗，直线对应离子扩散阻抗。如表 8-4 所示，AVO400 电极的欧姆电阻 $R_s$ 和电荷转移电阻 $R_{ct}$ 的拟合值分别为 $5.3\Omega$ 和 $184.1\Omega$，比 $V_2O_5$ 电极的值（$18.6\Omega$ 和 $288.4\Omega$）低得多，这可能是由于 $Al^{3+}$ 的存在会提升电荷转移速率和电子电导率。循环 10 圈后、处于 $1.5V$ 电位时，AVO400 的电荷转移电阻变小（$153.4\Omega$），从图 8-33(b) 中也可看出。电荷转移电阻的减小有助于提升电极的循环稳定性和倍率性能。

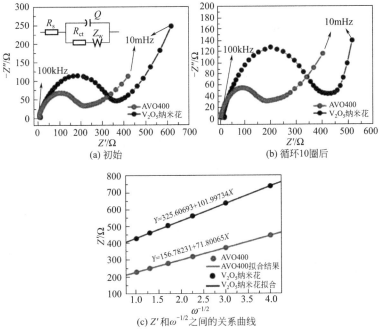

(a) 初始  (b) 循环10圈后

(c) $Z'$ 和 $\omega^{-1/2}$ 之间的关系曲线

图 8-33　AVO400 和 $V_2O_5$ 电极的交流阻抗谱图

**表 8-4　AVO400 和 $V_2O_5$ 电极的阻抗参数拟合数据**

| 样品状态 | 样品 | $R_s/\Omega$ | $R_{ct}/\Omega$ |
|---|---|---|---|
| 初始状态 | AVO400 | 5.3 | 184.1 |
|  | $V_2O_5$ | 18.6 | 288.4 |
| 循环 10 圈之后 | AVO400 | 3.3 | 153.4 |
|  | $V_2O_5$ | 13.8 | 311.8 |

另外，根据低频区间的图谱可以获得锂离子扩散系数，通过以下公式计算：

$$D_{Li^+} = \frac{R^2 T^2}{2A^2 n^4 F^4 C^2 \sigma^2}$$ (8-1)

$Z'$ 和 $\omega^{-1/2}$ 之间存在以下关系式：

$$Z' \propto \sigma \omega^{-1/2}$$ (8-2)

式中，$\omega$ 是角频率。$Z'$ 和 $\omega^{-1/2}$ 之间的线性关系体现在图 8-33（c）中。通过公式计算出 AVO400 电极的锂离子扩散系数为 $1.13 \times 10^{-11}\ cm^2 \cdot s^{-1}$，比 $V_2O_5$（$3.58 \times 10^{-13}\ cm^2 \cdot s^{-1}$）大得多。以上说明 $V_2O_5$ 的电化学反应动力学通过掺杂 $Al^{3+}$ 得到明显提高，电化学性能大幅改善。用作锂离子电池正极材料时，$AlV_3O_9$ 相比多数钒酸银和钒酸铜材料，有着更好的倍率性能和循环稳定性。例如，Wei 等人[38] 合成了 $Ag/Ag_{0.68}V_2O_5$ 正极材料，其在 $100\ mA \cdot g^{-1}$ 电流密度下循环的初始放电比容量高达 $360\ mA \cdot h \cdot g^{-1}$，但是 65 圈后比容量仅剩 $150\ mA \cdot h \cdot g^{-1}$。Chen 等人[39] 制备的 $Ag_2V_4O_{11}/Ag$ 正极材料也表现出较差的循环稳定性和倍率性能。$AlV_3O_9$ 正极材料的比容量比大部分碱金属钒酸盐都要高，然而其长周期循环稳定性和大电流密度下的倍率性能需进一步提高，才能满足长寿命、高功率的锂离子电池实际应用需要。

$AlV_3O_9$ 用作锂离子电池负极材料的电化学性能如图 8-34 所示。图 8-34（a）展示了 AVO400 在 $0.01 \sim 3.0V$ 电压区间、$100\ mA \cdot g^{-1}$ 电流密度下前 3 圈的充放电曲线。第 1 圈放电曲线中 1.5V 以上的平台与先前结果相似，1V 以下有着宽平台。接下来的循环中 $0.8 \sim 0.01V$ 的宽平台区间，贡献了大部分的容量。如图 8-34（b）所示，AVO400 在 $100\ mA \cdot g^{-1}$ 电流密度下循环的初始比容量高达 $1377\ mA \cdot h \cdot g^{-1}$，但是第 2 圈只保持了 61%（$843\ mA \cdot h \cdot g^{-1}$）。这可能是由于形成了固态电解质界面（SEI）膜和一些未分解的 $Li_2O$ 相，以及电解液发生了不可逆分解，这和其他高容量负极材料的情况是类似的[40]。之后容量急剧衰减的原因可能是嵌锂导致的力学失稳和不稳定 SEI 膜的形成[41]。衰减过后容量开始进入稳中有升的阶段，这可能是一个活化过程，常常也出现在金属氧化物的电化学反应中[42]。这可能是由于活性材料颗粒失稳破裂后与电解液的接触面积增大，暴露了大量的电化学活性位点，促进了锂离子的嵌入和吸附以逐渐提高容量。循环 100 圈后 AVO400 的比容量高达 $561\ mA \cdot h \cdot g^{-1}$，表明其用作负极材料时有着较高的容量。此外，它还具有优异的长周期循环性能，如图 8-34（c）所示，其在 $500\ mA \cdot g^{-1}$ 电流密度下循环 200 圈后可获得 $437\ mA \cdot h \cdot g^{-1}$ 的比容量，平均每圈衰减率仅为 0.15%。即便在 $1000\ mA \cdot g^{-1}$ 的大电流密度下，循环

500 圈后仍可获得 $295mA \cdot h \cdot g^{-1}$ 的高比容量 [如图 8-34 (d) 所示],体现出很好的循环稳定性。

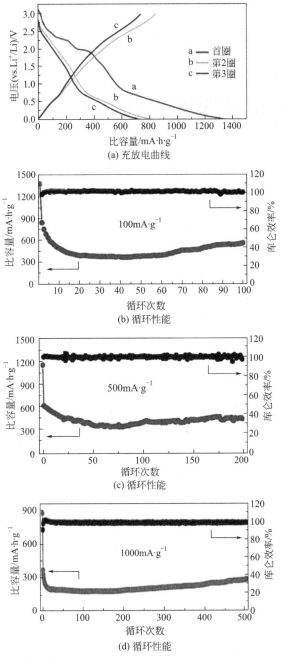

(a) 充放电曲线

(b) 循环性能

(c) 循环性能

(d) 循环性能

图 8-34　AVO400 的电化学性能

综上所述，$AlV_3O_9$ 纳米花作为锂离子电池的正极材料时，表现出高比容量、较好的倍率性能和优异的循环稳定性。作为负极材料时，$AlV_3O_9$ 纳米花在 $100mA\cdot g^{-1}$ 电流密度下的第二圈比容量高达 $843mA\cdot h\cdot g^{-1}$，在 $1000mA\cdot g^{-1}$ 大电流密度下循环 500 圈后仍可获得 $295mA\cdot h\cdot g^{-1}$ 的高比容量。

# 8.4
# 高电压钒酸镍锂纳米正极材料

反尖晶石 $LiNiVO_4$ 材料由于其高工作电压（4.8V，vs. $Li^+/Li$）而被认为是有前景的具有高能量密度的锂离子电池正极材料[43,44]。然而，电化学性能与合成工艺密切相关，合成工艺不同其结晶度、粒径和形貌不同[45]。传统的固相反应制备的 $LiNiVO_4$ 存在高温加工、持续时间长、晶粒尺寸大、杂质含量高等缺点[46-48]。这些问题可以通过软化学反应来缓解，例如溶胶-凝胶法[49,50]、水热合成法[51,52]、溶液沉淀法[53]、流变相合成法[54,55]、聚合-络合物法[56,57]、Pechini 法[58] 和燃烧合成法[59-62] 等。本节介绍一种改进的燃烧合成方法，将混合前体溶液直接转移到电炉中。所得 $LiNiVO_4$ 粉体多孔性好，均匀性好，并对其作为锂离子电池正极材料的电化学性能进行了测试与评估。

## 8.4.1 材料制备与评价表征

$LiNiVO_4$ 纳米颗粒燃烧合成制备：分别称取适量的 $LiNO_3$、$Ni(NO_3)_2\cdot 6H_2O$ 和 $NH_4VO_3$（Li：Ni：V 摩尔比＝1：1：1）溶于去离子水中得到白色悬浮液，在室温搅拌下往上述液体中加入一定量的柠檬酸溶液，白色悬浮液开始变成黄色溶液，然后变成墨绿色溶液。柠檬酸与金属离子的摩尔比为 1：1。将所得溶液在 50℃ 加热搅拌蒸发过量的水分，最后将得到的蓝色溶液放入已预热到 400℃ 的马弗炉中进行加热，溶液迅速沸腾并分解，分解过程中产生大量的气体，如氮氧化物和氨气，整个反应在 5min 内完成，然后得到浅棕色前驱体粉末。将前驱体在 400～600℃ 煅烧 2h，得到黄色粉末样品。

用 X 射线衍射仪（XRD，Rigaku D/max2500）表征样品的晶体结构。使用傅里叶变换红外光谱仪（FTIR，WQF-410）测试红外光谱。用场发射透射电镜（FETEM，JEOL JEM-2100F）研究样品的结构形貌。用差热扫描（DSC）/热重分析仪（NETZSCH STA 449 C）分析前驱体的分解过程。

将 $LiNiVO_4$ 活性材料、乙炔黑导电剂和聚偏二氟乙烯（PVDF）粘接剂以

$7:2:1$ 质量比混合，然后分散在 $N$-甲基吡咯烷酮（NMP）溶剂中得到浆料，将浆料涂覆在铝箔上，$90^{\circ}C$ 真空干燥20h得到正极片。以锂片作为负极，聚丙烯薄膜作为隔膜，$1mol \cdot L^{-1}$ $LiPF_6$ 碳酸亚乙酯/碳酸二甲酯（EC/DMC，体积比为 $1:1$）溶液作为电解液，在充满高纯氩气的手套箱（Mbraun，德国）中组装 CR 2016 型扣式电池。在室温下用蓝电测试系统（Land CT 2001A，武汉）测试电池的充放电性能。

## 8.4.2 结果与分析讨论

### 8.4.2.1 结构表征与讨论

在合成 $LiNiVO_4$ 前驱体粉末的实验过程中，加入柠檬酸时，柠檬酸首先与 $NH_4VO_3$ 反应生成颗粒极细的黄色 $V_2O_5$ 和 $(NH_4)C_6H_7O_7$，$V_2O_5$ 部分溶于水形成黄色溶液，其反应方程式如下：

$$NH_4VO_3 + C_6H_8O_7 \longrightarrow 1/2V_2O_5 + (NH_4)C_6H_7O_7 + 1/2H_2O \quad (8\text{-}3)$$

柠檬酸与 $NH_4VO_3$ 反应完全后，加入的柠檬酸与 $LiNO_3$ 和 $Ni(NO_3)_2 \cdot 6H_2O$ 发生反应，生成草绿色 $LiNiC_6H_5O_7$ 和氧化性极强的硝酸溶液，其反应式如下：

$$LiNO_3 + Ni(NO_3)_2 \cdot 6H_2O + C_6H_8O_7 \longrightarrow LiNiC_6H_5O_7 + 3HNO_3 + 6H_2O$$
$$(8\text{-}4)$$

生成的 $V_2O_5$ 在酸性溶液中具有较强的氧化性，继续加入柠檬酸后，$V_2O_5$ 与具有一定还原性的柠檬酸发生进一步的氧化还原反应，柠檬酸被氧化，释放出 $CO_2$，$V_2O_5$ 被还原，$V^{5+}$ 被还原成 $V^{4+}$，生成蓝色的 $(VO)^{2+}$，其反应式如下：

$$1/2V_2O_5 + (NH_4)C_6H_7O_7 + C_6H_8O_7 + 17/4O_2$$
$$\longrightarrow (NH_4)(VO)C_6H_5O_7 + 6CO_2 \uparrow + 5H_2O \quad (8\text{-}5)$$

其总反应式为：

$$NH_4VO_3 + LiNO_3 + Ni(NO_3)_2 \cdot 6H_2O + 3C_6H_8O_7 + 17/4O_2$$
$$\longrightarrow (NH_4)(VO)C_6H_5O_7 + LiNiC_6H_5O_7 + 3HNO_3 + 6CO_2 \uparrow + 23/2H_2O(8\text{-}6)$$

从总反应式中可以看出，当金属离子的摩尔比为 $1:1:1$，金属离子总摩尔数与柠檬酸摩尔比为 $1:1$ 时，金属离子能与柠檬酸络合反应完全，并生成 $HNO_3$。$HNO_3$ 具有强氧化性，加热时易分解释放出氧气，而金属离子与柠檬酸的络合物是易燃物，所以当反应产物在高温加热时，金属离子与柠檬酸的络合物会发生燃烧、分解，生成金属氧化物。假设溶液中的反应产物热分解完全，则会发生以下反应：

$$(NH_4)(VO)C_6H_5O_7 + LiNiC_6H_5O_7 + 3HNO_3 + (11+3x)/2O_2$$

$$\xrightarrow{\text{加热}} LiNiVO_4 + 3NO_x\uparrow + NH_3\uparrow + 12CO_2\uparrow + 7H_2O \tag{8-7}$$

图 8-35 是 LiNiVO$_4$ 的前驱体粉末在空气气氛下的 TG-DSC 测试结果。TG 曲线可以分为三个阶段，在 250℃ 之前的质量损失是物理吸附水和化学结合水的蒸发过程，在 250~500℃ 的质量损失是柠檬酸盐的分解过程以及最终产物 LiNi-VO$_4$ 的形成过程，DSC 曲线上出现了明显的放热峰。在 500℃ 以后，质量基本没有变化，说明此时已完全形成了稳定的最终产物 LiNiVO$_4$。

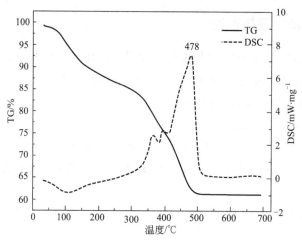

图 8-35　前驱体粉末的 TG-DSC 图

图 8-36 是通过在不同温度下煅烧得到的材料的 XRD 图谱。从图中可以看出，在 400℃ 煅烧得到的材料中出现了一些 LiNiVO$_4$ 化合物的明显的衍射峰，随着温度的增加，衍射峰变得更尖锐，样品的结晶度提高。在所有的煅烧温度下都没有出现任何杂相峰，说明溶液燃烧法在控制化学计量比方面具有优势。从 500℃ 开始，制得的材料的所有峰都显示了 LiNiVO$_4$ 的特征峰，这和 PDF 卡片号 73-1636 的标准谱对应得很好，属于立方晶系和 $Fd\bar{3}m$ 空间群。XRD 图谱中，最强的衍射峰是（311）晶面，（220）晶面的衍射峰比（111）晶面的衍射峰要强得多，而标准的尖晶石型 LiMn$_2$O$_4$ 的（111）晶面是最强的衍射峰，（220）晶面的衍射峰非常弱。V 原子占据四面体配位空隙，导致（220）晶面的衍射峰增强和（111）晶面的衍射峰减弱，这说明 LiNiVO$_4$ 具有反尖晶石结构，其中 V$^{5+}$ 位于氧原子形成的四面体 8a 位置，Li 和 Ni 占据 16d 位置，O 占据 32e 位置，形成 V$_\text{tetra}$(LiNi)$_\text{octa}$O$_4$ 的反尖晶石结构。XRD 结果显示，通过溶液燃烧法成功地合成了 LiNiVO$_4$，而且形成 LiNiVO$_4$ 所需的温度比传统的固相反应方法要低很多。

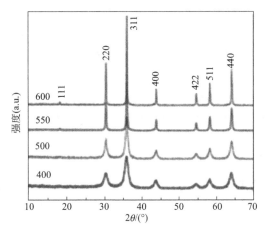

图 8-36 在不同温度煅烧得到的 $LiNiVO_4$ 的 XRD 图谱

在不同煅烧温度下得到的 $LiNiVO_4$ 粉末的红外光谱图表明，在 $3397cm^{-1}$ 的波段是 O—H 官能团的特征峰，$1500cm^{-1}$ 和 $1434cm^{-1}$ 是 C＝O 官能团的吸收峰，在 $900 \sim 600cm^{-1}$ 的波段与 $LiNiVO_4$ 中的 $VO_4$ 四面体的 V—O 键的伸缩振动有关。在 400℃煅烧 2h 得到的材料的红外谱图中出现了有机物 C＝O 官能团的吸收峰，说明材料中残留有柠檬酸盐，随着煅烧温度的提高，有机物官能团的吸收峰强度大幅降低。在 500℃、550℃和 600℃得到的材料显示了很好的 V—O 带，说明能在 500℃煅烧合成纯的 $LiNiVO_4$。另外，通过 TEM 检测研究了煅烧温度对材料形貌的影响。图 8-37 是在不同温度下煅烧 2h 得到的材料的 TEM

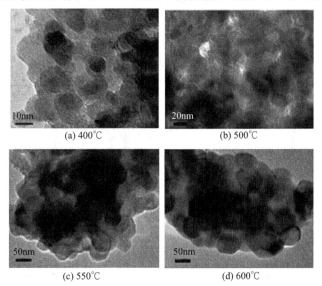

图 8-37 不同煅烧温度下得到的材料的 TEM 图

图。从图中可以看出，材料由薄片型的纳米颗粒组成，随着煅烧温度的升高，颗粒的尺寸逐渐变大，这与 XRD 结果相吻合。在 400℃煅烧时得到的颗粒外围包覆有一层有机物，颗粒尺寸大约为 10nm；在 500℃煅烧时颗粒尺寸增大为 20nm，颗粒之间含有大量的孔洞结构，这些孔洞结构是由于残留的有机物的分解造成的；在 550℃煅烧时颗粒尺寸增大为 40nm，出现了一些薄片型纳米颗粒的团聚；在 600℃煅烧时颗粒形状更规整，颗粒尺寸大约为 60nm。

## 8.4.2.2 电化学性能与讨论

通过充放电测试研究了 LiNiVO$_4$ 纳米颗粒作为锂离子电池正极材料的电化学性能。图 8-38 是分别在 500℃和 550℃煅烧 2h 得到的 LiNiVO$_4$ 纳米颗粒在 3～4.9V 的电压范围内以 15mA·g$^{-1}$ 的电流密度充放电时的充放电曲线，从图中可以看出，LiNiVO$_4$ 电极材料的充放电平台在 4.6～4.9V 之间。在 500℃煅烧得到的 LiNiVO$_4$ 纳米颗粒在第 1、2 和 5 次循环时的放电比容量分别为 28mA·h·g$^{-1}$、21mA·h·g$^{-1}$ 和 14mA·h·g$^{-1}$，充电比容量分别为 51mA·h·g$^{-1}$、31mA·h·g$^{-1}$ 和 22mA·h·g$^{-1}$。在 550℃煅烧得到的材料在第 1、2 和 5 次循环时的放电比容量分别为 30mA·h·g$^{-1}$、21mA·h·g$^{-1}$ 和 8mA·h·g$^{-1}$，充电比容量分别为 45mA·h·g$^{-1}$、40mA·h·g$^{-1}$ 和 12mA·h·g$^{-1}$。在 500℃合成的材料具有更好的电化学性能，这应该归因于其更小的晶粒尺寸以及颗粒之间含有更多的孔洞结构 [如图 8-27(b) 所示]。更小的颗粒尺寸能缩短锂离子和电子的扩散距离，有效地抑制浓差极化，有利于电池获得更高的放电比容量；纳米颗粒之间的孔洞结构有利于电解液的渗透，并能增大活性材料与电解液的接触面积；纳米颗粒之间的孔洞使材料更能承受充放电循环过程中由于锂离子快速脱/嵌造成的结构变化。实验所制得的 LiNiVO$_4$ 纳米颗

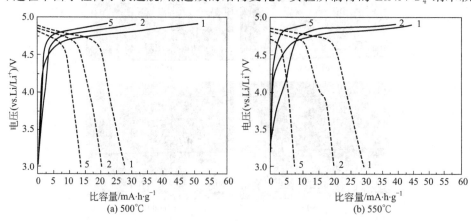

图 8-38 在不同煅烧温度下得到的 LiNiVO$_4$ 纳米颗粒的充放电曲线

粒的放电比容量比用固相煅烧制得的材料的放电比容量都要高。

相比于 $LiNiVO_4$ 的理论比容量（$148mA \cdot h \cdot g^{-1}$），实验得到的材料的实际比容量仍然要低很多。影响 $LiNiVO_4$ 的电化学性能的因素有很多，首先，与具有普通尖晶石结构的化合物（如 $LiMn_2O_4$）不同，反尖晶石结构的 $LiNiVO_4$ 中锂离子的转移要困难得多，这会导致其更低的锂离子扩散系数；其次，$LiNiVO_4$ 是一个差的离子和电子导体；再次，$LiNiVO_4$ 只有经过高温煅烧才能结晶，尽管通过各种软化学合成法能在低温下制得 $LiNiVO_4$ 的细小颗粒，但还没有任何关于在低于 300℃ 合成 $LiNiVO_4$ 并测试其电化学性能的报道。为了改进其电化学性能，必须提高煅烧温度，这将导致颗粒的增长；最后，电解液在高电压下分解是 $LiNiVO_4$ 的放电比容量低的一个主要原因。因此，为了使 $LiNiVO_4$ 能作为锂离子电池正极材料得到实际应用，研发在 5V 以上具有抗氧化性的电解液至关重要。

综上所述，以柠檬酸作为燃料，硝酸盐作为助燃剂和金属离子来源，通过溶液燃烧法在低温可合成 $LiNiVO_4$ 纳米颗粒，煅烧温度对材料的结构、形貌和电化学性能有重要影响。通过 XRD 和 IR 检测发现在 500℃ 煅烧 2h 能得到纯的 $LiNiVO_4$ 产物，通过 TEM 检测发现制得的 $LiNiVO_4$ 由薄片型的纳米颗粒组成，颗粒尺寸大约为 20nm，且颗粒之间含有大量的孔洞结构。将在 500℃ 煅烧 2h 制得的产品在 3～4.9V 的电压范围内充放电时，得到了 $28mA \cdot h \cdot g^{-1}$ 的初始放电比容量，但其电化学性能还有待进一步的研究和改进。

## 参考文献

[1] Nie R，Fang G，Liang S，et al. Three-Dimensional $Zn_3V_3O_8$/Carbon Fiber Cloth Composites as Binder-Free Anode for Lithium-Ion Batteries [J]. Electrochimica Acta，2017，246：97-105.

[2] Yang G，Cui H，Yang G，et al. Self-Assembly of $Co_3V_2O_8$ Multilayered Nanosheets：Controllable Synthesis，Excellent Li-Storage Properties，and Investigation of Electrochemical Mechanism [J]. ACS Nano，2014，8 (5)：4474-4487.

[3] Sun Y，Li C，Wang L，et al. Ultralong Monoclinic $ZnV_2O_6$ Nanowires：Their Shape-Controlled Synthesis，New Growth Mechanism，and Highly Reversible Lithium Storage in Lithium-Ion Batteries [J]. RSC Advances，2012，2 (21)：8110-8115.

[4] Gan L H，Deng D，Zhang Y，et al. $Zn_3V_2O_8$ Hexagon Nanosheets：A High-Performance Anode Material for Lithium-Ion Batteries [J]. Journal of Materials Chemistry A，2014，2 (8)：2461-2466.

[5] Sim D H，Rui X，Chen J，et al. Direct Growth of $FeVO_4$ Nanosheet Arrays on Stainless Steel Foil as High-Performance Binder-Free Li Ion Battery Anode [J]. RSC Advances，2012，2 (9)：3630-3633.

[6] Liu H，Tang D. Synthesis of $ZnV_2O_6$ Powder and Its Cathodic Performance for Lithium Secondary Battery [J]. Materials Chemistry and Physics，2009，114 (2-3)：656-659.

[7] Liu H B，Liu Y，Yang L L，et al. Influences of Annealing Temperature on Structural，Magnetic and Optical Properties of $Zn_{0.98}V_{0.02}O$ Nanoparticles [J]. Materials Science in Semiconductor Processing，2014，27 (1)：309-313.

[8] Yin Z，Qin J，Wang W，et al. Rationally Designed Hollow Precursor-Derived $Zn_3V_2O_8$ Nanocages as A High-Performance Anode Material for Lithium-Ion Batteries [J]. Nano Energy，2017，31：367-376.

[9] Wang C，Fang D，Wang H，et al. Uniform Nickel Vanadate ($Ni_3V_2O_8$) Nanowire Arrays Organized by Ultrathin Nanosheets with Enhanced Lithium Storage Properties [J]. Scientific Reports，2016，6：20826.

[10] Zhao K，Liu F，Niu C，et al. Graphene Oxide Wrapped Amorphous Copper Vanadium Oxide with Enhanced Capacitive Behavior for High-Rate and Long-Life Lithium-Ion Battery Anodes [J]. Advanced Science，2015，2：1500154.

[11] Bie C，Pei J，Chen G，et al. Hierarchical $Zn_3V_3O_8$/C Composite Microspheres Assembled from Unique Porous Hollow Nanoplates with Superior Lithium Storage Capability [J]. Journal of Materials Chemistry A，2016，4 (43)：17063-17072.

[12] Bai J，Li X，Liu G，et al. Unusual Formation of $ZnCo_2O_4$ 3D Hierarchical Twin Microspheres as A High-Rate and Ultralong-Life Lithium-Ion Battery Anode Material [J]. Advanced Functional Materials，2014，24 (20)：3012-3020.

[13] Chakrabarty T，Mahajan A V，Kundu S. Cluster Spin Glass Behavior in Geometrically Frustrated $Zn_3V_3O_8$ [J]. Journal of Physics：Condensed Matter，2014，26 (40)：405601.

[14] Marco J F，Gancedo J R，Gracia M，et al. Characterization of the Nickel Cobaltite，$NiCo_2O_4$，Prepared by Several Methods：An XRD，XANES，EXAFS，and XPS Study [J]. Journal of Solid State Chemistry，2000，153 (1)：74-81.

[15] Chen Y，Liu B，Jiang W，et al. Coaxial Three-Dimensional $CoMoO_4$ Nanowire Arrays with Conductive Coating on Carbon Cloth for High-Performance Lithium Ion Battery Anode [J]. Journal of Power Sources，2015，300：132-138.

[16] Hong Y J，Kang Y C. Formation of Core-Shell-Structured $Zn_2SnO_4$-Carbon Microspheres with Superior Electrochemical Properties by One-Pot Spray Pyrolysis [J]. Nanoscale，2015，7 (2)：701-707.

[17] Chen Z，Huang W，Lu D，et al. Hydrothermal Synthesis and Electrochemical Properties of Crystalline $Zn_2V_2O_7$ Nanorods [J]. Materials Letters，2013，107：35-38.

[18] Sun X，Hao G P，Zhang Q，et al. High-Defect Hydrophilic Carbon Cuboids Anchored with Co/CoO Nanoparticles as Highly Efficient and Ultra-Stable Lithium-Ion Battery Anodes [J]. Journal of Materials Chemistry A，2016，4 (26)：10166-10173.

[19] Elazari R，Salitra G，Garsuch A，et al. Sulfur-Impregnated Activated Carbon Fiber Cloth as A Binder-Free Cathode for Rechargeable Li-S Batteries [J]. Adv Mater，2011，23 (47)：5641-5644.

[20] Sun Z，Ai W，Liu J，et al. Facile Fabrication of Hierarchical $ZnCo_2O_4$/NiO Core/Shell Nanowire Arrays with Improved Lithium-Ion Battery Performance [J]. Nanoscale，

2014, 6 (12): 6563-6568.

[21] Liang S, Cao X, Cao G, et al. Uniform 8LiFePO$_4$ · Li$_3$V$_2$ (PO$_4$)$_3$/C Nanoflakes for High-Performance Li-Ion Batteries [J]. Nano Energy, 2016, 22: 48-58.

[22] Liu H, Ding C, Xiang D, et al. Rapid Microwave Preparation of Zn$_2$ (OH)$_3$VO$_4$ Nanosheets with High Lithium Electroactivity [J]. Ceramics International, 2019, 45 (14): 18079-18083.

[23] Maier J. Nanoionics: ion transport and electrochemical storage in confined systems [J]. Nature Materials, 2005, 4 (11): 805-815.

[24] Yue J, Gu X, Chen L, et al. General Synthesis of Hollow MnO$_2$, Mn$_3$O$_4$ and MnO Nanospheres as Superior Anode Materials for Lithium Ion Batteries [J]. Journal of Materials Chemistry A, 2014, 2 (41): 17421-17426.

[25] Cho J S, Hong Y J, Kang Y C. Design and Synthesis of Bubble-Nanorod-Structured Fe$_2$O$_3$ Carbon Nanofibers as Advanced Anode Material for Li-Ion Batteries [J]. ACS Nano, 2015, 9 (4): 4026-4035.

[26] Li J, Xiong S, Liu Y, et al. High Electrochemical Performance of Monodisperse NiCo$_2$O$_4$ Mesoporous Microspheres as An Anode Material for Li-Ion Batteries [J]. ACS Applied Materials & Interfaces, 2013, 5 (3): 981-988.

[27] Liu L, Fang G, Liang S, et al. Electrochemical Performance of AlV$_3$O$_9$ Nanoflowers for Lithium Ion Batteries Application [J]. Journal of Alloys and Compounds, 2017, 723: 92-99.

[28] Li Z, Li J, Kang F. 3D hierarchical AlV$_3$O$_9$ microspheres as a cathode material for rechargeable aluminum-ion batteries [J]. Electrochimica Acta, 2019, 298: 288-296.

[29] Ghiyasiyan-Arani M, Salavati-Niasari M. Strategic Design and Electrochemical Behaviors of Li-Ion Battery Cathode Nanocomposite Materials Based on AlV$_3$O$_9$ with Carbon Nanostructures [J]. Composites Part B: Engineering, 2020, 183: 107734.

[30] Cui H, Guo Y, Ma W, et al. 2D Materials for Electrochemical Energy Storage: Design, Preparation, and Application [J]. Chemsuschem, 2020, 13 (6): 1155-1171.

[31] Yan Y, Xu H, Guo W, et al. Facile Synthesis of Amorphous Aluminum Vanadate Hierarchical Microspheres for Supercapacitors [J]. Inorganic Chemistry Frontiers, 2016, 3 (6): 791-797.

[32] Ghiyasiyan-Arani M, Salavati-Niasari M, Zonouz A F. Effect of Operational Synthesis Parameters on the Morphology and the Electrochemical Properties of 3D Hierarchical AlV$_3$O$_9$ Architectures for Li-Ion Batteries [J]. Journal of the Electrochemical Society, 2020, 167 (2): 020544.

[33] Shreenivasa L, Yogesh K, Prashanth S A, et al. Enhancement of Cycling Stability and Capacity of Lithium Secondary Battery by Engineering Highly Porous AlV$_3$O$_9$ [J]. Journal of Materials Science, 2020, 55 (4): 1648-1658.

[34] Li Z, Li J, Kang F. 3D Hierarchical AlV$_3$O$_9$ Microspheres as A Cathode Material for Rechargeable Aluminum-Ion Batteries [J]. Electrochimica Acta, 2019, 298: 288-296.

[35] Cheah Y L, Aravindan V, Madhavi S. Improved Elevated Temperature Performance of Al-Intercalated V$_2$O$_5$ Electrospun Nanofibers for Lithium-Ion Batteries [J]. ACS Ap-

plied Materials & Interfaces，2012，4（6）：3270-3277.

[36] Yang G，Song H，Yang G，et al. 3D Hierarchical $AlV_3O_9$ Microspheres：First Synthesis，Excellent Lithium Ion Cathode Properties，and Investigation of Electrochemical Mechanism [J]. Nano Energy，2015，15：281-292.

[37] Zhu J，Cao L，Wu Y，et al. Building 3D Structures of Vanadium Pentoxide Nanosheets and Application as Electrodes in Supercapacitors [J]. Nano Letters，2013，13（11）：5408-5413.

[38] Wei D，Li X，Zhu Y，et al. One-Pot Hydrothermal Synthesis of Peony-Like $Ag/Ag_{0.68}V_2O_5$ Hybrid as High-Performance Anode and Cathode Materials for Rechargeable Lithium Batteries [J]. Nanoscale，2014，6（10）：5239-5244.

[39] Chen Z，Gao S，Li R，et al. Lithium Insertion in Ultra-Thin Nanobelts of $Ag_2V_4O_{11}/Ag$ [J]. 2008，53（28）：8134-8137.

[40] Nitta N，Yushin G. High-Capacity Anode Materials for Lithium-Ion Batteries：Choice of Elements and Structures for Active Particles [J]. Particle & Particle Systems Characterization，2014，31（3）：317-336.

[41] Liu S，Wu J，Liang S，et al. Mesoporous $NiCo_2O_4$ nanoneedles grown on three-dimensional graphene networks as binder-free electrode for high-performance lithium-ion batteries and supercapacitors [J]. Electrochimica Acta，2015，176：1-9.

[42] Courtel F M，Duncan H，Abu-Lebdeh Y，et al. High Capacity Anode Materials for Li-Ion Batteries Based on Spinel Metal Oxides $AMn_2O_4$（A＝Co，Ni，and Zn）[J]. Journal of Materials Chemistry，2011，21（27）：10206-10218.

[43] Fey G T K，Wu L，Dahn J R. $LiNiVO_4$：A 4.8 Volt Electrode Material for Lithium Cells [J]. Journal of the Electrochemical Society，1994，141（9）：2279.

[44] Liu J R，Wang M，Lin X，et al. Citric Acid Complex Method of Preparing Inverse Spinel $LiNiVO_4$ Cathode Material for Lithium Batteries [J]. Journal of Power Sources，2002，108（1-2）：113-116.

[45] Reddy M V，Wannek C，Pecquenard B，et al. $LiNiVO_4$——Promising Thin Films for Use as Anode Material in Microbatteries [J]. Journal of Power Sources，2003，119-121：101-105.

[46] Reddy M V，Wannek C，Pecquenard B，et al. Preparation and Characterization of $LiNiVO_4$ Powder and Non-Stoichiometric $LiNi_xV_yO_z$ Films [J]. Materials Research Bulletin，2008，43（6）：1519-1527.

[47] Fey G T K，Dahn J R，Zhang M J，et al. The Effects of the Stoichiometry and Synthesis Temperature on the Preparation of the Inverse Spinel $LiNiVO_4$ and Its Performance as a New High Voltage Cathode Material [J]. Journal of Power Sources，1997，68（2）：549-552.

[48] Fey G T K，Perng W B. A New Preparation Method for A Novel High Voltage Cathode Material：$LiNiVO_4$ [J]. Materials Chemistry and Physics，1997，47（2-3）：279-282.

[49] Prakash D，Masuda Y，Sanjeeviraja C. Synthesis and Structure Refinement Studies of $LiNiVO_4$ Electrode Material for Lithium Rechargeable Batteries [J]. Ionics，2012，19（1）：17-23.

[50]  Liu R S, Cheng Y C, Gundakaram R, et al. Crystal and Electronic Structures of Inverse Spinel-Type LiNiVO₄ [J]. Materials Research Bulletin, 2001, 36 (7-8): 1479-1486.

[51]  Lu C H, Lee W C, Liou S J, et al. Hydrothermal Synthesis of LiNiVO₄ Cathode Material for Lithium Ion Batteries [J]. Journal of Power Sources, 1999, 81-82: 696-699.

[52]  Lu C H, Liou S J. Hydrothermal Preparation of Nanometer Lithium Nickel Vanadium Oxide Powder at Low Temperature [J]. Materials Science and Engineering: B, 2000, 75 (1): 38-42.

[53]  Fey G T K, Chen K S. Synthesis, Characterization, and Cell Performance of LiNiVO₄ Cathode Materials Prepared by a New Solution Precipitation Method [J]. Journal of Power Sources, 1999, 81-82: 467-471.

[54]  Cao X, Zhang J. Rheological Phase Synthesis and Characterization of Li₃V₂ (PO₄)₃/C Composites as Cathode Materials for Lithium Ion Batteries [J]. Electrochimica Acta, 2014, 129: 305-311.

[55]  Han X, Tang W, Yi Z, et al. Synthesis, Characterization and Electrochemical Performance of LiNiVO₄ Anode Material for Lithium-Ion Batteries [J]. Journal of Applied Electrochemistry, 2008, 38 (12): 1671-1676.

[56]  Thongtem T, Kaowphong S, Thongtem S. Malic Acid Complex Method for Preparation of LiNiVO₄ Nano-Crystallites [J]. Journal of Materials Science, 2007, 42 (11): 3923-3927.

[57]  Thongtem T, Kaowphong S, Thongtem S. Preparation of LiNiVO₄ Nano-Powder Using Tartaric Acid as a Complexing Agent [J]. Ceramics International, 2007, 33 (8): 1449-1453.

[58]  Qiao X, Huang Y, Seo H J. Optical Property and Visible-Light-Driven Photocatalytic Activity of Inverse Spinel LiNiVO₄ Nanoparticles Prepared by Pechini Method [J]. Applied Surface Science, 2014, 321: 488-494.

[59]  Subramania A, Angayarkanni N, Karthick S N, et al. Combustion Synthesis of Inverse Spinel LiNiVO₄ Nano-Particles Using Gelatine as the New Fuel [J]. Materials Letters, 2006, 60 (25-26): 3023-3026.

[60]  Kalyani P, Kalaiselvi N, Muniyandi N. An Innovative Soft-Chemistry Approach to Synthesize LiNiVO₄ [J]. Materials Chemistry and Physics, 2003, 77 (3): 662-668.

[61]  Prabaharan S R S, Michael M S, Radhakrishna S, et al. Novel Low-Temperature Synthesis and Characterization of LiNiVO₄ for High-Voltage Li Ion Batteries [J]. Journal of Materials Chemistry, 1997, 7 (9): 1791-1796.

[62]  Vivekanandhan S, Venkateswarlu M, Satyanarayana N. Glycerol-Assisted Gel Combustion Synthesis of Nano-Crystalline LiNiVO₄ Powders for Secondary Lithium Batteries [J]. Materials Letters, 2004, 58 (7-8): 1218-1222.

# 第 9 章

# 钒磷酸盐及其复合纳米新材料

# 9.1
# $Li_3V_2(PO_4)_3$ 带状纳米材料

LiFePO$_4$ 成功商业化，引起了人们对其他锂过渡金属磷酸盐的兴趣。$Li_3V_2(PO_4)_3$ 就是其中一个例子，其由 VO$_6$ 八面体和 PO$_4$ 四面体组成的三维骨架，以及位于较大间隙位置中的 Li 共同构成。由于 $PO_4^{3-}$ 产生的大间隙位置，使得锂离子可以沿着各个方向快速地传输，因此 $Li_3V_2(PO_4)_3$ 具有良好的离子导通能力[1-5]。与 Li$^+$ 单通道扩散的橄榄石结构的 LiFePO$_4$ 相比，$Li_3V_2$ (PO$_4$)$_3$ 的锂离子扩散系数要大得多。Rui 等人[2] 报道了 $Li_3V_2(PO_4)_3$ 的扩散系数 $D_{Li^+}$（$10^{-9} \sim 10^{-10}$ cm$^2 \cdot$ s$^{-1}$），其数值比 Prosini 等人[6] 报道的 LiFePO$_4$ 的扩散系数（$10^{-14} \sim 10^{-16}$）大 5 个数量级。这使得 $Li_3V_2(PO_4)_3$ 有可能表现出比 LiFePO$_4$ 更好的倍率性能。此外，$Li_3V_2(PO_4)_3$ 的工作电压高于 LiFePO$_4$，并且其理论比容量（197mA$\cdot$h$\cdot$g$^{-1}$）在锂金属磷酸盐中最高，这有利于获得更高的能量密度[7]。但是 $Li_3V_2(PO_4)_3$ 在室温下的电导率仅为 $2.4 \times 10^{-7}$ s$\cdot$cm$^{-1}$，还需要进一步提高。因此，不同的合成和加工方法，如金属掺杂和碳包覆等被用来改善其性能[8-11]。

纳米技术已经被广泛地应用于电极材料的合成，以此提高锂离子电池的性能。因为材料纳米化缩短了锂离子扩散和电子传输的距离，可以提高材料的倍率性能[12]。虽然纳米电极材料具有很多的优势，但是为了很好地控制颗粒的尺寸和防止颗粒团聚，合成步骤通常较多。最近，Choi 等人[13] 报道了通过借助表面活性剂和石蜡，单步骤合成 LiMnPO$_4$ 纳米板的方法。该方法结合了固相反应和自组装合成方法的优点。油酸极性较强的一端粘连在前驱体上，另一端延伸到熔化的石蜡中。在 LiMnPO$_4$ 纳米晶体的形成过程中，油酸通过空间位阻来阻止颗粒的团聚。表面活性剂-石蜡方法可以单步骤就满足要求。本节研究了用表面活性剂-石蜡单步骤合成纳米带状结构的 $Li_3V_2(PO_4)_3$ 颗粒。合成的带状纳米颗粒尺寸均匀，颗粒之间有较大的空隙。本节表征了该材料的显微结构，检测了它们在不同的充电、放电情况下的电化学性能，并讨论了其结构与性能之间的关系。

## 9.1.1 材料制备与评价表征

材料石蜡辅助合成：V$_2$O$_5$、NH$_4$H$_2$PO$_4$、LiCOOCH$_3 \cdot$ 2H$_2$O、草酸和石

蜡按照购买的规格使用。首先，$V_2O_5$（99.6%，Alfa Aesar）和草酸（> 99% RT）按照 1∶3 的化学计量比添加到去离子水中，在室温下搅拌直到溶液变蓝为止。溶液蒸干之后得到 $VOC_2O_4 \cdot nH_2O$。$LiCOOCH_3 \cdot 2H_2O$（反应试剂级别）、$VOC_2O_4 \cdot nH_2O$、$NH_4H_2PO_4$（99.999%）、油酸（FCC，FG）和石蜡（ASTMD 87，熔点 53~57℃）用作合成 $Li_3V_2(PO_4)_3$ 的前驱体。$NH_4H_2PO_4$ 和油酸首先用高能机械球磨机球磨（SPEX 8000M）1.5h，之后加入石蜡球磨 0.5h，然后再加入计量比的 $VOC_2O_4 \cdot nH_2O$，所得的混合物继续球磨 10min，最后加入 $LiCOOCH_3 \cdot 2H_2O$ 球磨 10min。Li∶V∶P∶油酸的摩尔比为 3∶2∶3∶3，石蜡的质量为油酸质量的 2 倍。所得到的黏稠物在 100℃ 以上加热 30min，然后在 Ar 气氛下 800℃ 加热 8h（加热速率设为 5℃ · $min^{-1}$）得到 $Li_3V_2$ $(PO_4)_3$ 纳米带颗粒。

材料表征：样品的晶体结构用 XRD 粉末衍射分析仪测试，其中 Ge（Li）为固态接收器，Cu Kα（λ = 1.54178Å）作为激发线。样品扫面范围（$2\theta$）为 10°~70°，单步扫描幅度为 0.02°，曝光时间为 10s。用扫描电镜（FEI Helios 600 Nanolab FIB-SEM，3kV）探测颗粒的形貌。

$Li_3V_2(PO_4)_3$、Super P 导电炭（TIMCAL Graphite & Carbon）和 PVDF 粘接剂按照 75∶15∶10 的质量比分散在甲基吡咯烷酮中得到浆状物。该浆状物涂在铝箔上之后，在抽真空的炉子中 100℃ 加热过夜。半电池（2325coin cell，National Research Council，Canada）在填充了高纯 Ar 的手套箱（MBraun，Inc.）中组装。聚丙烯膜（Celgard 3501）作为隔膜，锂金属作为负极，1mol · $L^{-1}$ $LiPF_6$ 碳酸乙烯酯/碳酸二甲酯（体积比 1∶1）溶液作为电解液。$Li_3V_2(PO_4)_3$ 的电化学测试室温下在 Arbin Battery Tester BT-2000（Arbin instruments）设备上进行。测试电压范围为 3~4.3V（参比于 Li/Li$^+$）。所得容量基于活性物质的质量。

## 9.1.2 结果与分析讨论

### 9.1.2.1 结构表征与讨论

高温合成的样品显示为黑色，这是因为油酸分解后生成的炭残留在材料的表面。图 9-1 是该方法制备的样品的 XRD 图谱。主要峰的指数在图中已经标明，峰的位置与单斜 $Li_3V_2(PO_4)_3$ 的 XRD 结果吻合，属于 $P2_1/n$ 空间群[2,9]。没有观察到残留炭的峰，这说明碳以无定形的形式存在。根据热重分析结果表明残留炭的含量大约为 2%。

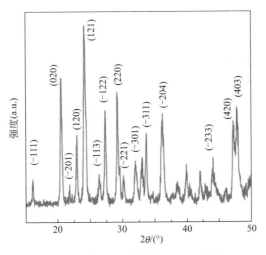

图 9-1　高温合成样品的 XRD 图谱

图 9-2 为均匀分布的带状 $Li_3V_2(PO_4)_3$ 纳米颗粒的 FIB-SEM 图。如图 9-2（a）所示，该纳米颗粒分布均匀，形状也一致，虽然可以看到团聚现象，但仍然是多孔的结构。图 9-2(b) 显示的是在更高的放大倍数下的带状纳米颗粒的形貌图。该 $Li_3V_2(PO_4)_3$ 纳米带的厚度大约为 50nm，宽度为 200nm，长度为 500nm。据我们所知，这是首次合成纳米带状形貌的 $Li_3V_2(PO_4)_3$。因为纳米带朝不同方向生长，所以纳米带颗粒之间存在较大的空隙。

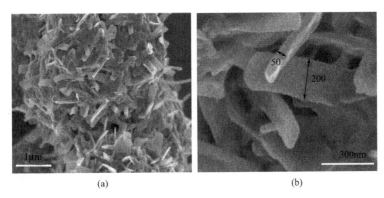

(a)　　　　　　　　　　　(b)

图 9-2　$Li_3V_2(PO_4)_3$ 纳米颗粒在低放大倍数（a）和

高放大倍数（b）下的扫描电镜形貌图

本实验中用到的油酸[$(CH_3(CH_2)_7CH=CH(CH_2)_7COOH)$]可以从动物和植物中提炼得到，价格便宜。其中的羧基粘接在前驱体的表面，在形成 $Li_3V_2$($PO_4$)$_3$ 的过程中通过空间位阻阻止颗粒的团聚。油酸的另一端可以伸展到熔化的石蜡中，引导 $Li_3V_2(PO_4)_3$ 有序生长，类似于自组装。另外，油酸分解的产物（碳）包覆在 $Li_3V_2(PO_4)_3$ 的表面，可以提高材料的导电性。纳米带结构的形成机制的细节，可以从最近发表的有关 $LiMnPO_4$ 纳米平板生长的文章中找到[12]。我们注意到两个材料的最终形貌有所不同，即 $Li_3V_2(PO_4)_3$ 是纳米带，而 $LiMnPO_4$ 为纳米板。这种形貌的不同可能是因为两个物质不同造成的。不同的材料拥有不同的晶体结构，也具有不同的表面自由能，择优取向生长的特点也不同，所以最后的形貌会有所不同。

### 9.1.2.2 电化学性能与讨论

图 9-3 是 $Li_3V_2(PO_4)_3$ 纳米带在 3~4.3V 电压范围内，不同倍率下的充放电曲线和循环性能。如图 9-3(a) 所示，在 1C 倍率的充电曲线上，可以看到分别位于 3.62V、3.70V 和 4.12V 的 3 个电压平台，这些平台对应于锂离子从 $Li_xV_2(PO_4)_3$ 中脱出的相变，分别从 $x=3.0$ 变为 2.5、2.0、1.0。第一个锂离子的脱出经过了两个相变（在 3.62V 和 3.70V），这是因为存在着一个有序的 $Li_{2.5}V_2(PO_4)_3$ 相，其中 V 为 $V^{3+/4+}$ 的混合价态[2]。第 2 个锂离子的脱出在 4.12V 单步完成，$V^{3+}$ 也全部被氧化成 $V^{4+}$。在放电的过程中，观察到与之对应的位于 4.0V、3.63V 和 3.55V 的 3 个电压平台，其相变与充电时的相变刚好相反。在 3~4.3V 之间放电时，可以获得 $131mA \cdot h \cdot g^{-1}$ 的比容量，该数值与理论比容量 $132mA \cdot h \cdot g^{-1}$ 非常接近。

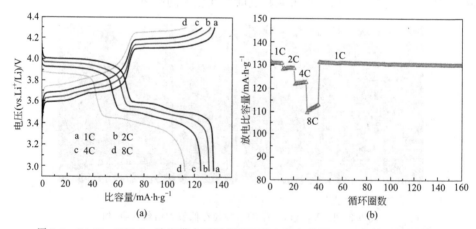

图 9-3 $Li_3V_2(PO_4)_3$ 纳米带在不同倍率下的充放电曲线 (a) 和循环性能 (b)

在 1C 循环 10 圈之后，充放电的倍率调整为 2C，其放电比容量为 $128mA \cdot h \cdot g^{-1}$。在 4C 和 8C 充放电时，仍然分别可以获得 $122mA \cdot h \cdot g^{-1}$ 和 $110mA \cdot h \cdot g^{-1}$ 的放电比容量。图 9-3(b) 显示的是 $Li_3V_2(PO_4)_3$ 纳米带在不同的倍率下的循环性能。40 圈之后，倍率重新调整为 1C，该电极材料仍然可以释放 $131mA \cdot h \cdot g^{-1}$

的比容量。该比容量与刚开始 1C 循环 10 圈后的数值一致。从第 40 圈到第 160 圈，$Li_3V_2(PO_4)_3$ 的放电比容量从 $131mA \cdot h \cdot g^{-1}$ 降为 $130mA \cdot h \cdot g^{-1}$，容量损失几乎可以忽略。其杰出的倍率和循环稳定性可以归功于新颖的纳米带多孔结构。倍率性能与锂离子在材料中的扩散动力学有关。颗粒尺寸的降低（50nm 厚）可以缩短锂离子扩散的距离。每个纳米颗粒之间较大的空隙［图 9-2(b)］可以允许电解液的快速渗透，这提高了电解液和电极活性材料的接触面积。另外，油酸分解得到的残留碳可以提高电子在活性材料中的传输能力。据我们所知，该纳米带结构的 $Li_3V_2(PO_4)_3$ 材料的电化学性能是报道的最好的性能之一。本节使用的单步骤制备方法，结合了固相反应和自组装的优点，经济有效，适合于大规模生产。

在熔融的石蜡介质中，借助表面活性剂用单步固相反应可合成 $Li_3V_2(PO_4)_3$ 纳米带。该方法简便易行，采用的油酸和石蜡价格便宜，安全性能好。合成过程中的添加剂为 $Li_3V_2(PO_4)_3$ 纳米带的形成创造了环境。该方法合成的 $Li_3V_2(PO_4)_3$ 纳米带形貌均匀，且带状颗粒之间有较大的空隙。电化学性能测试显示该纳米颗粒具有很好的倍率性能和循环稳定性，这归因于新颖的纳米带多孔结构。该结构的优势在于：①缩短了锂离子扩散和电子传输的距离；②增大了电解液和电极之间的接触面积；③残留的碳可以提高电极材料的导电性，有利于电子的传输。

# 9.2
# $Li_3V_2(PO_4)_3$/C 纳米复合材料

$Li_3V_2(PO_4)_3$ 等作为锂离子电池的正极材料引起了研究者们极大的兴趣，这归结于它们优异的电化学性能和热稳定性[7,14-16]。但是 $Li_3V_2(PO_4)_3$ 材料本身的导电能力较差（在室温下为 $2.4 \times 10^{-7}S \cdot cm^{-1}$），严重影响了它的倍率性能[2]。很多不同的合成方法，例如金属掺杂、碳包覆等被用来提高材料的综合性能。这些方法合成的材料都显示了更高的比容量和更好的循环稳定性[8,17,18]。但是，这些材料的性能离实际应用还有一定的距离。根据 Fick 定律，扩散时间与扩散路程的平方成正比。减小颗粒的尺寸来缩短锂离子扩散和电子传输的距离可以提高材料的倍率性能。Wang 等人报道的纳米结构的 $SnO_2$/C 和 Si/C 复合材料具有更好的嵌锂性能[19,20]，这是因为电化学活性物质在复合材料中的尺寸较小，同时与其紧密接触的炭作为一个很好的电子导体可以帮助电子传输。Doherty 等报道的分层、多孔结构的 $LiFePO_4$ 具有很好的倍率性能[21]。但是它们的合成方法比较复杂，对操作要求较高。因此，采用一种更简便，并且可以大规模生产的方法合成纳米尺寸的颗粒与碳的复合材料引起了研究者们极大的兴趣。基于此，我们选用 KB 碳（Ketjen Black）作为导电炭，因为它表面积大，分散容易，导电能力好，价格便宜。该材料已经被用在燃料电池、锂空气电池和作为导电炭添加剂应用在锂离子电池中[22-24]。

本节介绍一种新颖的方法来合成 $Li_3V_2(PO_4)_3/C$ 纳米复合材料。该方法是把 $Li_3V_2(PO_4)_3$ 的前驱体溶液吸收到膨胀开的多孔的 KB 碳中，然后在高温下煅烧。KB 碳在材料的制备过程中可以很好地限制颗粒的团聚长大，同时也可以提高电极材料的电子传输能力。我们研究了 $Li_3V_2(PO_4)_3/C$ 纳米复合材料的结构和电化学性能。

## 9.2.1　材料制备与评价表征

材料多孔炭辅助合成：制备过程中使用的所有物质均为分析纯度的。$V_2O_5$、$NH_4H_2PO_4$、$Li_2CO_3$ 和草酸按照购买到的纯度使用。草酸在合成过程中作为螯合剂和还原剂。首先，$V_2O_5$ 和草酸按照 1∶3 的化学计量比加入去离子水中，磁力搅拌直到形成蓝色的溶液。接着，$NH_4H_2PO_4$ 和 $Li_2CO_3$ 按照化学计量比加入上述溶液中并搅拌 1h。然后将 KB 碳添加到上述混合溶液中，在 80℃ 下加热搅拌直到形成泥浆状的混合物，之后在 80℃ 干燥过夜得到干燥的固体。KB 碳根据其在最后复合材料中占 20% 的比例加入。得到的颗粒经过碾磨、压片，在 96% Ar 和 4% $H_2$ 混合气体保护下 350℃ 煅烧 4h。之后所得的样品再重新碾磨、压片，在同样的气氛下 800℃ 煅烧 8h 得到最后的 $Li_3V_2(PO_4)_3/C$ 复合材料。根据热重分析的结果，KB 碳在整个合成过程中并没有损失，所以可以很好地控制炭在最终产物中的百分比。

材料表征：复合材料的晶体结构用粉末 X 射线衍射仪来表征。该设备用 Ge(Li) 作为固态的检测器，Cu 靶激发的 $K\alpha$ 的波长 $\lambda=1.54178Å$。扫描范围为 $10° < 2\theta < 70°$，幅度为 0.02°，曝光时间为 10s。用扫描电镜（FEI Helios 600 Nanolab FIB-SEM，3kV）来表征颗粒的形貌。样品透射分析在 Jeol JEM 2010 仪器上进行，$LaB_6$ 作为灯丝，加速电压为 200kV。

$Li_3V_2(PO_4)_3/C$ 复合材料和 PVDF 粘接剂按照 90∶10 的质量比混合在一起，然后分散在 N-甲基吡咯烷酮溶液中获得浆糊状的混合物。该混合物中活性物质 $[Li_3V_2(PO_4)_3]$/KB 碳/粘接剂的比例为 72∶18∶10。浆状混合物涂在铝箔上，在 100℃ 抽真空干燥过夜。复合材料的振实密度大约为 0.6g·mL⁻¹，

铝箔上面负载量为 $1\sim 2mg\cdot cm^{-2}$。半电池为 CR2325 扣式电池，组装在填充了高纯氩气的手套箱（MBraun，Inc.）中进行。聚丙烯膜（Celgard 3501）作为隔膜，锂金属作为负极，$LiPF_6$ 溶解在 1∶1 体积混合的碳酸乙烯酯和碳酸二甲酯中作为电解液（浓度为 $1mol\cdot L^{-1}$）。电化学性能的评估在 Arbin 电池测试仪 BT-2000（Arbin Instruments，College Station，TX）上进行。在室温下，半电池倍率性能的测试在 3~4.3V 电压范围内进行，1C 放电的比容量按 $140mA\cdot h\cdot g^{-1}$ 计。

## 9.2.2 结果与分析讨论

### 9.2.2.1 结构表征与讨论

图 9-4 表征了 $Li_3V_2(PO_4)_3/C$ 纳米复合材料的结构和形貌。如图 9-4(a) 所示，$Li_3V_2(PO_4)_3/C$ 复合材料主要的 XRD 衍射峰的指数已经标出，检测到的图谱跟以前文献报道的结果吻合得很好[2]。这些峰位表明形成的 $Li_3V_2(PO_4)_3$ 是单斜结构，属于 $P2_1/n$ 空间群。XRD 图谱并没有显示其他相的峰，说明复合材

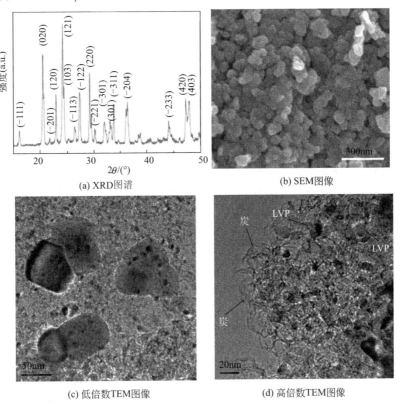

(a) XRD图谱　　(b) SEM图像

(c) 低倍数TEM图像　　(d) 高倍数TEM图像

图 9-4　$Li_3V_2(PO_4)_3/C$ 纳米复合材料的 XRD、SEM 和 TEM 表征

料中的碳以无定形的状态存在。图 9-4(b) 中可以清楚地看到纳米尺寸的颗粒。透射电镜［图 9-4(c) 和图 9-4(d)]观察到了两种不同大小的颗粒。大一点的颗粒直径大约 50nm，这可能是在多孔炭表面生长的颗粒，在高温合成的过程中颗粒的生长受到的限制较少，所以颗粒相对较大。但是它们的尺寸仍然比文献报道的没有在前驱体溶液中加入多孔炭得到的大约 400nm 的颗粒要小得多[8]。另外，我们看到尺寸更小的纳米颗粒很好地分布在炭基体中。图 9-4(d) 给出了这些纳米粒子嵌入 KB 碳基体中清晰的图像。如图中白色箭头所示的更小的颗粒直径大约为 20nm，同时这些纳米颗粒与炭基体接触很好。这种新颖的结构意味着把前驱体溶液渗透到多孔炭的基体中，高温合成的过程中，多孔炭可以有效地限制颗粒的长大，从而得到 $Li_3V_2(PO_4)_3/C$ 纳米复合材料。

### 9.2.2.2 电化学性能与讨论

图 9-5(a) 是 $Li_3V_2(PO_4)_3/C$ 复合材料在不同倍率下的充放电曲线。在 1C 充电的曲线上，可以看到位于 3.62V、3.70V 和 4.12V 的充电平台，这反映了 $Li^+$ 从 $Li_3V_2(PO_4)_3$ 基体材料中脱出经过了多个步骤，同时 $Li_xV_2(PO_4)_3$ 经历了 $x=3.0$ 到 2.5、2.0 和 1.0 的转变。第一个锂离子的脱锂过程经历了两个步骤，这是因为中间存在着一个有序的 $Li_{2.5}V_2(PO_4)_3$ 相，V 的价态为 $V^{3+}/V^{4+}$ 的混合价态。随后在 4.12V 观察到的平台对应于第二个锂离子的单步脱锂过程。对应地 $V^{3+}$ 也完全变成 $V^{4+}$。在 1C 的放电曲线上观察到在 4.0V、3.63V 和 3.55V 的 3 个平台，对应着锂离子的重新嵌入，$Li_xV_2(PO_4)_3$ 相也由 $x=1$ 转变成 2、2.5 和 3.0。在 3~4.3V 的电压范围内，第一圈循环的放电比容量为 122mA·h·g$^{-1}$，库仑效率为 90%。该数值比文献报道的没有引入多孔 KB 碳到前驱体溶液中合成的材料，在 C/5 倍率下的比容量（110mA·h·g$^{-1}$）

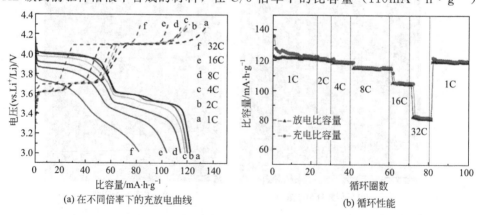

(a) 在不同倍率下的充放电曲线 (b) 循环性能

图 9-5  $Li_3V_2(PO_4)_3/C$ 复合材料在不同倍率下的充放电曲线和循环性能

要高[8]。$Li_3V_2(PO_4)_3$/C 复合材料在 1C 循环 22 圈之后，仍然可以获得 120mA·h·g$^{-1}$ 的放电比容量。然后继续在 2C 放电，放电比容量没有减小。当在 4C 和 8C 倍率下放电时，放电比容量分别为 118mA·h·g$^{-1}$、115mA·h·g$^{-1}$。我们发现从 1C 到 8C 倍率放电，复合材料的放电比容量的差别只有 5mA·h·g$^{-1}$。即使在 16C 和 32C 放电，仍然可以分别获得 105mA·h·g$^{-1}$ 和 83mA·h·g$^{-1}$ 的放电比容量。在第 80 圈，重新在 1C 的倍率下放电，复合材料的放电比容量为 119mA·h·g$^{-1}$，该数值与第 22 圈 1C 充放电时的放电比容量（120mA·h·g$^{-1}$）相差不大。该复合材料优越的倍率性能和很好的循环稳定性归因于 $Li_3V_2(PO_4)_3$/C 新颖的结构 [图 9-4（d）]。因为纳米颗粒大小在 20～50nm 之间可以很好地缩短锂离子扩散的时间，同时这些颗粒很好地嵌入在炭基体中，使得电极材料具有很好的导电能力。多孔炭基体也可以为电解液的渗透提供通道，更有利于电极材料的润湿。

最近，有报道用静电喷涂沉积的方法合成了 $Li_3V_2(PO_4)_3$/C 薄膜复合材料，该材料中 $Li_3V_2(PO_4)_3$ 的颗粒直径大约为 50nm[25]。在 24C 放电时（1C 的电流密度为 118mA·g$^{-1}$），其放电比容量为 80mA·h·g$^{-1}$，在报道的 $Li_3V_2(PO_4)_3$/C 复合材料中属于最好的，但该复合薄膜材料的大规模制备比较困难。我们合成的 $Li_3V_2(PO_4)_3$/C 纳米复合材料可以获得更好的倍率性能：在 16C 和 32C 倍率下放电，分别可以达到 105mA·h·g$^{-1}$ 和 83mA·h·g$^{-1}$ 的放电比容量。同时，我们报道的这种合成方法，简便易行，且经济有效。所得到的 $Li_3V_2(PO_4)_3$/C 纳米复合材料作为正极材料在高倍率锂离子电池的应用中具有很大的潜力（如电动车和混合电动车等）。

# 9.3
# $Li_3V_2(PO_4)_3$/C 分级微球材料

因碳能够与活性材料产生有益的协同作用，碳基纳米复合材料目前在电化学储能和能量转换器件中得到了广泛应用[26,27]。近来已经有许多关于碳基纳米复合材料合成方法的报道，例如：以碳纳米管和石墨烯为模板的方法、表面碳包覆法、有机前驱体热分解法等[28,29]。所获得的碳基复合材料通常质量较高且具有优异的电化学性能，如高放电容量、良好的倍率性能、突出的循环稳定性等[30]。然而，目前报道的碳基复合材料中活性材料通常尺寸较小、分散，碳基和纳米活性材料之间孔隙多且大，因而复合材料的体积密度较低[31]。这在极大程度上限制了这些材料的应用。因此，怎样提高碳基复合材料的体积密度引起了研究者的广泛关注。近来，由纳米尺寸基元组装而成的三维分级微米结构被广泛应用于锂离子电池电极材料，该类材料具有优异的电化学性能且能量体积密度高[32-34]，有望应用于电动汽车领域[35-37]。纳米组元使得该材料具有较短的锂离子迁移距离以及与电解液较大的接触表面积，而自组装结构使得该材料具有和微米尺寸材料相近的体积能量密度。所以，如果能够提出一种将碳基复合和三维分层微米结构有效结合的方法，就可能推动相关电极材料的实际应用。

目前也有一些关于碳基 $Li_3V_2(PO_4)_3$ 复合材料的报道，例如：Pan 等人报道的利用后续热处理将液态前驱体渗进多孔炭框架中从而合成 $Li_3V_2(PO_4)_3$/多孔炭复合材料，有效地控制了复合材料中 $Li_3V_2(PO_4)_3$ 的尺寸，该材料具有良好的倍率性能[1]。Wei 等人报道的水热-热分解法合成 $Li_3V_2(PO_4)_3$/C 分层纳米纤维，该结构在 5C 恒流充放电测试下循环 3000 次的容量保持率能够达到 80%，体现出了非常优异的电化学性能[38]。Zhou 等人报道的生物化学法制备三维 $Li_3V_2(PO_4)_3$/C 泡沫，该结构的碳基磷酸钒锂复合材料同样具有十分突出的电化学性能[39]。但是，这些材料与其他碳基复合材料一样，因其高的孔隙度和较低的磷酸钒锂质量占比而导致较低的体积能量密度，还需要进一步的改进[40]。

本节利用溶剂热方法合成碳包覆 $Li_3V_2(PO_4)_3$ 纳米片自组装微球。溶剂热反应中的异丁醇-水混合溶剂和表面活性剂 PVP，二者对于该材料结构的形成均起到了关键作用，在二者的协同作用下，方可获得该独特结构的 $Li_3V_2(PO_4)_3$ (LVP)。PVP 在溶剂热反应过程中发生交联反应形成了 PVP 水凝胶，水凝胶经干燥和高温热处理后转变为包覆在 $Li_3V_2(PO_4)_3$ 微球表面的碳层。作为锂离子电池的正极材料测试，该独特结构的 $Li_3V_2(PO_4)_3$ 复合材料表现出了优异的倍率性能和循环稳定性。

## 9.3.1 材料制备

材料溶剂热方法合成：首先，称取 144mg $V_2O_5$ 和草酸按照摩尔比 1:3 溶于 12mL 去离子水中，70℃加热并搅拌以获得蓝色澄清溶液。随后，该溶液被转移到 100mL 高压反应釜中，并加入化学计量比的 $NH_4H_2PO_4$、$Li_2CO_3$ 和 2.5g PVP，持续搅拌 30min。而后 60mL 异丁醇被加入到混合液中并继续搅拌 1h。再将反应釜封装好并放置于电热炉中，加热至 180℃保温 24h。在随炉冷却后，收集白色凝胶包裹着的棕色前驱体产物，并在 60℃下干燥 96h。将干燥后的块状前驱体（不需要研磨）放置于陶瓷坩埚中，并将坩埚转移至管式炉中，在氩气、氢气混合气氛下加热至 800℃保温 8h。得到碳包覆的 $Li_3V_2(PO_4)_3$ 分层微米球（CW-LVP）。

## 9.3.2 结果与分析讨论

### 9.3.2.1 结构表征与讨论

图 9-6 是碳包覆 $Li_3V_2(PO_4)_3$ 分层微米球的合成过程的示意图。首先，$VOC_2O_4$（由 $V_2O_5$、水和草酸生成）、$Li_2CO_3$、$NH_4H_2PO_4$ 和 PVP 形成前驱体胶体。其后，将异丁醇加入该胶体中以形成两相混合液，混合液下部为反应胶体，PVP 黏性聚合物、水以及异丁醇组成的液相，PVP 黏性聚合物紧紧附着在前驱体胶体表面，而混合液上部为异丁醇和少量水组成的液相。经 180℃水热24h 后，前驱体形成分层结构微米球，同时，附着在该微米球表面的 PVP 黏性聚合物转变成 PVP 基水凝胶。经长时间干燥并在氩气、氢气混合气氛下高温烧结后，前驱体发生晶型转变，得到高度结晶的 $Li_3V_2(PO_4)_3$，但前驱体的微米球结构得以保留。PVP 基的水凝胶则在烧结的过程中发生碳化，在微米球结构表面形成包覆碳层。

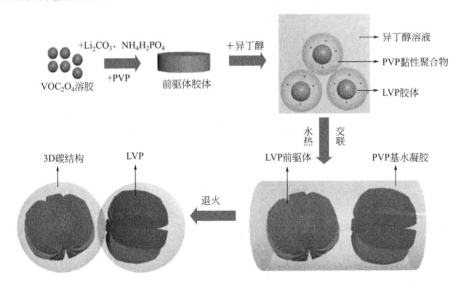

图 9-6 三维碳包覆 $Li_3V_2(PO_4)_3$ 纳米片自组装微米球的制备过程及形成机理

图 9-7 为 CW-LVP 分级微米球的结构表征结果。图 9-7(a) 为样品的 X 射线衍射谱，衍射峰的位置与空间群为 $P2_1/n$ 的 $Li_3V_2(PO_4)_3$ 的标准图谱（JCP-DS 卡片号 01-072-7074）相同[39]。未发现其他物相的存在，表明该方法能够合

成纯度较高的 $Li_3V_2(PO_4)_3$ 材料。图 9-7(b) 和 (c) 为样品的扫描电镜图，可以清晰地观察到样品呈球状结构，球体的直径约为 $3\sim4\mu m$，球体由一层光滑的材料包裹。如图 9-7(d) 所示，CW-LVP 样品的拉曼光谱上有对应于碳典型的 D 峰 ($1400cm^{-1}$) 和 G 峰 ($1650cm^{-1}$)，这证实了 CW-LVP 中碳的存在。用盐酸长时间浸泡样品以溶解 CW-LVP 中的 $Li_3V_2(PO_4)_3$。随后得到了一种空心的结构，如图 9-7(e) 所示，说明前述包裹在 $Li_3V_2(PO_4)_3$ 微米球表面的是碳结构。正如之前所述，碳层主要来源于 PVP 基水凝胶的热分解。根据 TG（热重）分析，CW-LVP 样品中的碳含量约为 24.6%（质量分数）。为分析 CW-LVP 的内部结构，利用酒精洗涤 CW-LVP 前驱体 8 次以去除溶剂热反应后生成的 PVP 基水凝胶。如图 9-7(f) 所示，CW-LVP 内部前驱体微球是由平行排布的纳米片紧密堆叠而成。该独特结构有利于提高 $Li_3V_2(PO_4)_3$ 电极材料的体积能量密度。

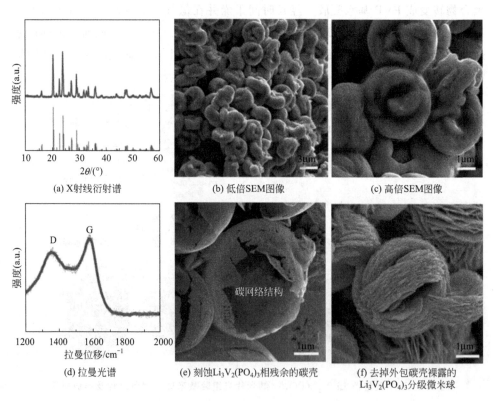

(a) X射线衍射谱

(b) 低倍SEM图像

(c) 高倍SEM图像

(d) 拉曼光谱

(e) 刻蚀$Li_3V_2(PO_4)_3$相残余的碳壳

(f) 去掉外包碳壳裸露的 $Li_3V_2(PO_4)_3$ 分级微米球

图 9-7 CW-LVP 分级微米球的结构表征

将 CW-LVP 样品进行氮气吸附-脱附测试，进一步分析其独特的碳包覆分级微球状结构。测试结果如图 9-8(a) 所示，吸脱附曲线表现为典型的 Ⅳ 型，表现出了多孔性特征。样品的 BET 比表面积为 $35.1 m^2 \cdot g^{-1}$。BJH 法孔分析计算结果表明微米球结构中大多数的孔隙的尺寸均小于 30nm [图 9-8（b）]。样品独特的多孔结构给电解液的渗入提供了通道，较高的比表面积则能让电极材料和电解液充分接触。

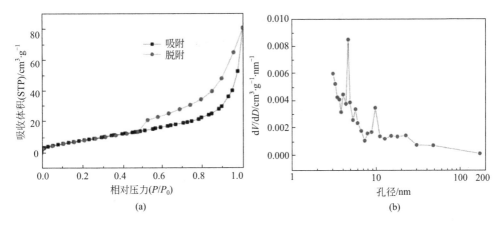

图 9-8　CW-LVP 分层微米球的氮气吸脱附曲线（a）和孔径大小分布图（b）

为研究溶剂热反应过程中 CW-LVP 分级微米球结构的形成机理，将溶剂热反应过程中 PVP 的添加量、溶剂热反应时间以及有无异丁醇作为变量分别进行了几组对照实验。对照实验均将溶剂热反应后生成的 PVP 基水凝胶洗涤去除后再经干燥，在氩气、氢气混合气氛下烧结（与 CW-LVP 反应条件相同），最后放置于扫描电镜下观察。

如图 9-9 所示，PVP 的添加量对于反应产物的形貌有很大影响。当无 PVP 添加时，所得产物中无球状结构出现，样品为无规则分布的微米尺寸大小的颗粒。当 PVP 的加入量为 1.0g 时，样品为纳米片自组装的球状结构。当 PVP 的添加量增加至 1.5g 时，球状结构表面纳米片堆积更为致密。

为进一步研究反应过程中 CW-LVP 结构的形成机理，分析了不同溶剂热反应时间下样品结构的演变规律。如图 9-10 所示，溶剂热反应 2h 即形成纳米片自组装而成的微米球。当溶剂热反应 6h 时，样品中自组装的纳米片更为明显，尺寸变大。当溶剂热反应时间增加至 24h 和 48h 时，分层微米球中纳米片变得更大，且相邻间隔更宽，纳米片的尺寸约为 20nm。

反应过程中溶剂的特性对于 CW-LVP 结构的形成也至关重要。图 9-11 为水与异丁醇按照不同体积比作为溶剂时所获得产物的扫描电镜图。当反应溶剂为 8mL

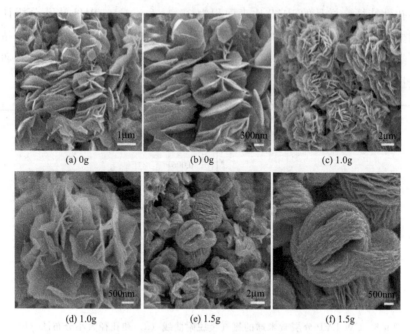

图 9-9　不同 PVP 添加量制备的 LVP 样品（去碳后）的 SEM 图像

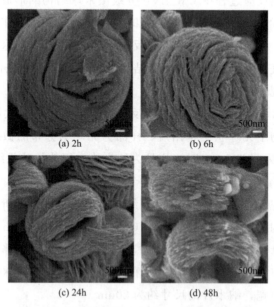

图 9-10　不同溶剂热反应时间对应的 LVP 样品

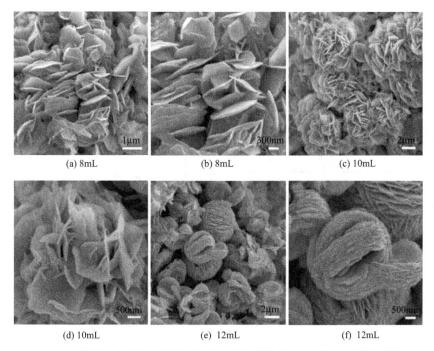

图 9-11　溶剂热反应中水不同的添加量对应的最终的 LVP 样品（移除碳层后）

水＋60mL 异丁醇时，产物表现为纳米板状结构，板长约为 $1\sim2\mu m$，板厚约为 50nm，如图 9-11(a)、(b) 所示。当反应溶剂为 10mL 水＋60mL 异丁醇，产物呈花瓣状纳米片自组装微米花结构 ［图 9-11(c)、(d)］，该花瓣状纳米片比前述纳米板要薄。当混合溶剂中水的体积增加至 12mL，样品为平行排布的小纳米片自组装微米球结构 ［图 9-11(e)、(f)］。

## 9.3.2.2　电化学性能与讨论

图 9-12(a) 为 CW-LVP 电极在 $3.0\sim4.3$V 的电压范围以不同扫描速率测试的循环伏安曲线。CW-LVP 电极在不同扫描速率下均呈现三组明显的氧化还原峰，这表明 CW-LVP 电极在电化学反应过程中具有良好的可逆性和稳定性。阳极扫描过程中得到位于 3.63V、3.72V 和 4.14V 的三个峰值，对应了 CW-LVP 电极材料中锂离子分三步骤脱出的过程，材料发生了三次相变，即从 $Li_3V_2(PO_4)_3$ 相脱出 0.5 个 $Li^+$ 转变成 $Li_{2.5}V_2(PO_4)_3$，$Li_{2.5}V_2(PO_4)_3$ 相脱出 0.5 个 $Li^+$ 转变为 $Li_2V_2(PO_4)_3$，$Li_2V_2(PO_4)_3$ 脱出 1 个 $Li^+$ 变成 $LiV_2(PO_4)_3$。阴极扫描过程中位于 3.99V、3.62V 和 3.54V 的三个阴极峰则分别对应了三个反向嵌入的过程，即伴随着 $Li^+$ 的嵌入发生的 $LiV_2(PO_4)_3$ 转变成

$Li_2V_2(PO_4)_3$，再变成 $Li_{2.5}V_2(PO_4)_3$，最后变成 $Li_3V_2(PO_4)_3$。快速扫描速率下的峰位偏移较小表明了电极材料极化程度较低[41]。

图 9-12（b）为 CW-LVP 电极在不同电流密度下，电压范围为 3.0～4.3V 时

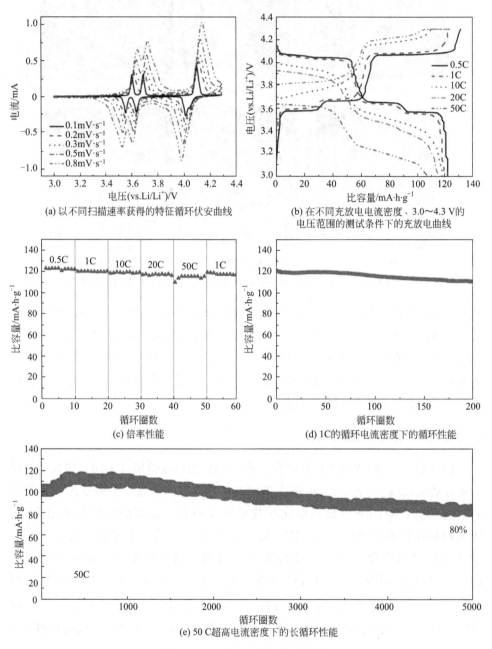

(a) 以不同扫描速率获得的特征循环伏安曲线

(b) 在不同充放电流密度、3.0～4.3 V的电压范围的测试条件下的充放电曲线

(c) 倍率性能

(d) 1C的循环电流密度下的循环性能

(e) 50 C超高电流密度下的长循环性能

图 9-12　CW-LVP 的电化学性能

的充放电曲线。能够清晰地观察到以 0.5C（1C＝133mA·g$^{-1}$）电流密度测试时放电曲线上位于 3.99V、3.62V 和 3.54V 处的三个放电平台以及充电曲线上位于 4.14V、3.72V 和 3.63V 处的充电平台。多个放电/充电平台表明了锂离子的多步嵌入和脱出过程，该结果与前述循环伏安曲线测试结果一致。1C 电流密度下的充放电曲线与 0.5C 时的充放电曲线基本重合。即使在 10C、20C 和 50C 的电流密度下也能观察到主要的放电平台。图 9-12（c）为 CW-LVP 电极的倍率性能。电极在充放电电流密度为 0.5C、1C 和 20C 时分别获得了 122mA·h·g$^{-1}$、120mA·h·g$^{-1}$ 和 115mA·h·g$^{-1}$ 的放电比容量。当以 20C 的电流密度充电，50C 的电流密度放电测试时，仍具有 110mA·h·g$^{-1}$ 的放电比容量，为 0.5C 测试时放电比容量的 90%。当充放电电流密度回到 1C 时，电极的放电比容量能恢复到 120mA·h·g$^{-1}$。CW-LVP 作为电极材料时表现出了优异的倍率性能。图 9-12(d) 为 CW-LVP 在 1C 倍率下的循环性能。电极的初始比容量达到 120.5mA·h·g$^{-1}$，循环 200 次后比容量保持在 110.1mA·h·g$^{-1}$，容量保持率达到 91.4%。图 9-12(e) 是 CW-LVP 在高电流密度下的长循环性能。CW-LVP 在 50C 下具有 105.3mA·h·g$^{-1}$ 的初始比容量，循环 500 次后，放电比容量缓慢达到 112.8mA·h·g$^{-1}$。放电比容量的提升可能与电极材料在电解液中浸湿度的提高有关，这种电解液浸湿带来的放电比容量的提升通常在以大电流充放电时出现。循环 5000 次后，CW-LVP 电极仍具有 85mA·h·g$^{-1}$ 的放电比容量，容量保持率达到了 80.7%，展现了优异的循环稳定性。该电极材料的倍率性能和循环稳定性能比之前报道的 $Li_3V_2(PO_4)_3$ 材料的都要优越[39,42]。CW-LVP 出色的电化学性能与其独特的三维碳包覆、纳米片自组装分层微米球结构有关：①多孔碳壳提高了电子迁移的效率，也为电解液渗入电极材料提供了空隙；②纳米片有效缩短了 $Li^+$ 扩散和电子迁移的距离；③碳壳结构能够让 $Li_3V_2(PO_4)_3$ 微米球结构在充放电循环过程中保持稳定；④分层微米球结构能减少充放电循环过程中材料的自团聚效应，从而获得更好的循环性能。

# 9.4
# 8LiFePO$_4$·Li$_3$V$_2$（PO$_4$）$_3$/C 纳米片复合材料

LiFePO$_4$ 因其比容量较高、热稳定好、环境友好和成本低廉等优势目前已经成为一种成熟的商业化电池材料。然而，LiFePO$_4$ 正极材料电子导电性差和离子扩散效率低等固有缺陷导致其功率性能和低温性能较差，这些缺陷都极大地限制了其在高功率动力电池方面的应用[43]。为了克服其缺点，国内外的研究者在碳包覆、物相复合、离子掺杂、控制微粒尺寸及优化合成工艺等方面进行了研究，但效果仍然不理想。有研究表明，通过与快离子导体结构的 $Li_3V_2(PO_4)_3$ 复合可以有效改善其电化学性能[44]。这是因为，橄榄石型 $LiFePO_4$ 晶体结构中一维的扩散通道限制了离子快速迁移，而单斜结构 $Li_3V_2(PO_4)_3$ 拥有开放的三维框架，具有更大的离子通道和更高的工作电位[45,46]。在复相磷酸盐材料的制备过程中钒和铁阳离子在体相结构中交互掺杂，可以有效提升材料的电化学性能[47]。

这里，以油酸为表面活性剂，在熔融介质中成功地合成了均匀的 $8LiFePO_4 \cdot Li_3V_2(PO_4)_3/C$ 纳米片。$LiFePO_4$ 和 $Li_3V_2(PO_4)_3$ 均匀地分布在纳米片中。此外，该复合纳米片被在高温煅烧过程中原位产生的碳层包覆。作为锂离子电池的正极材料，$8LiFePO_4 \cdot Li_3V_2(PO_4)_3/C$ 纳米片显示出优异的电化学性能。

## 9.4.1 材料制备与评价表征

（1）$FeC_2O_4 \cdot 2H_2O$ 和 $VOC_2O_4 \cdot nH_2O$ 前驱体的制备

二水合草酸亚铁（$FeC_2O_4 \cdot 2H_2O$）依据已报道文献中的沉淀反应制备得到[48]。简而言之，$FeSO_4 \cdot 7H_2O$ 和 $H_2C_2O_4 \cdot 2H_2O$ 以 1:1 的化学计量比加入装有 200mL 去离子水的烧杯中，并在室温下剧烈地磁力搅拌。然后加入 5mL 10% 的硫酸，继续搅拌 4h，得到亮黄色溶液。该混合溶液在 40℃ 的条件下放置两天，然后过滤得到黄色沉淀，该沉淀用蒸馏水洗涤 3 次。将黄色沉淀在 80℃ 的烘箱中干燥一晚得到亮黄色微晶粉末。

钒源——水合草酸氧钒（$VOC_2O_4 \cdot nH_2O$）通过一种软化学途径制备得到。在一个典型的过程中，$V_2O_5$ 和 $H_2C_2O_4 \cdot 2H_2O$ 以 1:3 的化学计量比完全溶解于去离子水中，然后在室温下不断搅拌直到溶液的颜色由黄色变为深蓝色，这表明溶液中的钒离子由 +5 价变为 +4 价。这里草酸既是螯合剂又是还原剂。随后将溶液放置在 80℃ 的烘箱中干燥 12h 即可得到 $VOC_2O_4 \cdot nH_2O$。该反应如下：

$$V_2O_5 + 3H_2C_2O_4 \longrightarrow 2VOC_2O_4 + 2CO_2 + 3H_2O \qquad (9-1)$$

（2）$8LiFePO_4 \cdot Li_3V_2(PO_4)_3/C$ 复合物的制备

$8LiFePO_4 \cdot Li_3V_2(PO_4)_3/C$ 纳米片是在熔融的表面活性剂-石蜡介质中，

通过一步固相法合成的。具体步骤如下：$NH_4H_2PO_4$ 和油酸混合物先用 QM-3B 高能球磨机磨 1h，随后加入石蜡继续研磨 30min。接着加入 $FeC_2O_4 \cdot 2H_2O$ 和 $VOC_2O_4 \cdot nH_2O$，研磨 10min。最后，加入 $CH_3COOLi \cdot H_2O$ 再研磨 10min。研磨混合物中总的摩尔比为 Li：Fe：V：P：油酸＝11：8：2：11：11。其中，所用石蜡的质量是油酸的两倍。黏性浆状物在 105℃ 的烘箱中干燥 30min。所得的混合物在通有 5％$H_2$＋95％Ar 流动气体的管式炉中以 750℃ 加热 8h，即可得到 $8LiFePO_4 \cdot Li_3V_2(PO_4)_3/C$ 纳米片。其中，加热速率设置为 5℃ $\cdot$ $min^{-1}$。加热过程中，蒸发的石蜡被收集在管式炉的冷却端。

所得到的复合材料晶体结构是通过 X 射线衍射（XRD）进行表征的，该衍射仪型号为 Rigaku D/max2500X，射线源为铜的单色 $K\alpha$（$\lambda＝1.54178Å$）。样品扫描范围是 $10°\sim80°$（$2\theta$），步长为 0.02°。复合材料形态的表征是用加速电压为 20kV 的场发射扫描电子显微镜（FESEM，FEINova NanoSEM 230）来表征的。透射电子显微镜（TEM）图像和高分辨透射电子显微镜（HRTEM）图像均在 200kV 加速电压下的透射电镜（TEM，JEOL JEM _ 2100 F）上进行操作。样品中碳元素含量由 C-S 分析设备（CS-2000，Eltar，Germany）确定。碳层的性能是通过拉曼光谱仪（LabRAM HR800）分析的。比表面积是采用 Brunauer-Emmet-Teller（BET）法和氮气等温吸附-脱附法（NOVA4200e，Quanta-chrome Instruments）估测的。

电化学测试采用 CR2032 扣式电池。电池在充有高纯氩气的手套箱（Mbraun，Germany）中组装，以锂箔作为负极，聚丙烯膜作为隔膜，1mol $\cdot$ $L^{-1}$ 的 $LiPF_6$ EC/DES/DMC（体积比＝1：1：1）溶液作为电解液。正极浆料是以 75：15：10 的质量比将活性物质、乙炔黑、聚偏二氟乙烯（PVDF）分散在 NMP 中制成的。混合后的浆料被涂在铝箔上，在 100℃ 的真空箱中干燥一晚。电池进行充放电之前先静置 12h，以确保电极充分吸收电解液。电极面积为 $1.131cm^2$，活性材料的质量负载为 $1\sim1.5mg \cdot cm^{-2}$。用电化学工作站（CHI604E，China）进行循环伏安（CV）测试，电压范围是 $2.5\sim4V$（相对于 $Li^+/Li$）。用 ZAHNER-IM6ex 电化学工作站（ZAHNER Co.，Germany）测试电化学阻抗谱（EIS），频率范围是 100kHz$\sim$10mHz。在环境温度下、电压范围在 $2.5\sim4.3V$（相对于 $Li/Li^+$）的多通道电池系统（LANDCT2001A，China）中测试电极的恒流充放电性能。电池在恒流恒压（CCCV）模式下充电，然后在恒流（CC）模式下放电。恒流充电后保持恒电位 4.3V 直到电流下降到充电电流的十分之一。电池随后放电到 2.5V。这里，对于 $8LiFePO_4 \cdot Li_3V_2(PO_4)_3/C$ 复合材料，1C 指 170mA $\cdot$ $g^{-1}$。容量的计算仅仅基于活性物质的质量。

### 9.4.2 结果与分析讨论

#### 9.4.2.1 结构表征与讨论

图 9-13 所示为所制备的粉末状 $8LiFePO_4 \cdot Li_3V_2(PO_4)_3/C$ 复合材料的 X 射线衍射图。使用 Rietveld 精修（Jade 9.0software，MDI，USA）法来拟合 X 射线衍射图像以分析材料的晶体结构和相含量。该复合物的 X 射线衍射图是由正交的 $LiFePO_4$（空间群 $Pnma$，162064-ICSD）和单斜的 $Li_3V_2(PO_4)_3$（空间群 $P2_1/n$，98362-ICSD）共同组成的，没有发现杂相（例如，$Fe_2P$ 或 $V_2O_3$）或结晶碳的衍射峰。除此之外，图中的尖锐峰表明该复合材料结晶良好。

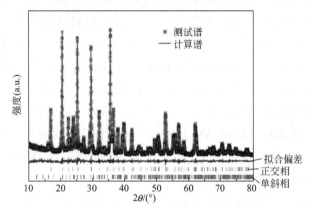

图 9-13　$8LiFePO_4 \cdot Li_3V_2(PO_4)_3/C$ 复合材料的 X 射线衍射谱及其全谱拟合精修结果

表 9-1 为制备的复合材料中 $LiFePO_4$ 和 $Li_3V_2(PO_4)_3$ 的晶胞参数。拟合谱和测试谱重合度很高，且较小的 $R$ 值（6.68%）表明拟合结果非常可信。多相拟合结果表明复合材料中 $LiFePO_4$ 和 $Li_3V_2(PO_4)_3$ 的质量分数分别为（75.7±1.2）% 和（24.3±1.2）%。与纯相的 $LiFePO_4$ 相比，$8LiFePO_4 \cdot Li_3V_2(PO_4)_3/C$ 复合材料中 $LiFePO_4$ 的晶胞体积明显降低，这可能是由于 $LiFePO_4$ 体相中的 V 掺杂，且 $V^{3+}$ 的离子半径（0.74Å）比 $Fe^{2+}$（0.78Å）小所导致的。而且，与纯相的 $Li_3V_2(PO_4)_3$ 相比，$8LiFePO_4 \cdot Li_3V_2(PO_4)_3/C$ 复合材料中 $Li_3V_2(PO_4)_3$ 的晶胞体积明显升高，表明 Fe 也同时掺杂在了 $Li_3V_2(PO_4)_3$ 体相中。以上讨论表明大多数的 Fe 和 V 分别趋向于形成 $LiFePO_4$ 和 $Li_3V_2(PO_4)_3$，只有少量的发生了交互掺杂。此外，拟合计算的 $LiFePO_4$ 和 $Li_3V_2(PO_4)_3$ 的质量比与理论比存在些许偏差，这是由于它们之间的交互掺杂所致。之前有报道[49,50]，$V^{3+}$ 掺杂的 $LiFePO_4$ 与 $Fe^{2+}$ 掺杂的 $Li_3V_2(PO_4)_3$ 均有利于提升其电子电导率和电化学性能。

表 9-1　8LiFePO$_4$ · Li$_3$V$_2$(PO$_4$)$_3$/C 中 LiFePO$_4$(LFP)和 Li$_3$V$_2$(PO$_4$)$_3$(LVP)的拟合晶胞
参数以及与标准卡片 LiFePO$_4$(162064-ICSD)和 Li$_3$V$_2$(PO$_4$)$_3$(98362-ICSD)的对比

| 样品 | 晶胞参数 | | | | | 质量分数/% | R/% |
|---|---|---|---|---|---|---|---|
| | a/nm | b/nm | c/nm | β/(°) | V/nm³ | | |
| 8LFP · LVP 中的 LFP | 1.03144 | 0.60021 | 0.46940 | 90.0000 | 0.2906 | 75.7 | 6.68 |
| LFP | 1.03182 | 0.60037 | 0.46937 | 90.0000 | 0.2908 | — | — |
| 8LFP · LVP 中的 LVP | 0.85940 | 0.86027 | 1.20468 | 90.5359 | 0.8906 | 24.3 | 6.68 |
| LVP | 0.86056 | 0.85917 | 1.20380 | 90.6090 | 0.8899 | — | — |

采用场致发射扫描电子显微镜和透射电子显微镜研究了制备的复合材料的形貌特征和晶体结构。图 9-14(a) 中的低倍 SEM 图显示复合材料由疏松且相互连通的纳米片组成。纳米片的形状一致，尺寸均匀，且高度分散。图 9-14(b) 为复合材料的高倍 SEM 图，可以看到 8LiFePO$_4$ · Li$_3$V$_2$(PO$_4$)$_3$/C 纳米片厚度约为 13～300nm，纳米片的直径约为 1～2μm。高倍 TEM 图像如图 9-14(c) 所示，单个 8LiFePO$_4$ · Li$_3$V$_2$(PO$_4$)$_3$/C 纳米片由许多直径为 30～100nm 的纳米颗粒组成，且片中有大量孔径为 10～50nm 的均匀孔隙。图 9-14(d) 为复合材料纳米片的扫描透射电子显微镜高角环形暗场像（HAADF-STEM）及其对应的元素面分布，证实了纳米片中 Fe 和 V 是均匀分布的。这表明制备的复合材料中 LiFePO$_4$ 和 Li$_3$V$_2$(PO$_4$)$_3$ 不是宏观上的物理混合，而是晶粒之间的精细复合。由复合材料的 HRTEM 图像［图 9-14(e)］可见，晶粒表面均匀地包覆了一层厚度约为 5nm 的无定形碳层。根据 C-S 分析结果，复相 8LiFePO$_4$ · Li$_3$V$_2$(PO$_4$)$_3$/C 中包覆碳的质量分数约为 4.86%。图 9-14(f) 为复合材料的 HETEM 图像，不同晶区的 FFT 图谱分别显示了 LiFePO$_4$ 和 Li$_3$V$_2$(PO$_4$)$_3$ 晶体的衍射花样，其中间距为 0.30nm 的晶面对应于斜方晶系 LiFePO$_4$ 晶体的（211）晶面，间距为 0.43nm 的晶面对应于单斜晶系 Li$_3$V$_2$(PO$_4$)$_3$ 的（121）晶面。此晶体结构表征结果与 XRD 结果一致。

在此制备方案中，油酸作为表面活性剂，引导 8LiFePO$_4$ · Li$_3$V$_2$(PO$_4$)$_3$ 在高温环境中的晶体生长行为。油酸［CH$_3$(CH$_2$)$_7$CH＝CH(CH$_2$)$_7$COOH］是一种从动植物油脂中提取出来的单不饱和 Ω-9 脂肪酸，其结构中含有长链烷基、羧基和不饱和键，是一种阴离子表面活性剂。油酸中的羧基可以锚定前驱体中的无机粒子，而亲油端长链伸入熔融石蜡介质中。而油酸结构中的烷基长链和不饱和键可以为前驱体粒子提供良好的疏水环境，在无机前驱体和有机石蜡介质间构建了稳定的异质界面。在升温和煅烧的过程中，油酸改性的前驱体粒子原位结晶且沿特定方向择优生长，形成了 8LiFePO$_4$ · Li$_3$V$_2$(PO$_4$)$_3$/C 纳米片。同时，油酸在高温环境下原位分解，形成了包覆于复相晶粒表面的导电炭层。这种原位包覆高

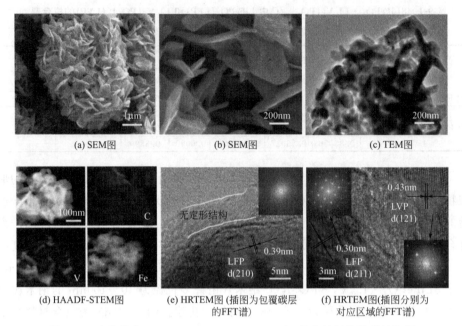

(a) SEM图      (b) SEM图      (c) TEM图

(d) HAADF-STEM图    (e) HRTEM图 (插图为包覆碳层    (f) HRTEM图(插图分别为
的FFT谱)      对应区域的FFT谱)

图 9-14 片状纳米 $8LiFePO_4 \cdot Li_3V_2(PO_4)_3/C$ 复合材料的微观结构图

导电炭可以显著提升锂离子电池电极材料的电子导电性。

图 9-15(a) 中的拉曼散射光谱证实了复合材料中存在导电炭。位于 $1330cm^{-1}$ 和 $1610cm^{-1}$ 处的两个宽阔的峰属于碳材料中典型的 D 峰（无序碳）和 G 峰（有序石墨化碳），表明复合材料中存在碳包覆层且包覆碳部分石墨化。通常采用 D 峰和 G 峰的强度比来衡量碳材料的无序/有序化程度，即 $I_D/I_G$ 越大，说明碳材料的无序化程度越高。数据表明，在合成的复相 $8LiFePO_4 \cdot$

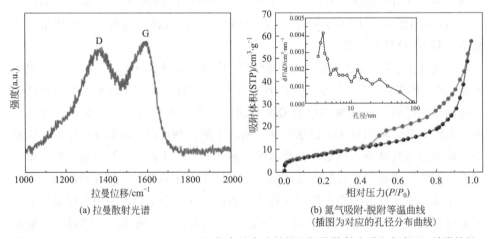

(a) 拉曼散射光谱      (b) 氮气吸附-脱附等温曲线
(插图为对应的孔径分布曲线)

图 9-15 $8LiFePO_4 \cdot Li_3V_2(PO_4)_3/C$ 复合纳米片材料的拉曼散射光谱和氮气吸/脱附特性

$Li_3V_2 (PO_4)_3/C$ 纳米片中，$I_D/I_G$ 的比值约为 0.97，表明包覆碳层的石墨化程度较高。这可能是由于高温煅烧的过程中，过渡金属离子（$Fe^{2+}$、$V^{3+}$）反向催化表面活性剂的碳化，形成了石墨化程度较高的热解炭。石墨化程度高的炭有益于提升复合材料的电子传输速率。

通过测定氮气等温吸附-脱附曲线，可以分析 $8LiFePO_4 \cdot Li_3V_2 (PO_4)_3/C$ 纳米片的比表面积和孔隙特征。如图 9-15（b）所示，等温曲线属于 Ⅱ 类吸附等温线且具有 H3 型回滞环，表明复合材料中存在大量的狭缝状介孔。根据多层吸附理论（即 BET 方程）获知 $8LiFePO_4 \cdot Li_3V_2 (PO_4)_3/C$ 纳米片的比表面积约为 $30.21m^2 \cdot g^{-1}$。由 BJH 模型（即 Barret-Joyner-Halenda 法）分析可知，复合材料中的孔径大部分分布在 $12 \sim 30nm$ 之间，孔隙容量为 $0.11cm^3 \cdot g^{-1}$。这种较大的比表面积和多孔结构可以为电解液渗透提供有效通道，同时为锂离子快速嵌入/脱出提供更多活性位点。

## 9.4.2.2 电化学性能与讨论

将合成的 $8LiFePO_4 \cdot Li_3V_2 (PO_4)_3/C$ 纳米片复合材料组装成扣式半电池来测试其电化学性能。图 9-16（a）为复合材料电极在 $2.5 \sim 4.3V$（参比于 $Li^+/Li$）电压范围内、扫描速率为 $0.1mV \cdot s^{-1}$ 条件下测得的前三圈的循环伏安曲线。在 CV 曲线上可以观察到 4 对明显的氧化还原峰。其中，位于 3.54V/3.33V 的一对氧化还原峰对应于 $LiFePO_4$ 中 $Fe^{2+}/Fe^{3+}$ 的氧化还原反应。而其他三对位于 3.60V/3.57V、3.69V/3.65V 和 4.10V/4.04V 的氧化还原峰对应于 $Li_3V_2 (PO_4)_3$ 中 $V^{3+}/V^{4+}$ 的氧化还原反应。与之前关于 $LiFePO_4/Li_3V_2 (PO_4)_3$ 复合电极材料的报道一致[51]，$Li_3V_2 (PO_4)_3$ 位于 3.6V 左右的氧化峰被 $LiFePO_4$ 位于 3.54V 的氧化峰吞并。前三圈连续的 CV 曲线基本重合，说明复合电极材料具有良好的稳定性。$LiFePO_4$ 的氧化峰和还原峰的电位差较小，说明复相 $8LiFePO_4 \cdot Li_3V_2 (PO_4)_3/C$ 纳米材料较低的极化损失。

图 9-16（b）为复合材料电极在 0.1C 倍率下的前三圈充放电曲线。曲线中显示出四个充放电电压平台，表明锂离子在复相材料中的多步脱出/嵌入反应机制。其中位于 3.60V、3.69V 和 4.10V 左右的充电平台对应于 $Li^+$ 从 $Li_3V_2 (PO_4)_3$ 晶格中脱出的电位。位于 3.54V 的长平台对应于 $Li^+$ 从 $LiFePO_4$ 晶体中脱出的电位。同时，位于 4.04V、3.65V 和 3.57V 左右的三个放电平台对应于 $Li^+$ 嵌入 $LiV_2 (PO_4)_3$ 晶格，伴随着从 $LiV_2 (PO_4)_3$ 到 $Li_3V_2 (PO_4)_3$ 的相变。位于 3.33V 的放电平台对应于 $Li^+$ 嵌入 $FePO_4$ 中变成 $LiFePO_4$ 相。充放电电压平台的数量和电位与 CV 结果相互吻合。此外，该复合正极材料在 0.1C 的倍率下释

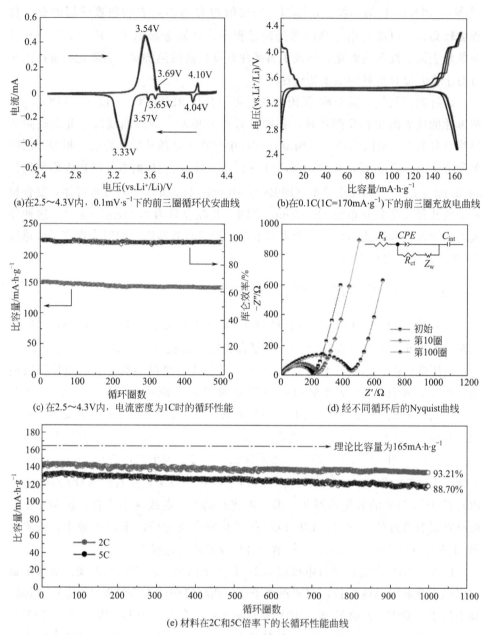

(a)在2.5～4.3V内，0.1mV·s⁻¹下的前三圈循环伏安曲线

(b)在0.1C(1C=170mA·g⁻¹)下的前三圈充放电曲线

(c) 在2.5～4.3V内，电流密度为1C时的循环性能

(d) 经不同循环后的Nyquist曲线

(e) 材料在2C和5C倍率下的长循环性能曲线

图 9-16　8LiFePO₄·Li₃V₂(PO₄)₃/C 复相纳米片材料的电化学性能表征

放出 161.5mA·h·g⁻¹ 的放电比容量，此值已接近复合材料的理论比容量值，且首圈库仑效率高达 97%，表明复相 8LiFePO₄·Li₃V₂(PO₄)₃/C 具有优异的电化学可逆性。

图 9-16(c) 为复相 $8LiFePO_4 \cdot Li_3V_2(PO_4)_3/C$ 电极在 1C 倍率下，2.5~4.3V（参比于 $Li^+/Li$）电压范围内的循环性能图。复合材料的最大放电比容量为 $153.1mA \cdot h \cdot g^{-1}$，经过 500 圈循环后其比容量仍可保持 93.86%。在整个循环过程中，库仑效率一直保持在 98% 以上，表明该复相电极材料具有优异的电化学可逆性。

高倍率条件下的长循环寿命是锂离子电池在大功率应用场景中（如电动汽车和插电式混合动力汽车）亟须解决的问题。图 9-16(e) 为 $8LiFePO_4 \cdot Li_3V_2(PO_4)_3/C$ 纳米片电极在 1000 圈循环过程中的电化学性能。在前几圈中观察到比容量逐渐上升，可能是由于电解液逐渐润湿电极材料的活化过程所致，这种现象在高孔隙度的纳米材料中比较常见。复相电极在 2C 和 5C 的倍率下循环，可分别释放出高达 $144.3mA \cdot h \cdot g^{-1}$ 和 $132.8mA \cdot h \cdot g^{-1}$ 的放电比容量。在 2C 的倍率下经过 1000 圈循环后，仍可保持 $134.5mA \cdot h \cdot g^{-1}$ 的比容量，为初始比容量的 93.21%。在 5C 的倍率下经过 1000 圈循环后，复合电极仍可释放 $117.8mA \cdot h \cdot g^{-1}$ 的比容量，平均每个循环的容量衰减率为 0.0113%。这表明复相 $8LiFePO_4 \cdot Li_3V_2(PO_4)_3/C$ 纳米片具有优异的长循环稳定性。该种优异的循环稳定性可归因于此复合磷酸盐纳米材料独特的成分和结构特征。均匀的导电炭包覆层可以有效提升复合材料的电子传输速率，提高材料的结构稳定性。多孔纳米结构可以有效缓冲离子脱/嵌过程中对体结构造成的应变，保持活性材料的结构稳定性。

图 9-16(d) 为复相 $8LiFePO_4 \cdot Li_3V_2(PO_4)_3/C$ 电极在 1C 倍率下循环不同圈后在 100kHz~0.01Hz 的频率范围内测得的电化学交流阻抗谱。图 9-16(d) 中的插图为拟合阻抗谱时采用的等效电路图，经过拟合得到复相 $8LiFePO_4 \cdot Li_3V_2(PO_4)_3/C$ 电极的电荷转移电阻（$R_{ct}$）为 158.2 Ω。经过 10 圈和 100 圈循环后，相应的电荷传输电阻分别为 175.4 Ω 和 327.1 Ω（见表 9-2）。经过 10 圈和 100 圈循环后，其电荷转移电阻略有增加，这种现象在电极材料的服役过程中很常见。由于纳米片状复合 $8LiFePO_4 \cdot Li_3V_2(PO_4)_3$ 被高导电性炭紧密包覆，形成了快速的离子扩散路径和电子传输网络，进而此复合材料循环后的电荷转移阻抗出现了少量增长。

表 9-2　复相 $8LiFePO_4 \cdot Li_3V_2(PO_4)_3/C$ 电极的交流阻抗参数拟合结果

| 样品 | $R_s/\Omega$ | $R_{ct}/\Omega$ |
| --- | --- | --- |
| 循环前 | 2.932 | 158.2 |
| 循环 10 圈后 | 6.302 | 175.4 |
| 循环 100 圈后 | 3.944 | 327.1 |

图 9-17 为 $8LiFePO_4 \cdot Li_3V_2(PO_4)_3/C$ 复合电极在 2.5～4.3V 电压范围内的倍率性能和相应的充放电曲线。如图 9-17(a) 所示，该复相磷酸盐具有优异的倍率性能，在 0.1C、0.5C、1C、2C 和 5C 的倍率下，分别可以释放 $161.5mA \cdot h \cdot g^{-1}$、$157.3mA \cdot h \cdot g^{-1}$、$152.9mA \cdot h \cdot g^{-1}$、$145.9mA \cdot h \cdot g^{-1}$ 和 $132.8mA \cdot h \cdot g^{-1}$ 的放电比容量。即使在 10C 的超大倍率下，仍可释放 $118.6mA \cdot h \cdot g^{-1}$ 的放电比容量。

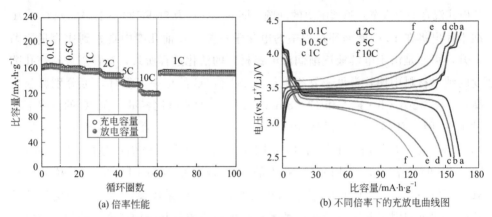

(a) 倍率性能　　　　　(b) 不同倍率下的充放电曲线图

图 9-17　$8LiFePO_4 \cdot Li_3V_2(PO_4)_3/C$ 复相纳米片电极材料的电化学性能

经过大倍率快速充放电后，将电流密度重设为 1C 时，其放电比容量仍可恢复至 $151.1mA \cdot h \cdot g^{-1}$。且复合材料在不同的倍率下均表现出良好的循环稳定性。图 9-17(b) 显示了复合材料电极在不同倍率下的充放电曲线，即使在 10C 的大倍率下，其充放电电压平台依然清晰可见。这是由于复合磷酸盐均匀的纳米片状结构有效缩短了锂离子的传输距离，多孔间隙结构可以为电化学反应提供充足的活性位点。而导电炭包覆层有效提升了复合材料中的电子输运效率。因此，制备的 $8LiFePO_4 \cdot Li_3V_2(PO_4)_3/C$ 纳米片表现出优异的倍率充放电特性。

为了进一步揭示在 $LiFePO_4$ 中引入快离子导体结构 $Li_3V_2(PO_4)_3$ 后对其电化学性能的影响，采用循环伏安法拟合了锂离子的表观扩散系数。图 9-18(a) 为复合电极在 2.5～4.5V 电压范围内以 $0.05mV \cdot s^{-1}$、$0.1mV \cdot s^{-1}$、$0.25mV \cdot s^{-1}$、$0.5mV \cdot s^{-1}$、$0.75mV \cdot s^{-1}$ 和 $1.0mV \cdot s^{-1}$ 的扫描速率测定的 CV 曲线。由图可见，随着扫描速率的增加，阳极峰向右移动，对应的阴极峰向左移动，表明扫描速率越大，其极化效应越大。同时氧化还原峰的强度随着扫描速率的增加而增大。由图 9-18(b) 可知，峰值电流（$I_p$）与扫描速率的平方根（$v^{1/2}$）呈线性关系，说明是受扩散控制的电化学过程。对于半扩散和有限扩散，峰值电流与扫描速率的平方根成正比，这种关系可以用经典的 Randles Sevchik 公式来表示。

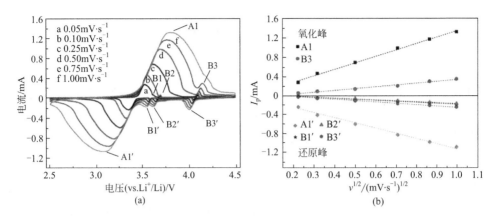

图 9-18    8LiFePO$_4$·Li$_3$V$_2$(PO$_4$)$_3$/C 复相电极在（a）不同扫描速率下的 CV 曲线，

（b）峰值电流（$I_p$）与扫描速率平方根（$v^{1/2}$）之间的线性关系

由于电化学系统中的情形非常复杂，电极和电解液的多个方面都可能会影响离子的扩散行为。在此，采用有效电荷转移数量（$n_e$）和有效离子浓度（$C_{0e}*$），仅对固相电极材料中的有效离子扩散系数（$D_{se}$）进行研究。由表 9-3 中的结果可知，锂离子在固相复合材料中的有效扩散系数值在 $10^{-9} \sim 10^{-10}$ cm$^2$·s$^{-1}$ 数量级之间，且整体趋于稳定。此复相 8LiFePO$_4$·Li$_3$V$_2$(PO$_4$)$_3$/C 纳米片电极材料的离子扩散系数比 LiFePO$_4$（$10^{-13} \sim 10^{-15}$ cm$^2$·s$^{-1}$）[52]、LiMnPO$_4$（$1.5 \times 10^{-13}$ cm$^2$·s$^{-1}$）[53] 和 LiFe$_x$Mn$_{1-x}$PO$_4$（$10^{-15} \sim 10^{-17}$ cm$^2$·s$^{-1}$）[54] 高至少 3 个数量级，并且与 Li$_3$V$_2$(PO$_4$)$_3$[55]、$x$LiFePO$_4$·LiVPO$_4$F[56] 复合材料和 $x$Li$_3$V$_2$(PO$_4$)$_3$·LiVPO$_4$F 复合材料[57] 的扩散系数相当。由此表明，通过制备 LiFePO$_4$ 和 Li$_3$V$_2$(PO$_4$)$_3$ 的复合材料可以显著提升其离子扩散速率，即使只有少量的快离子导体结构 Li$_3$V$_2$(PO$_4$)$_3$ 参与复合。

表 9-3    采用 Randles Sevchik 公式计算的复相 8LiFePO$_4$·Li$_3$V$_2$(PO$_4$)$_3$/C

电极的锂离子扩散系数

| 电极状态 | 阳极氧化过程 | | 阴极还原过程 | |
|---|---|---|---|---|
| | 峰 | $D_{se}$/cm$^2$·s$^{-1}$ | 峰 | $D_{se}$/cm$^2$·s$^{-1}$ |
| 8FePO$_4$·Li$_3$V$_2$(PO$_4$)$_3$ | A1 | $4.6 \times 10^{-10}$ | A1' | $2.9 \times 10^{-10}$ |
| 8FePO$_4$·Li$_{2.5}$V$_2$(PO$_4$)$_3$ | B1 | — | B1' | $6.4 \times 10^{-9}$ |
| 8FePO$_4$·Li$_2$V$_2$(PO$_4$)$_3$ | B2 | — | B2' | $9.4 \times 10^{-9}$ |
| 8FePO$_4$·LiV$_2$(PO$_4$)$_3$ | B3 | $1.6 \times 10^{-9}$ | B3' | $8.7 \times 10^{-9}$ |

$8LiFePO_4 \cdot Li_3V_2$（$PO_4$）$_3$/C 纳米片复合材料优异的电化学性能，包括高比容量、良好的循环稳定性和优异的倍率性能均得益于新型的材料设计：①纳米级厚度的纳米片缩短了锂离子的扩散距离，多孔结构提高了电极材料和电解液的接触面积；②纳米片之间空阔的多孔结构为电解液渗透提供捷径，且可以有效控制体积应变；③$LiFePO_4$ 和 $Li_3V_2$（$PO_4$）$_3$ 之间的交互掺杂有效提升了材料的电子导电性和锂离子扩散系数；④纳米颗粒表面的均匀的炭包覆层有效提升了电极材料的电子传输特性且有助于保持材料的结构稳定性。

# 9.5
# $xLi_3V_2$（$PO_4$）$_3 \cdot LiVPO_4F$/C 复合材料

目前三元正极材料以其能量密度高、循环寿命长等优势被认为是最有前景的动力电池正极材料[58,59]。在大功率的电动汽车领域，磷酸盐基正极材料在安全性能方面具有明显的优势。如何进一步提高磷酸盐正极材料的能量密度是亟须解决的重要问题。

橄榄石型结构 $LiMPO_4$（M 为 Fe、Co、Ni、Mn 等过渡金属）以其成本低、$Li^+$ 脱/嵌可逆性好及极好的热稳定性成为一种广为关注的正极材料[60]。另外，由 $PO_4$ 四面体与 $MO_6$ 八面体共用顶点形成的开放式 NASICON 结构材料比 $LiFePO_4$ 具有更高的锂离子传导性，其一般通式为 $Li_xM_2$（$PO_4$）$_3$。此外，聚阴离子开放式框架结构加快了离子迁移，导致其氧化还原电位更高、安全性能更好。$Li_3V_2$（$PO_4$）$_3$ 作为正极材料其三维框架结构可以提供三个锂离子位置，当 $Li_3V_2$（$PO_4$）$_3$ 充电到 4.8V（参比于 $Li/Li^+$）时，每个单元有三个锂离子或电子在正负极之间迁移。这种情况下其理论比容量可达 197mA·h·g$^{-1}$。因此，$Li_3V_2$（$PO_4$）$_3$ 是一种很有前途的锂离子电池正极材料。

J.Barker 等[61] 最先报道了三斜晶系结构的氟磷酸钒锂（$LiVPO_4F$）用作锂离子电池正极材料的合成方法及电化学性能。由于结构中氟与 $PO_4^{3-}$ 聚阴离子诱导效应的影响，$LiVPO_4F$ 中 $V^{3+}/V^{4+}$ 氧化还原对处在一个较高的电位，约为 4.2V。与同样的聚阴离子结构的 $Li_3V_2$（$PO_4$）$_3$ 中的 $V^{3+}/V^{4+}$ 氧化还原转变相比，$LiVPO_4F$ 的电压平台更高。此外，与传统的磷酸盐 $LiFePO_4$、$LiMnPO_4$ 和 $LiVOPO_4$ 等相比，$LiVPO_4F$ 具有更好的电子导电性[62]。Wang 等[57,63,64] 采用掺杂、复合、包覆及表面改性等手段系统地研究了影响 $LiVPO_4F$ 正极材料电化学性能的因素，并通过高效短流程合成方法制备出一系列综合性能优异的

$LiVPO_4F$ 正极材料。

考虑到 $Li_3V_2(PO_4)_3$ 和 $LiVPO_4F$ 各自的优缺点，$Li_3V_2(PO_4)_3$ 在 $2.5 \sim 4.7V$ 之间进行充放电时，虽然其理论容量较高，但电压平台不明显[65]，而 $LiVPO_4F$ 具有良好的 $4.2V$ 放电电压平台，但其容量欠缺、倍率性能较差[66]。根据最近的报道[56,67-69]，两种或多种纯物质的混合物可以有效提升材料的电化学性能。此外，纯相的 $Li_3V_2(PO_4)_3$ 和 $LiVPO_4F$ 由于其内在特定的结构使之具有电子电导率较低的缺点，而碳包覆是一种改善电极材料电导率的有效方法[70]。本节采用机械活化辅助碳热还原法合成了碳包覆的 $xLi_3V_2(PO_4)_3 \cdot LiVPO_4F/C$ 复合正极材料，并利用 XRD、SEM 和 TEM 等技术对样品的晶体结构和微观形貌进行了表征，采用循环伏安法、恒流充放电、倍率性能测试等方法对合成样品的电化学性能进行了分析研究。

## 9.5.1 材料制备与评价表征

材料制备：采用机械活化辅助碳热还原两步法合成 $xLi_3V_2(PO_4)_3 \cdot LiVPO_4F/C$ 复合正极材料。第一步，称取化学计量比的 $V_2O_5$（A.R.，99%）、$NH_4H_2PO_4$（A.R.，99%）和乙炔炭（25% 过量），用玛瑙研钵研磨均匀后置于 250mL 不锈钢球磨罐，装入一定比例的 $\Phi10$ 和 $\Phi1$ 不锈钢磨球，控制球料质量比约为 $4 : 1$。以 $1200r \cdot min^{-1}$ 的速度进行高能球磨，每次 5min，每球磨两次后用小勺子把粘在球磨罐内壁的样品刮下，共磨 60min。将混合粉末压成直径为 1cm，厚度约为 2mm 的圆片，置于通有流动 Ar 的温度自动控制管式炉中于 $300℃$ 预处理 4h，释放出 $NH_3$、$H_2O$ 等，接着以 $5℃ \cdot min^{-1}$ 的速度升至 $800℃$ 保温 8h 得到中间体 $VPO_4/C$。第二步，按照 $1 : 1.05$ 的比例称取 $VPO_4$（减去碳的含量）和 LiF，高能球磨 60min，压片后在通有 92%Ar+8%$H_2$ 混合气的管式炉中于 $750℃$ 保温一定时间，快速冷却即可得到 $LiVPO_4F/C$、$xLi_3V_2(PO_4)_3 \cdot LiVPO_4F/C$ 和 $Li_3V_2(PO_4)_3/C$ 复合材料样品。

材料表征：采用日本理学 D/max-2500 型 X 射线粉末衍射仪（Cu K$\alpha$ 靶，单色器波长为 $\lambda=1.54178$Å）对得到的粉末样品进行物相鉴定，以 $8° \cdot min^{-1}$ 的速度从 $10°$ 扫描到 $80°$。用扫描电子显微镜（SEM，FEI Nova NanoSEM 230）来观察样品的形貌、粒径和均匀性。用透射电子显微镜（TEM，JEOL JEM2100 F）进一步表征样品的微观结构。采用同步热分析仪（NETZSCH SAT449C）在空气氛围下以 $10℃ \cdot min^{-1}$ 的升温速率对样品进行热分析实验，扫描温度范围为 $25 \sim 800℃$，可以准确分析出样品中的碳含量。

按照 $7 : 2 : 1$（质量比）的比例称取活性物质、乙炔炭和 PVDF 粘接剂，充分研磨 30min，随后加入 N-甲基吡咯烷酮（NMP）分散剂调成浆状物，其中 NMP 与 PVDF 的质量比值为 0.02326。将浆状物用磁力搅拌器搅拌 24h 后，用涂布器均匀地涂覆在铝箔集流体被腐蚀的面上。室温静置一段时间，在真空干燥箱中于 80℃ 下干燥过夜。用直径为 14mm 的冲片器冲成圆形正极片。用金属锂片为参比电极，微孔聚丙烯膜作为隔膜，浓度为 $1mol \cdot L^{-1}$ 的 $LiPF_6$ 溶于混合有机溶剂 EC+DMC+EMC（体积比 1:1:1）中作为电解液，在充满高纯氩气的手套箱（Mbraun, Germany）中组装成 CR2016 扣式电池。将组装好的电池用封口机封好后在室温下静置 12h 后进行电化学性能测试。电池的循环伏安（CV）曲线采用三电极 CHI604E 电化学工作站测试，扫描速率为 $0.1mV \cdot s^{-1}$。恒流充放电实验在多通道电池测试系统（LAND, CT2001A）上进行，所测得的容量均基于活性物质的质量，实验中 1C 的电流密度为 $150mA \cdot g^{-1}$。

## 9.5.2　结果与分析讨论

### 9.5.2.1　结构表征与讨论

通过 800℃ 高温在氩气氛围中烧结 8h 得到中间体 $VPO_4/C$，并采用衍射技术得到 XRD 图谱（图 9-19），与标准 PDF 卡片（PDF♯76-2023）峰形一致，表明合成的材料纯度较高，具有较好的结晶度，加入的多余碳以无定形状态存在。$VPO_4$ 与正交晶系 $CrVO_4$（空间群 $Cmcm$）结构相同，$VPO_4$ 的框架结构由 $PO_4$ 四面体与 $VO_6$ 八面体共用氧原子构建而成。

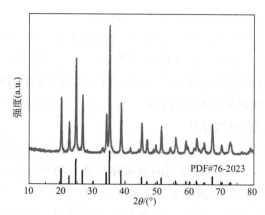

图 9-19　800℃烧结 8h 合成的 $VPO_4/C$ 的 XRD 图谱

将 $VPO_4/C$ 与 LiF 混合物在 750℃ 温度下置于氢气、氩气混合气体氛围中烧结 1~4h，并对其产物进行衍射分析，得到不同的合成样品的 XRD 图谱（图 9-20）。在 750℃ 短暂烧结 1h 快速冷却得到样品 A，从其 XRD 衍射图谱分析，合成了纯

相材料 $LiVPO_4F/C$，且结晶性良好，无其他杂相生成。经分析对比发现其衍射图谱与 $LiFePO_4$（OH）（PDF♯41-1376）相同，属于 $P\bar{1}$ 空间群的三斜晶系结构[71]。当烧结温度为 2h 时合成的样品为 B，从其 XRD 衍射图谱中发现 $Li_3V_2$ $(PO_4)_3$ 的杂相峰，但此时杂相峰还比较微弱，说明此时杂相 $Li_3V_2$ $(PO_4)_3$ 相对含量较少。随着烧结时间的延长，$Li_3V_2$ $(PO_4)_3$ 杂相峰越来越明显，在 $14.7°$、$16.29°$、$20.72°$、$23.14°$、$24.44°$ 等处尤为明显，峰强逐渐升高。J.Barker 在之前报道中也曾提出猜想：随着保温时间的延长，$LiVPO_4F$ 会逐渐分解，晶体结构发生重构生成杂相 $Li_3V_2$ $(PO_4)_3$[66]。发生如下化学反应：

$$3LiVPO_4F \longrightarrow VF_3 + Li_3V_2(PO_4)_3 \tag{9-2}$$

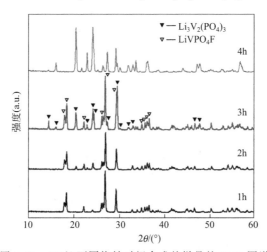

图 9-20　750℃ 不同烧结时间合成的样品的 XRD 图谱

在 750℃ 烧结 3h 快速冷却得到样品 C。从其 XRD 图谱可以看出没有 LiF、$V_2O_3$ 等杂相的衍射峰，且峰形尖锐，半峰宽较窄。经分析发现由结晶良好的三斜晶系 $LiVPO_4F$ 和单斜晶系 $Li_3V_2$ $(PO_4)_3$ 复合而成。继续延长烧结时间到 4h，样品完全转化成单斜晶系 $Li_3V_2$ $(PO_4)_3$。经过观察，在样品的 XRD 图谱中均没有观察到多余的碳，说明包覆的碳含量较少或者碳以无定形态存在。包覆碳的含量采用同步热分析仪来协助测定。

图 9-21 为 750℃ 烧结 3h 得到的 C 样品 $xLi_3V_2$ $(PO_4)_3 \cdot LiVPO_4F/C$ 复合正极材料的 TG-DSC 图。测试温度范围为 25～800℃，升温速度为 $10℃ \cdot min^{-1}$。由图可知，在 150℃ 之前的区间有少量的质量减少，并伴随微弱吸热峰，这可能是样品中的吸附水、结晶水等物理水的脱出。从 360℃ 到 580℃ 质量剧减 6.3%，并伴随强烈的放热峰，这是样品中的 C 在空气中被氧化，变成气体挥发的结果。在 600℃ 之后，有几个微弱的放热峰，这可能是 $LiVPO_4F$ 分解成 $Li_3V_2$ $(PO_4)_3$

或者被氧化成 $LiVOPO_4$[69,71]，具体的反应机理有待进一步研究。

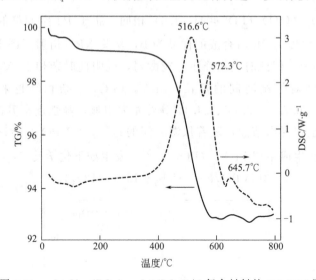

图 9-21　$x Li_3 V_2$（$PO_4$）$_3$ · $LiVPO_4 F/C$ 复合材料的 TG-DSC 图

图 9-22（a）～（c）分别为保温时间为 1h、3h 和 4h 得到的 $LiVPO_4 F/C$、

图 9-22　（a）$LiVPO_4 F/C$、（b）$x Li_3 V_2$（$PO_4$）$_3$ · $LiVPO_4 F/C$ 和

（c）$Li_3 V_2$（$PO_4$）$_3$/C 复合材料的 SEM 图像以及

（d）$x Li_3 V_2$（$PO_4$）$_3$ · $LiVPO_4 F/C$ 复合材料的 HRTEM 图像

$x\mathrm{Li}_3\mathrm{V}_2(\mathrm{PO}_4)_3 \cdot \mathrm{LiVPO}_4\mathrm{F/C}$ 和 $\mathrm{Li}_3\mathrm{V}_2(\mathrm{PO}_4)_3/\mathrm{C}$ 三种复合材料的 SEM 图像。由图可以看出，不同保温时间得到的样品的粒径范围均为 $0.5\sim3\mu\mathrm{m}$，样品中同时存在细小的一次颗粒和由一次颗粒团聚而成的二次大颗粒，微粒的结晶性良好且出现了些许团聚现象。随着保温时间的延长，样品中大颗粒的比例增加，说明保温时间的延长会加剧样品的团聚。图 9-22（d）为 $x\mathrm{Li}_3\mathrm{V}_2(\mathrm{PO}_4)_3 \cdot \mathrm{LiVPO}_4\mathrm{F/C}$ 复合材料的 HRTEM 图谱，可见 $x\mathrm{Li}_3\mathrm{V}_2(\mathrm{PO}_4)_3 \cdot \mathrm{LiVPO}_4\mathrm{F/C}$ 颗粒表面包覆着无定形碳层，材料表面包覆的无定形碳也有助于改善其电化学性能。结晶相的晶面间距为 $0.303\mathrm{nm}$ 和 $0.43\mathrm{nm}$，分别对应于三斜晶系 $\mathrm{LiVPO}_4\mathrm{F}$ 的 (110) 晶面和单斜晶系 $\mathrm{Li}_3\mathrm{V}_2(\mathrm{PO}_4)_3$ 的 $(1\bar{2}1)$ 晶面。且两相的晶面界限清晰，表明与传统的物理混合不同，$x\mathrm{Li}_3\mathrm{V}_2(\mathrm{PO}_4)_3 \cdot \mathrm{LiVPO}_4\mathrm{F/C}$ 材料是由尺度为晶粒级的异质粒子复合而成。

### 9.5.2.2 电化学性能与讨论

图 9-23 为保温时间为 1h、3h 和 4h 时分别得到的 $\mathrm{LiVPO}_4\mathrm{F/C}$、$x\mathrm{Li}_3\mathrm{V}_2(\mathrm{PO}_4)_3 \cdot \mathrm{LiVPO}_4\mathrm{F/C}$ 和 $\mathrm{Li}_3\mathrm{V}_2(\mathrm{PO}_4)_3/\mathrm{C}$ 三种复合材料在 0.2C（$1\mathrm{C}=150\mathrm{mA}\cdot\mathrm{g}^{-1}$）电流密度下的充放电曲线和循环性能图。由图 9-23（a）中的充放电曲线可见，$\mathrm{LiVPO}_4\mathrm{F/C}$ 虽然具有完整的 4.2V 的放电电压平台，但其放电比容量较低。$\mathrm{Li}_3\mathrm{V}_2(\mathrm{PO}_4)/\mathrm{C}$ 电极在充到高达 4.7V 的电压时，其晶体结构不稳定，导致放电电压平台缺失以及循环稳定性较差[49]。$x\mathrm{Li}_3\mathrm{V}_2(\mathrm{PO}_4)_3 \cdot \mathrm{LiVPO}_4\mathrm{F/C}$ 复合电极保持了良好的充放电电压平台和较高的充放电比容量，表现出了优异的稳定性。在 0.2C 的电流密度下循环 40 圈后，$\mathrm{LiVPO}_4\mathrm{F/C}$、$x\mathrm{Li}_3\mathrm{V}_2(\mathrm{PO}_4)_3 \cdot \mathrm{LiVPO}_4\mathrm{F/C}$ 和

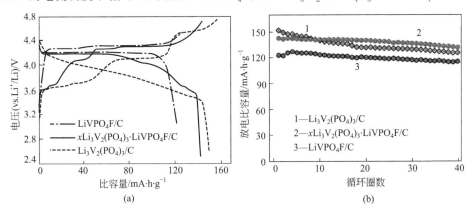

图 9-23 $\mathrm{LiVPO}_4\mathrm{F/C}$、$x\mathrm{Li}_3\mathrm{V}_2(\mathrm{PO}_4)_3 \cdot \mathrm{LiVPO}_4\mathrm{F/C}$ 和 $\mathrm{Li}_3\mathrm{V}_2(\mathrm{PO}_4)_3/\mathrm{C}$
复合材料在 0.2C 电流密度下的 (a) 充放电曲线和 (b) 循环性能图

$Li_3V_2(PO_4)_3/C$ 的放电比容量分别为 115.9mA·h·g$^{-1}$、132.4mA·h·g$^{-1}$ 和 126.2mA·h·g$^{-1}$，对应的容量保持率分别为 93.4%、92.5% 和 82.9% [图 9-23(b)]。

图 9-24(a)~(c)采用循环伏安法研究了 $LiVPO_4F/C$、$xLi_3V_2(PO_4)_3$·$LiVPO_4F/C$ 和 $Li_3V_2(PO_4)_3/C$ 三种复合材料的储锂机制。如图 9-24(a)所示，在 3.0~4.7V（参比于 Li$^+$/Li）电压区间内，$LiVPO_4F/C$ 正极材料的充放电曲线显示两个氧化峰（4.23V 和 4.33V）以及一个还原峰（4.2V），这与图 9-24(d)中充放电曲线中的电压平台相对应。图中三圈图线基本重合，说明 $LiVPO_4F/C$ 复

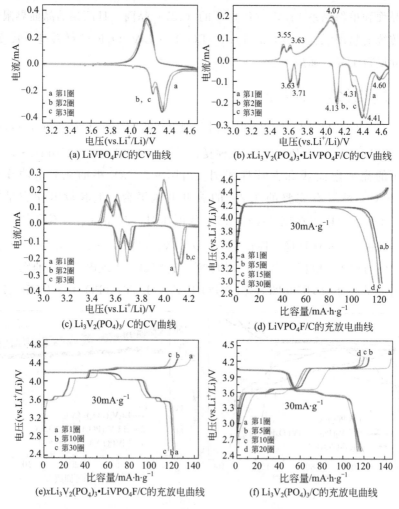

(a) $LiVPO_4F/C$ 的 CV 曲线

(b) $xLi_3V_2(PO_4)_3$·$LiVPO_4F/C$ 的 CV 曲线

(c) $Li_3V_2(PO_4)_3/C$ 的 CV 曲线

(d) $LiVPO_4F/C$ 的充放电曲线

(e) $xLi_3V_2(PO_4)_3$·$LiVPO_4F/C$ 的充放电曲线

(f) $Li_3V_2(PO_4)_3/C$ 的充放电曲线

图 9-24  $LiVPO_4F/C$、$xLi_3V_2(PO_4)_3$·$LiVPO_4F/C$ 和 $Li_3V_2(PO_4)_3/C$ 的 CV 曲线和相应的充放电曲线

合材料循环过程中极化很小，锂离子脱/嵌可逆性高。图 9-24(b) 为 750℃烧结 3h 合成的 $x\mathrm{Li}_3\mathrm{V}_2(\mathrm{PO}_4)_3 \cdot \mathrm{LiVPO}_4\mathrm{F/C}$ 复合正极材料的循环伏安图，扫描电压范围为 3.0~4.7V。由图 9-24(b)、(e) 可以明显看出有六个充电电压平台和四个放电电压平台，在 4.2V、4.0V、3.6V 和 3.5V 附近出现的放电电压平台与 $\mathrm{LiVPO}_4\mathrm{F}$ 和 $\mathrm{Li}_3\mathrm{V}_2(\mathrm{PO}_4)_3$ 中锂离子的嵌入电位相对应。其中 4.31V 和 4.41V 处的氧化峰对应于 $\mathrm{LiVPO}_4\mathrm{F}$ 中锂离子的脱出电位，其余四个峰对应于 $\mathrm{Li}_3\mathrm{V}_2(\mathrm{PO}_4)_3$ 中锂离子的脱出电位。在放电过程中，4.07V 处较宽的还原峰对应于 $\mathrm{LiVPO}_4\mathrm{F}$ 中锂离子的嵌入电位及 $\mathrm{Li}_3\mathrm{V}_2(\mathrm{PO}_4)_3$ 前两个锂离子的嵌入电位。3.55V 和 3.65V 处是 $\mathrm{Li}_3\mathrm{V}_2(\mathrm{PO}_4)_3$ 中第三个锂离子嵌入时的还原峰，与纯相 $\mathrm{Li}_3\mathrm{V}_2(\mathrm{PO}_4)_3$ 和 $\mathrm{LiVPO}_4\mathrm{F}$ 的氧化还原峰相比较，$x\mathrm{Li}_3\mathrm{V}_2(\mathrm{PO}_4)_3 \cdot \mathrm{LiVPO}_4\mathrm{F/C}$ 复合材料中的峰位有所偏差，说明两种正极材料的复合对其氧化还原反应有所影响。从图 9-24 (c) 可以看出，$\mathrm{Li}_3\mathrm{V}_2(\mathrm{PO}_4)_3/\mathrm{C}$ 复合正极材料在 3.0~4.3V 电压范围内没有第三个锂离子的脱/嵌，对应化学转变 $\mathrm{Li}_3\mathrm{V}_2(\mathrm{PO}_4)_3 \Longleftrightarrow \mathrm{Li}_{2.5}\mathrm{V}_2(\mathrm{PO}_4)_3 \Longleftrightarrow \mathrm{Li}_2\mathrm{V}_2(\mathrm{PO}_4)_3 \Longleftrightarrow \mathrm{LiV}_2(\mathrm{PO}_4)_3$，所以可以明显观察到三个氧化峰对应三个还原峰，这与图 9-24(f) 中的充放电曲线一致。扫描三圈峰位基本保持不变，且峰形尖锐，峰值电流较大，表明正极材料中锂离子进行强烈的脱/嵌反应。充电曲线中第一圈和后面几圈有一定偏差，可能与首次充电时电解液分解及其他不可逆反应有关。

图 9-25(a) 为 750℃烧结 3h 合成的 $x\mathrm{Li}_3\mathrm{V}_2(\mathrm{PO}_4)_3 \cdot \mathrm{LiVPO}_4\mathrm{F/C}$ 复合正极材料在不同倍率下的充放电曲线。在 0.1C 倍率放电时，放电平台与 0.2C 一致，最高放电比容量可达 $152\mathrm{mA} \cdot \mathrm{h} \cdot \mathrm{g}^{-1}$。在 1C 倍率下放电时，最高放电比容量为 $124\mathrm{mA} \cdot \mathrm{h} \cdot \mathrm{g}^{-1}$，与图 9-23(a) 中的结果接近。在 2C 和 4C 倍率下的放

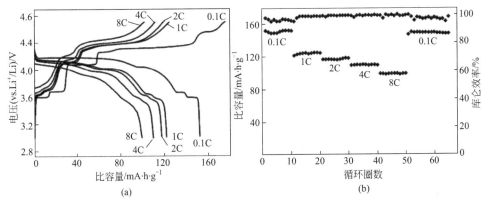

图 9-25 $x\mathrm{Li}_3\mathrm{V}_2(\mathrm{PO}_4)_3 \cdot \mathrm{LiVPO}_4\mathrm{F/C/Li}$ 半电池在不同倍率下的

(a) 充放电曲线和 (b) 循环性能图

电比容量分别在 118mA·h·g$^{-1}$ 和 111mA·h·g$^{-1}$ 左右，在 8C 倍率下的放电比容量仍能保持较高的 100mA·h·g$^{-1}$，表明此复合材料具有优异的倍率性能。当经过 8C 循环后再次恢复到 0.1C 倍率时，仍具有 149mA·h·g$^{-1}$ 的放电比容量，说明材料的稳定性较好，在经过锂离子快速脱/嵌后，其结构不会发生较大的变化。从图 9-25(b) 可以看出，在每个倍率下循环 10 圈的过程中，容量衰减较小，说明材料的循环稳定性较好。

$x$Li$_3$V$_2$(PO$_4$)$_3$·LiVPO$_4$F/C 复合正极材料电化学性能的改善是 Li$_3$V$_2$(PO$_4$)$_3$ 和 LiVPO$_4$F 协同作用的结果。氟的掺杂对 PO$_4^{3-}$ 聚阴离子的诱导效应可能会扩展到 Li$_3$V$_2$(PO$_4$)$_3$ 晶格，且改善了充放电过程中的电子转移性能。添加的氟可以保护电极材料免受电解液中出现的 HF 腐蚀[72]，有助于保持良好的循环性能。另外，作为快离子导体的 Li$_3$V$_2$(PO$_4$)$_3$ 拥有良好的锂离子脱/嵌稳定性，所以复合材料拥有良好的倍率性能。此外，材料表面包覆的薄层无定形碳同样会提高材料的电子导电性，降低电荷扩散过程的阻力[73]。

由于 Li$_3$V$_2$(PO$_4$)$_3$ 和 LiVPO$_4$F 存在明显的协同效应，$x$Li$_3$V$_2$(PO$_4$)$_3$·LiVPO$_4$F/C 复合正极材料兼备了 Li$_3$V$_2$(PO$_4$)$_3$ 的循环稳定性好、倍率性能佳的优点和 LiVPO$_4$F 中 4.2V 级放电电压平台带来的高能量密度的优势，此外还弥补了 Li$_3$V$_2$(PO$_4$)$_3$ 在 3～4.7V 之间充放电时放电电压平台缺失的缺陷。$x$Li$_3$V$_2$(PO$_4$)$_3$·LiVPO$_4$F/C 复合正极材料在 3～4.7V 之间的循环稳定性较好，在 1C 倍率下最高放电比容量为 119.7mA·h·g$^{-1}$，循环 300 圈后为 97.5mA·h·g$^{-1}$。其倍率性能较好，在 0.1C 倍率下充放电可获得高达 152mA·h·g$^{-1}$ 的放电比容量，倍率升高到 8C 时仍能保持 100mA·h·g$^{-1}$ 的放电比容量。采用的机械活化辅助碳热还原法过程简单，设备要求低，原料利用率高，没有使用特殊的模板和原材料等，适合大规模生产应用。

## 参考文献

[1] Pan A，Choi D，Zhang J，et al. High-rate cathodes based on Li$_3$V$_2$(PO$_4$)$_3$ nanobelts prepared via surfactant-assisted fabrication [J]. Journal of Power Sources，2011，196 (7)：3646-3649.

[2] Rui X，Ding N，Liu J，et al. Analysis of the chemical diffusion coefficient of lithium ions in Li$_3$V$_2$(PO$_4$)$_3$ cathode material [J]. Electrochimica Acta，2010，55 (7)：2384-2390.

[3] Yin S，Grondey H，Strobel P，et al. Electrochemical property：Structure relationships in monoclinic Li$_{(3-y)}$V$_2$(PO$_4$)$_3$ [J]. Journal of the American Chemical Society，2003，125 (34)：10402-10411.

[4] Tao D，Wang S，Liu Y，et al. Lithium vanadium phosphate as cathode material for lithium ion batteries [J]. Ionics，2015，21 (5)：1201-1239.

[5] Saïdi M Y，Barker J，Huang H，et al. Performance characteristics of lithium vanadium phosphate as a cathode material for lithium-ion batteries [J]. Journal of Power Sources，2003，119-121：266-272.

[6] Prosini P P，Lisi M，Zane D，et al. Determination of the chemical diffusion coefficient of lithium in LiFePO$_4$ [J]. Solid State Ionics，2002，148 (1-2)：45-51.

[7] Yin S C，Grondey H，Strobel P，et al. Charge ordering in lithium vanadium phosphates：electrode materials for lithium-ion batteries [J]. Journal of the American Chemical Society，2003，125 (2)：326-327.

[8] Ren M，Zhou Z，Gao X，et al. Core-shell Li$_3$V$_2$(PO$_4$)$_3$@C composites as cathode materials for lithium-ion batteries [J]. The Journal of Physical Chemistry C，2008，112 (14)：5689-5693.

[9] Fu P，Zhao Y，An X，et al. Structure and electrochemical properties of nanocarbon-coated Li$_3$V$_2$ (PO$_4$)$_3$ prepared by sol-gel method [J]. Electrochimica Acta，2007，52 (16)：5281-5285.

[10] Wang J，Liu J，Yang G，et al. Electrochemical performance of Li$_3$V$_2$ (PO$_4$)$_3$/C cathode material using a novel carbon source [J]. Electrochimica Acta，2009，54 (26)：6451-6454.

[11] Yang S，Song Y，Zavalij P Y，et al. Reactivity，stability and electrochemical behavior of lithium iron phosphates [J]. Electrochemistry Communications，2002，4 (3)：239-244.

[12] Pan A，Zhang J，Nie Z，et al. Facile synthesized nanorod structured vanadium pentoxide for high-rate lithium batteries [J]. Journal of Materials Chemistry，2010，20 (41)：9193.

[13] Choi D，Wang D，Bae I T，et al. LiMnPO$_4$ nanoplate grown via solid-state reaction in molten hydrocarbon for Li-ion battery cathode [J]. Nano Letters，2010，10 (8)：2799-2805.

[14] Xie H，Wang R，Ying J，et al. Optimized LiFePO$_4$—polyacene cathode material for lithium-ion batteries [J]. Advanced Materials，2006，18 (19)：2609-2613.

[15] Wang D，Buqa H，Crouzet M，et al. High-performance，nano-structured LiMnPO$_4$ synthesized via a polyol method [J]. Journal of Power Sources，2009，189 (1)：624-628.

[16] Xiao J，Xu W，Choi D，et al. Synthesis and characterization of lithium manganese phosphate by a precipitation method [J]. Journal of The Electrochemical Society，2010，157 (2)：A142.

[17] Tang A，Wang X，Yang S，et al. Synthesis and electrochemical properties of monoclinic Li$_3$V$_2$ (PO$_4$)$_3$/C composite cathode material prepared from a sucrose-containing precursor [J]. Journal of Applied Electrochemistry，2008，38 (10)：1453-1457.

[18] Wang L，Zhou X，Guo Y. Synthesis and performance of carbon-coated Li$_3$V$_2$ (PO$_4$)$_3$ cathode materials by a low temperature solid-state reaction [J]. Journal of Power Sources，2010，195 (9)：2844-2850.

[19] Wang Z，Fierke M A，Stein A. Porous Carbon/Tin (IV) oxide monoliths as anodes for lithium-ion batteries [J]. Journal of The Electrochemical Society，2008，155

(9): A658.

[20] Wang Z, Li F, Ergang N S, et al. Synthesis of monolithic 3D ordered macroporous carbon/nano-silicon composites by diiodosilane decomposition [J]. Carbon, 2008, 46 (13): 1702-1710.

[21] Doherty C M, Caruso R A, Smarsly B M, et al. Colloidal crystal templating to produce hierarchically porous $LiFePO_4$ electrode materials for high power lithium ion batteries [J]. Chemistry of Materials, 2009, 21 (13): 2895-2903.

[22] Neergat M, Shukla A K. Effect of diffusion-layer morphology on the performance of solid-polymer-electrolyte direct methanol fuel cells [J]. Journal of Power Sources, 2002, 104 (2): 289-294.

[23] Xiao J, Wang D, Xu W, et al. Optimization of air electrode for Li/Air batteries [J]. Journal of the Electrochemical Society, 2010, 157 (4): A487.

[24] Choi D, Wang D, Viswanathan V V, et al. Li-ion batteries from $LiFePO_4$ cathode and anatase/graphene composite anode for stationary energy storage [J]. Electrochemistry Communications, 2010, 12 (3): 378-381.

[25] Wang L, Zhang L, Lieberwirth I, et al. A $Li_3V_2(PO_4)_3$/C thin film with high rate capability as a cathode material for lithium-ion batteries [J]. Electrochemistry Communications, 2010, 12 (1): 52-55.

[26] Raccichini R, Varzi A, Passerini S, et al. The role of graphene for electrochemical energy storage [J]. Nature Materials, 2015, 14 (3): 271-279.

[27] Kovalenko M V, Manna L, Cabot A, et al. Prospects of nanoscience with nanocrystals [J]. ACS Nano, 2015, 9 (2): 1012-1057.

[28] Zhou Y, Zhou C, Li Q, et al. Enabling prominent high-rate and cycle performances in one lithium-sulfur battery: designing permselective gateways for $Li^+$ transportation in Holey-CNT/S cathodes [J]. Advanced Materials, 2015, 27 (25): 3774-3781.

[29] Cheng B, Zhang X, Ma X, et al. Nano-$Li_3V_2(PO_4)_3$ enwrapped into reduced graphene oxide sheets for lithium-ion batteries [J]. Journal of Power Sources, 2014, 265: 104-109.

[30] Manthiram A, Fu Y, Su Y. Challenges and prospects of lithium-sulfur batteries [J]. Accounts of Chemical Research, 2013, 46 (5): 1125-1134.

[31] Zhou G, Paek E, Hwang G S, et al. Long-life Li/polysulphide batteries with high sulphur loading enabled by lightweight three-dimensional nitrogen/sulphur-codoped graphene sponge [J]. Nature Communications, 2015, 6: 7760.

[32] Hu H, Yu L, Gao X, et al. Hierarchical tubular structures constructed from ultrathin $TiO_2$ (B) nanosheets for highly reversible lithium storage [J]. Energy & Environmental Science, 2015, 8 (5): 1480-1483.

[33] Zhang L, Li N, Wu B, et al. Sphere-shaped hierarchical cathode with enhanced growth of nanocrystal planes for high-rate and cycling-stable li-ion batteries [J]. Nano Letters, 2015, 15 (1): 656-661.

[34] Bai J, Li X, Liu G, et al. Unusual formation of $ZnCo_2O_4$ 3D hierarchical twin microspheres as a high-rate and ultralong-life lithium-ion battery anode material [J]. Ad-

vanced Functional Materials，2014，24（20）：3012-3020.

[35] Jian Z，Han W，Liang Y，et al. Carbon-coated rhombohedral $Li_3V_2（PO_4）_3$ as both cathode and anode materials for lithium-ion batteries：electrochemical performance and lithium storage mechanism [J]. Journal of Materials Chemistry A，2014，2（47）：20231-20236.

[36] Su J，Wu X，Lee J，et al. A carbon-coated $Li_3V_2（PO_4）_3$ cathode material with an enhanced high-rate capability and long lifespan for lithium-ion batteries [J]. Journal of Materials Chemistry A，2013，1（7）：2508.

[37] Wang S，Zhang Z，Jiang Z，et al. Mesoporous $Li_3V_2（PO_4）_3$@CMK-3nanocomposite cathode material for lithium ion batteries [J]. Journal of Power Sources，2014，253：294-299.

[38] Wei Q，An Q，Chen D，et al. One-Pot synthesized bicontinuous hierarchical $Li_3V_2（PO_4）_3/$ C mesoporous nanowires for high-rate and ultralong-life lithium-ion batteries [J]. Nano Letters，2014，14（2）：1042-1048.

[39] Zhou Y，Rui X，Sun W，et al. Biochemistry-enabled 3D foams for ultrafast battery cathodes [J]. ACS Nano，2015，9（4）：4628-4635.

[40] Liang S，Tan Q，Xiong W，et al. Carbon wrapped hierarchical $Li_3V_2（PO_4）_3$ microspheres for high performance lithium ion batteries [J]. Scientific Reports，2016，6：33682.

[41] Wang C，Guo Z，Shen W，et al. B-doped carbon coating improves the electrochemical performance of electrode materials for Li-ion batteries [J]. Advanced Functional Materials，2014，24（35）：5511-5521.

[42] Xi Y，Zhang Y，Su Z. Microwave synthesis of $Li_3V_2（PO_4）_3/$C as positive-electrode materials for rechargeable lithium batteries [J]. Journal of Alloys and Compounds，2015，628：396-400.

[43] 梁广川. 锂离子电池用磷酸铁锂正极材料 [M]. 北京：科学出版社，2013.

[44] Guo Y，Huang Y，Jia D，et al. Preparation and electrochemical properties of high-capacity $LiFePO_4-Li_3V_2（PO_4）_3/$C composite for lithium-ion batteries [J]. Journal of Power Sources，2014，246：912-917.

[45] 梁叔全，潘安强，刘军，等. 锂离子电池纳米钒基正极材料的研究进展 [J]. 中国有色金属学报，2011，10：015.

[46] Liang S，Hu J，Zhang Y，et al. Facile synthesis of sandwich-structured $Li_3V_2（PO_4）_3/$ carbon composite as cathodes for high performance lithium-ion batteries [J]. Journal of Alloys and Compounds，2016，683：178-185.

[47] Liang S，Cao X，Wang Y，et al. Uniform $8LiFePO_4·Li_3V_2（PO_4）_3/$C nanoflakes for high-performance Li-ion batteries [J]. Nano Energy，2016，22：48-58.

[48] Chen J Y，Simizu S，Friedberg S A. Quasi-one-dimensional antiferromagnetism in $FeC_2O_4·2H_2O$ [J]. Journal of Applied Physics，1985，57（8）：3338-3340.

[49] Omenya F，Chernova N A，Upreti S，et al. Can vanadium be substituted into $LiFePO_4$？[J]. Chemistry of Materials，2011，23（21）：4733-4740.

[50] Sun C，Zhou Z，Xu Z，et al. Improved high-rate charge/discharge performances of $LiFePO_4/$C via V-doping [J]. Journal of Power Sources，2009，193（2）：841-845.

[51] Sarkar S, Mitra S. $Li_3V_2(PO_4)_3$ addition to the olivine phase: Understanding the effect in electrochemical performance [J]. The Journal of Physical Chemistry C, 2014, 118 (22): 11512-11525.

[52] Zhao Y, Peng L, Liu B, et al. Single-crystalline $LiFePO_4$ nanosheets for high-rate Li-ion batteries [J]. Nano Letters, 2014, 14 (5): 2849-2853.

[53] Zhang L F, Qu Q, Zhang L, et al. Confined synthesis of hierarchical structured $LiMnPO_4$/C granules by a facile surfactant-assisted solid-state method for high-performance lithium-ion batteries [J]. Journal of Materials Chemistry A, 2014, 2 (3): 711-719.

[54] Ding B, Xiao P, Ji G, et al. High-performance lithium-ion cathode $LiMn_{0.7}Fe_{0.3}PO_4$/C and the mechanism of performance enhancements through Fe substitution [J]. ACS Applied Materials & Interfaces, 2013, 5 (22): 12120-12126.

[55] Zhang R, Zhang Y, Zhu K, et al. Carbon and $RuO_2$ binary surface coating for the $Li_3V_2$-$(PO_4)_3$ cathode material for lithium-ion batteries [J]. ACS Applied Materials & Interfaces, 2014, 6 (15): 12523-12530.

[56] Lin Y, Fey G T-K, Wu P, et al. Synthesis and electrochemical properties of $x LiFePO_4 \cdot (1-x) LiVPO_4F$ composites prepared by aqueous precipitation and carbothermal reduction [J]. Journal of Power Sources, 2013, 244: 63-71.

[57] Wang J, Wang Z, Li X, et al. $x Li_3V_2(PO_4)_3 \cdot LiVPO_4F$/C composite cathode materials for lithium ion batteries [J]. Electrochimica Acta, 2013, 87: 224-229.

[58] He P, Yu H, Li D, et al. Layered lithium transition metal oxide cathodes towards high energy lithium-ion batteries [J]. Journal of Materials Chemistry, 2012, 22 (9): 3680.

[59] Liu W, Oh P, Liu X, et al. Nickel-rich layered lithium transition-metal oxide for high-energy lithium-ion batteries [J]. Angewandte Chemie International Edition, 2015, 54 (15): 4440-4457.

[60] Chen J. Recent progress in advanced materials for lithium ion batteries [J]. Materials, 2013, 6 (1): 156-183.

[61] Barker J, Saidi M Y, Swoyer J L. Electrochemical insertion properties of the novel lithium vanadium fluorophosphate, $LiVPO_4F$ [J]. Journal of The Electrochemical Society, 2003, 150 (10): A1394.

[62] Gover R K B, Burns P, Bryan A, et al. $LiVPO_4F$: A new active material for safe lithium-ion batteries [J]. Solid State Ionics, 2006, 177 (26-32): 2635-2638.

[63] Wang R, Xiao S, Li X, et al. Structural and electrochemical performance of Na-doped $Li_3V_2(PO_4)_3$/C cathode materials for lithium-ion batteries via rheological phase reaction [J]. Journal of Alloys and Compounds, 2013, 575: 268-272.

[64] Liu Z, Peng W, Shih K, et al. A $MoS_2$ coating strategy to improve the comprehensive electrochemical performance of $LiVPO_4F$ [J]. Journal of Power Sources, 2016, 315: 294-301.

[65] Lim H H, Cho A R, Sivakumar N, et al. Improved rate capability of $Li/Li_3V_2(PO_4)_3$ cell for advanced lithium secondary battery [J]. Bulletin of the Korean Chemical Society, 2011, 32 (5): 1491-1494.

[66] Barker J, Gover R K B, Burns P, et al. Structural and electrochemical properties of lith-

ium vanadium fluorophosphate, LiVPO$_4$F [J]. Journal of Power Sources, 2005, 146 (1-2): 516-520.

[67] Wu L, Lu J, Zhong S. Studies of $x$LiFePO$_4 \cdot y$Li$_3$V$_2$ (PO$_4$)$_3$/C composite cathode materials with high tap density and high performance prepared by sol spray drying method [J]. Journal of Solid State Electrochemistry, 2013, 17 (8): 2235-2241.

[68] Qin L, Xia Y, Qiu B, et al. Synthesis and electrochemical performances of $(1-x)$ LiMnPO$_4 \cdot x$Li$_3$V$_2$ (PO$_4$)$_3$/C composite cathode materials for lithium ion batteries [J]. Journal of Power Sources, 2013, 239: 144-150.

[69] Zhang B, Shen C, Zheng J, et al. Synthesis and characterization of a multi-layer core-shell composite cathode material LiVOPO$_4$-Li$_3$V$_2$ (PO$_4$)$_3$ [J]. Journal of The Electrochemical Society, 2014, 161 (5): A748-A752.

[70] 李实, 梁叔全, 曹鑫鑫, 等. $x$Li$_3$V$_2$ (PO$_4$)$_3 \cdot$ LiVPO$_4$F/C 复合正极材料的合成及储锂性能 [J]. 中国有色金属学报, 2019, 10. 19476/j. ysxb. 1004. 0609. 2019. 01. 11.

[71] Mba J M A, Masquelier C, Suard E, et al. Synthesis and crystallographic study of homeotypic LiVPO$_4$F and LiVPO$_4$O [J]. Chemistry of Materials, 2012, 24 (6): 1223-1234.

[72] Kim G H, Kim J H, Myung S T, et al. Improvement of high-voltage cycling behavior of surface-modified Li [Ni$_{1/3}$Co$_{1/3}$Mn$_{1/3}$] O$_2$ cathodes by fluorine substitution for Li-ion batteries [J]. Journal of The Electrochemical Society, 2005, 152 (9): A1707.

[73] Su L, Jing Y, Zhou Z. Li ion battery materials with core-shell nanostructures [J]. Nanoscale, 2011, 3 (10): 3967-3983.

# 索　引